Educational Producer For Your Success

2026 개정판

홍까스와 [필기] 함께하는 가스기능사

핵심강의노트 & 기출문제 제3판

"2025년 출제기준 변경 개정판"

| 홍경표 편저 |

2026 베스트셀러

1. 홍까스 강의를 핵심정리한 "홍까스 강의노트"의 노하우를 집약
2. '스토리암기법'으로 학습시간을 확 줄여주는 책의 구성
3. 과년도 문제 중 기출빈도가 높은 것을 선별하여 수록
4. 가스실무에 반드시 숙지해야할 사항을 반영
5. 수소에너지 & 수소법 요약정리

에듀피디 동영상강의 www.edupd.com

홍까스와 함께하는 [필기] 가스기능사
핵심강의노트 & 기출문제

1판 1쇄 2022년 7월 15일
3판 2쇄 2025년 7월 17일

편저자 홍경표
발행처 에듀피디
등 록 제300-2005-146
주 소 서울 종로구 대학로 45 임호빌딩 2층 (연건동)

전 화 1600-6690
팩 스 02)747-3113

※ 이 책은 저작권법에 따라 보호받는 저작물이므로 무단전재와 무단복제를 금지하며 책 내용의 전부 또는 일부를 이용하려면 반드시 저작권자와 에듀피디의 서면 동의를 받아야 합니다.

PREFACE

머리말

시간과 전략의 싸움 그리고 절실함의 승리.

"To get something you never had, to do something you never did"

(지금까지 가져보지 못한 것을 갖고 싶다면, 지금까지 한 번도 하지 않았던 일을 해내야 한다.)

안녕하십니까?

"가스는 홍까스~!!" 홍경표 교수입니다.

2025년부터 가스기능사 필기시험 출제과목이 변경됩니다. 필기과목(가스사고 예방관리)에 추가된 '수소에너지와 수소법' 핵심내용과 예상문제를 추가하여 새롭게 개정증보판을 출판하게 되었습니다. 2024년까지 복원된 기출문제와 개정된 내용을 모두 포함하였습니다.

수험생 여러분들의 지지와 사랑을 한 몸에 받았던 '홍까스 강의노트'를 정식 출판한 이후 변함없는 사랑을 주셔서 개정증보판까지 선보이게 된 것이라고 생각합니다. 17년 동안의 학교 강의와 산업현장의 경험을 바탕으로 만들어진 '홍까스와 함께하는 가스기능사 필기교재'의 '스토리암기법'은 합격률을 혁신적으로 높일 수 있는 중요한 역할을 했다는 평가도 받고 있습니다. 본 교재는 가스기능사를 준비하시는 수험생 여러분들에게 시간과 노력을 줄여주는 가장 효과적인 수험서 역할을 할 것이라 확신합니다.

또한, 수많은 합격 수기가 증명하듯이 본 교재의 내용을 충분히 학습하신다면, 가스기능사 필답형 실기시험은 물론, 가스산업기사·기사·가스기능장을 준비하시는 분들에게도 기초지식을 다질 수 있는 든든한 초석이 되어줄 것입니다.

홍까스를 믿고, 본 교재를 여러 차례 반복 학습해주시기 바랍니다.

원하는 합격이 한발 한발 다가와 행복한 현실과 마주하게 되실 것입니다.

홍까스와 함께하는 핵심강의노트 & 문제풀이 필기 개정증보판과 인강의 주안점은 다음과 같습니다.

첫째, 필기과목은 총 4과목 중 출제비율이 가장 높은 가스법령활용(가스3법 및 수소법)이 주요항목이므로 스토리암기법을 "암기Tip"형식으로 중간중간 삽입하여 쉽고 재밌게 기억하실 수 있도록 구성했습니다. 또한 2025년에 처음으로 출제되는 수소에너지와 수소법의 핵심내용과 예상문제도 추가하여 반영하였습니다.

둘째, 핵심강의노트 부분은 기본적으로 필기시험을 대비한 핵심내용을 담고 있으며, 실기시험에도 출제비율이 높은 내용 중 핵심사항은 더욱 강조하여 집필하였고, 동영상 기출문제는 "동"이라고 표시해 두었습니다. 실기시험을 대비하여 기사(산업기사)기출문제 중에서 출제비율이 높고 쉬운 문제는 주관식 서술형 문제에도 출제되기 때문에 핵심어를 기반으로 명확히 학습할 수 있도록 준비하였고, "스토리암기법"을 도입하여 학습기간도 현저히 단축시킬 수 있도록 하였습니다.

셋째, 과년도기출문제와 최신기출문제의 문항수를 놀랄만큼 충분히 구성하였습니다. 학습시간이 충분치 않으신 분들은 에듀피디의 홍까스의 가스기능사 인강을 추천드리며, 형편이 어려우신분들은 유튜브의 무료강의 "모의고사 응시요령"부분을 시청하신 후, 최신기출문제부터 시간을 정해 풀어보시고 오답을 체크하시기 바랍니다. 기출문제풀이는 전반부에서 후반부로 가면서 학습시간이 현저히 단축될 것입니다. 이유는 기출유형과 빈출비율을 감안하여 후반부로 갈수록 문항수를 줄여나갔으며, 반복을 통해 자연스럽게 암기가 가능하도록 구성했기 때문입니다. 또한 최신기출문제 6회, 7회, 8회는 신경향을 반영하여 제작하였습니다.

넷째, 본 교재는 최신출제경향이 핵심이론정리 부분에도 반영되어 있으며, 필기시험을 위한 교재지만 필요에 따라 사진이나 이미지를 삽입하여 기억에 도움을 주려고 노력했습니다. 홍까스 핵심강의노트와 문제풀이는 '중요 표시'를 통해 난이도별 집중도를 높였습니다.

반드시 득점해야 할 쉬운 문제[★]와 봐도 봐도 헷갈리는 문제[★★], 꼭 기억해야 할 중요한 문제[★★★], [신경향]을 구분하여 표시했습니다.

또한 실무에 적용되는 부분은 실기에 반드시 출제되기 때문에 필기단계에서부터 더욱 더 세심하게 집필하였음을 말씀드립니다.

다섯째, 과거의 가스기능사 자격시험은 과년도 기출문제만 잘 풀어도 쉽게 합격할 수 있었으나, 최근에는 기존의 기출문제가 조금씩 변형되어 출제되기도 하고, 신출문제도 많습니다.

간혹 가스기사(산기)에서 나오는 문제나, 전혀 새로운 문제 혹은 에너지관리와 공조냉동 문제가 등장하기도 합니다. 따라서 기출문제만 외워서는 합격하기 힘든 상황이 되었습니다. 개정된 가스3법(고법·액법·도법)과 수소법의 출제 빈도가 높아지고 있기 때문에 관련 사이트인 한국가스안전공사의 "Kgs Code집"을 자주 검색하시고, 가스현장실무 관련 내용도 체크하면서 학습해 주시기 바랍니다. 특히 수소법 관련 Code집도 자주 확인하시기 바랍니다.

본 교재만 공부해도 가스기능사 합격이 가능하냐는 질문을 하시는 분들이 많습니다. 자신 있게 합격할 수 있다고 말씀드리고 싶습니다. 수 년간의 현장강의를 통해 이미 검증된 내용들로 구성된 교재이기 때문에 반드시 합격하실 것입니다. 합격 뿐 아니라 자격증 취득 후 실무에도 많은 도움이 되실 것이라 확신합니다.

본 교재는 많은 분들의 응원과 추천으로 탄생했습니다. 에듀피디의 홍까스 강의와 홍까스 YouTube, 블로그, 홍까스강의밴드, POSCO인재창조원 임직원, 한국폴리텍1대학 학장님 이하 선배교수님과 동료교수님 등을 통해 좋은 의견과 관심, 사랑을 보내주신 여러분들께 진심으로 감사의 인사를 드립니다. "고맙습니다.^^" 앞으로도 변함없는 성원을 부탁드리며, 그 성원에 힘입어 여러분들께 도움이 되는 좋은 책과 강의로 보답하겠습니다.

본 교재가 인생의 전환점에서 퇴직·전직·이직을 생각하시는 수 많은 수험생 여러분들과 각종 장비와 장치기기의 다양화로 산업현장에서 혼란을 겪고 있는 안전관리자분들에게도 큰 도움이 되기를 희망합니다.

집필 과정에서 잘못 기술된 부분이 있거나, 좋은 의견 있으신 분들은 에듀피디 강의게시판(https://www.edupd.com)에 올려주시면 다음번 교재에 적극 반영하도록 하겠습니다. 본 교재와 에듀피디의 홍까스강의, 홍까스강의 YouTube와 블로그, 홍까스강의밴드 등을 잘 활용하셔서 단기간에 시험에 합격하시기를 바랍니다.

끝으로 본 교재의 출판에 도움을 주신 (주)에듀피디 강순영 대표님과 이미선 차장님, 편집부, 촬영팀 그리고 물류팀의 홍준철 팀장님과 한국가스안전직업전문학교 석귀징 학교장님과 실장님 및 동료 교수님들과 임직원분들, 제자 설지인, 김명의, 박성현(유튜브 촬영), 김형진, 최영준(계측기기), 최철진, 정유신, 전재욱, 박주영, 이수성, 홍성운(냉동사이클 구조), 박준모(KGS코드, 법규담당)등에게 고마움을 표합니다. 특히 홍까스의 YouTube, 블로그, 가스기능사 강의밴드의 암운, the가스, 조옥연, 그렘린, 신효근, 템즈서울, 곽성학, 김현수, 용준파파, Tiansk, 합격하자 79야~!, 구스터, 실기 관련 이미지를 엄청 많이 보내주신 이동선님과 안재연, 박준재, 김풍기, 하승훈, 차압(차태걸), 정영준, 마스 회원님과 정오표 완성에 많은 도움을 주신 "바람처럼 송파님"등 홍까스강의 블로거분들께도 감사의 말씀을 드립니다.

아흔넷을 훌쩍 넘어서는 연세에도 건강하셔서 다섯 아들들에게 기쁨과 행복을 주시고 계신 모친 김계분 권사님과 항상 힘이 되어주는 홍승표 큰형님과 형제들, 후덕한 마음으로 응원해주시는 장모 정화자 여사님, 자신의 재능을 총동원해 지원을 아끼지 않는 아내이자 관광학박사 염명하 교수와 구자영, 그리고 절친인 김병철, 정우성, 류종우,

PREFACE

백흠주, 박재홍, 김진근, 김영근, 김선기, 최순철, 김남철, 지준상, 성한경, 진경용, 이항용, 최석호, 송철선, 정용국, 이광식, 이국종교수, 김민기, 김철주, 박태호상무, 손철규, 전무진, 남형권대표, 이용우, 장주원과 멀리서 언제나 함께하는 USA베플 SUNNY KO(안인자 권사님), JESSICA, RAMAZAN, PETER…. 그들의 응원이 있었기에 여기까지 온 것 같습니다. 고맙습니다.

초심과 지식제조업을 알려주신 ATX(주) 이종형부사장님, 진정한 기술인 경인에너지 박형인대표, 부산에서 늘 응원해주시는 POSCO 박만근 형님, 존경하는 김인종, 류주선 선생님, 정삼지 목사님, 김일규(이나미), 배창화, 조재철, 고주환, 지준상, 김운기, 김종성, 박좌성 회장님, 바이오산업에 열심인 ㈜유바이오시스 왕용선형님, 신현성 회장님, 김만열 세무사님, 최영규 지뢰연구소장님, 이재만 지점장, ㈜아이건축사 김동은 대표, 박준언, 남상훈, 최왕순, 박선주선배님과 조성민, 함재현, 이윤주후배, 우성건설 유우봉, 정덕영, 최창호, 채정석, 유재석, 손민구, 김종섭. 김왕술선배님, 법무법인 우송의 박병문 변호사, 장욱사장, 미국의 이동진목사님, 강경숙목사님, 아이디어맨 박현후배, 불꽃같이 그리고 최선을 다해 살다 가신 故장지선회장님, 서울오페라앙상블의 장수동 감독님, 신동진 지점장, 청춘을 함께한 故서감독님과 의리의 사나이 최단, 최계원, 김종인, 장동철, 열정 많은 박상수대표, 선장이 된 김혁수대표, 교육행정 1타 한혜경, 언제나 긍정의 아이콘 송은, 성품이 유하신 유승희(소연), 최선을 다하는 윤정혜, 윤다정과 환, 5100명 이상의 홍까스강의 "유튜브 구독자"와 블로그/밴드 회원님과 인생의 선배이며 평생교육에 힘을 쏟고 지금은 은퇴하신 한국폴리텍1대학 안현모교수님과 훌륭한 강의안을 흔쾌히 공유해 주신 김종복교수님과 홍부표교수님, 학교발전에 대외적으로 애쓰시는 지능형에너지설비과 최재영학과장님을 비롯하여 김공남, 김석준, 어준혁, 윤종석, 안철이, 안상화교수님과 홍동식기능장님, 신중년과정의 김도현, 15기 조정훈, 김도훈, 윤석태, 이준호, 권혁승, 우병섭, 강연오, 이성수, 한의종, 이한영, 배봉균, 윤계환, 김준환 그리고 학위과정의 김문주, 김승원, 김대영, 김상호, 오성식, 우제윤, 이도훈, 권성준, 임다운, 정호용, 문동찬, 박선재, 지준수, 안현우 등 제자들과 조호연, 이혜민, 박가람, 송인범, 박재휘차장님에게 가슴 깊은 사랑과 감사의 마음을 전하고 싶습니다.

"發憤忘食 樂以忘憂 : 알고자 함이 식음을 잊게 하고, 즐거움이 근심을 멀리하게 한다."

"합격은 절실함의 결과입니다~!!"
홍까스가 늘 따뜻한 마음으로 여러분들을 끝까지 응원하겠습니다.

감사합니다.

2025년 6월 13일

연구실에서 저자 홍경표 씀

◎ 본 교재에 대한 정오표 및 질의응답은 홍까스강의 블로그와 강의밴드에서 확인 가능합니다.

| 유튜브 : 홍까스강의산업현장교수(가스기능사 필기 동영상 강좌) |
| 블로그 : 홍까스(가스안전관리/에너지관리/공조냉동/가스교육) |
| 밴드 1 : 홍까스 강의, 인강보기 |
| 밴드 2 : 가스 에너지 공조냉동기계 |
| 에듀피디 : 홍까스 가스기능사 필기/실기 동영상 강좌 및 교재 |

가스기능사 필기 출제기준

직무분야	안전관리	중직무분야	안전관리	자격종목	가스기능사	적용기간	2025.1.1. ~ 2028.12.31.

▶ **직무내용**: 가스 시설의 운용, 유지관리 및 사고예방조치 등의 업무를 수행하는 직무이다.

필기검정방법	객관식	문제수	60	시험시간	1시간

필기 과목명	문제수	주요항목	세부항목	세세항목
가스 법령 활용, 가스사고 예방·관리, 가스시설 유지관리, 가스 특성 활용	60	1 가스 법령 활용	1. 가스제조 공급·충전	1. 고압가스 특정·일반제조시설 2. 고압가스 공급·충전시설 3. 고압가스 냉동제조시설 4. 액화석유가스 공급·충전시설 5. 도시가스 제조 및 공급시설 6. 도시가스 충전시설 7. 수소 제조 및 충전시설
			2. 가스저장·사용시설	1. 고압가스 저장·사용시설 2. 액화석유가스 저장·사용시설 3. 도시가스 저장·사용시설 4. 수소 저장·사용시설
			3. 고압가스 관련 설비 등의 제조·검사	1. 특정설비 제조 및 검사 2. 가스용품 제조 및 검사 3. 냉동기 제조 및 검사 4. 히트펌프 제조 및 검사 5. 용기 제조 및 검사
			4. 가스판매, 운반·취급	1. 가스 판매시설 2. 가스 운반시설 3. 가스 취급
			5. 가스관련법 활용	1. 고압가스안전관리법 활용 2. 액화석유가스의 안전관리 및 사업법 활용 3. 도시가스사업법 활용 4. 수소경제육성 및 수소안전관리법률 활용
		2 가스사고 예방·관리	1. 가스사고 예방·관리 및 조치	1. 사고조사 보고서 작성 2. 사고조사 장비 관리 3. 응급조치
			2. 가스화재·폭발예방	1. 폭발범위·종류 2. 폭발의 피해 영향·방지대책 3. 위험장소 및 방폭구조 4. 위험성 평가
			3. 부식·비파괴 검사	1. 부식의 종류 및 방식 2. 비파괴 검사의 종류

필기 과목명	문제수	주요항목	세부항목	세세항목
		3 가스시설 유지관리	1. 가스장치	1. 기화장치 및 정압기 2. 가스장치 요소 및 재료 3. 가스용기 및 저장탱크 4. 압축기 및 펌프 5. 저온장치
			2. 가스설비	1. 고압가스설비 2. 액화석유가스설비 3. 도시가스설비 4. 수소설비
			3. 가스계측기기	1. 온도계 및 압력계측기 2. 액면 및 유량계측기 3. 가스분석기 4. 가스누출검지기 5. 제어기기
		4 가스 특성 활용	1. 가스의 기초	1. 압력 2. 온도 3. 열량 4. 밀도, 비중 5. 가스의 기초 이론 6. 이상기체의 성질
			2. 가스의 연소	1. 연소현상 2. 연소의 종류와 특성 3. 가스의 종류 및 특성 4. 가스의 시험 및 분석 5. 연소계산
			3. 고압가스 특성 활용	1. 고압가스 특성 및 취급 2. 고압가스의 품질관리·검사기준적용
			4. 액화석유가스 특성 활용	1. 액화석유가스 특성 및 취급 2. 액화석유가스의 품질관리·검사기준적용
			5. 도시가스 특성 활용	1. 도시가스 특성 및 취급 2. 도시가스의 품질관리·검사기준적용
			6. 독성가스 특성 활용	1. 독성가스 특성 및 취급 2. 독성가스 처리

가스기능사 실기 출제기준

직무분야	안전관리	중직무분야	안전관리	자격종목	가스기능사	적용기간	2025.1.1. ~ 2028.12.31.

○ **직무내용**: 가스 시설의 운용, 유지관리 및 사고예방조치 등의 업무를 수행하는 직무이다.

○ **수행준거**: 1. 가스시설에 대한 기초적인 지식과 기능을 가지고 각종 가스설비를 운용할 수 있다.
2. 가스설비에 대한 운전·저장·취급과 유지관리를 할 수 있다.
3. 가스기기와 설비에 대한 검사업무 및 가스안전관리 업무를 수행할 수 있다.
4. 가스로 인한 질식·화재·폭발사고를 예방·관리할 수 있다.

실기검정방법	복합형	시험시간	2시간 정도(필답형 : 1시간, 작업형 : 1시간 정도)

실기 과목명	주요항목	세부항목	세세항목
가스 안전 실무	1 가스 특성 활용	1. 가스 특성 활용하기	1. 가스의 종류별 물리·화학적 기초지식을 이해하고 취급할 수 있다. 2. 고압가스의 위험 특성을 이해하고 취급할 수 있다. 3. 액화석유가스의 위험 특성을 이해하고 취급할 수 있다. 4. 도시가스의 위험 특성을 이해하고 취급할 수 있다.
	2 가스시설 유지관리	1. 가스설비 운용하기	1. 제조, 저장, 충전장치의 종류별 작동 원리를 이해하고 운용할 수 있다. 2. 기화장치의 종류별 작동 원리를 이해하고 운용할 수 있다. 3. 저온장치의 종류별 작동 원리를 이해하고 운용할 수 있다. 4. 가스용기, 저장탱크를 관리 및 운용할 수 있다. 5. 펌프 및 압축기의 종류별 작동 원리를 이해하고 운용할 수 있다.
		2. 가스설비 작업하기	1. 가스설비 설치를 할 수 있다. 2. 가스설비 유지관리를 할 수 있다.
		3. 가스안전설비·제어 및 계측기기 운용하기	1. 온도계의 구조 및 원리를 이해하고, 유지 보수할 수 있다. 2. 압력계의 구조 및 원리를 이해하고, 유지 보수할 수 있다. 3. 액면계의 구조 및 원리를 이해하고, 유지 보수할 수 있다. 4. 유량계의 구조 및 원리를 이해하고, 유지 보수할 수 있다. 5. 가스검지기기의 구조 및 원리를 이해하고, 운용할 수 있다. 6. 각종 제어기기의 구조 및 원리를 이해하고, 운용할 수 있다. 7. 각종 안전장치의 구조 및 원리를 이해하고, 운용할 수 있다.

실기 과목명	주요항목	세부항목	세세항목
	3 가스 법령 활용	1. 고압가스안전관리법 활용하기	1. 고압가스안전관리법을 활용하여 고압가스 시설의 운용·유지관리를 할 수 있다.
		2. 액화석유가스의 안전관리 및 사업법 활용하기	1. 액화석유가스의안전관리및사업법을 활용하여 액화석유가스 시설의 운용·유지관리를 할 수 있다.
		3. 도시가스사업법 활용하기	1. 도시가스사업법을 활용하여 도시가스 시설의 운용·유지관리를 할 수 있다.
		4. 수소경제육성 및 수소안전관리법률 활용하기	1. 수소경제육성및수소안전관리법률을 활용하여 수소 관련 시설의 운용·유지관리를 할 수 있다.
	4 가스사고 예방·관리	1. 가스시설 안전관리하기	1. 가스 사고예방 작업을 할 수 있다. 2. 가스 안전장치를 유지관리를 할 수 있다. 3. 가스 연소기기의 구조 및 기능에 대하여 알 수 있다. 4. 가스화재·폭발의 위험 인지와 응급대응을 할 수 있다.

목차

PART 01 핵심 강의노트

- 01 고압가스성질표 22
- 02 주요가스-주기율표 23
- 03 홍까스 주기율표 - 주요 원소만 24
- 01 고압가스분류, 초저온 용기, 충전 및 잔가스용기, 처리 및 충전설비, 감압설비, 방호벽, 1종(2종)보호시설, 저장능력, 특정설비 25
- 02 특정제조, 긴급차단, 경보기, 방류둑, 2중관, 매설깊이, 공지폭, 수압, 분무살수 32
- 03 검사 / 합격기준 36
- 04 아세틸렌 37
- 05 용기 신규 검사 38
- 06 역류 vs 역화 방지 39
- 07 압축금지 / 운전중지 / 압축기윤활유 40
- 08 HCN / C_2H_4O / C_2H_2 41
- 09 품질 검사 기준 42
- 10 용기제조기준/계목, 무계목/재질/두께/부식여유치 44
- 11 재검사(용기/특정설비) 45
- 12 용기색상(공업용/의료용), 문자색상 46
- 13 특정고압가스 종류 47
- 14 특정가스(방호벽, SV/흡수제/조정기) 48
- 15 (용기각인사항/용기부속품) 동영상 49
- 16 배관종류 50
- 17 차량운반/혼합적재/동승자/운전주의/독성/보호/소석회 51
- 18 차량에 고정된 탱크/방파판/운행시 휴대서류철 52
- 19 CNG 기준 - 안전율, 방호벽, 경보기 53
- 20 LPG개요/전기방식 신축이음 [LPG 1강] 54
- 21 비파괴/통풍시설/자동차 용기, 충전/3505 [LPG 2강] 55
- 22 (배관/도색/고정/충전/소형탱크)/판매사업 [LPG 3강] 56
- 23 (조정기 종류/특징/폐쇄/SV 작동) 표시사항 [LPG 4강] 57
- 24 배관결정 저압, 고압 설계 4원칙, 입상관/(-)의미, 손실요인 58
- 25 저장소/공급자시설장비 점검원/LPG충전자 확인 [LPG 5강] 59
- 26 LPG공급방법 [LPG 6강] 60
- 27 LNG, 배관의 종류, 본관/공급관/내관, 사용자공급관 [도시가스 1강] 61
- 28 도매사업자/정압기/안정장치/분해점검/AP [도시가스 2강] 62
- 29 일반도시가스 공급시설/혼배정압/정전기/통신시설 [도시가스 3강] 63
- 30 가스홀더, 검지, 정압기(입구 Dp/출구), 배관, 보호판(포), 방호구조물, 압력조정기
  - 라인마크 [도시가스 4강] 64
- 31 사용시설/검사항목/정압기 SV/배관공사 [도시가스 5강] 66
- 32 발화등급/연소특성(LPG) 68
- 33 LPG, 가스공급방식, 이송방법 69
- 34 압축기, 펌프 70
- 35 효율, 동력·펌프의 이상현상·축봉장치 71
- 36 기화장치/혼합기/가스홀더 (LPG이송 장단점) 73
- 37 가스미터기/표시/사용공차/감도유량/종류, 특징/설치기준, 부착기준/법개정 74
- 38 (연소기구의 분류/연소방식), 급배기방식, 연소이상상태(리프팅), 배관관경결정 76
- 39 압력/온도변환 79
- 40 도시가스(LNG, CH_4) 80
- 41 도시가스공정(제조-정제-열량분석-부취제첨가-공급) 81
- 42 기능/종류/구조, 종류별 특징, 정특성외 3특성 82
- 43 정압기실(설치주의/도면/노즐분출량/노즐변경률) 83

CONTENTS

- 44 보온재(구비조건/보온재종류/패킹제/페인트) ... 84
- 44-1 배관재료, 신축이음, 배관용밸브, 배관표시, 축응력, 원주응력 ... 85
- 45 기계적 용어설명 및 강관의 열처리(비열처리) 방법 ... 88
- 45-1 금속재료(원소영향/탄소량증감변화), 고온부식/저온부식, 용기의 탄소함유량, 충전구형식 ABC ... 89
- 46 전기방식법/장·단점(희생양극, 외부전원, 배류(선택/강제), T/B 거리) ... 91
- 47 고압장치 설비/무계목/계목 특징/용기 v/그랜드너트 ... 92
- 48 초저온 용기(저장탱크)의 단열성능시험(침입열량) ... 94
- 49 초저온저장탱크의 저온단열법(상압/진공단열) ... 95
- 50 오토클레이브, 고압반응기(NH_3합성탑/석유화학반응장치) ... 96
- 51 냉동사이클, p-h 선도, p-i 선도, 냉동효과, 건조도 ... 97
- 52 냉동사이클(카르노, 역카르노사이클) ... 99
- 53 가스액화사이클 ... 100
- 54 이상기체방정식, 보일-샤를법칙, 기체상수 R ... 101
- 55 기체상수 R값의 변화, 돌턴분압, 르샤틀리에 혼합기체 법칙 ... 103
- 56 열역학(제0, 제1, 제2)법칙·에너지평형/보존/이동법칙 ... 105
- 57 블록선도, 기본단위, 자동제어동작, 가스검출기 ... 106
- 58 압력계(1차/2차), 온도계(접촉/비접촉) ... 109
- 59 액면계(기능: 탱크 내 액면표시 및 잔량확인) ... 111
- 60 유량계 ... 112
- 61 SMS안전성평가, 폭발등급, 연소계산, 이론공기량, 과잉공기율 ... 113
- 62 공기비, 총발열량, 저위발열량, 위험장소, 방폭구조, BLEVE, UVCE ... 115
- 63 중요가스특성 정리 ... 117
- 64 수소에너지 / 수소법 ... 118

PART 02 기출문제

01 과목별 기출문제 ... 135
- 1. 가스안전관리법 과년도 기출문제 1 ... 136
- 2. 가스안전관리법 과년도 기출문제 2 ... 167
- 3. 가스안전관리법 과년도 기출문제 3 ... 209
- 4. 가스일반 과년도 기출문제 ... 217
- 5. 가스설비 과년도 기출문제(장치 및 계측기기) ... 248

02 최신 기출문제 ... 303
- 제1회 최신 과년도 기출문제 ... 304
- 제2회 최신 과년도 기출문제 ... 313
- 제3회 최신 과년도 기출문제 ... 322
- 제4회 최신 과년도 기출문제 ... 332
- 제5회 최신 과년도 기출문제 ... 343
- 제6회 최신 과년도 기출문제 ... 352
- 제7회 최신 과년도 기출문제 ... 362
- 제8회 수소법 반영 신출 반영 문제(예상문제) ... 371

PART 03 부록

- 01 가스의 종류 및 특징 ... 382
- 02 이미지 모음 ... 403
- 03 계산문제 총정리 모음 ... 407
- 04 완전가스(이상기체)의 가역변화의 관계식 정리 ... 443

홍까스강의 들어가기 (신경향 출제경향)
가스기능사 필기 수험전략

2025년부터 신경향 : "抛棄(포기)하지 않으면 반드시 合格(합격)이다"

수험과목은 총 4과목으로 1과목 가스법령활용(구:"안전관리법"(고압가스/액화석유가스/도시가스, 출제비율:40%), 2과목 가스사고예방·관리(신규과목, 출제비율:10%), 3과목 가스시설 유지관리(구:"가스 설비–장치 및 계측기기, 출제비율:25%), 4과목 가스특성활용(구: 가스일반(기초/가스성질/연소), 출제비율:25%)으로 이루어져 있다.

2025년부터 개정 시험정보에 의하면 4과목으로 요약된다. 그 중 단연코 가장 중요한 과목이 수소법을 포함하는 가스법령활용이다. 시험에서 출제 비중이 아주 높은 25문항 정도, 즉 시험의 당락을 좌우지하는 분야이다. 또한 가스기사(산업) 시험과 실무의 연장선상에 있으므로 철저히 준비해야 한다. 물론 가스법령활용은 법조항이므로 암기가 필수이다.

2025년 새로 도입되는 시험인 관계로 출제경향은 예측컨대, 법령활용은 과거 법조항 질문내용엔 큰 틀에서는 변화가 없을 듯하며 과년도 법령을 학습하되 **KGS Code** 법령 고시 및 시행규칙 항목을 자주 보고 시험준비해야 한다. 이에 한국가스안전공사 사이트에서 개정법령을 반드시 확인하는 것은 필수이다.

[2025년 출제과목 변경]

필기과목	비율(%)	비 고
1. 가스법령 활용	40	1. 가스 3법 및 수소법 2. 제조공급충전 3. 저장·사용시설 4. 고압가스제조검사 5. 판매·운반·취급 6. 수소제조/충전/저장/사용시설
2. 가스사고 예방·관리	10	1. 사고조사보고/응급조치 2. 폭발/방폭구조/위험성평가(2025년 방폭구조 대폭 추가됨) 3. 부식/방식/비파괴검사
3. 가스시설 유지관리	25	1. 가스설비(고압·액화·도시) 수소설비 2. 가스장치(기화장치/정압기/저장탱크/용기/압축기/펌프/저온장치) 3. 가스계측기기(압력/온도/유량/액면계) 　(가스분석기/검지기/제어장치)
4. 가스특성 활용	25	1. 가스기초(압력/온도/열량/밀도/비중) 이상기체의 성질 2. 가스연소(종류/특성/분석/연소계산) 3. 가스특성(고압/LPG/도시가스) 4. 독성가스특성(취급 및 처리)

★ 변경 전 과목과 동일하나 추가로 수소법과 관련취급사항과 사고조사보고가 추가됨

" 抛棄(포기)하지 않으면 반드시 合格(합격)이다 "

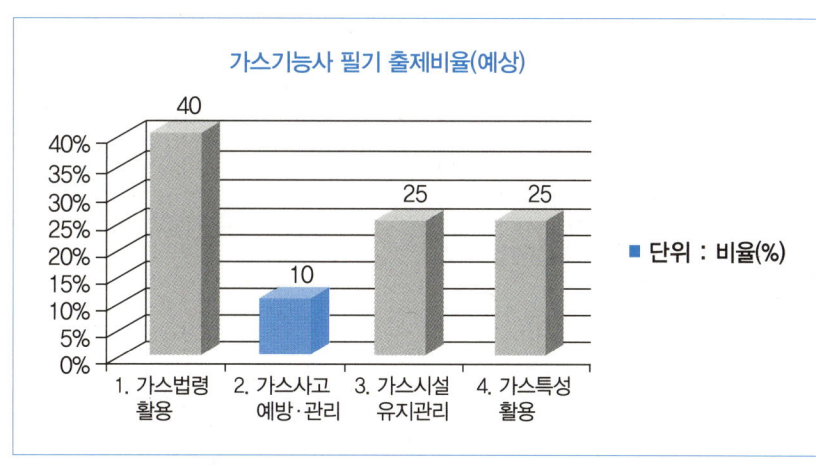

참고 : 변경 전 (2024년 12월 31일까지)

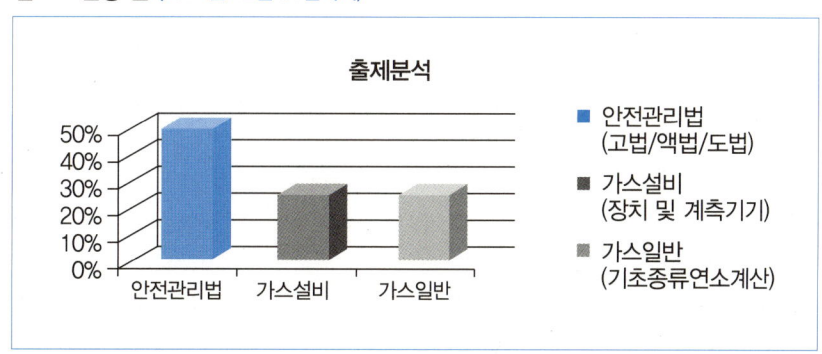

어떻게 합격할 것인가?

(1) 기출문제 분석을 먼저 하자(기출문제를 통한 핵심정리)
(2) 암기할 것은 암기하자(가령 법조항 문항은 암기한 대로 점수 반영됨)
(3) 쉬운 것은 반드시 해결하자(점수연결문제를 실수하면 안됨)
(4) 사진과 동영상등 인터넷매체를 적극 활용하자(비전공자 수험자 강추)
(5) 계산문제는 이해된 것만 풀자(응용 출제시 점수획득 불확실성 제고)

답안지 작성과 문제풀이 요령
은 CBT출제유형 이전에는 문제풀이 순서는 역순(60번부터 1번순으로)풀이를 추천드렸으나 CBT출제유형 도입으로 풀이순서는 의미가 없으며 다음과 같이 풀이한다.

01. 순서 무관하게 아는 문제부터 전체문항을 빠른 속도로 체크. (60문항을 20분안에 25문제 이상 확실한 정답을 체크할 경우 합격선이며 25개 이하 정답체크한 경우 1~2개 차이로 불합격할 확률이 아주 높다.)
02. 계산문제는 나중에 푼다.(시간부족으로 쉬운 문제도 틀릴 수 있다.)
03. 답안 제출 전에 점검시 처음의 답을 수정하면 절대 안된다.
    수정시 오답확률이 상대적으로 더 높다.(예외, 확실한 오답을 체크할 경우)
04. 문제유형이 긴 문항이 일반적으로 답이 쉽고, 계산문제는 인정된 계산기를 활용한다.
05. 출제자의 의도를 정확히 이해하고 접근한다.(가스시험은 실수가 많이 발생하는 시험이므로 더욱 신중하길 바란다.)

가스기능사 필기 수험전략

핵심요약정리부분이 실기시험에 필요한가? 핵심정리는 기능사 실기 동영상과 산업기사, 가스기사까지 필답준비에 대단히 중요한 서술형준비에 근간을 이루고 있다. 따라서 꼭 정리용으로 활용하시기 바란다. 필답형은 반드시 출제물음에 대하여 핵심어가 포함되어야 한다.

1. 가스법령 활용법

(1) 고압가스
고압가스분류, 공급시설, 사용시설, 일반제조시설, 특정제조시설, 냉동제조시설, 용기 운반기준, CNG시설 기준 및 기술기준을 학습한다.

(2) 액화석유가스
충전사업소의 시설 및 집단공급시설, 판매 및 영업소시설, 용품제조사업, 저장소, 충전자, 공급자의 기술기준 및 시설기준을 학습한다.

(3) 도시가스
일반 도시가스사업자 및 가스도매사업자, 도시가스충전사업자의 공급시설과 사용시설의 기술기준과 시설기준을 학습한다. 가스시설의 개념과 용어를 이해하고 설명할 수 있다.

(4) 수소경제육성 및 수소안전관리법률 활용(약칭: 수소법)
수소 제조/ 충전/ 저장/ 사용시설을 학습한다.

결론적으로 가스법령 활용은 고법, 액법, 도법 및 수소법령이 출제되고 실무적인 문제와 KGS CODE법규 고시에 관한 문제가 자주 출제 되고 있다.

2. 가스사고 예방관리

이 부문은 대략 5문제 출제가 예상되며 조사보고서 작성과 응급조치법, 마지막으로 폭발과 위험장소, 위험성평가가 출제 예상된다.

3. 가스시설 유지관리(장치 및 계측기기)

이 부문은 15문항이 출제(25% 출제)경향을 나타내고 있으며 실기과목(가스안전실무)의 중점분야로 산업기사 수험과목이기도 하므로 필기응시 단계부터 철저히 준비해야 한다. 그리고 산업기사/기사를 준비하시는 수험생은 각별히 주의할 과목이다. 출제분야도 광범위하고 원리를 질문하며 각 장치의 특성을 정리해야 한다. 계측기기는 기능사 범위를 벗어난 문제도 기출되므로 어렵게 느낄 수 있다. 그리고 신출문제도 많이 출제된다. 가스시설은 실기 동영상 시험출제비율이 아주 높은 부분으로 자격증 취득에 매우 중요한 과목이다.(산업기사준비시 철저한 학습과 과락에 주의한다)

4. 가스일반

가스의 기초인 압력과 온도변환 개념과 기초법칙등 용어정리가 선행되야 하며, 각 고압가스의 종류와 특성과 용도를 정리하고, 어렵게 느껴지는 이상기체의 성질은 생각보다 쉽게 출제됨으로 기본문제를 잘 정리한다. 마지막으로 독성가스성질과 연소공학의 일부(연소현상/ 이론공기량등 연소계산/ 공기비)를 정리한다.
일반에서 15문항(25% 출제)이 기출되고 있으며, 득점이 용이하며 기초내용으로 출제되고 있으나 최근엔 신출내용을 많이 포함하고 있어 산기문제 중 일부 쉬운 문제를 학습하는 것도 좋다.
출제는 비교적 쉬우나 가스압력/온도변환/비중/기체상수/연소계산 등 평균 5문항 정도 출제되므로 준비는 필수이다.(물론 이해한 것만 풀이하세요)

[신출문제대비]

수소경제육성 및 수소안전관리법률 활용(수소법)과 개요
수소경제의 시대! 무한한 잠재력의 "수소에너지"대전환에 대비하라!

일류역사에 또 다른 흐름을 맞이하면서 사회 전반에 변화! 에너지 대전환의 시점에 대비하여야 한다.
과거 에너지원은 석탄, 석유 및 천연가스와 같은 화석연료이며 중요한 에너지원으로서 산업혁명으로 비약적으로 문명을 발전시키며 오늘에 이르고 있다.
이는 생산성 증가의 중요한 매개체였다. 그러나 최근 몇 년전부터 대대적으로 공장등에서 뿜어대는 이산화탄소등의 온실가스와 대기오염물질의 배출은 온 인류에 기후조건을 악화시키며 위기를 초래하고 있음을 알 수 있다. 이에 개별국가와 기업들은 과거 에너지원인 화석연료 사용의 감축을 위해 '탄소중립'과 친환경 에너지원인 '수소에너지' 활용과 생산에 관심을 보이고 있다.
가스기능사 최신 기출문제에서도 나온 문제 "우주에서 가장 풍부한 원소는 무엇인가?" 물론 수소이다. 수소는 산소와 반응하여 물을 생성하며 대기 중 유해물질배출이 없는 에너지원이다.

가스기능사 필기 개정판을 출간하면서 수소분야를 준비하였고 더욱이 우리는 미래 생존아이콘인 ① 탄소중립 ② 수소에너지의 성장 잠재력과 그 시장을 확보하기 위해 다 함께 노력해야 한다.
우리나라의 에너지정책 방향과 전략을 반영하여 수소에너지 관련 용어와 수소에너지의 충전, 공급, 저장, 사용 등 그 취급 및 처리방법을 살펴보고 수소가스 실무를 염두에 두고 학습한다.

가스기능사 출제분야는 다음과 같다.

1. 수소 제조 및 충전시설
2. 수소 저장 · 사용시설
3. 수소경제육성 및 수소안전관리법률 활용 (약칭: 수소법)

[가스 관련 법률의 약칭]   출처 : 법제처 국가법령정보센터

법률명	약칭
고압가스 안전관리법	고압가스법 (고법)
액화석유가스의 안전관리 및 사업법	액화석유가스법 (액법)
도시가스사업법	약칭 없음 (도법)
수소경제 육성 및 수소 안전관리에 관한 법률	수소법

실무관련 현장의 이미지를 많이 보고 관련 사진 등의 제공도 요청드립니다.^^

"수소에너지 대전환"을 통해 수소경제를 이해하고 관련지식의 학습을 희망한다. 가스기능사 시험전략을 미래적으로 준비하자!

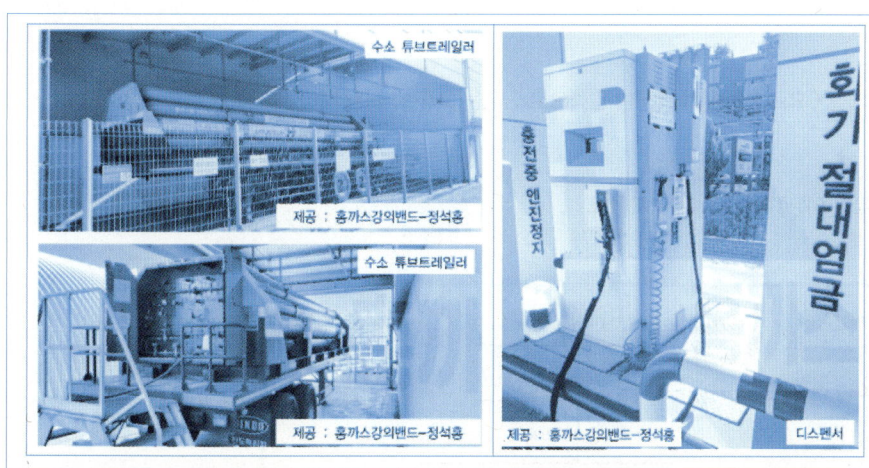

◀ 수소가스 취급 이미지

가스기능사 준비를 위한 선수학습

1 기초용어

(1) **분자량** : 원자량 + 원자량(단, 불활성기체인 0족의 원자, 단원자는 제외)

(2) **비점** : 비등점이라 하며 액체의 끓는점을 지칭한다.
공기를 액화하여 산소와 질소로 분리가능하다.

(3) **공기의 구성성분**
(질소: 78%, 산소: 21%, 아르곤: 0.9%, 탄산가스/수소 등: 1%)로 구성된다.(특히, CO_2 : 0.03% 최신 필답형 기출)

(4) **액화 조건** : 온도를 내리고, 압력은 높일 것
(가령: 물을 끓이면 수증기 발생, 그러나 수증기 온도를 내리면 물방울이 생기는 원리)

【임계(Critical)온도와 임계압력】
① 임계온도 : 액화할 수 있는 최고의 온도
② 임계압력 : 액화할 수 있는 최저압력

(5) **상태변화**

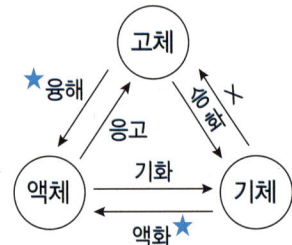

2 압력과 온도변환

(1) **압력**

주변의 공기가 지구 지표면을 공기무게에 의해 작용하는 힘, 즉 표준대기압이라 하며, 토리첼리의 실험을 통해 공기가 누르는 힘(1atm)은 수은이 올라간 높이로 환산하여 얻어진 압력이다.(0°C의 수은주 760mmHg에 상당압력)

(2) **게이지 압력(실무와 관계법령에서 정한 모든 압력)**

표준대기압을 0으로 하여 측정한 압력으로 압력계로 측정한 압력(0MPa · g)

(3) **절대 압력(abs)**

완전 진공을 기준으로 상태를 0으로 기준하여 측정한 압력으로 단위는 (0MPa · a)로 나타낸다.

(4) **진공 압력(Vacuum)**

대기압보다 낮은 압력으로 단위는 (0cmHg V)로 표시한다.

🧩 그림으로 이해

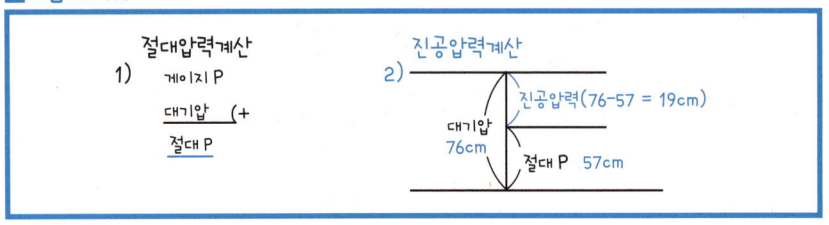

(5) 노점 온도 : 물방울이 되는 것을 응축, 물방울이 맺히기 시작하는 온도

(6) 압력/온도변환 및 열량종류/기본단위 (57강 참조) QR코드 연결 →

> ※ 표준대기압(1atm)
> = 1.0332kgf/cm² = 10332kgf/m² = 760mmHg = 76cmHg = 30inHg
> = 14.7lb/in² = 14.7psi = 10.332mH₂O(Aq) = 10332mmH₂O
> = 1.01325bar = 1013.25mbar = 1013.25hPa = 0.101325MPa = 101.325kPa = 1013.25hPa
> = 101325Pa(= N/m²)

● 압력

2Mpa을 kgf/cm² 변환?
★ 1atm을 기준한다.

$$\left(\frac{2Mpa}{0.101325Mpa}\right) \times 1.0332$$

$$= 20.393 ≒ 20.39 (kgf/cm²)$$

● 온도

→ 섭씨 → 화씨
℃   ℉   ★ 주의 { T°:X / °K:X

°R = 1.8k

등분 100 1.8배 180 등분

0   32

K(+273)   °F : 1.8℃ + 32
K = ℃ + 273   °R : °F + 460
↓   °R = 1.8K
캘빈절대온도   ↓
              랭킨절대온도

● 열량

kcal : 1kg 1℃ ↑

1b→1lb ─ BTU (1b) ~ °F
       └ CHU (1b) ~ ℃

1 therm = 10⁵ BTU
1 BTU = 0.252 kcal

▶ 열량의 종류 (kcal)

┌ 감열 (현열)
│   G(kg) × ⟨ 0.5 / 1 ⟩ × Δt
│
└ 잠열 (현열)
    G(kg) × ⟨ 79.68 / 539 ⟩ (kcal/kg)

★ 1J = 0.239cal
  1cal = 4.18J
★ 1kcal = 427kgf·m

● 계측

1) 정의
┌ 측정
│ +   ) 계기 ─ 응답
└ 감시, 관리   측정기 ─ 시간지연 ↔ 발화지연
                              비교
            기차 : 계측기 고유오차

오버슈트
(최대편차량)

▶ 기본 단위

M 길이   m
K 질량   kg
S 시간   S
A 전류   A
K 온도   K
cd 광도   cd
mol 물질량 mol

A : 암페어 K : 캘빈 절대온도
cd : 칸델라 mol : 몰

가스기능사 필기 수험전략

3 도시가스 공급시설·사용시설이란?

(1) 공급시설 : 도시가스를 제조하거나 공급하기 위한 시설로서 가스제조시설과 가스배관시설을 말한다.

    1) 가스제조시설 : 가스의 하역·저장·기화·송출 시설 및 그 부속설비
    2) 가스배관시설 : 도시가스제조사업소로부터 가스사용자가 소유하거나 점유하고 있는 토지의 경계
       (공동주택등으로서 ① 가스사용자가 구분하여 소유하거나 점유하는 건축물의 외벽에 계량기가 설치된 경우에는 그 계량기의 전단밸브, ② 계량기가 건축물의 내부에 설치된 경우에는 건축물의 외벽)까지 이르는 배관 공급설비 및 그 부속설비

(2) 사용시설 : 내관·연소기 및 그 부속설비와 공동주택 등의 외벽에 설치된 가스계량기를 말한다.

    *사용자공급관은 배관 구분상 가스공급시설로 분리되고 설치, 수리 및 교체비용은 사용자에게 있음

4 (1) 배관이음부 & 가스계량기 유지거리 비교

구분 (단위 : cm)	공급시설(배관이음부)		사용시설		가스 계량기
	LPG 집단	도시가스 (공급소 밖, 일반도시가스)	배관이음부		
			LPG 집단	도시가스(공급소 밖, 일반)	
전기(계량기, 개폐기)	30	60cm	15cm	60cm	60
전기(접속기, 점멸기)		30			30
굴뚝(단열조치 X)					
전선(절연조치 X)		15			15
전선(절연조치 O)		10		10cm	규정없음

사용시설 : 내관·연소기 및 그 부속설비와 공동주택 등의 외벽에 설치된 가스계량기를 말한다.

(2) 배관색상

중·고압 : 적색 (지하)
저압 : 황색 (지상, 지하) → ① 원칙 : 황색

    ② 예외 : ┌ 지상 1m 상부 ┐
              ├ 황색 2중선 ┼ → 건물 외벽 색과 동일 가능
              └ 폭 3cm ┘

5 독성가스(우리나라 : Lc 50 기준)

: 허용농도가 5000ppm 이하인 가스 $\left(\dfrac{5,000}{1,000,000}\right)$

   → 1 hr 노출 (흰쥐) → 14日 동안 1/2 이상 죽는 가스농도

    1   ←   ppm   →   5,000
    강   약

예 독성이 강한 순서

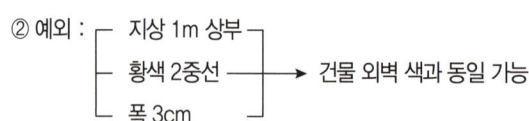

포   오   인   시   불   염   황   아   브   불   아황산에   염   일   암
$COCl_2$ O_3 PH_3 HCN F_2 H_2S CH_3Br HF SO_2 HCl NH_3

6 완전연소 반응식(탄화수소계)

$$C_mH_n + \left(m + \frac{n}{4}\right)O_2 \rightarrow mCO_2 + \frac{n}{2}H_2O$$

7 위험도 계산 및 연소 3요소

$$H = \frac{U - L}{L}$$

U : 폭발상한값 L : 폭발하한값

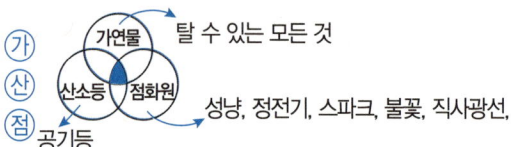

8 공기량 계산

[이론 산소량(O_0)]

$$C_mH_n + \left(m + \frac{n}{4}\right)O_2 \text{ 에서 산소의 몰수} \rightarrow \left(m + \frac{n}{4}\right)$$

예) $C_3H_8 + \left(3 + \frac{8}{4}\right) = 5$, C_3H_8의 $O_0 = 5$

[이론 공기량(A_0) (체적(m^3) : 0.21/ 중량(kg) : 0.232)]

$$\frac{\left(m + \frac{n}{4}\right)}{0.21}$$

예) C_3H_8, $O_0 = 5$, $A_0 = \frac{5}{0.21} = 23.8 m^3$

[과잉공기량(%) (A : 실제공기량, A_0 : 이론공기량)], 과잉공기량 = A−A_0

$$= \left(\frac{A - A_0}{A_0}\right) \times 100(\%) = \left(\frac{(m-1)A_0}{A_0}\right) \times 100(\%) = (m-1) \times 100(\%)$$

9 공기비 계산

완전연소 $m = \dfrac{N_2}{N_2 - 3.76 O_2}$

예) 산소에 대한 공기 비율 $\dfrac{79}{21} = 3.76$배

10 메탄(CH_4) 주 원료인 가스

CH_4 주원료 — S NG
— L NG
— C NG

11 에너지관리

	급기구	배기구
개방형	실내	실내
반밀폐 〈FE, CF〉	실내	실외
밀폐 〈FF, BF〉	실외	실외

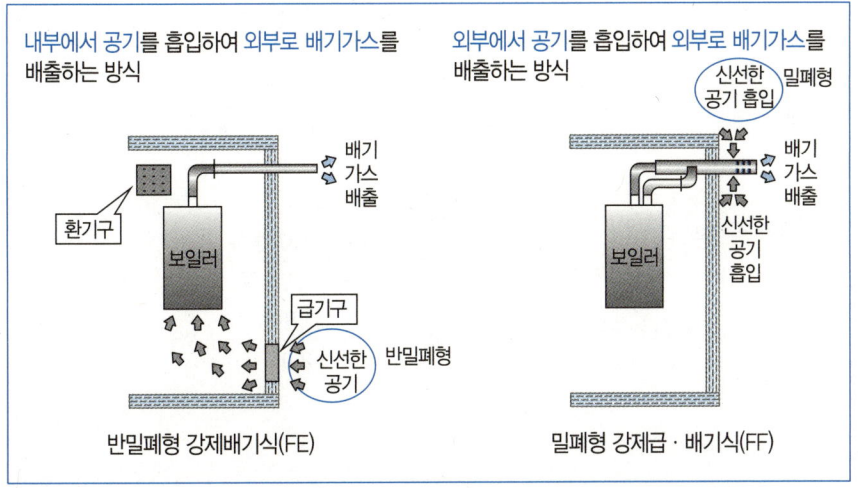

반밀폐형 강제배기식(FE) — 내부에서 공기를 흡입하여 외부로 배기가스를 배출하는 방식

밀폐형 강제급·배기식(FF) — 외부에서 공기를 흡입하여 외부로 배기가스를 배출하는 방식

12 냉동사이클

1) 기본 cycle

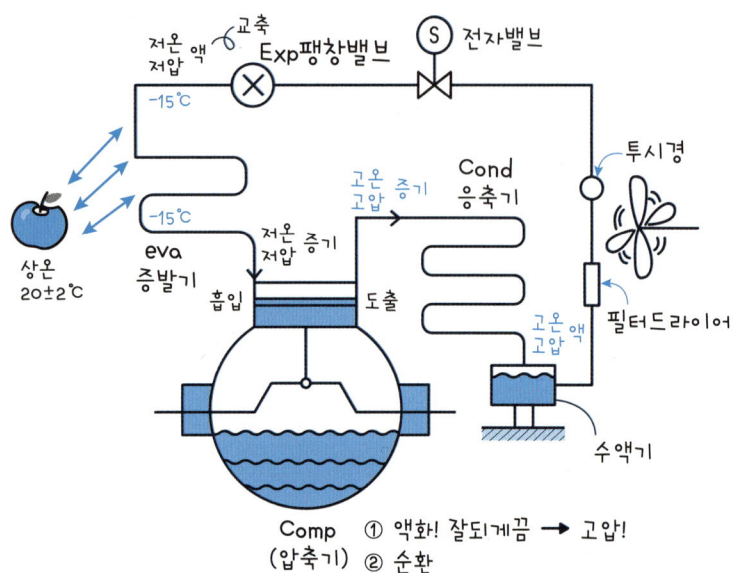

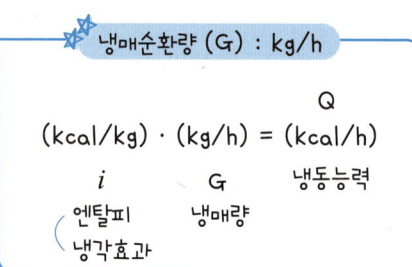

냉매순환량 (G) : kg/h

$$\underset{\text{엔탈피/냉각효과}}{(kcal/kg)} \cdot \underset{G\,\text{냉매량}}{(kg/h)} = \underset{\text{냉동능력}}{(kcal/h)}\,\frac{Q}{}$$

✓ 압축비와 냉매순환량은 반비례
✓ 탄소량과 점도는 반비례

2) 예

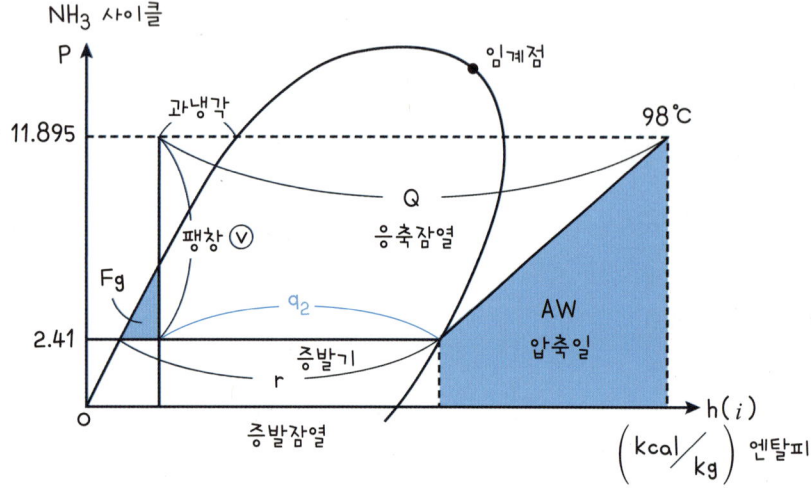

* 건조도 $(x) = \dfrac{Fg}{r}$

$Fg = xr$

냉각효과 (q_2) 구하기

$q_2 = r - Fg$

$= r - xr = (1-x)r$

* 냉각효과 $(q_2) = r - Fg$

* 성능계수 (COP)

$COP = \dfrac{q_2}{AW} = \dfrac{\text{냉각효과}}{\text{압축일}}$

압축비 $(a) = \dfrac{11.895}{2.41} ≒ 4.93$

PART 01

 핵심강의노트

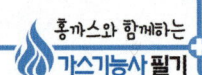

01 고압가스성질표

[고압가스성질표]

상태	가스명	분자식	분자량	비점(℃)	임계온도(℃)	허용농도(ppm)	폭발범위(%)	부식성	성질	발화점(℃)	검 지 지	제독제(흡수제)
압축가스	공기	Air	29	-191.5	-140.7	-	-	무	조	-	-	-
	질소	N_2	28	-195.8	-147	-	-	무	불	-	-	-
	산소	O_2	32	-183	-118.4	-	-	무	조	-	-	-
	아르곤	Ar	40	-186	-122	-	-	무	불	-	-	-
	수소	H_2	2	-252	-240	-	4~75	무	가	400	-	-
	네온	Ne	20	-246	-229	-	-	무	불	-	-	-
	헬륨	He	4	-269	-268	-	-	무	불	-	-	-
	메탄	CH_4	16	-161	-82	-	5~15	무	가	537	-	-
	일산화탄소	CO	28	-192	-140	3760	12.5~74	무	독, 가	450	염화파라듐지 - 흑색	-
액화가스	에틸렌	C_2H_4	28	-	-	-	2.7~36	무	가	450	-	-
	프로판	C_3H_8	44	-42.1	-	-	2.1~9.5	무	가	460~520	-	-
	부탄	C_4H_{10}	58	-0.5	-	-	1.8~8.4	무	가	430~510	-	-
	브롬화메탄	CH_3Br	95	-	-	850	13.5~14.5	약	독, 가	561	적색리트머스지(청색변)	물
	탄산가스	CO_2	44	-78.5	-	-	-	무	불	-	-	-
	암모니아	NH_3	17	-33.3	-	7338	15~28	약	독, 가	-	적색리트머스지(청색변)	물
	아황산가스	SO_2	64	-	-	2520	-	약	독, 가	-	-	가, 탄, 물
	산화에틸렌	C_2H_4O	44	-	-	2900	3~80	무	독, 가	-	-	물
	포스겐	$COCl_2$	99	-	-	5	-	약	독	-	하리손시험지(심등색변)	가, 소
	염소	Cl_2	71	-	144	293	-	약	독, 조	-	KI전분지(청색변)	가, 탄, 소
	시안화수소	HCN	27	36	+183.5	140	6~41	무	독, 가	-	질산구리벤젠지(청색)	가
	염화메탄	CH_3Cl	50.5	-	-	100	8.1~17.4	약	독, 가	-	-	물
	황화수소	H_2S	34	-	-	444	4.3~45	약	독, 가	-	연당지(흑색변)	가, 탄
용해	아세틸렌	C_2H_2	26	-84	-	-	2.5~81	무	가	299	염화제1동착염지(적색변)	-
참조	이황화탄소	CS_2	68	-40	-	10	1.25~44	무	독	90	-	-
	에탄	C_2H_6	30	-89	-	-	3~12.5	무	가	-	-	-
	헥세인	C_6H_{14}	86	-	-	-	1~9	무	가	-	-	-

02 주요가스-주기율표

[주기율표]

족\주기	1	2	3	4	5	6	7	8	9	10	11	12	13	14	15	16	17	18
1	1H 수소 1.00794																	2He 헬륨 4.00260
2	3Li 리튬 6.941	4Be 베릴륨 9.01218											5B 붕소 10.811	6C 탄소 12.011	7N 질소 14.0067	8O 산소 15.9994	9F 플루오린 18.9984	10Ne 네온 20.1797
3	11Na 나트륨 22.989768	12Mg 마그네슘 24.3050											13Al 알루미늄 26.9815	14Si 규소 28.0855	15P 인 30.9738	16S 황 32.066	17Cl 염소 35.4527	18Ar 아르곤 39.948
4	19K 칼륨 39.0983	20Ca 칼슘 40.078																36Kr 크립톤 83.80
5																		54Xe 제논 131.29
6																		86Rn 라돈 (222)

- 기체 : H, He, N, O, F, Ne, Cl, Ar, Xe, Rn, Kr
- 액체 : Br(브롬), Hg(수은)
- 고체 : 기타원소

원자번호 → 원소기호
원소명
원자량

1H 수소 1.00794

[동족원소의 이름]

족	1	2	13	14	15	16	17	18(0족)
이름	알칼리 금속	알칼리 토금속	알루미늄족	탄소족	질소족	산소족	할로겐족	비활성기체

① 가스에 필요한 원자량 및 분자량

원소명	원소기호	원자량	분자기호	분자량
수소	H	1	H_2	2
헬륨	He	4	He	4
탄소	C	12	C_2	24
질소	N	14	N_2	28
산소	O	16	O_2	32
나트륨	Na	23	Na_2	46
염소	Cl	35.5	Cl_2	71
아르곤	Ar	40	Ar	40

※ 희가스는 단원자 분자이다.

② 가스에 필요한 분자식과 분자량(출제빈도가 비교적 높은 순)

분자식명	분자식	분자량	분자식명	분자식	분자량
아세틸렌	C_2H_2	12×2+1×2=26	일산화탄소	CO	28
프로판	C_3H_8	12×3+1×8=44	이산화탄소	CO_2	44
부탄	C_4H_{10}	12×4+1×10=58	염소	Cl_2	71
암모니아	NH_3	14+1×3=17	에틸렌	C_2H_4	28
수소	H_2	1×2=2	황화수소	H_2S	34
산소	O_2	16×2=32	이산화황	SO_2	64
질소	N_2	14×2=28	포스겐	$COCl_2$	99
산화에틸렌	C_2H_4O	12×2+1×4+16=44	메탄	CH_4	16
시안화수소	HCN	1+12+14=27	브롬화메탄	CH_3Br	95

03 홍까스 주기율표 암기 – 주요 원소만

원자가	+1 −7	+2 −6	+3 −5	+4 −4	+5 −3	+6 −2	+7 −1	0 0	
족 주기	1족							18족	0족가스 방전색상
1	1 H 수	2	13	14	15	16	17	2 He 헤	황백색
2	3 Li 리	4 Be 베	5 B 비	6 C 키	7 N 니	8 O 옷	9 F 벗	10 Ne 네	주황색
3	11 Na 나	12 Mg 만	13 Al 알	14 Si 시	15 P 펩	16 S 시	17 Cl 클	18 Ar 아	적색
4	19 K 크	20 Ca 카		26 Fe 55.8g	29 Cu 63.5g		35 Br	36 Kr	녹자색
5		콜라					53 I	54 Xe	청자색
								86 Rn	청록색

He : 황백색   Ne : 주황색   Xe : 청자색
Rn : 청록색   Ar : 적색   Kr : 녹자색

■ 금속 ■ 비금속

원자(질량수)량 계산?
- 원자번호가 짝수이면 : 원자량은 원자번호 × 2
- 원자번호가 홀수이면 : 원자량은 원자번호 × 2 + 1
- 예외 : 수소 H는 원자번호 홀수이면 1 × 2 + 1, But 1
  질소 N은 원자번호 7번이면 14 + 1 = 15, But 14

암기 TIP 수헤리베 비키니 옷벗네 나만알시 펩시클아 크카(콜라)

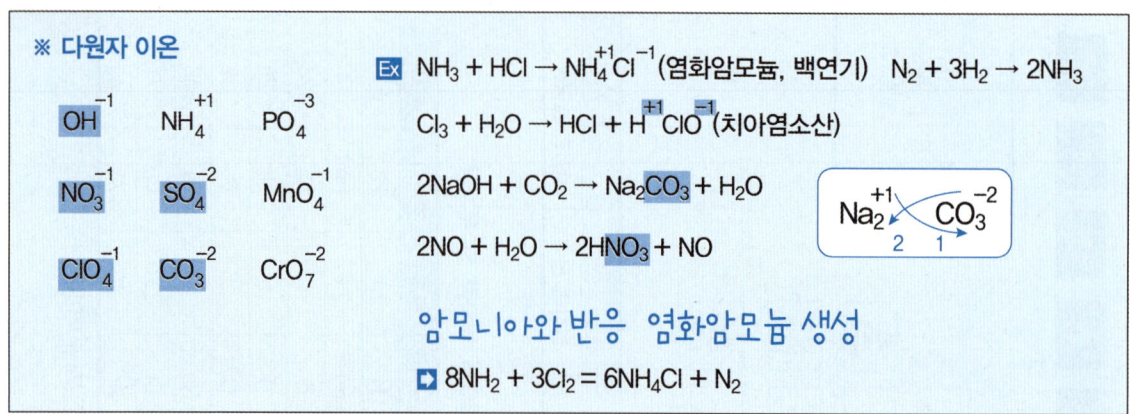

※ 다원자 이온

OH^{-1} NH_4^{+1} PO_4^{-3}

NO_3^{-1} SO_4^{-2} MnO_4^{-1}

ClO_4^{-1} CO_3^{-2} CrO_7^{-2}

Ex) $NH_3 + HCl \rightarrow NH_4^{+1}Cl^{-1}$ (염화암모늄, 백연기) $N_2 + 3H_2 \rightarrow 2NH_3$

$Cl_3 + H_2O \rightarrow HCl + H^{+1}ClO^{-1}$ (치아염소산)

$2NaOH + CO_2 \rightarrow Na_2CO_3 + H_2O$

$2NO + H_2O \rightarrow 2HNO_3 + NO$

암모니아와 반응 염화암모늄 생성

▶ $8NH_2 + 3Cl_2 = 6NH_4Cl + N_2$

고압가스분류, 초저온 용기, 충전 및 잔가스용기, 처리 및 충전설비, 감압설비, 방호벽, 1종(2종)보호시설, 저장능력, 특정설비

1) 고압가스분류

① 저장(취급)상태에 따른 분류 : 압축가스(O_2), 액화가스(LPG,염소), 용해가스(C_2H_2)

② 성질에 따른 분류
- 연소성에 의해
  - 가연성 : C_2H_2, H_2, CO, CH_4, C_3H_8, C_4H_{10} 등
  - 조연성 : Air, O_2, Cl_2, F_2, NO, N_2O, O_3
  - 불연성 : N_2, CO_2, Ne, Ar, He, Kr, Xe, Rn, SO_2
                                  18(o)족
- 독성에 의해
  - 독성 : $COCl_2$, Cl_2, SO_2, NH_3
  - 비독성 : CO_2, N_2

* 독성가스 판단기준
- Lc 50 – 우리나라 기준
- TLV – TWA
- TLV – STEL
- TLV – C

2) 폭발종류

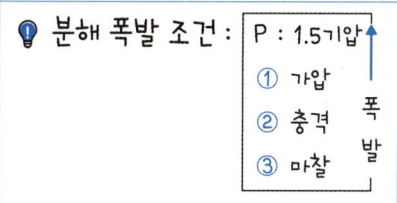

3) 가연성가스 정의

: 혼합가스의 폭발한계 하한이 10% 이하의 것과 상한과 하한의 차가 20% 이상인 가스

4) 독성가스기준 및 종류

허용농도 : 5,000ppm 이하

💡 독성이 강한 순

(한국 : LC50기준) / TLV-TWA기준

화학식	이름, LC50	TLV-TWA
$COCl_2$	포스겐 5	0.1 ppm
O_3	오존, 9	0.1
PH_3	인화수소, 20	0.3
HCN	시안화수소, 140	⑩
F_2	불소, 185	0.1
Cl_2	염소, 293	1
H_2S	황화수소, 444	⑩
$CH_2=CHCN$	아크릴로니트릴, 666	
CH_3Br	브롬화메탄, 850	5
HF	불화수소, 966	3
SO_2	아황산가스, 2520	⑤
C_2H_4O	산화에틸렌, 2900	50
HCl	염화수소, 3124	5
CO	일산화탄소, 3760	50
NH_3	암모니아, 7338	25
CS_2	이황화탄소	20

(반응식) $C_2H_2 + HCN \rightarrow CH_2=CHCN$

tip
포스 오인시 / 아황(이)
불염황 / 아브플 / (진)시·황보다
아황 산에 / 염일암 / 독하다

CS_2 (1.25~44%) 20ppm
① 인화점 : -30, 발화점 : 100℃
② $CH_4 + \frac{1}{2}S_8 \rightarrow CS_2 + 2H_2S$

5) 초저온/저온 용기

a) -50℃ 이하의 용기/저장탱크
b) 단열재로 피복/냉동설비로 냉각
c) 상용의 온도 초과금지
d) 용기재질
   : 18 - 8 STS
   9%Ni
   합금강(Cu, Al)

6) 충전용기 정의

충전 질량, 충전 압력의 1/2 이상이 충전된 용기

cf 잔가스용기 : 1/2 미만

7) 처리설비 vs 충전설비

처리설비	충전설비
펌프	펌프
압축기	압축기
기화장치	충전기

💡 기화장치 구성 3요소
기화부, 제어부, 조압부

8) 감압설비

조정기
정압기
감압밸브

9) 방호벽 재질

재질	높이	두께
철근콘크리트	2m	12cm
콘크리트블럭	2m	15cm
박강판	2m	3.2mm
후강판	2m	6mm

10) 방호벽 설치장소

a) 아세틸렌 / 압력이 10MPa 이상인 압축가스 용기충전경우

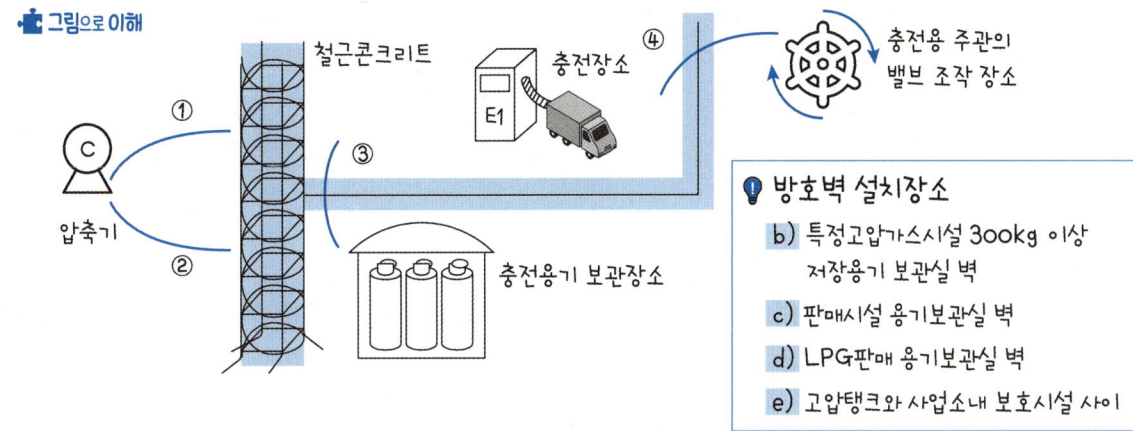

방호벽 설치장소
- b) 특정고압가스시설 300kg 이상 저장용기 보관실 벽
- c) 판매시설 용기보관실 벽
- d) LPG판매 용기보관실 벽
- e) 고압탱크와 사업소내 보호시설 사이

참조 기본학습용

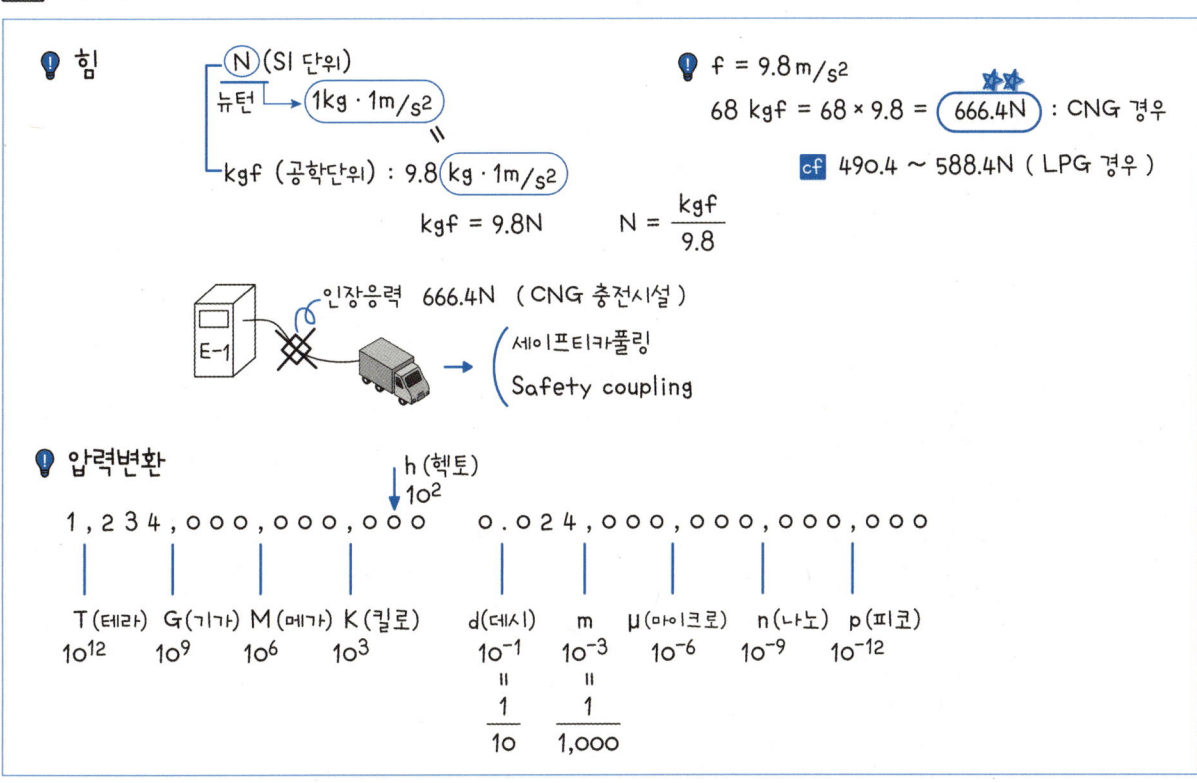

💡 독·가 ⭐⭐⭐⭐⭐ (가연성과 독성을 동시에 갖는 가스)
성 연성

이	황	시	브롬	산에	염탄	일	암	디모노 3벌
CS₂	H₂S	HCN	CH₃Br	C₂H₄O	CH₃Cl	CO	NH₃	(디메틸아민 / 모노메틸아민 / 트리메틸아민)

💡 그리스어 숫자

| MONO = 1 | Di = 2 | Tri = 3 | Tetra = 4 | Penta = 5 | cf C₅H₁₂ 펜탄 |
| Hexa = 6 | Hepta = 7 | Octa = 8 | Nona = 9 | Deca = 10 | |

cf C₆H₁₄ 헥산

💡 2중배관 ⭐⭐⭐⭐⭐

포	황	시	아황	암	산에	염소	염탄
COCl₂	H₂S	HCN	SO₂	NH₃	C₂H₄O	Cl₂	CH₃Cl

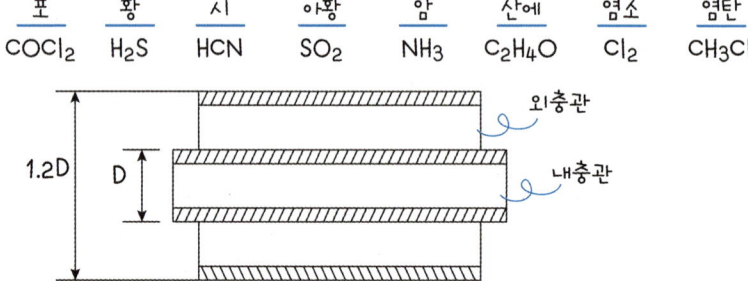

1.2D / D / 외충관 / 내충관

💡 가스 검지지

가스	시험지	변색
NH₃	적색리트머스지	청
Cl₂	KI전분지	청
HCN	질산구리벤젠지	청
COCl₂	하리슨시험지	심
CO	염화파라듐지	흑
H₂S	연당지(초산납시험지)	흑
C₂H₂	염화제1동착염지	적

tip
암적청
염기청
시질청
포하심
일파흑
황연희
아구리척

💡 흡수제(중화제)

Cl₂	염	–	소석회	가성소다	탄산소다 (네)
HCN	시	–		가	
COCl₂	포	–	가	소	
H₂S	황	–		가	탄
SO₂	아황	–		가	탄	물
NH₃	암	–				
C₂H₄O	산에	–				물
CH₃Cl	염탄	–				

발열

가) 방열기의 표시된 "R" : 방열 에너지장치

나) 조정기의 표시된 "R" : 가스 압력조정장치

- 발열속도 > 방열속도 = 잘탄다 (발열반응)
- 발열속도 < 방열속도 = 꺼진다 (흡열반응)

리프팅 (선화)　　　　　　　역화 (역화 방지기)

 불이 떠서 탄다　　　　 불이 구멍 안에서 탄다

✤ 가스유출속도 > 연소속도　　✤ 가스유출속도 < 연소속도

$C + H_2O \rightarrow$ $\boxed{CO + H_2}$ — 수성가스

　　└→ 비슷한 것 (CH_4, H_2) : 석탄가스

　　　　└→ 메탄가스(CH_4) 방출

　　　　　└→ 방폭구조 = EX

Q(열) kcal = $\underline{427\ kgf \cdot m}$
　　　　　　　　W(일)

1) 1J = 0.239cal = 1N · 1m
   1MJ = 239kcal　　즉, 1Kcal = $\frac{1}{239}$MJ = 4.18kJ

2) 1Pa = N/m^2

3) 힘 $\begin{cases} N = 1kg \cdot m/s^2 \text{(SI 단위)} \\ kgf = 1kg \cdot 9.8m/s^2 \text{(공학단위)} \\ \qquad = 9.8N \end{cases}$

열량

kcal : 1kg 1℃ ↑
BTU 1lb ⌒ °F
CHU 1lb ⌒ ℃
1therm = 10^5 BTU
1BTU = 0.252kcal

✤ 1lb(파운드) ≒ 0.45kg

💡 가스 / 에너지관리 / 공조냉동기계기능사 학습기본단위

길이(거리)　　　　　넓이(면적)　　　　　체적(부피, 용량, 용적)　　　　　무게(질량, 중량)

◎ 길이(거리)
　　　　　　　　┌─ 10^3 (10 × 10 × 10 = 1,000)
　1 km = 1,000 m　　　　1 m = 100 cm　　　　1 cm = 10 mm

　1 inch = 2.54 cm = 25.4 mm　　　★ 길이는 "승"이 없다.

　1 ft(피트) = 12 inch　　1 Yard(야드) = 36 inch = 0.9144 m = 91.44 cm

◎ 넓이(면적)　　1 m^2 = 1 m × 1 m　　1 cm^2 = 1 cm × 1 cm　　1 mm^2 = 1 mm × 1 mm
　　　　　　　　　　　　　가로　세로

　　예 1 m^2 = ? cm^2
　　　└─ 1 m × 1 m ⇒ 100 cm × 100 cm = 10,000 cm^2　　★ 넓이는 "2승"

　　　　　　　　　　　　　　　같다
◎ 체적(부피, 용량, 용적)　★ 1 m^3 = 1,000 L　　1 kL = 1,000 L　　1 L = 1,000 mL
　　　　　　　　　　　　1 L = 1,000 cm^3　=　1 L = 1,000 cc　=　★ 체적은 "3승"

◎ 무게(질량, 중량)　　1 ton = 1,000 kg　　1 kg = 1,000 g　　1 g = 1,000 mg

　　　　　　　　　　1 kg = 2.2 lb(파운드)　　예 15 lb/2.2 = ◯ kg

　　　　　　　ⓐ 10 kgf/cm^2 ≒ 1 MPa　　100 mmH_2O ≒ 1 kpa　　(1.0332 kgf/cm^2 × 10^4 = kgf/m^2)

11) 제1종 · 2종 보호시설

가) 제1종 보호시설
　1,000 m^2 – 독립된 연면적 1,000 이상의 건축물
　300명 – 수용능력 300인 이상 건축물
　20명 – 수용능력 20인 이상
　문화재 – 지정된 문화재(지정문화재)

암기 tip
1320문

나) 제2종 보호시설
　: 주택(형식과 무관 무조건 2종)
　　독립된 연면적 1,000m^2 미만의 건축물

12) 저장능력(각 가스별)

   a) 압축 : Q = (10P + 1)V
      (단, Q : 저장능력(m^3),
       P : 압력(MPa), V_1 : 내용적(m^3))

   b) 액화(저장탱크) : W = 0.9 d V_2
      (W : 저장능력(kg), d : 액비중
       V_2 : 내용적(L))

   c) 용기 및 차량에 고정된 탱크
      : W = $\dfrac{L}{C}$
      (W : 저장능력(kg), C : 충전상수)

         2.35
         2.05
         1.86
         1.34
          ⋮

암기 tip

저장능력	산소(2종 독·가)	독·가	기타(2종 산소)
1만 이하	12m	17m	8m
2만 이하	14m ⟩2	21m ⟩4	9m ⟩1
3만 이하	16m ⟩2	24m ⟩3	11m ⟩2
4만 이하	18m ⟩2	27m ⟩3	13m ⟩2
4만 초과	20m ⟩2	30m ⟩3	14m ⟩1

13) 고압가스 관련설비(제3조 제5호)
   1. 저장탱크   2. 안전밸브, 긴급 차단 장치, 역화 방지 장치
   3. 기화장치   4. 압력용기   5. 자동차용 가스 자동주입기
   6. 독성가스 배관용 밸브   7. 냉동설비
   8. 특정 고압가스용 실린더캐비넷
   9. 자동차용 압축 천연가스 완속충전 설비
   10. 액화석유가스용 용기 잔류가스 회수 장치
   11. 차량에 고정된 탱크   **tip** SV, SSV, 역, 기, 압, 독, 배, 완, 잔

💡 LPG 공급방식
   1. 생가스 공급
   2. 공기혼합 공급
   3. 변성가스 공급

💡 충전 제한
   90% { 저장탱크 / 독성 / 에어졸(스프레이, 부탄가스)
   85% { 소형 저장 Tank / LPi 자동차

💡 방류둑 #2(특정제조~살수장치)

		일반	
산소	1,000 t	산소	1,000 t
가연	500 t	가연	
독성	5 t	독성	5 t

💡 원료의 주요성분
   C · H · O

💡 원료의 가연성분
   C · H · S (황)

💡 S + O_2 → SO_2 + $\dfrac{1}{2}$ O_2 → $\boxed{SO_3}$ + H_2O → $\boxed{H_2SO_4}$
                                   무수황산   유수황산 = 황산

💡 배관설치
  1) 건축물 : 1.5m
     산·들 : 1m (산과들외 : 1.2m)
  2) 시가지 : 1.5m
     시가지외 : 1.2m
  3) 타시설 : 0.3m (해저 30m)
     3타 할아버지
  4) 철도 궤도 : 4m
     지표면 : 1.2m
     철도부지 : 1m
  5) 4~8m 미만 : 1m
     8m 이상 : 1.2m

tip
지표면 : 지 → m乙.1
철도부지 ㅣm (1m)

특정제조, 긴급차단, 경보기, 방류둑, 2중관, 매설깊이, 공지폭, 수압, 분무살수

(1) 특정제조시설 및 기술기준
- 안전구역 내 : 30m (고압가스설비와 설비사이)
- 제조소 : 20m (제조설비; 제조소경계까지)

cf 특정설비 종류
- 저장탱크, 차량에 고정된 탱크(탱크로리)
- 안전 ⓥ, 긴급차단장치(SSV), 역화방지장치
- 기화장치, 압력용기, 자동차용 가스자동주입기
- 독성가스 배관용 밸브, 냉동설비
- 특정고압가스용 실린더 캐비넷
- 자동차용 압축천연가스 완속충전설비
- LPG용 용기 잔류가스 회수장치

(2) 긴급차단장치(SSV)
① 동력원 ─ 액압, 공기압, 전기, 스프링
  └ 110℃에서 작동
② 조작위치 ─ 특정제조 : 10m 이상
  └ 일반제조 : 5m 이상

특정제조 & 일반제조 구분
→ 문제풀이시 특정제조 언급없으면 일반제조로 본다.

tip SV, SSV, 역, 기, 압, 독배, 완, 잔!

(3) 가스누출경보장치
① 검지방식 (접촉연소방식, 격막갈바니, 반도체식)
  가연성가스   산소   독성·가연성
② 검지경보농도 ─ 가연성 : 폭발하한의 1/4 이하
  └ 독성가스 : 허용농도 이하
    NH_3 : 50ppm
③ 정밀도 ─ 가연성 → ±25% 이하
  └ 독 성 → ±30% 이하
④ 지시계 눈금 ─ 가연성 = 0 ~ 폭발하한계 값
  ├ 독 성 = 0 ~ 허용농도 3배 (TLV-TWA 기준농도)
  └ NH_3 = 150ppm

(4) 경보기 설치 갯수 계산
바닥면 둘레 ─ 건물內 : 10m마다 1개
  └ 건물外 : 20m마다 1개
    (정압기실)

(5) 방류둑 (수액기 내용적 10,000L 이상)
①
특정 제조	일반 제조
산 소 1,000t	가연성 1,000t
가연성 500t	산 소
독 성 5t	독 성 5t

② 방류둑 용량 ─ 산소 : 저장능력의 60%
  └ 수액기 : 내용적의 90%

(6) 2중관
H_2S SO_2 C_2H_4O
포   황시   아황   암   산에   염소   염탄
$COCl_2$ HCN NH_3 Cl_2 CH_3Cl

tip 포황시 염소 2마리

(7) 배관 매설깊이

- 건축물 : 1.5m 이상 ┐
- 산과 들 : 1m   ├ 지하
- 타시설 : 0.3m   ┘

- 철도궤도 : 4m   ┐
- 지표면 : 1.2m   ├ 철도
- 철도부지 : 1m   ┘

- 시가지 : 1.5m   ┐
- 타시설 : 0.3m   ┘ 도로밑

- 도로폭 8m 이상 : 1.2m   ┐
-        4~8m : 1m   ├ 사업소 지하매설
-        4m 미만 : 0.8m ┘

- 해저 타시설 배관 : 30m 이상

(8) 공지폭

상용압력	공지폭
1MPa 이상	15m
0.2 ~ 1MPa 미만	9m
0.2MPa 미만	5m

💡 일반제조

① 가연성 제조시설의 가스설비와 가연성 제조시설의 가스설비 : 5m
   가연성 제조시설의 가스설비와 산소 제조시설의 가스설비 : 10m

   tip 가제가, 가제가 5 (가제트형사 오라!)
          산제가 10

② 가스설비, 저장설비와 화기 : 2m 이상 우회거리
   (가연성·산소) : 8m

③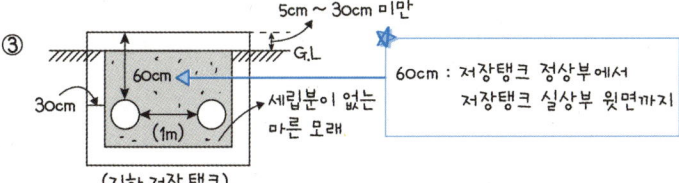
   (지하 저장 탱크)
   - 5cm ~ 30cm 미만
   - 60cm : 저장탱크 정상부에서 저장탱크 실상부 윗면까지
   - 세립분이 없는 마른 모래

④ 경계표지

	바탕	글자색
화기엄금	백	적
충전중 엔진정지	황	흑
위험고압가스	황	적
경계표지	백	흑

⑤ 부압안전장치
- 압력계
- 압력경보장치
- 진공안전밸브
- 균압관
- 냉동제어설비
- 송액설비

⑥ 물분무장치 / 냉각살수

물분무장치	냉각살수
내화구조 : 4L/분	일반 : 5L/분
준내화구조 : 6.5L/분	준내화 : 2.5L/분
전표면 : 8L/분	

cf 강제통풍 : 0.5m³/분

저장 탱크 설치방법

1. 저장 탱크

(1) 탱크 및 가스홀더는 $5m^3$ 이상의 가스 저장시 가스 방출 장치 설치

(2) 가연성 저장 탱크 : 지면으로부터 5m, 탱크 정상부로부터 2m 높이 중 높은 위치

2. 저장 탱크의 지하매설 설치방법

① 탱크 외면 : 부식방지 코팅과 전기부식 방지 조치
② 저장 탱크 실에 설치 : 천정, 벽, 바닥의 두께가 30cm 이상
③ 탱크 주위 : 마른 모래를 채운다. (세립분이 없을 것)
④ 저장탱크실 상부윗면과 저장탱크 정상부까지 깊이 : 60cm 이상
⑤ 탱크간의 거리 : 1m 이상
⑥ 가스 방출관 : 5m 이상
⑦ 콘크리트 강도 : 21MPa 이상 (▶ 동영상 대비)
⑧ 물·결합재 비율 : 50% 이하

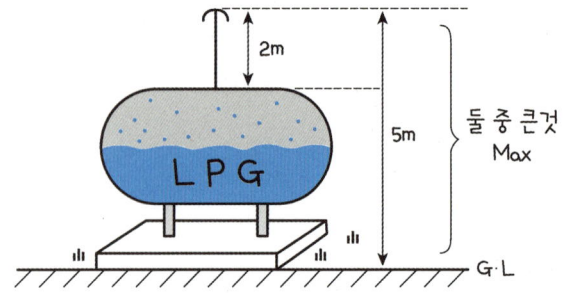

예제 저장탱크의 정상부가 지상에서 6m일 경우 방출관의 높이는 지상에서 몇 m인가?

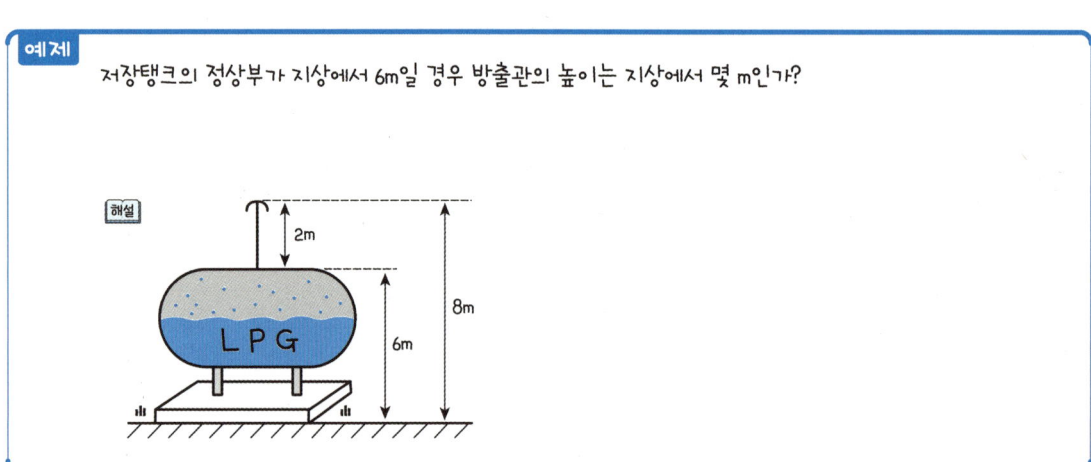

3. 저장탱크에 의한 액화석유가스 사용시설의 시설·기술·검사 기준 KGS FU433 2020

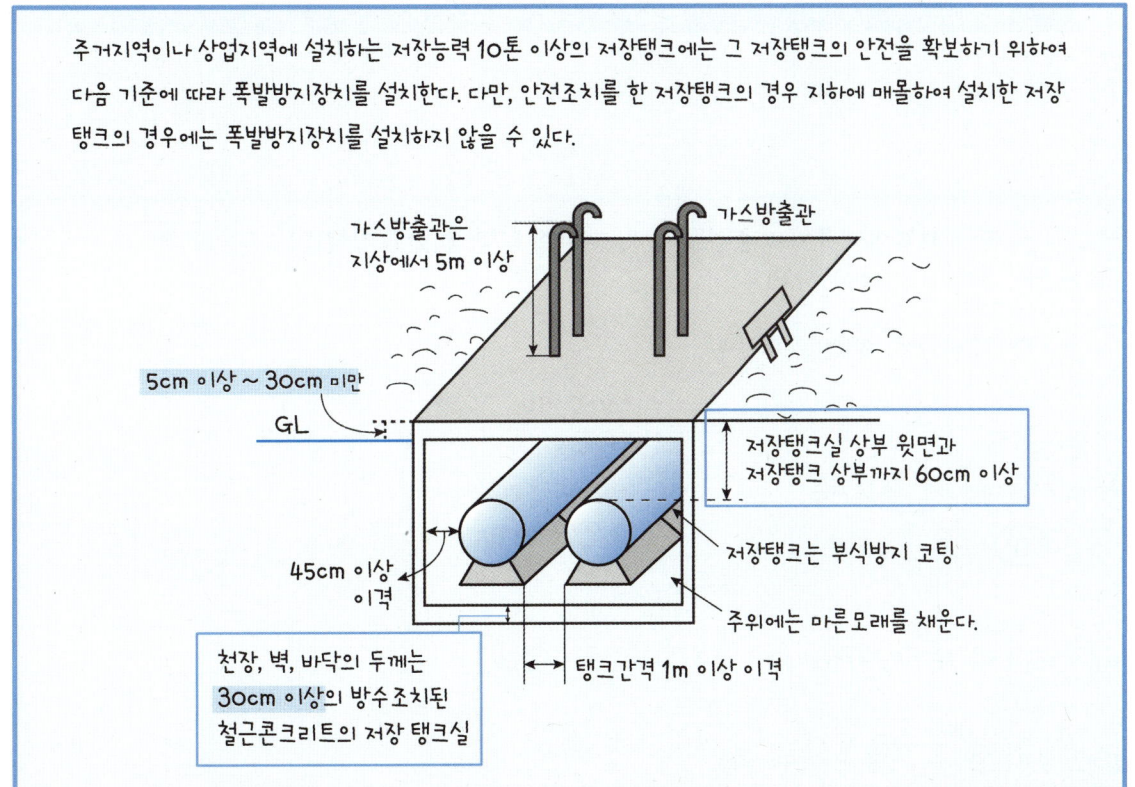

주거지역이나 상업지역에 설치하는 저장능력 10톤 이상의 저장탱크에는 그 저장탱크의 안전을 확보하기 위하여 다음 기준에 따라 폭발방지장치를 설치한다. 다만, 안전조치를 한 저장탱크의 경우 지하에 매몰하여 설치한 저장탱크의 경우에는 폭발방지장치를 설치하지 않을 수 있다.

- 가스방출관은 지상에서 5m 이상
- 5cm 이상 ~ 30cm 미만
- 저장탱크실 상부 윗면과 저장탱크 상부까지 60cm 이상
- 45cm 이상 이격
- 저장탱크는 부식방지 코팅
- 주위에는 마른모래를 채운다.
- 탱크간격 1m 이상 이격
- 천장, 벽, 바닥의 두께는 30cm 이상의 방수조치된 철근콘크리트의 저장 탱크실

💡 **표지판**

	바탕	글씨
화기엄금	백	적
충전중엔진정지	황	흑
도시가스	황	흑
위험고압가스	황	적
경계표지	백	흑

화기엄금
충전중 엔진정지
도시가스
위험고압가스
경 계

→ 예 고압가스 제조시설 (염소)
　　　흑색　　　　　　적색

💡 **지반침하, 내진구조** KGS GC 203. 2017/ 1.3.1

	지반	내진구조	(비·가연) 비·독성
압축	100m³	500m³	1,000m³
액화	1,000kg	5,000kg	10,000kg
	1t	5t	= 10t

검사 / 합격기준

1) C_2H_2 ┬ FP × 3배 : TP(내압시험압력) ← FP : 15℃에서 용기에 충전할 수 있는 가스 압력 중 최고 압력(P)
           │ 최고충전압력
           └ FP × 1.8배 이상 : AP(기밀시험압력)

2) 압축가스 / 액화가스 / ⓘ초저온 / 저온 ─┬ −50℃ 이하
                                          ├ 단열피복
      TP : Fp × $\frac{5}{3}$배 이상   ├ 상용온도 초과 ✗
                                          └ ★ 단열성능시험

3) 초저온 / 저온용기 : AP : Fp × 1.1배 이상

4) 고압가스 설비 : TP → 상용 P × 1.5배 이상
                  AP → 상용 P 이상
                       일상에서 사용하는 압력

5) 냉동설비   TP → 설계 P × 1.5배 이상
   고법 3t 이상 AP → 설계 P 이상

아세틸렌

① $CaC_2 + H_2O \Rightarrow$ ┌ C_2H_2
　　　　　　　　　　└ CaO (생석회)

황색 (용기색상) / 유기용제

C_2H_2 ┌ 산화
　　　├ 분해
　　　└ 화합

$C_2H_2 +$ ┌ $2Ag \rightarrow Ag_2C_2 + H_2$
　　　　├ $2Cu \rightarrow Cu_2C_2 + H_2$
　　　　└ $2Hg \rightarrow Hg_2C_2 + H_2$

(폭발예민물질 생성) "금속아세틸라이트"

아세톤
DMF(디메틸포름아미드)

② $CaC_2 + 2H_2O \Rightarrow C_2H_2 + Ca(OH)_2$
　　카바이드

③ 다공물질(객관식)

코큰　　**석** 규(가)　　**목** 석(같아)　　탄산(을) **마** **다** 하다
코크스　　석회 규조토　　목탄 석면　　　탄산 Mg　　다공성 플라스틱

---

④ 다공물질충전
가스취입. 취출부 제외하고, 빈틈없이 채운다.
용기직경의 1/200 이상, 3mm 초과 틈이 없도록 한다.

C_2H_2 용해가스
┌ 탄소강 (아, NH_3, Cl_2, LPG)
│　　　　　C_2H_2
├ 가용전식 밸브 (아~ 암 염소)
│　　　　　C_2H_2　NH_3　Cl_2
└ 고체는 안정, 액체는 불안정

다공도 75~92% 미만
동합금 62% 초과 ✗
충전용지관 0.1% 이하

용기 신규 검사

cf 재검사 항목 : 외관, 음향, 내압시험

2022년 1회 기출

1) 무계목 용기 - 이음새 없음
- ㉺관검사
- 인 장시험
- 압 궤시험
- 충 격

2) 계목 용기
- 외
- 인
- 압
- 충

3) 초저온 용기
- 외
- 인
- 압
- 충

4) 납 붙임 또는 접합용기
- 외
- 기
- 고압가압

tip 외고 기어납작!

- ㉺열시험
- 내 압시험
- 기 밀시험

tip 무파(마)라면

- ㉻접부시험 { 이음새인장, 굽힘, 용착금속, 인장 }
- ㉻사선
- 내
- 기

- 용
- 단열 성능시험
- 내
- 기

5) 아세틸렌
- 외
- 기
- ㉰공도 (75~92%) 미만
  $\frac{V-E}{V}$ (%)
- 다공물질 코크~탄산 Mg
  - 석 석 ┐ 규
  - 회 면 ┘ 조 토

6) ㉻계단계
- ㉺
- 내
- ㉿ 접부 │ 기계적 성능
  - 외관
  - 재료
  - 파열
  - 기밀

tip 외재파기

💡 **단열 성능 시험**

시험용가스 액화O_2(-183℃), 액화Ar(-186℃), 액화N_2(-196℃)를 용기 내용적 1/3 이상 1/2 이하를 충전한다.

침입열량 계산 $Q = \dfrac{W \cdot q}{V \cdot H \cdot \Delta t}$

q : 시험용가스의 기화잠열(kcal/kg)

◎ 합격기준 : 내용적 1,000L 이상 : 0.002(kcal/L·h·℃) 이하
　　　　　　내용적 1,000L 미만 : 0.0005(kcal/L·h·℃) 이하
◎ 내조·외조사이 진공유지 이유 : 외부의 열침입방지

tip
코큰 ㉣㉤(가) 목㉤(같아) 탄산(을) 마㉣(한다)
코크스 석회 규조토 목탄 석면   탄산Mg 다공성 플라스틱

역류 vs 역화 방지

1) 역류 방지 밸브

ㄱ) 충전용 주관 사이 ∨ 가연성 압축기

ㄴ) 유분리기 ∨ 고압건조기

ㄷ) 암모니아, 메탄올 합성탑(반응탑) ∨ 압축기 사이

ㄹ) 독성가스 ∨ 반응설비간의 배관사이
  (감압밸브)
  (〃 설비)

2) 역화 방지 장치

ㄱ) 자동(오토 클레이브) ∨ 압축기(가연성가스) 사이의 배관

ㄴ) 충치 〈충전용 지관〉 C_2H_2

ㄷ) 충전용 교체 밸브 ∨ 고압건조기

ㄹ) (수소염) (산소-아세틸렌염) 사용시설 ∨ 배관(분리되는 배관)
  용접

압축금지 / 운전중지 / 압축기윤활유

1) 가연성 — O_2 4%↑ ←4% 이상 포함시 압축금지 O_2 ← 가연성 4%↑   폭발

   tip 아에수 2% 부족

2) C_2H_2, C_2H_4, H_2 | 아에수 ⇐ O_2 2%↑ O_2 ⇐ 아에수 | C_2H_2, C_2H_4, H_2 2%↑   폭발

💡 **운전중지**

L – O_2 (액산) 5L 中
$\begin{cases} C_2H_2 : 5mg \\ C_mH_n : 500mg \end{cases}$ 운전중지 ⇒ 액산 방출

예 L – O_2 5L 中 메탄 8g이 포함 됐다면 운전여부?

해설 CH_4 8g(=8,000mg) = $\frac{12g}{16g}$ × 8,000mg

tip 탄화수소의 탄소질량이 500mg을 넘는지?

💡 **압축기 윤활유**

1) O_2 ┌ 물
        └ 10% 묽은 글리세린 수

★ 2) 공·아·수 (Air, 아세틸렌, C_2H_2, H_2) 꽝! ⇒ ┌ 양질의 광유
                                                    └ 디이젤유

3) SO_2, CH_3Cl ⇒ 화이트유

4) Cl_2 → 농황산(진한 황산)

5) LPG ⇒ 식물성유

HCN / C_2H_4O / C_2H_2

☑ 암기시 라임을 탈것

1) HCN (98% 순도)
① ㉦안화수소 (6%~41%)
② 충전 후 24hr 정치
③ 안정제 : (동
　　　　　　동망)
　　　　　　(인
　　　　　　인산)
　　　　　　오산화인
　　　　　　(황산
　　　　　　아황산)
　　　　　　· 염화칼슘 ·

④ ㉢합 폭발 : ㉦타디엔
　　　　　　　㉠㉱ C_2H_4O
　　　　　　　㉦ HCN
　　　　　　　㉱·㉠

2) C_2H_4O
① 분해폭발 (3~80%)
　㉠ C_2H_2
　㉰㉠ C_2H_4O
　O_3
　흐드러지게 (히드라진)
　N_2H_4
② 치환(안정)
　N_2, CO_2
　온도 5℃ 이하 유지
③ 충전 후
　45℃, 0.4Mpa 이상

3) C_2H_2 (98%순도)
─ 산화
─ 분해 → 1.5 기압 (가압, 충격, 마찰)
─ 화합 ─ Ag_2C_2 은 아세틸라이트
　　　　─ Cu_2C_2 동 아세틸라이트
　　　　─ Hg_2C_2 수은 아세틸라이트

① 충전 후 24hr 정치
② 충전 후 15℃, 1.5Mpa 이하 ★
③ 희석제　　　　C_2H_4 (에틸렌)
　메　일　수　프　에　질(리다)
　CH_4　CO　H_2　C_3H_8　N_2

tip 매일 스프에 질(리다)

💡 순도
· O_2 : 99.5%　　　아~
시· HCN ⎫
아· C_2H_2 ⎭ 98%　　시8
· H_2 : 98.5%

품질 검사 기준
O₂, H₂, C₂H₂, 용기보관, 에어졸, 기타(2.8.1 냉동/판매수입 300)

1) 품질 검사 기준

　　　　　　　　　　시약
- O₂ (99.5%) 오르잣트 : 동·암모니아　동·암·산
- H₂ (98.5%) 오르잣트 : 피로카롤, 하이드로 썰파이드　수피하
- C₂H₂ (98%)
  - ★ 정성 : 질산은　　　질 정성
  - 뷰렛 : 브롬시약　　　브뷰
  - ★ 오르잣트 : 발연황산　오발

2) 용기 보관 기준
　　　　　　　충전질량 $\frac{1}{2}$ 이상 충전, [$\frac{1}{2}$ 미만 : 잔가스용기]

- 충전·잔가스 구분　　캡, 프로텍터의 설치유무
- 독성·가연·조연성 구분　빗물, 직사광선 40℃ 이하 유지
- 화기(2m)　　　　　　방폭 전등외 휴대X

3) 에어졸 내용적 1L 이하 KGS FP112(고압가스일반제조 시설 및 기술기준)

① 내용적 100cm³(= 0.1L) 초과 용기 : 강 또는 경금속 사용
　　　　　　　　　　제조자 명칭, 기호 표시
② 35℃에서 내압이 0.8MPa 이하 2022년 1회 기출　　tip 에어졸은 8(영어 에잇 3508)
③ 화기 ←――――→ 8m
④ 인체거리　20cm 이상
⑤ 시료가스 온도　24~26℃
⑥ 온수탱크 온도　46℃~50℃ 미만

★ ▶동영상　온수탱크 투입이유 : "가스누출기밀시험"

(1-1) 시료는 같은 에어졸 제조소에서 같은 충전연월일에 내용물 조성을 같게 한 같은 로트에서 에어졸 충전용기를 1조로 하여 임의로 에어졸이 충전된 용기(이하 "시료"라 한다) 3개를 채취한다.
(1-2) 채취된 시료는 24℃ 이상 26℃ 이하가 되도록 온도 유지하여 불꽃길이 시험 실시

에어졸이 충전된 용기는 그 전수에 대하여 온수시험탱크에서 그 에어졸의 온도를 46℃ 이상 50℃ 미만으로 하는 때에 그 에어졸이 누출되지 않도록 한다.

4) 기타 시설   화기 2m↑ (가, 산, 저 8m↑)

5) 냉동시설 (3t 이상)
   물 – TP : 설계 P × 1.5배 이상
   기체 – AP : 설계 P 이상
   기체 – TP : 설계 P × 1.25배

cf ~할 경우는 생략 X
※ 내압시험을 한 경우 기밀시험은 생략할 수 있다.
→ 내압시험 O 기밀시험 X

6) 판매/수입 기준
   압축가스 300m³ 이상   액화가스 3t (3,000kg)
   판매기준 ┌ 용적(체적) ⇒ 원칙
             └ 질량(중량)

 memo   LPG 공급원칙 : 체적판매방법
※ 중량판매가능한 경우 5가지를 기술하시오.
① 내용적 30(L) 미만의 용기로 LPG를 사용하는 자
② 6개월 이내의 기간동안 사용하는 자
③ 주택 외의 건축물 중 영업장 면적이 40m² 이하인 곳
④ 경로당, 가정보육시설
⑤ 단독주택
⑥ 도시정비대상으로 예정된 건축물, 허가권자가 증·개축을 인정하는 곳

용기제조기준 / 계목, 무계목 / 재질 / 두께 / 부식여유치

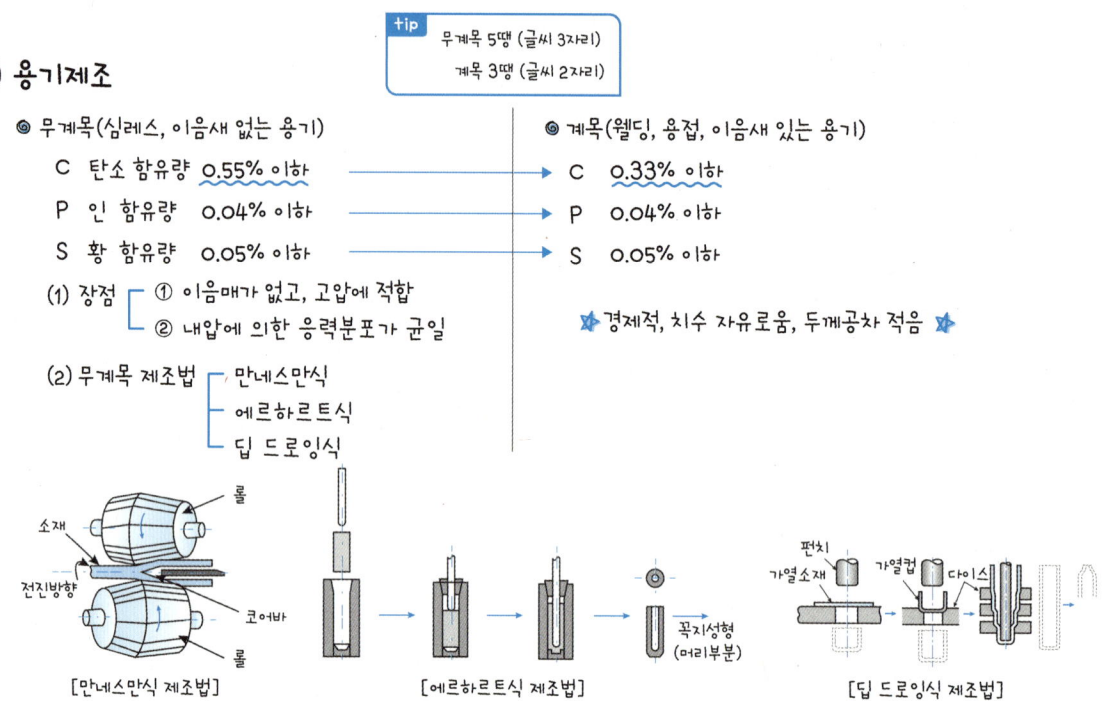

2) 용기재질

- 탄소강 : 아   암   염소   LP   (탄)
  　　　　C_2H_2 NH_3 Cl_2 LPG

- 크롬강 : 루돌프 코는   산   수   (코)
  　　　　　　　　　　O_2 H_2

3) 두께(t)

cf　P : MPa이면
　　S(허용능력)단위 : N/mm^2 이다.

$$t(mm) = \frac{P \cdot D mm}{2S_n - 1.2P} + C (mm)$$

190mm

허용능력(kgf/mm²) = 인장강도(kgf/mm²) / 안전율 (4 이상 원칙)　(n : 용접효율)

4) 부식 여유치(mm)　"단위 주의"

NH_3 ─┬─ 1,000L 이하 – 1mm
　　　└─ 1,000L 초과 – 2mm

Cl_2 ─┬─ 1,000L 이하 – 3mm
　　　└─ 1,000L 초과 – 5mm

재검사(용기 / 특정설비)

1) 용기

	15년 미만	15년 이상 ~ 20년 미만	20년 이상
⊙ 계목 500L 이상	5년	2년	1년
미만	3년	2년	1년

⊙ 무계목　500L 이상 : 5년마다
　　　　　미만 : 10년 초과시 3년마다

⊙ LPG　2년 (20년 이상)　※ 50L 미만은 4년
　　　　5년 (20년 미만)

※ 오래된 것은 자주 검사하자!

2) 특정설비

	15년 미만	15년 이상 ~ 20년 미만	20년 이상
차량에 고정된 탱크	5년	2년	1년
저장탱크	무조건 5년(불합격수리한 경우 3년마다)		
기화장치　노탱크	3년		
압력용기	4년		

💡 **특정설비 종류**
SV, SSV, 역화 방지,
기화장치, 압력용기,
독성가스 배관용 밸브,
잔가스 회수 장치,
완속장치, 차량 고정 탱크,
저장 탱크

tip 압사(4)

tip 특정설비종류
SV, SSV, 역 기 압 독 완 잔
　　　　화 화 력 성 속 가
　　　　방 장 용 가 장 스
　　　　지 치 기 스 치

💡 **공급자가 점검할 때 기준**
1) 내·외면
2) 재검사 기간 도래 여부(완성검사X)
3) 캡, 프로텍터
4) 열 영향 유무
5) 배관 누수
6) 상태 양호 or 불량호

용기색상(공업용 / 의료용), 문자색상

1. 공업용 용기색상

1) 공업용 가스

탄산(CO_2) : 청   산소(O_2) : 녹   아세틸렌(C_2H_2) : 황   수소(H_2) : 주황
암모니아(NH_3) : 백   염소(Cl_2) : 갈색   기타 가스 : 회색

> **tip** 회색기타를 들고 갈색염소가 노니는 록산에서 (청탄산/백암산)향해 황아체에 수주잔을 들어보자.

2) 의료용 가스

질소(N_2) : 흑   에틸렌(C_2H_4) : 자주색   액화탄산(L-CO_2) : 회색   싸이크로 프로판 : 주황
아산화질소(N_2O) : 청   산소(O_2) : 백   헬륨(He) : 갈색

> **tip** 헤갈위해 탄회와 청아를 싸게 주고 백산록에 자고나니 질흑같은 밤이로다!

3) 문자색상

① 흑색 ― NH_3
            C_2H_2
② LPG - 적색
③ 나머지 - 백색

4) 충전기한 표시 : 백색 (용기색상이 주황, 갈색, 자색, 적색, 흑색인 경우)

(3)3.12.2에 따라 표시하는 충전기한은 적색으로 한다. 다만 규칙 별표24 제1호나목에 따른 용기도색이 주황색, 갈색, 자색, 적색, 흑색인 경우에는 백색으로 그 충전기한을 표시해야 하며, 이 경우 액화석유가스용 용기에 대해서는 차기 재검사기한까지 충분히 식별할 수 있도록 내구성이 보장되어야 한다. <개정 20.5.11>

특정고압가스 종류

① 법에서 정한 것(법 제20조)
　(수소), 산소, 액화암모니아,
　아세틸렌, 액화 염소,
　천연 가스, 압축모노실란,
　압축디보란, 액화알긴

시행령
② 대통령이 정한 것
　포스핀, 셀렌화수소, 게르만,
　디실란, (오불화비소), 오불화인,
　(삼불화인), (삼불화붕소), 삼불화질소,
　사불화유황, (사불화규소)

③ 특수고압가스
　압축모노실란, 압축디보란,
　액화알긴, 포스핀, 셀렌화수소,
　게르만, 디실란

오불화붕소 없다.

☆ 허가대상 가스용품의 범위[액법 별표 4]

가스용품 제조허가를 받아야 하는 것은 다음 각 호와 같다.
1. (압력조정기)(용접 절단기용 액화석유가스 압력조정기를 포함한다)
2. (가스누출자동차단장치)
3. (정압기용필터)(정압기에 내장된 것은 제외한다)
4. (매몰형정압기)
5. (호스)
6. (배관용) 밸브(볼밸브와 글로우브밸브만을 말한다)
7. (콕)(퓨즈콕·상자콕 및 주물연소기용노즐콕만을 말한다)
8. (배관이음관)
9. (강제혼합식가스버너)(제10호에 따른 연소기와 별표7 제5호 나목에서 정한 연소기에 부착하는 것은 제외한다)
10. (연소기)(연소장치 중 가스버너를 사용할 수 있는 구조의 것으로서 가스소비량이 232.6kw(20만 kcal/h) 이하인 것만을 말하되, 별표7 제5호나목에서 정하는 것은 제외한다)
11. (다기능가스안전계량기)(가스계량기에 가스누출차단장치 등 가스안전기능을 수행하는 가스안전장치가 부착된 가스용품을 말한다. 이하 같다)
12. (로딩암)
13. (연료전지)[가스소비량이 232.6kw(20만 kcal/h) 이하인 것만을 말한다. 이하 같다]

+ip 강제 호정(이) 가정(이) 배배콕(여) 다연(이) 연로(딩) 압(이다)

특정가스(방호벽, SV / 흡수제 / 조정기)

1) 특정고압가스 종류 ← 좌측 특정가스 종류

2) 방호벽   액화가스 : 300kg   압축가스 : 60m³ (1m³ = 5kg)

3) 안전밸브 : 저장능력 300kg 이상

4) 가연성 가스 저장설비, 배관, 기화장치 화기로부터 8m 이상 (가(까)배기 팔)
   O_2 경우 5m 이상

   tip
   ① 축구선수 배기저(종) 8번
   ② 가제트 팔(8), 가배기 팔(8)
   ③ 산오(5)초

   ↕ 비교
   cf 일반제조일 때 ─ 가스설비·저장설비 2m 이상
                   └ 가연·산소 → 8m 이상

5) 흡수제(중화제)

   염 Cl_2 소석회   가성소다   탄산소다 (네)   포 $COCl_2$ 가   소
   시 HCN   가   아황 SO_2 가   탄   물
   황 H_2S 가   탄   암 NH_3
                                                 산에 C_2H_4O → 물
                                                 염탄 CH_3Cl

6) 조정기(Regulator)
   가스 최대 사용량 × 1.5배 이상 → 오
                                조정기

   ser 가스 미터기   가스 최대 사용량 × 2배   미투(2배)
        기화 장치   가스 최대 사용량 × 1.25배

(용기각인사항 / 용기부속품) 동영상

1) 제조자
2) 가스명칭
3) 내용적 기호V 단위 L
4) W(질량)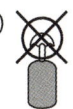
5) TW(아세틸렌) → W + (밸브, 부속품)
   + 유기용제(DMF, 아세톤)
   + 다공물질
6) Fp : 최고충전P
7) 동판 두께(t, mm)

> **ex** TP(C_2H_2) : Fp × 3배 이상
>
> AP(C_2H_2) : Fp × 1.8배 이상

💡 **용기부속품**

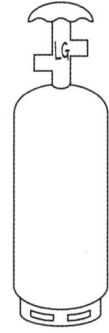

1) AG : 아세틸렌을 충전하는 용기의 부속품
2) PG : 압축가스를   "
3) LPG : 액화석유가스를   "
4) LG : 액화석유가스 외에 액화가스를 "
5) LT : 초저온용기, 저온용기의 부속품

배관종류

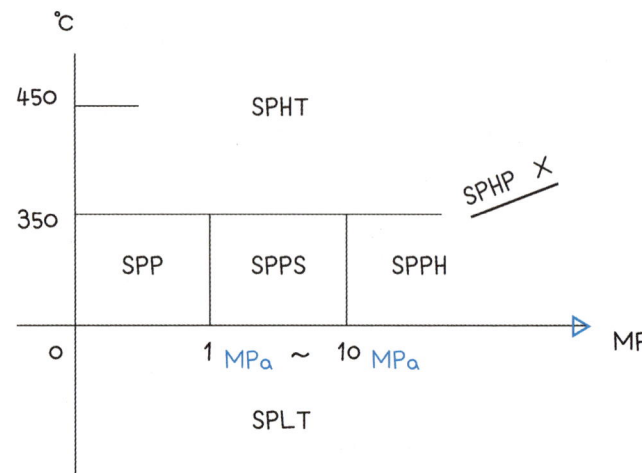

SPP : 배관용 탄소강관 steel pipe for piping
SPPS : 압력 〃
SPPH : 고압 〃
SPHT : 고온 〃
SPLT : 저온 〃
SPA : 배관용 합금강 강관
STS × TP : 내식, 내열, 고온, 저온

※ 파이프 표시사항

HONG STS ⓚ - SPP - B - 80A - 2025 - 6
　　　　　　　관종류 제조 호칭 제조년 길이
　　　　　　　　　　방법

차량운반 / 혼합적재 / 동승자 / 운전주의 / 독성 / 보호 / 소석회

- 운반기준 책임자
  - 총괄자, 부총괄자
  - 안전관리책임자, 안전관리원
- 200km 마다 휴식
- 동시이탈 X

◎ 표기 — 위험고압가스 / 차폭

예) 1m(차폭) 가로: 30%(30cm)
　　　　　　세로: 20%(6cm)

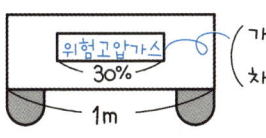
(가로 20% / 차폭 6%)　✏️ 차폭유지 X 600cm²

◎ 운반기준 책임자
　총괄자, 부총괄자
　안전관리책임자
　안전관리원

◎ 오토바이
　20kg × 2개 = 40kg 가능
　액화 세 워 서 적재
　압축 눕 혀 서 적재

◎ 혼합적재 금지

- Cl_2 + [NH_3 / H_2 / C_2H_2] X
- 가연성 + 조연성은 밸브 마주보고 X
- 독성中(가연, 조연)   혼합 X

◎ 동승자 기준(운반량 통제)　+tip 군대의 선탑자 성격
　조연 600m³ – 6,000kg
　가연 300m³ – 3,000kg
　독성 { 100m³ – 1,000kg 독성가스(허용농도 200ppm 초과)
　　　 10m³ – 100kg   독성가스(허용농도 200ppm 이하) }
　　　　　　　　　　　　　　　　　　Lc 50 기준 적용
　⭐ 가스종류 구분, 저장량 기억
　예) 질소가스 16,000kg
　　　동승자 X
　　　└ 해당가스가 X

◎ 독성, 가연성
- 휴대품 점검 1月
- 로프는 15m 이상

◎ 독성 장착 훈련 3月
　└ 보호구, 보호의, 공기호흡기, 공기식 마스크
　산소 마스크 X

소석회	1,000kg 미만	1,000kg 이상
	20kg	40kg 이상

차량에 고정된 탱크 / 방파판 / 운행시 휴대서류철

1) 차량에 고정된 탱크

① 내용적 충전제한

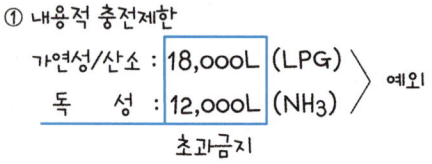

② 탱크마다 주밸브 설치

③ 주밸브 : 40cm 이상
   조작상자 : 20cm 이상

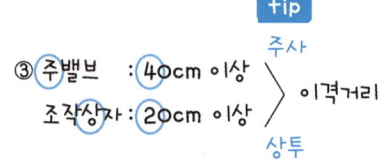

+tip 주사 / 상투 이격거리

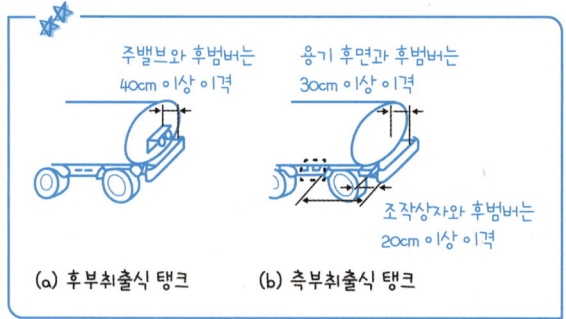

(a) 후부취출식 탱크   (b) 측부취출식 탱크

2) 운행시 휴대 서류철

- 개인 ─ 운전면허증
       └ 고압가스 자격증
- 탱크 ─ 탱크 테이블
       ├ 고압가스 이동계획서
       ├ 차량운행일지
       └ 차량 등록증

cf 슬립튜브식 액면계

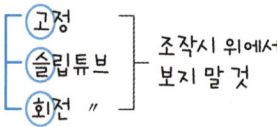

- 고정
- 슬립튜브 조작시 위에서
- 회전 "   보지 말 것

+tip 고 슬 회

3) 종료시 점검

① 이완 상태
② 부착 상태
③ 파손 여부

★ LC 50 기준(TLV-TWA 기준 : 1ppm 이하임)
  200ppm 이하시 : 독성가스 용기 차량
                승하차 리프트 사용

◎ 액면계(간접식) 종류

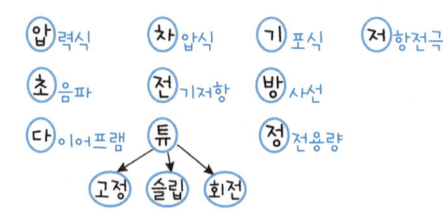

압력식   차압식   기포식   저항전극
초음파   전기저항 방사선
다이어프램 튜(고정/슬립/회전)   정전용량

+tip 압차기저 / 초전방 / 다튜정

CNG 기준 - 안전율, 방호벽, 경보기

↳ 주원료 CH₄(-161.5℃)

1) CNG 기준

- 사업장경계: 10m 이상 (단, 방호벽 有 ⇒ 5m 이상)
- 철도: 30
- 고압전선: 5 ──── 고 ⇒ 오 ⇒ 5m
- 저압전선: 1 ──── 저ₘ ⇒ 자 1ₘ
- 화기: 8(팔고)
- 도로: 5(오시오)

tip
10원에 사
(고)철을 30원에 파니
고 저 (경기도) 화도에
팔(8)고 오(5)시오!

2) 안전율: 최소 4 이상

$$t = \frac{PD}{2S\eta - 1.2P} + C$$

(mm) kgf/cm², mm, 용접효율

(용접두께)
(용기) 허용능력 (kgf/mm²) = 인장강도 (kgf/mm²) / 안전율 (4)

P : MPa이면
S : N/mm² 입니다!

3) 방호벽 : 압축기, 압축장치 기준

4) 경보기 : 가스가 체류하기 쉬운 곳, 압축장치 내부
   └ 개수 : 기본 1개 (압축가스설비주변 2개)

💡 LPG충전 사업

LPG ┬ 충전소 ①
    ├ 일반집단공급사업 ②
    ├ 판매/영업소 ③
    ├ 가스용품제조사업기준 ④
    ├ LPG 저장소 기준 ⑤
    ├ 공급자의 안전점검 기준
    ├ LPG 충전자의 용기 안전 점검기준
    └ LPG 공급 방법

LPG개요 / 전기방식 신축이음 [LPG 1강]

1) 주거·상업지역 저장 능력 10t 이상 <폭발방지 장치 설치>
   　　　　　　　　　　　　　　　　다공성 벌집형 AL 박판

2) 표준P : 2개 이상(표준압력계)

3) 1.5~2배 이하

4) 부식방지(배관) - 방식 ┌ 억제제 사용법
   　　　　　　　　　 방법 │ 피복처리법
   　　　　　　　　　　　 └ (전기)방식법

5) 전기 방식 ┬ 희생 양극법(유전 양극법) → T/B거리 : 300m 이내
   　　　　　├ 외부전원법 → T/B거리 : 500m 이내
   　　　　　├ 선택배류법 : 배류기 설치　　　　　　　　) T/B거리 : 300m 이내
   　　　　　└ 강제배류법 : 외부전원법 + 선택배류법의 혼합형

6) 신축이음 ┬ 루우프 - 옥외배관 사용 → 도면표시
   　　　　 ├ 슬리브 →
   　　　　 ├ 벨로즈(팩레스) →
   　　　　 └ 스위블 →
   　　　　　 (엘보 2개 이상)

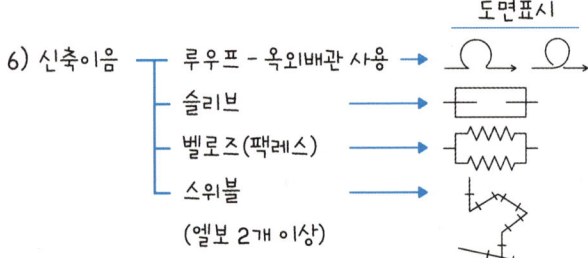

비파괴 / 통풍시설 / 자동차 용기, 충전 / 3505 [LPG 2강]

1) 비파괴 검사 (▶ 동영상)
   ① 음향검사 (AE) : 테스트 햄머 → 소리
   ② 침투탐상 (PT) : 액 → 표면도포 (내부검출X)
   ③ 자기(자분)검사 (MT) : 자분, 자석
   ④ 방사선 검사 (RT) : 내부선원, 이중법, 이중삼법 - 공업적, 비싸다, 내부검출O
   ⑤ 초음파 검사 (UT) : 결과신속, 가격저렴, 기록보존 어려움, 적층결함 검출 가능

2) 통풍 시설
   ● 자연 : 1m² → 300cm² 비율, 설치기준 4가지(실기)
     예) 10m² → 3,000cm²
         (통풍구 면적
          최소 2,400cm² 이하
          → 갯수? 약 1.~~ = 2개)
   ● 강제 : 분당 0.5m³/분
     예) 3m² × 0.5 = 1.5m³/min

   💡 경보기 설치
   건물 내 : 10m
   건물 외 : 20m
   정압기실 : 20m

   주요부분 ─ 검지부 ─ 무거운 가스 바닥~검지부 상단 30cm 이내
           ─ 제어부 ─ 가벼운 가스 천장~검지부 하단 30cm 이내
           ─ 차단부

3) 자동차 용기

   냄새 ─┬─ 냄새주머니법
   농도 ├─ 오더미터법
   $\frac{1}{1,000}$ = 0.1% ├─ 주사기법
         └─ 무취실법(유취실X)

   * 세이프티 카플링 *

   CNG 자동차
   세이프티 카플링
   666.4N (= $\frac{666.4}{9.8}$ = 68kgf)
   충전구 끝에는 정전기 제거 장치, 원터치형

   cf **LPG 자동차**
   인장압력 :
   490.4~588.4N

   카플링 분리시 방향
   1. 암커플링 : 자동차쪽
   2. 수커플링 : 충전기쪽

4) 납붙임, 용접용기 압력이 35℃, 0.5MPa 미만

   tip 3505 미만 | 💡 납붙임, 접합용기, 이동식부탄연소기용 용접용기 충전압력은 35℃에서 0.5MPa 미만으로 한다.

(배관 / 도색 / 고정 / 충전 / 소형탱크) / 판매사업 [LPG 3강]

1) 배관매설 — PE관 : 폴리에틸렌 관
　　　　　　— PLP관 : 폴리에틸렌 피복 강관

> PE배관시 융착이음방식 3가지
> ① 융착방식 : 맞대기융착, 소켓융착, 새들융착
> ② 융착상태의 적합성 판정 기준 : 비드폭
> ③ 이음부와 연결오차는 배관두께의 10% 이하
> ④ 공칭외경별 비드폭 계산(최소 3 + 0.5t, 최대 5 + 0.75t)

2) 도색
　(황) : 저압 - 건물색과 같이 할 경우 황색 이중선 폭 3cm, T/F이음 : 이중금속 이음, 30cm 이하
　(적) : 중·고압

3) 고정대
　설치조건
　　ϕ13mm 미만 : 1m 마다
　　ϕ13~33mm 미만 : 2m 마다
　　ϕ33mm 이상 : 3m 마다

4) 소형저장탱크 (단위 : kg·m) : (관련규정 : KGS FU432-2021)

(표 1-1) 소형저장탱크의 설치거리　　가스충전구로부터 ⇒

충전질량(kg)	토지경계까지	탱크 간	건축물 개구부까지
1,000kg 미만	0.5	0.3	0.5
1,000 ~ 2,000kg 미만	3.0	0.5	3.0
2,000kg 이상	5.5m	0.5m	3.5m

[비고] 동일한 사업소에 두 개 이상의 소형저장탱크가 있는 경우에는 각 소형저장탱크 저장능력별로 이격거리를 유지하여야 한다.<신설 11.1.3>

5) 충전량제한
　★ 일반탱크, 독성탱크, 에어졸 : 내용적의 90% 이하
　★ 소형저장탱크, LPi 자동차 : 내용적의 85% 이하

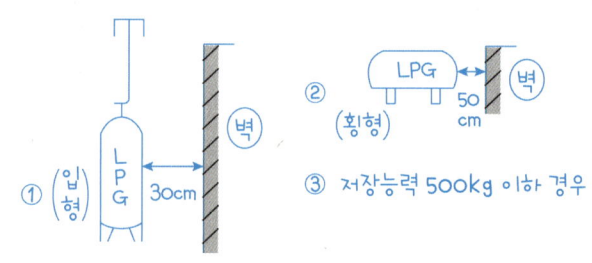
① (입형) LPG ↔ 벽 30cm
② (횡형) LPG ↔ 벽 50cm
③ 저장능력 500kg 이하 경우

6) 판매사업소
　　불연성 재질 벽
　　(불연/난연) 경량재질 : 지붕
　① ┬ 19m² - 용기보관실
　　　├ 9m² - 사무실
　　　└ 10m² - 각 고압가스 별로 구분
　② 화기 : 2m 이상
　③ 2단 이상 X (단, 30L 미만 가능)
　④ 충전용기 온도 40℃ 이하 유지

(조정기 종류/특징/폐쇄/SV 작동) 표시사항 [LPG 4강]

1) 조정기 기능
① 감압기능
② 조정기능
③ 폐쇄(차단)기능

2) 조정기 종류

종류		입구압력(MPa)	출구(조정)압력(kPa)
1단 감압식	저압 조정기	0.07 ~ 1.56	2.3 ~ 3.3
〃	준저압 조정기	0.1 ~ 1.56	5 ~ 30
2단 감압식	1차용 조정기	0.1 ~ 1.56	57 ~ 83
〃	2차용 조정기 - 저압	0.01 ~ 0.1	2.3 ~ 3.3
자동 절체식 일체형	저압 조정기	0.1 ~ 1.56	2.55 ~ 3.3
〃	일체형 준저압 조정기	0.1 ~ 1.56	5 ~ 30
〃	분리형 조정기	0.1 ~ 1.56	32 ~ 83

3) 조정기 폐쇄압력 : 3.5kPa 이하
대상 : 1단 감압식 저압,
2단 감압식 2차용,
자동절체식 일체형 저압

4) 안전장치(SV) 작동압력
① 작동 표준 압력 : 7kPa
② 작동 개시 압력 : 5.6 ~ 8.4kPa
③ 작동 정지 압력 : 5.04 ~ 8.4kPa

+tip 정지 압력 : 5.04 ~ 8.4kPa

5) 장·단점
1단 : 구조간단, 많이 사용(가정용)
2단 감압 ┌ 장점 - 공급안정, 배관이 가늘어도 O, 입상배관의 압력 강하 보정할 수 있다.
         └ 단점 - 역화 우려, 설비비가 많이 듦, 점검시 어려움

★ 자동절체식 장점 → ◎ 수동교체식보다 잔가스를 끝까지 사용 ★
                    ◎ 용기교환주기 넓어짐 ★
                    ◎ 분리형사용시 1단감압식보다 도관의 압력손실을 크게 해도 된다.
                    ◎ 전체 용기수량이 수동교체식보다 적어도 된다.

배관결정 저압, 고압 설계 4원칙, 입상관/(-)의미, 손실요인

1) 관경결정공식

① 저압:

$$Q^2 = \left(K\sqrt{\frac{D^5 H}{SL}}\right)^2$$

$$Q^2 = K^2\left(\frac{D^5 H}{SL}\right)$$

$$H = \frac{Q^2 SL}{K^2 D^5}$$

공식: $Q = K\sqrt{\frac{H \cdot D^5}{S \cdot L}}$ 에서
(양변에 2곱하면)

의미 압력손실 H측면
① $Q^2 \downarrow$ ($V^2 \downarrow$)
② S(비중)$\downarrow$ (길이$\downarrow$)
③ D^5의 반비례
   ⇒ 관경 $\uparrow$

ser 밀도, 점도 $\downarrow$

💡 단위:
★ 1. Q : 유량(m^3/h)
   2. K : 유량상수(0.707)
   3. S : 가스비중
   4. L : 배관길이(m)
★ 5. D : 관경(cm)
   6. H : 압력손실(mmH_2O)

② 중고압: $Q = K\sqrt{\frac{D^5 H (P^2_1 - P^2_2)}{SL}}$

최초 P_1 최종 P_2

$\left(\frac{1}{2}\right)\downarrow \Rightarrow \left(\frac{1}{2}\right)^5 = \frac{1}{\left(\frac{1}{32}\right)}$

= 32배
(파이프 굵기가 반으로 줄면 손실은 32배 大)

2) 설계원칙 (배관경로의 선정 4요소)

- 최단, 직선, 노출, 옥외설치

3) 입상관 배관 = "수직배관" 2020년 용어변경

$H = 1.293(S - 1)h$

예 $\frac{16}{29}$ (메탄/공기) $H = 1.293(16/29 - 1) \times 10m = -5.796$
즉, $-5.8 mmH_2O$ (압력상승 의미)

메탄 CH_4 10m G.L

\# $-5.8 mmH_2O$를 KPa로 압력변환하면

$\left(\frac{-5.8 mmH_2O}{10332 mmH_2O}\right) \times 101.325 kPa = -0.056 (KPa)$

4) 배관의 안전 시공을 위하여 고려할 사항

가) 저압배관 설계 4요소 (H, Q, L, D)
   ㉠ 압력손실(H)   ㉡ 최대 가스 유량(Q)   ㉢ 배관의 길이(L)   ㉣ 관 지름(D)

나) 배관경로의 선정 4요소
   ㉠ 최단거리   ㉡ 직선으로   ㉢ 노출시공   ㉣ 옥외설치

다) 배관설계시 압력손실 요인 (LP가스, 공급소비설비배관 압력손실요인)
   ㉠ 배관직관부손실   ㉡ 입상관손실(상승)   ㉢ 밸브, 콕, 엘보등의 부속설비   ㉣ 가스미터기

저장소 / 공급자시설장비 점검원 / LPG충전자 확인 [LPG 5강]

1) 저장소 (직접저장)
- 경계책 ← (충·잔가스 : 1.5m)
- 파렛트 O ⟶ 2.5m 이상
  - X ⟶ 1.5m 이상
- 높이 5m 이상, 2단 X

2) 공급자 시설
장비 ┬ 가스누설 검지기
가스 3종 ├ 자기압력기록계(PR)
     └ 조 ⟨입구P / 출구P⟩ 측정압력기

3) 공급자 점검 - 설치 위치, 화기와의 거리, 빗물, 직사광선, 누설검사

💡 시설점검원 = 사용시설점검원
- LPG 일반집단공급 : 3,000개소.
- 공동주택 : 4,000개소.
- 다기능가스계량기 : 6,000개소

4) LPG충전자
① 용기 내·외면 확인 ② 용기의 도색 상태 ③ 캡, 프로텍터 설치
④ 열영향 확인   ⑤ 재검사 도래 여부   ⑥ 표시 여부   ⑦ 스커트 상태
⑧ 핸들부착   (완성검사 X)   ⑨ 충전구나사 밸브 작동상태 여부

LPG공급방법 [LPG 6강]

체적(m³)

① 하나의 건물 → ┌ 하나의 집합설비(용기)
                └ 저장탱크/소형저장탱크

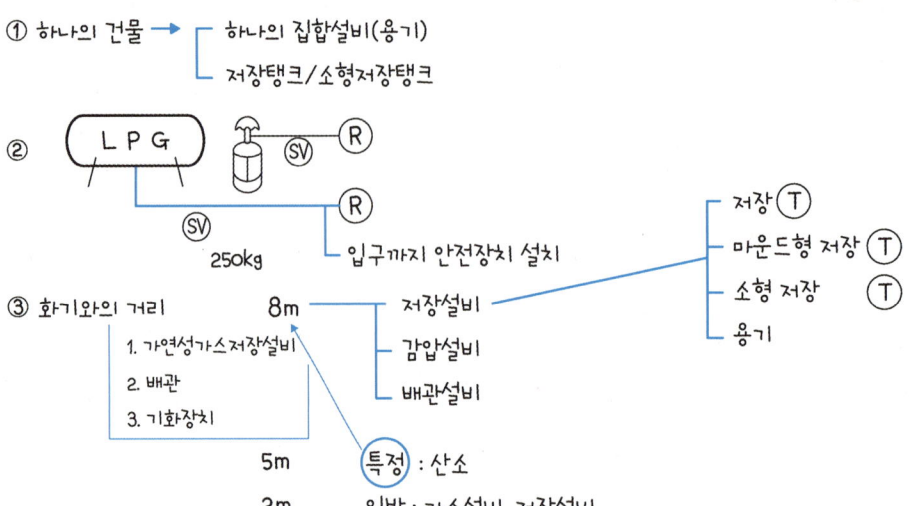

② LPG ─ SV ─ R
       │ 250kg
       └ SV ─ R ─ 입구까지 안전장치 설치

저장 T
마운드형 저장 T
소형 저장 T
용기

저장설비
감압설비
배관설비

③ 화기와의 거리   8m
   1. 가연성가스저장설비
   2. 배관
   3. 기화장치
                   5m
                   2m

특정 : 산소
일반 : 가스설비, 저장설비
     └ 가연성, 산소 8m

④ 배관이음부 & 가스계량기 유지거리 비교

구분 (단위 : cm)	공급시설(배관이음부)		사용시설		가스 계량기
	LPG 집단	도시가스 (공급소 밖, 일반도시가스)	배관이음부		
			LPG 집단	도시가스 (공급소 밖, 일반)	
전기(계량기, 개폐기)	60cm		60cm		60
전기(접속기, 점멸기)	30	30	15cm		30
굴뚝(단열조치 X)		15			
전선(절연조치 X)					15
전선(절연조치 O)	10		10cm		규정없음

사용시설 : 내관·연소기 및 그 부속설비와 공동주택 등의 외벽에 설치된 가스계량기를 말한다.

⑤ 배관용 밸브 사용의 경우
   ┌ 소비량 19,400kcal/h를 초과
   └ 압력이 3.3kPa 초과

⑥ 배관시공
   ┌ 호스길이 3m 이내
   └ T자 분기 X
        └ 주 배관 원칙

⑦ 가스 M 계량기
   입상관 V   ── 바닥면에서 1.6~2m 이내

   cf 보호상자 M 넣은 경우 2m 이내 설치 개정, 2022년 기출

★ 가스치환 생략
   1) 내용적 1m³ 이하
   2) 경미한 것 (가스캣 교체)
   3) 외부 작업

⑧ 연소기 설치

	급기구	배기구	형식
개방형	실내	실내	
반밀폐형	실내	실외	F·E식 / C·F식 (보수적, 전통적)
밀폐형	실외	실외	F·F식 / B·F식 (밸런스)

★ 수평거리 5m 이내, 굴곡부 4개 이하, RF식(X)

LNG, 배관의 종류, 본관 / 공급관 / 내관, 사용자공급관
[도시가스 1강]

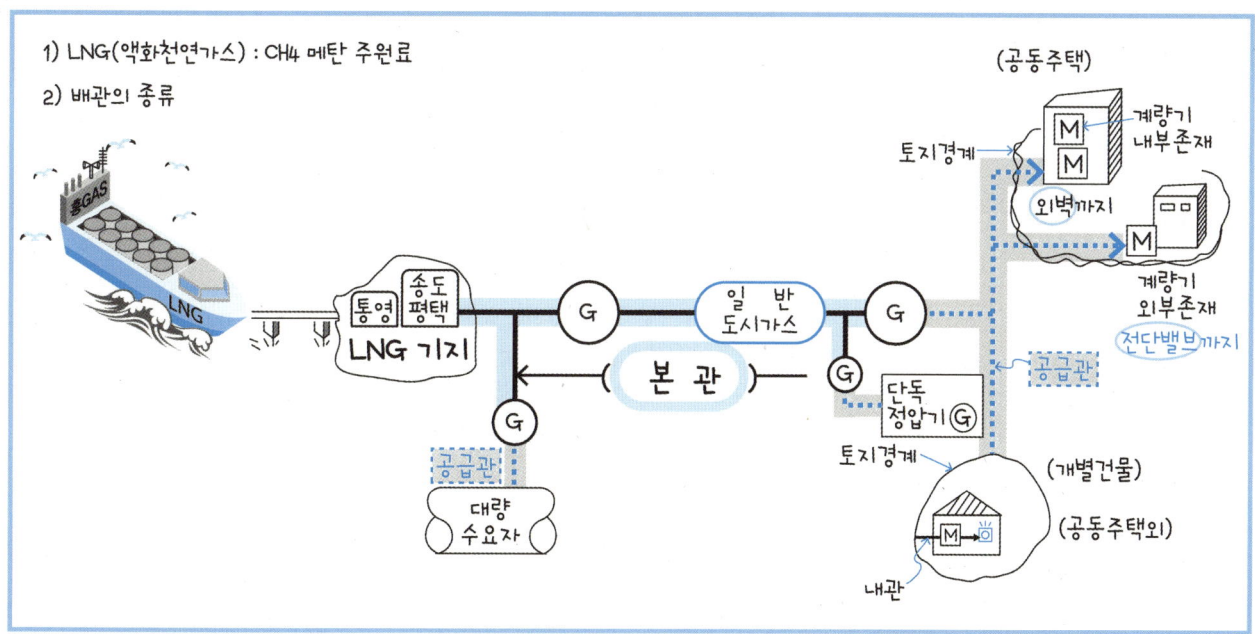

◎ 내관

① 공동주택 등 건축물
  ㉮ 가스계량기(건물 내부설치) - 건물외벽에서 연소기까지의 배관
  ㉯ 가스계량기(건물 외부설치) - 계량기 전단밸브에서 연소기까지의 배관
② 공동주택외 건축물(개인주택) : 가스사용자가 소유하거나 점유 중인 토지경계에서 연소기까지의 배관

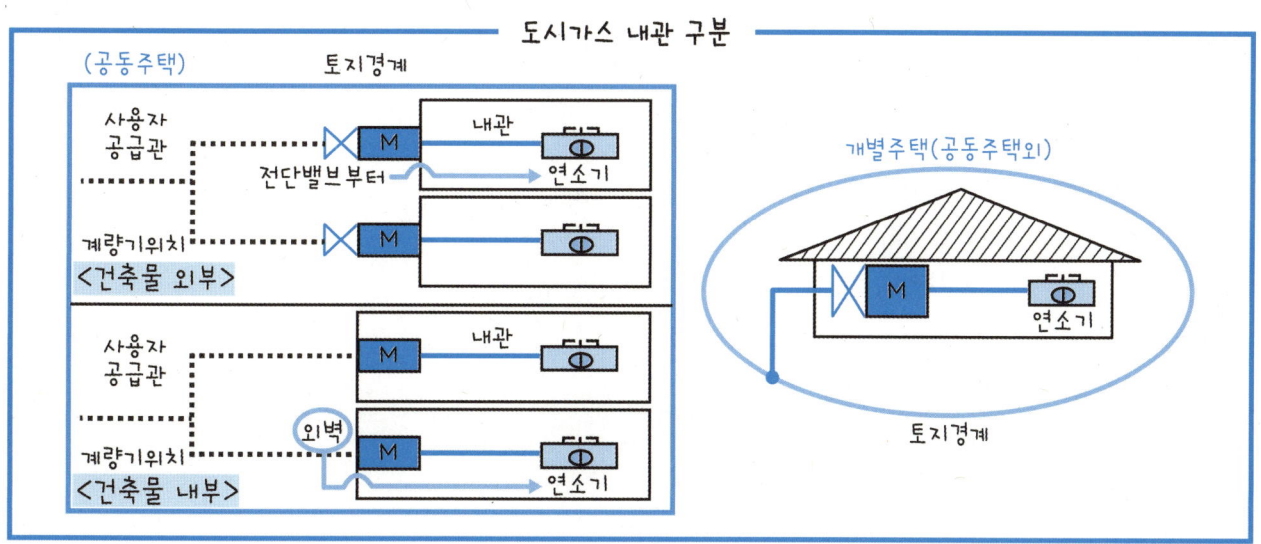

도매사업자 / 정압기 / 안정장치 / 분해점검 / AP
[도시가스 2강]

◎ 사업자 ─┬─ 도매사업자 ⟨ 제조소, 정압기지등
          ├─ 일반도시사업자 ⟨ 제조소, 공급소, 정압기
          └─ 도시가스충전사업자

1) 유지거리
   $L = C\sqrt[3]{143,000W}$ → $0.24\sqrt[3]{143,000W}$
   L = 유지거리(m) → $0.576\sqrt[3]{143,000W}$ ← LNG경우
   C = 저압 지하식 저장탱크 ⓞ.24 (기타 : ⓞ.576)
   W = 저장탱크는 저장능력(톤)제곱근,
         그 밖의 것은 그 시설 안에 LNG의 질량(톤)

✤ LPG 저장 및 처리설비는 보호시설까지 30m 거리유지
✤ 가스공급시설의 안전구역 공지면적 : 2만m² 미만
✤ LNG 저장탱크와 처리능력이 20만m³ 이상인 압축기와의 거리 : 30m 이상
✤ 안전구역 내의 고압가스공급시설과 거리 : 30m 이상

2) 정압기(Lux : 조명도 150 Lux 이상)
   ① 경계책
   ② 철·콘 : 30cm
   ③ 정압기 그림 학습 ^ ^

3) 안전장치
   ─ SV(안전V)·PT[이상압력통보(경보)장치]
   ─ 동결방지
   ─ SSV(긴급차단V)
   └ 필터

4) 분해점검
   ┌ 공급시설 : 2년에 1회   작동점검 1주 1회 이상
   └ 사용시설 : 3년에 1회   그후에는 4년 1회 이상
      └→ 예) 최초 2012년 설치 분해점검은?
             분해 13, 14, ⑮
             차기 만료일은? 16, 17, 18, ⑲ 만기일

5) AP(기밀시험) - Dp(최고사용P) × 1.1배 / Tp : Dp × 1.5배 이상
                                          최고사용압력

일반도시가스 공급시설 / 혼배정압 / 정전기 / 통신시설
[도시가스 3강]

1) 제조소 / 공급소 ⇒ 사업장 경계 거리
   가스발생기 가스홀더(가스저장 임시 압력탱크)
   고압 : 20m   중압 : 10m   저압 : 5m
            2배   1/2

   ex 안전장치
   ① SV : TP × $\frac{8}{10}$ 이하
   ② 누설경보기
   ③ 차단기
   ④ 계측기기
   ⑤ 인터록(원재료 공급차단)
   ⑥ 정제설비-수봉기 사용

2) 혼 배 정 압 ⇒ 사업장 경계 거리
   합 송 제 송   고압 : 20m   일반 : 3m 이상
   기 기 설 기
         비

3) Dp(최고사용압력) × 1.5배 = TP
   Dp 이상 = AP - 고압가스법   Dp × 1.1배 - 도시가스법

4) 정전기 제거 설비
   총합 100Ω (저항)
   피뢰침 10Ω

   단독접지 — 탑류
            탱크
            열교환기
            벤트스택
            회전기계

   tip 탑탱크열(받으면)벤트회(해라)

   → 접지 단면적   전선굵기
                   5.5mm² 이상
                   비교
   "로케이팅와이어" 6mm² 이상(PE관)
   → 19.10.16 문구개정 (로케팅X)

5) 통신시설

	사업소·현장사무소간	사업소 전체	종업원 상호간
구내전화	O		사이렌 트랜시버
구내방송	O →	O →	
페이징	O →	O →	O →
인터폰	O →	휴대용확성기 메가폰	O → O →

   tip 구구페인

가스홀더, 검지, 정압기(입구 Dp/출구), 배관, 보호판(포), 방호구조물, 압력조정기
• 라인마크

[도시가스 4강]

1) 가스홀더 기능

① 수요의 급격한 변화에 대비 (제조량, 수요량 비교) 조절
② 제조, 공급시설 장애 → 공급의 안정성 확보
③ 사용처 근처 설치 → 피크시 공급능력 ↑
④ 조성변동가스 혼합 → 성분, 열량(연소성) 등 품질 균일

2) 종류

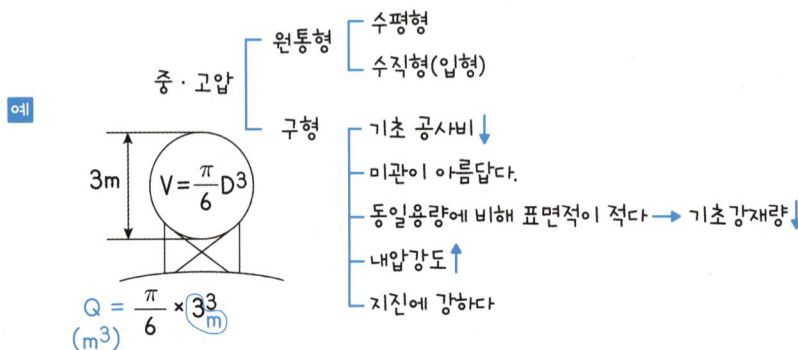

저압 ┌ 유수식 水 ┌ 기초비 ↑
                └ 동결방지 필요(한랭지)
     └ 무수식 - 피스톤 상·하 왕복, 대용량 ★

중·고압 ┌ 원통형 ┌ 수평형
                 └ 수직형(입형)
        └ 구형 ┌ 기초 공사비 ↓
               ├ 미관이 아름답다.
               ├ 동일용량에 비해 표면적이 적다 → 기초강재량 ↓
               ├ 내압강도 ↑
               └ 지진에 강하다

예) 3m $V = \frac{\pi}{6}D^3$

$Q = \frac{\pi}{6} \times 3^3$ (m³) (m)

3) 부취제 첨가 장치, $\frac{1}{1,000}$ (0.1%) 검지

4) 정압기 ⓖ. Governor

기밀 ┌ 입구P : Dp × 1.1배 이상
     └ 출구P : Dp × 1.1배 ←비교 큰것 Max→ 8.4kpa

분해점검 2년 1회
작동점검 1주 1회

5) 배관 ┌ 황색 : 저압
　　　　└ 적색 : 중압 이상

① 중압 배관 ↔ 고압배관 : 2m 이상

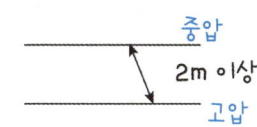

② 용접을 할 수 없는 경우 ┌ 플랜지 이음
　　　　　　　　　　　　├ 나사 이음　열융착　전기융착
　　　　　　　　　　　　└ 융착 이음 (맞대기, 소켓, 새들 융착)
　　　　　　　　　　　　　　→ 90φ 이상　2022년 기출

③ 입상관 Ⓥ : 1.6~2m 이내 (가스미터기 설치 동일)

④ 매설깊이
　- 공동주택 : 0.6m
　- 도로폭 ┌ 8m 이상 : 1.2m
　　　　　 └ 4~8m 미만 : 1m

💡 매설된 모든 배관은 비파괴 검사 원칙
　예외) ① PE관　② 관경 80A 미만 저압배관　③ 노출된 저압배관
　　　→ 즉, 비파괴 검사 제외 경우

6) 보호판 / 보호포

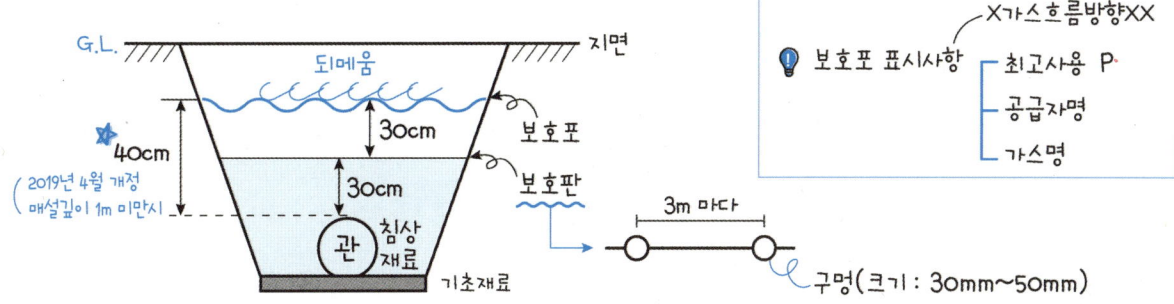

💡 보호포 표시사항
　　X가스흐름방향XX
　　┌ 최고사용 P
　　├ 공급자명
　　└ 가스명

7) 방호구조물

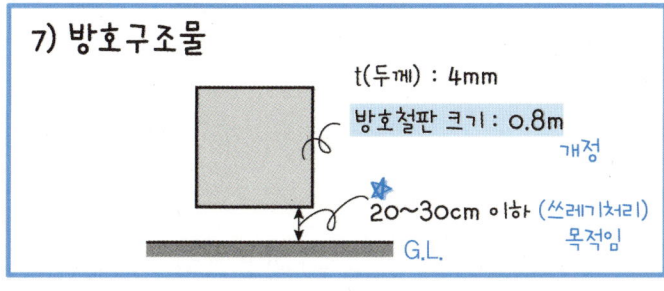

8) 압력조정기　예) 최대공급가능 세대? 249세대
　┌ 저압 : 250세대 미만
　└ 중압 : 150세대 미만 (149세대)

⭐ 참고 (라인마크) 설치기준 / 글씨크기 10mm 장방향 양각처리
　도로법상 도로에 도시가스 매설시 설치

⭐ 배관길이 50m 마다 1개 이상
　주요분기점, 굴곡지점 및 그 주위 50m 이내

⭐ 종류 : 직선, 두방향, 세, 한, 135°, 관끝지점

1) 직선 방향　2) 두 방향　3) 세 방향　4) 한 방향　5) 135° 방향　6) 관 끝 지점

① 길이(A) : 60mm　② 두께(E) = 7mm

사용시설 / 검사항목 / 정압기 SV / 배관공사
[도시가스 5강]

1) 배관

	기체	액체
고압	1MPa 이상(게이지 압력)	0.2MPa 이상 ★
압력 중압	0.1~1MPa	0.01~0.2MPa
저압	0.1MPa 미만	0.01MPa 미만

2) 매설 배관시 ┌ 중압 이상 - PLP관
              └ 저 압 - PE관 <0.4MPa 이하>
                         단, PE관 사용가능

3) 종류(건물 내 매립) - 동관, 스테인리스 강관, 가스용 금속 플렉시블 호스

4) 가스계량기 - 화기 : 2m 이상, 높이 : 1.6~2m 이내(보호상자 : 2m 이내)
              [2019년 개정] [2022년 기출]

5) 가스 월 사용 예정량 (특정가스사용시설인 경우 1人 선임) / 안전관리 총괄자 1명, 안전관리책임자 1명(기능사 이상)

$$Q = \frac{(Ⓐ \times 240) + (Ⓑ \times 90)}{11,000 \text{(도시가스 발열량)}} = 4,000m^3 \text{ 초과 경우 : 안전관리책임자 1人}$$

Ⓐ: 8시간 × 30일 (산업용)
Ⓑ: 하루 3끼 × 30일 (비산업용)

6) 검사항목   합격기준
   ① 열량 ┌ 배송기
          ├ 제조소 ┐ 출구분석   51.5~56.72MJ
          └ 압송기 ┘
   ② 압력   1~2.5kPa
   ③ 연소성   (웨버) WI : ±4.5%
   ④ 유해성   ┌ 전유황 30mmg 이하
                         ├ 실록산 ┐
                         │ 할로겐 ┘ 10mmg 이하
                         ├ NH_3 검출 ×
                         └ H_2S : 1mg 이하
   [tip] 가수유열연압

7) 정압기 SV (분출구) 관경 크기

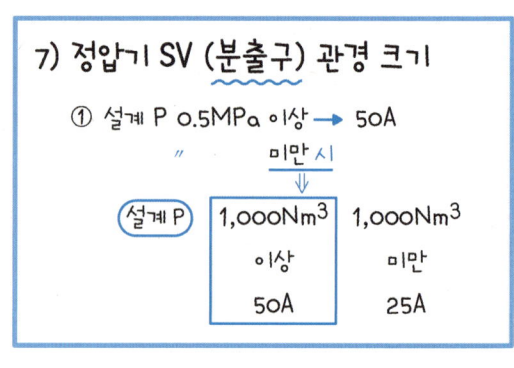

8) 배관공사

① 비파괴검사 제외공사

> <개정 12.4.5>
> - 가스용 폴리에틸렌관(PE관)
> - 노출된 저압의 사용자공급관
> - 관경 80A 미만의 저압 매설 배관

💡 **원칙** : 매설배관은 용접시공 후 비파괴검사를 실시한다.
 ㉠ 용접 곤란 시 접합방법 : 플랜지 접합, 나사 이음, 융착이음(맞대기, 소켓, 새들 융착)

② 300m 마다   긴급차단 장치 설치
   500m   원격제어

③ 전부공정(2가지) ― 일반도시가스사업자 ① ┐
   나머지는 일부공정   도외자(일반도시가스사업자 외의 가스시설 공급자) ┘ 배관

---

cf 일, 에너지, 동력과 열량 관계

💡 1 J = 0.239 cal
    1 cal = 4.18 J
    1 KW = 860 kcal
    1 PS = 632 kcal
    1 HP = 641 kcal

cf
① $1J = 1N \cdot 1m$
② $Pa = N/m^2$
③ $1kcal = 427 kgf \cdot m$
④ 일에 대한 열당량 : $1kcal/427kgf \cdot m = \dfrac{1}{427}(kcal/kgf \cdot m)$

발화등급 / 연소특성(LPG)

1) 자연발화등급

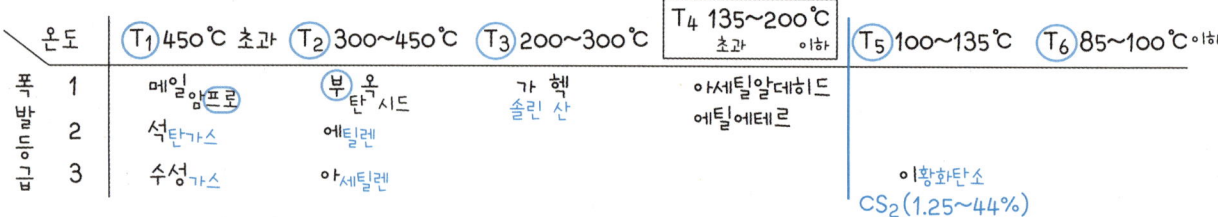

온도 폭발등급	T₁ 450℃ 초과	T₂ 300~450℃	T₃ 200~300℃	T₄ 135~200℃ 초과 이하	T₅ 100~135℃	T₆ 85~100℃ 이하
1	메탄,암모니아	부탄, 옥사이드	가솔린, 헥산	아세틸알데히드 에틸에테르		
2	석탄가스	에틸렌				
3	수성가스	아세틸렌			이황화탄소 CS₂ (1.25~44%)	

💡 연소특성

1) CmHn (탄화수소) 분자량 ↑

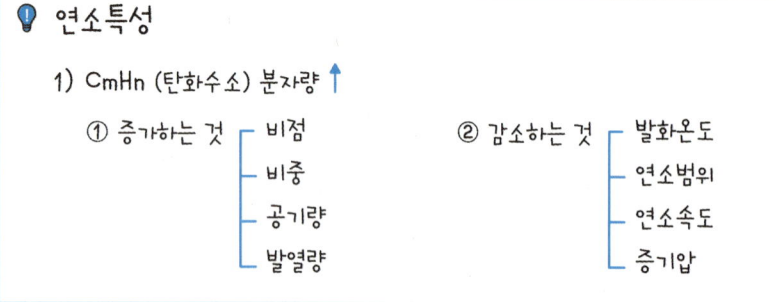

① 증가하는 것 ─ 비점
              ─ 비중
              ─ 공기량
              ─ 발열량

② 감소하는 것 ─ 발화온도
              ─ 연소범위
              ─ 연소속도
              ─ 증기압

+tip
증가하는 것 : 비·비·공·발

✎ 펌프 이상현상

1) 캐비테이션(공동현상)
   - 수온이 증기압보다 ↓ 물이 증발 작은 기포 다수발생
   └→ 펌프 설치위치 ↓ 회전수 ↓ 흡입회전도 ↓ 관경 ↑

2) 베이퍼록
   - 액체가 끓는 현상 → 설치위치 ↓ 냉각시킬 것 청소

3) 서어징
   - 맥동 : 지침이 흔들린다. → 조절밸브 위치가 수조나 공기실보다 ↑

4) 수격작용
   - 유속이 급변 ~ 물에 압력변화 관벽을 친다. → 관경 ↑ 유속 ↓

33. LPG, 가스공급방식, 이송방법

- 상온, 무색, 무미, 무취
- 액비중: $C_3H_8 = 0.51$ / $C_4H_{10} = 0.58$
- 체적(250배, cf O_2 : 800, LNG : 600)
- 증발잠열이 大: C_3H_8 : 101.8 / C_4H_{10} : 92 (kcal/kg)

1) LPG(액화 석유가스) C수 1~3개

- P : 파라핀계(포화탄화수소, 치환반응)
  - 예) CH_4, C_3H_8, C_4H_{10} … C_6H_{14}(헥산) - C_nH_{2n+2}
- O : 올레핀계(불포화탄화수소) C_nH_{2n} : C_2H_4, C_3H_6, C_4H_8 - 첨가반응(부가), 중합반응
- N : 나프탄계 C_2H_2 - C_nH_{2n-2} (치환, 중합, 첨가)
- A : 아로마(방향족) C_2H_2(아세틸렌계) n 2n-2

tip 파(렴)치
① $CH_4 + Cl_2 \rightarrow CH_3Cl + HCl$
② $CH_3Cl + Cl_2 \rightarrow CH_2Cl_2 + HCl$

$C_2H_4 + H_2 \rightarrow C_2H_6$ (에탄)

2) 연소특성

- 액비중 < 1 : 뜬다 → 드레인(적상)
- 발열량

	C_3H_8		C_4H_{10}
발열량	24,000/m³	<	30,000/m³
비점	-42.5	<	-0.5
비중	44g	<	58g
공기량 $(m + \frac{n}{4})$	5	<	6.5

★ 액비중 : ① 암모니아 0.77 ② 프로판 0.51 ③ 부탄 0.58 ④ 물 1

3) LP 공급방식

- 자연기화
- ★ 강제기화 ┬ 생가스
           ├ 공기혼합
           └ 변성가스
- 공기혼합목적 : 재액화방지, 발열량조정, 연소효율 증대, 누설시 손실 감소

4) LPG 이송(차압, 압축기, 펌프)

- Comp VS Pump
  - 압축기
    - 장점 ① 충전시간이 짧다
           ② 잔가스 회수가능
           ③ 베이퍼록 X   ↔ 펌프 단점
    - 단점 ① 재액화 우려
           ② 드레인 현상

압축기, 펌프

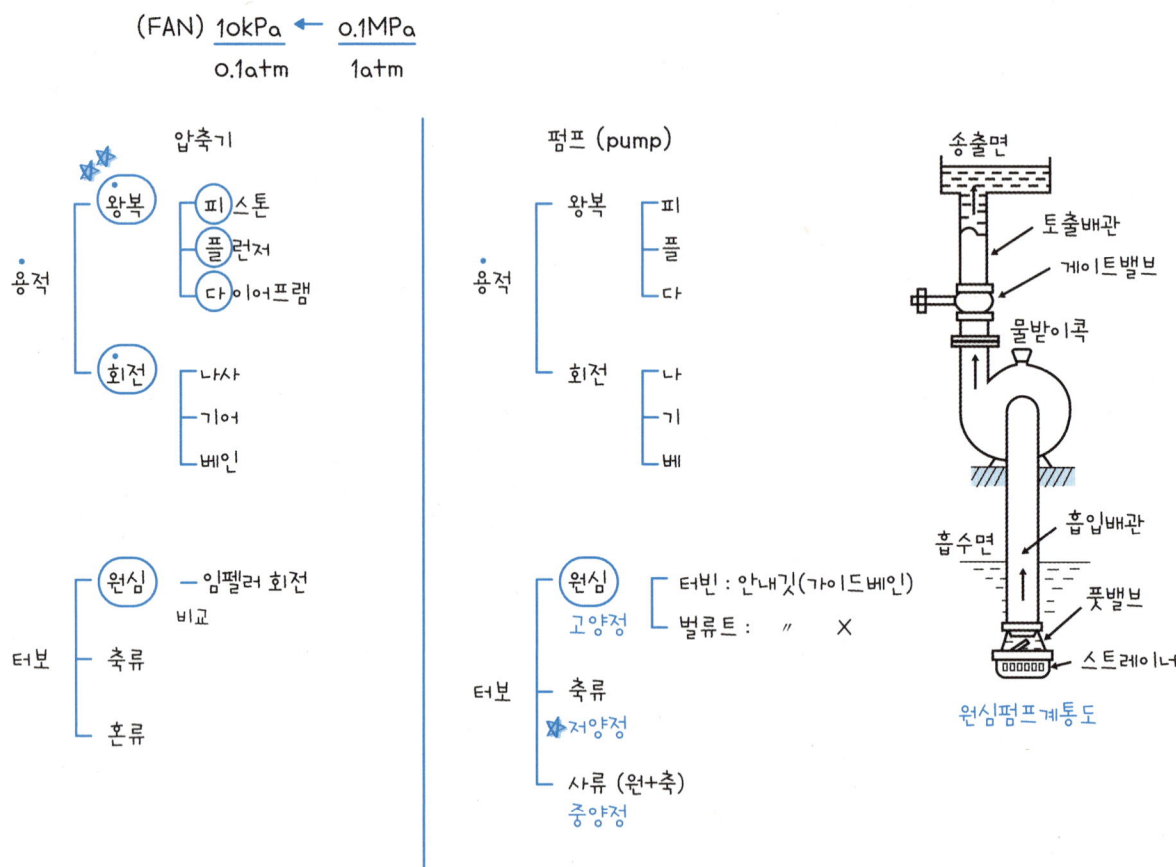

tip 용왕(바다)회/왕주변사람(People) 많다(다)

💡 **왕복동 압축기**

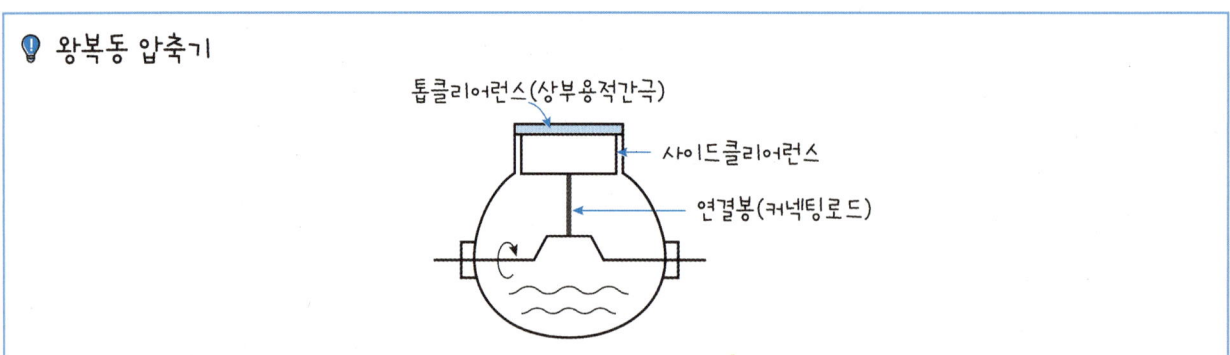

효율, 동력 · 펌프의 이상현상 · 축봉장치

1) 효율(압축기) $\eta = \eta_v \times \eta_c \times \eta_m$
　　　　　　　　체적 압축 기계

[체적효율]

$$\eta_v = \frac{\text{실제적인 피스톤의 압출량}}{\text{이론적인 피스톤의 압출량}} \times 100(\%)$$

[압축효율]

$$\eta_c = \frac{\text{이론적가스의 압축소요동력(이론적동력)}}{\text{실제적가스의 압축소요동력(지시동력)}} \times 100(\%)$$

[기계효율]

$$\eta_m = \frac{\text{실제적 소요동력(지시동력)}}{\text{축동력}} \times 100(\%)$$

2) 상사의 법칙

$$Q = \left(\frac{N_2}{N_1}\right)^1$$

$$H = \left(\frac{N_2}{N_1}\right)^2$$

$$L = \left(\frac{N_2}{N_1}\right)^3$$

3) 동력(펌프)

	수동력	축동력 (+ η 반영)
PS (초)	$\dfrac{1000 \, rQH}{75}$	$\dfrac{1000 \, rQH}{75 \times \eta}$
KW (초)	$\dfrac{1000 \, rQH}{102}$	$\dfrac{1000 \, rQH}{102 \times \eta}$ (× 60, × 3600)

$Q \left(m^3 / \underline{min} \text{ or } \underline{hr}\right)$

r : 액체의 비중량(kgf/m³)　　H : 전양정(m)
Q : 유량(m³/s)　　η : 펌프의 효율(%)

비교 동력 - 압축기

[압축기의 축동력(효율반영)]

$$L_w = \frac{P \cdot Q}{75 \times \eta} \text{ (PS)} \qquad L_w = \frac{P \cdot Q}{102 \times \eta} \text{ (kW)}$$

P : 압력(kgf/m² = kgf/cm² × 10⁴)
Q : 유량(m³/s)
η : 효율(%)

4) 액비중(비중량)　　$g/cm^3 = kg/L = 1{,}000 \, kg/m^3$

5) 효율(펌프)　　$\eta_c = \eta_v \times \eta_m \times$ 수력
　　　　　　　　　　　　　　　　↳ $\dfrac{\text{지시동력}}{\text{축동력}}$

$$= \frac{Q \text{ 실제}}{Q + \Delta Q \text{ 누설(회전자)}}$$

$$= \frac{\text{실제}}{\text{회전자}}$$

6) 이상현상

① 캐비테이션(공동현상) – 수온이 증기압보다↓ / 작은 기포 다수 발생
② 베이퍼록 – 액체가 끓는다.
③ 서어징(불안정, 맥동) – 지침이 흔들림
④ 수격작용(워터함머링) – 압력변화 → 관벽을 친다

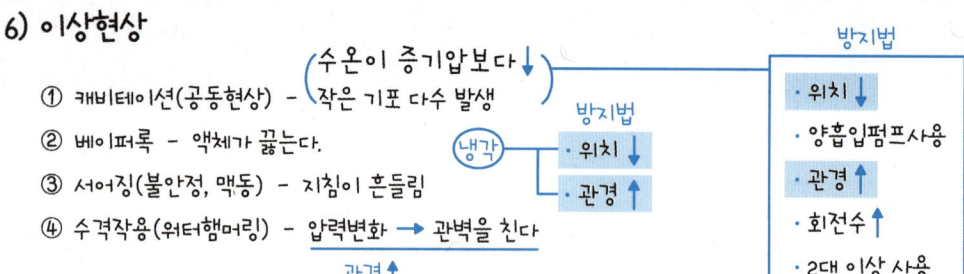

방지법 (냉각) : ·위치↓ ·관경↑
관경↑

방지법
·위치↓
·양흡입펌프사용
·관경↑
·회전수↑
·2대 이상 사용

7) 메카니컬 시일

- 아웃사이드 ┬ 저응고점액일 때
　　　　　　├ 100cp 초과 고점도액
　　　　　　└ 스타핑 박스 내가 고진공
- 밸런스 ┬ (저)비점 액체 (LPG등 액화가스)
　　　　├ 내압이 4~5kgf/cm² 이상일 때(0.4~0.5MPa 이상)
　　　　└ (하)이드로카본일 때

+tip
O 4 밸 저 하!
　　비 이
　　점 드
　　　 로
　　　 카
　　　 본

기화장치 / 혼합기 / 가스홀더 (LPG이송 장단점)
가스+공기

1) 강제기화 (← 자연기화 비교)

① 소비량
② 조성, 발열량 일정
③ 기화량 가감 가능
④ 설비장소 크고, 설비비가 많다.
⑤ 한랭지

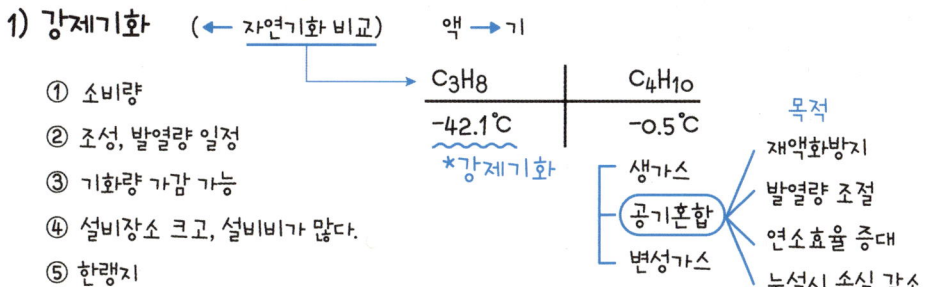

액 → 기

| C_3H_8 | C_4H_{10} |
| -42.1℃ | -0.5℃ |

*강제기화

- 생가스
- 공기혼합
- 변성가스

목적
- 재액화방지
- 발열량 조절
- 연소효율 증대
- 누설시 손실 감소

2) 원리(기화장치)

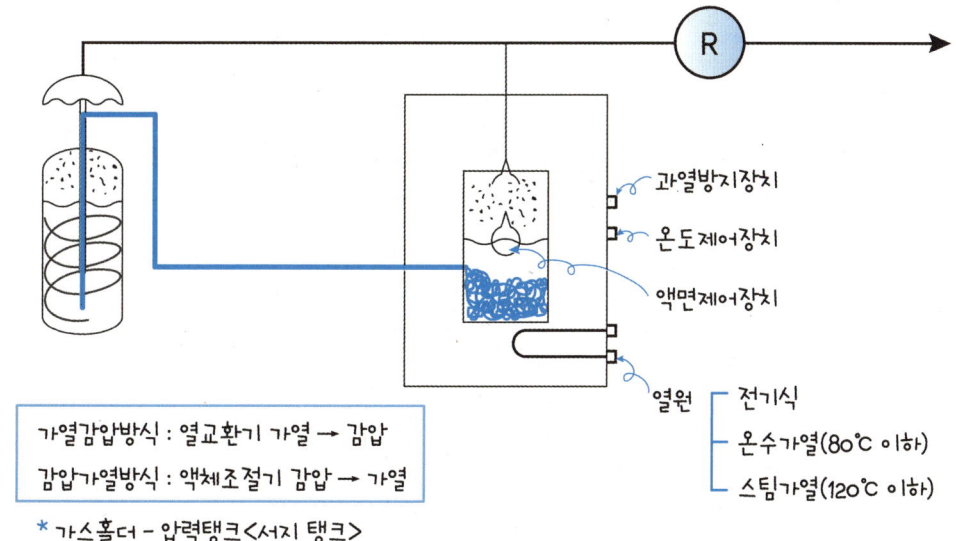

- 과열방지장치
- 온도제어장치
- 액면제어장치
- 열원
  - 전기식
  - 온수가열 (80℃ 이하)
  - 스팀가열 (120℃ 이하)

가열감압방식 : 열교환기 가열 → 감압
감압가열방식 : 액체조절기 감압 → 가열

* 가스홀더 - 압력탱크 〈서지 탱크〉

3) LPG 이송

차압 : 압력차

	장점	단점
압축기	① 잔가스 회수 용이 ② 이송시간이 짧다 ③ 베이퍼록 현상 X	① 재액화 우려가 있다 ② 드레인 필요
펌프		

<선정기준>
가스미터기 / 표시 / 사용공차 / 감도유량 / 종류, 특징 / 설치기준, 부착기준 / 법개정 부동/불통

1) 가스미터기 구비조건
① 계량이 정확하다.
② 내열, 내식, 내구성
③ 구조가 간단
④ 압력 손실이 적을 것
⑤ 경제적/설치·탈착 편리

2) 표시
- MAX 1.5m³/h : 시간당 최대 사용유량은 $1.5m^3/h$이다.
- 0.5L/rev : 계량실의 1주기 최저유량은 0.5L이다.

3) 사용공차 : ±2.25%
cf 검정오차 : ±1.5%

4) 감도유량 : ① 가스미터 작동시 최소유량 [기사 기출]
② 좋으면 측정시간↑ 측정범위↓

5) 종류

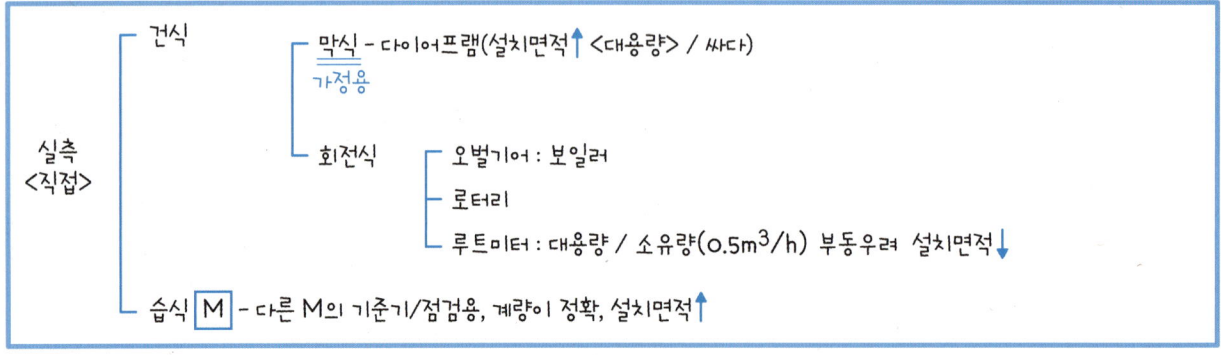

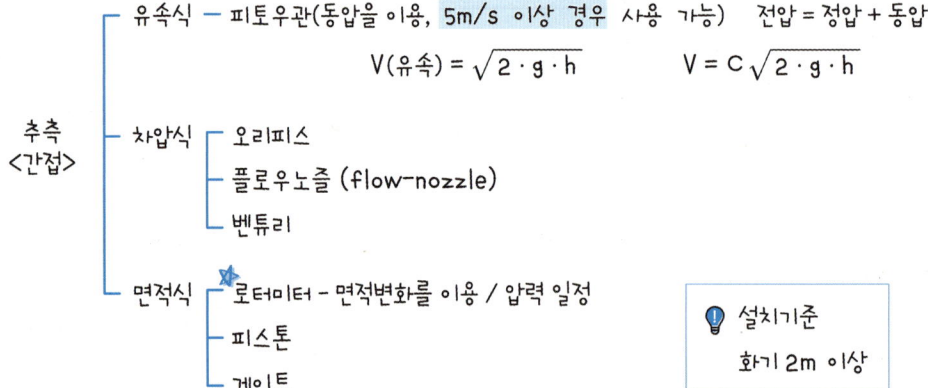

설치기준
화기 2m 이상

6) 법개정 (강의그림 참조)

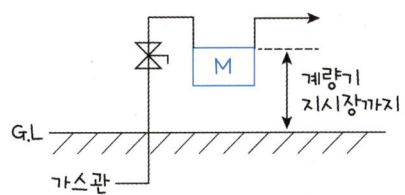

일반적 가스미터 높이 - 1.6 ~ 2m 이내
(보호상자에 넣을 경우 - 2m 이내) 2022년 기출

(1) 입상관밸브 : 밸브의 손잡이가 부착된 부분(중심)을 바닥으로부터
   1.6m 이상 2m 이내에 설치
(2) 가스계량기 : 바닥으로부터 계량기 지시장치(계량값 표시창)의
   중심까지 1.6m 이상 2m 이내
   단, 보호상자에 가스계량기를 넣을 경우 2m 이내에 설치

7) 부동 : 유량통과 O, M 측정 X 2021년 1회 필답형 기출
   불통 : 유량통과 X

(연소기구의 분류 / 연소방식), 급배기방식, 연소이상상태(리프팅), 배관관경결정

소규모소비설비

1) 연소기구의 분류

3요소 - 가연물, 산소 등, 점화원
주원소 : C, H, O
가연원소 : C, H, S

연소방식

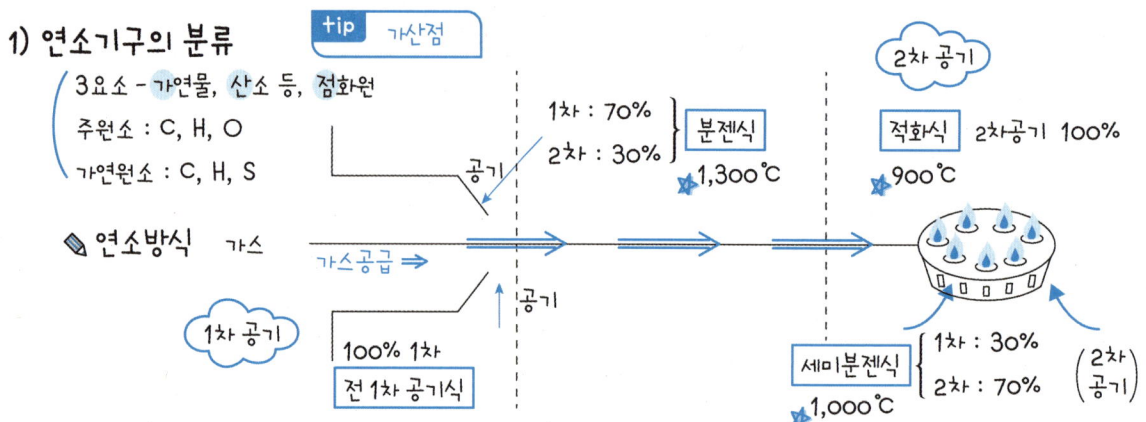

2) 급배기 방식

	급기구	배기구	비고
개방형	실내	실내	
반밀폐	실내	실외	FE식 CF식
밀폐식	실외	실외	FF식 BF식

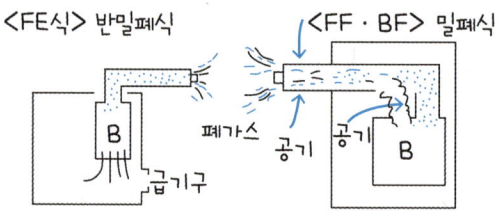

연소이상상태

① 선화(리프팅) 가스유출속도 > 연소속도

　원인 ⎧ 염공이 작을 때
　　　 ⎨ 노즐구경이 〃
　　　 ⎩ 압력이 높을 때(高)

② 역화 (가스유출속도 < 연소속도)
- 염공이 크게 될 때
- 콕먼지 부착
- 노즐구경이 〃
- 큰 냄비 올렸을 때
- 압력이 낮을 때

③ 불완전연소 : 1차, 2차 공기 부족시

　(조성 / 연소기구) 불일치시, 프레임 냉각시 〃

④ Blow-off(블로우 오프)
　: 노즐정착X → 꺼지는 현상

⑤ Yellow-tip(옐로우 팁) 황염
　: 염의 선단이 적황색이 되는 현상

소규모 설비(AP 유지시간)/자기압력기록계 경우

내용적(L)	시간(분)
10L 이하	5′
10~50 〃	10′
50~1m³ 〃	24′
1m³~10m³ 〃	240
10m³ 초과	24분 × V분

배관시공 고려사항 (저압)

$$Q = k\sqrt{\frac{H \cdot D^5}{S \cdot L}}$$: 저압배관

$$H = \frac{Q^2 \cdot S \cdot L}{K^2 \cdot D^5}$$ 에서

공식이해시 고려사항 파악가능
① H(압력손실) (mmH$_2$O)
② L(길이) (m)
③ D(관경굵기) (단위 : cm)
④ Q(유량 : m³/h)
⑤ 용기크기 및 수량
⑥ 감압방식/조정기 결정

● 저압배관설계 4요소
　H · Q · L · D

배관수직(입상관)압력손실

$$H = 1.293(S - 1)h$$

(S: 비중, h: 높이)

예) 도시가스 CH$_4$ 사용 아파트

10m ▮ CH$_4$ 비중 : $\frac{16}{29}$: 0.55

풀이) 1.293(0.55 - 1) · 10m

= -5.79

(−)의미 : 압력상승 발생

🔖 배관공식

저압 : $Q = k\sqrt{\dfrac{H \cdot D^5}{S \cdot L}}$ (K : pole상수) 0.707

중고압 : $Q = k\sqrt{\dfrac{(P_1^2 - P_2^2) \cdot D^5}{S \cdot L}}$ COX상수 : 52.31 (콕스)

🔖 배관경로결정(4요소)

① 최단거리
② 직선으로
③ 노출시공
④ 옥외설치

🔖 배관 VS 압력손실 관계

(H) $H = \dfrac{Q^2 \cdot S \cdot L}{K^2 \cdot D^5}$ 에서   ↙ pole 상수

$H =$ (압력손실)
① Q^2 비례 = V^2 비례
    $Q = AV$ 에서
② S(비중) : 비례
③ L(길이) : 비례
④ D^5(관경) 5승에 반비례
⑤ 상수 K ┌ 저압 : 0.707(pole) ✦
            └ 중고압 : 52.31(cox)

압력 / 온도변환

1) 압력변환

　① 1 atm = 1.0332 kgf/cm² = 0 kg/cm²g
　　　= 760 mmHg
　　　= 76 cmHg
　　　= 30 inHg
　　　= 14.7 Lb/in²a(PSiA) = 0 Lb/in²(PSi)
　　　= 10.33 mH₂O (Aq) = 10332 mmH₂O
　　　= 1.01325 bar = 1013.25 mbar = 1013.25 hpa
　　　= 0.101325 MPa = 101.325 kPa = 101325 Pa (N/m²)

예) $\left(\dfrac{10MPa}{0.101325\,''}\right)$ → kg/cm² 변환시 P는?
　　× 1.0332(kg/cm²) ≒ 101.97

　　$\left(\quad''\quad\right)$ ② PSI
　　　× 14.7 ≒ 1,450.78

　　$\left(\quad''\quad\right)$ ③ bar
　　　× 1.01325 = 100

2) 온도변환

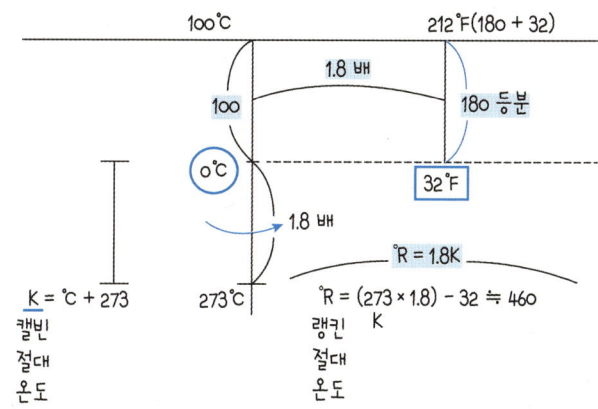

예) 80°F → °C
　°F = 1.8°C + 32
　80 = 1.8°C + 32
　(80 - 32) = 1.8°C
　°C = $\dfrac{(80-32)}{1.8}$ ≒ 26.67

예) 400K ⇒ °R ?
　°R = 1.8K
　°R = 1.8 × 400
　　　= 720(°R)

3) 절대압력계산

　게이지 P
　대기압　(+
　절대 P

4) 진공압력계산

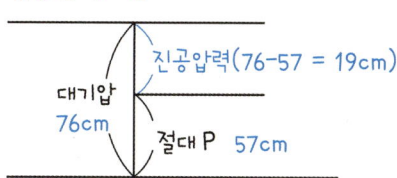

대기압 76cm
진공압력(76-57 = 19cm)
절대 P 57cm

cf) 진공도계산(%)

$\dfrac{19cm}{76cm} \times 100 = 25(\%)$

도시가스 (LNG, CH$_4$)

공정 : 제조 → 정제 → 열량 → 부취제 → 공급

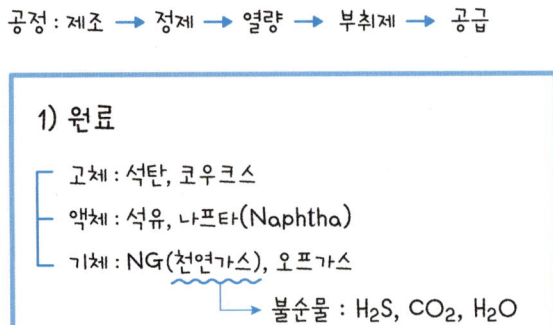

1) 원료
- 고체 : 석탄, 코우크스
- 액체 : 석유, 나프타(Naphtha)
- 기체 : NG(천연가스), 오프가스
  → 불순물 : H$_2$S, CO$_2$, H$_2$O

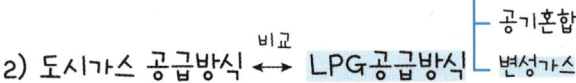

2) 도시가스 공급방식 ↔ LPG공급방식 (비교)
   - 생가스
   - 공기혼합
   - 변성가스

① 천연가스를 그대로 공급(생가스)
② 공기로 희석해서 공급(공기혼합방식)
③ 종래도시가스에 섞어서 공급(종래도시가스혼합식)
④ 종래도시가스와 유사가스로 개질하여 공급
   (변성가스 개질 방식)

종류 - 기화장치

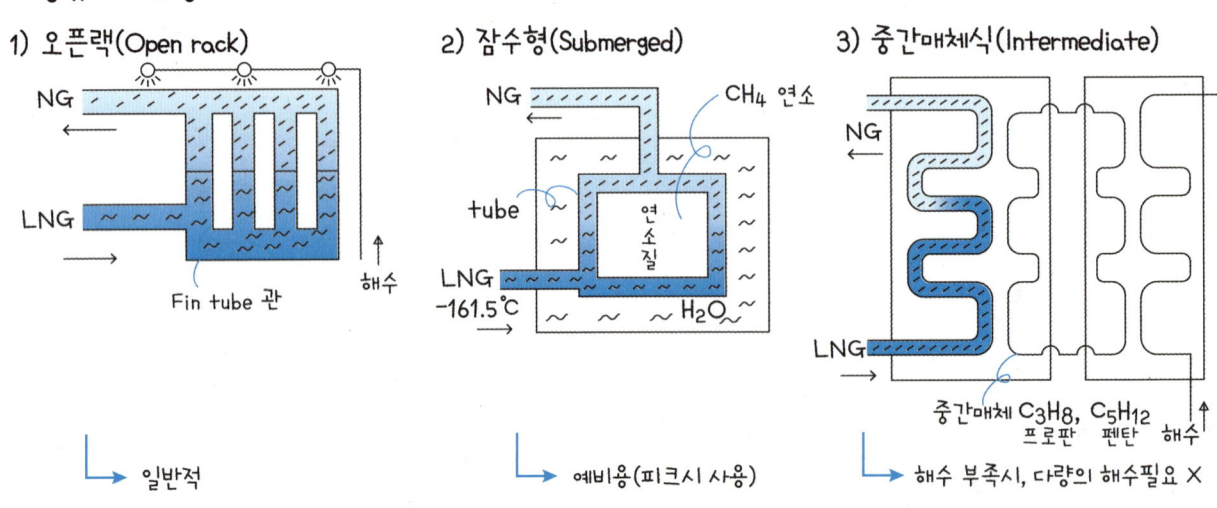

1) 오픈랙(Open rack) — NG / LNG / Fin tube 관 / 해수
   → 일반적

2) 잠수형(Submerged) — NG / tube / LNG -161.5℃ / CH$_4$ 연소 / 연소질 / H$_2$O
   → 예비용(피크시 사용)

3) 중간매체식(Intermediate) — NG / LNG / 중간매체 C$_3$H$_8$, C$_5$H$_{12}$ 프로판 펜탄 / 해수
   → 해수 부족시, 다량의 해수필요 X

요약

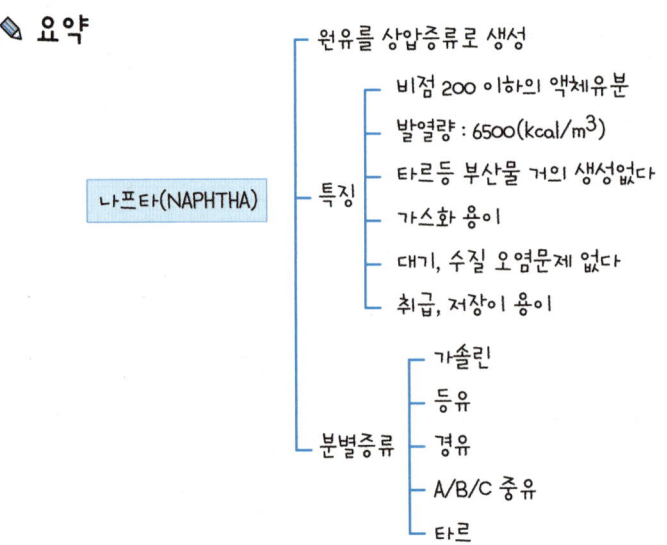

나프타(NAPHTHA)
- 특징
  - 원유를 상압증류로 생성
  - 비점 200 이하의 액체유분
  - 발열량 : 6500(kcal/m^3)
  - 타르등 부산물 거의 생성없다
  - 가스화 용이
  - 대기, 수질 오염문제 없다
  - 취급, 저장이 용이
- 분별증류
  - 가솔린
  - 등유
  - 경유
  - A/B/C 중유
  - 타르

도시가스공정
(제조 – 정제 – 열량분석 – 부취제첨가 – 공급)

→ 공정순서 : 제조 → 정제 → 열량분석 → 부취제첨가 → 공급 순

(제 조)

원료
- 고체 : 석탄, 코우크스
- 액체 : LPG, LNG, 나프타
- 기체 : 천연가스(NG)

가스화 제
- 수증기
  - 열분해(800~900℃)
  - 접촉분해(400~800℃)
    촉매하에 생성 C_mH_n ⇒ $\begin{cases} CH_4 \\ CO \\ CO_2 \\ H_2 \end{cases}$
  - 부분연소
- 수소첨가 ex) $C + 2H_2 \rightarrow CH_4$

<수첨분해>

(정 제)

1) 물 – 흡착 $\begin{cases} 실리카겔 \\ 알루미나겔 \\ 몰레큘러시이브 \end{cases}$
   흡수제 = LiBr

2) 황화합물
   수소화탈황법 : $SO_2 + H_2 \rightarrow \underset{제거}{\boxed{H_2S}} + O_2$

   건식탈황법
   - 흡착법
   - 수산화제철
   - 산화철

   습식탈황법
   - 카볼트
   - 알카지드
   - 시볼트

(열량분석)
- 증열법 – NG, LPG, 나프타 첨가
- 희석법 – 공기로 희석

기타 $CO_2 + H_2O \rightarrow H_2CO_3$
- 탄산암모늄
- $CO_2 + \underset{가성소다}{\boxed{2NaOH}}$: 1.8배

$CO \begin{cases} CO_2 - O_2 - \underset{암모니아성}{CO} \\ CO + 2H_2 \rightarrow CH_4O - \boxed{\underset{CO, H_2}{메탄올법}} \end{cases}$

(부취제)

독 일 화 가 물토완 저배부

1) 구비조건(특징)
   ① **부**식성이 없을 것
   ② 물에 **용**해되지 않을 것
   ③ **완**전히 연소하고 연소 후 유해물질을 남기지 않을 것
   ④ 토양에 대한 **투**과성이 좋을 것
   ⑤ **독**성이 없을 것
   ⑥ **일**반적인 생활냄새와 명확히 구별 될 것
   ⑦ 배관 내에서 **응**축하지 않을 것
   ⑧ **가**스배관이나 가스미터 등에 흡착되지 않을 것
   ⑨ **경**제적일 것
   ⑩ **화**학적으로 안정 될 것
   ⑪ **저**농도에 있어서도 냄새를 알 수 있을 것

   ※ 암기법 : 부용완 투독일응 가경화저 (부용한 투 독일은 간경화죠!)

(공 급) --- // 수용가

공급	기체	액체
(1) 고압	1MPa 이상 (게이지 압력)	0.2MPa 이상
(2) 중압	0.1~1MPa 미만	0.01~0.2MPa 미만
(3) 저압	0.1MPa 미만	0.01MPa 미만

2) 종류 DMS ① > TBM ② > THT → (TNT) ③ : 투과성 
   마늘③ 양파 썩은 냄새① 석탄 가스② : 취기강도

3) 주입방법
   - 액체주입
     - 펌프
     - 적하
     - 미터연결 바이패스
   - 증발

기능 / 종류 / 구조, 종류별 특징, 정특성외 3특성

1) 정압기 기능 (가버너 : Governor)
   - 정압기능
   - 감압기능
   - 폐쇄기능

2) 종류
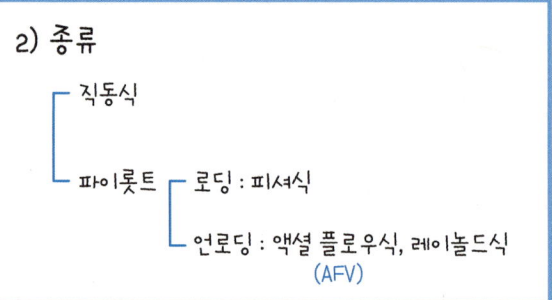

💡 (직동식)정압기 구조(3대중요구성품)

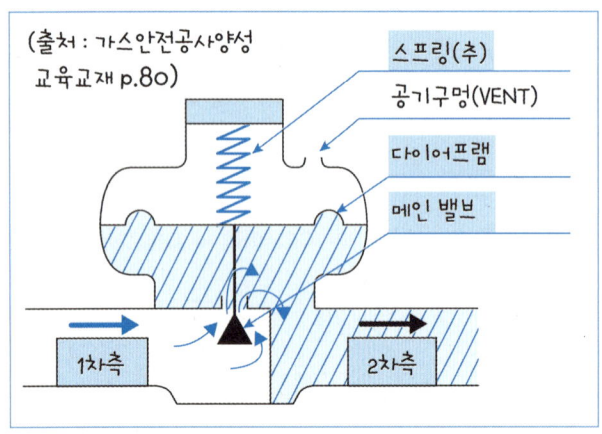

3) 특징(파이롯트식)

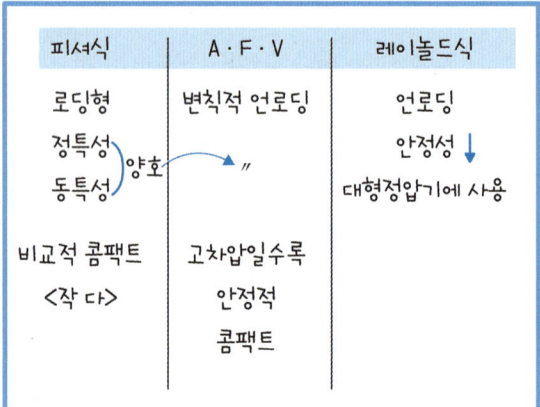

피셔식	A·F·V	레이놀드식
로딩형	변칙적 언로딩	언로딩
정특성 동특성)양호	〃	안정성 ↓
		대형정압기에 사용
비교적 컴팩트	고차압일수록 안정적 컴팩트	

4) ① 정특성(유량 + 2차P)

② 동특성 : 부하변동이 ↑ 응답의 신속성
                          안정성 요구

③ 유량특성 (유량과 메인밸브 관계)

④ 사용최대차압
   작동최소차압   [사초]   tip 사초이자

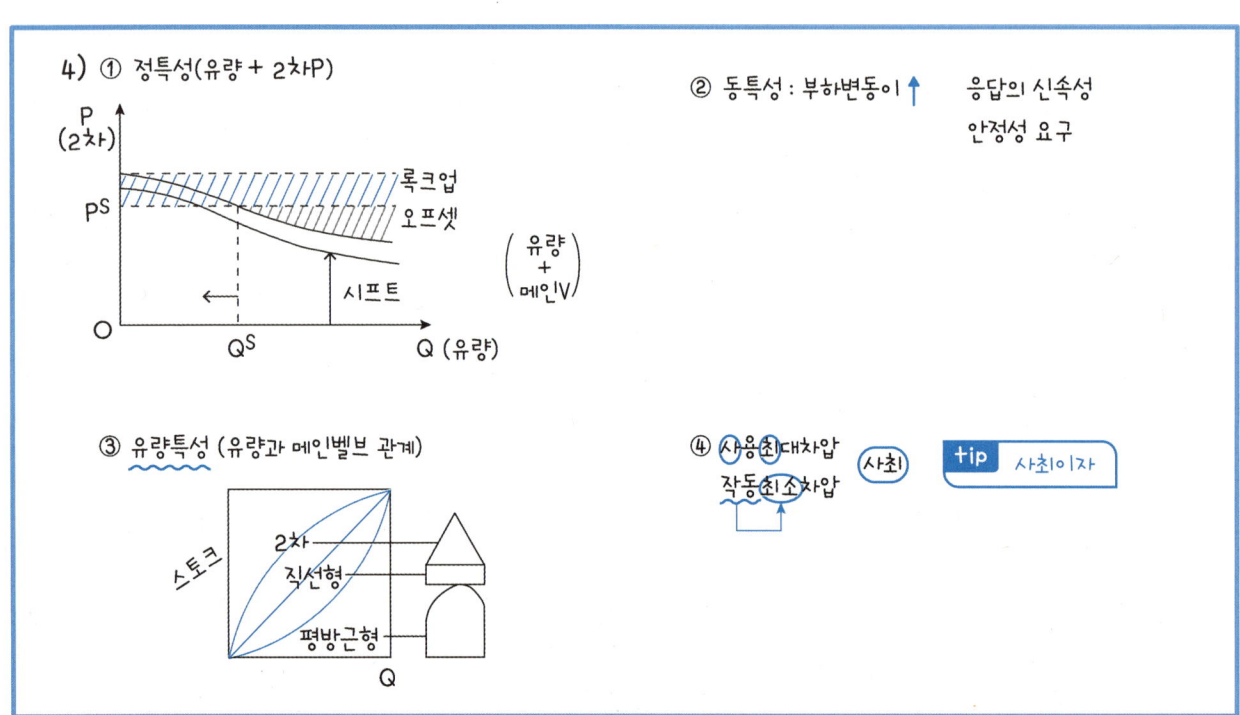

정압기실(설치주의/도면/노즐분출량/노즐변경률)

1) 주의사항

① 분해점검 (2년 1회) / 공급시설 2년 1회, 사용시설 3년 1회 / 작동점검 1주 1회, 차기분해 ④ 1회/년

② 조명도 150Lux

cf 점검통로 : 15m 노출시 (70Lux)

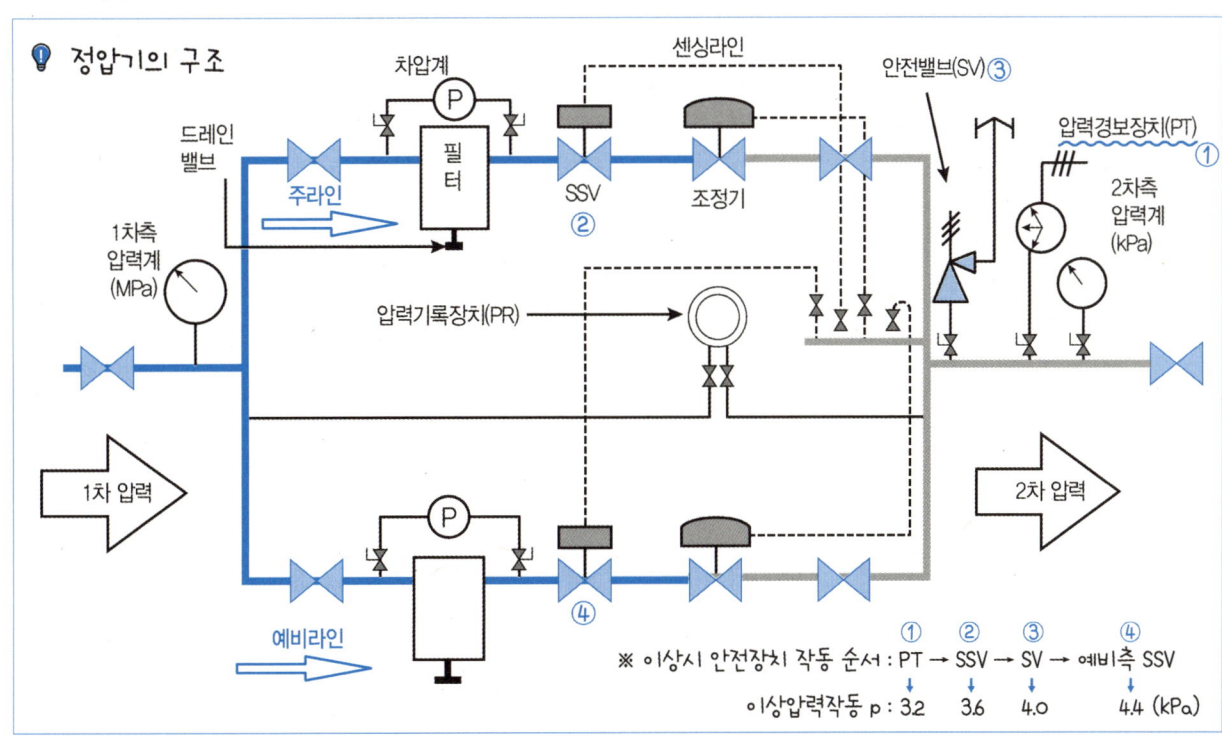

※ 이상시 안전장치 작동 순서 : PT → SSV → SV → 예비측 SSV
① ② ③ ④
이상압력작동 p : 3.2   3.6   4.0   4.4 (kPa)

2) 노즐분출량 계산

$$Q = 0.009 D^2 \sqrt{\frac{H}{S}}$$

(m³/h) (mm) — 노즐 직전의 가스압력 (mmH₂O), 비중

$$Q = 0.011 D^2 K \sqrt{\frac{H}{S}}$$

유량계수(K)가 있을 시

- Q : 분출가스량(m³/h)
- D : 노즐 직경(mm)
- S : 가스비중
- K : 유량계수

3) 노즐 변경률 (LPG → LNG(CH₄))

$$\frac{LNG\ D_2}{LPG\ D_1} = \sqrt{\frac{WI_1}{WI_2}} \sqrt{\frac{P_1}{P_2}}$$

$$*WI = \frac{Hg}{\sqrt{d}}$$

※ 변경률의 단위는 X

WI(웨버지수)는

1) 가스의 연소성, 호환성판단지수이다.
2) 설명 : 도시가스의 총발열량(kcal/m³)을 가스 비중의 평방근으로 나눈 값

예 발열량이 8,000kcal/Nm³ 비중이 0.62 공급압력이 150mm H₂O인 가스에서 발열량 11,000kcal/Nm³ 비중이 0.66 공급표준압력이 250mm H₂O인 LNG로 가스를 변경할 경우 노즐변경율은 얼마인가?

$$\frac{D_2}{D_1} = \frac{\sqrt{WI_1 \sqrt{P_1}}}{\sqrt{WI_2 \sqrt{P_2}}} = \frac{\sqrt{\frac{8,000}{\sqrt{0.62}} \times \sqrt{150}}}{\sqrt{\frac{11,000}{\sqrt{0.66}} \times \sqrt{250}}} = 0.762$$

보온재 (구비조건 / 보온재종류 / 패킹제 / 페인트)

1) 구비조건

① 보온효과↑
② λ(kcal/m·h·℃) 열전도율↓
③ 흡수성↓ 방수성↑
④ 비중 가벼울 것 (ρ↓) 밀도↓
⑤ 취급용이, 구조간단
⑥ 경제적일 것

2) 종류

- 유기질
  - 펠트(우모, 양모)
  - 코크(탄화코크)
  - 기포성 수지(스폰지)
  - 폼류(우레탄폼류, 염화비닐폼류)
- 무기질

탄산 Mg	250℃
글라스울(유리섬유)	300℃
규조토	500℃
석면	350 ~ 550℃
암면	400 ~ 600℃
펄라이트(규산칼슘)	650℃
세라믹화이버	1300℃

3) 패킹제(고정부+회전부 사이) 가스켓(고정부+고정부 사이)

- 플랜지 - 테프론(-260℃ ~ 260℃ 내열범위)
- 나사용
- 그랜드
  - 석면각형
  - 석면야안
  - 아마존패킹
  - 모울드패킹

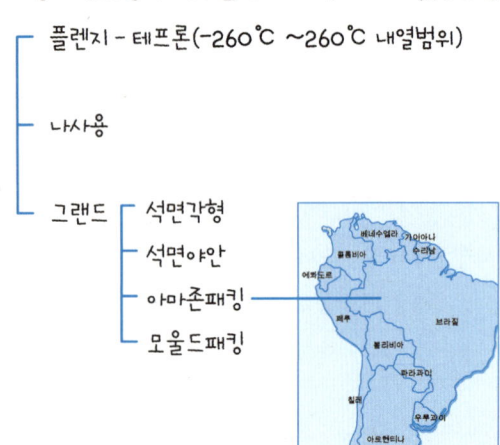

☆ 내화, 단열, 보온, 보냉재의 구분

안전사용 온도	내화재	SK26(1580℃)
	내화단열재	SK10(1350℃)
	단열재	800 ~ 1200℃
	무기질보온재	200 ~ 800℃
	유기질보온재	120 ~ 200℃
	보냉재	100℃ 이하

4) 페인트

- ☆ 광명단 도료 : 밑칠 중요, 녹방지
- 산화철
- ☆ 알루미늄 도료 : 은분, 녹방지, 방열기, 습기방지 양호, 내열성
- 합성수지도료

배관재료, 신축이음, 배관용밸브, 배관표시, 축응력, 원주응력

1) 배관

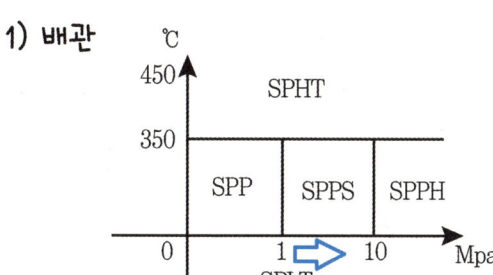

- spp = steel carbon pipe for piping
  배관용 탄소강관

※ 파이프 표시사항

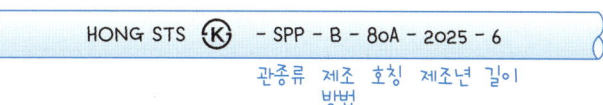

HONG STS Ⓚ - SPP - B - 80A - 2025 - 6
관종류 제조 호칭 제조년 길이
       방법

2) 부속품

니플 : 부속+부속	소켓 : 배관+배관	부싱 : 암/수나사구성-관경축소용 (예 레듀서)	플러그 : 부속막음	캡 : 배관막음

3) 플랜지

7) 이음표시

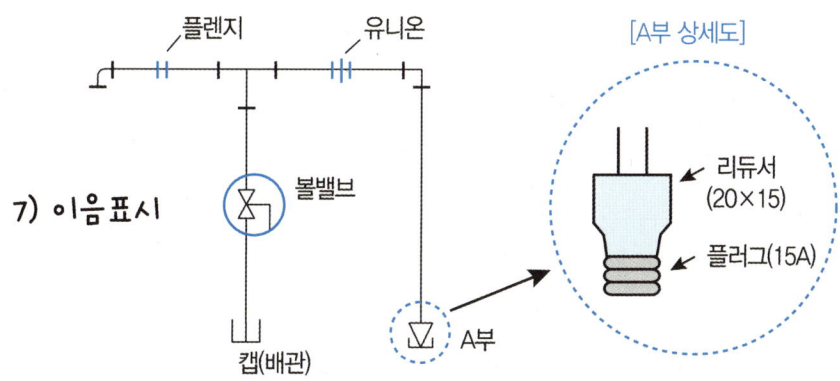

* 용접이음없는 이음방법 : 플랜지/나사/융착이음

- 주철관 : 인장강도 낮다/취성 있고 내식성 크다
- 동관 : 플레어링툴셋트(flaring tool set) - 한쪽을 나팔관 형성

4) 신축이음

(1) 루프형 : 고온/고압용 배관(옥외 배관), 신축 곡관
(2) 벨로즈형(팩레스) : 인청동제/스테인리스제
(3) 슬리브형 : 슬리브 파이프에 의해 흡수된다.
(4) 스위블 : 증기 및 온수 난방용(2개 이상의 엘보연결)

cf 신축이음

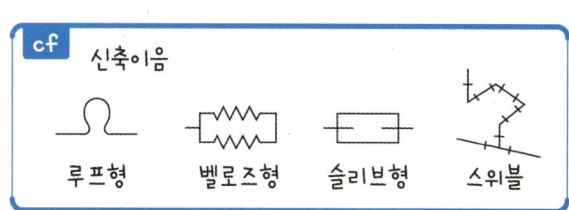

루프형   벨로즈형   슬리브형   스위블

5) 배관용밸브의 종류

종류	기호	밸브 종류
슬루스밸브	⋈	게이트밸브
글로브밸브	⋈●	앵글밸브
체크밸브	⋋	스윙형, 리프트형, 스모렌스키형
콕	◇	퓨즈콕, 상자콕, 주물연소기용콕
감압밸브		

6) 배관표시

A : 공기(air)
G : 가스(gas)
O : 유류(oil)
S : 스팀(steam)
V : 증기(vapor)

8) 배관설계

저압배관 관경 결정(기능사)

$$Q = K\sqrt{\frac{D^5 H}{SL}}$$

Q : 가스유량(m^3/h)
D : 파이프의 내경(cm)
S : 가스비중

[배관내의 압력손실(H)]

$$H = \frac{Q^2 SL}{K^2 D^5}$$

K : 유량계수(폴의 정수 : 0.707)
h : 허용압력손실(mmH2O)
L : 파이프의 길이(m)

9) 배관두께(t)

(1) 스케줄 번호(Sch No)

$$Sch\ No = 10 \times \frac{P\ (사용압력[kgf/cm^2])}{S\ (허용응력[kgf/mm^2])}$$

(2) 외경과 내경의 비가 1.2 미만인 경우

$$t = \frac{PD}{2S\eta - P} + C$$

비교

cf 용접용기 두께 계산 (t = mm)

$$t = \frac{PD}{2S\eta - 1.2p} + C \quad (S = 허용능력 = \frac{인장강도}{4})$$

10) 응력(축응력 / 원주응력)

(1) 축응력(세로방향응력)

$$\sigma = \frac{PD}{4t}$$

(2) 원주응력(접선방향)

$$\sigma = \frac{PD}{2t}$$

tip 원주로 간 ET(2t)
원주방향은 2t

11) 보온재

[내화, 단열, 보온, 보냉재의 구분]

안전사용 온도	내화재	SK26(1580℃)
	내화단열재	SK10(1350℃)
	단열재	800 ~ 1200℃
	무기질보온재	200 ~ 800℃
	유기질보온재	120 ~ 200℃
	보냉재	100℃ 이하

◆ 보온재의 구비조건

① 장시간 사용온도에 견디며, 변질되지 않을 것
② 가공이 균일하고 비중이 적을 것
③ 시공이 용이하고 열전도율이 작을 것
④ 흡습, 흡수성이 적을 것

◆ 유기질
  - 펠 코 기 폼(펠트, 텍스, 폼류, 탄화콜크)

◆ 무기질
  - 탄산마그네슘 : 250℃
  - 유리섬유 : 300℃, 폼그라스 : 300℃
  - 규조토 : 500℃, 석면 : 350 ~ 550℃
  - 암면 : 400 ~ 600℃
  - 펄라이트 : 650℃
  - 실리카 : 1,100℃
  - 세라믹화이버 : 1,300℃

기계적 용어설명 및 강관의 열처리(비열처리) 방법

1) 용어

 ① 응력(Stress) = $\dfrac{P(하중)}{단면적}$

 ② 탄성 : 원래상태로 복귀 (고무줄)

 ③ 소성 : 원래상태로 복귀 X (엿가락)

 ④ 인성 : 질긴 성질

 ⑤ 크리프 : 시간이 경과 → 변형

 ⑥ 연성 : 연하게, 강연화

 ⑦ 전성 : 넓게 퍼지는 성질

 ⑧ 피로 : 반복하중 → 변형 (피로파괴)

2) 열처리 (heat treatment)

 ① 담금질(Quenching) : 소입 / 경도, 강도 (물 냉각)

 ② 뜨임(Tempering) : 소려 / 인성 (공기중 서냉)

 ③ 불림(Normalizing) : 소준 / 균일화 (공기냉각)

 ④ 풀림(Annealing) : 소둔 / 연화, 내부응력 및 잔류응력 제거

3) 비열처리 — 오스테나이트계 스테인리스강, 내식 AL 합금판(단조품)
   열처리 X   ①   ②

4) 열처리시 강도 큰 것   마아텐사이트 > … 오스테나이트 ★

금속재료(원소영향 / 탄소량증감변화), 고온부식 / 저온부식, 용기의 탄소함유량, 충전구형식 ABC

1) 그랜드 패킹
- 아마존
- 오몰드
- 야한(실)
- 각형

2) 페인트(도료)
- 광명단(밑칠)
- 알루미늄
  - 은분
  - 녹방지
  - 방열기 (kcal/m² · h)

3) 금속재료 中 탄소량이 증가하면
- 증가 : 경도, 인장강도, 항복점, 취성, 전기저항
- 감소 : 연신율, 인성, 충격치, 비중, 열전도율

tip (인천) 경인항에서 (술)취해 저항 커 ~
비열 연인 (헤어져) 충격 없다(작다)

4) 원소영향
① P : 상온취성(인상취)
② S : 적열취성(황적취)
③ Ni : 인성 저온저항치 ↑
④ Cr : 내식성 ↑, 내마멸성 ↑

5) 부식
- 습식 : + 수분
- 건식 : + 고온
- 전식 : + 전기적 변화

- 전면 : 전체적
- 국부 : 국부적(일부)
- 선택 : 주철의 흑연화 부식
- 입계 : 결정입계(Cr) 석출
- 응력 : 인장응력 下, 취성 파괴 현상
- 에로션 : 유속이 빠르면 깎아먹음
- 바나듐어택 : V_2O_5(오산화바나듐) 고온부식

※ erosion(에로션) : 침식(금속마모현상)
  장소 : 배관(굴곡부), 밸브, 펌프 등등, 유속이 빠름

6) 고온부식
① 산화 : + 산소   내산화 : Si, Al, Cr (규알크)
② 탈탄(수소취성) : $C + 2H_2 \rightarrow CH_4$
   └ 방지 : W, Cr, Mo, Ti, V (텅,크몰티바)
③ CO의 카보닐화
   (Fe, Ni, Co) 반응 → 휘발성 ↑
④ 황화 : 내황화 : Si, Al, Cr(규알크)
⑤ 질화 : 내질화 : Ni ★
⑥ 기타
   $C_2H_2 + 2Cu \rightarrow \boxed{Cu_2C_2} + H_2$ → 동아세틸라이트(폭발예민물질)
   $CO_2 + H_2O \rightarrow \boxed{H_2CO_3}$ 강재부식 → 탄산수
   $Cl_2 + H_2O \rightarrow \boxed{2HCl} + O$ 염산
   $NH_3 + HCl \rightarrow \boxed{NH_4Cl}$ 염화암모늄
                         백연기

7) 고압장치

```
                    탄소    인    황
                     C     P     S
   ┌ 무계목   0.55%  0.04%  0.05%  — 제조법 : 만데스만, 에르하르트, 딥드로잉
   │  압축가스
   │
   └ 계목    0.33%  0.04%  0.05%  ┌ 저렴하다
      액화가스  (염소)              │ 치수자유로이 선택
      LPG, NH₃, C₂H₂              └ 두께공차적다
```

8) 충전구

① 형식 : A-수나사(O_2), B-암나사(C_3H_8), C-X(나사형식)

② 나사방향 : ┌ 가연 - 왼나사(단, CH_3Br, NH_3 : 오른나사)
　　　　　　 └ 기타 - 오른나사

9) 내압시험

― 수조식(항구증가율 10% 이하) : 용기를 수조에 수압 → 팽창된 전증가량과 수압제거후 항구증가량 측정

― (비수조식) 공식(기사) : 저장탱크가 설치된 경우 펌프이용 가압한 물의 양 측정 → 팽창량 계산

$$\Delta V = (A - B) - [(A - B) + V] \times P \times \beta t$$

여기서, ΔV : 전증가량(cm^3)

　　　　A : 내압시험압력 P에서의 압입수량(수량계의 물 강하량) (cm^3)

　　　　B : 내압시험압력 P에서의 수압펌프에서 용기까지의 연결관에
　　　　　　 압입된 수량(용기 이외의 압입수량) (cm^3)

　　　　V : 용기 내용적(cm^3)

　　　　P : 내압시험압력(MPa)

　　　　β : 내압시험 시 물의 온도에서의 압축계수

　　　　t : 내압시험 시 물의 온도(℃)

기밀시험 / 단열성능 $\left(\dfrac{kcal}{L, h, ℃}\right)$ / 재검사 ┌ 손상
　　　　　　　　　　　　　　　　　　　　　　　대상 │ 훼손(합격표시)
　　　　　　　　　　　　　　　　　　　　　　　　　 │ 변경(가스종류)
　　　　　　　　　　　　　　　　　　　　　　　　　 └ 기간(기간 경과 용기)

+tip 손에(훼) 변기

전기방식법 / 장·단점
(희생양극, 외부전원, 배류(선택 / 강제), T / B 거리)

💡 전기방식법의 종류

1) 희생양극법(유전 양극법)

(+) ← Fe → (−)
Anode   Cathode

K > Ca > Na > Mg > AL > Zn > Fe > Ni

\# 단거리에 사용

★ T/B : 300m 마다 설치

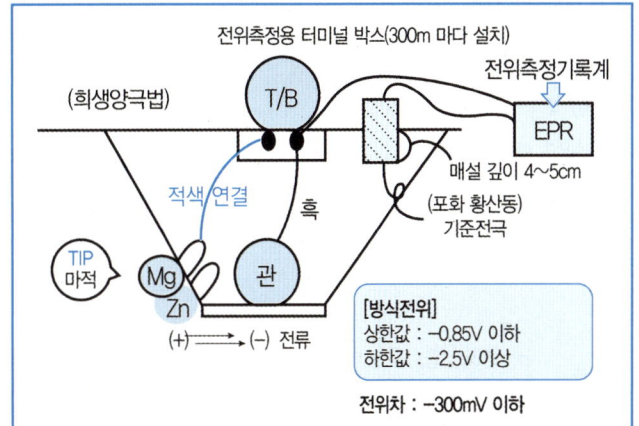

2) 외부전원법 (직류전원장치 : 교류 ⇒ 직류/정류기)

① 전원공급장치 필요   ② 전류·전압 조정 가능
③ 과방식 우려   ④ T/B : 500m 마다
⑤ 방식효과 넓다   ⑥ 장거리에 사용

※ 핵심어 : 강제전압을 줌

양극 Si (고규소) (+) 관 (−)

3) 선택 배류법 (전철레일 사용)

① 전철휴지기간에는 방식 X   ② 전철의 잔류전류 이용
③ 과방식 우려   ④ 배류기 사용
⑤ T/B : 300m 마다

4) 강제 배류법 (외부전원법 + 선택배류법)

① 전압·전류 조정 가능   ② 전원 필요
③ 전철휴지기간에도 방식 O ④ 과방식 우려
⑤ 방식 효과 넓다.   ⑥ 외부전원법에 비해 경제적
⑦ T/B : 300m 마다

고압장치 설비 / 무계목 / 계목 특징 / 용기 ⓥ / 그랜드너트

1) 용기조건(저장설비)
① 가공용이(용접)
② 내구성↑
③ 내식성, 내마모성↑
④ 경량일 것

2) 종류

무계목
- 탄소성분 C : 0.55% 이하   P : 0.04% 이하   S : 0.05% 이하
- 압축가스, 심리스(seamless) 용기 (고압가스 이용)
- O_2, H_2, N_2 → 망간   cf O_2, H_2 → Cr강   tip 산·수·코(Cr)
- 제조법
  - 만네스만식
  - 에르하르트식
  - 딥 드로잉식

계목
- 탄소성분 C : 0.33% 이하   P : 0.04% 이하   S : 0.05% 이하
- 액화가스 (NH_3, LPG, C_2H_2, Cl_2), 심용기, 웰딩용기
- 잇점 - ① 경제적
       ② 판재 치수 ⇒ 자유조정(모양, 크기 제작 가능)
       ③ 두께공차 적다

3) 용기 밸브

① 충전구 형식
  - A형 : 수나사
  - B형 : 암나사
  - C형 : 나사X

② 구조
  - O링식
  - 백 시트식
  - 다이어프램식
  - 패킹식

③ 충전구나사방향
  - 왼나사 : 가연성 가스
  - 오른나사 : 그 밖에 가스

4) 그랜드 너트

홈이 V자 : 왼나사

cf 두께 계산

용기 두께$(t) = \dfrac{PD}{2S\eta - 1.2P} + C$

배관두께$(t) = \dfrac{PD}{2S\eta - P_{(MPa)}} + C$ #1 $\dfrac{인장강도(N/mm^2)}{4}$ (MPa 적용) / $\dfrac{PD}{200S\eta - P} + C$ #2 $\dfrac{인·강(kgf/mm^2)}{4}$ (kgf/cm² 적용)

[S : 허용 응력, η : 용접효율] (kgf/cm²)

풀이 (외경·내경비 1.2 미만 경우)

$t = \dfrac{PD}{2\dfrac{f}{S} - P} + C$

$\left(\begin{array}{l} P = 15MPa,\ D : 15mm\quad C = 1mm\quad S = 허용응력 \\ 인장강도(f) = 480N/mm^2,\ 안전율 : 4 \end{array}\right)$

① MPa 적용시

$S = 480 \times \dfrac{1}{4} = 120$ ($S = N/mm^2$ 경우)

$t = \dfrac{15 \times 15}{2 \times \dfrac{480}{4} - 15} + 1$

$t = \dfrac{225}{225} + 1$

$t = 1mm + 1 = \boxed{2mm}$

별해 P 압력단위를 kgf/cm² 적용한 경우

$S = kgf/mm^2$으로 환산시

$t = \dfrac{\left[\left(\dfrac{15}{0.101325}\right) \times 1.0332\right] \times 15mm}{200\left(\dfrac{(480/9.8)}{4}\right) - \left(\dfrac{15MPa}{0.101325MPa}\right) \times 1.0332} + 1$

$= 0.999 + 1 = 1.999 ≒ 2mm$

예제 상용압력 15MPa, 배관내경 15mm, 재료의 인장강도 480N/mm², 관내면 부식여유 1mm, 안전율 4, 외경과 내경의 비가 1.2 미만인 경우 배관의 두께는?

① 2mm ② 3mm ③ 4mm ④ 5mm

해설 $t = \dfrac{PD}{2S\eta - P} + C = \dfrac{15 \times 15}{2 \times \dfrac{480}{4} - 15} + 1 ≒ 2mm$

예제 고압가스 용접용기 동체의 내경은 약 몇 mm인가?

- 동체두께 : 2mm
- 인장강도 : 480N/mm²
- 용접효율 : 1
- 최고충전압력 : 2.5MPa
- 부식여유 : 0

① 190mm ② 290mm ③ 660mm ④ 760mm

해설 용접용기 두께 계산 ($t = mm$)

$t = \dfrac{PD}{2S\eta - 1.2P} + C$ ($S = 허용능력 = \dfrac{인장강도}{4}$) $\left(\dfrac{S(허용 응력)}{\eta(용접효율)} = \dfrac{인장강도}{4} \text{─── 안전율}\right)$

$2 = \dfrac{2.5 \times x}{2 \times \dfrac{480}{4} \times 1 - 1.2 \times 2.5}$

$x = 189.6mm ≒ 190mm$

초저온 용기(저장탱크)의 단열성능시험(침입열량)

※ 초저온 용기(저장탱크) 구비조건 3가지

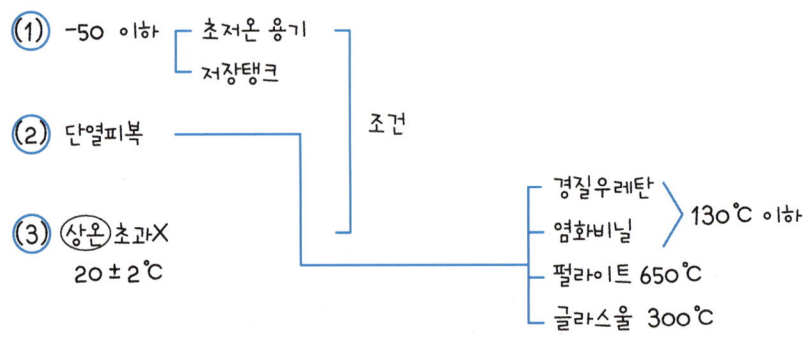

1) 용기

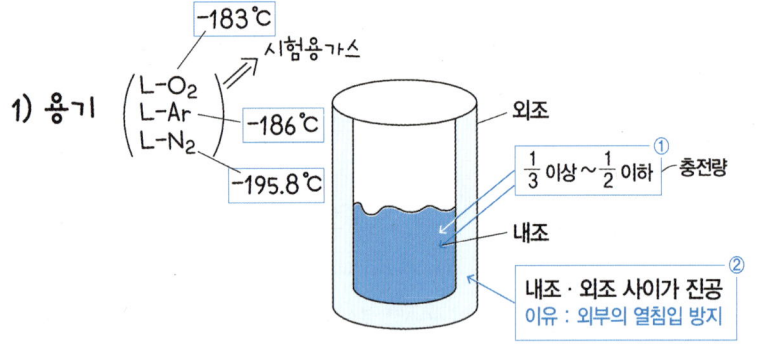

2) 침입열량(Q)

$$Q = \frac{W \cdot q}{V \cdot H \cdot \Delta t}$$

← 시험용가스의 기화잠열 (kcal/kg)

$$= \frac{kcal}{L \cdot hr \cdot ℃}$$

◆ 합격기준 내용적(L)
- 1,000 이상 : 0.002 (kcal/L·hr·℃) 이하
- 1,000 미만 : 0.0005 (〃) 이하

3) 초저온 용기재질

① 18-8 STS (18% : Cr, 8% : Ni) 스테인리스강
② 9% Ni
③ Cu 합금강
④ AL 합금강

초저온저장탱크의 저온단열법 (상압 / 진공단열)

1) 초저온 저장탱크

저온 ┬ 상압단열 ┬ 섬유
     │   └ 분말
     └ 진공단열 ┬ 고진공 = 10^{-4} Torr
                ├ 분말진공 = 10^{-2} 일반적
                └ 다층진공 = 10^{-5} 가장 고진공
                            → "다수 포개어"

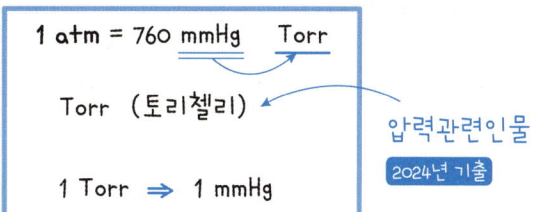

1 atm = 760 mmHg Torr

Torr (토리첼리)

1 Torr ⇒ 1 mmHg

압력관련인물 2024년 기출

2) 충진제 (분말진공단열)

① 샌다셀
② 알루미늄 분말
③ 펄라이트 (650℃)
④ 규조토 (500℃)

tip 샌 알 퍼 큐

3) 단열재 (=보온재)

① 열전도율 ↓
② 안전사용온도 넓을 것
③ 비중 ↓
④ 취급용이, 기계적 강도 클 것
⑤ 화학적 안정
⑥ 경제적

오토클레이브, 고압반응기(NH₃합성탑 / 석유화학반응장치)

※ 오토클레이브 정의   ① 고온고압하에   ② 액상유지   ③ 반응기

> 즉, 고온·고압하에서 화학적인 합성이나 반응을 하기 위한 것으로 액상을 유지하며, 반응을 일으키는 고압반응가마

가연성 ⓒ ─── 오토클레이브사이
        역화방지설치

1) 종류

① 교반형 ┬ 횡형
          └ 종형
   1. 교반효과우수
   2. 가스누설 ○
   3. 온도, 압력 → 누설 ○

② 진탕형 1. 가스 누설이 적거나 없다.
           2. 촉매가 끼일 염려가 있다.

③ 회전형 : 반응기 전체가 회전

④ 가스교반형 : 대형화학공장 사용

2) 고압반응기 ┬ NH₃ 합성탑
                 └ 석유화학반응

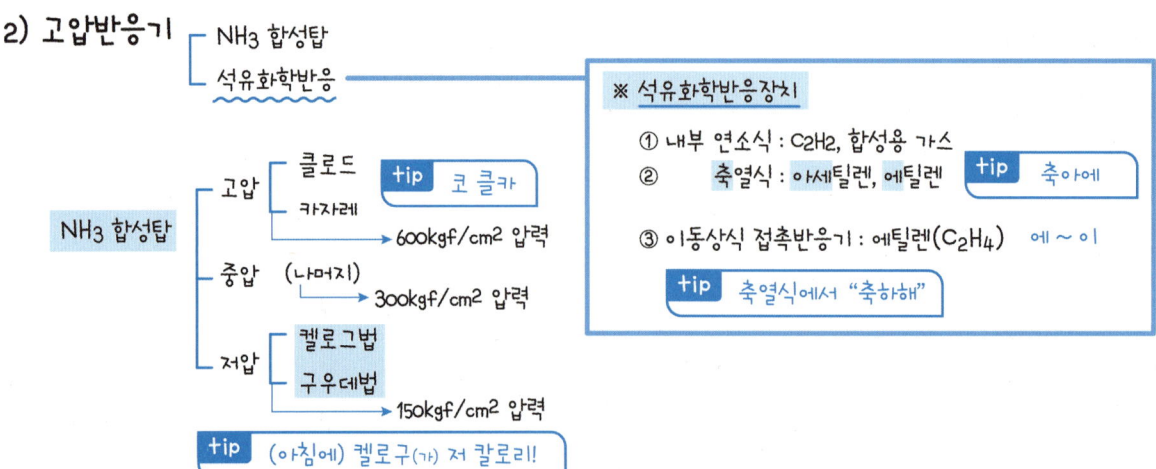

※ 석유화학반응장치
① 내부 연소식 : C₂H₂, 합성용 가스
② 축열식 : 아세틸렌, 에틸렌   tip 축아에
③ 이동상식 접촉반응기 : 에틸렌(C₂H₄)   에~이

tip 축열식에서 "축하해"

NH₃ 합성탑
┬ 고압 ┬ 클로드   tip 코 클카
│   └ 카자레
│   → 600kgf/cm² 압력
├ 중압 (나머지)
│   → 300kgf/cm² 압력
└ 저압 ┬ 켈로그법
       └ 구우데법
       → 150kgf/cm² 압력

tip (아침에) 켈로구(가) 저 칼로리!

냉동사이클, p-h 선도, p-i 선도, 냉동효과, 건조도

1) 기본 cycle

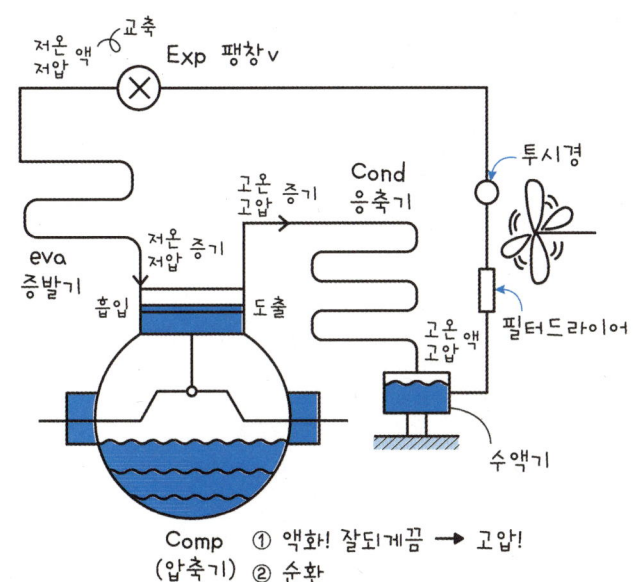

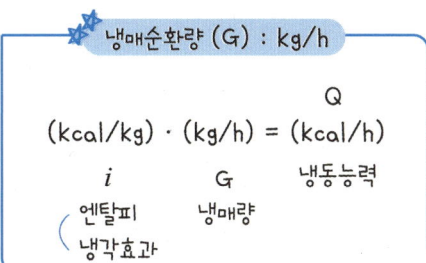

냉매순환량 (G) : kg/h

$$(kcal/kg) \cdot (kg/h) = (kcal/h)$$
$$\quad i \qquad\qquad G \qquad\qquad 냉동능력$$
엔탈피   냉매량
냉각효과

✓ 압축비와 냉매순환량은 반비례
✓ 탄소량과 점도는 반비례

2) 예

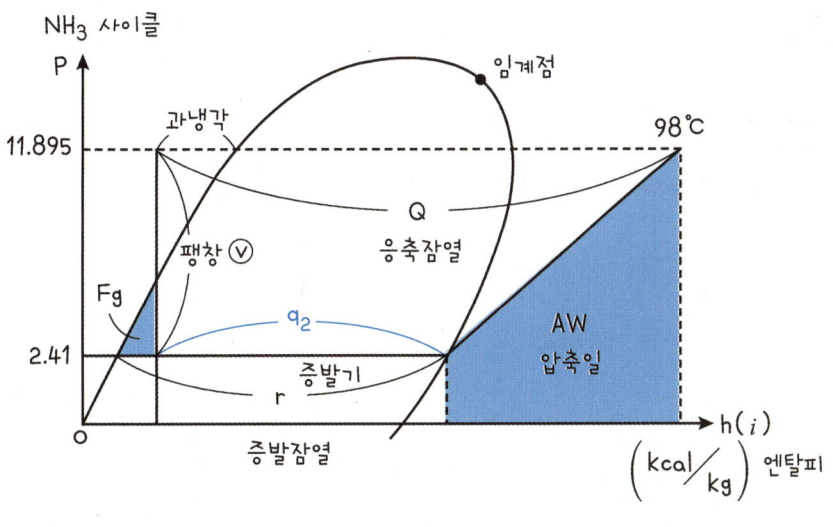

* 건조도 $(x) = \dfrac{Fg}{r}$

$Fg = xr$

냉각효과 (q_2) 구하기

$q_2 = r - Fg$

$= r - xr = (1-x)r$

* 냉각효과 $(q_2) = r - Fg$

* 성능계수 (COP)

$$COP = \dfrac{q_2}{AW} = \dfrac{냉각효과}{압축일}$$

압축비 $(a) = \dfrac{11.895}{2.41} ≒ 4.93$

💡 냉동 cycle 정리

1) 냉동효과 : $q_2 = r - F_g$
2) 증발잠열 : r (감마)
3) 응축잠열 : $Q_1 = q_2 + AW$
   (q_2: 냉각효과, AW: 압축일)
4) 후레쉬가스(F_g) : $r - q_2$
5) 건조도 $(x) = \dfrac{F_g}{r}$
6) 냉동효과 $(q_2) = r - F_g$ 에서
   $= r - xr$
   $= (1-x)r$
7) G (냉매순환량) (kg/h)

   $(kcal/kg) \cdot (kg/h) = (kcal/h)$
   $\quad i \qquad\qquad G \qquad\qquad$ 냉동능력

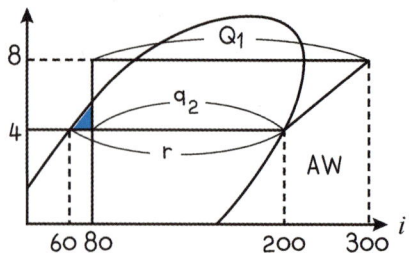

cf 압축비 $= \dfrac{8}{4} = 2$

1) 냉각효과 $(q_2) = 200 - 80 = 120$
2) r(증발잠열) $= 200 - 60 = 140$
3) AW(압축일) $= 300 - 200 = 100$
4) $F_g = 80 - 60 = 20$
5) Q_1(응축열량) $= 300 - 80 = 220$
6) COP(성적계수) $= \dfrac{q_2}{AW} = \dfrac{120}{100} = 1.2$

---

* $K = \left(\dfrac{C_P}{C_V} = C\right)$ 비열비 도출

1) C_V 정적비열 도출

   ① $K = \dfrac{C_P}{C_V}$ ② $R = C_P - C_V$

   $C_P = KC_V \longrightarrow R = KC_V - C_V$

   $R = (K-1)C_V$

   $C_V = \dfrac{1}{K-1}R$

   +tip 승리 V는 1등이므로 정적의 $C_V = \dfrac{1}{K-1}R$

2) C_P 정압비열 도출

   $K = \dfrac{C_P}{C_V}$ 에서

   ① $C_V = \dfrac{C_P}{K}$ ② $R = C_P - C_V$ 에서

   양변에 K를 삽입하면

   $KR = KC_P - K\dfrac{C_P}{K}$

   $KR = KC_P - C_P$

   $KR = (K-1)C_P$

   $C_P = \dfrac{K}{K-1}R$

냉동사이클(카르노, 역카르노사이클)

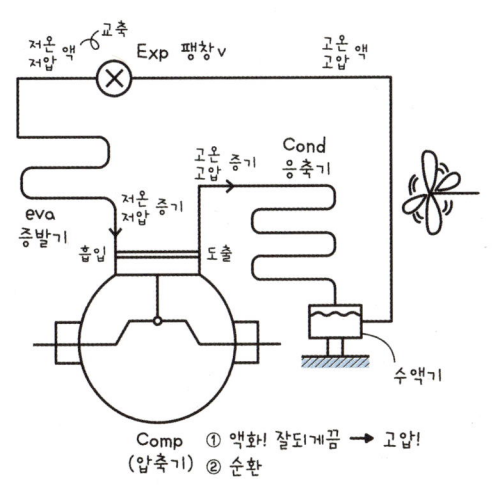

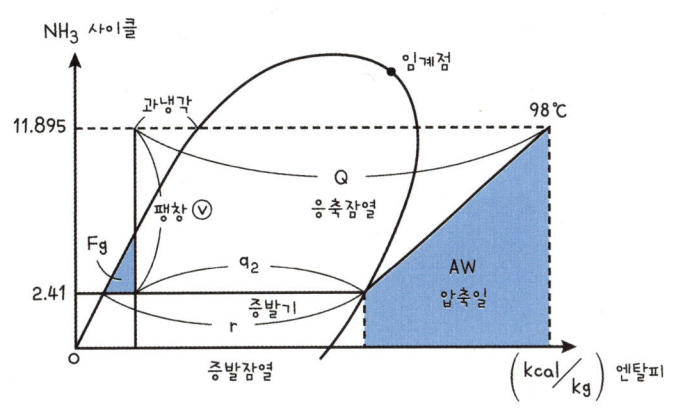

* 냉각효과 $(q_2) = r - Fg$

* 성능계수 (COP), 성적계수

$COP = \dfrac{q_2}{AW} = \dfrac{냉각효과}{압축일}$

압축비 $(a) = \dfrac{11.895}{2.41} ≒ 4.93$

* 건조도 $(x) = \dfrac{Fg}{r}$

$Fg = xr$

냉각효과 (q_2) 구하기
$q_2 = r - Fg$
$= r - xr = (1-x)r$

냉동사이클 < 열기관 : Carnot cycle
      냉동기 VS 열펌프 : 역 Carnot cycle

1) 카르노 사이클 : 열기관

① 2등온과정, 2단열과정 下

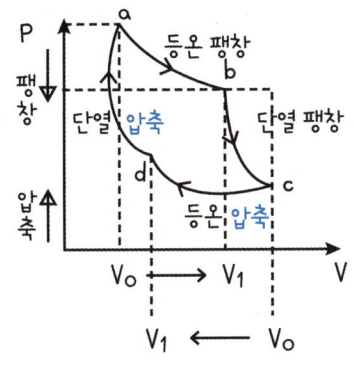

2) 역 카르노 사이클 : 냉동기, 열펌프

① 2등온, 2단열

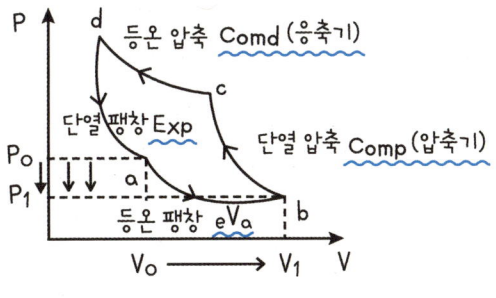

* $Cop = \cfrac{T_1 - T_2}{T_1}$

$= \left(\dfrac{T_1 - T_2}{T_1}\right)$

▶▶ 주의사항
T : 절대온도
T_1 : 고온
T_2 : 저온

* Cop = 냉동기 　　　　　열펌프

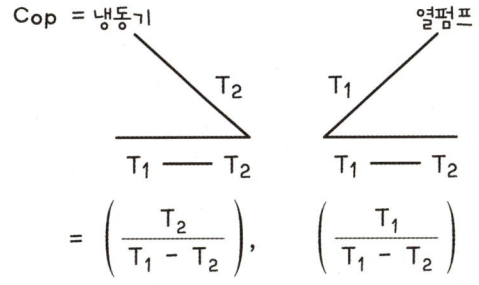

$= \left(\dfrac{T_2}{T_1 - T_2}\right), \left(\dfrac{T_1}{T_1 - T_2}\right)$

가스액화사이클

💡 가스 액화 방법

① 온도 T↓, ② P↑ 압력
- 단열팽창법
- 팽창기사용

1) 린데식
   - 액화기
   - 줄-톰슨 효과 (단열팽창 → 온도강하)

   tip 영화 액린(역린)

2) 클라우드 (claude) : 팽창기 (열교환기 1, 2, 3 액화기)

   tip 가수 핑클(팽클)

3) 캐피자 : 축랭기(자갈) — 축랭채 사용

   7atm

   tip 경축일은 부채 던지고 행운숫자 7이다.

4) 필립스
   - 피스톤
   - 보조 피스톤

   사용 H_2, He — 냉매사용

   tip 피피피 수헤

5) 캐스케이드 (= 다원사이클)
   저비점 순으로 냉매사용

   냉매 : NH_3 → C_2H_4 → CH_4 → N_2
   　　　-33.3　　-101.7　　-161.5　　-196

   tip
엄(마)	에	메	질(마세요)
NH_3	C_2H_4	CH_4	N_2

이상기체방정식, 보일-샤를법칙, 기체상수 R

1) 전제조건

① 이상적 기체
   분자간 인력, 부피 무시

② 비열비 $K = \dfrac{C_P}{C_V}$ = Constant 일정

③ 아보가드로 법칙에 따른다.
   모든 기체 1 mol은
   STP (표준상태 : 0°C, 1 atm)
   ✓ 체적 : 22.4L 이고
   ✓ 원자수 : 6.02×10^{23} 개 이다.

④ 보일·샤를의 법칙에 만족한다.

$$\dfrac{PV}{T} = \dfrac{P_1V_1}{T_1}$$

⑤ 온도함수 (내부에너지 Δu 는 온도함수로 결정)
   (Δu = 온도T함수)

💡 보일·샤를 법칙

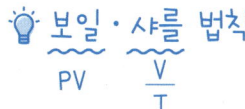

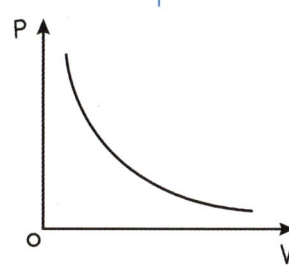

• 계산문제 •

$$\dfrac{^2PV^4}{T_{10}} = \dfrac{^2P_1V_1^x}{T_{120}} \quad x = 정답$$
$$\quad +273 \quad\quad +273$$

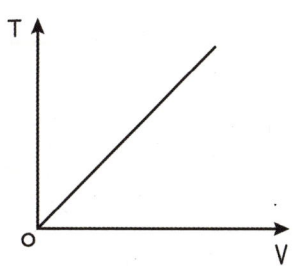

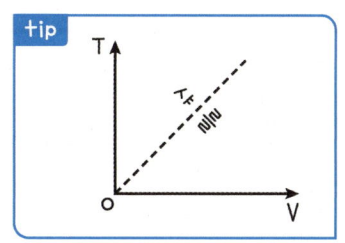

tip

💡 이상기체 방정식

$$PV = nRT \quad \begin{pmatrix} L \cdot atm \\ g \end{pmatrix}$$

$$R = \frac{PV}{n \cdot T} = \frac{1\,atm \times 22.4L}{mol \cdot K\,(273)}$$

$$= 0.082 \left(\frac{atm \cdot L}{mol \cdot K} \right)$$

$$PV = GRT \quad \begin{pmatrix} m^3 & kgf/m^2 = kgf/cm^2 \times 10^4 \\ kg & \end{pmatrix}$$

$$R = \frac{PV}{GT} = \frac{\overset{1.0332}{\boxed{kgf/cm^2}} \times 10^4 \times 22.4\,m^3}{kmol \cdot K\,(273)}$$

$$= \boxed{848 \left(\frac{kgf \cdot m}{kmol \cdot K} \right)} \longrightarrow 848 \left(\frac{kgf \cdot m}{kmol \cdot K} \right)$$

cf
$1\,kcal = 427\,kgf \cdot m$
$kgf \cdot m = \dfrac{1}{427}\,kcal$ 이므로

$$R = 848 \cdot \frac{1}{427} \left(\frac{kcal}{kmol \cdot K} \right)$$

$$= 1.986 \left(\frac{kcal}{kmol \cdot K} \right)$$

$$= 1.986 \left(\frac{cal}{mol \cdot K} \right)$$

기체상수 R값의 변화, 돌턴분압, 르샤틀리에 혼합기체 법칙

💡 기체상수 R 변화 (Cp vs Cv) 위주로 정리

① K (비열비) $= \dfrac{C_P}{C_V} = C$ 일정

② $R = C_P - C_V$

1) ① $C_P = KC_V$ 변화

$R = KC_V - C_V$

$$\boxed{C_V = \dfrac{1}{(K-1)}R}$$ 정적비열

2) ① $C_V = \dfrac{C_P}{K}$ 에서 양변에 K를 하면

$KR = KC_P - C_V \left(= \dfrac{C_P}{\cancel{K}} \right) \cancel{K}$

$KR = KC_P - C_P$

$$\boxed{C_P = \dfrac{K}{(K-1)}R}$$ 정압비열

💡 이상기체 변화 (P, V) 위주

1) $n = 0$, $PV^0 =$ 일정, $a^0 = 1$

$PV^n = C$

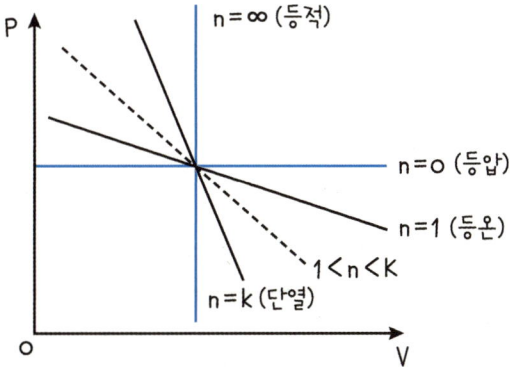

💡 르샤틀리에의 법칙 (혼합가스의 폭발범위)

예) $\begin{pmatrix} CH_4 : 20\% \\ C_3H_8 : 70\% \\ C_2H_4O : 10\% \end{pmatrix}$ 투입 → L (하한), U (상한)

- 혼합기체 조성 -

➤ 각 폭발범위 파악
$CH_4 : 5 \sim 15, \quad C_3H_8 : 2.1 \sim 9.5, \quad C_2H_4O : 3 \sim 80$

$$L(하한) = \frac{100}{L} = \frac{\overset{20}{V_1}}{\underset{5}{L_1}} + \frac{\overset{70}{V_2}}{\underset{2.1}{L_2}} + \frac{\overset{10}{V_3}}{\underset{3}{L_3}}$$

$$U(상한) = \frac{100}{U} = \left[\frac{20}{15} + \frac{70}{9.5} + \frac{10}{80} \right] = 상한$$

$$\therefore L(\%) \sim U(\%)$$

※ 폭발성 혼합가스의 폭발 범위를 구하는 식 (하한과 부피는 %로 입력할 것)

💡 그레이엄 기체확산 속도 법칙

$$\frac{U_2}{U_1} = \sqrt{\frac{\rho_1}{\rho_2}} = \sqrt{\frac{M_1}{M_2}} = \frac{t_1}{t_2}$$

$\begin{pmatrix} \rho : 밀도 \\ M : 질량 \end{pmatrix} \quad t : 시간$

즉, 기체분자의 확산속도는 일정온도, 일정압력하에서 기체밀도의 제곱근에 반비례한다.
∴ 가벼운 기체가 빨리 확산된다!

💡 돌턴 법칙 (분압법칙)

$$P_0 = P_1 + P_2 + \cdots P_n = \sum_{n=0}^{\infty} P_n$$

전압 : 부분압의 합

열역학(제0, 제1, 제2)법칙 → 에너지평형/보존/이동법칙

💡 열역학법칙 종류

1) 0법칙 (평형법칙)

　열 고온 →(이동) 저온 : 평형

2) 1법칙 (에너지보존법칙)/가역변화

① Q ⇌ W (가역)

$Q = AW$ → kgf·m
열(kcal)　일에 대한 열당량
$\dfrac{1}{427}$ (kcal/kgf·m)

② 가역단열과정은 등엔트로피과정

3) 2법칙 (이동, 방향성 법칙)/비가역변화

① Q ✕ W (비가역)
　열　　일

② 클라시우스 법칙 (clausius 표현)

(비가역) $\oint \dfrac{\Delta Q}{T} < 0$, 부등식 $\oint \dfrac{\Delta Q}{T} \leq 0$

③ 캘빈 플랭크 법칙 (kelvin-Plank 표현)
　- 어느 기관이든 100% 열효율기관은 없다.

4) 3법칙
　- 어느 열기관이든 절대온도 0K에 이를 수 없다. (0K = -273℃)

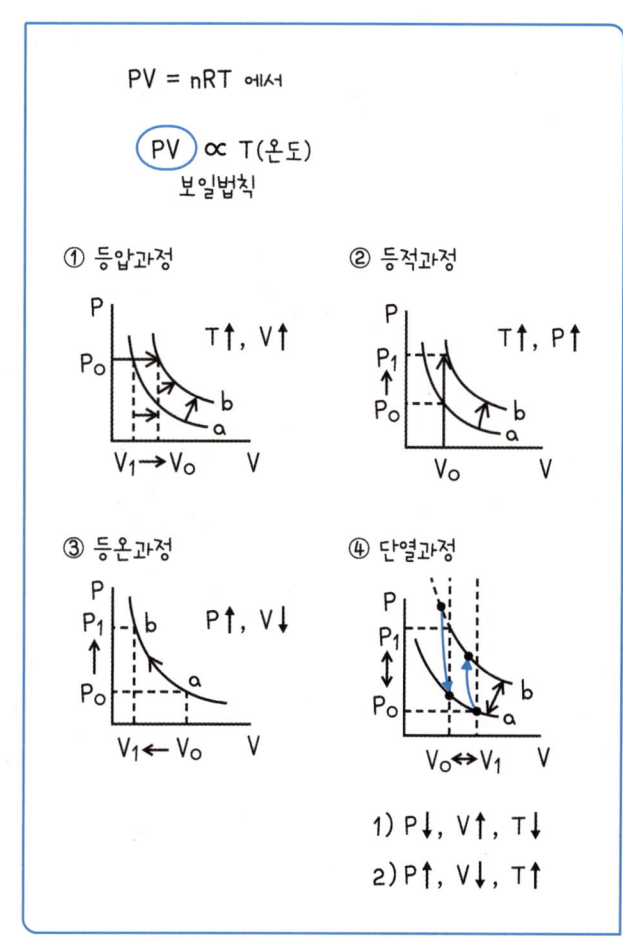

PV = nRT 에서

$PV \propto T$(온도)
보일법칙

① 등압과정　② 등적과정
T↑, V↑　　T↑, P↑

③ 등온과정　④ 단열과정
P↑, V↓

1) P↓, V↑, T↓
2) P↑, V↓, T↑

블록선도, 기본단위, 자동제어동작, 가스검출기

압력

2Mpa을 kgf/cm^2 변환?
★ 1atm을 기준한다.

$\left(\dfrac{2Mpa}{0.101325Mpa}\right) \times 1.0332$

$= 20.393 ≒ 20.39 (kgf/cm^2)$

온도

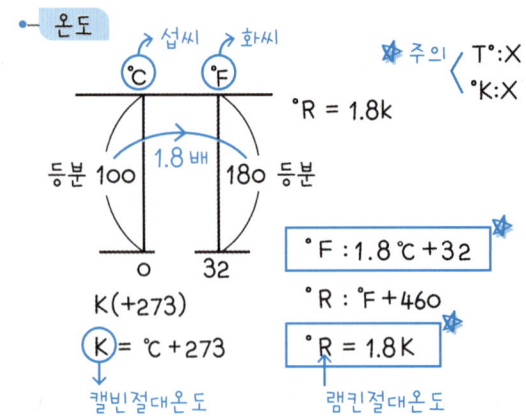

$°F : 1.8°C + 32$
$°R : °F + 460$
$°R = 1.8 K$

$K = °C + 273$ 캘빈절대온도
램킨절대온도

★ 주의 $T° : X$, $°K : X$

열량

kcal : 1kg 1℃ ↑
BTU (1b) ~ °F
CHU (1b) ~ ℃
1b → 1lb

1 therm = 10^5 BTU
1 BTU = 0.252 kcal

열량의 종류 (kcal)

- 감열 (현열)
  $G(kg) \times \langle 0.5 \;\; 1 \rangle \times \Delta t$

- 잠열 (현열)
  $G(kg) \times \langle 79.68 \;\; 539 \rangle (kcal/kg)$

계측

1) 정의
   - 측정 + 감시, 관리
   - 계기 : 응답
   - 측정기 : 시간지연 ↔ 발화지연 (비교)
   - 기차 : 계측기 고유오차

   오버슈트 (최대편차량)

기본 단위

기호	이름	단위
M	길이	m
K	질량	kg
S	시간	S
A	전류	A
K	온도	K
cd	광도	cd
mol	물질량	mol

A : 암페어   K : 캘빈 절대온도
cd : 칸델라   mol : 몰

- 블록선도

목표부 ▶ 설정부 ▶ 비교부 ▶ 조절부 ▶ 조작부 ▶ 제어대상 ▶ 제어량

feed back
검출부

★ 제어종류
- 시퀀스제어 — 미리 정해진 순서의거 순차적 제어
- 피드백제어 → 제어량의 크기와 목표치를 비교하여 값이 일치하도록 피드백신호를 보내어 수정동작 제어

- 제어동작
  - 연속 (P~PID)
  - 비연속 (on-off, 2, 다위치)

▶▶ 연속제어 종류
① P 비례 : 잔류편차 O
② I 적분 : 잔류편차 X
③ D 미분(속도) 단독 X
④ PI 비·적 (잔류 X)
⑤ PD 비·미
⑥ PID 비·적·미 (비례 적분 미분 동작)

▶▶ 조절기
- 공기압   100 m
- 유압   300 m
- 전기식   수 km

▶▶ 검출기 종류
★ TCD
  FID CmHn(탄화수소)↑ 감도 좋다
       일산탄산수/이황 X (감도 없다)
       $CO/O_2/CO_2/H_2/SO_2$
  OMD
  ECD
  FPD

- 가연성검출기

열선형
안전등 – CH_4 검출에 사용
간섭계 – 굴절율 차이

📖 계측기기(압력계 / 온도계 / 액면계 / 유량계)

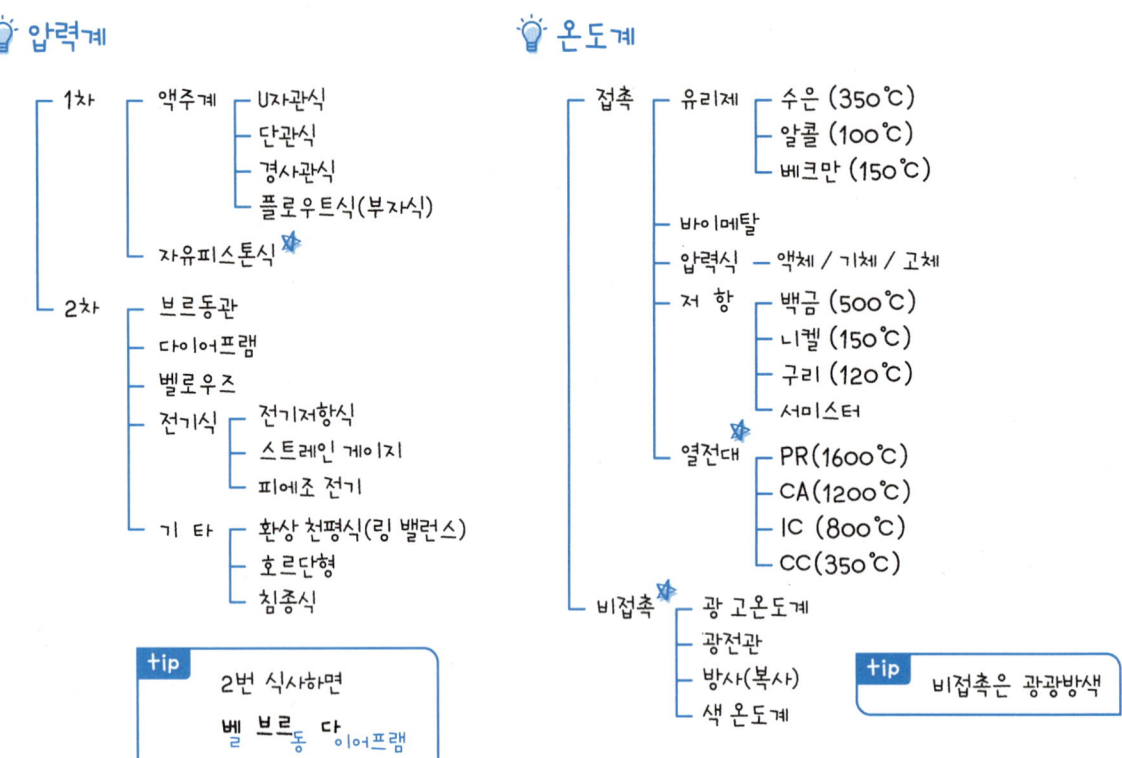

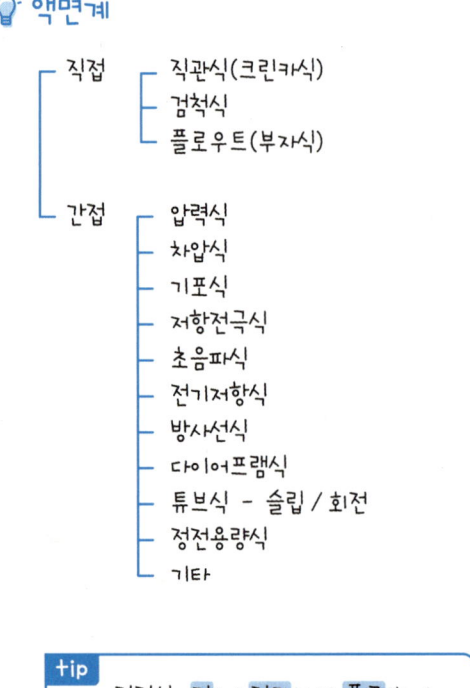

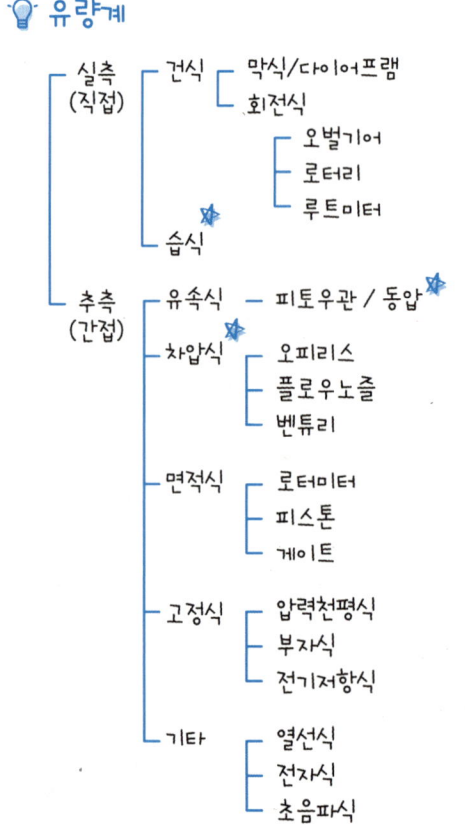

압력계(1차/2차), 온도계(접촉/비접촉)

💡 압력계

1차 ⓟ
- 액주계 ⓟ
  - U자관 — $P = P_0 + rh$ (P_0 : 대기압, r : 비중량 (g/cm³), h : 높이(cm)) → 수은(13.6), 물1
  - 단관
  - 다관
  - 경사관
- 플로트(부자식)(float)
- 자유피스톤식 ⓟ = $P_0 + \left[\dfrac{F(추+피스톤)kg}{A\left(\dfrac{\pi}{4}D^2\right)}\right]$ 합계 → 참값

cf
오차율 (%) = $\dfrac{측-참}{참} \times 100$ → 결과치
- (+) : 측정 大
- (−) : 측정 小

2차 ⓟ
- 브르동관 : 가장 많이 사용, 산소압력계 : 금유(no use oil) 표시된 것 사용
- 벨로즈
  ① 측정범위 0.01 ~ 10 kgf/cm²
  ② 히스테리시스 현상 (이력현상)
  ③ 압력변동에 적응어렵다.
  ④ 공기식 자동제어에 사용.
- 다이어프램
  - 20 ~ 5,000 mmH₂O
  - 부식성액체, 미소차압측정
  - 온도의 영향 받기 쉽다.   **tip** 다 쉽
  - 반응속도 빠르다.
  - 정확성이 높다.
- 전기식
  - 전기저항
  - 스트레인 게이지(반도체)
  - 피에조(가스폭발시 압력변화)
- 기타 압력계
  - 환상천평(링밸런스) - 원형관 사용, 저압가스 압력측정, 액주식에 가까움.
  - 호르단
  - 침종

온도계

- 직접식 (접촉식)
  - 유리제
    - 수은
    - 알콜
    - 베크만 - 정밀 측정용
  - 바이메탈 온도계 : 2개의 이중금속
    [2022년 기출] 온도측정, 금속의 휘어짐 상이
  - 저항 온도계 — 백금(500℃), 니켈(150℃), 구리(120℃), 서미스터(Ni, Mn, Co, Fe, Cu) 분말사용 소결

- 간접식 (비접촉식)
  - ① 광 고온도계 : 가장 정확한 온도측정 O, 개인오차 O
  - ② 광전관 - ㉠ 개인차 고려 무관 ㉡ 연속측정, 자동제어 가능
  - ③ 방사 $Q : 4.88 \cdot \varepsilon \cdot A \cdot \left(\dfrac{T}{100}\right)^4$ (kcal/m²·h·℃), 스테판-볼쯔만 법칙 (ε : 입슬론, A : 단면적)
  - ④ 색온도계 → 700℃ 암적색, 1000℃ 오렌지, 1500℃ 흰백색, 2000℃ 매우 흰백색, 2500℃ 청색

열전대 온도계

		형식
PR	1600℃ < 내열성/산화성	→ R식
CA	1200℃	→ K식
IC	800℃ 열기전력 大, 환원성	→ J식
CC	350℃	→ T식

액면계(기능: 탱크 내 액면표시 및 잔량확인)

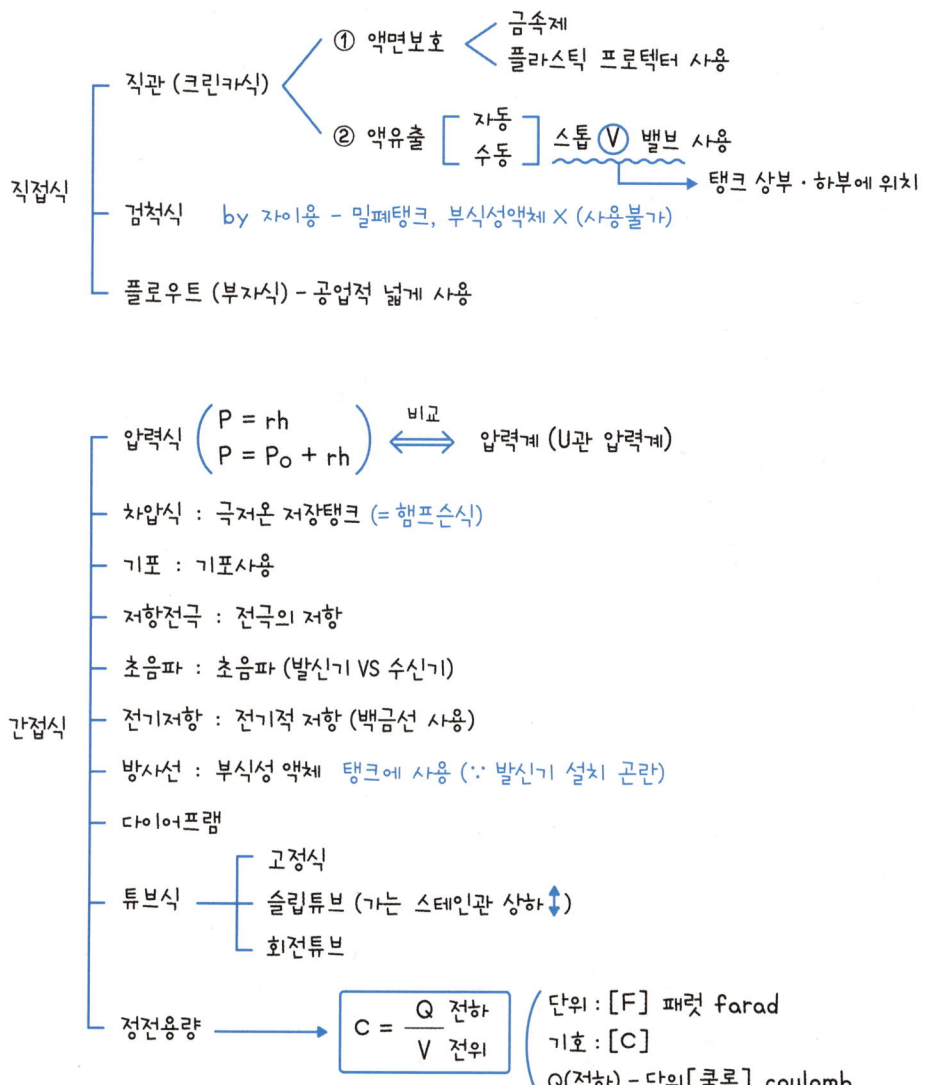

유량계

- 직접식 (실측)
  - 건식
    - 막식 • 다이어프램 (가정용, 소유량)
    - 회전식
      - 오벌기어 — 보일러
      - 로터리
      - 루츠(루트) (대용량, 부동우려○)
  - 습식 가스미터(유량계) : 계량이 정확(실험용)

- 간접식 (추측)
  - 유속식 : 동압측정. 피토우관 사용
    - ① $V = \sqrt{2gh}$ (유속) (5(m/s) 이상) 기체·시험용 사용
    - ② $Q = C \cdot A \sqrt{2gh\left(\dfrac{S_0}{S} - 1\right)}$ (유량)
      - $\dfrac{\pi}{4}D^2$
      - S_0 : 마노미터 비중
      - S : 측정유체 비중
    - tip : 피토우관 사용 — 유토피아
  - 차압식
    - 오리피스
      - ① H (압력손실) 저항 多
      - 압력손실 가장 크다.
    - 플로노즐(flow - nozzle) - 압력손실 H가 중간정도
    - 벤튜리 ① H↓ (압력손실) ② 저항↓ ③ 비싸다
    - tip : 오리(가) 벤차(에) 플로(찼다)
  - 면적식
    - 면적변화
      - ① 소유량, 점도
      - ② 부식성
      - ③ 수직배관 사용
    - 로터미터 : 차압일정, 면적변화
    - 피스톤
    - 게이트
    - tip : 면적은 로피게(높이게)
  - 고압식
    - 압력천평식 ↔ 환상천평식 압력계와 비교(주의)
    - 부자식
    - 전기저항식 (초고압에 사용)
  - 기타식
    - 열선식
    - 전자식 : 패러데이 전자유도 법칙 이용 (기전력(e) 측정하여 유량산출)
      - $e = -N\dfrac{\Delta\varnothing}{\Delta t}[V]$
      - 즉, 유도기전력의 크기(e) 시간당 자속의 변화량 $\dfrac{\Delta\varnothing}{\Delta t}$ 과 코일의 권수(N)에 비례
      - <영향분석>
        - ① e 증가시
          - N↑ 권수
          - ∅↑ 자속변화
          - t↓ 시간
      - tip : 패 전자(승전자)
    - 초음파 (도플러 효과) tip 초도
    - 익차식 (임펠러식)
    - 와류식 : 와류의 저항값 변화를 이용

SMS안전성평가, 폭발등급, 연소계산, 이론공기량, 과잉공기율

💡 안전성 평가 (SMS) tip

	저장능력	처리능력
정제	100t	X
화학	100t	10,000m³
비료	100t	100,000m³
철강	X	100,000m³

정성분석	정량분석
Check list	HEA (작업자)
what-if	FTA (실수)
hazop	ETA (사건)
	CCA (원인)

➡ 안전성평가(SMS; Safety Management System)

평가이유 : 안전성 평가
　　　　　단위공정별 안전성평가/안전성 향상계획서 작성
　　　　　(산자부장관)

※ 129회 가스기술사
- 안전성향상계획서?
- 종합적안전관리규정?

💡 폭발등급과 온도등급

폭발등급 \ 온도등급	T₁ (450℃ 초과)	T₂	—	T₄ (135 초과~200℃ 이하)	T₅ (100~135℃)	T₆ (85~100℃)
1	메일 암프로	부, 옥 탄 시드				
2	석탄	에 C₂H₄				
3	수성 CO+H₂	아 C₂H₂			이 CS₂	

⭐ 발화지연 : 가열 → 발화에 걸리는 시간

폭굉 ┌ 일반 0.01 ~ 10 m/s
　　├ 음속 340 m/s
　　└ 폭굉 1,000 ~ 3,500 m/s

💡 연소계산

(주성분 : C · H · O
가연성분 : C · H · S)

- O_o (이론적 산소량)
  - 체적 : $1.87C + 5.6(H - \frac{O}{8}) + 0.7S \ (m^3/kg)$
  - 중량 : $2.67C + 8(H - \frac{O}{8}) + 1S \ (kg/kg)$

- A_o (이론공기량)
  $$A_o = \frac{O_o}{0.21} \ (O_o : \text{이론적 산소량})$$
  - $0.21 \ (m^3)$ 체적일 경우
  - $0.232 \ (kg)$ 중량일 경우

- ⭐ m (공기비)
  ① $\frac{A}{A_o}$
  ② $\frac{CO_2 \ Max}{CO_2} = \frac{21}{21 - O_2}$

  $$m = \begin{cases} \frac{N_2}{N_2 - 3.76 \ O_2} & \text{(완전연소)} \\ \frac{N_2}{N_2 - 3.76(O_2 - 0.5 \ CO)} & \text{(不완전연소)} \end{cases}$$

▶▶ 유효수소
$$\left(H - \frac{O}{8}\right)$$
총수소에서 물(H_2O)이 되는 무효수소를 뺀 값

💡 이론적 산소량 계산(O_o)

$C + O_2 \rightarrow CO_2 + 8100 \ (kcal/kg)$
12kg ⎡ 32kg : $32/12 = \underline{2.67} \ (kg/kg)$
     ⎣ $22.4 m^3 : 22.4/12 kg = 1.87 (m^3/kg)$

$H_2 + \frac{1}{2} O_2$ ⎡ (액체) + 34,000
                       ⎣ (기체) + 28,600
2kg ⎡ 16kg : $\underline{8}$
    ⎣ 11.2 : 5.6

$S + O_2 \rightarrow SO_2 + 2500 \ (kcal/kg)$
32 ⎡ 32kg : $\underline{1}$
   ⎣ 22.4 : $22.4/32 = 0.7$

⭐ $CO_2 \ Max = \frac{21 \ CO_2}{21 - O_2}$
= 최고탄산가스량

m (공기비) $= \frac{CO_2 \ Max}{CO_2}$

$= \frac{\left(\frac{21 \ CO_2}{21 - O_2}\right)}{CO_2}$

$= \frac{21}{21 - O_2}$

💡 과잉공기율 계산(%)

- 과잉공기량 : A(실제) − A_o(이론공기량)
- 공기비 (m) = $\frac{A}{A_o}$ 에서 ➡ A = mA_o

과잉공기율(%) = $\left(\frac{A - A_o}{A_o}\right) \times 100 = \left(\frac{mA_o - A_o}{A_o}\right) = \left(\frac{(m-1)A_o}{A_o}\right) \times 100 = (m-1) \times 100$

※ 신경향

1) CO의 주의사항은?
2) C_3H_6의 연소시 최대농도(%)? (단, O_2 비율 : 0.2088%)

공기비, 총발열량, 저위발열량, 위험장소, 방폭구조, BLEVE, UVCE

💡 공기비 (m)

⭐ m = 적정할 것! C_mH_n 에서

1) A_0 이론공기량 $= \dfrac{O_0}{0.21} = \dfrac{(m + \frac{n}{4})O_2}{0.21}$

   $m = \dfrac{CO_2 \text{ Max}}{CO_2} = \dfrac{21}{21 - O_2}$

2) $m = \dfrac{A \text{ 실제}}{A_0 \text{ 이론}} \rightarrow A = mA_0$

   $m = \dfrac{CO_2 \text{ Max}}{CO_2} = \dfrac{21}{21 - O_2}$ → $\boxed{\dfrac{21\,CO_2}{21 - O_2}\,(\%)}$

◎ 공기비(m) ↑ 증가
$\uparrow m = \dfrac{\uparrow A}{A_0}$

(연소실온도
  Z(통풍력) 大, 열손실 ↑ $= \left(\dfrac{N_2}{N_2 - 3.76\,O_2}\right)$
  NO_x ↑
  SO_x — 저온부식) 〈완전연소〉

◎ 공기비(m) ↓ 감소
$\downarrow m = \dfrac{A\downarrow}{A_0}$

(불완전연소
  미연소 폭발 $= \left(\dfrac{N_2}{N_2 - 3.76(O_2 - 0.5\,CO)}\right)$) 〈불완전연소〉

💡 발열량

{ (kcal/m³) (기체)
  (kcal/kg) (액체)   C·H·S 가연성분 발열량 계산 }

▶▶ (고체·액체)

① $C + O_2 \xrightarrow{+8100} CO_2$ $8,100C + 34,200\left(H - \dfrac{O}{8}\right) + 2,500S$

② $H_2 + \dfrac{1}{2}O_2$ [34,200 (34,000) 고·액
                          28,800 (28,600) 기체]

③ $S_2 + O_2 \rightarrow S_2 + 2,500$ kcal/kg

▶▶ 고위발열량 vs 저위발열량

① (고위발열량) = 수증기(H_2O) 액체
   $Hh = HL + 600(9H + W)$

② (저위발열량) = H_2O가 기체인 경우
   $HL = Hh - 600(9H + W)$

③ (수증기 증발 잠열
     0℃ : 596 ≒ 600
     100℃ : 539)

▶▶ (기체)

$3053\,H_2 + 3016\,CO + 9580\,CH_4$ (오삼수)

1) SO_x (원인·방지) { $SO_2 + H_2 \rightarrow H_2S + O_2$
                      습식
                      건식 }
2) NO_x (〃)
3) CO (〃) (완전연소)
   $CO + H_2O$ [CO_2 + H_2] $C + H_2O$ { CO, H_2 }

💡 위험장소 VS 방폭구조 (EX)

			본질안전
0종	상용 가스농도 폭팔 하한 이상		ia, ib
1종	상용 정비, 보수		P, O, d 압력 유입 내압
2종	밀폐용기 설비 밀봉 오조작		e 안전증

💡 탱크로리, 저장탱크

BLEVE	VS	UVCE (설비)
비등 Boiling		증기 Unconfined Vapour
액체 Liquid		
팽창 Expanding		운 Cloud
증기 Vapor		폭발 Explosion
폭발 Explosion		

💡 저위 발열량 (연료소비량 기준)   *lower (Higher) Heating Value*

경유 : 10,300 (kcal/kg)   LNG : 10,000 (kcal/m^3)
등유 : 10,368 (〃)   (LPG / Air) : 14,000 (〃)

C_3H_8 : 22,400 (kcal/m^3)
C_4H_{10} : 29,500 (〃)

중요가스특성 등

수소(H₂)

(비점) -252.5

- 고온, 고압하에서 질소와 반응하여 암모니아생성
  $3H_2 + N_2 \rightarrow 2NH_3 + 23kcal$
- 수소의 폭명기: $2H_2 + O_2 \rightarrow 2H_2O + 136.6kcal$
- 탈탄방지원소: 내수소성원소(W, Cr, Mo, Ti, V)

tip 텅크몰티바

제조법
① 물을 전기분해 $2H_2O \rightarrow 2H_2 + O_2$
② 수성가스법(코크스화법) $C + H_2O \rightarrow CO + H_2 - 31.4kcal$
③ 일산화탄소 전화법 $CO + H_2O \rightarrow CO_2 + H_2 + 9.8kcal$

용도: 메탄올합성, 암모니아, 경화유 제조

※ 수소연료전지
- 양극: $H_2 \rightarrow 2H^+ + 2e^-$
- 음극: $\frac{1}{2}O_2 + 2H^+ + 2e^- \rightarrow H_2O$

산소(O₂)

-183

- 공기 중 산소비율 체적 21%, 중량은 23.2%
- 액화산소는 담청색
- 탄산가스는 CO_2 흡수기에서 수분은 건조기에서 제거
- 안전밸브는 파열판식, 윤활유는 물 또는 10% 이하의 묽은 글리세린 수

제조법
① 물의 전기분해법: $2H_2O \rightarrow 2H_2 + O_2$
② 공기 액화분리법
- 액체산소는 상부탑 하부, 액체질소는 하부탑 상부
- 고압식: 압력(150atm ~ 205atm)
- 저압식: 압력(5atm)

용도: 용접 또는 제철, 절단용

액체: 불안정, 고체: 안정, 용해가스, 불순물로 특유의 냄새있음.

아세틸렌(C₂H₂)

-83

- 유기용제: 아세톤, DMF(디메틸포름아미드)
- 다공도 75% 이상 92% 미만
- Ag(은), Cu(동), Hg(수은) 폭발예민물질
- 다공도(%) = 75 ~ 92% 미만

tip 메일스프에 질(린다) CH₄ ~ N₂

특징
- 가스발생기: 주수식, 침지식, 투입식
- 희석제첨가(메탄 / 일산화탄소 / 수소 / 프로판 / 에틸렌 / 질소)
- 발생기의 적정온도(50 ~ 60℃), 표면온도(70℃)

용도: 산소-아세틸렌용접 및 절단용, 염화비닐 제조

암모니아(NH₃)

-33.3

- 상온·상압하에서 강한 자극성 냄새
- 잠열이 크다(0℃에서 301.8kcal/kg)
- 상온에서 8.46atm이 되면 액화암모니아
- 염화수소와 접촉시 염화암모늄(백연기) → $NH_3 + HCl \rightarrow NH_4Cl$

제조법
하버-보시법(Harber - Bosch Process) $3H_2 + N_2 \rightarrow 2NH_3 + 23kcal$
- 고압법(600 ~ 1,000kgf/cm² 이상): 클로드법, 카자레법
- 중압합성(300kgf/cm² 전후): IG법, 뉴파우더법, 케미크법, JCI법, 동공시법 등
- 저압합성(150kgf/cm² 전후): 케로그법, 구우데법

용도: 드라이 아이스제조용, 대형 냉매

수소에너지 / 수소법

출제경향분석

수소경제육성 및 수소안전관리법률(약칭:수소법) 활용을 정리하면 수소 제조/충전/저장/사용시설을 살펴보고 2025년부터 새로 도입되는 출제기준을 적용함에 따라 수소에너지관련법과 취급사항을 숙지해야 한다.
먼저 한국가스안전공사의 KGS Code 가스기술기준정보시스템을 면밀히 학습한다. 또한 관계법령과 법규적용사항을 정리해야 한다. 필자는 이 부분을 명확히 정리하였으며 출제가능한 예상문제를 선별하여 제작하였다.
특히 본 교재는 2025년 수소에너지개념과 수소법관련 문제성격의 예상문제 선별시 실무위주로 정리하였으며 그 주된 내용은 관련정부부처의 공개정보를 활용하였다.
수소의 제조시설, 충전시설, 저장시설, 사용시설과 수소법의 핵심내용을 정리하였다.
마지막으로 수소의 특성과 제조법은 기본적으로 숙지하도록 한다.

 01 수소 제조 및 충전시설

1 수소경제육성 및 수소안전관리법률 (수소법) 주요내용 정리

수소법 주요내용 요약		
경제육성분야	▶ 수소경제 이행 추진체계 마련	
	추진체계	수소경제위원회(長 : 국무총리), 실무위원회, 실무추진단 등의 근거 마련
	3대 전담 기관	수소산업진흥전담기관[1], 수소유통전담기관[2], 수소안전전담기관[3]
	기본계획 수립	수소경제 이행의 효과적 추진을 위한 기본계획 수립 근거 마련
	▶ 수소전문기업 육성 및 인력양성 등 기반조성 • 수소전문기업 육성(기술, 인력, 금융 지원 등), 전문인력 양성, 수소산업 관련 통계 작성 등	
	▶ 충전소 설치, 특화단지 지정 등 수소경제 활성화 촉진 • 수소전문기업 육성(기술, 인력, 금융 지원 등), 전문인력 양성, 수소산업 관련 통계 작성 등	
안전관리분야	▶ 수소용품 및 저압 수소사용시설에 대한 안전관리 규정 마련 • (수소용품) 수소용품을 정의하고 이에 대하여 허가, 등록, 검사, 안전관리자 선임 등의 제도 구축 • (사용시설) 수소연료사용시설을 정의하고 기술검토, 완성검사 및 정기검사를 실시 • (검사기관) 수소용품 및 시설에 대한 검사는 한국가스안전공사에서 실시 • (전담기관) 수소용품과 수소연료사용시설의 조사·연구 및 사고예방기술업무 등 수행	

(출처: 한국가스안전공사 수소용품제조시설 p11)

(1) 수소법의 경제육성분야는 ① 수소경제 이행 추진체계 마련 ② 수소전문기업 육성 및 인력양성 등 기반 조성 ③ 충전소 설치, 특화단지 지정 등 수소경제 활성화 촉진 등의 3개 분야로 구성되어 있다.

(2) 안전분야는 ① 수소 용품, ② 저압 수소사용시설 등에 대한 안전관리 규정으로 구성되어 있으며, 고압수소 시설에 대해서는 「고압가스안전관리법」의 안전기준을 따른다.

   (가) 저압수소 시설에 대한 안전기준은 「고압가스법」만으로는 미비한 현재 안전관리 제도를 합리화하고

   (나) 연료전지의 경우 「액화석유가스법」에 의거 가스용품으로 정의되어 안전기준을 따르도록 규정하였으나, 수소를 직접 공급받는 연료전지에 대해서는 별도의 안전 규정을 마련하고 안전관리 일원화를 위해 「수소법」의 규정이 마련됨

2 수소에너지 취급이미지

(1) 수소에너지의 생산

수소는 1차 에너지를 활용해 다양한 방식으로 생산이 가능한 2차 에너지이다.

수소를 생산하는 대표적인 방식으로는 화석연료 개질방식, 부생수소 활용방식, 수전해 방식 등이 있다.

> [생산방식에 따른 분류]
> ① **추출(개질)** : 천연가스(메탄), LPG, 갈탄 등 화석연료를 고온/고압에서 수증기와 반응시켜 수소를 추출
> ② **부생수소(공정수소) 활용** : 석유화학이나 제철공장의 생산 공정 중의 부산물을 분리·정제
> ③ **수전해** : 석유화학이나 제철공장의 생산 공정 중의 부산물을 분리·정제

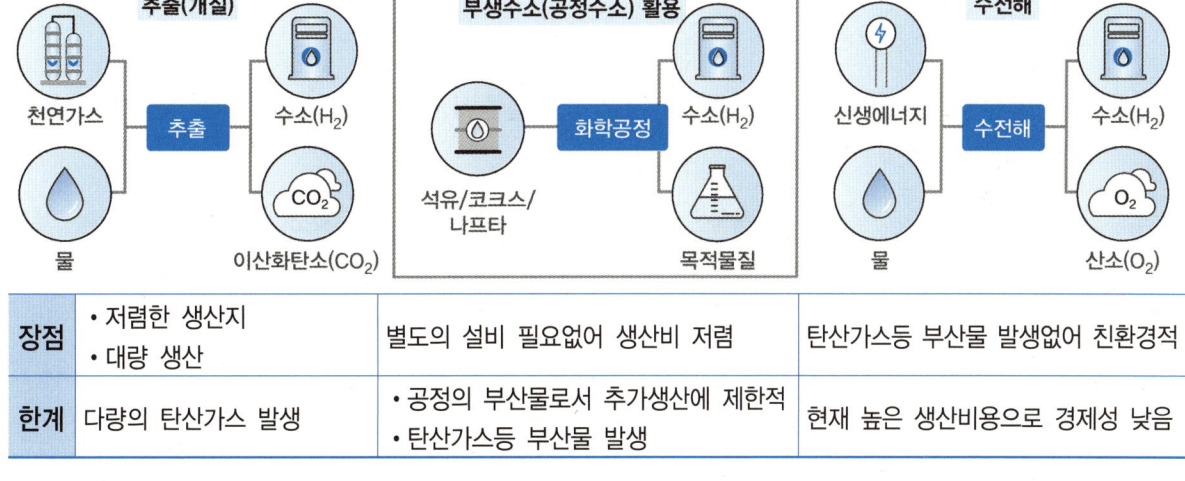

	추출(개질)	부생수소(공정수소) 활용	수전해
장점	• 저렴한 생산지 • 대량 생산	별도의 설비 필요없어 생산비 저렴	탄산가스등 부산물 발생없어 친환경적
한계	다량의 탄산가스 발생	• 공정의 부산물로서 추가생산에 제한적 • 탄산가스등 부산물 발생	현재 높은 생산비용으로 경제성 낮음

(출처: 한국가스공사)

제공 : 홍까스강의밴드-정석홍 (수소 튜브트레일러)

제공 : 홍까스강의밴드-정석홍 / 디스펜서

3 법률용어 정의

「수소법」에서도 다음과 같은 용어 정의가 명시되어 있으며, 이는 전체 법령을 이해하는 것에 중요한 역할을 한다.

(1) "수소연료공급시설"이란 수송·건물 발전 등의 용도로 사용되는 연료전지에 수소를 공급하는 시설로서 산업통상자원부령으로 정하는 시설을 말한다.

(2) "수소용품"이란 연료전지와 수소관련 용품으로서 산업통상자원부령으로 정하는 용품을 말한다.

(3) "수소연료사용시설"이란 연료전지를 설치하여 전기 또는 열을 사용하기 위한 시설로서 산업통상자원부령으로 정하는 시설을 말한다.

(4) 산업통상자원부령으로 정하는 수소용품은 ① 고정형 연료전지(연료소비량 232.6kW 이하), ② 이동형 연료전지와 그 부대설비, ③ 수전해설비, ④ 수소추출설비등 4가지로 명시한다.
연료전지(자동차관리법 제2조 제1호에 따른 자동차에 장착되는 것은 제외한다)는 고정형설비(연료소비량 232.6kW 이하)와 그 부대설비, 이동형설비(연료소비량 무관하여 수소법적용, 하지만 자동차장착 연료전지는 적용배제)와 그 부대설비
「수소법」 시행규칙 제2조 제3항과 제8호 22.02.05. 시행
결국 연료전지의 제조 및 검사에 관하여서는 「액화석유가스법」을 적용하지 않고 「수소법」에서 규정한 사항을 적용한다. 연료전지는 간접수소용 그 외는 직접수소용 연료전지로 분류한다.
수소의 경우 기존 연료가스와 마찬가지로 안전관리는 고압가스안전관리법을 기본으로하되, 연료전지는 액화가스안전관리법 규정을 수소법으로 이관함.

(5) 「수소법」에 의거 수소용품으로 정의하는 수소제조설비는 ① 수전해설비, ② 수소 추출설비로 구분한다. "수소제조설비"란 수소를 제조하기 위한 것으로서 다음 각 목의 설비를 말한다.
① 수전해설비 : 물을 전기 분해하여 수소를 제조하는 설비

② 수소추출설비 : 도시가스 또는 액화석유가스 등으로부터 수소를 추출하여 제조하는 설비

「수소법」에 따른 수소제조 설비는 수소를 생산하기 위한 설비로 정의되는데, 이는 생산된 수소가 연료전지에 사용되는 것으로만 제한하지 않는다.

즉, 생산된 수소의 용도 및 생산능력과 관계없이 물을 전기 분해하여 수소를 생산하는 설비는 수전해설비로 탄화수소 등에서 수소를 추출하는 설비는 수소추출설비로 정의되어 「수소법」을 적용받는다.

(출처: 한국가스안전공사 수소용품제조시설 p19)

(6) 수소시설의 「고압가스법」 적용

고압 수소시설과 연결된 저압 수소시설에 대해 고압 수소시설과 동일한 수준으로 안전관리 체계를 갖추기 위해 「고압가스법」 시행규칙이 개정되었다.

> 기존 「고압가스법」에 따른 가스설비는 '고압가스가 통하는 설비'로 정의되었으나, 저압 수소시설의 안전관리를 위해 고압가스가 아닌 상태의 수소가 통하는 부분을 '가스설비' 및 '고압가스설비'의 범위가 되도록 2021년 2월 「고압가스법」 시행규칙이 개정되어 2021년 8월 시행되었다.
> 주요 개정사항은 제2조제1항제16호의 '가스설비' 및 제17호의 '고압가스 설비' 범위 확대이다. '가스설비'에는 '고압가스가 아닌 상태의 수소'가 포함되었으며, '고압가스설비'에는 '고압가스가 아닌 상태의 수소가 통하는 설비'가 포함되었다.

「고압가스법」 시행규칙 제2조 발췌 ('22.06.08. 시행)

제2조(정의) ① 이 규칙에서 사용하는 용어의 뜻은 다음과 같다.
16. "가스설비"란 고압가스의 제조·저장·사용설비(제조·저장·사용설비에 부착된 배관을 포함하며, 사업소 밖에 있는 배관은 제외한다) 중 가스(제조·저장되거나 사용 중인 고압가스, 제조공정 중에 있는 고압가스가 아닌 상태의 가스, 해당 고압가스 제조의 원료가 되는 가스 및 고압가스가 아닌 상태의 수소를 말한다)가 통하는 설비를 말한다.
17. "고압가스설비"란 가스설비 중 다음 각 목의 설비를 말한다.
    가. 고압가스가 통하는 설비
    나. 가목에 따른 설비와 연결된 것으로서 고압가스가 아닌 상태의 수소가 통하는 설비. 다만, 「수소경제 육성 및 수소 안전관리에 관한 법률」 제2조제9호에 따른 수소연료사용시설에 설치된 설비는 제외한다.

(출처: 한국가스안전공사 수소용품제조시설 p31)

---

(7) 수소용품의 검사 (법 제44조)

① 수소용품을 제조(수입)한 자는 그 수소용품을 판매하거나 사용하기 전에 허가관청의 검사를 받아야 한다.

② 검사를 받지 않은 수소용품은 양도·임대 또는 사용하거나 판매를 목적으로 진열이 금지되어 있다.

* 검사를 받지 않은 수소용품 제조사업자는 2년 이하의 징역 또는 2천만 이하의 벌금에 처하도록 규정

(출처: 한국가스안전공사 수소용품제조시설 p31)

(8) 안전관리자 자격과 선임 인원

[수소용품 제조시설의 안전관리자 자격과 선임 인원]

안전관리자의 구분	선임인원	자격
안전관리총괄자	1명	해당 사업자(법인인 경우에는 그 대표자)
안전관리부총괄자	1명	해당 사업자의 수소용품 제조시설을 직접 관리하는 최고 책임자
안전관리책임자	1명 이상	• 일반기계기사, 화공기사, 금속기사, 가스산업기사 이상의 자격을 가진 자 • 일반시설 안전관리자 양성교육 이수자(근로자수 10명 미만인 시설로 한정)
안전관리원	1명 이상	• 가스기능사 이상의 자격을 가진 사람 • 일반시설 안전관리자 양성교육 이수자

안전교육은 (전문교육과 양성교육)으로 분류되며 전문교육은 신규종사 후 6개월 이내 및 그 후에는 3년이 되는 해마다 1회 실시한다.

4 가스사고 예방관리

(1) 형태별 분류

1) **누출 사고** : 가스가 누출된 것으로써 화재 또는 폭발 등에 이르지 않는 것을 말한다.
2) **화재 사고** : 누출된 가스가 인화하여 화재가 발생한 것으로 폭발 및 파열사고를 제외한 경우를 말한다.
3) **폭발 사고** : 누출된 가스가 인화하여 폭발 또는 폭발 후 화재가 발생한 것을 말한다.
4) **중독 사고** : 가스연소기의 연소가스 또는 독성가스에 의하여 인적피해가 발생한 것을 말한다.
5) **산소결핍(질식) 사고** : 가스시설 등에서 산소의 부족으로 인한 인적피해가 발생한 것을 말한다.
6) **파열 사고** : 가스시설, 특정설비, 가스용기, 가스용품 등이 물리적 또는 화학적인 현상 등에 의하여 파괴되는 것을 말한다.
7) **아차 사고** : 인적·물적 피해를 수반하지 않는 경미한 누출의 경우로서 다음의 사항들을 말한다.
   (가) 압력조정기·가스계량기 등의 체결불량에서 경미한 가스누출
   (나) 플랜지, 볼트의 이완등에서 가스누출
   (다) 밸브, 연소기 등의 오조작에서 가스누출
   (라) 사업자(공급자·사용자) 등의 자체 안전점검으로 인한 경미한 누출. 다만, 가스시설, 특정설비, 가스용기, 가스용품 등에서의 시설기준 미비 또는 제품노후·불량 등은 제외한다.
   (마) 누출된 가스가 인화하여 화재가 발생한 것은 제외한다.
8) **기타사고**
   (가) 과열화재 : 가스를 연료로 하는 각종 연소기를 이용하는 과정에서 과열로 인하여 가연물에 인화되어 화재가 발생한 것
   (나) 교통사고 : 차량 등이 가스시설을 손상시켜 발생한 사고
   (다) 고의사고 : 가스를 이용하여 방화, 자해, 가해, 고의흡입 등의 목적으로 발생한 사고
   (라) 그 밖에 다른 법령에 적용되는 시설 등에서 발생한 사고

5 수소가스사고의 발생형태

최근 5년간 발생한 13건의 수소가스사고 형태는 화재사고가 대부분(9건, 69.2 %)을 차지한다.
누출사고는 1건이며, 폭발사고와 화재사고의 발생 비율이 높은데, 이는 수소의 특성에 기인한다.
수소의 경우 넓은 폭발범위와 낮은 최소점화에너지의 물성을 가지고 있어, 누출이 발생하면 대부분 폭발이나 화재로 이어진다.

6 수소가스사고의 등급별 분류

(1) 1급사고
(2) 2급사고
(3) 3급사고 : 인명피해, 공급중단이 발생한 사고, 저장탱크(소형저장탱크포함)에서 가스가 누출된 사고. 국내에서 발생한 수소 사고 중 가장 큰 규모의 사고로 분류된다.

7 사고조사보고 및 응급조치

| 사례 경기도 용인시 수소튜브트레일러 가스누출 화재사고 |

사고내용 요약
수소를 운반하던 튜브트레일러 커넥터 연결부에서 수소가 누출되어 화재가 발생한 사고

가. 사고일시 : 2020년 09월 08일 15:40경
나. 장　　소 : 경기도 용인시 0000 수소저장시설
다. 피해현황 : 소방서 추산 180만원
라. 시설현황 : 총 가스용적 4.438m (19.6MPa)
마. 사고원인
　튜브트레일러의 커넥터 너트 체결작업 중 발생된 것으로 정상적으로 체결되지 않은 연결부에서 고압 수소가 누출되었고, 작업자가 안전수칙(밸브차단 및 가스방출)을 지키지 않은 새 연결부 조임 작업을 진행하다가 발생한 점화원에 의해 화재가 발생한 것으로 추정된다.

바. 사고사진

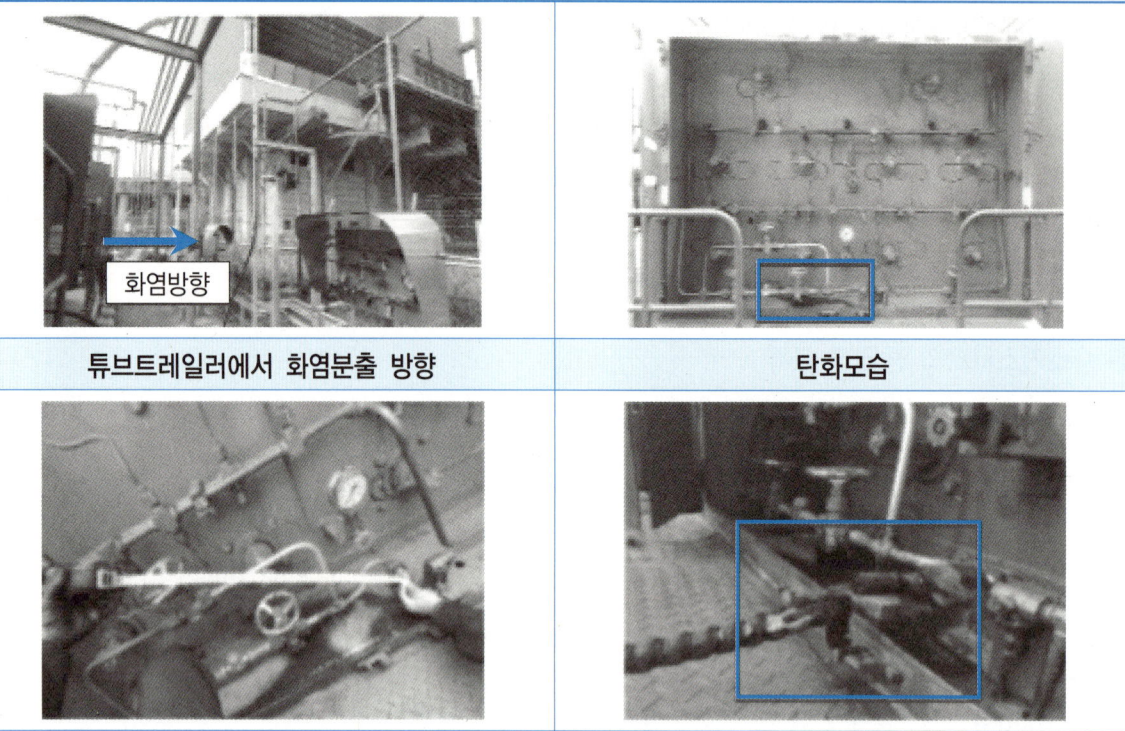

(출처: 한국가스안전공사 수소용품제조시설 p167)

사. 문제점 및 대책

1) 가스가 누출되는 상태에서 누출 부위 수리보수 중 화재 발생 위험 → 가스누출 시 가스를 퍼지·치환하고 수리·보수 교육 필요

2) 수소 시설에 적합한 방폭 공구 사용 필요

3) 안전관리규정에 공급(정비) 매뉴얼 작성 검토

　→ 반복적으로 사용하는 제품(커넥터, 고압호스, 밸브 등)의 사용기간(횟수) 지정하고 사용 횟수 등이 경과한 제품 교체

　→ 가스공급 전 설비점검 및 확인에 관한 세부 절차서 작성 등에 관한 사항 추가

　→ 수리보수 절차서

(출처: 한국가스안전공사 수소용품제조시설 p167)

8 수소 생산설비

(1) 수소분류

[수소생산 방식에 따른 색 분류]

수소 분류	생산방법(특징)	CO_2 배출
백색 (White/Gray)	석유화학공정의 부생가스	높음
갈색 (Brown)	갈탄을 가스화하여 수소생산	높음
회색 (Grey)	천연가스 개질로 수소생산	높음
청색 (Blue)	회색 수소에서 CO_2 포집 및 저장	낮음
황색 (Yellow)	전력망의 전기로 수전해	낮음(전력생산에 CO_2 발생)
적색 (Red/Pink)	원자력 발전의 전기로 수전해	없음
청록 (Turquoise)	천연가스 열분해(고체 탄소)	없음
녹색 (Green)	재생에너지의 전기로 수전해	없음

(출처: 한국가스안전공사 수소용품제조시설 p173)

(2) 수소생산방식 구분

현재 대표적인 수소 생산방식에 온실가스 배출 여부를 직관적으로 이해할 수 있도록 색으로 표현하면 회색수소, 청색수소, 녹색수소 등으로 구분

(가) 회색수소 : 천연가스(메탄)와 수증기를 촉매반응시켜 수소를 생산하는 방식

  부산물 이산화탄소배출 과다(수소 1kg 생산에 이산화탄소 10kg 발생)

(나) 청색수소 : 회색수소와 동일방식(부산물 이산화탄소를 대기방출하지 않고 포집 및 활용)

  회색수소보다 이산화탄소의 배출이 적고, 녹색수소에 비해 경제성 우수)

(다) 녹색수소 : 수전해 생산방식으로 풍력등 재생에너지의 잉여전력을 활용한 수소생산

  부산물 이산화탄소 발생이 없고 친환경적 생산방식

  (다만, 개질비해 장치가격 높고, 전력소모량이 많으며 경제성은 미미함)

결론 수소생산 기술 수준은 "회색 > 청색 > 녹색" 순이다. 이산화탄소배출 감소방향으로 진행예정

[화학반응식]

탈황 반응

$$C_4H_8S + 2H_2 \rightarrow C_4H_{10} + H_2S, \quad H_2S + ZnO \rightarrow ZnS + H_2O$$

개질 반응

$$CH_4 + H_2O \rightarrow 3H_2 + CO, \quad \Delta H > 0$$

수성가스화 반응

$$CO + H_2O \rightarrow H_2 + CO_2$$

부분산화 개질 반응

$$C_mH_n + \frac{m}{2}O_2 \rightarrow mCO + \frac{n}{2}H_2, \Delta H < 0$$

(3) 수소추출설비 성능 유지 및 안전관리 기준

수소정제장치(PSA)와 ISO 19883 운전조건제시 (접지기준을 명확히 명시)

(가) 제조사업자의 안전관리자 : 정기품질검사와 상시샘플검사 실시

(나) 수소추출설비 범위 : KGS AH171(수소추출설비 제조의 시설, 기술, 검사기준)

1) 수소추출설비는 다음에 해당하는 것을 연료로 하여 수소를 추출하는 설비

① 도시가스 및 액화석유가스

② 그 밖에 '탄화수소' 및 메탄올, 에탄올 등 '알콜류'

2) 수소

① 연료공급설비 및 개질기, 버너, 수소정제장치 등 수소추출에 필요한 설비 및 부대설비와 이를 연결하는 배관으로, 연료공급설비 전단에 설치된 인입밸브부터, 수소정제장치 후단의 정제수소 수송배관의 첫 번째 연결부까지

② ①에 해당하는 수소추출설비가 하나의 외함으로 둘러싸인 구조의 경우에는 외함 외부에 노출되는 각 장치의 접속부까지

(4) 가스의 상용압력

내압성능 및 기밀성능시험압력은 상용압력을 기준으로 가압한다.

가스법의 상용압력은 물질의 상태를 표현하는 용어로써, 최고 운전온도에서 최고압력이 걸리는 부분을 기준으로 한 압력

어떠한 공정을 운전하는 과정에서 발생할 수 있는 가장 위험한 상태에서의 압력이다. 즉, 기체는 온도에 따른 압력 민감성이 높으므로, 공정을 운전함에 있어 가장 높은 온도에서 발생하는 가장 높은 압력을 의미한다.

[시험 용적에 따른 기밀유지시간]

압력측정기구	용적	기밀유지시간
압력계 또는 자기압력 기록계	$1m^3$ 미만	48분
	$1m^3$ 이상 $10m^3$ 미만	480분
	$10m^3$ 이상	48 × V분 (2,880분을 초과한 경우는 2,880분으로 할 수 있다.)

비고 : V는 시험부분의 용적(단위 : m^3)이다.

9 수전해 설비

(1) 수전해 개요

수전해는 물과 전기를 공급하여 수소와 산소를 발생시키는 기술로써, 연료전지(수소와 산소가 반응하여 물과 전기가 발생)의 역반응에 해당한다.

일반적으로 수전해 설비는 사용되는 전해질에 따라 분류되고 있다.

예를 들어, 전해질로 알카라인 수용액을 사용하는 경우 알카라인 수전해, 음이온 교환막(Anion Electrolyte Membrane, AEM)을 사용하면 AEM 수전해, 양성자 교환막 또는 고분자 전해질막(Proton Electrolyte Membrane, PEM)을 사용하면 PEM 수전해, 고체산화물을 사용하면 고체산화물 수전해로 구분한다.

(2) 수전해설비의 기하학적 범위

① 급수 밸브로부터 스택, 전력변환장치, 기액분리기, 열교환기, 수분제거장치, 산소제거장치 등을 통해 토출되는 수소배관의 첫 번째 연결부까지

② ①에 해당하는 수소추출설비가 하나의 외함으로 둘러싸인 구조의 경우에는 외함 외부에 노출되는 각 장치의 접속부까지

(3) 안전성능 검사항목과 내용은 상용압력과 내압성능, 기밀성능, 유지시간이 동일하다.

10 연료전지

(1) 연료전지 개요

연료전지의 기본 구성은 셀(cell)이며 막전극접합체(MEA), 전해질막, 촉매층, 가스확산층, 가스켓, 분리판 등으로 구성되며, 연료극과 공기극 사이에 전해질이 접합된 형태를 말한다.

연료전지의 기본원리는 물 전기분해의 역반응으로 산화환원반응이며 전자의 외부 흐름이 전류를 형성하여 전기를 발생시킨다.

(2) 연료전지의 종류

① 용융탄산염 연료전지   ② 고체산화물   ③ 인산   ④ 고분자전해질   ⑤ 직접메탄올 연료전지

(3) 작동온도와 전해질 종류에 따른 분류

① 고온형 연료전지 : (용융탄산염, 고체산화물) 용도는 대규모 발전용
② 저온형 연료전지 : (인산, 알칼리, 고분자전해질막, 직접메탄올)
　　　　　　　　　　용도는 바이오가스, 우주발사체, 수송용, 휴대용

(4) 고정형 연료전지

1) 국내 고정형 연료전지 안전기준 주요 사항(2022.2.5. 개정)

고정형 연료전지 안전기준(KGS AH 371-고정형 연료전지 제조의 시설·기술·검사기준)

① 재료분야에서 수소를 사용함으로써 가장 우려되는 것은 수소취성이다. 수소취성은 고압의 수소가 금속결합 내부로 침투하여 금속을 경화시켜 그 강성을 저해하는 것이다.

KGS AC 111(고압가스용 저장탱크 및 압력용기 제조의 시설·기술·검사기준)에서 10bar 이상의 압력용기

에는 내수소취성 성능을 요구하고 있으나, 연료전지의 경우 실제 작동하는 수소분압이 10bar 미만으로 수소취성의 위험이 적어 반영되지 않는다.

② 배기에 관한 기준은 기존 가스보일러와 다르다. 배기 방식에서 반밀폐형 강제배기식의 경우 내부 음압 발생으로 인한 배기가스 유입, 내부 공기량 감소, 내부 이물질의 연료전지 공급 등의 안전 문제가 발생할 수 있어 밀폐형 강제배기식만 허용한다.

③ 배기가스 성능은 일산화탄소 농도를 200ppm 이내, 기동 시부터 정격까지는 1000ppm 이내로 규정

④ 검사에 합격한 고정형 연료전지에는 쉽게 식별할 수 있도록 다음과 같이 표시하며, 표지색상은 은백색 바탕에 검은색 문자로 한다.

   크기 : 30mm × 30mm

(5) 이동형 연료전지

「수소법」 시행에 따라 이동형 연료전지는 검사 및 인증을 받아야 한다. 안전기준은 현재 지게차(KGS AH372)와 드론용 연료전지 (KGS AH373)기준이 제정되었다.

안전기준은 크게 재료 구조 및 치수, 장치, 성능 항목이 구성되어 있다. 재료 기준에서는 배관, 압력방출장치, 밸브 등 수소가스가 포함되어 있는 부품은 구동되는 온도, 사용연료, 압력 등에 적합한 재료를 사용하도록 명시하였다.

① 재료는 금속과 비금속으로 나누어 금속은 내식성 있는 스테인리스강 등을 사용하며, 탄소강 사용시 부식에 강한 코팅을 한다. 비금속인 고무 또는 플라스틱은 단기간에 열화가 되지 않는 제품을 사용하고 연료가스가 통하는 부분은 불연성 또는 난연성의 재료를 사용한다. 가스의 기밀을 유지하기 위해 사용되는 패킹류, 씰재 등은 불연성 또는 난연성의 재료를 사용하지 않을 수 있다. (출처: 이동형 연료전지 재보분야 일부발췌/수소용품 제조시설 p259)

② 연료인입(引入)자동차단밸브(이하 "인입밸브")전단에 가스필터를 설치한다. 이 경우, 가스필터 여과재의 최대 직경은 1.5mm 이하이고, 1mm 초과하는 틈이 없어야 한다.

③ 장치는 크게 연료가스 누설검지장치, 과압안전장치, 배터리로 분류되어있다. 연료가스 누설검지장치 기준을 명시하여 가스 누설 여부를 사용자가 알리고 밸브가 차단되며, 과압안전장치인 압력조정기 고장 시 과압이 스택측으로 인가되지 않도록 기준이 명시되어 있다.

④ 내가스 성능시험 : 수소가 통하는 배관의 패킹류 및 금속이외의 기밀유지부는 5℃ 이상 25℃ 이하의 수소를 해당 부품에 인가되는 압력으로 72시간 인가 후 24시간 동안 대기 중에 방치하여 무게 변화율이 20% 이내이고 사용상 지장이 있는 열화 등이 없어야 한다.

⑤ 지게차용(KGS AH372) 연료전지는 정격출력이 150VDC 이하만 해당하며, 사용되는 전해질은 직접메탄올과 고분자전해질로 제한한다.

⑥ **내압성능 KGS AH 372 & AH 373 3,4,1**

가스통로의 내압성능은 이상압력이 발생할 경우 그 구조가 파손되지 않고 견딜 수 있는지 확인하기 위해 실시하는 시험이다.

연료가스 등 유체의 통로(스택은 제외한다)는 상용압력의 1.5배 이상의 수압으로 (공기·질소·헬륨 등의 기체로 내압시험을 실시하는 경우 1.25배) 20분간 내압시험을 실시하여 팽창·누설 등의 이상이 없어야 한다. 다만, 「고압가스법」 제17조에 검사합격 용기 또는 「산업안전보건법」 제84조의 안전인증 받은 압력용기는 내압시험을 실시하지 않을 수 있으며, 펌프 압축기는 제조자의 자체시험성적서로 내압시험을 갈음할 수 있다.

(출처 : 한국가스안전공사 수소용품제조시설 p269)

11 안전관리 규정

(1) 수소법 제41조 안전관리 규정 : 수소용품 제조사업자는 규정을 준수, 이행하며 한국가스안전공사에 안전관리규정의 제정내용을 심사받아야 한다.

(2) 안전관리규정 작성요령 : 수소법 시행규칙 별표#2

「수소법」 시행규칙 별표 2('22.02.05. 시행) 안전관리규정의 작성요령(제30조)

1. 법 제41조제1항에 따른 안전관리규정에는 다음의 사항이 포함되어야 한다.
   - 가. 목적
   - 나. 안전관리자의 직무·조직 및 책임에 관한 사항
   - 다. 종업원의 교육과 훈련에 관한 사항
   - 라. 위해 발생 시의 소집방법·조치·훈련에 관한 사항
   - 마. 검사장비에 관한 사항
   - 바. 수소용품의 공정검사검사표 등에 관한 사항
   - 사. 하청업자 등 외부인의 안전관리규정 적용에 관한 사항
   - 아. 안전관리규정 위반행위자에 대한 조치에 관한 사항
   - 자. 그 밖에 안전관리의 유지에 관한 사항
2. 제1호에 따른 안전관리규정의 항목별 세부 작성기준은 산업통상자원부장관이 정하여 고시한다.

(출처: 한국가스안전공사 수소용품제조시설 P283)

(3) 안전관리규정 심사 : 불이행사업자는 300만원 이하의 과태료 처분

① 한국가스안전공사는 신청 받으면 7일 이내 심사의견서를 신청인에게 송부, 연장 가능
② 수소법에서 요구하는 필수사항은 반드시 기입하며 한국가스안전공사에 심사를 요청해야 한다.
③ 안전관리규정 표준모델 적용

(4) 긴급사태시 조치 및 통제요령(예시)

1) 위해발생 시의 조치 및 훈련방법

(가) 발견통보

재해의 발생 및 인근의 화재를 발견할 경우 신속히 구조를 요청함과 동시에 즉시 안전관리총괄자, 안전관리책임자 등 비상연락망 연락체계에서 정한 순서에 따라 통보한다.

(나) 피난

사람이 모이는 것이 위험하다고 판단되는 재해가 발생한 경우는 피난하면서 위험발생 신호를 계속하여 보낸다.

(다) 재해현장의 응급조치

재해발생 및 인근의 화재발생 시 응급조치는 안전관리조직 계통의 지시에 따른다.

2) 위해발생 시의 응급조치사항

(가) 가스위해 발생지역 주위에 경계표지판 및 경계기를 설치하고, 출입을 금지시킨다.
(나) 화기나 유지류 등의 가연성물질을 신속히 제거한다.

(다) 화재가 발생하였을 경우 소화기로 소화하고, 연소의 위험이 있는 물질은 즉시 반출한다.

(라) 부상자가 발생했을 경우 신속히 안전한 장소로 옮기고 구급차의 출동을 요청한다.

3) 긴급조치훈련

안전관리총괄자는 훈련계획을 세워 예상된 재해에 따른 긴급조치훈련 등을 교육시 병행설치한다.

12 방폭구조

[방폭구조 및 그 정의]

방폭구조	정의
내압방폭구조 (Ex d)	기기의 외함 내부에서 가연성가스의 폭발이 발생할 경우 그 외함이 폭발압력에 견디고, 접합면, 개구부 등을 통해 외부의 가연성가스에 인화되지 아니하도록 한 방폭구조
안전증방폭구조 (Ex e)	정상작동상태 중 또는 특정한 비정상상태에서 가연성가스의 점화원이 될 수 있는 전기불꽃-아크 또는 고온부분의 발생을 방지하기 위하여 안전도를 증가시킨 방폭구조
본질안전방폭구조 (Ex i)	폭발성분위기에 노출되는 기기 및 연결 배선 내의 에너지를 스파크 또는 가열효과에 의하여 점화를 유발할 수 있는 수준 이하로 제한하는 방폭구조
압력방폭구조 (Ex p)	외함 내부의 보호가스 압력을 외부 대기 압력보다 높게 유지함으로써 외부 대기가 외함 내부로 유입되지 아니하도록 한 방폭 구조
비점화방폭구조 (Ex n)	정상작동 및 특정 이상상태에서 주위의 폭발성 분위기를 점화시키지 아니하는 전기 기계 및 기구에 적용하는 방폭구조
유입방폭구조 (Ex o)	전기기기 전체 또는 전기기기의 일부를 보호액체에 잠기게 함으로써 보호액체의 상부 또는 외함 외부에 존재하는 폭발성가스분위기에 점화가 일어나지 아니하도록 한 방폭구조
충전방폭구조 (Ex q)	폭발성가스분위기에 점화를 유발할 수 있는 부분을 고정설치하고 그 주위 전체를 충전물질로 둘러쌈으로써 외부 폭발성분위기에 점화가 일어나지 아니하도록 한 방폭구조
몰드방폭구조 (Ex m)	폭발성분위기에 점화를 유발할 수 있는 부분에 컴파운드를 충전함으로써 설치 및 운전 조건에서 폭발성분위기에 점화가 일어나지 아니하도록 한 방폭구조

[위험장소와 방폭구조의 기본적인 관계]

위험장소	방폭구조	방폭구조기호	적용기준
0종, 1종 및 2종	본질안전방폭	"ia"	IEC 60079-11
	몰드방폭	"ma"	IEC 60079-18
	광학에너지방사 전기기기 및 전송계통의 보존	"op is"	IEC 60079-28
	특수 방폭	"sa"	IEC 60079-33
1종 및 2종	내압방폭	"d"	IEC 60079-1
	안전증방폭	"e"	IEC 60079-7
	본질안전방폭	"ib"	IEC 60079-11
	몰드방폭	"m", "mb"	IEC 60079-18
	유입방폭	"o"	IEC 60079-6
	압력방폭	"p", "px", "py", "pxb" 또는 "pyb"	IEC 60079-2
	충전방폭	"q"	IEC 60079-5
	필드버스(fieldbus) 본질안전구조(FISCO)		IEC 60079-27
	광학에너지방사 전기기기 및 전송계통의 보존	"op is", "op sh", "op pr"	IEC 60079-28
	특수방폭	"sb"	IEC 60079-33
2종	본질안전방폭	"ic"	IEC 60079-11
	몰드방폭	"mc"	IEC 60079-18
	비점화방폭	"n" 또는 "nA"	IEC 60079-15
	통기제한방폭	"nR"	IEC 60079-15
	에너지제한방폭	"nL"	IEC 60079-15
	압력방폭	"pz" 또는 "pzc"	IEC 60079-2
	광학에너지방사 전기기기 및 전송계통의 보존	"op is", "op sh", "op pr"	IEC 60079-28
	특수방폭	"sc"	IEC 60079-33

PART

02

기출문제

과목별
기출문제

가스안전관리법 과년도 기출문제 1

[★★] [KGS] (2019.1회)

001. 굴착공사시행자가 도시가스배관이 매설된 지역에서 굴착공사시 굴착공사 착공 전에 가스배관에 대한 손상방지조치, 방호공법, 비상조치계획, 안전조치 등에 관한 내용이 포함된 가스안전영향평가서를 작성해야 하는 공사가 아닌 것은?

① 전기철도
② 지하보도
③ 지하차도
④ 지하시설물 중 최고사용압력이 저압인 가스배관

[해설] 굴착공사시행자가 도시가스배관이 매설된 지역에서 전기철도, 지하보도 · 지하차도 · 지하상가(지하시설물의 직하부에 최고사용압력이 중압 이상인 가스배관이 통과하는 부분) 공사시 굴착공사 착공전에 가스배관에 대한 손상방지조치, 방호공법, 비상조치계획, 안전조치 등에 관한 내용이 포함된 가스안전영향평가서를 작성하여 도시가스배관의 안전성을 확보하여야 한다.

[★★★]

002. 내화구조의 가연성가스의 저장탱크 상호간의 거리가 1m 또는 두 저장탱크의 최대지름을 합산한 길이의 1/4 길이 중 큰 쪽의 거리를 유지하지 못한 경우 물분무장치의 수량기준으로 옳은 것은?

① $4L/m^2 \cdot min$
② $5L/m^2 \cdot min$
③ $6.5L/m^2 \cdot min$
④ $8L/m^2 \cdot min$

[해설] 살수 장치 분무량
- 거리 유지가 된 저장탱크 및 소형저장탱크
  - 전표면 : 5L/분
  - 준내화구조 : 2.5L/분
- (3ton/300㎥ 이상의) 저장탱크간 간격이 1m 이하 또는 해당 저장탱크의 최대 직경의 4분의 1의 길이 중 큰 것 이상의 거리를 유지하지 못할 경우
  - 전표면 : 8L/분
  - 준내화구조 : 6.5L/분
  - 내화구조 : 4L/분

[★★★]

003. 액화 염소가스의 1일 처리능력이 38,000kg일 때 수용정원이 350명인 공연장과의 안전거리는 얼마를 유지해야 하는가?

① 17m
② 21m
③ 24m
④ 27m

[해설] 1종 시설과 안전거리

(암기TIP) 적색숫자 암기 후 (괄호)숫자를 더하여 합산)

처리능력(kg·㎥)	산소=2종 (독성·가연성)	독성·가연성	기타=2종 (산소)
~1만 이하	12)2	17)4	8)1
1만~2만 이하	14)2	21)3	9)2
2만~3만 이하	16)2	24)3	11)2
3만~4만 이하	18)2	27)3	13)1
4만 초과	20	30	14

[★★★]

004. 공업용 질소 용기의 문자 색상은?

① 백색
② 적색
③ 흑색
④ 녹색

[해설] 문자색상

흑색 : 암모니아(NH_3), 아세틸렌(C_2H_2) / 흑암아
적색 : LPG / 엘적
나머지는 백색

[★★★]

005. 용기의 재검사 주기에 대한 기준 중 옳지 않은 것은?

① 용접용기로서 신규검사 후 15년 이상 20년 미만인 용기는 2년마다 재검사
② 500L 이상 이음매 없는 용기는 5년마다 재검사
③ 저장탱크가 없는 곳에 설치한 기화기는 2년마다 재검사
④ 압력용기는 4년마다 재검사

정답 001. ④ 002. ① 003. ④ 004. ① 005. ③

[해설] 용기의 재검사 주기
1. 용접 용기 신규검사 후 15년 이상 20년 미만 – 2년 마다
2. 500L 이상 이음매 없는 용기 – 5년 마다
3. 3년 마다
4. 압력용기 – 4년 마다 [TIP] 압사(4)

[★★★]
006. 다음 중 독성이 가장 큰 것은?

① 염소   ② 불소
③ 시안화수소   ④ 암모니아

[해설] LC 50 기준 : 독성가스 허용농도 5,000ppm 이하

> ※ 독성이 강한 순
> 포스겐, 오존, 인화수소, 시안화수소, 불소, 염소, 황화수소, 아크릴로니트릴, 브롬화메탄, 불화수소, 아황산가스, 산화에틸렌, 염화수소, 일산화탄소, 암모니아

[TIP] 포스,오,인,시, 불,염,황, 아,브,불, 아황,산에, 염,일,암

[★★★]
007. 일반 도시가스 사업자 정압기의 분해점검 실시 주기는?

① 3개월에 1회 이상   ② 6개월에 1회 이상
③ 1년에 1회 이상   ④ 2년에 1회 이상

[해설] 정압기 분해점검 실시 주기
• 공급시설 : 2년 1회, 작동점검(1주 1회) / 2111
• 사용시설 : 3년 1회, 4년 1회 / 3141

[★★★]
008. 다음 가연성 중 위험성이 가장 큰 것은?

① 수소   ② 프로판
③ 산화에틸렌   ④ 아세틸렌

[해설] 원칙: 위험도 및 폭발범위를 계산하여 위험도가 큰 것 선택
[TIP] 아(세틸렌) 산에(산화에틸렌) (윤) 수(소) 일(산화탄소)

[★]
009. LPG 사용시설의 기준에 대한 설명 중 틀린 것은?

① 연소기 사용압력이 3.3kPa를 초과하는 배관에는 배관용 밸브를 설치할 수 있다.
② 배관이 분기되는 경우에는 주배관에 배관용 밸브를 설치한다.

③ 배관의 관경이 13㎜ 이상의 것은 3m마다 고정 장치를 한다.
④ 배관의 이음부(용접이음 제외)와 전기 접속기와는 15cm 이상의 거리를 유지한다.

[해설] LPG 사용시설 기준
1. 연소기 사용 압력 3.3kPa 초과 배관에는 배관용 밸브 설치 가능
2. 배관이 분기되는 경우 주배관에 배관용 밸브 설치
3. 고정간격 : 관경 13mm~33mm 미만 – 2m 마다
4. 배관의 이음부는 전기 접속기와는 15cm 이상 거리유지 전선(절연조치 X = 15cm 이상, 절연조치 O = 10cm 이상)거리유지

[★★★]
010. 산화에틸렌 충전용기에는 질소 또는 탄산가스를 충전하는데 그 내부가스 압력의 기준으로 옳은 것은?

① 상온에서 0.2MPa 이상
② 35℃에서 0.2MPa 이상
③ 40℃에서 0.4MPa 이상
④ 45℃에서 0.4MPa 이상

[해설] 산화에틸렌 충전 용기
질소 또는 탄산가스 충전은 충전 후 45℃, 0.4MPa 이상(충전시 5℃ 이하 유지)

[★★★]
011. 후부 취출식 탱크에서 탱크 주밸브 및 긴급차단장치에 속하는 밸브와 차량의 뒷범퍼와의 수평거리는 얼마 이상 떨어져 있어야 하는가?

① 20cm   ② 30cm
③ 40cm   ④ 60cm

[해설] 후부 취출식 탱크
탱크 주 밸브 및 긴급차단장치에 속하는 밸브와 차량의 뒷범퍼 거리 : 40cm
[TIP] 주사(4)피우지 마라!

[★]
012. 시안화수소를 충전한 용기는 충전 후 얼마를 정치해야 하는가?

① 4시간   ② 8시간
③ 16시간   ④ 24시간

해설	충전 후 24(hr) 정치할 가스	아세틸렌 (순도: 98% 이상)
		시안화수소 (순도: 98% 이상), 시8

[★]

013. 도시가스사용시설에서 가스계량기는 절연조치를 하지 아니한 전선과는 몇 cm 이상의 거리를 유지하여야 하는가?

① 5 ② 15
③ 30 ④ 150

해설 도시가스 사용시설 기준
- 가스계량기는 전기(접속기, 점멸기), 굴뚝과는 30cm 이상 거리유지(비교: 배관접속부는 15cm 이상 이격)
- 전선(절연조치 X = 15cm 이상) 거리유지

[★★★, 동]

014. 다음 각 독성가스 누출 시 제독제로서 적합하지 않는 것은?

① 염소 : 탄산소다수용액
② 포스겐 : 소석회
③ 산화에틸렌 : 소석회
④ 황화수소 : 가성소다수용액

해설 ③ 중화제 : 물(암모니아, 산화에틸렌, 염화메탄)

[★★★]

015. 저장탱크 내부의 압력이 외부의 압력보다 낮아져 그 탱크가 파괴되는 것을 방지하기 위한 설비와 관계없는 것은?

① 압력계 ② 진공안전밸브
③ 압력경보설비 ④ 벤트스택

해설 부압방지장치 종류
가) ① 압력계 ② 진공안전밸브 ③ 압력경보설비
  ④ 균압관 ⑤ 냉동제어설비 ⑥ 송액설비
나) ④ 가스공급시설 벤트스택 설치(KGS FP451, 2012 2.8.7.2.1)

가스공급시설에 설치하는 벤트스택은 다음 기준에 따라 설치한다.
2.8.7.1.1 벤트스택의 높이는 방출된 가스의 착지농도(着地濃度)가 폭발하한계 값 미만이 되도록 충분한 높이로 한다.
2.8.7.1.2 벤트스택 방출구의 위치는 작업원이 정상작업을 하는데 필요한 장소 및 작업원이 항시 통행하는 장소로부터 10m 이상 떨어진 곳에 설치한다.
2.8.7.1.3 벤트스택에는 정전기 또는 낙뢰 등으로 착화를 방지하는 조치를 강구하고 만일 착화된 경우에는 즉시 소화할 수 있는 조치를 강구한다.
2.8.7.1.4 벤트스택 또는 그 벤트스택에 연결된 배관에는 응축액의 고임을 제거하거나 방지하기 위한 조치를 강구한다.
2.8.7.1.5 액화가스가 함께 방출되거나 급냉될 우려가 있는 벤트스택에는 그 벤트스택과 연결된 가스공급시설의 가장 가까운 곳에 기액분리기(氣液分離器)를 설치한다.
2.8.7.2 그 밖의 벤트스택 설치
2.8.7.1에 따른 벤트스택 이외의 벤트스택은 다음 기준에 따라 설치한다.
2.8.7.2.1 벤트스택의 높이는 방출된 가스의 착지농도(着地濃度)가 폭발하한계 값 미만이 되도록 충분한 높이로 한다.
2.8.7.2.2 벤트스택 방출구의 위치는 작업원이 정상작업을 하는데 필요한 장소 및 작업원이 항시 통행하는 장소로부터 5m 이상 떨어진 곳에 설치한다.

[★★★]

016. 다음 중 1종 보호시설이 아닌 것은?

① 가설건축물이 아닌 사람을 수용하는 건축물로서 사실상 독립된 부분의 연면적이 1,500㎡인 건축물
② 문화재보호법에 의하여 지정문화재로 지정된 건축물
③ 교회의 시설로서 수용능력이 200인(人)인 건축물
④ 어린이집 및 어린이놀이터

해설 ③은 300인 이상 건축물이다.
TIP 1320문으로 암기

[동]

017. 지하에 매설된 도시가스 배관의 전기방식 기준으로 틀린 것은?

① 전기방식전류가 흐르는 상태에서 토양 중에 있는 배관 등의 방식 전위 상한 값은 포화황산동 기준전극으로 −0.85V 이하일 것

② 전기방식전류가 흐르는 상태에서 자연전위와의 전위변화가 최소한 -300mV 이하일 것
③ 배관에 대한 전위측정은 가능한 배관 가까운 위치에서 실시할 것
④ 전기방식시설의 관대지 전위 등을 2년에 1회 이상 점검할 것

[해설] ④는 1년에 1회 점검

018. 습식아세틸렌발생기의 표면온도는 몇 ℃ 이하로 유지하여야 하는가?

① 30 ② 40
③ 60 ④ 70

[해설] 표면온도 : 70℃ 이하
최적온도 : 50~60℃

[동]

019. 품질검사 기준 중 산소의 순도측정에 사용되는 시약은?

① 동·암모니아 시약 ② 발연황산 시약
③ 피로카롤 시약 ④ 하이드로 썰파이드 시약

[해설]
- 산소 : 동·암모니아(동암산)
- 수소 : 피로카롤·하이드로 썰파이드(수피하)
- 아세틸렌 : 브롬시약·발연황산·질산은(브-뷰, 오-발, 질-정성)

020. 도시가스 사용시설 중 20A 가스관에 대한 고정 장치의 간격으로 옳은 것은?

① 1m ② 2m
③ 3m ④ 5m

[해설] 도시가스 사용시설 중 고정장치 간격
20A(=20mm) 가스관 고정장치 : 2m 마다(13mm 이상~33mm 미만)

021. 고압가스를 차량으로 운반할 때 몇 km 이상의 거리를 운행하는 경우에 중간에 휴식을 취한 후 운행하도록 되어 있는가?

① 100 ② 200
③ 300 ④ 400

022. 도시가스 공급시설 중 저장탱크 주위의 온도상승 방지를 위하여 설치하는 고정식 물분무장치의 단위면적당 방사능력 기준은? (단, 단열재를 피복한 준내화구조 저장탱크가 아니다.)

① 2.5L/분·m² 이상 ② 5L/분·m² 이상
③ 7.5L/분·m² 이상 ④ 10L/분·m² 이상

[해설] 고정식 물분무 장치(저장탱크 주위 온도상승 방지)
일반구조는 5L/분·m² 이상
※ 준내화구조는 2.5L/분·m² 이상

[★★★]
023. 다음 중 공기 중에서의 폭발범위가 가장 넓은 가스는?

① 황화수소 ② 암모니아
③ 산화에틸렌 ④ 프로판

[해설] 아(C_2H_2) 산에(C_2H_4O) (윤) 수(H_2) 일(CO)
- 폭발상한과 하한의 차가 큰 것을 선택
- H_2S(4.3~45%), NH_3(15~28%), C_2H_4O(3~80%), C_3H_8(2.1~9.5%)

[★]
024. 다음 운전 중의 제조설비에 대한 일일점검 항목이 아닌 것은?

① 회전기계의 진동, 이상음, 이상온도 상승
② 인터록의 작동
③ 제조설비 등으로부터의 누출
④ 제조설비의 조업조건의 변동상황

[해설] 제조설비 – 일일점검
1. 회전기계의 진동, 이상음, 이상온도 상승
2. 제조설비 등으로부터 누출
3. 제조설비의 조업 조건의 변동 상황
인터록의 작동은 이상사태발생시 원재료 공급차단 목적임

[★★★]
025. 도시가스사업법에 정한 중압의 기준은?

① 0.1MPa 미만의 압력
② 1MPa 미만의 압력
③ 0.1MPa 이상 1MPa 미만의 압력
④ 1MPa 이상의 압력

[해설] 도시가스사업법에 정한 압력기준
고압 : 1MPa 이상의 압력(매설배관 적색)
중압 : 0.1MPa 이상 1MPa 미만 압력(지하매설배관 적색)
저압 : 0.1MPa 미만의 압력(황색 배관, 단 0.4MPa 이하까지 황색 PE관 가능) 2022 기출(실기)

[★★★]

026. 압축 가연성가스를 몇 ㎥ 이상을 차량에 적재하여 운반하는 때에 운반책임자를 동승시켜 운반에 대한 감독 또는 지원을 하도록 되어 있는가?

① 100
② 300
③ 600
④ 1000

[해설] 운반책임자 기준(LC50 기준)
① 조연성 600㎥(액화가스 6,000kg)
　가연성 300㎥(액화가스 3,000kg)
　독성 100㎥(액화가스 1,000kg) → 200ppm 초과
　　　 10㎥(액화가스 100kg) → 200ppm 이하
② 압축 가연성이므로 300㎥

[★]

027. 다음 중 독성가스 제해설비를 갖추어야 하는 시설이 아닌 것은?

① 아황산가스 및 암모니아 충전설비
② 염소 및 황화수소 충전설비
③ 프레온가스를 사용하는 냉동제조시설 및 충전시설
④ 염화메탄 충전설비

[해설] 독성가스 제해설비 필요시설
1. 아황산가스 및 암모니아 충전설비
2. 염소 및 황화수소 충전설비
3. 염화메탄 충전설비
4. 프레온 가스를 사용하는 냉동제조시설 및 충전시설 제해설비 ×

[★★★]

028. 아세틸렌 용기에 대한 다공물질 충전검사 적합판정 기준은?

① 다공물질은 용기 벽을 따라서 용기 안지름의 1/200 또는 1mm를 초과하는 틈이 없는 것으로 한다.
② 다공물질은 용기 벽을 따라서 용기 안지름의 1/200 또는 3mm를 초과하는 틈이 없는 것으로 한다.
③ 다공물질은 용기 벽을 따라서 용기 안지름의 1/100 또는 5mm를 초과하는 틈이 없는 것으로 한다.
④ 다공물질은 용기 벽을 따라서 용기 안지름의 1/100 또는 10mm를 초과하는 틈이 없는 것으로 한다.

[★]

029. 선박용 액화석유가스 용기의 표시방법으로 옳은 것은?

① 용기의 상단부에 폭 2cm의 황색 띠를 두 줄로 표시한다.
② 용기의 상단부에 폭 2cm의 백색 띠를 두 줄로 표시한다.
③ 용기의 상단부에 폭 5cm의 황색 띠를 한 줄로 표시한다.
④ 용기의 상단부에 폭 2cm의 백색 띠를 한 줄로 표시한다.

[해설] 선박용 액화석유가스 용기 표시법
용기 상단부 폭 2cm 백색 띠 두줄

[동]

030. 가스사용시설의 배관을 움직이지 아니하도록 고정 부착하는 조치에 해당되지 않는 것은?

① 관경이 13mm 미만인 것에는 1,000mm 마다 고정 부착하는 조치를 해야 한다.
② 관경이 33mm 이상인 것에는 3,000mm 마다 고정 부착하는 조치를 해야 한다.
③ 관경이 13mm 이상 33mm 미만인 것에는 2,000mm 마다 고정부착하는 조치를 해야 한다.
④ 관경이 43mm 이상의 것에는 4000mm 마다 고정부착하는 조치를 해야 한다.

[해설] 가스사용시설 배관 고정
관경~13mm 미만 : 1m 마다
관경 13~33mm : 2m 마다
관경 33mm 이상 : 3m 마다

[★★★]

031. 독성가스 제조시설 식별표지의 글씨 색상은? (단, 가스의 명칭은 제외한다.)

① 백색
② 적색
③ 노란색
④ 흑색

정답 026. ② 027. ③ 028. ③ 029. ② 030. ④ 031. ④

[★★★]
032. 다음 독성가스 중 제독제로 물을 사용할 수 없는 것은?

① 암모니아　　② 아황산가스
③ 염화메탄　　④ 황화수소

해설 **독성가스 제독제**

	소석회	가성소다 수용액	탄산소다 수용액	물
염소	○	○	○	
시안화수소		○		
포스겐	○	○		
아황산가스		○	○	○
암모니아				○
산화에틸렌	×			○
염화메탄				○

암기TIP
염소가탄,　　시가,　　포가소
아가탄물,　암,산,에,　염탄물

[★]
033. 지하에 매설하는 도시가스 배관의 재료로 사용할 수 없는 것은?

① 가스용 폴리에틸렌관
② 압력 배관용 탄소강관
③ 압출식 폴리에틸렌 피복강관
④ 분말융착식 폴리에틸렌 피복강관

[★★★]
034. 아세틸렌 용기에 다공물질을 고루 채운 후 아세틸렌을 충전하기 전에 침윤시키는 물질은?

① 알코올　　② 아세톤
③ 규조토　　④ 탄산마그네슘

해설 유기용제 : 아세톤과 DMF가 있다.

[★]
035. 액화석유가스가 공기 중에 누출시 그 농도가 몇 %일 때 감지할 수 있도록 냄새가 나는 물질(부취제)을 섞는가?

① 0.1　　② 0.5
③ 1　　　④ 2

해설 부취제 농도는 0.1% (또는 $\frac{1}{1,000}$)

[★★★]
036. 다음 중 아세틸렌, 암모니아 또는 수소와 동일 차량에 적재 운반할 수 없는 가스는?

① 염소　　　② 액화석유가스
③ 질소　　　④ 일산화탄소

해설 (동일차량적재금지 규정)염소와 (아세틸렌, 암모니아 또는 수소)는 동일 차량에 금지

[★★★]
037. 가스도매사업시설에서 배관 지하매설의 설치기준으로 옳은 것은?

① 산과 들 이외의 지역에서 배관의 매설깊이는 1.5m 이상
② 산과 들에서의 배관의 매설깊이는 1m 이상
③ 배관은 그 외면으로부터 수평거리로 건축물까지 1.2m 이상 거리 유지
④ 배관은 그 외면으로부터 지하의 다른 시설물과 1.2m 이상 거리 유지

해설 **배관 – 지하 매설**
1. 산·들 이외 지역 : 매설깊이 1.2m 이상
2. 산·들 : 1m 이상
3. 건축물 : 1.5m 이상
4. 기타 시설물 : 0.3m 이상(30cm)

[★★]
038. 고압가스 특정제조시설 중 비가연성 가스의 저장탱크는 몇 m^3 이상일 경우에 지진영향에 대한 안전한 구조로 설계하여야 하는가?

① 5　　　　② 250
③ 500　　　④ 1,000

해설

내진구조	가연성, 독성	비가연성, 비독성
압축가스	500m^3	1000m^3
액화가스	5,000kg(5t)	10,000kg(10t)

동체부 높이 3m 증류탑 X
동체부 높이 5m 이상시 내진설계
※ 액화가스 10kg = 압축가스 1m^3(혼합시)

[★★★]

039. 독성가스의 저장탱크에는 가스의 용량이 그 저장탱크 내용적의 90%를 초과하는 것을 방지하는 장치를 설치하여야 한다. 이 장치를 무엇이라고 하는가?

① 경보장치　　② 액면계
③ 긴급차단장치　④ 과충전방지장치

[해설] 충전량 제한
① 90% 제한 독성가스, 저장탱크, 에어졸
② 85% 제한 소형저장탱크, LPi 자동차

[★]

040. 산소운반 차량에 고정된 탱크의 내용적은 몇 L를 초과할 수 없는가?

① 12,000　　② 18,000
③ 24,000　　④ 30,000

[해설] 차량 고정 탱크 운반 내용적 한계
① 가연성 산소(LPG 제외) : 18,000L 초과 금지
② 독성 가스(L-NH_3 제외) : 12,000L 초과 금지

[★★, 동]

041. 도시가스사용시설의 월사용예정량을 산출하는 식 Q = [(A×240) + (B×90)] / 11,000에서 기호 "A"가 의미하는 것은?

① 월사용예정량
② 산업용으로 사용하는 연소기의 명판에 기재된 가스 소비량의 합계
③ 산업용이 아닌 연소기의 명판에 기재된 가스소비량의 합계
④ 가정용 연소기의 가스소비량 합계

[해설] 도시가스 사용시설 월 사용 예정량
$Q = [(A \times 240) + (B \times 90)]/11,000$
A : 산업용으로 사용하는 연소기의 명판에 기재된 가스 소비량 합계 (8시간×30일)
B : 산업용 아닌 연소기의 명판에 기재된 가스소비량의 합계(3끼×30일)

[★★★]

042. 지상에 액화석유가스(LPG) 저장탱크를 설치할 때 냉각살수장치는 일반적인 경우 그 외면으로부터 몇 m 이상 떨어진 곳에서 조작할 수 있어야 하는가?

① 2　　② 3
③ 5　　④ 7

[해설] 냉각살수장치(지상 액화석유가스 저장탱크)
5m 이상 떨어진 곳에서 조작

[★]

043. 다음 중 동이나 동합금이 함유된 장치를 사용하였을 때 폭발의 위험성이 가장 큰 가스는?

① 황화수소　　② 수소
③ 산소　　　　④ 아르곤

[해설] 동·동합금이 함유된 장치를 사용하였을 때 폭발위험성이 큰 가스 : 황화수소(H_2S), 아세틸렌(C_2H_2)

[★★]

044. 다음은 이동식 압축천연가스 자동차충전시설을 점검한 내용이다. 이 중 기준에 부적합한 경우는?

① 이동충전차량과 가스배관구를 연결하는 호스의 길이가 6m이었다.
② 가스배관구 주위에는 가스배관구를 보호하기 위하여 높이 40㎝, 두께 13㎝인 철근콘크리트 구조물이 설치되어 있었다.
③ 이동충전차량과 충전설비 사이 거리는 8m이었고, 이동충전차량과 충전설비 사이에 강판제 방호벽이 설치되어 있었다.
④ 충전설비 근처 및 충전설비에서 6m 이상 떨어진 장소에 수동 긴급차단장치가 각각 설치되어 있었으며 눈에 잘 띄었다.

[해설] 압축천연가스자동차충전의 시설기준 및 기술기준(제8조제1항제3호의2관련)
다) 조항 : 이동식 압축천연가스 자동차 충전시설 점검기준
1. 이동충전차량과 가스이입배관(가스배관구)을 연결하는 호스 5m 이내로 할 것
2. 방호구조물 높이 : 30cm 이상, 두께 12cm 이상
3. 이동충전차량과 충전설비는 8m 이상 유지, 강판제 방호벽 설치
4. 수동 긴급차단장치 5m 이상 떨어진 곳에 설치

045. 고압가스 운반기준에 대한 설명 중 틀린 것은?

① 밸브가 돌출한 충전용기는 고정식 프로텍터나 캡을 부착하여 밸브의 손상을 방지한다.
② 충전용기를 운반할 때 넘어짐 등으로 인한 충격을 방지하기 위하여 충전용기를 단단하게 묶는다.
③ 위험물안전관리법이 정하는 위험물과 충전용기를 동일 차량에 적재 시는 1m 정도 이격시킨 후 운반한다.
④ 염소와 아세틸렌·암모니아 또는 수소는 동일차량에 적재하여 운반하지 않는다.

[해설] ③ 1.5m 이격거리유지(충전·잔가스용기) → 위험물과는 혼합적재금지

[★★★, 동]
046. 다음 용기종류별 부속품의 기호로 옳지 않은 것은?

① 저온용기의 부속품 : LT
② 압축가스 충전용기 부속품 : PG
③ 액화가스 충전용기 부속품 : LPG
④ 아세틸렌가스 충전용기 부속품 : AG

[해설] 액화석유가스 충전용기의 부속품 : LPG
동영상기출시 핵심어 : 용기의 부속품

[★★] KGS GC203, 2017
047. 우리나라도 지진으로부터 안전한 지역이 아니라는 판단하에 고압가스 설비를 설치할 때에는 내진설계를 하도록 의무화하고 있다. 다음 중 내진설계 대상이 아닌 것은?

① 동체부의 높이가 3m인 증류탑
② 저장능력이 1,000㎥인 수소 저장탱크
③ 저장능력이 5톤인 염소 저장탱크
④ 저장능력이 10톤인 액화질소 저장탱크

[해설] KGS GC203,2017 / 1.3.1 내진설계설비 기준
1.3.1 "내진설계설비"란 내진설계적용대상인 저장탱크·가스홀더·응축기·수액기(이하 "저장탱크"라 한다), 탑류 및 그 지지구조물과 압축기·펌프·기화기·열교환기·냉동설비·가열설비·계량설비·정압설비(이하 "처리설비"라 한다)의 지지구조물을 말한다.
1.3.2 "내진설계구조물"이란 내진설계설비, 내진설계설비의 기초 또는 내진설계설비와 배관 등의 연결부를 말한다.

2.1.1 고법 적용대상시설
2.1.1.1 고법의 적용을 받는 5톤(비가연성가스와 비독성가스의 경우에는 10톤) 또는 500㎥(비가연성가스나 비독성가스의 경우에는 1000㎥) 이상의 저장탱크(지하에 매설하는 것은 제외한다) 및 압력용기(반응·분리·정제·증류 등을 행하는 <u>탑류로서 동체부의 높이가 5m 이상</u>인 것만 적용한다. 이하 "탑류"라 한다), 지지구조물 및 기초와 이들의 연결부
2.1.1.2 고법의 적용을 받는 세로 방향으로 설치한 동체의 길이가 5m 이상인 원통형응축기 및 내용적 5,000L 이상인 수액기, 지지구조물 및 기초와 이들의 연결부

[★★★]
048. 액화암모니아 50kg을 충전하기 위하여 용기의 내용적은 몇 L로 하여야 하는가? (단, 암모니아의 정수 C는 1.86이다.)

① 27   ② 40
③ 70   ④ 93

[해설]
$$W = \frac{V}{C} = 50kg = \frac{x}{1.86} \quad x = 93$$
W : 용기 및 차량에 고정된 탱크의 저장능력(kg)
V : 내용적(L)
C : 가스의 충전상수

[동]
049. LP 가스가 충전된 납붙임 용기 또는 접합용기는 얼마의 온도범위에서 가스누출 시험을 할 수 있는 온수시험탱크를 갖추어야 하는가?

① 20℃ 이상, 32℃ 미만
② 35℃ 이상, 45℃ 미만
③ 46℃ 이상, 50℃ 미만
④ 52℃ 이상, 60℃ 미만

[★]
050. 액화석유가스 충전사업시설 중 두 저장탱크의 최대직경을 합산한 길이의 1/4이 0.5m일 경우에 저장탱크 간의 거리는 몇 m 이상을 유지하여야 하는가?

① 0.5   ② 1
③ 2   ④ 3

해설 **액화석유가스 충전시설의 저장탱크간 유지거리**
두 저장탱크의 최대직경을 합산한 길이의 1/4 이상이며, 저장탱크 간의 거리가 1m 이하일 때는 최소 탱크간 유지거리는 1m로 한다.

[★★]
051. 다음 중 고압가스관련설비가 아닌 것은?

① 일반압축가스배관용 밸브
② 자동차용 압축천연가스 완속충전설비
③ 액화석유가스용 용기잔류가스회수장치
④ 안전밸브, 긴급차단장치, 역화방지장치

해설 **고압가스 관련설비(제3조제5호)**
1. 저장탱크 안전밸브, 긴급 차단 장치, 역화 방지 장치
2. 기화장치
3. 압력용기
4. 자동차용 가스 자동주입기
5. 독성가스 배관용 밸브
6. 냉동설비
7. 특정 고압가스용 실린더 캐비닛
8. 자동차용 압축 천연가스 완속 충전 설비
9. 액화석유가스용 용기 잔류가스 회수 장치
10. 차량에 고정된 탱크
※ 적색설비는 재검사 대상 제외
TIP SV, SSV, 역, 기, 압, 독배, 완 잔

[동]
052. 아르곤(Ar)가스 충전용기의 도색은 어떤 색상으로 하여야 하는가?

① 백색 ② 녹색
③ 갈색 ④ 회색

해설 LPG 용기색상은 "밝은 회색"으로 변경됨

[★]
053. 충전용기를 차량에 적재하여 운반하는 도중에 주차하고자 할 때 주의사항으로 옳지 않은 것은?

① 충전용기를 싣거나 내릴 때를 제외하고는 제1종 보호시설의 부근 및 제2종 보호시설이 밀집된 지역을 피한다.
② 주차 시는 엔진을 정지시킨 후 주차제동장치를 걸어 놓는다.
③ 주차를 하고자 하는 주위의 교통상황, 지형조건, 화기 등을 고려하여 안전한 장소를 택하여 주차한다.
④ 주차 시에는 긴급한 사태를 대비하여 바퀴 고정목을 사용하지 않는다.

해설 **KGS GC206,2019 / 1.3.5 기준**
1.3.5 "차량에 고정된 탱크"란 고압가스의 수송·운반을 위하여 차량에 고정 설치된 탱크를 말한다. 내용적(5,000L) 이상 차량에는 고정목을 설치한다.
1.3.6 "차량에 고정된 용기"란 고압가스의 수송·운반을 위하여 차량에 고정 설치된 2개 이상을 상호 연결한 이음매 없는 용기를 말한다.

[★★★]
054. 가스폭발에 대한 설명 중 틀린 것은?

① 폭발범위가 넓은 것은 위험하다.
② 가스의 비중이 큰 것은 낮은 곳에 체류할 위험이 있다.
③ 안전간격이 큰 것일수록 위험하다.
④ 폭굉은 화염 전파속도가 음속보다 크다.

[★]
055. 배관 표지판은 배관이 설치되어 있는 경로에 따라 배관 위치를 정확히 알 수 있도록 설치하여야 한다. 지상에 설치된 배관은 표지판을 몇 m 이하의 간격으로 설치하여야 하는가?

① 100 ② 300
③ 500 ④ 1,000

해설 **배관 표지판**
• 지상에 설치된 배관은 1,000m 마다
• 지하에 설치된 배관은 200m 마다
• 가스 도매사업자 : 500m 마다

[★]
056. 국내 일반가정에 공급되는 도시가스(LNG)의 발열량은 약 몇 kcal/㎥인가? (단, 도시가스 월 사용예정량의 산정기준에 따른다.)

① 9,000 ② 10,000
③ 11,000 ④ 12,000

해설 LNG 발열량 11,000kcal/㎥

[★★]
057. 도시가스가 안전하게 공급되어 사용되기 위한 조건으로 옳지 않은 것은?

① 공급하는 가스에 공기 중의 혼합비율의 용량이 1/1,000 상태에서 감지할 수 있는 냄새가 나는 물질을 첨가해야 한다.
② 정압기 출구에서 측정한 가스압력은 1.5kPa 이상 2.5kPa 이내를 유지해야 한다.
③ 웨버지수는 표준웨버 지수의 ±4.5% 이내를 유지해야 한다.
④ 도시가스 중 유해성분은 건조한 도시가스 1m³당 황 전량은 30mg 이하를 유지해야 한다.

[해설] 도시가스 공급
1. $\frac{1}{1,000}$ 상태에서 감지 가능한 부취제
2. 1kPa~2.5kPa 이내이어야 한다.
3. 표준웨버지수 ±4.5% 이내
4. 유해성분 황전량 1m³당 30mg 이하

[★★★]
058. 도시가스사용시설에서 도시가스 배관의 표시 등에 대한 기준으로 틀린 것은?

① 지하에 매설하는 배관은 그 외부에 사용가스명, 최고사용압력, 가스의 흐름방향을 표시한다.
② 지상배관은 부식방지 도장 후 황색으로 도색한다.
③ 지하매설배관은 최고사용압력이 저압인 배관은 황색으로 한다.
④ 지하매설배관은 최고사용압력이 중압 이상인 배관은 적색으로 한다.

[해설] 도시가스 배관
사용가스명, 최고사용압력, 가스흐름방향 표시(지상표시사항)
1. 지상 배관 : 부식방지 도장 후 황색 도색
2. 지하매설배관
 • 최고사용압력 저압 : 황색
 • 0.1MPa~1MPa 미만 중압 이상 : 적색
지하매설의 경우 흐름방향을 표시할 필요는 없다.

[동]
059. 도시가스 매설 배관의 보호판은 누출가스가 지면으로 확산되도록 구멍을 뚫는데 그 간격의 기준으로 옳은 것은?

① 1m 이하의 간격   ② 2m 이하의 간격
③ 3m 이하의 간격   ④ 5m 이하의 간격

[해설] 구멍간격 : 3m 이하
구멍크기 : 30~50mm 이내

[동]
060. 긴급차단장치의 조작 동력원이 아닌 것은?

① 액압   ② 기압
③ 전기   ④ 차압

[해설] ①, ②, ③ 외 스프링식

[★★]
061. 다음 중 고압가스 처리설비로 볼 수 없는 것은?

① 저장탱크에 부속된 펌프
② 저장탱크에 부속된 안전밸브
③ 저장탱크에 부속된 압축기
④ 저장탱크에 부속된 기화장치

[해설] 처리설비와 비교되는 충전설비는 펌프, 압축기, 충전기이다.

[★]
062. 산화에틸렌 충전용기에는 질소 또는 탄산가스를 충전하는데 그 내부가스 압력의 기준으로 옳은 것은?

① 상온에서 0.2MPa 이상
② 35℃에서 0.2MPa 이상
③ 40℃에서 0.4MPa 이상
④ 45℃에서 0.4MPa 이상

[해설] 45℃에서 0.4MPa 이상 [TIP] 4504

[★]
063. 다음 중 2중 배관으로 하지 않아도 되는 가스는?

① 일산화탄소   ② 시안화수소
③ 염소   ④ 포스겐

[해설] 2중 배관으로 하지 않아도 되는 가스(용어변경)
포스겐, 황화수소, 시안화수소, 아황산가스, 암모니아, 산화에틸렌, 염소, 염화메탄
[TIP] 포, 황, 시, 아황, 암, 산에, 염소, 염탄

064. 도시가스 본관 중 중압 배관의 내용적이 9㎥일 경우, 자기압력기록계를 이용한 기밀시험 유지시간은?

① 24분 이상 ② 40분 이상
③ 216분 이상 ④ 240분 이상

해설 자기압력기록계 기밀시험
- 시험압력 : 8.4kPa 이상(LPG) / 도시가스 최고사용 1.1배 or 8.4kPa 큰 것
- 입력유지시간

용량(L)	입력유지시간(분)
10 이하	5
10~50 이하	10
50~1m^3 이하	24
1m^3~10m^3 이하	240
10m^3 초과	24×V(초과분)

[★★] KGS

065. 하천의 바닥이 경암으로 이루어져 도시가스배관의 매설 깊이를 유지하기 곤란하여 배관을 보호조치한 경우에는 배관의 외면과 하천 바닥면의 경암 상부와의 최소거리는 얼마이어야 하는가?

① 1.0m ② 1.2m
③ 2.5m ④ 4m

해설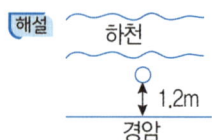

066. 암모니아 충전용기로서 내용적이 1,000L 이하인 것은 부식 여유 두께의 수치가 (A)mm 이고, 염소 충전 용기로서 내용적이 1,000L 초과하는 것은 부식 여유 두께의 수치가 (B)mm 이다. A와 B에 알맞은 부식 여유치는?

① A : 1, B : 3 ② A : 2, B : 3
③ A : 1, B : 5 ④ A : 2, B : 5

067. 가스누출자동차단기를 설치하여도 설치목적을 달성할 수 없는 시설이 아닌 것은?

① 개방된 공장의 국부난방시설
② 경기장의 성화대
③ 상·하향, 전·후 방향, 좌·우 방향 중에 2방향 이상이 외기에 개방된 가스 사용시설
④ 개방된 작업장에 설치된 용접 또는 절단시설

해설 가스누출자동차단기
"설치 목적을 달성할 수 없는 시설이 아닌 것"이란 → 달성 가능한 곳
- 상하향, 전후방향, 좌우방향 중에 2방향 이상이 외기에 개방된 가스 사용 시설

068. 가스가 누출된 경우에 제 2의 누출을 방지하기 위해서 방류둑을 설치한다. 방류둑을 설치하지 않아도 되는 저장탱크는?

① 저장능력 1,000톤 이상의 액화질소 탱크
② 저장능력 10톤 이상의 액화암모니아 탱크
③ 저장능력 1,000톤 이상의 액화산소 탱크
④ 저장능력 5톤 이상의 액화염소 탱크

069. 수소폭명기는 수소와 산소의 혼합비가 얼마일 때를 말하는가? (단, 수소 : 산소의 비이다.)

① 1 : 2 ② 2 : 1
③ 1 : 3 ④ 3 : 1

070. 배관을 지하에 매설하는 경우 배관은 그 외면으로부터 도로 밑의 다른 시설물과 몇 m 이상의 거리를 유지하여야 하는가?

① 0.2 ② 0.3
③ 0.5 ④ 1

해설 배관 – 지하매설
배관 외면~도로 밑 다른 시설 : 0.3m 이상 거리 유지

정답 064. ④ 065. ② 066. ③ 067. ③ 068. ① 069. ② 070. ②

[★★]
071. 고압가스 제조허가의 종류가 아닌 것은?

① 고압가스 특수제조 ② 고압가스 일반제조
③ 고압가스 충전 ④ 냉동제조

[해설] 고압가스 제조허가 종류
1. 고압가스 일반제조
2. 고압가스 충전
3. 냉동 제조
고압가스 특수제조는 ×

[★★]
072. 사람이 사망하기 시작하는 폭발압력은 약 몇 kPa 인가?

① 70 ② 700
③ 1,700 ④ 2,700

[해설] 사람이 사망하기 시작하는 폭발 압력 – 700kPa

[★]
073. 독성가스를 사용하는 내용적이 몇 L 이상인 수액기 주위에 액상의 가스가 누출될 경우에 대비하여 방류둑을 설치하여야 하는가?

① 1,000 ② 2,000
③ 5,000 ④ 10,000

[해설] 방류둑설치 시공기준

	특정제조	일반제조
산소	1,000t	1,000t
가연성	500t	
독성	5t	5t

※ 액화가스 10kg = 압축가스 1m³
냉동제조시설(독성가스 냉매 사용) – 수액기 내용적 10,000L 이상(용량 90%)

[★]
074. 도시가스 배관에 설치하는 전위 측정용 터미널의 간격을 옳게 나타낸 것은?

① 희생양극법 : 300m 이내, 외부전원법 : 400m 이내
② 희생양극법 : 300m 이내, 외부전원법 : 500m 이내
③ 희생양극법 : 400m 이내, 외부전원법 : 500m 이내
④ 희생양극법 : 400m 이내, 외부전원법 : 600m 이내

[★★]
075. LPG 충전·저장·집단공급·판매시설·영업소의 안전성 확인 적용대상 공정이 아닌 것은?

① 지하탱크를 지하에 매설한 후의 공정
② 배관의 지하매설 및 비파괴시험 공정
③ 방호벽 또는 지상형 저장탱크의 기초시설 공정
④ 공정상 부득이하여 안전성 확인 시 실시하는 내압·기밀시험 공정

[해설] LPG 충전·저장·집단공급·판매 영업소의 안전성 확인 적용 대상 공정
1. 배관의 지하매설 전 비파괴시험 공정
2. 방호벽 또는 지상형 저장탱크 기초시설공정
3. 공정상 부득이하여 안전성 확인 시 실시하는 내압·기밀시험 공정
※ 지하탱크를 지하에 매설 전의 공정

[★★] KGS
076. 액화천연가스의 저장설비 및 처리설비는 그 외면으로부터 사업소경계까지 일정규모 이상의 안전거리를 유지하여야 한다. 이때 사업소 경계가 ( )의 경우에는 이들의 반대편 끝을 경계로 보고 있다. 괄호 안에 들어갈 수 있는 경우로 옳지 않은 것은?

① 산 ② 호수
③ 하천 ④ 바다

[해설] 1) 사업소 경계를 반대편 끝으로 보는 경우
호수, 하천, 바다, 도로
2) 산은 입구를 사업소경계로 본다.

[동]
077. 의료용 가스용기의 도색 구분 표시로 틀린 것은?

① 산소 – 백색 ② 질소 – 청색
③ 헬륨 – 갈색 ④ 에틸렌 – 자색

[해설] TIP 헤갈위해 탄회와 청아를 싸게 주고~밤에 자고나도 질흑같은 밤이구나!

[★]
078. 도시가스 공급배관을 차량이 통행하는 폭 8m 이상인 도로에 매설할 때의 깊이는 몇 m 이상으로 하여야 하는가?

① 1.0 ② 1.2
③ 1.5 ④ 2.0

해설 도시가스 공급배관과 배관시설의 설치 및 기술기준(매설기준)
차량이 통행하는 폭 8m 이상인 도로 : 1.2m 이상
차량이 통행하는 폭 4~8m 미만인 도로 : 1m 이상

[동]
079. 다음 중 독성가스가 아닌 것은?

① 아크릴로니트릴 ② 벤젠
③ 암모니아 ④ 펜탄

해설 • 독성가스 아닌 것 : 펜탄(상쾌한 냄새)
• 독성가스 : 아크릴로니트릴, 벤젠, 암모니아

080. 도시가스 배관의 매설심도를 확보할 수 없거나 타 시설물과 이격거리를 유지하지 못하는 경우에는 보호판을 설치한다. 압력이 중압 배관일 경우 보호판의 두께 기준은?

① 3mm ② 4mm
③ 5mm ④ 6mm

해설 ① 3mm 저압 ② 4mm 중압 ③ 5mm 고압

[동]
081. 사업소 내에서 긴급사태 발생 시 필요한 연락을 하기 위해 안전관리자가 상주하는 사업소와 현장 사업소 간에 설치하는 통신설비가 아닌 것은?

① 구내전화 ② 인터폰
③ 페이징설비 ④ 메가폰

해설

안전관리자가 상주하는 사업소와 현장사무소	사업소 내 전체	종업원 상호간
구내전화	사이렌	
구내방송설비 ====▶		트란시버
페이징 설비 ====▶		
인터폰	휴대용 확성기 ====▶	
	메가폰 ====▶	

[★★]
082. 가연성가스 제조시설의 고압가스설비는 그 외면으로부터 산소제조시설의 고압가스설비와 몇 m 이상의 거리를 유지하여야 하는가?

① 5 ② 8
③ 10 ④ 15

해설 • 가연성가스 제조시설의 고압가스설비~가연성가스 제조시설의 고압가스설비 : 5m (가제가 가제가 5)
• 가연성가스 제조시설의 고압가스설비~산소제조시설의 고압가스설비 : 10m (산제가 10)

[★★]
083. 고압가스특정제조사업소의 고압가스설비 중 특수반응설비와 긴급차단장치를 설치한 고압가스 설비에서 이상사태가 발생하였을 때 그 설비내의 내용물을 설비 밖으로 긴급하고 안전하게 이송하여 연소시키기 위한 것은?

① 내부반응감시장치 ② 벤트스택
③ 인터록 ④ 플레어스택

해설 비교 벤트스택 : 특수반응설비와 긴급차단장치를 설치한 고압가스 설비에서 이상사태가 발생하였을 때 그 설비내의 내용물을 설비 밖으로 긴급하고 안전하게 이송시키기 위한 것, 연소시는 플레어스택

[★★]
084. 액화석유가스 저장시설의 액면계 설치기준으로 틀린 것은?

① 액면계는 평형반사식 유리액면계 및 평형투시식 유리 액면계를 사용할 수 있다.
② 유리액면계에 사용되는 유리는 KS B 6208(보일러용 수면계유리) 중 기호 B 또는 P의 것 또는 이와 동등 이상이어야 한다.
③ 유리를 사용한 액면계에는 액면의 확인을 명확하게 하기 위하여 덮개 등을 하지 않는다.
④ 액면계 상·하에는 수동식 및 자동식 스톱밸브를 각각 설치한다.

해설 액면계 설치 기준(LPG 저장시설)
1. 액면계는 평형반사식 유리액면계 및 평형투시식 유리액면계 사용
2. 유리액면계에 사용되는 유리는 KS B 6208(보일러용 수면계 유리) 중 기호 B 또는 P의 것 또는 이와 동등 이상
3. 액면계 상·하에는 수동식 및 자동식 스톱밸브를 각각 설치한다.

※ 유리 사용 액면계 덮개 설치제외장소
① 출입구 부근 등 외부기류가 통하는 곳
② 환기구 등 공기가 들어오는 1.5m 이내의 곳
③ 연소기 폐가스 접촉이 쉬운 곳

[★★]
085. 가스누출경보기의 검지부를 설치할 수 있는 장소는?

① 증기, 물방울, 기름기 섞인 연기 등이 직접 접촉될 우려가 있는 곳
② 주위온도 또는 복사열에 의한 온도가 섭씨 40℃ 미만이 되는 곳
③ 설비 등에 가려져 누출가스의 유동이 원활하지 못한 곳
④ 차량, 그 밖의 작업 등으로 인하여 경보기가 파손될 우려가 있는 곳

해설 가스누출경보기 검지부
주위온도 또는 복사열의 온도가 40℃ 미만인 곳에 설치
※ 설치 불가한 곳
- 증기, 물방울, 기름기 섞인 연기 등이 직접 접촉할 우려가 있는 곳
- 설비 등에 가려져 누출가스의 유동이 원활하지 못한 곳
- 차량, 그 밖의 장소 등으로 인하여 경보기 파손 우려가 있는 곳
- 방호구조물 등에 의하여 개방되어 설치된 부분

[★★★]
086. 고압가스의 인허가 및 검사의 기준이 되는 "처리능력"을 산정함에 있어 기준이 되는 온도 및 압력은?

① 온도 : 섭씨 15℃, 게이지압력 : 0파스칼
② 온도 : 섭씨 15℃, 게이지압력 : 1파스칼
③ 온도 : 섭씨 0℃, 게이지압력 : 0파스칼
④ 온도 : 섭씨 0℃, 게이지압력 : 1파스칼

해설 기준일 : 1일 기준(0℃, 0pa·g)

[동]
087. 방폭지역이 0종인 장소에는 원칙적으로 어떤 방폭구조의 것을 사용하여야 하는가?

① 내압방폭구조   ② 압력방폭구조
③ 본질안전방폭구조 ④ 안전증방폭구조

해설

위험장소	방폭구조(Ex)
0종	ia, ib
1종	p·o·d
2종	e

[★]
088. 가스의 종류를 가연성에 따라 구분한 것이 아닌 것은?

① 가연성가스   ② 조연성가스
③ 불연성가스   ④ 압축가스

[★★] 2009 4회
089. 2005년 2월에 제조되어 신규검사를 득한 LPG 20kg용 용접용기(내용적 47L)의 최초의 재검사 년 월은?

① 2007년 2월   ② 2008년 2월
③ 2009년 2월   ④ 2010년 2월

해설 LPG 용기 재검사

용접용기	15년 미만	15~20년	20년 이상
500L 이상	5년	2년	1년
500L 미만	3년	2년	1년

LPG 50L 미만 : 4년(20년 이상은 2년)

[★★★]
090. 액화질소 35톤을 저장하려고 할 때 사업소 밖의 제1종 보호시설과 유지하여야 하는 안전거리는 최소 몇 m인가?

① 8   ② 9
③ 11 ④ 13

해설

처리능력 (kg·㎥)	산소 =2종 독·가	독성·가연성	기타=2종 (산소)
~1만 이하	12	17	8
1만~2만 이하	14	21	9
2만~3만 이하	16	24	11
3만~4만 이하	18	27	13
4만 초과	20	30	14

085. ② 086. ③ 087. ③ 088. ④ 089. ③ 090. ④

[★★★]
091. 가연성 액화가스 저장탱크의 내용적이 40㎥일 때 제1종 보호시설과의 거리는 몇 m 이상을 유지하여야 하는가? (단, 액화가스의 비중은 0.52이다.)

① 17m ② 21m
③ 24m ④ 27m

[★]
092. 가스의 폭발범위에 영향을 주는 인자로서 가장 거리가 먼 것은?

① 비열 ② 압력
③ 온도 ④ 조성

해설 폭발의 4요인(T · P · 조 · 용기)
① 온도 ② 압력 ③ 조성 ④ 용기의 크기와 형태

[★★★]
093. 액화석유가스 지상 저장탱크 주위에는 저장능력이 얼마 이상일 때 방류둑을 설치하여야 하는가?

① 300kg ② 1,000kg
③ 300톤 ④ 1,000톤

해설 방류둑 설치기준
- 목적 : 액화가스 누출시 탱크 주위의 한정된 범위 벗어남을 방지
- 용량 : 산소(저장능력 : 60%), 수액기(내용적의 90%)

특정제조	저장능력	일반제조	저장능력
산소	1000t	산소	1000t
가연성	500t	가연성	
독성	5t	독성	5t

[★★★]
094. 고압가스 충전용기의 운반기준으로 틀린 것은?

① 염소와 아세틸렌, 암모니아 또는 수소는 동일차량에 적재하여 운반하지 아니한다.
② 가연성가스와 산소를 동일차량에 적재하여 운반하는 때에는 그 충전용기의 밸브가 서로 마주 보도록 적재한다.
③ 충전용기와 소방기본법에서 정하는 위험물과는 동일 차량에 적재하여 운반하지 아니한다.
④ 독성가스를 차량에 적재하여 운반할 때에는 그 독성가스의 종류에 따른 방독면, 고무장갑, 고무장화 그 밖의 보호구를 갖춘다.

[★, 동영상]
095. 고압가스안전관리법상 "충전용기"라 함은 고압가스의 충전질량 또는 충전압력의 몇 분의 몇 이상이 충전되어 있는 상태의 용기를 말하는가?

① 1/5 ② 1/4
③ 1/2 ④ 3/4

해설 충전용기 vs 잔가스용기
충전질량(충전압력)의 $\frac{1}{2}$ 이상 충전

[★]
096. 액화석유가스의 안전관리에 필요한 안전관리책임자가 해임 또는 퇴직하였을 때에는 원칙적으로 그 날로부터 며칠 이내에 다른 안전관리자를 선임하여야 하는가?

① 10일 ② 15일
③ 20일 ④ 30일

[★★]
097. 도시가스 배관의 설치장소나 구경에 따라 적절한 배관재료와 접합방법을 선정하여야 한다. 다음 중 배관재료의 선정기준으로 틀린 것은?

① 배관 내의 가스흐름이 원활한 것으로 한다.
② 내부의 가스압력과 외부로부터의 하중 및 충격하중 등에 견디는 강도를 갖는 것으로 한다.
③ 토양 · 지하수 등에 대하여 강한 부식성을 갖는 것으로 한다.
④ 절단가공이 용이한 것으로 한다.

해설 ③ 내식성을 가질 것

[★★★]
098. 내용적 1천L 이상인 초저온가스용 용기의 단열성능시험결과 합격기준은 몇 kcal/h · ℃ · L 이하인가?

정답 091. ② 092. ① 093. ④ 094. ② 095. ③ 096. ④ 097. ③

① 0.0005　　② 0.001
③ 0.002　　④ 0.005

해설　단열성능시험 1천L 이상 : 0.002kcal/h·℃·L 이하
1천L 미만 : 0.0005kcal/h·℃·L 이하

[★★]
099. 다음 중 분해에 의한 폭발을 하지 않는 가스는?

① 시안화수소　　② 아세틸렌
③ 히드라진　　④ 산화에틸렌

해설　시안화수소(HCN)는 중합폭발 대상이다.

[★★]
100. 액화석유가스 공급시설 중 저장설비의 주위에는 경계책 높이를 몇 m 이상으로 설치하도록 하고 있는가?

① 0.5　　② 1.0
③ 1.5　　④ 2.0

[★★★]
101. 다음 중 안전관리상 압축을 금지하는 경우가 아닌 것은?

① 수소 중 산소의 용량이 3% 함유되어 있는 경우
② 산소 중 에틸렌의 용량이 3% 함유되어 있는 경우
③ 아세틸렌 중 산소의 용량이 3% 함유되어 있는 경우
④ 산소 중 프로판의 용량이 3% 함유되어 있는 경우

해설　압축 금지
가연성 가스중 산소의 용량은 4% 넘지 말 것
아세틸렌(C_2H_2)·에틸렌(C_2H_4)·수소(H_2) 중 산소의 용량은 2% 넘지 말 것

[★★★]
102. 고압가스안전관리법에서 정하고 있는 특정설비가 아닌 것은?

① 안전밸브　　② 기화장치
③ 독성가스배관용밸브　　④ 도시가스용 압력조정기

해설　④ 압력용기이다. 그 외 SV, SSV, 역화방지장치 등

[★]
103. 후부취출식 탱크에서 탱크 주밸브 및 긴급차단장치에 속하는 밸브와 차량의 뒷범퍼와의 수평거리는 얼마 이상 떨어져 있어야 하는가?

① 20cm　　② 30cm
③ 40cm　　④ 60cm

해설　주 밸브 40cm(주사)

[★]
104. 산소 또는 천연메탄을 수송하기 위한 배관과 이에 접속하는 압축기와의 사이에 반드시 설치하여야 하는 것은?

① 표시판　　② 압력계
③ 수취기　　④ 안전밸브

해설　산소, 천연메탄 수송시 배관~압축기 사이에 수취기 설치

[★★★]
105. 다음 중 같은 저장실에 혼합저장이 가능한 것은?

① 수소와 염소가스　　② 수소와 산소
③ 아세틸렌가스와 산소　　④ 수소와 질소

해설　혼합 적재금지($Cl_2 + (NH_3, H_2, C_2H_2)$)

[★★]
106. 내부반응 감시장치를 설치하여야 할 특수반응 설비에 해당하지 않는 것은?

① 암모니아 2차 개질로
② 수소화 분해반응기
③ 싸이크로헥산 제조시설의 벤젠 수첨 반응기
④ 산화에틸렌 제조시설의 아세틸렌 중합기

해설　KGS FP111 2020 시행규칙 [별표 4] 〈개정 2019. 5. 21.〉
2.6.14 내부반응감시 설비 설치
고압가스설비 중 반응기 또는 이와 유사한 설비로서 현저한 발열반응 또는 부차적으로 발생하는 2차반응으로 인하여 폭발 등의 위해(危害)가 발생할 가능성이 큰 다음의 반응설비(이하 "특수반응설비"라 한다)에는 그 위해(危害)의 발생을 방지하기 위하여 그 특수반응설비의 상황에 따라 그 내부에서의 반응상황을 정확히 계측하

고, 특수반응설비 안의 온도·압력 및 유량 등이 정상적인 반응조건을 벗어나거나 벗어날 우려가 있을 경우에 자동으로 경보를 발할 수 있는 온도감시장치, 압력감시장치, 유량감시장치 그 밖의 내부 반응감시장치(가스의 밀도·조성 등)를 다음 기준에 따라 설치한다. 이 경우 그 내부반응감시장치 중 온도의 상승, 압력의 상승 그 밖에 이상사태의 발생을 가장 먼저 검지할 수 있는 것에 대하여 계측결과를 자동으로 기록할 수 있는 장치를 설치한다.
(1) 암모니아 2차 개질로
(2) 에틸렌제조시설의 아세틸렌수첨탑
(3) 산화에틸렌제조시설의 에틸렌과 산소 또는 공기와의 반응기
(4) 싸이크로헥산제조시설의 벤젠수첨 반응기
(5) 석유정제에 있어서 중유직접수첨탈황 반응기 및 수소화분해반응기
(6) 저밀도 폴리에틸렌중합기
(7) 메탄올합성 반응탑

[★]
107. 다음 중 허용농도 1ppb에 해당하는 것은?

① $1/10^3$　　② $1/10^6$
③ $1/10^9$　　④ $1/10^{10}$

[★★★]
108. 다음 중 가스에 대한 정의로 잘못된 것은?

① 압축가스란 일정한 압력에 의하여 압축되어 있는 가스를 말한다.
② 액화가스란 가압·냉각 등의 방법에 의하여 액체 상태로 되어 있는 것으로서 대기압에서 비점이 40℃ 이하 또는 상용온도 이하인 것을 말한다.
③ 독성가스란 인체에 유해한 독성을 가진 가스로서 허용농도가 100만분의 3,000 이하인 것을 말한다.
④ 가연성가스란 공기 중에서 연소하는 가스로서 폭발한계의 하한이 10% 이하인 것과 폭발한계의 상한과 하한의 차가 20% 이상인 것을 말한다.

[★★]
109. 다음 가스 중 독성이 강한 순서부터 바르게 나열된 것은?

① $COCl_2 > Cl_2 > H_2S > CO$
② $Cl_2 > COCl_2 > CO > H_2S$
③ $COCl_2 > CO > H_2S > Cl_2$
④ $COCl_2 > Cl_2 > CO > H_2S$

[해설] 독성가스(LC-50 기준) 노트 #1강
TIP 포스, 오, 인, 시, 불, 염, 황, 아, 브, 불~ 아황, 암, 산에, 염, 일, 암

[★★]
110. 정압기실 주위에는 경계책을 설치하여야 한다. 이때 경계책을 설치한 것으로 보지 않은 경우는?

① 철근콘크리트로 지상에 설치된 정압기실
② 도로의 지하에 설치되어 사람과 차량의 통행에 영향을 주는 장소로서 경계책 설치가 부득이한 정압기실
③ 정압기가 건축물 안에 설치되어 있는 경계책을 설치할 수 있는 공간이 없는 정압기실
④ 매몰형 정압기

[해설] 〈KGS FS552. 2018.05.10.〉 일반도시가스사업 정압기의 시설·기술·검사 기준
2.10.1.3 경계표지판은 검정·파랑·적색 글씨 등으로 시설명, 공급자, 연락처 등을 표기한다.
〈경계표지의 예〉

- 시 설 명 : ○○○ 정압기
- 공 급 자 : ○○○ 도시가스(주)
- 연 락 처 : ○○○ 도시가스상황실(전화 :　　　)
- 이 시설은 주민을 위하여 도시가스를 안전하게 공급하기 위한 것입니다. 이 시설에 접근하여 훼손하는 일이 없도록 하여 주시기 바랍니다.
- 가스냄새, 이상음 등이 발생되거나 상·하수도, 통신 등 타공사를 실시할 경우에는 발견 즉시 상기의 연락처로 연락하여 주시기 바랍니다.

2.10.2 경계책
정압기의 안전을 확보하기 위하여 정압기실 주위에 외부 사람의 출입을 통제할 수 있도록 다음 기준에 따라 경계책를 설치한다. 다만, 단독 사용자에게 가스를 공급하는 정압기의 경우에는 경계책을 설치하지 않을 수 있다.
2.10.2.1 정압기실 주위에는 높이 1.5m 이상의 철책 또는 철망 등의 경계책을 설치하여 일반인의 출입을 통제한다.
2.10.2.2 정압기실이 다음 중 하나의 경우로서 2.10.1에서 정하는 경계표지를 설치한 경우에는 경계책를 설치한 것으로 본다.
(1) 철근콘크리트 및 콘크리트블럭재로 지상에 설치된 정압기실
(2) 도로의 지하 또는 도로와 인접하게 설치되어 사람과 차량의 통행에 영향을 주는 장소로서 경계책 설치가 부득이한 정압기실
(3) 정압기가 건축물 안에 설치되어 있어 경계책을 설치할 수 있는 공간이 없는 정압기실
(4) 상부덮개에 시건조치를 한 매몰형정압기
(5) 경계책 설치가 불가능하다고 일반도시가스사업자를 관할하는 시장·군수·구청장이 인정하는 다음 경우에 해당하는 정압기실
① 공원지역, 녹지지역 등에 설치된 경우
② 그 밖에 부득이한 경우

111. 공기 중에서의 폭발범위가 가장 넓은 가스는?

① 황화수소   ② 암모니아
③ 산화에틸렌 ④ 프로판

해설 황화수소 : 45-4.3 = 40.7   암모니아 : 28-15 = 13
산화에틸렌 : 80-3 = 77   프로판 : 9.5-2.1 = 7.4

참고 대부분 아세틸렌(C_2H_2), 산화에틸렌(C_2H_4), 수소(H_2), 일산화탄소(CO) 순으로 독하다.

112. 방폭 전기기기의 구조별 표시방법 중 내압방폭구조의 표시방법은?

① d   ② o
③ p   ④ e

해설 방폭구조의 핵심단어(중요함★)
- 내압방폭구조(d)~폭발 압력에 견디고
- 유입방폭구조(o)~절연유, 기름면
- 압력방폭구조(p)~가연성 가스가 용기 내부로 유입되지 아니하도록 함
- 안전증 방폭구조(e)~점화원 발생방지, 안전도 증가
- 본질안전방폭구조(ia, ib)~점화되지 아니하는 것을~확인된 구조
- 특수방폭구조(s)~이외의 방폭구조, 점화방지 시험~확인된 구조

113. 고정식 압축 천연가스 자동차 충전의 시설기준에서 저장설비, 처리설비, 압축가스설비 및 충전설비는 인화성물질 또는 가연성물질 저장소로부터 얼마 이상의 거리를 유지하여야 하는가?

① 5m   ② 8m
③ 12m ④ 20m

해설 CNG 시설기준
- 저장설비, 처리설비, 압축가스설비, 충전설비는 사업소 경계와 10m 이상(방호벽 설치 시 5m)
- 저장설비, 처리설비, 압축가스설비, 충전설비는 철도에서부터 30m 이상
- 저장설비, 처리설비, 압축가스설비, 충전설비는 고압전선과 5m 이상
- 저장설비, 처리설비, 압축가스설비, 충전설비는 저압전선과 1m 이상
- 저장설비, 처리설비, 압축가스설비, 충전설비는 화기 취급 장소 및 인화성, 가연성 물질 저장소와 8m 이상
- 충전 설비는 도로의 경계와 5m 이상의 거리 유지

TIP 10원에 사서 (고)철을 30원에 판다면 고저 경기도 화도에 가서 팔구 오시오

TIP ㉠ ⑩ 고 5 화 8
㉡ ㉚ 저 1 도 5

114. 아세틸렌이 은, 수은과 반응하여 폭발성의 금속 아세틸라이드를 형성하여 폭발하는 형태는?

① 분해폭발   ② 화합폭발
③ 산화폭발   ④ 압력폭발

115. 일반도시가스사업자 정압기 입구측의 압력이 0.6MPa일 경우 안전밸브 분출구의 크기는 얼마 이상으로 해야 하는가?

① 20A 이상   ② 30A 이상
③ 50A 이상   ④ 100A 이상

해설 안전밸브 분출구 크기
정압기 입구 압력 0.5MPa 이상시 50A가 기준
만일 0.5MPa 미만시
- 설계압력(P) 1,000Nm^3 이상 : 50A 이상
- 설계압력(P) 1,000Nm^3 미만 : 25A 이상

116. 독성가스 배관은 안전한 구조를 갖도록 하기 위해 2중관 구조로 하여야 한다. 다음 가스 중 2중관으로 하지 않아도 되는 가스는?

① 암모니아   ② 염화메탄
③ 시안화수소 ④ 에틸렌

해설 ① 2중관 가스 : 용어수정-KGS FS112 2019
포스겐, 황화수소, 시안화수소, 아황산가스, 암모니아, 산화에틸렌, 염소, 염화메탄
TIP 포황시, 아황암산에, 염소, 염탄
② 가연성이면서 독성이 강한 가스(일명: 독,가)
이황화탄소, 황화수소, 시안화수소, 브롬화메탄, 산화에틸렌, 염화메탄, 일산화탄소, 암모니아, 디메틸아민, 모노메틸아민, 트리메틸아민
TIP 이황시 / 브롬산에/ 염탄일암/ 디모노 3벌

111. ③ 112. ① 113. ② 114. ② 115. ③ 116. ④

[★★★]
117. 다음 가스의 일반적인 성질에 대한 설명 중 틀린 것은?

① 염산(HCl)은 암모니아와 접촉하면 흰 연기를 낸다.
② 시안화수소(HCN)는 복숭아 냄새가 나는 맹독성 기체이다.
③ 염소(Cl_2)는 황녹색의 자극성 냄새가 나는 맹독성 기체이다.
④ 수소(H_2)는 저온·저압하에서 탄소강과 반응하여 수소취성을 일으킨다.

[해설] 가스 일반적 성질
- 염산 : 암모니아 접촉시 흰 연기
- 시안화수소 : 복숭아 냄새, 맹독성 기체
- 염소 : 황록색, 자극적 냄새, 맹독성 기체
- 수소 : 고온·고압하에서 탄소강과 반응, 수소취성발생

[★]
118. C_2H_2 제조설비에서 제조된 C_2H_2를 충전용기에 충전 시 위험한 경우는?

① 아세틸렌이 접촉되는 설비부분에 동함량 72%의 동합금을 사용하였다.
② 충전 중의 압력을 2.5MPa 이하로 하였다.
③ 충전 후에 압력이 15℃에서 1.5MPa 이하로 될 때까지 정치하였다.
④ 충전용 지관은 탄소함유량이 0.1% 이하의 강을 사용하였다.

[해설] 아세틸렌의 일반적 성질
동, 동합금 62% 초과 금지

[동]
119. 고압가스 용기의 어깨부분에 "FP : 15MPa"라고 표기되어 있다. 이 의미를 옳게 설명한 것은?

① 사용압력이 15MPa이다.
② 설계압력이 15MPa이다.
③ 내압시험압력이 15MPa이다.
④ 최고충전압력이 15MPa이다.

[★]
120. 다음 방류둑의 구조에 대한 설명으로 틀린 것은?

① 방류둑의 재료는 철근콘크리트, 철골·철근콘크리트, 흙 또는 이들을 조합하여 만든다.
② 철근콘크리트는 수밀성 콘크리트를 사용한다.
③ 성토는 수평에 대하여 45° 이하의 기울기로 하여 다져 쌓는다.
④ 방류둑은 액밀하지 않은 것으로 한다.

[★★★]
121. 초저온용기에 대한 정의로 옳은 것은?

① 임계온도가 50℃ 이하인 액화가스를 충전하기 위한 용기
② 강판과 동판으로 제조된 용기
③ -50℃ 이하인 액화가스를 충전하기 위한 용기로서 용기 내의 가스온도가 상용의 온도를 초과하지 않도록 한 용기
④ 단열재로 피복하여 용기내의 가스온도가 상용의 온도를 초과하도록 조치된 용기

[해설] 초저온 용기 조건
- -50℃ 이하의 용기, 저장탱크
- 단열 피복할 것
- 상용의 온도를 초과하지 아니한다.

시험용 가스 종류
- L - O_2 : -183℃
- L - Ar : -186℃
- L - N_2 : -195.8℃

[★★]
122. 가스계량기와 전기개폐기와의 이격거리는 최소 얼마 이상이어야 하는가?

① 10cm   ② 15cm
③ 30cm   ④ 60cm

[해설] TIP 6개장(전기계량기, 전기개폐기) 육개장 먹방!!

[★]
123. 고압가스안전관리법에 정하고 있는 저장능력 산정기준에 대한 설명으로 옳은 것은?

① 압축가스와 액화가스의 저장탱크 능력 산정식은 동일하다.
② 저장능력 합산 시에는 액화가스 10kg을 압축가스 10㎥로 본다.
③ 저장탱크 및 용기가 배관으로 연결된 경우에는 각각의 저장능력을 합산한다.
④ 액화가스 용기 저장능력 산정식은 $W = 0.9dV_2$이다.

[해설] **저장 능력 산정 기준**
- 압축가스(저장탱크 및 용기)

$$Q[m^3] = (10P(35℃\ 최고충전압력[MPa])+1)V_1(내용적[m^3])$$

- 액화가스(저장탱크)

$$W[kg] = 0.9d(액비중)\cdot V_2(내용적[L])$$

- 액화가스(충전용기 – 탱크로리)

$$W = V_2/C$$

여기서 C : 액화가스 충전상수
(V_2 : 내용적[L], C: 충전상수)
C_3H_8 : 2.35
C_4H_{10} : 2.05
NH_3 : 1.86

※ 액화가스 10kg = 압축가스 $1m^3$(혼재시)
단, 특정고압가스 방호벽 설치시 액화가스 5kg = 압축가스 $1m^3$
방호벽 설치기준 (300kg)/($60m^3$)

[★★]
124. 압축·액화 그 밖의 방법으로 처리할 수 있는 가스의 용적이 1일 100㎥ 이상인 사업소에는 표준이 되는 압력계를 몇 개 이상 비치해야 하는가?

① 1개　　② 2개
③ 3개　　④ 4개

[해설] 1일 $100m^3$ 이상 사업소에는 표준압력계 2개 이상 비치

[★★★]
125. 액화석유가스를 저장하는 저장능력 10,000L의 저장탱크가 있다. 긴급차단장치를 조작할 수 있는 위치는 해당 저장탱크로부터 몇 미터 이상에서 조작할 수 있어야 하는가?

① 3m　　② 4m
③ 5m　　④ 6m

[해설] 긴급차단장치
① 저장능력 10,000L LPG 저장탱크 : 5m 이상에서 조작 가능
② 일반 : 5m, 특정설비 : 10m

[★★]
126. 가연성가스 제조시설의 고압가스설비(저장탱크 및 배관은 제외한다.)에는 그 외면으로부터 다른 가연성가스 제조시설의 고압가스설비와 몇 m 이상의 거리를 유지하여야 하는가?

① 2　　② 3
③ 5　　④ 10

[해설]
- 가연성가스 제조시설~다른 가연성가스 제조시설 : 5m 이상
- 가연성가스 제조시설~산소 제조시설 : 10m 이상

[★]
127. 독성가스의 저장탱크에는 과충전 방지장치를 설치하도록 규정되어 있다. 저장탱크의 내용적이 몇 %를 초과하여 충전되는 것을 방지하기 위한 것인가?

① 80%　　② 85%
③ 90%　　④ 95%

[해설] 독성가스 저장탱크 과충전(90% 초과) 방지장치
액면·액두압 검지, 검지시 지체없이 경보
90% 충전 : 저장탱크, 독성가스, 에어졸
85% 충전 : 소형저장 탱크, LPi 자동차 충전

[★★]
128. 고압가스안전관리법 시행령에 규정한 특정고압가스에 해당하지 않는 것은?

① 삼불화질소　　② 사불화규소
③ 수소　　　　　④ 오불화비소

[해설] 특정고압가스 (TIP 천연 산 수 암아염)
① 법(제20조) : 수소, 산소, 액화암모니아, 아세틸렌, 액화염소, 천연가스, 압축모노실란, 압축디보란, 액화알진, 그 밖에 대통령령이 정하는 고압가스
② 시행령(제16조) : 포스핀, 셀렌화수소, 게르만, 디실란, 오불화비소, 오불화인, 삼불화인, 삼불화질소, 삼불화붕소, 사불화유황, 사불화규소
③ 특수고압가스 : 압축모노실란, 액화알진, 포스핀, 셀렌화부소, 게르만, 디실란

124. ②　125. ③　126. ③　127. ③　128. ③

[★★]
129. 사업자 등은 그의 시설이나 제품과 관련하여 가스사고가 발생한 때에는 한국가스안전공사에 통보하여야 한다. 사고의 통보 시에 통보내용에 포함되어야 하는 사항으로 규정하고 있지 않은 것은?

① 시설현황 ② 피해현황(인명 및 재산)
③ 사고내용 ④ 사고원인

[해설] 통보내용
①, ②, ③ 외 통보자의 지위, 소속

[★]
130. 압축천연가스자동차 충전의 저장설비 및 완충탱크 안전장치의 방출관 시설기준으로 옳은 것은?

① 방출관은 지상으로부터 20m 이상의 높이 또는 저장탱크 및 완충탱크의 정상부로부터 10m의 높이 중 높은 위치로 한다.
② 방출관은 지상으로부터 15m 이상의 높이 또는 저장탱크 및 완충탱크의 정상부로부터 5m의 높이 중 높은 위치로 한다.
③ 방출관은 지상으로부터 10m 이상의 높이 또는 저장탱크 및 완충탱크의 정상부로부터 3m의 높이 중 높은 위치로 한다.
④ 방출관은 지상으로부터 5m 이상의 높이 또는 저장탱크 및 완충탱크의 정상부로부터 2m의 높이 중 높은 위치로 한다.

[해설] 방출관
- 지상으로부터 5m 이상 높이
- 저장탱크 및 완충탱크 정상부 2m 높이 중 높은 위치

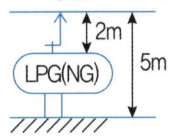

[★★★]
131. 염소의 재해 방지용으로 사용되는 제독제가 될 수 없는 것은?

① 소석회 ② 탄산소다 수용액
③ 가성소다 수용액 ④ 물

[★]
132. 가연성가스의 검지경보장치 중 반드시 방폭성능을 갖지 않아도 되는 것은?

① 수소 ② 일산화탄소
③ 암모니아 ④ 아세틸렌

[해설] 가연성가스 검지경보장치 중 반드시 방폭성능이 아니어도 되는 것
① 암모니아 ② 브롬화메탄 ③ 자연발화하는 가스

[★★★]
133. 액화석유가스 자동차용기 충전소에 설치하는 충전기의 충전호스 기준에 대한 설명으로 틀린 것은?

① 충전호스에 과도한 인장력이 가해졌을 때 충전기와 가스주입기가 분리될 수 있는 안전장치를 설치한다.
② 충전호스에 부착하는 가스주입기는 원터치형으로 한다.
③ 자동차 제조공정 중에 설치된 충전호스에 부착하는 가스주입기는 원터치형으로 하지 않을 수 있다.
④ 자동차 제조공정 중에 설치된 충전호스의 길이는 5m 이상으로 할 수 있다.

[해설] 액화석유가스 자동차용기 충전소 충전기의 충전호스 기준
① 충전기는 원터치형, 호스길이 5m 이내 (끝에는 정전기 제거 장치)
② 세이프티 커플링 → 666.4N = 68kg/cm² → CNG 적용 (과도한 인장력이 가해졌을 때 충전기와 가스주입기가 분리될 수 있는 안전장치)
③ 자동차 제조 공정 중에 설치된 호스의 길이 : 5m 이상 가능
④ LPG 인장압력 : 449.4N~588.4N 적용

[★] KGS
134. 가스보일러 설치기준에 따라 반밀폐식 가스보일러의 공동 배기방식에 대한 기준으로 틀린 것은?

① 공동배기구의 정상부에서 최상층 보일러의 역풍방지장치 개구부 하단까지의 거리가 5m일 경우 공동배기구에 연결시킬 수 있다.
② 공동배기구 유효단면적 계산식(A=Q×0.6×K×F+P)에서 P는 배기통의 수평투영면적(㎟)을 의미한다.
③ 공동배기구는 굴곡 없이 수직으로 설치하여야 한다.
④ 공동배기구는 화재에 의한 피해확산 방지를 위하여 방화댐퍼(Damper)를 설치하여야 한다.

[해설] 가스보일러 설치 기준 – 반밀폐식 가스보일러
공동배기방식
① 공동 배기구 정상부~최상층 보일러의 역풍 방지장치 개구부 하단
  5m일 경우 공동 배기구 연결 가능
② 공동 배기구 유효단면적

$$A = Q \times 0.6 \times K \times F + P$$

여기서 Q : 가스소비량(kcal/h)
  K : 형상계수
  F : 보일러의 동시사용률
  P : 배기통의 수평투영면적[mm^2]
③ 공동 배기구는 굴곡 없이 수직 설치하고, 방화댐퍼는 설치금지

[★★★]
135. 염소(Cl_2)가스의 위험성에 대한 설명으로 틀린 것은?

① 독성가스이다.
② 무색이고, 자극적인 냄새가 난다.
③ 수분 존재 시 금속에 강한 부식성을 갖는다.
④ 유기화합물과 반응하여 폭발적인 화합물을 형성한다.

[해설] 염소가스(Cl_2)
① 황록색 기체
② 소독약 냄새가 난다.
③ 습한 상태하에 강재를 부식시킨다.

[★, 동]
136. 플레어스택의 높이는 지표면에 미치는 복사열이 얼마 이하가 되도록 설치하여야 하는가?

① 1,000kcal/㎡·hr　② 2,000kcal/㎡·hr
③ 3,000kcal/㎡·hr　④ 4,000kcal/㎡·hr

[★★★]
137. 저장탱크의 지하설치기준에 대한 설명으로 틀린 것은?

① 천정, 벽 및 바닥의 두께가 각각 30cm 이상인 방수 조치를 한 철근콘크리트로 만든 곳에 설치한다.
② 지면으로부터 저장탱크의 정상부까지의 깊이는 1m 이상으로 한다.
③ 저장탱크에 설치한 안전밸브에는 지면에서 5m 이상의 높이에 방출구가 있는 가스방출관을 설치한다.
④ 저장탱크를 매설한 곳의 주위에는 지상에 경계표지를 설치한다.

[해설] ②의 경우 60cm 이상

[★★★]
138. 다음 중 1종 보호시설이 아닌 것은?

① 대지 면적이 2,000제곱미터에 신축한 주택
② 국보 제1호인 숭례문
③ 시장에 있는 공중목욕탕
④ 건축연면적이 300제곱미터인 유아원

[해설] ① 1종 보호시설 1320문(암기법)
② 2종 주택은 면적과 무관하게 무조건 2종이다.(주의)

[★★]
139. 배관 내의 상용압력이 4MPa인 도시가스 배관의 압력이 상승하여 경보장치의 경보가 울리기 시작하는 압력은?

① 4MPa 초과 시　② 4.2MPa 초과 시
③ 5MPa 초과 시　④ 5.2MPa 초과 시

[해설] 배관장치 이상사태 발생 시 경보, 경보장치
① 배관 내 압력이 상용압력×1.05배 초과 시
② 상용압력이 4MPa 이상 시 + 0.2MPa 초과 시(즉, 4.2MPa 초과 시)
③ 압력이 15% 이상 강하 시
④ 유량이 7% 이상 변동 시
⑤ 긴급차단밸브의 회로가 고장나거나 폐쇄된 때

[동]
140. 액화가스 충전시설의 정전기 제거조치의 기준으로 옳은 것은?

① 탑류, 저장탱크, 열교환기 등은 단독으로 되어 있도록 한다.
② 밴트스택은 본딩용 접속으로 접속하여 공동접지한다.
③ 접지저항의 총합은 200Ω 이하로 한다.
④ 본딩용 접속선의 단면적은 3㎟ 이상의 것을 사용한다.

[해설] 액화가스 충전시설의 정전기 제거조치 기준
①,② 탑류, 저장탱크, 열교환기, 벤트스택, 회전기계 등은 단독접지한다. TIP 탑 탱크 열 (받으면) 벤트 회(라)!
③ 접지저항의 총합은 100Ω 이하로 한다.
④ 본딩용 접속선의 단면적은 5.5㎟ 이상의 것을 사용한다.

141. 용기에 충전하는 시안화수소의 순도는 몇 % 이상으로 구성되어 있는가?

① 90 ② 95
③ 98 ④ 99.5

해설 품질검사기준(98% : 아~시팔(8))
산소 : 동·암모니아(오르잣드법 99.5% 이상, 35℃ 12MPa 이상일 것)
수소 : 피로카롤, 하이드로썰파이드(오르잣드법 98.5% 이상 35℃ 12MPa 이상일 것)
아세틸렌 : 발연황산(오르잣드법 98% 이상, 충전량 3kg 이상)
브롬시약(뷰렛법)
질산은(정성시험)

142. 내용적이 300L인 용기에 액화암모니아를 저장하려고 한다. 이 저장설비의 저장능력은 얼마인가? (단, 액화암모니아의 충전정수는 1.86이다.)

① 161kg ② 232kg
③ 297kg ④ 558kg

해설 $w = \dfrac{300L}{1.86(충전정수)} = 161(kg)$

[동] 2022 실기

143. 에어졸 제조시설에는 온수시험탱크를 갖추어야 한다. 에어졸 충전용기의 가스누출시험 온수온도의 범위는?

① 26℃ 이상 30℃ 미만
② 36℃ 이상 40℃ 미만
③ 46℃ 이상 50℃ 미만
④ 56℃ 이상 60℃ 미만

144. 다음 가스 중 위험도가 가장 큰 것은?

① 프로판 ② 일산화탄소
③ 아세틸렌 ④ 암모니아

해설 $H = \dfrac{U-L}{L} = \dfrac{81-2.5}{2.5} = 31.4$ (아세틸렌), 단위 ×

위험도 큰 순서 : 아세틸렌 → 일산화탄소 → 프로판 → 암모니아
여기서, U : 폭발범위 상한값, L : 폭발범위 하한값
아세틸렌 : H = (81 − 2.5)/2.5 = 31.4
일산화탄소 : H = (74 − 12.5)/12.5 = 4.92
프로판 : H = (9.5 − 2.1)/2.1 = 3.52
암모니아 : H = (28 − 15)/15 = 0.86

참고 위험도 기출문제에서 위험도 순위는 일반적으로 아세틸렌 〉산화에틸렌 〉수소 〉일산화탄소 순이다.
$C_2H_2 〉 C_2H_4O 〉 H_2 〉 CO$

TIP 아/산에/(윤)수/일 순으로 위험하다.

145. 어떤 고압설비의 상용압력이 1.6MPa일 때 이 설비의 내압시험 압력은 몇 MPa 이상으로 실시하여야 하는가?

① 1.6 ② 2.0
③ 2.4 ④ 2.7

해설 TP = 고압설비 : 상용P×1.5배 이상이므로
1.6MPa×1.5 = 2.4MPa

[★] KGS

146. 도시가스 배관의 굴착공사 작업에 대한 설명 중 틀린 것은?

① 가스 배관과 수평거리 1m 이내에서는 파일박기를 하지 아니한다.
② 항타기는 가스배관과 수평거리가 2m 이상 되는 곳에 설치한다.
③ 가스배관의 주위를 굴착하고자 할 때에는 가스배관의 좌우 1m 이내의 부분은 인력으로 굴착한다.
④ 줄파기 1일 시공량 결정은 시공속도가 가장 느린 천공 작업에 맞추어 결정한다.

해설 도시가스 배관의 굴착공사 작업기준
1. 배관 있을 예상 지점 2m 이내에 줄파기시 안전관리전담자 입회
2. 굴착시 배관 좌우 1m 이내 인력 굴착
3. 노출된 가스 배관 길이 15m 이상시 점검 통로 및 조명시설 설치(70Lux 이상)
항타기 : 가스 배관과 수평거리 2m 이상 되는 곳
줄파기 : 1일 시공량 결정은 시공속도가 가장 느린 천공 작업에 맞추어 결정
파일박기 : 30cm 이상 유지

배관과의 수평최단거리 2m 이내 파일박기시 도시가스 사업자 입회하에 위치를 파악할 것

[★★★]
147. 다음 독성가스 중 제독제로 물을 사용할 수 없는 것은?

① 암모니아 ② 아황산가스
③ 염화메탄 ④ 황화수소

[해설] 황화수소 : 가성소다, 탄산소다를 흡수제로 사용함

[★]
148. 인체용 에어졸 제품의 용기에 기재할 사항으로 틀린 것은?

① 특정부위에 계속하여 장기간 사용하지 말 것
② 가능한 한 인체에서 10cm 이상 떨어져서 사용할 것
③ 온도가 40℃ 이상되는 장소에 보관하지 말 것
④ 불 속에 버리지 말 것

[해설] ② 에어졸은 인체에서 20cm 이상 이격한다.

[★]
149. 차량이 통행하기 곤란한 지역의 경우 액화석유가스 충전 용기를 오토바이에 적재하여 운반할 수 있다. 다음 중 오토바이에 적재하여 운반할 수 있는 충전 용기 기준에 적합한 것은?

① 충전량이 10kg인 충전용기 - 적재 충전용기 2개
② 충전량이 13kg인 충전용기 - 적재 충전용기 3개
③ 충전량이 20kg인 충전용기 - 적재 충전용기 3개
④ 충전량이 20kg인 충전용기 - 적재 충전용기 4개

[해설] 오토바이 적재 운반시
충전량 10kg~20kg 이하 충전용기 : 적재 충전용기 2개

[★★]
150. 일반도시가스 공급시설의 시설기준으로 틀린 것은?

① 가스공급 시설을 설치한 곳에는 누출된 가스가 머물지 아니하도록 환기설비를 설치한다.
② 공동구 안에는 환기장치를 설치하며 전기설비가 있는 공동구에는 그 전기설비를 방폭구조로 한다.
③ 저장탱크의 안전장치인 안전밸브나 파열판에는 가스 방출관을 설치한다.
④ 저장탱크의 안전밸브는 다이어프램식 안전밸브로 한다.

[해설] 일반 도시가스 공급시설 기준
• 가스공급 시설 : 누출된 가스가 머물지 아니하도록 환기설비 설치
• 공동구 안에 환기장치 설치
전기설비가 있는 공동구 - 방폭구조
• 안전밸브, 파열판에는 가스 방출관 설치
• 안전밸브 형식 : 스프링식 안전밸브

[동]
151. 도시가스의 배관에 표시하여야 할 사항이 아닌 것은?

① 사용가스명 ② 최고사용압력
③ 가스의 흐름방향 ④ 가스공급자명

[해설] 1. 지상배관 표시사항 : 사용가스명, 최고사용압력, 가스의 흐름방향
2. 보호포 표시사항 : 사용가스명, 최고사용압력, 공급자명(주의)

[★★] KGS(별표 10번 규정)
152. 고압가스용 재충전금지 용기는 안전성 및 호환성을 확보하기 위하여 일정 치수를 갖는 것으로 하여야 한다. 이에 대한 설명 중 틀린 것은?

① 납붙임 부분은 용기 몸체 두께의 4배 이상의 길이로 한다.
② 최고충전압력(MPa)의 수치와 내용적(L)의 수치와의 곱이 100 이하로 한다.
③ 최고충전압력이 35.5MPa 이하이고 내용적이 20L 이하로 한다.
④ 최고충전압력이 3.5MPa 이상인 경우에는 내용적이 5리터 이하로 한다.

[해설] ③ 22.5MPa 이하, 내용적 25L 이하이다.
TIP 225/25

[★]
153. 흡수식 냉동설비의 냉동능력 정의로 올바른 것은?

① 발생기를 가열하는 1시간의 입열량 3천 320kcal를 1일의 냉동능력 1톤으로 본다.
② 발생기를 가열하는 1시간의 입열량 6천 640kcal를 1일의 냉동능력 1톤으로 본다.

147. ④ 148. ② 149. ① 150. ④ 151. ④ 152. ③

③ 발생기를 가열하는 24시간의 입열량 3천 320kcal를 1일의 냉동능력 1톤으로 본다.
④ 발생기를 가열하는 24시간의 입열량 6천 640kcal를 1일의 냉동능력 1톤으로 본다.

[해설] **냉동설비 냉동능력**

흡수식 발생기를 가열하는 1시간의 입열량 6,640kcal를 1일의 냉동능력 1톤으로 본다.

흡수식 = 일반(3,320)×2 = 6,640

> 1RT = 0℃ 물 1,000kg을 24hr 안에 0℃ 얼음으로 제거해야 할 열량
> $1,000kg \times 79.68 kcal/kg = 79,680 kcal/24hr$
> $= 3,320 (kcal/h)$

[★★★]

154. 고압가스 일반제조시설에서 아세틸렌가스를 용기에 충전하는 경우에 방호벽을 설치하지 않아도 되는 곳은?

① 압축기와 유분리기와 고압건조기 사이
② 압축기와 아세틸렌가스 충전장소 사이
③ 압축기와 아세틸렌가스 충전용기 보관장소 사이
④ 충전장소와 아세틸렌 충전용주관밸브 조작밸브 사이

[해설] ①은 역류방지장치
역화방지 : 자동, 중지, 교체, 수소염 등

[★]

155. 습식아세틸렌발생기의 표면온도는 몇 ℃ 이하를 유지하여야 하는가?

① 70   ② 90
③ 100   ④ 110

[해설] TIP 방수제는 칠(7)만 (표)

[★★]

156. 특정설비 재검사 면제대상이 아닌 것은?

① 차량에 고정된 탱크
② 초저온 압력용기
③ 역화방지장치
④ 독성가스배관용 밸브

[해설] [★] **특정설비 재검사 대상**

특정 설비 종류	재검사 주기		
	제조 후 경과 년수		
	15년 미만	15년 이상 20년 미만	20년 이상
차량에 고정된 탱크	5년 마다	2년 마다	1년 마다
저장 탱크	5년마다. 다만, 재검사에 불합격되어 수리한 것은 3년마다, 다른 장소로 이동하여 설치한 저장탱크(액화석유가스의 안전 및 사업관리법 시행규칙 제2조, 제1항 제3호에 의한 소형저장탱크를 제외한다.)는 이동하여 설치할 때마다		
안전밸브 및 긴급차단장치	검사 후 2년을 경과하여 당해 안전밸브 또는 긴급차단밸브가 설치된 저장탱크 또는 차량에 고정된 탱크의 재검사시 마다		
기화장치	저장탱크와 함께 설치된 것	검사 후 2년을 경과하여 당해 탱크의 재검사시 마다	
	저장탱크가 없는 곳에 설치된 것	3년마다	
	설치되지 않은 곳	2년마다	
압력용기	4년마다. 산업통상자원부장관이 정하여 고시하는 기간마다		

[★]

157. 액화석유가스 사용시설에서 저장능력 2톤인 경우 저장설비가 화기 취급장소와 유지하여야 하는 우회 거리는 얼마 이상이어야 하는가?

① 2m   ② 3m
③ 5m   ④ 8m

[해설] 저장능력 1t 미만인 경우 화기 취급장소와 유지하여야 하는 우회거리 : 2m
저장능력 1~3t 미만인 경우 : 5m ★
3t 이상인 경우 : 8m

[★★★]

158. 고압가스 운반책임자를 꼭 동승하여야 하는 경우로서 틀린 것은?

① 압축가스인 수소 500㎥를 적재하여 운반할 경우
② 압축가스인 산소 800㎥를 적재하여 운반할 경우
③ 액화석유가스를 충전한 납붙임용기 1,000kg을 적재하여 운반할 경우

④ 액화석유가스를 충전한 탱크로리로서 3,000kg을 적재하여 운반할 경우

[해설] ③은 3,000kg 이상시 동승하여야 함

[★]
159. 고압가스 충전용기의 운반기준으로 틀린 것은?

① 충전용기를 차량에 적재하여 운반할 때는 붉은 글씨로 "위험고압가스"라는 경계표시를 할 것
② 운반 중의 충전용기는 항상 50℃ 이하로 유지할 것
③ 하역 작업 시에는 완충판 위에서 취급하며 이를 항상 차량에 비치할 것
④ 충격을 방지하기 위하여 로프 등으로 결속할 것

[해설] ②의 온도는 40℃ 이하 유지

[★]
160. 도시가스의 유해성분 측정 대상이 아닌 것은?

① 황   ② 황화수소
③ 이산화탄소   ④ 암모니아

[해설] 도시가스 유해성분 측정검출가스 합격기준
황 : 30mg 이하
황화수소 : 1mg
암모니아 : 검출×
할로겐·실록산 : 10mg

[★★]
161. 고압가스안전관리법의 적용을 받는 가스는?

① 철도차량의 에어컨디셔너 안의 고압가스
② 냉동능력 3톤 미만인 냉동설비 안의 고압가스
③ 용접용 아세틸렌가스
④ 액화브롬화메탄 제조설비 외에 있는 액화브롬화메탄

[해설] ①은 철도법 적용
②는 3t 이상시 고압가스 안전관리법 적용
④는 L-CH_3Br은 적용하나 그 외 CH_3Br은 적용하지 않는다.

[★★]
162. 다음 중 동일차량에 적재하여 운반할 수 없는 경우는?

① 산소와 질소
② 질소와 탄산가스
③ 탄산가스와 아세틸렌
④ 염소와 아세틸렌

[해설] 염소와 아세틸렌(암모니아, 수소 포함)가스는 동일차량에 운반하지 말 것

[★★]
163. 가연성가스라 함은 공기 중에서 연소하는 가스로서 폭발한계의 하한과 폭발한계의 상한을 규정하고 있다. 하한값으로 옳은 것은?

① 10퍼센트 이하   ② 20퍼센트 이하
③ 10퍼센트 이상   ④ 20퍼센트 이상

[동]
164. 고압가스 배관에서 상용압력이 0.2MPa 이상 1MPa 미만인 경우 공지의 폭은 얼마로 정해져 있는가? (단, 전용 공업지역 이외의 경우이다.)

① 3m 이상   ② 5m 이상
③ 9m 이상   ④ 15m 이상

[해설] 공지의 폭
상용압력   1MPa 이상 : 15m 이상
0.2MPa 이상~1MPa 미만 : 9m 이상
상용압력   0.2MPa 미만 : 5m 이상

[★]
165. 액화석유가스(LPG)의 기화장치의 액유출방지장치와 관련한 설명으로 틀린 것은?

① 액유출방지장치 작동여부는 기화장치의 압력계로 확인이 가능하다.
② 액유출 현상의 발생이 감지되면 신속히 기화장치의 입구밸브를 잠가 더 이상의 액상가스 유입을 막아야 한다.
③ 액유출 현상이 발생되면 대부분 조정기 전단에서 결로현상이나 성애가 끼는 현상이 발생한다.
④ 액유출 현상이 발생하면 액 팽창에 의해 조정기 및 계량기가 파손될 수 있다.

[해설] **LPG 기화장치 – 액유출 방지장치**
① 작동 여부 : 기화장치의 압력계로 확인가능
② 액유출 현상 발생 감지시 : 기화장치 입구 차단
③ 열교환기 전단에서 결로현상이나 성애가 발생
④ 액유출 현상 발생 시 액팽창으로 조정기 및 계량기 파손 우려

[★]
166. 부탄가스용 연소기의 명판에 기재할 사항이 아닌 것은?

① 연소기명　　② 제조자의 형식 호칭
③ 연소기 재질명　④ 제조(로트)번호

[해설] **부탄가스 연소기 명판 기재사항**
① 연소기명
② 제조자의 형식 호칭
③ 제조기 로트 번호
※ 연소기 재질명은 해당사항 없음

[동]
167. 아황산가스의 제독제로 갖추어야 할 것이 아닌 것은?

① 가성소다수용액　② 소석회
③ 탄산소다수용액　④ 물

[★]
168. 수소 취급 시 주의사항 중 옳지 않은 것은?

① 수소용기의 안전밸브는 가용전식과 파열판식을 병용한다.
② 용기밸브는 오른나사이다.
③ 수소 가스는 피로카롤 시약을 사용한 오르자트법에 의한 시험법에서 순도가 98.5% 이상이어야 한다.
④ 공업용 용기 도색은 주황색이고, "연"자 표시는 백색이다.

[해설] **수소 취급시 주의사항**
① 안전밸브 : 가용전식, 파열판식 병용
② 용기밸브 : 왼나사(가연성 가스)
③ 피로카롤 시약, 오르자트법 수소 98.5% 이상
④ 공업용 용기 : 주황색, "연" 표시는 백색
※ 왼나사 예외규정(NH_3, CH_3Br은 오른나사)

[★]
169. 고압가스배관을 지하에 매설하는 경우의 설치기준으로 틀린 것은?

① 배관은 건축물과는 1.5m, 지하도로 및 터널과는 10m 이상의 거리를 유지한다.
② 독성가스의 배관은 그 가스가 혼입될 우려가 있는 수도시설과는 300m 이상의 거리를 유지한다.
③ 배관은 그 외면으로부터 지하의 다른 시설물과 0.3m 이상의 거리를 유지한다.
④ 지표면으로부터 배관의 외면까지 매설깊이는 산이나 들에서는 1.2m 이상, 그 밖의 지역에서는 1.0m 이상으로 한다.

[해설] **배관 : 고압가스배관(지하)**
① 건축물과 1.5m, 지하도로 밑 터널은 10m 이상 거리유지
② 독성가스 배관~수도시설은 300m 이상 거리유지
③ 지하의 다른 시설과는 0.3m 이상 거리유지
④ 매설깊이
　– 산·들 : 1m 이상
　– 그 밖의 지역 : 1.2m 이상

[★★] 주의문제
170. 고압가스에 대한 사고예방설비기준으로 옳지 않은 것은?

① 가연성가스의 가스설비 중 전기설비는 그 설치장소 및 그 가스의 종류에 따라 적절한 방폭성능을 가지는 것일 것
② 고압가스설비에는 그 설비안의 압력이 내압압력을 초과하는 경우 즉시 그 압력을 내압압력 이하로 되돌릴 수 있는 안전장치를 설치하는 등 필요한 조치를 할 것
③ 폭발 등의 위해가 발생할 가능성이 큰 특수반응설비에는 그 위해의 발생을 방지하기 위하여 내부반응 감시설비 및 위험사태발생 방지설비의 설치 등 필요한 조치를 할 것
④ 저장탱크 및 배관에는 그 저장탱크 및 배관이 부식되는 것을 방지하기 위하여 필요한 조치를 할 것

[해설] **사고예방설비 기준**
- 전기설비 – 설치장소 및 가스의 종류에 따라 적절한 방폭성능을 가질 것
- 내부 반응 감시설비, 위험사태 발생 방지설비 설치
- 부식 방지 조치
- 안전 밸브 작동 압력은(설계압력 ~ 내압시험압력TP) × $\frac{8}{10}$ 이하

정답　166. ③　167. ②　168. ②　169. ④　170. ②

②는 상용압력기준이다. 내압시험압력은 해당하지 아니한다.

[★★]
171. 도시가스 사업소 내에서 긴급사태 발생 시 필요한 연락을 신속히 할 수 있도록 통신시설을 갖추어야 한다. 이 때 인터폰을 설치하는 경우의 통신범위는 무엇인가?

① 안전관리자가 상주하는 사업소와 현장 사업소와의 사이
② 사업소 내 전체
③ 종업원 상호간
④ 사업소 책임자와 종업원 상호간

[해설] 통신시설

	사업소-현장	사업소 전체	종업원 간
구내전화	O	사이렌	트란시버
구내방송	O	O	
페이징설비	O	O	O
인터폰	O		
휴대용 확성기		O	O
메가폰		O	O

[★]
172. 고압가스용기의 안전점검 기준에 해당되지 않는 것은?

① 용기의 부식, 도색 및 표시 확인
② 용기의 캡이 씌워져 있거나 프로텍터의 부착여부 확인
③ 재검사기간의 도래여부 확인
④ 용기의 누출을 성냥불로 확인

[★★★]
173. 일반도시가스 사업자 정압기의 분해점검 실시 주기는?

① 3개월에 1회 이상   ② 6개월에 1회 이상
③ 1년에 1회 이상   ④ 2년에 1회 이상

[★]
174. 고압가스판매자가 실시하는 용기의 안전점검 및 유지관리의 기준으로 틀린 것은?

① 용기 아랫부분의 부식상태를 확인할 것
② 완성검사 도래 여부를 확인할 것
③ 밸브의 그랜드너트가 고정핀으로 이탈방지를 위한 조치가 되어 있는지의 여부를 확인할 것
④ 용기캡이 씌워져 있거나 프로텍터가 부착되어 있는지의 여부를 확인할 것

[해설] (고압가스 판매자) 용기 안전점검, 유지관리
1. 용기 아래부분 부식 상태 확인
2. 밸브의 그랜드너트가 고정판으로 이탈 방지를 위한 조치가 되어 있는지 여부 확인
3. 용기탭, 프로텍터 부착 여부 확인
4. 재검사 도래 여부 확인(완성검사 X)

[★★]
175. 가연성가스의 제조설비 중 전기설비는 방폭성능을 가진 구조로 하여야 한다. 이에 해당되지 않는 가스는?

① 수소   ② 프로판
③ 일산화탄소   ④ 암모니아

[해설] 방폭성능구조가 필요하지 않는 가스
NH_3, CH_3Br, 자연발화하는 가스이다.

[동]
176. 공기액화분리장치에서의 액화산소통 내의 액화산소 5L 중 아세틸렌의 질량이 얼마를 초과할 때 폭발방지를 위하여 운전을 중지하고 액화산소를 방출시켜야 하는가?

① 0.1mg   ② 5mg
③ 50mg   ④ 500mg

[해설] 공기 액화 분리장치 운전중지 후 액산방출(불순물 유입 금지)
액상 산소 5L 중 C_2H_2 5mg 넘고
C_mH_n 중 C_m 탄소수가 500mg 이상시 ⟩액산 방출

[★★★, 동]
177. 가연성가스를 취급하는 장소에는 누출된 가스의 폭발사고를 방지하기 위하여 전기설비를 방폭구조로 한다. 다음 중 방폭구조가 아닌 것은?

① 안전증 방폭구조   ② 내열 방폭구조
③ 압력 방폭구조   ④ 내압 방폭구조

171. ① 172. ④ 173. ④ 174. ② 175. ④ 176. ② 177. ②

해설 ①, ③, ④ 외 유입방폭구조, 본질안전구조, 특수방폭구조가 있다.

[★]
178. 용기 파열사고의 원인으로 가장 거리가 먼 것은?

① 용기의 내압력 부족
② 용기 내압의 상승
③ 용기 내에서 폭발성 혼합가스에 의한 발화
④ 안전밸브의 작동

[★★] KGS
179. 고압가스시설의 가스누출검지경보장치 중 검지부 설치수량의 기준으로 틀린 것은?

① 건축물 내에 설치되어 있는 압축기, 펌프 및 열교환기 등 고압가스설비군의 바닥면 둘레가 22m인 시설에 검지부 2개 설치
② 에틸렌제조시설의 아세틸렌 수첨탑으로서 그 주위에 누출한 가스가 체류하기 쉬운 장소의 바닥면 둘레가 30m인 경우에 검지부 3개 설치
③ 가열로가 있는 제조설비의 주위에 가스가 체류하기 쉬운 장소의 바닥면 둘레가 18m인 경우에 검지부 1개 설치
④ 염소충전용 접속구 군의 주위에 검지부 2개 설치

해설 건축물 내는 10m마다, 건축물 외는 20m마다 이므로
①은 $\frac{22}{10}=2.2$개 ≒ 3개

[동]
180. 액화석유가스의 사용시설 중 관경이 33mm 이상의 배관은 몇 m 마다 고정·부착하는 조치를 하여야 하는가?

① 1
② 2
③ 3
④ 4

해설 배관고정대 설치 기준
· 관경   13mm 미만 : 1m 마다
· 관경 13 ~ 33mm 미만 : 2m 마다
· 관경   33mm 이상 : 3m 마다

[★]
181. 차량에 고정된 탱크 중 독성가스는 내용적을 얼마 이하로 하여야 하는가?

① 12,000L
② 15,000L
③ 16,000L
④ 18,000L

[★★★, 동]
182. 산소 압축기의 내부 윤활유로 사용되는 것은?

① 디젤엔진유
② 진한 황산
③ 양질의 광유
④ 물 또는 10% 묽은 글리세린수

[★★]
183. 플레어스택에 대한 설명으로 틀린 것은?

① 플레어스택에서 발생하는 복사열이 다른 제조시설에 나쁜 영향을 미치지 아니하도록 안전한 높이 및 위치에 설치한다.
② 플레어스택에서 발생하는 최대열량에 장시간 견딜 수 있는 재료 및 구조로 되어 있는 것으로 한다.
③ 파이롯트버너를 항상 점화하여 두는 등 플레어스택에 관련된 폭발을 방지하기 위한 조치가 되어 있는 것으로 한다.
④ 특수반응설비 또는 이와 유사한 고압가스설비에는 그 특수반응설비 또는 고압가스설비마다 설치한다.

해설 [플레어스택]
① 플레어스택에서 발생하는 복사열이 다른 제조시설에 나쁜 영향을 미치지 아니하도록 안전한 높이, 위치에 설치 (지표면 복사열 4,000kcal/m² · h 이하)
② 최대 열량에 장시간 견딜 수 있는 재료 및 구조로 되어 있는 것으로 한다.
③ 파이롯트 버너를 항상 점화 : 긴급 이송설비에 의하여 이송되는 가스를 안전하게 연소시킬 수 있는 구조
④ 긴급 차단장치 : 특수 반응 설비 또는 이와 유사한 고압가스 설비에는 그 특수반응 설비 또는 고압가스 설비마다 설치

정답 178. ④ 179. ① 180. ③ 181. ① 182. ④ 183. ④

[★]
184. 고압가스 용기보관의 기준에 대한 설명으로 틀린 것은?

① 용기보관장소 주위 2m 이내에는 화기를 두지 말 것
② 가연성가스·독성가스 및 산소의 용기는 각각 구분하여 용기보관장소에 놓을 것
③ 가연성가스를 저장하는 곳에는 방폭형 휴대용 손전등 외의 등화를 휴대하지 말 것
④ 충전용기와 잔가스용기는 서로 단단히 결속하여 넘어지지 않도록 할 것

[해설] 충전용기와 잔가스용기는 구분하여 보관할 것

[★]
185. LPG를 수송할 때의 주의사항으로 틀린 것은?

① 운전 중이나 정차 중에도 허가된 장소를 제외하고는 담배를 피워서는 안 된다.
② 운전자는 운전기술 외에 LPG의 취급 및 소화기 사용 등에 관한 지식을 가져야 한다.
③ 누출됨을 알았을 때는 가까운 경찰서, 소방서까지 직접 운행하여 알린다.
④ 주차할 때는 안전한 장소에 주차하며, 운반책임자와 운전자는 동시에 차량에서 이탈하지 않는다.

[해설] 누출가스 인지시 즉시 가까운 경찰서, 소방서, 가스안전공사에 사고내용, 피해사항 등을 신고

[★]
186. 다음 중 용기보관 장소에 대한 설명으로 틀린 것은?

① 용기보관소 경계표지는 해당 용기보관소 또는 보관실의 출입구 등 외부로부터 보기 쉬운 곳에 게시한다.
② 수소용기보관 장소에는 겨울철 실내온도가 내려가므로 상부의 통풍구를 막아야 한다.
③ 용기보관장소에는 계량기 등 작업에 필요한 물건 외에는 두지 않는다.
④ 가연성가스와 산소의 용기는 각각 구분하여 용기보관장소에 놓는다.

[해설] 용기보관 장소에는 겨울철 실내온도가 내려가더라도 상부의 통풍구는 개방상태일 것

[★★★]
187. 고압가스안전관리법의 적용을 받는 고압가스의 종류 및 범위로서 틀린 것은?

① 상용의 온도에서 압력이 1MPa 이상이 되는 압축가스
② 섭씨 35℃의 온도에서 압력이 0Pa를 초과하는 아세틸렌 가스
③ 상용의 온도에서 압력이 0.2MPa 이상이 되는 액화가스
④ 섭씨 35℃의 온도에서 압력이 0Pa을 초과하는 액화가스 중 액화시안화수소

[해설] 섭씨 15℃의 온도에서 압력이 0Pa·g를 초과하는 아세틸렌가스

[★]
188. 액화석유가스를 충전하는 충전용 주관의 압력계는 국가표준기본법에 의한 교정을 받은 압력계로 몇 개월마다 한번 이상 그 기능을 검사하여야 하는가?

① 1개월   ② 2개월
③ 3개월   ④ 6개월

[해설] 압력계 기능 검사
• 충전용 주관의 압력계 : 1개월 1회
• 그 외의 압력계 : 3개월 1회

[★★]
189. 다음 중 가연성이며, 독성인 가스는?

① 아세틸렌, 프로판   ② 아황산가스, 포스겐
③ 수소, 이산화탄소   ④ 암모니아, 산화에틸렌

[해설] 가연성이면서 독성이 강한 가스 순서(일명: 독, 가)
이황화탄소, 황화수소, 시안화수소, 브롬화메탄, 산화에틸렌, 염화메탄, 일산화탄소, 암모니아

[★★★]

190. 저장설비나 가스설비를 수리 또는 청소할 때 가스치환작업을 생략할 수 있는 경우가 아닌 것은?

① 가스설비의 내용적이 2㎥ 이하일 경우
② 작업원이 설비 내부로 들어가지 않고 작업할 경우
③ 출입구의 밸브가 확실하게 폐지되어 있고 내용적이 5㎥ 이상의 가스설비에 이르는 사이에 2개 이상의 밸브를 설치한 경우
④ 설비의 간단한 청소, 가스켓의 교환이나 이와 유사한 경미한 작업일 경우

해설 가스 치환 작업 생략이 가능한 경우
① 내용적 1m3 이하인 경우
② 사람이 설비 밖에서 작업시
③ 화기를 사용하지 않는 작업시
④ 경미한 작업시(간단한 청소, 가스켓 교환 등)
⑤ 출입구 밸브가 확실히 폐지되어 있고 내용적이 $5m^3$ 이상의 가스설비에 이르는 사이에 2개 이상의 밸브를 설치한 것

[★]

191. 시안화수소의 충전시 사용되는 안정제가 아닌 것은?

① 암모니아   ② 황산
③ 염화칼슘   ④ 인산

해설 안정제의 종류
동, 동망 / 인, 인산, 오산화인 / 황산, 아황산 / 염화칼슘

[★]

192. 특정고압가스 사용시설의 시설기준 및 기술기준으로 틀린 것은?

① 저장시설의 주위에는 보기 쉽게 경계표지를 할 것
② 가스설비에는 그 설비의 안전을 확보하기 위하여 습기 등으로 인한 부식방지조치를 할 것
③ 독성가스의 감압설비와 그 가스의 반응설비간의 배관에는 일류방지장치를 할 것
④ 고압가스의 저장량이 300kg 이상인 용기 보관실의 벽은 방호벽으로 할 것

해설 ③은 역류방지장치의 설치기준 설명

[★]

193. 발열량이 9,500kcal/m³이고 가스비중이 0.65인(공기 1) 가스의 웨버지수는 약 얼마인가?

① 6,175   ② 9,500
③ 11,780   ④ 14,615

해설 $WZ = \dfrac{Hg}{\sqrt{d}} = \dfrac{9,500}{\sqrt{0.65}} = 11,780$

[동]

194. 액화가스를 충전하는 탱크는 그 내부에 액면요동을 방지하기 위하여 무엇을 설치하여야 하는가?

① 방파판   ② 안전밸브
③ 액면계   ④ 긴급차단장치

가스안전관리법 과년도 기출문제 2

[★]
195. 공기 중에서 폭발범위가 가장 넓은 가스는?

① C_2H_4O ② CH_4
③ C_2H_4 ④ C_2H_8

[해설] ① 3~80%, ② 5~15%, ③ 2.7~36%, ④ ×

[동]
196. 아세틸렌을 용기에 충전 시 미리 용기에 다공물질을 채우는데 이때 다공도의 기준은?

① 75% 이상, 92% 미만
② 80% 이상, 95% 미만
③ 95% 이상
④ 98% 이상

[★★★]
197. 초저온 용기의 단열성능 시험에 있어 침입열량 계산식은 다음과 같이 구해진다. 여기서 "q"가 의미하는 것은?

$$Q = \frac{W \cdot q}{V \cdot H \cdot \Delta t}$$

① 침입열량 ② 측정시간
③ 기화된 가스량 ④ 시험용 가스의 기화잠열

[해설] 초저온 용기 단열성능시험 침입열량

$$Q = \frac{W \cdot q}{V \cdot H \cdot \Delta t}$$

여기서, Q : [kcal/h·℃·L]
W : 기화된 가스량[kg]
q : 시험용 가스의 기화잠열[kcal/kg]
H : [h]
V : [L]
Δt : 시험용 가스의 비점과 대기온도의 온도차
$L-O_2$ $-183℃$
$L-A_r$ $-186℃$
$L-N_2$ $-196℃$

[★]
198. "설비가 잘못 조작되거나 정상적인 제조를 할 수 없는 경우 자동으로 원재료의 공급을 차단시키는 등 고압가스 제조설비 안의 제조를 제어하는 기능을 한다." 이는 어떤 안전설비에 대한 설명인가?

① 안전밸브 ② 긴급차단장치
③ 인터록기구 ④ 벤트스택

[★★★]
199. 용기의 설계단계 검사 항목이 아닌 것은?

① 단열성능 ② 내압성능
③ 작동성능 ④ 용접부의 기계적 성능

[해설] 용기의 설계단계 검사 항목 (TIP) (설) 단내 외재 파기)
단열성능, 내압성능, 외관검사, 재료검사, 파열검사, 기밀시험이다.

[★★★]
200. 조정압력이 3.3kPa 이하인 LP 가스용 조정기 안전장치의 작동정지 압력은?

① 5.04~7.0kPa ② 5.60~7.0kPa
③ 5.04~8.4kPa ④ 5.60~8.4kPa

[해설] ③은 정지압력, ④는 개시압력이다.

[★★]
201. LPG 사용시설의 고압배관에서 이상 압력 상승 시 압력을 방출할 수 있는 안전장치를 설치하여야 하는 저장능력의 기준은?

① 100kg 이상 ② 150kg 이상
③ 200kg 이상 ④ 250kg 이상

[해설] [참고] 특정설비일 경우 300kg 이상
안 25(LPG 안전밸브) (TIP) 안이요!

195. ① 196. ① 197. ④ 198. ③ 199. ③ 200. ③ 201. ④

[★]
202. 고압가스 판매소의 시설기준에 대한 설명으로 틀린 것은?

① 충전용기의 보관실은 불연재료를 사용한다.
② 가연성가스·산소 및 독성가스의 저장실은 각각 구분하여 보관한다.
③ 용기보관실 및 사무실은 동일 부지 안에 설치하지 않는다.
④ 산소, 독성가스 또는 가연성가스를 보관하는 용기보관실의 면적은 각 고압가스별로 10㎡ 이상으로 한다.

[해설] 용기보관실과 사무실은 동일 부지 안에 설치하여야 한다.

[★]
203. 차량에 고정된 탱크운반차량에서 돌출부속품의 보호조치에 대한 설명으로 틀린 것은?

① 후부취출식 탱크의 주밸브는 차량의 뒷범퍼와의 수평거리가 30㎝ 이상 떨어져 있어야 한다.
② 부속품이 돌출된 탱크는 그 부속품의 손상으로 가스가 누출되는 것을 방지하는 조치를 하여야 한다.
③ 탱크주밸브와 긴급차단장치에 속하는 밸브를 조작상자 내에 설치한 경우 조작상자와 차량의 뒷범퍼와의 수평거리는 20㎝ 이상 떨어져 있어야 한다.
④ 탱크주밸브 및 긴급차단장치에 속하는 부속품이 돌출된 저장탱크는 그 부속품을 차량의 좌측면이 아닌 곳에 설치한 단단한 조작상자 내에 설치하여야 한다.

[해설] 차량에 고정된 탱크 운반 차량 돌출부 부속품의 보호조치
- 주밸브~후범퍼 40cm 이상   주사(4)
- 조작상자~후범퍼 20cm 이상   상투(2)
- 탱크 주밸브, 긴급차단장치 : 차량 좌측면이 아닌 곳

[★★]
204. 고압가스 일반제조시설의 밸브가 돌출한 충전용기에서 고압가스를 충전한 후 넘어짐 방지조치를 하지 않아도 되는 용량의 기준은 내용적이 몇 L 미만일 때인가?

① 5   ② 10
③ 20   ④ 50

[해설] 밸브가 돌출한 충전용기는 넘어짐 방지 조치를 하여야 한다. 즉 5L 경우 조치(단, 5L 미만의 용기는 제외한다)

[★★★]
205. LPG 충전·집단공급 저장시설의 공기에 의한 내압시험 시 상용압력의 일정 압력 이상으로 승압한 후 단계적으로 승압시킬 때, 상용압력의 몇 %씩 증가시켜 내압시험압력에 달하였을 때 이상이 없어야 하는가?

① 5   ② 10
③ 15   ④ 20

[해설] LPG 충전·집단공급 저장시설의 공기에 의한 내압 시험 시 처음에 상용압력의 50% 이상으로 승압한 후 단계적으로 10%씩 승압시킨다.

[동]
206. 액화석유가스(LPG) 이송방법과 관련이 먼 것은?

① 압력차에 의한 방법   ② 온도차에 의한 방법
③ 펌프에 의한 방법   ④ 압축기에 의한 방법

[★]
207. 고압가스 용기 보관실에 충전 용기를 보관할 때의 기준으로 틀린 것은?

① 충전 용기와 잔가스 용기는 각각 구분하여 용기보관 장소에 놓는다.
② 용기보관 장소의 주위 5㎝ 이내에는 화기 또는 인화성 물질이나 발화성 물질을 두지 아니한다.
③ 충전 용기는 항상 40℃ 이하의 온도를 유지하고, 직사광선을 받지 않도록 조치한다.
④ 가연성가스 용기보관 장소에는 방폭형 휴대용 손전등 외의 등화를 휴대하고 들어가지 아니한다.

[해설] ②는 2m 이내 화기 금지

[★]
208. 충전 용기를 차량에 적재하여 운반하는 도중에 주차하고자 할 때의 주의사항으로 옳지 않은 것은?

① 충전 용기를 적재한 차량은 제1종 보호시설로부터 15m 이상 떨어지고, 제2종 보호시설이 밀집된 지역은 가능한 한 피한다.

② 주차 시에는 엔진을 정지시킨 후 주차브레이크를 걸어 놓는다.
③ 주차를 하고자 하는 주위의 교통상황·지형조건·화기 등을 고려하여 안전한 장소를 택하여 주차한다.
④ 주차 시에는 긴급한 사태에 대비하여 바퀴 고정목을 사용하지 않는다.

[해설] 차량주차 시에는 내용적 5,000L 이상인 경우 바퀴 고정목을 사용한다.
긴급한 사태와는 무관하다.

[★★] KGS
209. 다음 중 지진감지장치를 반드시 설치하여야 하는 도시가스 시설은?

① 가스도매사업자 인수기지
② 가스도매사업자 정압기지
③ 일반도시가스사업자 제조소
④ 일반도시가스사업자 정압기

[해설] 지진감지장치(KGS FS452.2010) 1.3.9
가스도매사업자 정압기지 배관 등에 반드시 설치(가속계, 속도계 및 SI(spectrum intensity)센서 등)

[★★]
210. 도시가스 공급시설 중 저장탱크 주위의 온도상승방지를 위하여 설치하는 고정식 물분무장치의 단위면적당 방사 능력의 기준은? (단, 단열재를 피복한 준내화구조 저장탱크가 아니다.)

① 2.5L/분·㎡ 이상
② 5L/분·㎡ 이상
③ 7.5L/분·㎡ 이상
④ 10L/분·㎡ 이상

[해설] [참조] 단열재를 피복한 준내화구조 저장탱크인 경우는 2.5L/분·㎡ 이상

[★★★]
211. 고압가스 저장탱크 및 처리설비에 대한 설명으로 틀린 것은?

① 가연성 저장탱크를 2개 이상 인접 설치 시에는 0.5m 이상의 거리를 유지한다.
② 지면으로부터 매설된 저장탱크 정상부까지의 깊이는 60㎝ 이상으로 한다.
③ 저장탱크를 매설한 곳의 주위에는 지상에 경계표지를 한다.
④ 독성가스 저장탱크실과 처리설비실에는 가스누출검지 경보장치를 설치한다.

[해설] ① 탱크 직경의 합이 1/4 이상 유지하고 합이 1m 미만시 1m 이상 거리유지한다.

[동]
212. 액화석유가스 판매업소의 충전용기 보관실에 강제통풍장치 설치 시 통풍능력의 기준은?

① 바닥면적 1㎡당 0.5㎥/분 이상
② 바닥면적 1㎡당 1.0㎥/분 이상
③ 바닥면적 1㎡당 1.5㎥/분 이상
④ 바닥면적 1㎡당 2.0㎥/분 이상

[★]
213. 다음 중 사용신고를 하여야 하는 특정고압가스에 해당하지 않는 것은?

① 게르만
② 삼불화질소
③ 사불화규소
④ 오불화붕소

[해설] 특정 가스 종류
- (법에서 정한 가스-법 제20조) : 산소, 수소, 아세틸렌, 액화암모니아, 액화염소, 천연가스, 압축모노실란(SiH_4), 압축디브레인(B_2H_6), 액화알진(AsH_3), 포스핀(PH_3), 셀렌화수소(H_2Se), 게르만(GeH_4), 디실란(Si_2H_6)
- (대통령령으로 정한 가스) : 포스핀(PH_3), 셀렌화수소(H_2Se), 게르만(GeH_4), 디실란(Si_2H_6), 삼불화인, 삼불화붕소, 삼불화질소, 사불화유황, 사불화규소, 오불화비소, 오불화인
- (특수고압 가스) : 압축모노실란(SiH_4), 압축디브레인(B_2H_6), 액화알진(AsH_3), 포스핀(PH_3), 셀렌화수소(H_2Se), 게르만(GeH_4), 디실란(Si_2H_6)

[★★★]
214. 도시가스시설의 설치공사 또는 변경공사를 하는 때에 이루어지는 전공정 시공감리 대상은?

① 도시가스사업자외의 가스공급시설 설치자의 배관 설치공사
② 가스도매사업자의 가스공급시설 설치공사
③ 일반도시가스사업자의 정압기 설치공사
④ 일반도시가스사업자의 제조소 설치공사

해설 전공정 시공감리 대상공정(규칙 제53조 제3항, KGS GC252, 2018)
① 일반도시가스사업자 및 일반도시가스사업자 외의 가스공급시설 설치자의 배관공사(부속설비포함)
② 나프타부생가스, 바이오가스제조사업자 및 합성천연가스 제조사업자의 배관(부속시설포함) 2017.1.9. 신설

[★★★]
215. 도시가스 사용시설인 배관의 내용적이 10L 초과 50L 이하일 때 기밀시험압력 유지시간은 얼마인가?

① 5분 이상   ② 10분 이상
③ 24분 이상 ④ 30분 이상

해설 기밀시험압력(도시가스 사용시설 : 자기압력계 사용)
공기 또는 불활성 기체 8.4kPa 이상

배관 내 총 용량(L)	입력유지시간(분)
10 이하	5
10 초과~50 이하	10
50 초과~$1m^3$ 이하	24
1 초과~$10m^3$ 이하	240
$10m^3$ 초과	24×V분

[★★★] KGS
216. 다음 굴착공사 중 굴착공사를 하기 전에 도시가스사업자와 협의를 하여야 하는 것은?

① 굴착공사 예정지역 범위에 묻혀 있는 도시가스배관의 길이가 110m인 굴착공사
② 굴착공사 예정지역 범위에 묻혀 있는 송유관의 길이가 200m인 굴착공사
③ 해당 굴착공사로 인하여 압력이 3.2kPa인 도시가스배관의 길이가 30m 노출될 것으로 예상되는 굴착공사
④ 해당 굴착공사로 인하여 압력이 0.8MPa인 도시가스배관의 길이가 8m 노출될 것으로 예상되는 굴착공사

해설 굴착공사시 도시가스사업자와 협의사항(굴착공사 정보지원센터 : EOCS)
• 도시가스 배관의 길이가 100m 이상 시
• 최고사용압력이 0.01MPa 이상인 도시가스배관의 길이가 10m 노출될 것으로 예상되는 굴착공사

[★★★]
217. 다음 중 산소 없이 분해폭발을 일으키는 물질이 아닌 것은?

① 아세틸렌   ② 히드라진
③ 산화에틸렌 ④ 시안화수소

[★★★]
218. 아세틸렌을 용기에 충전할 때에는 미리 용기에 다공물질을 고루 채운 후 침윤 및 충전을 하여야 한다. 이때 다공도는 얼마로 하여야 하는가?

① 75% 이상, 92% 미만
② 70% 이상, 95% 미만
③ 62% 이상, 75% 미만
④ 92% 이상

[★]
219. 도로굴착공사에 의한 도시가스배관 손상 방지기준으로 틀린 것은?

① 착공 전 도면에 표시된 가스배관과 기타 지장물 매설 유무를 조사하여야 한다.
② 도로굴착자의 굴착공사로 인하여 노출된 배관 길이가 10m 이상인 경우에는 점검통로 및 조명시설을 설치하여야 한다.
③ 가스배관이 있을 것으로 예상되는 지점으로부터 2m 이내에서 줄파기를 할 때에는 안전관리전담자의 입회하에 시행하여야 한다.
④ 가스배관의 주위를 굴착하고자 할 때에는 가스배관의 좌우 1m 이내의 부분은 인력으로 굴착한다.

해설 도로굴착공사 배관 손상 방지기준(KGS GC253, 2017 3.2.1.1.1) 굴착공사 시행규정
• 착공 전 도면의 배관과 기타 지장물 매설 유·무 조사
• 배관 있을 예상 지점 2m 이내에 줄파기시 안전관리전담자 입회
• 배관 주위 굴착시 배관 좌·우 1m 이내에는 인력으로 굴착한다.
• 노출된 가스배관 길이가 15m 이상시 점검통로 및 조명시설 설치(70Lux 이상)
• 배관과의 수평최단거리 2m 이내 파일박기시 도시가스사업자 입회하에 배관위치 파악할 것

정답 215. ② 216. ① 217. ④ 218. ① 219. ②

[★★★]
220. 도시가스시설의 설치공사 또는 변경공사를 하는 때에 이루어지는 주요공정 시공감리 대상은?

① 도시가스사업자외의 가스공급시설설치자의 배관설치공사
② 가스도매사업자의 가스공급시설 설치공사
③ 일반도시가스사업자의 정압기 설치공사
④ 일반도시가스사업자의 제조소 설치공사

[해설] 주요공정 시공감리 대상(규칙 제53조 제3항, KGS GC252, 2018)
① 일반도시가스사업자의 배관 공사 및 일반도시가스사업자 외의 가스공급시설 설치자의 배관공사(부속설비포함)
② 나프타부생가스. 바이오가스제조사업자 및 합성천연가스 제조사업자의 배관공사(부속시설포함) 2017.1.9. 신설

[★★]
221. 고압가스의 용어에 대한 설명으로 틀린 것은?

① 액화가스란 가압, 냉각 등의 방법에 의하여 액체상태로 되어 있는 것으로서 대기압에서의 끓는점이 섭씨 40℃ 이하 또는 상용의 온도 이하인 것을 말한다.
② 독성가스란 공기 중에 일정량이 존재하는 경우 인체에 유해한 독성을 가진 가스로서 허용농도가 100만분의 2,000 이하인 가스를 말한다.
③ 초저온저장탱크라 함은 섭씨 영하 50℃ 이하의 액화가스를 저장하기 위한 저장탱크로서 단열재로 씌우거나 냉동설비로 냉각하는 등의 방법으로 저장탱크 내의 가스온도가 상용의 온도를 초과하지 아니하도록 한 것을 말한다.
④ 가연성가스라 함은 공기 중에서 연소하는 가스로서 폭발한계의 하한이 10% 이하인 것과 폭발한계의 상한과 하한의 차가 20% 이상인 것을 말한다.

[해설] ②는 5,000ppm 이하이다.

[★★★]
222. 압축 가연성 가스를 몇 m³ 이상을 차량에 적재하여 운반하는 때에 운반책임자를 동승시켜 운반에 대한 감독 또는 지원을 하도록 되어 있는가?

① 100 ② 300
③ 600 ④ 1,000

[★]
223. 가스공급자는 안전유지를 위하여 안전관리자를 선임하여야 한다. 다음 중 안전관리자의 업무가 아닌 것은?

① 용기 또는 작업과정의 안전유지
② 안전관리규정의 시행 및 그 기록의 작성·보존
③ 사업소 종사자에 대한 안전관리를 위하여 필요한 지휘·감독
④ 공급시설의 정기검사

[해설] 안전관리자의 업무
① 용기 또는 작업 과정의 안전 유지
② 안전관리규정의 시행 및 그 기록의 작성·보존
③ 사업소 종사자에 대한 안전관리를 위한 필요한 지휘·감독
④ 공급시설의 정기검사는 한국가스안전공사가 검사 실시

[★★★]
224. 도시가스 공급배관에서 수직배관의 밸브는 바닥으로부터 얼마의 범위에 설치하여야 하는가?

① 1m 이상, 1.5m 이내
② 1.6m 이상, 2m 이내
③ 1m 이상, 2m 이내
④ 1.5m 이상, 3m 이내

[해설] 용어명칭 변경(2019) : 입상관에서 수직배관으로 변경
가스 미터기, 수직배관 밸브의 설치높이(바닥면으로부터 1.6 ~ 2m 이내)

[★]
225. 액화천연가스 저장설비의 안전거리 산정식으로 옳은 것은? (단, L : 유지하여야 하는 거리[m], C : 상수, W : 저장능력[톤]의 제곱근이다.)

① $L = C\sqrt[3]{143,000W}$
② $L = W\sqrt{143,000C}$
③ $L = C\sqrt{143,000W}$
④ $W = L\sqrt{143,000C}$

[해설] LNG 저장설비 안전거리 산정식
$L = C\sqrt[3]{143,000W}$

[★★★]
226. 내화구조의 가연성가스 저장탱크에서 탱크 상호간의 거리가 1m 또는 두 저장 탱크의 최대지름을 합산한 길이의 1/4 길이 중 큰 쪽의 거리를 유지하지 못한 경우 물분무장치의 수량기준으로 옳은 것은?

① 4L/㎡ · min   ② 5L/㎡ · min
③ 6.5L/㎡ · min ④ 8L/㎡ · min

[해설] ③ 준내화구조 6.5L/㎡ · min
④ 전표면 8L/㎡ · min

[★★]
227. 고압가스 냉매설비의 기밀시험 시 압축공기를 공급할 때 공기의 온도는 몇 ℃ 이하로 정해져 있는가?

① 40℃ 이하   ② 70℃ 이하
③ 100℃ 이하   ④ 140℃ 이하

[해설] 냉매설비 기밀시험 : 압축공기를 공급할 때 공기의 온도는 140℃ 이하

[★]
228. 다음 중 폭발방지대책으로서 가장 거리가 먼 것은?

① 압력계 설치
② 정전기 제거를 위한 접지
③ 방폭성능 전기설비 설치
④ 폭발하한 이내로 불활성가스에 의한 희석

[해설] 폭발방지대책
① 압력계 설치로 근본적 폭발방지는 불가능
② 정전기 제거를 위한 접지
③ 방폭성능 전기설비 설치
④ 폭발하한 이내로 불활성가스에 의한 희석

[★★★]
229. 다음 각 가스의 공업용 용기 도색이 옳지 않게 짝지어진 것은?

① 질소(N_2) – 회색
② 수소(H_2) – 주황색
③ 액화암모니아(NH_3) – 백색
④ 액화염소(Cl_2) – 황색

[해설] 공업용 용기 도색기준
탄산(CO_2), 산소(O_2), 아세틸렌(C_2H_2), 수소(H_2), 암모니아(NH_3), 염소(Cl_2), 기타가스
TIP 회색기타를 들고 갈색염소가 노니는 록산에서 청탄산/백암산 향해 황아체에 수주잔을 들어보자.

[★★]
230. 차량에 고정된 탱크의 안전운행을 위하여 차량을 점검할 때의 점검순서로 가장 적합한 것은?

① 원동기 → 브레이크 → 조향장치 → 바퀴 → 시운전
② 바퀴 → 조향장치 → 브레이크 → 원동기 → 시운전
③ 시운전 → 바퀴 → 조향장치 → 브레이크 → 원동기
④ 시운전 → 원동기 → 브레이크 → 조향장치 → 바퀴

[해설] 차량 점검 시 점검 순서
원동기 → 브레이크 → 조향장치 → 바퀴 → 시운전

[동]
231. 용기 종류별 부속품의 기호 중 압축가스를 충전하는 용기밸브의 기호는?

① PG   ② LG
③ AG   ④ LT

[★]
232. 20kg LPG 용기의 내용적은 몇 L인가? (단, 충전상수 C는 2.35이다.)

① 8.51   ② 20
③ 42.3   ④ 47

[해설] $W = \dfrac{L}{c}$ 에서 $20 = \dfrac{xL}{2.35}$
$x(L) = 20 \times 2.35 = 47$

[★]
233. 압축천연가스자동차 충전의 시설기준에서 배관 등에 대한 설명으로 틀린 것은?

① 배관, 튜브, 피팅 및 배관요소 등은 안전율이 최소 4 이상 되도록 설계한다.
② 자동차 주입호스는 5m 이하이어야 한다.

③ 배관의 단열재료는 불연성 또는 난연성 재료를 사용하고 화재나 열·냉기·물 등에 노출 시 그 특성이 변하지 아니하는 것으로 한다.
④ 배관지지물은 화재나 초저온 액체의 유출 등을 충분히 견딜 수 있고 과다한 열전달을 예방하도록 설계한다.

[해설] 압축천연가스자동차 충전시설 기준(CNG 기준)
① 배관, 튜브, 피팅 및 배관요소 등은 안전율 최소 4 이상 되도록 설계

$$안전율 = \frac{인장강도}{허용응력}$$

여기서, 인장강도 : 재료의 시험편이 견디는 최대 응력
허용응력 : 재료를 실제로 사용하여 안전하다고 생각되는 최대응력
② CNG 자동차 주입 호스 8m 이내
(참조) LPG 자동차 제조공정 중 5m 이상 가능)
③ 배관의 단열 재료는 불연성 또는 난연성재료 사용
④ 배관 지지물은 화재나 초저온 액체 유출에 견디고 과다한 열전달 예방설계

[★]
234. 다음 가스의 일반적인 성질에 대한 설명 중 틀린 것은?

① 염산(HCl)은 암모니아와 접촉하면 흰 연기를 낸다.
② 시안화수소(HCN)는 복숭아 냄새가 나는 맹독성의 기체이다.
③ 염소(Cl_2)는 황녹색의 자극성 냄새가 나는 맹독성의 기체이다.
④ 수소(H_2)는 저온·저압하에서 탄소강과 반응하여 수소취성을 일으킨다.

[해설] 수소는 고온·고압하에서 수소취성 유발

[★]
235. 압력용기 제조 시 A387 Gr22 강 등을 Annealing 하거나 900℃ 전후로 Tempering 하는 과정에서 충격값이 현저히 저하되는 현상으로 Mn, Cr, Ni 등을 품고 있는 합금계의 용접금속에서 C, N, O 등이 입계에 편석함으로써 입계가 취약해지기 때문에 주로 발생한다. 이러한 현상을 무엇이라고 하는가?

① 적열취성   ② 청열취성
③ 뜨임취성   ④ 수소취성

[★]
236. 2개 이상의 탱크를 동일한 차량에 고정하여 운반할 때 충전관에 설치하는 것이 아닌 것은?

① 안전밸브   ② 온도계
③ 압력계   ④ 긴급탈압밸브

[해설] 2개 이상의 탱크를 동일한 차량에 고정하여 운반할 때
안전밸브, 압력계, 긴급탈압밸브 설치

[동]
237. 액화 가스가 통하는 가스 공급 시설에서 발생하는 정전기를 제거하기 위한 접지접속선(Bonding)의 단면적은 얼마 이상으로 하여야 하는가?

① 3.5㎟   ② 4.5㎟
③ 5.5㎟   ④ 6.5㎟

[해설] **(참조)** 로케이팅 와이어(Locating Wire)
단면적 : $6mm^2$ 이상

[★★★]
238. 도시가스사용시설에 정압기를 2015년에 설치하고 2018년에 분해점검을 실시하였다. 다음 중 이 정압기의 차기분해점검 만료기간으로 옳은 것은?

① 2020년   ② 2021년
③ 2022년   ④ 2023년

[해설] 정압기 분해검사 주기
공급시설 : 2년에 1회 이상(작동점검 : 주 1회)
사용시설 : 3년에 1회, 그 후 4년에 1회

TIP ┌ 공급 2년 ①, 1주 ①
└ 사용 3년 ①, 4년 ①

[★, 동]
239. 가스배관의 시공 신뢰성을 높이는 일환으로 실시하는 비파괴검사 방법 중 내부선원법, 이중법, 이중상법 등을 이용하는 방법은?

① 초음파탐상시험   ② 자분탐상시험
③ 방사선투과시험   ④ 침투탐상방법

해설 비파괴검사 – 방사선투과시험 종류
• 내부선원법   • 이중법   • 이중상법

[★★★]
240. 도시가스도매사업자 배관을 지하 또는 도로 등에 설치할 경우 매설깊이의 기준으로 틀린 것은?

① 산이나 들에서는 1m 이상의 깊이로 매설한다.
② 시가지의 도로 노면 밑에는 1.5m 이상의 깊이로 매설한다.
③ 시가지와의 도로 노면 밑에는 1.2m 이상의 깊이로 매설한다.
④ 철도를 횡단하는 배관은 지표면으로부터 배관외면까지 1.5m 이상의 깊이로 매설한다.

해설 배관 – 매설깊이
산·들 : 1m 이상 / 시가지 도로 : 1.5m 이상 / 시가지 외의 도로 : 1.2m 이상 / 철도궤도 중심 : 4m / 철도 부지 : 1m 이상/ 지표면은 1.2m 이상 깊이로 매설한다.

[★★] KGS
241. 재충전 금지용기의 안전을 확보하기 위한 기준으로 틀린 것은?

① 용기와 용기부속품을 분리할 수 있는 구조로 한다.
② 최고충전압력이 22.5MPa 이하이고 내용적이 25L 이하로 한다.
③ 납붙임 부분은 용기 몸체 두께의 4배 이상의 길이로 한다.
④ 최고충전압력이 3.5MPa 이상인 경우에는 내용적이 5L 이하로 한다.

해설 재충전 금지 용기
• FP 22.5MPa 25L 이하
• FP 3.5MPa 5L 이하
• 납붙임 부분은 용기 몸체 두께 4배 이상 길이
• 용기와 용기부속품을 분리할 수 없는 구조로 할 것

[★★]
242. 다음 특정설비 중 재검사 대상에서 제외되는 것이 아닌 것은?

① 역화방지장치
② 자동차용 가스 자동주입기
③ 차량에 고정된 탱크
④ 독성가스 배관용 밸브

해설 특정설비 중 재검사 대상 항목
차량에 고정된 탱크/저장 탱크/안전밸브 및 긴급차단장치/기화장치/압력용기

[동]
243. LPG가 충전된 납붙임 또는 접합용기는 얼마의 온도에서 가스누출시험을 할 수 있는 온수시험탱크를 갖추어야 하는가?

① 20~32℃   ② 35~45℃
③ 46~50℃   ④ 60~80℃

해설 ① 온수시험탱크 온도 : 46℃ 이상~50℃ 미만
② 동영상 : 가스누출기밀시험

[★]
244. 포스겐의 취급 방법에 대한 설명 중 틀린 것은?

① 포스겐을 함유한 폐기액은 산성물질로 충분히 처리한 후 처분한다.
② 취급 시에는 반드시 방독마스크를 착용한다.
③ 환기시설을 갖추어 작업한다.
④ 누출 시 용기가 부식되는 원인이 되므로 약간의 누출에도 주의한다.

해설 $COCl_2$ 취급방법
① 포스겐을 함유한 폐기액 알칼리물질(산성물질×, 염화수소×)로 충분히 처리 후 폐기
② 방독마스크 착용
③ 환기시설 갖출 것
④ 누설 시 용기 부식 원인이 되므로 누설주의

[동]
245. 독성가스용 가스누출검지경보장치의 경보농도 설정치는 얼마 이하로 정해져 있는가?

① ±5%   ② ±10%
③ ±25%   ④ ±30%

[★★★]
246. 도시가스시설 설치 시 일부공정 시공감리 대상이 아닌 것은?

① 일반도시가스사업자의 배관
② 가스도매사업자의 가스공급시설

정답 240. ④   241. ①   242. ③   243. ③   244. ①   245. ④

③ 일반도시가스사업자의 배관(부속시설 포함) 이외의 가스공급시설
④ 시공감리의 대상이 되는 사용자 공급관

[해설] **주요공정 시공감리 대상(규칙 제53조 제3항, KGS GC252, 2018)**
일반도시가스사업자의 배관공사 및
일반도시가스사업자외의 가스공급시설 설치자의 배관공사
(부속설비포함)

[★★★]
247. 고압가스 배관을 도로에 매설하는 경우에 대한 설명으로 틀린 것은?

① 원칙적으로 자동차 등의 하중의 영향이 적은 곳에 매설한다.
② 배관의 외면으로부터 도로의 경계까지 1m 이상의 수평거리를 유지한다.
③ 배관은 그 외면으로부터 도로 밑의 다른 시설물과 0.6m 이상의 거리를 유지한다.
④ 시가지의 도로 밑에 배관을 설치하는 경우 보호판을 배관의 정상부로부터 30cm 이상 떨어진 그 배관의 직상부에 설치한다.

[해설] **고압가스배관의 도로매설 기준**
① 하중 영향이 적은 곳
② 배관의 외면으로부터 도로 경계 1m 이상 수평거리 유지
③ 배관의 외면으로부터 도로 및 다른 시설 0.3m 이상 거리
④ 보호판은 배관의 직상부로부터 30cm 이상

[★★, 동]
248. 고압가스 용기 제조의 시설기준에 대한 설명 중 틀린 것은?

① 용기 동판의 최대두께와 최소두께와의 차이는 평균두께의 10% 이하로 한다.
② 초저온 용기는 오스테나이트계 스테인리스강 또는 알루미늄합금으로 제조한다.
③ 아세틸렌용기에 충전하는 다공물질은 다공도가 72% 이상 95% 미만으로 한다.
④ 용기에는 프로텍터 또는 캡을 고정식 또는 체인식으로 부착한다.

[해설] ① 용기 동판 최대~최소두께 차이 : 평균두께 10% 이하일 것 〈개정 2013.5.20〉

② 초저온 용기 : 오스테나이트계 스테인리스강 or 알루미늄 합금
③ 아세틸렌 충전 다공물질 다공도 : 75% 이상 92% 미만
④ 용기에는 프로텍터 또는 캡을 고정식 또는 체인식으로 부착

[★★★]
249. 도시가스 누출 시 폭발사고를 예방하기 위하여 냄새가 나는 물질인 부취제를 혼합시킨다. 이 때 부취제의 공기 중 혼합비율의 용량은?

① 1/1,000   ② 1/2,000
③ 1/3,000   ④ 1/5,000

[해설] $0.1\% = \dfrac{1}{1,000}$

[★★★]
250. 다음 고압가스 압축작업 중 작업을 즉시 중단해야 하는 경우가 아닌 것은?

① 아세틸렌 중 산소용량이 전용량의 2% 이상의 것
② 산소 중 가연성가스(아세틸렌, 에틸렌 및 수소를 제외한다)의 용량이 전용량의 4% 이상의 것
③ 산소 중 아세틸렌, 에틸렌 및 수소의 용량합계가 전용량의 2% 이상인 것
④ 시안화수소 중 산소용량이 전용량의 2% 이상의 것

[해설] **압축금지 조건**
• 가연성 가스 중 산소용량이 전용량의 4% 이상 시
• 산소 중의 가연성 용량이 전용량의 4% 이상 시
• 아세틸렌, 에틸렌, 수소 중의 산소 용량이 전용량의 2% 이상 시
• 산소 중의 아세틸렌, 에틸렌, 수소의 용량 합계가 전용량의 2% 이상 시

[★★★]
251. 다음 중 가스의 폭발범위가 틀린 것은?

① 수소 : 4~75%   ② 아세틸렌 : 2.5~81%
③ 메탄 : 2.1~9.3%   ④ 일산화탄소 : 12.5~74%

[해설] 메탄 : 5~15%

[★]
252. 액화석유가스 저장탱크의 저장능력 산정 시 저장능력은 몇 ℃에서의 액비중을 기준으로 계산하는가?

① 0　　　　② 15
③ 25　　　 ④ 40

[해설] LPG 저장탱크 저장능력 산정시
40℃ 액비중 기준

[★★★]
253. 독성가스를 운반하는 차량에 반드시 갖추어야 할 용구나 물품에 해당되지 않는 것은?

① 방독면　　　② 제독제
③ 고무장갑　　④ 소화장비

[해설] 독성가스 운반차량 보호장비 목록
- 방독면, 고무장갑, 고무장화, 그 밖의 보호구, 제독제, 자재, 공구 휴대
- 보호구 : 방독마스크, 공기 호흡기, 보호의, 보호장갑(내산(Cl_2)장갑), 보호장화
- 자재 중 로프는 15m 이상의 것 이상 휴대
- 제독제(소석회)
  - 20kg 이상(1,000kg 미만 독성가스량)
  - 40kg 이상(1,000kg 이상 독성가스량)

[★★★]
254. 아세틸렌에 대한 설명 중 틀린 것은?

① 액체 아세틸렌은 비교적 안정하다.
② 접촉적으로 수소화하면 에틸렌, 에탄이 된다.
③ 압축하면 탄소와 수소로 자기분해한다.
④ 구리 등의 금속과 화합 시 금속아세틸라이트를 생성한다.

[해설] 아세틸렌
① 액체 아세틸렌 불안정, 고체 아세틸렌 비교적 안정
② 접촉식으로 수소화 – 에틸렌, 에탄
③ 압축 시 탄소와 수소로 자기분해
④ Ag, Cu, Hg 등 금속과 화합 시 금속아세틸라이트 생성

[★★★]
255. 고압가스 일반제조시설에서 저장탱크를 지상에 설치한 경우 다음 중 방류둑을 설치하여야 하는 것은?

① 액화산소 저장능력 900톤
② 염소 저장능력 4톤
③ 암모니아 저장능력 10톤
④ 액화질소 저장능력 1,000톤

[해설] 방류둑 설치 기준

가스종류	특정제조	일반제조
산소	1,000t	1,000t
가연성	500t	
독성	5t	

[★★★]
256. 액화석유가스의 안전관리 및 사업법에 규정된 용어의 정의에 대한 설명으로 틀린 것은?

① 저장설비라 함은 액화석유가스를 저장하기 위한 설비로서 저장탱크, 마운드형 저장탱크, 소형저장탱크 및 용기를 말한다.
② 자동차에 고정된 탱크라 함은 액화석유가스의 수송, 운반을 위하여 자동차에 고정 설치된 탱크를 말한다.
③ 소형저장탱크라 함은 액화석유가스를 저장하기 위하여 지상 또는 지하에 고정 설치된 탱크로서 그 저장능력이 3톤 미만인 탱크를 말한다.
④ 가스설비라 함은 저장설비외의 설비로서 액화석유가스가 통하는 설비(배관을 포함한다)와 그 부속설비를 말한다.

[해설] ① **저장설비** : 액화석유가스를 저장하기 위한 설비. 저장탱크, 마운드형 저장탱크, 소형저장탱크 및 용기
② **자동차에 고정된 탱크** : 액화석유가스의 수송 운반을 위하여 자동차에 고정 설치된 탱크
③ **소형저장탱크** : 액화석유가스를 저장하기 위하여 지상 또는 지하에 고정 설치된 탱크, 저장능력 3톤 미만인 탱크
④ **가스설비** : 저장설비외의 설비. 액화석유가스가 통하는 설비(배관 포함), 부속설비는 가스설비에 해당되지 않는다.

[★]
257. 액화석유가스 충전소에서 저장탱크를 지하에 설치하는 경우에는 철근콘크리트로 저장탱크실을 만들고, 그 실내에 설치하여야 한다. 이 때 저장탱크 주위의 빈 공간에는 무엇을 채워야 하는가?

① 물　　　　② 마른 모래
③ 자갈　　　④ 콜타르

258. 제조소의 긴급용 벤트스택 방출구의 위치는 작업원이 항시 통행하는 장소로부터 얼마나 이격되어야 하는가?

① 5m 이상 ② 10m 이상
③ 15m 이상 ④ 30m 이상

해설 ① 긴급용 벤트스택 : 작업원이 항시 통행하는 장소와 10m 이상 이격
② 일반 벤트스택 : 5m 이상 이격

259. 내용적이 1천 L를 초과하는 염소용기의 부식 여유두께의 기준은?

① 2mm 이상 ② 3mm 이상
③ 4mm 이상 ④ 5mm 이상

해설 부식 여유
NH_3 ┌ 1,000L 이하 : 1mm 이상
      └ 1,000L 초과 : 2mm 이상
Cl_2 ┌ 1,000L 이하 : 3mm 이상
      └ 1,000L 초과 : 5mm 이상

260. 고압가스 용접용기 제조 시 용기동판의 최대 두께와 최소 두께의 차이는 평균 두께의 몇 % 이하로 하여야 하는가?

① 10% ② 20%
③ 30% ④ 40%

261. 일반도시가스사업자가 선임하여야 하는 안전점검원 선임의 기준이 되는 배관길이 산정 시 포함되는 배관은?

① 사용자공급관
② 내관
③ 가스사용자 소유 토지 내의 본관
④ 공공 도로 내의 공급관

해설 안전점검원 선임 기준 배관
공공 도로 내의 공급관

262. 고압가스(산소, 아세틸렌, 수소)의 품질검사 주기의 기준은?

① 1월 1회 이상 ② 1주 1회 이상
③ 3일 1회 이상 ④ 1일 1회 이상

해설 고압가스(산소, 아세틸렌, 수소)
품질검사 주기 1일 1회 이상

263. 일반도시가스사업의 가스공급시설에서 중압 이하의 배관과 고압 배관을 매설하는 경우 서로 몇 m 이상의 거리를 유지하여 설치하여야 하는가?

① 1 ② 2
③ 3 ④ 5

해설 중압 이하 배관~고압 배관 매설 시 2m 이상 거리유지

264. 고압가스 일반제조소에서 저장탱크 설치 시 물분무장치는 동시에 방사할 수 있는 최대 수량을 몇 분 이상 연속하여 방사할 수 있는 수원에 접속되어 있어야 하는가?

① 30분 ② 45분
③ 60분 ④ 90분

해설 물분무장치
수원 0.35MPa 400L/min 30분 이상(도시가스제조 60분)
매월 1회 작동상황 점검

265. 정압기지의 방호벽을 철근콘크리트 구조로 설치할 경우 방호벽 기초의 기준에 대한 설명 중 틀린 것은?

① 일체로 된 철근콘크리트 기초로 한다.
② 높이 350㎜ 이상, 되메우기 깊이는 300㎜ 이상으로 한다.

258. ② 259. ④ 260. ① 261. ④ 262. ④ 263. ② 264. ①

③ 두께 200mm 이상, 간격 3200mm 이하의 보조벽을 본체와 직각으로 설치한다.
④ 기초의 두께는 방호벽 최하부 두께의 120% 이상으로 한다.

해설 KGS FS231 2020 방호벽 기초의 기준

2.8.2.1 철근콘크리트제 방호벽
2.8.2.1.1 방호벽은 직경 9mm 이상의 철근을 가로·세로 400mm 이하의 간격으로 배근하고, 모서리부분의 철근을 확실히 결속한 것으로 한다.
2.8.2.1.2 방호벽은 두께 120mm 이상, 높이 2000mm 이상인 것으로 한다.
2.8.2.1.3 방호벽의 기초는 다음 기준에 적합하게 설치한다.
 (1) 기초는 일체로 된 철근콘크리트제로 한다.
 (2) 기초는 높이 350mm 이상, 되메우기 깊이 300mm 이상으로 한다.
 (3) 기초의 두께는 방호벽 최하부 두께의 120% 이상으로 한다.

2.8.2.2 콘크리트블럭제 방호벽
2.8.2.2.1 방호벽은 직경 9mm 이상의 철근을 가로·세로 400mm 이하의 간격으로 배근하고 모서리부분의 철근을 확실히 결속한 것으로 한다.
2.8.2.2.2 방호벽의 블럭공동부는 콘크리트 몰탈을 채운 두께 150mm 이상, 높이 2,000mm 이상의 것으로 한다.
2.8.2.2.3 방호벽은 두께 150mm 이상, 간격 3200mm 이하의 보조벽을 본체와 직각으로 설치한 것으로 한다.
2.8.2.2.4 방호벽의 보조벽은 방호벽면으로부터 400mm 이상 돌출한 것으로 하고, 그 높이는 방호벽의 높이보다 400mm 이상 아래에 있지 않은 것으로 한다.
2.8.2.2.5 방호벽의 기초는 다음에 적합한 것으로 한다.
 (1) 기초는 일체로 된 철근콘크리트제로 한다.
 (2) 기초는 높이 350mm 이상, 되메우기 깊이 300mm 이상으로 한다. 〈개정 2013.6.27〉

[★★★]
266. 다음 중독성(TLV-TWA)이 가장 강한 가스는?
① 암모니아　　② 황화수소
③ 일산화탄소　④ 아황산가스

해설 ① TLV-TWA 가장 강한 것 - 아황산가스
② LC 50 기준 적용시 답은 황화수소(H_2S)가 된다.

[동]
267. 시안화수소 가스는 위험성이 매우 높아 용기에 충전 보관할 때에는 안정제를 첨가하여야 한다. 적합한 안정제는?
① 염산　　② 이산화탄소
③ 황산　　④ 질소

해설 안정제의 종류
동, 동망 / 인, 인산, 오산화인 / 황산, 아황산 / 염화칼슘

[★★★] 2022 기출
268. 도시가스 사용시설 중 가스계량기의 설치기준으로 틀린 것은?
① 가스계량기는 화기(자체 화기는 제외)와 2m 이상의 우회거리를 유지하여야 한다.
② 가스계량기($30m^3/h$ 미만)의 설치 높이는 바닥으로부터 1.6m 이상, 2m 이내이어야 한다.
③ 가스계량기를 보호상자 내에 설치하는 경우 설치 높이는 2m 이내에 설치한다.
④ 가스계량기는 절연조치를 하지 아니한 전선과 30cm 이상의 거리를 유지하여야 한다.

해설 ③ 가스계량기를 보호상자 내에 설치하는 경우 설치 높이는 2m 이내에 설치한다. 2022 실기
(법 개정으로 내용을 반영하여 보기문구를 수정함)
④번 → 15cm 이상 거리를 유지할 것

[동]
269. 지하에 매설된 도시가스 배관의 전기방식 기준으로 틀린 것은?
① 전기방식전류가 흐르는 상태에서 토양 중에 있는 배관 등의 방식전위 상한값은 포화황산동 기준전극으로 -0.85V 이하일 것
② 전기방식전류가 흐르는 상태에서 자연전위와의 전위 변화가 최소한 -300mV 이하일 것
③ 배관에 대한 전위측정은 가능한 배관 가까운 위치에서 실시할 것
④ 전기방식시설의 관대지전위 등을 2년에 1회 이상 점검할 것

해설 ④ 1년에 1회 이상이다.

[★]
270. 압력용기의 내압부분에 대한 비파괴 시험으로 실시되는 초음파탐상시험 대상은?

① 두께가 35mm인 탄소강
② 두께가 5mm인 9% 니켈강
③ 두께가 15mm인 2.5% 니켈강
④ 두께가 30mm인 저합금강

해설 4.4.2.2.1 제품확인검사
제품확인검사는 냉동용 특정설비가 각 검사항목별 제조기준에 적합한지 확인하기 위하여 다음 검사방법으로 실시한다.
(1) 제조기술기준 준수여부 확인냉동용 특정설비가 3.1부터 3.12까지의 제조기술기준에 적합하게 제조되었는지 여부를 확인한다.
(2) 재료초음파탐상검사재료는 압력용기의 설계압력·설계온도 등에 따른 적절한 것이어야 한다. 이 경우 다음 재료는 초음파 탐상검사를 실시하여 적합한 것으로 한다.
(2-1) 두께가 50mm 이상인 탄소강 (오발탄)
(2-2) 두께가 38mm 이상인 저합금강 (38선 합금)
(2-3) 두께가 19mm 이상이고 최소인장강도가 568.4N/mm² 이상인 강
(2-4) 두께가 19mm 이상으로서 저온(0℃ 미만)에서 사용하는 강(알루미늄으로서 탈산처리를 한 것은 제외한다)
(2-5) 두께가 13mm 이상인 2.5% 니켈강 또는 3.5% 니켈강
(2-6) 두께가 6mm 이상인 9% 니켈강 (69 Ni)

[★★★]
271. 일반 공업용 용기의 도색의 기준으로 틀린 것은?

① 액화염소 – 갈색
② 액화암모니아 – 백색
③ 아세틸렌 – 황색
④ 수소 – 회색

해설 공업용 용기색상과 문자색상
① 공업용 가스
탄산(CO_2), 산소(O_2), 아세틸렌(C_2H_2)(H_2), 암모니아(NH_3), 염소(Cl_2), 기타가스
TIP 회색기타를 들고 갈색염소가 노니는 록산에서 건너편 청탄산 백암산을 황아체 나물에 수주잔을 들어라.

② 의료용 가스
질(N_2)에틸렌(C_2H_4), 액화탄산($L-CO_2$)(싸이크로 프로판), 아산화질소(N_2O), 산소(O_2), 헬륨(He)
TIP 헤갈위해 탄회와 청아를 싸게 주으니 백산록에 자고나도 질흑같은 밤이구나!

[★★]
272. 특정고압가스용 실린더캐비닛 제조설비가 아닌 것은?

① 가공설비
② 세척설비
③ 판넬설비
④ 용접설비

해설 가공설비, 세척설비, 용접설비(암기법 **TIP** 가·세·용)
판넬 ✕

[★]
273. 가스 설비를 수리할 때 산소의 농도가 약 몇 % 이하가 되면 산소 결핍 현상을 초래하게 되는가?

① 8%
② 12%
③ 16%
④ 20%

해설 산소결핍현상초래 16% 이하시

[★★★]
274. 부취제의 구비조건으로 적합하지 않은 것은?

① 연료가스 연소시 완전연소될 것
② 일상생활의 냄새와 확연히 구분될 것
③ 토양에 쉽게 흡수될 것
④ 물에 녹지 않을 것

해설 ㉠ 부식성이 없을 것
㉡ 물에 용해되지 않을것
㉢ 완전히 연소하고 연소 후 유해물질을 남기지 않을 것
㉣ 토양에 대한 투과성이 좋을 것
㉤ 독성이 없을 것
㉥ 일반적인 생활냄새와 명확히 구별될 것
㉦ 배관 내에서 응축하지 않을 것
㉧ 가스배관이나 가스미터 등에 흡착되지 않을 것
㉨ 경제적일 것
㉩ 화학적으로 안정될 것
㉪ 저농도에 있어서도 냄새를 알 수 있을 것
암기법 **TIP** : 부용완 투독일응 가경화저(부용한 두 독일은 간경화죠!)

종류 ㉠ D.M.S : 마늘 냄새
　　　㉡ T.B.M : 양파 썩은 냄새
　　　㉢ T.H.T : 석탄가스 냄새
※ 토양에 대한 투과성 : D.M.S 〉 T.B.M 〉 T.H.T
※ 취기강도 : T.B.M 〉 T.H.T 〉 D.M.S

[★] KGS

275. 가스누출자동차단장치 및 가스누출자동차단기의 설치기준에 대한 설명으로 틀린 것은?

① 가스공급이 불시에 자동 차단됨으로써 재해 및 손실이 클 우려가 있는 시설에는 가스누출경보 차단장치를 설치하지 않을 수 있다.
② 가스누출자동차단기를 설치하여도 설치목적을 달성할 수 없는 시설에는 가스누출자동차단기를 설치하지 않을 수 있다.
③ 월사용예정량이 1,000m³ 미만으로서 연소기에 소화안전 장치가 부착되어 있는 경우에는 가스누출경보 차단장치를 설치하지 않을 수 있다.
④ 지하에 있는 가정용 가스사용시설은 가스누출경보차단장치의 설치대상에서 제외된다.

[해설] 가스누출자동차단장치 및 가스누출자동차단장치 설치 기준
① 가스 공급이 불시에 자동차단됨으로써 재해 및 손실이 클 우려가 있는 시설에는 설치하지 않을 수 있다.
② 설치 목적 달성을 할 수 없는 시설에는 설치하지 않을 수도 있다.
③ 지하에 있는 가정용 가스사용시설은 가스누출경보차단장치의 설치대상에서 제외한다.
④ 월사용예정량 2,000m³ 미만으로 연소기에 소화안전장치가 부착되어 있는 경우 설치하지 않을 수도 있다.

[★]

276. 냉동의 제조시설에서 내압성능을 확인하기 위한 시험압력의 기준은?

① 설계압력 이상
② 설계압력의 1.25배 이상
③ 설계압력의 1.5배 이상
④ 설계압력의 2배 이상

[해설] 기밀성능시험시에는 ①이 답이다.

[★★★]

277. 충전 용기를 차량에 적재하여 운반시 차량의 앞뒤 보기 쉬운 곳에 표시하는 경계표시의 글씨 색깔 및 내용으로 적합한 것은?

① 노랑 글씨 - 위험고압가스
② 붉은 글씨 - 위험고압가스
③ 노랑 글씨 - 주의고압가스
④ 붉은 글씨 - 주의고압가스

[해설]

경계표시	바탕색	글자색
화기엄금	백색	적색
위험 고압가스	황색	적색
충전 중 엔진정지	황색	흑색
도시가스 표지판	황색	흑색
경계표지	백색	흑색

[★★]

278. 사고를 일으키는 장치의 이상이나 운전자 실수의 조합을 연역적으로 분석하는 정량적 위험성평가기법은?

① 사건수 분석(ETA)기법
② 결함수 분석(FTA)기법
③ 위험과 운전분석(HAZOP)기법
④ 이상위험도 분석(FMECA)기법

[해설] 결함수 분석(FTA)
장치 이상, 운전자 실수 조합을 연역적으로 분석. 정량적 위험성 평가 기법

정성평가	정량평가
Checklist	HEA
What-if	FTA
Hazop	ETA
	CCA

[★]

279. 천연가스의 발열량이 10,400kcal/Sm³이다. SI단위인 MJ/Sm³으로 나타내면?

① 2.47　　② 43.68
③ 2,476　④ 43,680

[해설] 1J = 0.239cal
1MJ = 239kcal
= 10,400 ÷ 239 ≒ 43.68

[★★★]
280. 안전관리자가 상주하는 사무소와 현장사무소와의 사이 또는 현장사무소 상호간 신속히 통보할 수 있도록 통신시설을 갖추어야 하는데 이에 해당되지 않는 것은?

① 구내방송설비 ② 메가폰
③ 인터폰 ④ 페이징설비

해설

	사업소-현장	사업소 내	종업원 간
구내전화	○	사이렌	트랜시버
구내방송	○	○	
페이징설비	○	○	○
인터폰	○		
휴대용 확성기		○	○
메가폰		○	○

[★★]
281. 고압가스안전관리법에서 정하고 있는 특수고압가스에 해당되지 않는 것은?

① 아세틸렌 ② 포스핀
③ 압축모노실란 ④ 디실란

[★★]
282. 다음 중 폭발성이 예민하므로 마찰 타격으로 격렬히 폭발하는 물질에 해당되지 않는 것은?

① 메틸아민 ② 유화질소
③ 아세틸라이트 ④ 염화질소

해설 폭발성이 예민하므로 마찰 타격으로 격렬히 폭발하는 물질
• 유화질소, 염화질소, 황화질소, 아세틸라이트
메틸아민, 황화수소는 예민하지 않음

[★]
283. 가스도매사업의 가스공급시설 중 배관을 지하에 매설할 때의 기준으로 틀린 것은?

① 배관은 그 외면으로부터 수평거리로 건축물까지 1.0m 이상을 유지한다.
② 배관은 그 외면으로부터 지하의 다른 시설물과 0.3m 이상의 거리를 유지한다.
③ 배관을 산과 들에 매설할 때는 지표면으로부터 배관의 외면까지의 매설깊이를 1m 이상으로 한다.
④ 배관은 지반 동결로 손상을 받지 아니하는 깊이로 매설한다.

해설 ①은 1.5m 이상

[★★]
284. 도시가스사업법령에 따른 안전관리자의 종류에 포함되지 않는 것은?

① 안전관리 총괄자 ② 안전관리 책임자
③ 안전관리 부책임자 ④ 안전점검원

해설 ① **안전관리자**(도시가스안전관리법 : 도법)
안전관리 총괄자, 안전관리 부총괄자, 안전관리책임자, 안전관리원, 안전점검원
② **고법/액법에 따른 안전관리자 종류**
안전관리 총괄자, 안전관리 부총괄자, 안전관리책임자, 안전관리원

[동]
285. 용기 종류별 부속품의 기호 중 압축가스를 충전하는 용기의 부속품을 나타낸 것은?

① LG ② PG
③ LT ④ AG

[동]
286. 도시가스사용시설에서 배관의 용접부 중 비파괴시험을 하여야 하는 것은?

① 가스용 폴리에틸렌관
② 호칭지름 65mm인 매설된 저압배관
③ 호칭지름 150mm인 노출된 저압배관
④ 호칭지름 65mm인 노출된 중압배관

해설 KGS GC205 190116 배관 용접부 비파괴시험
(1-6) 사용시설의 배관
(1-6-1) 지하에 매설하는 배관의 용접부
(1-6-2) 중압 이상의 노출된 배관
7) 2.5% 니켈강 또는 3.5% 니켈강으로 만들어진 용기의 동체 및 경판의 용접부로서 두께가 13mm를 초과하는 것
8) 9% 니켈강으로 만들어진 용기의 동체 및 경판의 용접부로서 두께가 8mm를 초과하는 것
9) 알루미늄 및 알루미늄 합금으로 만든 용기의 동체 및 경판의 용접부로서 두께가 13mm를 초과하는 것
용접부 비파괴시험 제외 공사
• 가스용 폴리에틸렌관(PE관)
• 노출된 저압의 사용자공급관
• 관경 80A 미만의 저압 매설 배관

280. ② 281. ① 282. ① 283. ① 284. ③ 285. ② 286. ④

[★★]
287. 다음 가스 중 폭발범위의 하한값이 가장 높은 것은?

① 암모니아　　② 수소
③ 프로판　　　④ 메탄

해설　① NH_3(15~28)　② H_2(4~75)
　　　③ C_3H_8(2.1~9.5)　④ CH_4(5~15)

[★]
288. 일반도시가스 공급시설의 시설기준으로 틀린 것은?

① 가스공급 시설을 설치한 곳에는 누출된 가스가 머물지 아니하도록 환기설비를 설치한다.
② 공동구 안에는 환기장치를 설치하며 전기설비가 있는 공동구에는 그 전기설비를 방폭구조로 한다.
③ 저장탱크의 안전장치인 안전밸브나 파열판에는 가스방출관을 설치한다.
④ 저장탱크의 안전밸브는 다이어프램식 안전밸브로 한다.

해설　④는 스프링식 안전밸브로 한다.

[★★★]
289. 고압가스 특정제조시설에서 배관을 해저에 설치하는 경우의 기준으로 틀린 것은?

① 배관은 해저면 밑에 매설한다.
② 배관은 원칙적으로 다른 배관과 교차하지 아니하여야 한다.
③ 배관은 원칙적으로 다른 배관과 수평거리로 20m 이상을 유지하여야 한다.
④ 배관의 입상부에는 방호시설물을 설치한다.

해설　배관의 해저설치 기준
① 해저 밑에 매설
② 원칙적으로 다른 배관과 교차하지 않음
③ 원칙적으로 다른 배관과 수평거리 30m 이상 유지
④ 입상부에는 방호시설 설치

[★]
290. 가스도매사업의 가스공급시설에서 배관을 지하에 매설할 경우의 기준으로 틀린 것은?

① 배관을 시가지 외의 도로 노면 밑에 매설할 경우 노면으로부터 배관 외면까지 1.2m 이상 이격할 것
② 배관의 깊이는 산과 들에서는 1m 이상으로 할 것
③ 배관을 시가지의 도로 노면 밑에 매설할 경우 노면으로부터 배관 외면까지 1.5m 이상 이격할 것
④ 배관을 철도부지에 매설할 경우 배관 외면으로부터 궤도 중심까지 5m 이상 이격할 것

해설　배관 - 지하
① 시가지 외 도로 노면 밑 매설 : 1.2m 이상 이격
② 산·들 : 1m 이상 깊이
③ 시가지 도로 노면 밑 : 1.5m 이상 이격
④ 철도부지 매설시 철도궤도 중심까지 : 4m 이상 이격

[동]
291. 가연성가스 및 방폭 전기기기의 폭발등급 분류 시 사용하는 최소점화전류비는 어느 가스의 최소 점화전류를 기준으로 하는가?

① 메탄　　　② 프로판
③ 수소　　　④ 아세틸렌

[★]
292. 고압가스 냉동제조의 시설 및 기술기준에 대한 설명으로 틀린 것은?

① 냉동제조시설 중 냉매설비에는 자동제어장치를 설치할 것
② 가연성가스 또는 독성가스를 냉매로 사용하는 냉매설비 중 수액기에 설치하는 액면계는 환형유리관액면계를 사용할 것
③ 냉매설비에는 압력계를 설치할 것
④ 압축기 최종단에 설치한 안전장치는 1년에 1회 이상 점검을 실시할 것

해설　② 환형유리관 액면계외를 사용할 것
고압가스 냉동제조
① 냉매설비에는 자동제어장치 설치
② 가연성 가스 또는 독성가스를 냉매로 사용하는 냉매설비 중 수액기에 설치하는 액면계는 환형유리관 액면계 외의 것을 사용
③ 압력계 설치
④ 압축기 최종단에 설치한 안전장치는 1년 1회 이상 점검 실시

[★★] KGS FS551

293. 일반도시가스사업자는 공급권역을 구역별로 분할하고 원격조작에 의한 긴급차단장치를 설치하여 대형 가스누출, 지진발생 등 비상 시 가스차단을 할 수 있도록 하고 있는데 이 구역의 설정기준은?

① 수요자 수가 20만 미만이 되도록 설정
② 수요자 수가 25만 미만이 되도록 설정
③ 배관길이가 20km 미만이 되도록 설정
④ 배관길이가 25km 미만이 되도록 설정

[해설] KGS FS551(일반도시가스사업 제조소 및 공급소 밖의 배관 기준)
2.8.6 긴급차단장치 설치
2.8.6.1 공급권역에 설치하는 배관에는 지진이나 대형가스 누출로 인한 긴급사태에 대비하여 구역별로 가스공급을 차단할 수 있는 원격조작에 의한 긴급차단장치나 이와 동등 이상의 효과가 있는 장치를 설치하되, 다음 모두의 조건을 만족하는 경우에는 가스도매사업자의 정압기지(밸브기지)에 설치된 긴급차단장치로 이를 대체할 수 있다. 〈개정 10.11.3〉
(1) 긴급차단장치가 설치된 가스도매사업자의 배관이 일반도시가스사업자에게 전용으로 공급하기 위한 것으로서, 긴급차단장치로 차단되는 구역의 수요자 수가 20만 미만일 것

[★] KGS

294. 도시가스공급시설에 대하여 공사가 실시하는 정밀안전진단의 실시시기 및 기준에 의거 본관 및 공급관에 대하여 최초로 시공감리증명서를 받은 날부터 ( )년이 지난날이 속하는 해 및 그 이후 매 ( )년이 지난 날이 속하는 해에 받아야 한다. ( ) 안에 각각 들어갈 숫자는?

① 10, 5
② 15, 5
③ 10, 10
④ 15, 10

[해설] 도시가스 공급시설 – 정밀안전진단
본관 및 공급관 최초 시공감리증명서 날부터
15년 지난 날이 속하는 해 및 그 후
5년이 지난 날이 속하는 해에 받아야 한다.

[★]

295. 도시가스 배관 이음부와 전기점멸기, 전기접속기와는 몇 cm 이상의 거리를 유지해야 하는가?

① 10cm
② 15cm
③ 30cm
④ 40cm

[해설] ① 도시가스 배관 이음부~전기점멸기, 전기접속기
: 15cm 이상의 거리 유지
② 가스계량기(가스미터기)와 전기점멸기, 전기접속기
: 30cm 이상의 거리 유지

[★]

296. 고압가스 저장탱크 및 가스홀더의 가스방출장치는 가스 저장량이 몇 m³ 이상인 경우 설치하여야 하는가?

① 1m³
② 3m³
③ 5m³
④ 10m³

[해설] 고압가스 저장탱크 및 가스홀더
가스방출장치는 가스 저장량이 5m³ 이상일 경우 설치

[★]

297. 고압가스특정제조시설에서 플레어스택의 설치기준으로 틀린 것은?

① 파이롯트 버너를 항상 꺼두는 등 플레어스택에 관련된 폭발을 방지하기 위한 조치가 되어 있는 것으로 한다.
② 긴급이송설비로 이송되는 가스를 안전하게 연소시킬 수 있는 것으로 한다.
③ 플레어스택에서 발생하는 복사열이 다른 제조시설에 나쁜 영향을 미치지 아니하도록 안전한 높이 및 위치에 설치한다.
④ 플레어스택에서 발생하는 최대열량에 장시간 견딜 수 있는 재료 및 구조로 되어 있는 것으로 한다.

[해설] 플레어스택의 설치시 파이롯트 버너를 항상 켜두는 등 폭발방지 조치할 것

[동]

298. 다음은 도시가스사용시설의 월사용예정량을 산출하는 식이다. 이중 기호 "A"가 의미하는 것은?

$$Q = \frac{[(A \times 240) + (B \times 90)]}{11000}$$

① 월사용예정량
② 산업용으로 사용하는 연소기의 명판에 기재된 가스소비량의 합계
③ 산업용이 아닌 연소기의 명판에 기재된 가스소비량의 합계
④ 가정용 연소기의 가스소비량 합계

해설 A : 산업용으로 사용하는 연소기의 명판에 기재된 가스 소비량의 합계
B : 산업용이 아닌 연소기의 명판에 기재된 가스소비량의 합계

[★]

299. 도시가스사용시설의 가스계량기 설치기준에 대한 설명으로 옳은 것은?

① 시설 안에서 사용하는 자체 화기를 제외한 화기와 가스계량기와 유지하여야 하는 거리는 3m 이상이어야 한다.
② 시설 안에서 사용하는 자체 화기를 제외한 화기와 입상관과 유지하여야 하는 거리는 3m 이상이어야 한다.
③ 가스계량기와 단열조치를 하지 아니한 굴뚝과의 거리는 10cm 이상 유지하여야 한다.
④ 가스계량기와 전기개폐기와의 거리는 60cm 이상 유지하여야 한다.

해설 ①은 2m, ②는 2m, ③은 15cm 이상 유지

[★★★]

300. 도시가스도매사업자가 제조소에 다음 시설을 설치하고자 한다. 다음 중 내진 설계를 하지 않아도 되는 시설은?

① 저장능력이 2톤인 지상식 액화천연가스 저장탱크의 지지구조물
② 저장능력이 300㎥인 천연가스 저장탱크의 지지구조물
③ 처리능력이 10㎥인 압축기의 지지구조물
④ 처리능력이 15㎥인 펌프의 지지구조물

해설 내진설계 기준(※ 액화가스 10kg = 압축가스 1㎥(혼합시))
• 압축가스 500㎥   비가연/비독성가스 1,000㎥
• 액화가스 5,000kg 비가연/비독성가스 10,000kg
①은 5t 이상시 내진설계

KGS GC203 2017
1.3.1 내진설계설비 기준
1.3.1 "내진설계설비"란 내진설계 적용대상인 저장탱크·가스홀더·응축기·수액기(이하 "저장탱크"라 한다), 탑류 및 그 지지구조물과 압축기·펌프·기화기·열교환기·냉동설비·가열설비·계량설비·정압설비(이하 "처리설비"라 한다)의 지지구조물을 말한다.
1.3.2 "내진설계구조물"이란 내진설계설비, 내진설계설비의 기초 또는 내진설계설비와 배관 등의 연결부를 말한다.

2.1.1 고법 적용대상시설
2.1.1.1 고법의 적용을 받는 5톤(비가연성가스와 비독성가스의 경우에는 10톤) 또는 500㎥(비가연성가스나 비독성가스의 경우에는 1,000㎥) 이상의 저장탱크 (지하에 매설하는 것은 제외한다) 및 압력용기(반응·분리·정제·증류 등을 행하는 탑류로서 동체부의 높이가 5m 이상인 것만 적용한다. 이하 "탑류"라 한다), 지지구조물 및 기초와 이들의 연결부
2.1.1.2 고법의 적용을 받는 세로방향으로 설치한 동체의 길이가 5m 이상인 원통형응축기 및 내용적 5,000L 이상인 수액기, 지지구조물 및 기초와 이들의 연결부

[★★]

301. 액화석유가스 또는 도시가스용으로 사용되는 가스용 염화비닐호스는 그 호스의 안전성, 편리성 및 호환성을 확보하기 위하여 안지름 치수를 규정하고 있는데 그 치수에 해당하지 않는 것은?

① 4.8㎜   ② 6.3㎜
③ 9.5㎜   ④ 12.7㎜

해설 가스용 염화비닐호스 종류
• 1종 6.3mm, 2종 9.5mm, 3종 12.7mm, 4종은 없다.
• 허용오차 : ±0.7mm
TIP 63빌딩을 꾸오(9.5) 올라가야 12층이니 땡칠이다.

[★★]

302. 최근 시내버스 및 청소차량 연료로 사용되는 CNC 충전소 설계 시 고려하여야 할 사항으로 틀린 것은?

정답 298. ② 299. ④ 300. ① 301. ①

① 압축장치와 충전설비 사이에는 방호벽을 설치한다.
② 충전기에는 90kgf 미만의 힘에서 분리되는 긴급분리 장치를 설치한다.
③ 자동차 충전기(디스펜서)의 충전호스 길이는 8m 이하로 한다.
④ 펌프 주변에는 1개 이상 가스누출검지경보장치를 설치한다.

해설 CNG 충전소 설계 시 고려하여야 할 사항
① 압축장치~충전설비 사이에 방호벽 설치
② 긴급분리장치 666.4N = 68kgf/cm² (666.4÷9.8 = 68)
③ 자동차 충전기(디스펜서) 충전호스 길이는 8m 이하
④ 펌프 주변에는 1개 이상 가스누출검지경보장치 설치
※ LPG 인장압력 : 490.4N~588.4N

[★]
303. 고압가스용 용접용기 동판의 최대 두께와 최소 두께와의 차이는?

① 평균두께의 5% 이하
② 평균두께의 10% 이하
③ 평균두께의 20% 이하
④ 평균두께의 25% 이하

해설 개정 : 2013.5.20(20% → 10%로 개정)

[★★★]
304. LPG용 압력조정기 중 1단 감압식 저압조정기의 조정압력의 범위는?

① 2.3~3.3kPa
② 2.55~3.3kPa
③ 57~83kPa
④ 5.0~30kPa 이내에서 제조사가 설정한 기준압력의 ±20%

해설
• 1단 감압식 저압조정기 출구압력 : 2.3~3.3kPa
• 1단 감압식 저압조정기 입구압력 : 0.07~1.56MPa

[★★★]
305. 다음 중 지연성 가스에 해당되지 않는 것은?

① 염소 ② 불소
③ 이산화질소 ④ 이황화탄소

해설 지연성 가스(=조연성가스) : 공기, O_2, NO, N_2O, 염소, 불소
이황화탄소(독성이면서 가연성가스임)
TIP 이(CS_2), 황(H_2S), 시(HCN) / 브롬(CH_3Br), 산에(C_2H_4O) /
염탄(CH_3Cl), 일(CO), 암(NH_3)

[★★★]
306. 가스누출 자동차단장치의 검지부 설치금지 장소에 해당하지 않는 것은?

① 출입구 부근 등으로서 외부의 기류가 통하는 곳
② 가스가 체류하기 좋은 곳
③ 환기구 등 공기가 들어오는 곳으로부터 1.5m 이내의 곳
④ 연소기의 폐가스에 접촉하기 쉬운 곳

해설 가스누출 자동차단장치 검지부 설치 금지 장소(실기대비)
① 출입구 부근 등으로서 외부의 기류가 통하는 곳
② 환기구 등 공기가 들어오는 곳으로부터 1.5m 이내의 곳
③ 연소기 폐가스가 접촉하기 쉬운 곳
※ 문제 이해가 선행(설치 장소를 물음. 이중부정의 질문임)

[동]
307. 건축물 안에 매설할 수 없는 도시가스 배관의 재료는?

① 스테인리스강관
② 동관
③ 가스용 금속플렉시블호스
④ 가스용 탄소강관

해설 건축물 안에 매설 가능(저압배관으로 이음매가 없을 경우)
① 스테인리스 강관
② 동관
③ 가스용 금속플렉시블 호스(최대 길이 50m 이하일 것)

[★★★]
308. 독성가스 용기 운반기준에 대한 설명으로 틀린 것은?

① 차량의 최대 적재량을 초과하여 적재하지 아니한다.
② 충전용기는 자전거나 오토바이에 적재하여 운반하지 아니한다.
③ 독성가스 중 가연성가스와 조연성가스는 같은 차량의 적재함으로 운반하지 아니한다.
④ 충전용기를 차량에 적재하여 운반할 때에는 적재함에 넘어지지 않게 뉘어서 운반한다.

[해설] **독성가스 용기 운반기준**
① 차량의 최대 적재량을 초과하여 적재하지 아니한다.
② 자전거나 오토바이에 적재하여 운반하지 아니한다.
③ 독성가스 중 가연성가스와 조연성가스는 같은 차량의 적재함으로 운반하지 아니한다.
④ 용기를 세워서 운반한다.

[★★]
309. LPG 충전시설의 충전소에 기재한 "화기엄금"이라고 표시한 게시판의 색깔로 옳은 것은?

① 황색 바탕에 흑색 글씨
② 황색 바탕에 적색 글씨
③ 흰색 바탕에 흑색 글씨
④ 흰색 바탕에 적색 글씨

[해설]

TIP	바탕색	글씨색	표기문구
화백적	백색	적색	화기엄금
충황흑	황색	흑색	충전 중 엔진정지
도황흑	황색	흑색	도시가스 표지판
위황적	황색	적색	위험고압가스

[★]
310. 특정고압가스사용시설 중 고압가스 저장량이 몇 kg 이상인 용기보관실에 있는 벽을 방호벽으로 설치하여야 하는가?

① 100   ② 200
③ 300   ④ 500

[해설] ④는 액화염소 저장설비에 해당한다.
TIP 특정 300

[동]
311. 방폭전기기기의 용기 내부에서 가연성가스의 폭발이 발생할 경우 그 용기가 폭발압력에 견디고, 접합면, 개구부 등을 통해 외부의 가연성가스에 인화되지 않도록 한 방폭구조는?

① 내압(耐壓) 방폭구조   ② 유입(油入) 방폭구조
③ 압력(壓力) 방폭구조   ④ 본질안전 방폭구조

[해설] **방폭구조 종류의 암기 핵심어**
내압방폭(d) : 폭발압력에 견디고
유입방폭(o) : 기름, 절연유
압력방폭(p) : 불활성 가스 압입
본질안전방폭(ia, ib) : 확인된 구조

[동]
312. 산소 가스설비의 수리 및 청소를 위한 저장탱크 내의 산소를 치환할 때 산소측정기 등으로 치환결과를 측정하여 산소의 농도가 최대 몇 % 이하가 될 때까지 계속하여 치환작업을 하여야 하는가?

① 18%   ② 20%
③ 22%   ④ 24%

[★★★]
313. 다음의 고압가스의 용량을 차량에 적재하여 운반할 때 운반책임자를 동승시키지 않아도 되는 것은?

① 아세틸렌 : 400m³   ② 일산화탄소 : 700m³
③ 액화염소 : 6,500kg ④ 액화석유가스 : 2,000kg

[해설] **고압가스의 차량에 적재하여 운반시 동승자 기준**
• 조연성 : 600m³(6,000kg)
• 가연성 : 300m³(3,000kg)
• 독성 : 100m³(1,000kg) → 200ppm 초과
        10m³(100kg)   → 200ppm 이하
④는 3,000kg 이상시 동승

[★]
314. 고압가스 제조시설에 설치되는 피해저감설비로 방호벽을 설치해야하는 경우가 아닌 것은?

① 압축기와 충전장소 사이
② 압축기와 가스충전용기 보관장소 사이
③ 충전장소와 충전용 주관밸브 조작밸브 사이
④ 압축기와 저장탱크 사이

[해설] ④는 압축기와 충전용기 보관장소이다.

[★]
315. 고압가스의 제조시설에서 실시하는 가스설비의 점검 중 사용개시 전에 점검할 사항이 아닌 것은?

① 기초의 경사 및 침하
② 인터록, 자동제어장치의 기능

정답 309.④ 310.③ 311.① 312.③ 313.④ 314.④

③ 가스설비의 전반적인 누출 유무
④ 배관 계통의 밸브 개폐 상황

해설 ① 기초의 경사 및 침하(설비 점검 전보다는 건축시공 전에 점검)
사용개시 전에 점검사항
① 인터록, 자동제어장치의 기능
② 가스설비의 전반적인 누출 유무
③ 배관 계통의 밸브 개폐 상황

참고 토목공사 중 흙의 분류
① 조립토(자갈, 모래)
② 세립토(실토, 점토)
③ 유기질토(이탄, peat)

[동]
316. 가스공급 배관 용접 후 검사하는 비파괴 검사방법이 아닌 것은?

① 방사선투과검사
② 초음파탐상검사
③ 자분탐상검사
④ 주사전자현미경검사

해설 (1) 비파괴 검사방법(배관 용접부)
- 방사선투과검사(내부선원법, 이중법, 이중상법)(RT)
- 초음파탐상검사(UT)
- 자분탐상검사(MT)
- 침투탐상검사(PT)

(2) 비파괴검사 제외항목(실기용)
① 가스용 폴리에틸렌관(PE관)
② 호칭지름 80A 미만 저압배관
③ 노출된 저압배관

[★★★]
317. 액화석유가스의 시설기준 중 저장탱크의 설치 방법으로 틀린 것은?

① 천장, 벽 및 바닥의 두께가 각각 30cm 이상의 방수조치를 한 철근콘크리트구조로 한다.
② 저장탱크실 상부 윗면으로부터 저장탱크 상부까지의 깊이는 60cm 이상으로 한다.
③ 저장탱크에 설치한 안전밸브에는 지면으로부터 5m 이상의 방출관을 설치한다.
④ 저장탱크 주위 빈 공간에는 세립분을 25% 이상 함유한 마른 모래를 채운다.

해설
- 천장, 벽, 바닥의 두께 0.3m 방수조치 콘크리트
- 탱크실 상부 윗면부터 탱크상부까지의 깊이 0.6m
- 안전밸브에 지면으로부터 5m 이상 방출관 설치
- 탱크 간 1m 이상 간격

세립분 25% 이상의 마른모래(즉, 세립분이 없을 것)

[★]
318. 다음 중 폭발성이 예민하므로 마찰 및 타격으로 격렬히 폭발하는 물질에 해당되지 않는 것은?

① 황화질소
② 메틸아민
③ 염화질소
④ 아세틸라이드

해설 마찰 및 타격으로 격렬히 폭발하는 물질
황화질소, 염화질소, 유화질소, 아세틸라이드
①, ② 메틸아민, 황화수소 : 해당없음

[★★★]
319. 역화방지장치를 설치하지 않아도 되는 곳은?

① 가연성가스 압축기와 충전용 주관 사이의 배관
② 가연성가스 압축기와 오토클레이브 사이의 배관
③ 아세틸렌 충전용 지관
④ 아세틸렌 고압건조기와 충전용 교체밸브 사이의 배관

해설 역화방지장치
가. 가연성가스압축기와 오토클레이브 사이 배관
나. 아세틸렌 충전용 지관(충지)
다. 아세틸렌 고압건조기와 충전용 교체밸브 사이
라. 용접[수소염, 산소-아세틸렌염] 배관 사이

TIP 충치생기면 자동으로 교체하되 수소/산소·아세틸렌 용접기로 제거

[★★★]
320. 아세틸렌 용접용기의 내압시험 압력으로 옳은 것은?

① 최고 충전압력의 1.5배
② 최고 충전압력의 1.8배
③ 최고 충전압력의 5/3배
④ 최고 충전압력의 3배

해설 C_2H_2의 (내압시험) TP : FP×3배 이상
(기밀시험) AP : FP×1.8배 이상

[★]
321. 가연성가스의 제조설비 또는 저장설비 중 전기설비 방폭 구조를 하지 않아도 되는 가스는?

① 암모니아, 시안화수소
② 암모니아, 염화메탄
③ 브롬화메탄, 일산화탄소
④ 암모니아, 브롬화메탄

해설 방폭구조를 하지 않아도 되는 경우
- NH_3
- CH_3Br
- 자연발화하는 가스

[★★]
322. 고압가스특정제조시설에서 안전구역 설정 시 사용하는 안전구역안의 고압가스설비 연소열량수치(Q)의 값은 얼마 이하로 정해져 있는가?

① 6×10^8 ② 6×10^9
③ 7×10^8 ④ 7×10^9

해설 FP111 2020 특정제조 안전구역 설정시 연소열량수치
2.1.9.2 안전구역 안의 고압가스설비 연소열량수치(Q)는 다음 연소열량수치 산정기준 중 어느 하나에 따라 산정한 것으로서, 6×10^8 이하로 한다.
2.1.9.2.1 저장설비 또는 처리설비 안에 1종류의 가스가 있는 경우에는 다음 식에 따라 연소열량수치 Q를 구한다.

$$Q = K \cdot W$$

여기에서 Q : 연소열량의 수치(가스의 단위중량인 진발열량의 수) 〈개정 12.8.13〉
K : 가스의 종류 및 상용의 온도에 따라 표 2.1.9.2.1 ①에서 정한 수치
W : 저장설비 또는 처리설비에 따라 표 2.1.9.2.1 ②에서 정한 수치

[★★★]
323. 용기에 의한 고압가스 판매시설 저장실 설치기준으로 틀린 것은?

① 고압가스의 용적이 300㎥을 넘는 저장설비는 보호시설과 안전거리를 유지하여야 한다.
② 용기보관실 및 사무실은 동일 부지 내에 구분하여 설치한다.
③ 사업소의 부지는 한 면이 폭 5m 이상의 도로에 접하여야 한다.
④ 가연성가스 및 독성가스를 보관하는 용기보관실의 면적은 각 고압가스별로 10㎡ 이상으로 한다.

해설 용기에 의한 고압가스 판매시설 저장실 설치기준
① 고압가스 용적이 300㎥을 넘는 저장설비는 보호시설과 안전거리 유지
② 용기보관실(19㎡) 및 사무실(9㎡) 동일부지 내 구분 설치
③ 사업소 부지는 한 면이 폭 4m 이상의 도로에 접하여야 한다.
④ 가연성가스 및 독성가스 보관용기 보관실 각 고압가스별 10㎡ 이상

[★★★]
324. 수소와 다음 중 어떤 가스를 동일차량에 적재하여 운반하는 때에 그 충전용기와 밸브가 서로 마주보지 않도록 적재하여야 하는가?

① 산소   ② 아세틸렌
③ 브롬화메탄   ④ 염소

해설 ① 수소폭명기
$2H_2 + O_2 \rightarrow 2H_2O$: 동일차량 적재가능. 단, 밸브방향 마주하지 말 것
② 염소폭명기
$H_2 + Cl_2 \rightarrow 2HCl$: 동일차량 적재금지
(Cl_2와 NH_3, H_2, C_2H_2 동일차량 적재금지)

[★]
325. 독성가스 허용농도의 종류가 아닌 것은?

① 시간가중 평균농도(TLV-TWA)
② 단시간 노출허용농도(TLV-STEL)
③ 최고허용농도(TLV-C)
④ 순간 사망허용농도(TLV-D)

해설 현재는 Lc-50 기준을 적용한다.
TIP 암기법 : 전투기 스텔C기(STEL, C)

[★]
326. 가연성가스의 제조설비 중 1종 장소에서의 변압기의 방폭구조는?

① 내압방폭구조   ② 안전증방폭구조
③ 유입방폭구조   ④ 압력방폭구조

해설 제1종 장소에서 변압기 방폭구조
내압 방폭구조 : (Ex d) 용기가 폭발 압력에 견디고 접합면, 개구부 등을 통하여 외부의 가연성가스에 인화되지 아니하도록 한 구조

[★]
327. 재검사 용기에 대한 파기방법의 기준으로 틀린 것은?

① 절단 등의 방법으로 파기하여 원형으로 가공할 수 없도록 할 것
② 허가관청에 파기의 사유·일시·장소 및 인수시한 등에 대한 신고를 하고 파기할 것
③ 잔가스를 전부 제거한 후 절단할 것
④ 파기하는 때에는 검사원이 검사 장소에서 직접 실시할 것

해설 ②는 신고없이 현장에서 파기한다.
※ 재검사용기의 시험항목 : 외관시험, 음향시험, 내압시험

[★] KGS
328. 액화석유가스의 냄새측정 기준에서 사용하는 용어에 대한 설명으로 옳지 않은 것은?

① 시험가스란 냄새를 측정할 수 있도록 액화석유가스를 기화시킨 가스를 말한다.
② 시험자란 미리 선정한 정상적인 후각을 가진 사람으로서 냄새를 판정하는 자를 말한다.
③ 시료기체란 시험가스를 청정한 공기로 희석한 판정용 기체를 말한다.
④ 희석배수란 시료기체의 양을 시험가스의 양으로 나눈 값을 말한다.

해설 KGS FP551 일반도시가스사업 제조소 및 공급소의 시설 기술기준
1.3.7 "냄새가 나는 물질"이란 도시가스제조소에서 공급하는 도시가스에 냄새가 나도록 첨가하는 물질을 말한다.
1.3.8 "패널(Panel)"이란 정상적인 후각을 가진 사람으로서 냄새판정에 직접적으로 참여하는 사람을 말한다.
1.3.9 "시험자"란 냄새가 나는 물질의 농도를 측정하는 자를 말한다.
1.3.10 "시험가스"란 냄새가 나는 물질의 농도측정을 위하여 도시가스가 공급되는 배관에서 채취한 가스를 말한다.
1.3.11 "시료기체"란 시험가스를 깨끗한 공기로 희석한 냄새 판정용 기체를 말한다.
1.3.12 "희석배수"란 시료기체의 량과 시험가스 량과의 비를 말한다.

[★]
329. 고압가스특정제조시설에서 고압가스설비의 설치기준에 대한 설명으로 틀린 것은?

① 아세틸렌의 충전용교체밸브는 충전하는 장소에 직접 설치한다.
② 에어졸제조시설에는 정량을 충전할 수 있는 자동충전기를 설치한다.
③ 공기액화분리기로 처리하는 원료공기의 흡입구는 공기가 맑은 곳에 설치한다.
④ 공기액화분리기에 설치하는 피트는 양호한 환기구조로 한다.

해설 ① 충전용 교체밸브는 충전장소를 피할 것

[★★] KGS
330. 액화석유가스 충전사업장에서 가스충전준비 및 충전작업에 대한 설명으로 틀린 것은?

① 자동차에 고정된 탱크는 저장탱크의 외면으로부터 3m 이상 떨어져 정지한다.
② 안전밸브에 설치된 스톱밸브는 항상 열어둔다.
③ 자동차에 고정된 탱크(내용적이 1만 리터 이상의 것에 한한다.)로부터 가스를 이입받을 때에는 자동차가 고정되도록 자동차정지목 등을 설치한다.
④ 자동차에 고정된 탱크로부터 저장탱크에 액화석유가스를 이입받을 때에는 5시간 이상 연속하여 자동차에 고정된 탱크를 저장탱크에 접속하지 아니한다.

해설 ③은 1만 → 5,000L임

[★]
331. 가스가 누출되었을 때 조치로써 가장 적당한 것은?

① 용기 밸브가 열려서 누출 시 부근 화기를 멀리하고 즉시 밸브를 잠근다.
② 용기 밸브 파손으로 누출 시 전부 대피한다.
③ 용기 안전밸브 누출 시 그 부위를 열습포로 감싸준다.
④ 가스 누출로 실내에 가스 체류 시 그냥 놔두고 밖으로 피신한다.

해설 [가스가 누출되었을 때의 조치]
용기밸브가 열려서 누출 시 부근 화기를 멀리하고 즉시 밸브를 잠근다.

327. ② 328. ② 329. ① 330. ③ 331. ①

[★★★]

332. 가스사용시설의 연소기 각각에 대하여 퓨즈콕을 설치하여야 하나, 연소기 용량이 몇 kcal/h를 초과할 때 배관용 밸브로 대용할 수 있는가?

① 12,500　　② 15,500
③ 19,400　　④ 25,500

[해설] ① 종류 : 퓨즈콕, 상자콕, 주물연소기용 노즐콕
② 퓨즈콕 : 과류차단 안전기구 부착(실기용)
③ 상자콕 : 커플러 연결시 핸들 작동 2022 기출
④ 콕의 개폐 : 핸들을 90° 또는 180° 회전에 의해 완전개폐
⑤ 열림방향 : 시계바늘의 반대방향
⑥ 가스사용시설에는 퓨즈콕 설치(단, 배관용밸브 설치기준 : 연소기가 배관에 연결된 경우 또는 소비량 19,400kcal/h를 초과 또는 압력이 3.3kPa 초과하는 연소기가 연결된 배관)
연소기 각각에 대하여 퓨즈콕 설치

[★★]

333. 고압가스 냉매설비의 기밀시험 시 압축공기를 공급할 때 공기의 온도는 몇 ℃ 이하로 할 수 있는가?

① 40℃ 이하　　② 70℃ 이하
③ 100℃ 이하　　④ 140℃ 이하

[★]

334. LP 가스 저온 저장탱크에 반드시 설치하지 않아도 되는 장치는?

① 압력계　　② 진공안전밸브
③ 감압밸브　　④ 압력경보설비

[해설] 부압안전장치 종류
①, ②, ④ 외 송액설비, 냉동제어설비, 균압관이 있다.

[★★]

335. 도시가스 품질검사 시 허용기준 중 틀린 것은?

① 전유황 : 30mg/m³ 이하
② 암모니아 : 10mg/m³ 이하
③ 할로겐총량 : 10mg/m³ 이하
④ 실록산 : 10mg/m³ 이하

[해설] NH_3 : 검출 불가
황화수소(H_2S) : 1mg 이하

[★]

336. 액화석유가스 용기충전시설의 저장탱크에 폭발방지장치를 의무적으로 설치하여야 하는 경우는?

① 상업지역에 저장능력 15톤 저장탱크를 지상에 설치하는 경우
② 녹지지역에 저장능력 20톤 저장탱크를 지상에 설치하는 경우
③ 주거지역에 저장능력 5톤 저장탱크를 지상에 설치하는 경우
④ 녹지지역에 저장능력 30톤 저장탱크를 지상에 설치하는 경우

[해설] 주거지역, 상업지역에 저장능력 10t 이상 시 폭발방지장치 설치 의무(재질 : 다공성 벌집형 AL박판)

[동]

337. 고압가스 용기를 내압 시험한 결과 전증가량은 400mL, 영구증가량이 20mL이었다. 영구증가율은 얼마인가?

① 0.2%　　② 0.5%
③ 5%　　④ 20%

[해설] 영구증가율(%)
$$= \frac{영구증가량}{전증가량} = \frac{20\,mL}{400\,mL} = 0.05\,(5\%)$$

[★★] KGS FS551(일반도시가스 제조소 및 공급소 밖의 배관의 시설 및 기술기준)

338. 일반도시가스 배관의 설치기준 중 하천 등을 횡단하여 매설하는 경우로서 적합하지 않은 것은?

① 하천을 횡단하여 배관을 설치하는 경우에는 배관의 외면과 계획하상(河床, 하천의 바닥) 높이와의 거리는 원칙적으로 4.0m 이상으로 한다.
② 소하천, 수로를 횡단하여 배관을 매설하는 경우 배관의 외면과 계획하상(河床, 하천의 바닥) 높이와의 거리는 원칙적으로 2.5m 이상으로 한다.
③ 그 밖의 좁은 수로를 횡단하여 배관을 매설하는 경우 배관의 외면과 계획하상(河床, 하천의 바닥) 높이와의 거리는 원칙적으로 1.5m 이상으로 한다.
④ 하상변동, 패임, 닻내림 등의 영향을 받지 아니하는 깊이에 매설한다.

[해설] KGS FS551 배관의 설치기준 중 하천 등을 횡단시 기준 「도시가스사업법」 시행규칙 별표6 제3호 가목2)아) 및 KGS FS551(일반도시가스 제조소 및 공급소 밖의 배관의 시

정답 332. ③　333. ④　334. ③　335. ②　336. ①　337. ③　338. ③

설·기술·검사·정밀안전진단 기준) 2.5.8.2.3에서 하천 횡단매설시의 도시가스배관 심도를 별도로 정하고 있는 것은 하천의 범람, 하상변동, 패임, 닻내림 등의 위해 요인으로부터 하천구역에 매설된 가스배관에 미치는 영향을 제거하기 위한 조치

1.3.16 "하천구역"이란 「하천법」 제10조제1항에 따른 하천구역 중 제방 이외의 하심측(河心側)의 토지를 말한다. 〈신설 10.11.3〉

1.3.19 "수로"란 하천 또는 소하천에 속하지 않는 것으로 개천, 용수로(用水路) 또는 이와 유사한 것으로 물이 흐르는 자연 또는 인공의 통로를 말한다. 〈신설 10.11.3〉

1.3.21 "계획하상높이"란 하천관리청에서 하천 관리를 위해 정해 놓은(계획해 놓은) 하상(하천의 바닥) 높이를 말한다. 〈신설 10.11.3〉

(3-1) 하천구역 : 4m 이상. 다만, 최고사용압력이 중압 이하인 배관을 하상폭(정비가 완료된 하천의 경우에는 양쪽 저수호안의 상부 사이의 폭을, 정비가 완료되지 아니한 하천의 경우에는 하천구역의 폭을 말한다) 20m 이하인 하천에 매설하는 경우로서 하상폭 양 끝단으로부터 보호시설과의 거리 계산식에서 산출한 수치 이상인 경우에는 2.5m 이상으로 할 수 있다.

(3-2) 소하천 및 수로 : 2.5m 이상

(3-3) 그 밖의 좁은 수로(용수로·개천 또는 이와 유사한 것은 제외한다) : 1.2m 이상

(4) (3)에 불구하고 하천의 바닥이 경암으로 이루어져 배관의 매설깊이를 유지하기 곤란한 경우로서 다음 기준에 따라 배관을 보호조치하는 경우에는 배관의 외면과 하천 바닥면의 경암 상부와의 거리는 1.2m 이상으로 할 수 있다.

- 배관 주위 흙이 사질토인 경우 방호구조물 : 물의 비중 이상의 값
- ③은 1.5m → 1.2m 이상

[★★★] 2022 실기(기출)

339. 고압가스 설비의 내압 및 기밀시험에 대한 설명으로 옳은 것은?

① 내압시험은 상용압력의 1.1배 이상의 압력으로 실시한다.
② 기체로 내압시험을 하는 것은 위험하므로 어떠한 경우라도 금지된다.
③ 내압시험을 할 경우에는 기밀시험을 생략할 수 있다.
④ 기밀시험은 상용압력 이상으로 하되, 0.7MPa을 초과하는 경우 0.7MPa 이상으로 한다.

해설 KGS FU211 4.2.2.7.2 기밀시험방법
(1) 기밀시험은 원칙적으로 공기 또는 위험성이 없는 기체의 압력으로 실시한다.

(2) 기밀시험은 그 설비가 취성 파괴를 일으킬 우려가 없는 온도에서 실시한다.
(3) 기밀시험압력은 상용압력 이상으로 하되, 0.7MPa를 초과하는 경우 0.7MPa 압력 이상으로 한다.

참고 고압가스설비 TP : 상용압력 1.5배
③은 문구주의(내압시험을 한 경우는 기밀시험을 생략할 수 있다.)

[★★★]

340. 저장탱크에 의한 LPG 사용시설에서 가스계량기의 설치기준에 대한 설명으로 틀린 것은?

① 가스계량기와 화기와의 우회거리 확인은 계량기의 외면과 화기를 취급하는 설비의 외면을 실측하여 확인한다.
② 가스계량기는 화기와 3m 이상의 우회거리를 유지하는 곳에 설치한다.
③ 가스계량기의 설치높이는 1.6m 이상, 2m 이내에 설치하여 고정한다.
④ 가스계량기와 굴뚝 및 전기점멸기와의 거리는 30cm 이상의 거리를 유지한다.

해설 가스계량기 설치기준(LPG 사용시설)
① 계량기 외면과 화기 취급 설비 : 2m 이상
② 가스계량기 설치높이 1.6m 이상 2m 이내
③ 가스계량기는 전기접속기, 전기점멸기 및 굴뚝과는 30cm 이상

참고 배관이음부는 전기접속기와 전기점멸기와는 15cm 이상

[★] KGS

341. 액화석유가스 사용시설에서 LPG 용기 집합설비의 저장능력이 얼마 이하일 때 용기, 용기밸브, 압력조정기가 직사광선, 눈 또는 빗물에 노출되지 않도록 해야 하는가?

① 50kg 이하
② 100kg 이하
③ 300kg 이하
④ 500kg 이하

해설 KGS FU431 용기에 의한 액화석유가스 사용시설의 시설·기술·검사 기준
2.3.2.1 용기 및 용기부속품 보호조치 〈신설 16.6.16〉
용기는 사용시설의 안전 확보와 그 용기의 보호를 위하여 용기집합설비의 저장능력이 100kg 이하인 경우 용기, 용기밸브 및 압력조정기가 직사광선, 눈 또는 빗물로부터 위해 미치지 않도록 다음 기준 중 어느 하나의 조치를 한다.

(1) 용기 및 용기부속품 보호캡
　(1-1) 재료 : 「건축물의 피난·방화구조 등의 기준에 관한 규칙」에 따른 난연재료와 동등 이상의 재료
　(1-2) 바람 등에 의하여 이탈되지 않도록 설치
(2) 용기 및 용기부속품 보호판
　1) 재료 : 「건축물의 피난·방화구조 등의 기준에 관한 규칙」에 따른 난연재료와 동등 이상의 재료
　2) 보호판은 아래의 계산식에 따라 산정된 값 이상의 크기로 설치한다.

> 가로 : (용기 직경 × 용기 개수) + 각 용기 간의 간격

　2-2) 세로 : 벽면으로부터 용기 외면까지의 거리 + 용기 직경
　2-3) 벽면에 단단하게 고정·부착하고, 모서리부에 패킹을 설치하거나 라운딩 처리하여 설치

④는 용기 저장설비 기준이다.

[★]
342. 아세틸렌 용기를 제조하고자 하는 자가 갖추어야 하는 설비가 아닌 것은?

① 원료혼합기　② 건조로
③ 원료충전기　④ 소결로

[해설] 아세틸렌 용기 제조 시 갖춰야 할 설비
원료혼합기, 원료충전기, 건조로
소결로× (요업공업에 사용)

[★★★] KGS
343. 도로굴착공사에 의한 도시가스배관 손상 방지기준으로 틀린 것은?

① 착공 전 도면에 표시된 가스배관과 기타 지장물 매설 유무를 조사하여야 한다.
② 도로굴착자의 굴착공사로 인하여 노출된 배관 길이가 10m 이상인 경우에는 점검통로 및 조명시설을 하여야 한다.
③ 가스배관이 있을 것으로 예상되는 지점으로부터 2m 이내에서 줄파기를 할 때에는 안전관리전담자의 입회하에 시행하여야 한다.
④ 가스배관의 주위를 굴착하고자 할 때에는 가스배관의 좌우 1m 이내의 부분은 인력으로 굴착한다.

[해설] ②는 10m → 15m 이상

[★]
344. 도시가스 배관이 하천을 횡단하는 배관 주위의 흙이 사질토의 경우 방호구조물의 비중은?

① 배관 내 유체 비중 이상의 값
② 물의 비중 이상의 값
③ 토양의 비중 이상의 값
④ 공기의 비중 이상의 값

[해설] KGS FU551(도시가스 사용시설 기준)
2.5.4.2.5 매설깊이 미달배관 보호조치
(4) 하천 또는 수로를 횡단하는 배관에 설치하는 보호관 또는 방호구조물은 가스배관의 부양 또는 선박의 닻내림에 의한 손상을 방지하기 위하여 다음의 안전조치를 한다.
(4-1) 보호관 또는 방호구조물(내부에 들어있는 공기와 물의 중량을 포함한다)의 비중은 주위의 흙이 사질토인 경우 물의 비중 이상이 되도록 한다.(보호관 → 2중관) 〈개정 2019.10.16.〉
사질토(sand soil) : ① 흙 입자 함수비가 20% 이하의 흙
　　　　　　　　　 ② 모래부분 비율이 50% 이상의 흙

[★] KGS
345. 도시가스사업자는 가스공급시설을 효율적으로 관리하기 위하여 배관 정압기에 대하여 도시가스 배관망을 전산화하여야 한다. 이 때 전산관리 대상이 아닌 것은?

① 설치도면　② 시방서
③ 시공자　　④ 배관제조자

[★]
346. 액화석유가스를 저장하기 위하여 지상 또는 지하에 고정설치된 탱크로서 액화석유가스의 안전관리 및 사업법에서 정한 "소형저장탱크"는 그 저장능력이 얼마인 것을 말하는가?

① 1톤 미만　② 3톤 미만
③ 5톤 미만　④ 10톤 미만

[해설] 저장능력 기준
• 저장소 : 5t 이상
• 저장탱크 : 3t 이상
• 소형 저장탱크 : 3t 미만

정답 342. ④　343. ②　344. ②　345. ④　346. ②

347. 에어졸 제조설비와 인화성 물질과의 최소 우회거리는?

① 3m 이상   ② 5m 이상
③ 8m 이상   ④ 10m 이상

[해설] TIP 에어졸의 에잇(eight)은 8이다.

348. 지상 배관은 안전을 확보하기 위해 그 배관의 외부에 다음의 항목들을 표기하여야 한다. 해당하지 않는 것은?

① 사용가스명   ② 최고사용압력
③ 가스의 흐름방향   ④ 공급회사명

[해설] 지상배관 표시사항은 ①, ②, ③
보호포 표시사항은 ①, ②, ④이다.

349. 굴착으로 인하여 도시가스배관이 65m가 노출되었을 경우 가스누출경보기의 설치 개수로 알맞은 것은?

① 1개   ② 2개
③ 3개   ④ 4개

[해설] 경보기 설치 계산
- 건물 내 : 10m 마다 1개
- 건물 외 : 20m 마다 1개
→ 65m = 건물 밖(20m+20m+20m+5m) = 4개(0.1m라도 1개 설치 요망)

350. 냉동기란 고압가스를 사용하여 냉동하기 위한 기기로서 냉동능력 산정기준에 따라 몇 톤 이상인 것을 말하는가?

① 1   ② 1.2
③ 2   ④ 3

351. 도시가스 배관을 노출하여 설치하고자 할 때 배관 손상방지를 위한 방호조치 기준으로 옳은 것은?

① 방호철판 두께는 최소 10㎜ 이상으로 한다.
② 방호철판의 크기는 1m 이상으로 한다.
③ 철근 콘크리트재 방호 구조물은 두께가 15㎝ 이상이어야 한다.
④ 철근 콘크리트재 방호 구조물은 높이가 1.5m 이상이어야 한다.

[해설] 도시가스 배관 노출 설치시 배관 손상방지를 위한 방호조치 기준
방호철판 두께 최소 4mm 이상, 크기 80cm 이상
하단부는 지면에서 20cm 이상 30cm 이하 이격
철근 콘크리트 방호구조물(높이×두께) = 2m×12cm

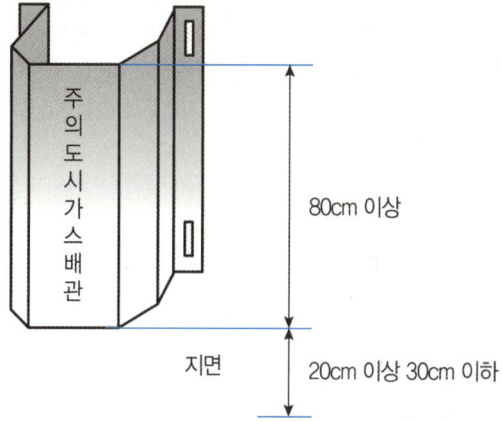

352. 다음 중 공동주택 등에 도시가스를 공급하기 위한 것으로서 압력조정기의 설치가 가능한 경우는?

① 가스압력이 중압으로서 전체세대수가 100세대인 경우
② 가스압력이 중압으로서 전체세대수가 150세대인 경우
③ 가스압력이 저압으로서 전체세대수가 250세대인 경우
④ 가스압력이 저압으로서 전체세대수가 300세대인 경우

[해설] 압력조정기 설치
압력조정기 공동주택
- 중압 이상 – 150세대 미만(최대 공급 가능 세대수 : 149세대)
- 저압 이상 – 250세대 미만(최대 공급 가능 세대수 : 249세대)

347. ③   348. ④   349. ④   350. ③   351. ②   352. ①

[★★★] KGS
353. 고압가스 배관의 설치기준 중 하천과 병행하여 매설하는 경우에 대한 설명으로 틀린 것은?

① 배관은 견고하고 내구력을 갖는 방호구조물 안에 설치한다.
② 배관의 외면으로부터 2.5m 이상의 매설심도를 유지한다.
③ 하상(河床, 하천의 바닥)을 포함한 하천구역에 하천과 병행하여 설치한다.
④ 배관손상으로 인한 가스누출 등 위급한 상황이 발생한 때에 그 배관에 유입되는 가스를 신속히 차단할 수 있는 장치를 설치한다.

[해설] 배관설치기준 중 하천과 병행 매설기준
① 배관은 견고하고 내구력을 갖는 방호구조물 안에 설치
② 배관의 외면으로부터 2.5m 이상 매설심도 유지
③ 배관손상으로 인한 가스누출 등 위급한 상황이 발생한 때에 그 배관에 유입되는 가스를 신속히 차단할 수 있는 장치 설치
- 하천병행매설 : 하상을 제외한 하천구역에 하천과 병행하여 설치한다.

[★]
354. 가스사용시설에서 원칙적으로 PE배관을 노출배관으로 사용할 수 있는 경우는?

① 지상배관과 연결하기 위하여 금속관을 사용하여 보호조치를 한 경우로서 지면에서 20㎝ 이하로 노출하여 시공하는 경우
② 지상배관과 연결하기 위하여 금속관을 사용하여 보호조치를 한 경우로서 지면에서 30㎝ 이하로 노출하여 시공하는 경우
③ 지상배관과 연결하기 위하여 금속관을 사용하여 보호조치를 한 경우로서 지면에서 50㎝ 이하로 노출하여 시공하는 경우
④ 지상배관과 연결하기 위하여 금속관을 사용하여 보호조치를 한 경우로서 지면에서 1m 이하로 노출하여 시공하는 경우

[해설] KGS FU551 도시가스 사용시설의 시설·기술·검사 기준
1.7.1 폴리에틸렌관 설치 제한 〈개정 09.12.2〉
1.7.1.1 폴리에틸렌관(이하, "PE배관"이라 한다)은 노출배관으로 사용하지 않는다. 다만, 지상배관과 연결을 위하여 금속관을 사용하여 보호조치를 한 경우로서 지면에서 30㎝ 이하로 노출하여 시공하는 경우에는 노출배관으로 사용할 수 있다.

PE배관은 별표14 제4호다목(8)에 따라 폴리에틸렌융착원양성교육을 이수한 자로 하여금 시공하도록 한다.
1.7.2.1 가스계량기는 「건축법 시행령」제46조제4항에 따라 공동주택의 대피공간, 방·거실 및 주방 등으로서 사람이 거처하는 곳에 설치하지 않는다.
1.7.2.2 가스계량기에 나쁜 영향을 미칠 우려가 있는 다음 장소에는 설치하지 않는다.
 (1) 진동의 영향을 받는 장소
 (2) 석유류 등 위험물을 저장하는 장소
 (3) 수전실, 변전실 등 고압전기설비가 있는 장소

[★]
355. 가연물의 종류에 따른 화재의 구분이 잘못된 것은?

① A급 : 일반화재 ② B급 : 유류화재
③ C급 : 전기화재 ④ D급 : 식용유 화재

[해설] D급 화재 : 금속화재

[★]
356. 정전기에 대한 설명 중 틀린 것은?

① 습도가 낮을수록 정전기를 축적하기 쉽다.
② 화학섬유로 된 의류는 흡수성이 높으므로 정전기가 대전하기 쉽다.
③ 액상의 LP 가스는 전기 절연성이 높으므로 유동시에는 대전하기 쉽다.
④ 재료 선택 시 접촉 전위차를 적게 하여 정전기 발생을 줄인다.

[해설] 정전기 발생 시 화학섬유는 흡수성이 낮아 정전기 대전이 용이하다.

[★]
357. 어떤 도시가스의 웨버지수를 측정하였더니 36.52MJ/㎥이었다. 품질검사기준에 의한 합격 여부는?

① 웨버지수 허용기준보다 높으므로 합격이다.
② 웨버지수 허용기준보다 낮으므로 합격이다.
③ 웨버지수 허용기준보다 높으므로 불합격이다.
④ 웨버지수 허용기준보다 낮으므로 불합격이다.

[해설] **웨버지수**
합격기준 51.5 ~ 56.52MJ/㎥(12,300 ~ 13,500kcal/㎥)
36.52MJ/㎥이면 웨버지수 허용기준보다 낮으므로 불합격이다.

정답 353. ③ 354. ② 355. ④ 356. ② 357. ④

358. 아세틸렌의 성질에 대한 설명으로 틀린 것은? [★★★]

① 색이 없고 불순물이 있을 경우 악취가 난다.
② 융점과 비점이 비슷하여 고체 아세틸렌은 융해하지 않고 승화한다.
③ 발열화합물이므로 대기에 개방하면 분해폭발할 우려가 있다.
④ 액체 아세틸렌보다 고체 아세틸렌이 안정하다.

해설 아세틸렌 성질
- 분해폭발은 1.5 기압하에 가압, 충격, 마찰 시 발생
- 염소(Cl_2)와 혼합적재 금지
- 화기엄금 명기
- 산소용기와 같이 저장 말 것
- 통풍이 양호한 저장소
- 다공물질 충전 검사는 용기 벽을 따라서 용기 안 지름 $\frac{1}{200}$ 또는 3mm를 초과하는 틈이 없는 것으로 한다.
- 무색, 악취가 난다(단, 불순물 존재시).

359. 교량에 도시가스 배관을 설치하는 경우 보호조치 등 설계·시공에 대한 설명으로 옳은 것은? [★]

① 교량첨가 배관은 강관을 사용하며, 기계적 접합을 원칙으로 한다.
② 제 3자의 출입이 용이한 교량설치 배관의 경우 보행방지철조망 또는 방호철조망을 설치한다.
③ 지진발생시 등 비상시 긴급차단을 목적으로 첨가배관의 길이가 200m 이상인 경우 교량 양단의 가까운 곳에 밸브를 설치토록 한다.
④ 교량첨가 배관에 가해지는 여러 하중에 대한 합성응력이 배관의 허용응력을 초과하도록 설계한다.

해설 교량에 도시가스배관을 설치하는 경우
제3자의 출입이 용이한 교량설치 배관의 경우 보행방지철조망 또는 방호철조망을 설치한다.
①은 용접접합을 원칙으로 해야 한다.
③은 300m 이상이다.
④는 허용응력 이하로 하여야 한다.

360. 용기의 안전점검 기준에 대한 설명으로 틀린 것은? [★]

① 용기의 도색 및 표시 여부를 확인
② 용기의 내·외면을 점검
③ 재검사 기간의 도래 여부를 확인
④ 열 영향을 받은 용기는 재검사와 상관이 없이 새 용기로 교환

해설 열 영향을 받은 용기는 재검사 후 사용여부를 결정한다.

361. 300kg의 액화프레온 12(R-12)가스를 내용적 50L 용기에 충전할 때 필요한 용기의 개수는? (단, 가스정수 C는 0.86이다.) [★★]

① 5개 ② 6개
③ 7개 ④ 8개

해설 저장능력 계산
① $W(kg) = \frac{L}{c} = \frac{50}{0.86} = 58.14(kg)$
② 용기 개수(개) $= \frac{300kg}{58.14kg} = 5.16 ≒ 6(개)$

362. 고압가스용 이음매 없는 용기의 재검사 시 내압시험 합격 판정의 기준이 되는 영구증가율은? [★]

① 0.1% 이하 ② 3% 이하
③ 5% 이하   ④ 10% 이하

해설 합격 기준 : 영구증가율 10% 이하

363. 액화석유가스 충전시설 중 충전설비는 그 외면으로부터 사업소 경계까지 몇 m 이상의 거리를 유지하여야 하는가? [★] KGS(시행규칙 제8조 1호 규정)

① 5   ② 10
③ 15 ④ 24

해설 액화석유가스 충전시설 중 충전설비에서 사업소 경계까지의 유지거리 : 24m 이상 유지

358. ③ 359. ② 360. ④ 361. ② 362. ④ 363. ④

[★★★]

364. 가스의 연소에 대한 설명으로 틀린 것은?

① 인화점은 낮을수록 위험하다.
② 발화점은 낮을수록 위험하다.
③ 탄화수소에서 착화점은 탄소수가 많은 분자일수록 낮아진다.
④ 최소점화에너지는 가스의 표면장력에 의해 주로 결정된다.

[해설] 가스의 연소
① 인화점은 낮을수록 위험하다.
② 발화점은 낮을수록 위험하다.
③ 탄화수소에서 착화점은 탄소수가 많은 분자일수록 낮아진다.
④ 최소점화에너지 특징
 • 열전도 적을수록 최소발화에너지↓
 • 가스종류, 온도, 조성, 압력 등 조건에 의해 결정
 • 기준가스 : CH_4(메탄)
 • 표면장력($\sigma = \dfrac{PD}{4}$, 단위 N/m)
 표면장력 : 분자인력으로 응집력 발생 → 표면적이 작아지는 장력임

[★, 동]

365. 에어졸 시험방법에서 불꽃길이 시험을 위해 채취한 시료의 온도 조건은?

① 24℃ 이상, 26℃ 이하
② 26℃ 이상, 30℃ 미만
③ 46℃ 이상, 50℃ 미만
④ 60℃ 이상, 66℃ 미만

[해설] 에어로졸 시험방법
 • 불꽃길이 시험용 가스 온도 : 채취한 시료의 온도 조건 24℃ 이상 26℃ 이하
 ★ • 가스누출시험(온수탱크온도 : 46℃ 이상 50℃ 미만)

[★★★]

366. 다음 각 독성가스 누출 시 사용하는 제독제로서 적합하지 않은 것은?

① 염소 : 탄산소다수용액
② 포스겐 : 소석회
③ 산화에틸렌 : 소석회
④ 황화수소 : 가성소다수용액

[해설] 독성가스 제독제(중화제, 흡수제)

	소석회	가성소다 수용액	탄산소다 수용액	물
염소	○	○	○	
시안화수소		○		
포스겐	○	○		
황화수소		○	○	
아황산가스		○	○	○
암모니아				
산화에틸렌				물
염화메탄				

[암기TIP]
염 : 소 가 탄(네) / 시 : 가 / 포 : 가 소 / 아 : 가 탄 물
황 : 가 탄 / (암·산에·염탄) : 물

[★★★]

367. 다음 중 독성(LC_{50})이 강한 가스는?

① 염소 ② 시안화수소
③ 산화에틸렌 ④ 불소

[해설] 독성가스 중 독성(LC_{50})기준 강한 순
포스겐, 오존, 인화수소, 시안화수소, 불소, 염소, 황화수소, 아크릴로니트릴, 브롬화메탄, 불화수소, 아황산가스, 산화에틸렌, 염화수소, 일산화탄소, 암모니아
TIP 포스 오 인 시/불 염 황/아 브 불/아황 산에/염 일 암

[동]

368. 가스사고가 발생하면 산업통상자원부령에서 정하는 바에 따라 관계기관에 가스사고를 통보해야 한다. 다음 중 사고 통보내용이 아닌 것은?

① 통보자의 소속, 직위, 성명 및 연락처
② 사고원인자 인적사항
③ 사고발생 일시 및 장소
④ 시설현황 및 피해현황(인명 및 재산)

[해설] ②는 통보 후 조사 진행

[동]

369. 의료용 가스용기의 도색구분으로 틀린 것은?

① 산소 – 백색 ② 액화탄산가스 – 회색
③ 질소 – 흑색 ④ 에틸렌 – 갈색

정답 364. ④ 365. ① 366. ③ 367. ② 368. ② 369. ④

해설 의료용 가스
질소(N_2), 에틸렌(C_2H_4), 액화탄산($L-CO_2$), 싸이크로프로판, 아산화질소(N_2O), 산소(O_2), 헬륨(He)

TIP 헤갈위해 탄회와 청아를 싸게 주니 백산록에 자고나도 칠흑같은 밤이구나!

[동]
370. 건축물 내 도시가스 매설배관으로 부적합한 것은?

① 동관 ② 강관
③ 스테인리스강 ④ 가스용 금속플렉시블호스

해설 매설배관 종류
동관, 스테인리스강, 가스용 금속플렉시블호스

[★★]
371. 시안화수소를 충전한 용기는 충전 후 몇 시간 정치한 뒤 가스의 누출검사를 해야 하는가?

① 6 ② 12
③ 18 ④ 24

해설 시안화수소
충전 후 24시간(아세틸렌. 시안화수소) 정치한 뒤 가스누출 검사

[★] KGS
372. 도시가스공급시설의 공사계획 승인 및 신고대상에 대한 설명으로 틀린 것은?

① 제조소 안에서 액화가스용 저장탱크의 위치변경공사는 공사계획 신고대상이다.
② 밸브기지의 위치변경 공사는 공사계획 신고대상이다.
③ 호칭지름이 50㎜ 이하인 저압의 공급관을 설치하는 공사는 공사계획 신고대상에서 제외한다.
④ 저압인 사용자공급관 50m를 변경하는 공사는 공사계획 신고대상이다.

해설 도시가스 공급시설 공사계획 승인 및 신고대상
• 공사계획 신고대상
 ① 액화가스용 저장탱크의 위치변경공사
 ② 저압인 사용자 공급관 50m를 변경하는 공사
 ③ 신고제외 : 호칭지름 50mm 이하인 저압의 공급관을 설치하는 공사는 제외한다.
• 밸브기지 위치 변경공사는 공사계획 승인대상이다.

[★★]
373. 일반 액화석유가스 압력조정기에 표시하는 사항이 아닌 것은?

① 제조자명이나 그 약호
② 제조번호나 로트번호
③ 입구압력(기호: P, 단위: MPa)
④ 검사 연월일

해설 압력조정기 표시사항
① 제조자명이나 그 약호
② 제조번호나 로트번호
③ 입구압력(기호 P, 단위 MPa)
→ 제조연월일, 보증기간 등이 있다.

[★]
374. 독성가스 저장시설의 제독 조치로써 옳지 않은 것은?

① 흡수, 중화조치
② 흡착 제거조치
③ 이송설비로 대기 중에 배출
④ 연소조치

해설 독성가스를 연소하여 대기중으로 배출하는 제독설비가 필요하다.

[★]
375. 고압가스 제조설비에 설치하는 가스누출경보 및 자동차단장치에 대한 설명으로 틀린 것은?

① 계기실 내부에도 1개 이상 설치한다.
② 잡가스에는 경보하지 아니하는 것으로 한다.
③ 누출을 검지하여 그 농도를 지시함과 동시에 경보를 울리는 방식으로 한다.
④ 가연성 가스의 제조설비에 격막 갈바니 전지방식의 것을 설치한다.

해설 가스누출경보 및 자동차단장치
① 계기실 내부에도 1개 이상 설치
② 잡가스에는 경보하지 아니하는 것으로 한다.
③ 누출을 검지하여 그 농도를 지시함과 동시에 경보를 울리는 방식으로 한다.
④ 접촉연소방식(가연성가스), 반도체식(독성·가연성), 격막 갈바니 전지방식(산소)

370. ② 371. ④ 372. ② 373. ④ 374. ③ 375. ④

[★★★]

376. 공기 중 폭발범위에 따른 위험도가 가장 큰 가스는?

① 암모니아 ② 황화수소
③ 석탄가스 ④ 이황화탄소

해설
① 암모니아 : H = (28-15)/15 = 0.86
② 황화수소 : H = (45-4.3)/4.3 = 9.465
③ 석탄가스(메탄+수소) 위험도(CH_4) : H = (15-5)/5 = 2
④ 이황화탄소 위험도
  폭발범위(연소) 1.25~44% → $H = \dfrac{44-1.25}{1.25} = 34.2$
  인화점 30℃

[★]

377. 가스용기의 취급 및 주의사항에 대한 설명으로 틀린 것은?

① 충전 시 용기는 용기 재검사 기간이 지나지 않았는지 확인한다.
② LPG용기나 밸브를 가열할 때는 뜨거운 물(40℃ 이상)을 사용한다.
③ 충전한 후에는 용기밸브의 누출 여부를 확인한다.
④ 용기 내에 잔류물이 있을 때에는 잔류물을 제거하고 충전한다.

해설 ②는 40℃ 이하

[★★★] KGS

378. 액화석유가스 사용시설을 변경하여 도시가스를 사용하기 위해서 실시하여야 하는 안전조치 중 잘못 설명한 것은?

① 일반도시가스사업자는 도시가스를 공급한 이후에 연소기 변경 사실을 확인하여야 한다.
② 액화석유가스의 배관 양단에 막음조치를 하고 호스는 철거하여 설치하려는 도시가스 배관과 구분되도록 한다.
③ 용기 및 부대설비가 액화석유가스 공급자의 소유인 경우에는 도시가스공급 예정일까지 용기 등을 철거해 줄 것을 공급자에게 요청해야 한다.
④ 도시가스로 연료를 전환하기 전에 액화석유가스 안전공급계약을 해지하고, 용기 등의 철거와 안전조치를 확인하여야 한다.

해설 액화석유가스 사용시설 → 도시가스사용시설 변경시 조치사항
① 일반도시가스사업자는 도시가스를 공급하기 이전에 연소기 변경 사실을 확인하여야 한다.

[★★] 기능장 53회 기출

379. 다음은 이동식 압축천연가스 자동차충전시설을 점검한 내용이다. 이 중 기준에 부적합한 경우는?

① 이동충전차량과 가스배관구를 연결하는 호스의 길이가 6m이었다.
② 가스배관구 주위에는 가스배관구를 보호하기 위하여 높이 40cm, 두께 13cm인 철근콘크리트 구조물이 설치되어 있었다.
③ 이동충전차량과 충전설비 사이 거리는 8m이었고, 이동충전차량과 충전설비 사이에 강판제 방호벽이 설치되어 있었다.
④ 충전설비 근처 및 충전설비에서 6m 이상 떨어진 장소에 수동 긴급차단장치가 각각 설치되어 있었으며 눈에 잘 띄었다.

해설 이동식 압축도시가스 자동차충전시설 점검
① 가스배관구 연결호스길이 : 5m 이내
② 가스배관구 주위 높이 30cm, 두께 12cm인 철근콘크리트 구조물 설치
③ 이동충전차량 ~ 충전설비 사이 : 8m, 강판제 방호벽 설치
④ 충전설비 5m 이상 떨어진 장소에 수동 긴급차단장치 각각 설치

[동]

380. 아세틸렌을 용기에 충전하는 때에는 미리 용기에 다공물질을 고루 채워 다공도가 75% 이상, 92% 미만이 되도록 한 후 (Ⓐ) 또는 (Ⓑ)를 고루 침윤시키고 충전하여야 한다. 괄호 Ⓐ와 Ⓑ에 들어갈 명칭은?

① Ⓐ 아세톤, Ⓑ 알코올
② Ⓐ 아세톤, Ⓑ 물(H_2O)
③ Ⓐ 아세톤, Ⓑ 디메틸포름아미드
④ Ⓐ 알코올, Ⓑ 물(H_2O)

해설 ③ 아세톤, PMF

[★★]
381. 공정과 설비의 고장형태 및 영향, 고장형태별 위험도 순위 등을 결정하는 안전성평가기법은?

① 예비위험분석(PHA)
② 위험과 운전분석(HAZOP)
③ 결함수분석(FTA)
④ 이상 위험도 분석(FMECA)

[해설] 안전성평가기법
[정성평가와 정량평가 종류]

정성평가	정량평가	
Check List(체크리스트)	HEA(작업자실수 분석)	
What – if(사고예상질문)	FTA(결함수 분석)	TIP 영자 3자리
Hazop(위험과 운전)	ETA(사건수 분석)	
TIP 성체사위	CCA(원인결과 분석)	
FMECA(이상위험도 분석) : 고장형태 및 영향, 고장형태별 위험도 순위 등을 결정		

[★] 2021 실기
382. 일반도시가스사업 정압기실에 설치되는 기계환기설비 중 배기구의 관경은 얼마 이상으로 하여야 하는가?

① 10cm   ② 20cm
③ 30cm   ④ 50cm

[해설] 정압기실 배기구 관경
10cm 이상 = 100mm = 100A

[★★]
383. 차량에 고정된 산소용기 운반 차량에는 일반인이 쉽게 식별할 수 있도록 표시하여야 한다. 운반차량에 표시하여야 하는 것은?

① 위험고압가스, 회사명
② 위험고압가스, 전화번호
③ 화기엄금, 회사명
④ 화기엄금, 전화번호

[해설] 차량에 고정된 산소용기 운반차량
위험고압가스, 전화번호 표시

[★★★]
384. 고압가스 품질검사에 대한 설명으로 틀린 것은?

① 품질검사 대상 가스는 산소, 아세틸렌, 수소이다.
② 품질검사는 안전관리책임자가 실시한다.
③ 산소는 동·암모니아 시약을 사용한 오르잣드법에 의한 시험결과 순도가 99.5% 이상이어야 한다.
④ 수소는 하이드로썰파이드 시약을 사용한 오르잣드법에 의한 시험결과 순도가 99.0% 이상이어야 한다.

[해설] 고압가스 품질검사
- 품질검사대상 산소, 수소, 아세틸렌, 품질검사는 안전관리책임자 실시
- 산소 : 동·암모니아시약, 순도 99.5% 이상
- 수소 : 피로카롤, 하이드로썰파이드시약, 순도 98.5% 이상
- 아세틸렌 : 발연황산, 브롬 시약, 질산은 시약, 순도 98% 이상

[★]
385. 도시가스 공급시설을 제어하기 위한 기기를 설치한 계기실의 구조에 대한 설명으로 틀린 것은?

① 계기실의 구조는 내화구조로 한다.
② 내장재는 불연성 재료로 한다.
③ 창문은 망입(網入)유리 및 안전유리 등으로 한다.
④ 출입구는 1곳 이상에 설치하고 출입문은 방폭문으로 한다.

[해설] 도시가스 공급시설의 계기실 구조
① 내화구조
② 불연성 재료
③ 창문은 망입유리 및 안전유리 등 사용
④ 출입구는 2곳 이상 설치하고 출입문은 방폭문으로 한다.

[동]
386. 액화가스를 충전하는 탱크는 그 내부에 액면요동을 방지하기 위하여 무엇을 설치하여야 하는가?

① 방파판   ② 안전밸브
③ 액면계   ④ 긴급차단장치

[★]
387. 과압안전장치 형식에서 용전의 용융온도로서 옳은 것은? (단, 저압부에 사용하는 것은 제외한다.)

① 40℃ 이하 ② 60℃ 이하
③ 75℃ 이하 ④ 105℃ 이하

[해설] 안전장치 가용전식 종류
아(C_2H_2), 암(NH_3), 염소(Cl_2) : 가용전합금(납+주석)의 용융온도 : 75℃ 이하
TIP 염소 : 65~80℃

[★]
388. 도시가스도매사업자가 제조소 내에 저장능력이 20만 톤인 지상식 액화천연가스 저장탱크를 설치하고자 한다. 이때 처리능력이 30만㎥인 압축기와 얼마 이상의 거리를 유지하여야 하는가?

② 10m ② 24m
③ 30m ④ 50m

[해설] **TIP** 233 압축

[★★★]
389. 용기의 재검사 주기에 대한 기준으로 맞는 것은?

① 압력용기는 1년마다 재검사
② 저장탱크가 없는 곳에 설치한 기화기는 2년마다 재검사
③ 500L 이상 이음매 없는 용기는 5년마다 재검사
④ 용접용기로서 신규검사 후 15년 이상 20년 미만인 용기는 3년마다 재검사

[해설] 용기의 재검사 주기
① 압력용기 : 4년 마다
② 기화기(저장탱크가 없을 때) : 3년
③ 무계목 용기(500L 이상) : 5년
④ 2년 마다
TIP 압사(4년)

[동]
390. 도시가스 공급시설의 안전조작에 필요한 조명등의 조도는 몇 Lux 이상이어야 하는가?

① 100 ② 150
③ 200 ④ 300

[동]
391. 가연성 가스용 가스누출경보 및 자동차단장치의 경보농도설정치의 기준은?

① ±5% 이하 ② ±10% 이하
③ ±15% 이하 ④ ±25% 이하

[해설] 가연성가스 : ±25% 이하
독성가스 : ±30% 이하

[★★]
392. 도시가스사업법에서 정한 특정가스사용시설에 해당하지 않는 것은?

① 제1종 보호시설 내 월사용예정량 1,000㎥ 이상인 가스사용시설
② 제2종 보소시설 내 월사용예정량 2,000㎥ 이상인 가스사용시설
③ 월사용예정량 2,000㎥ 이하인 가스사용시설 중 많은 사람이 이용하는 시설로 시·도지사가 지정하는 시설
④ 전기사업법, 에너지이용합리화법에 의한 가스사용시설

[해설] ④는 전기사업법에 해당한다.

[★] KGS
393. 도시가스 배관을 지상에 설치 시 검사 및 보수를 위하여 지면으로부터 몇 ㎝ 이상의 거리를 유지하여야 하는가?

① 10㎝ ② 15㎝
③ 20㎝ ④ 30㎝

[해설] 도시가스배관 지상에 설치 시 지면에서 30cm 이상 거리 유지

[★]
394. 가연성가스 및 독성가스의 충전용기보관실에 대한 안전거리 규정으로 옳은 것은?

① 충전용기 보관실 1m 이내에 발화성물질을 두지 말 것
② 충전용기 보관실 2m 이내에 인화성물질을 두지 말 것
③ 충전용기 보관실 3m 이내에 발화성물질을 두지 말 것
④ 충전용기 보관실 8m 이내에 인화성물질을 두지 말 것

[해설] KGS FS232 2019 액화석유가스 충전사업자의 영업소 용기저장소의 시설기술검사기준
2.1.3.1 누출된 가연성가스가 화기를 취급하는 장소로 유동하는 것을 방지하기 위한 시설은 높이 2m 이상의 내화성 벽으로 하도록 하며, 저장설비와 화기를 취급하는 장소와의 사이는 우회거리 2m 이상으로 한다. 〈개정 11.1.3〉

[★]
395. 도시가스의 매설 배관에 설치하는 보호판은 누출가스가 지면으로 확산되도록 구멍을 뚫는데 그 간격의 기준으로 옳은 것은?

① 1m 이하 간격   ② 2m 이하 간격
③ 3m 이하 간격   ④ 5m 이하 간격

[해설] 보호판 구멍의 지름은 30~50mm 이내

[★★]
396. 도시가스사업자는 굴착공사정보지원센터로 부터 굴착계획의 통보내용을 통지받은 때에는 얼마 이내에 매설된 배관이 있는지를 확인하고 그 결과를 굴착공사정보지원센터에 통지하여야 하는가?

① 24시간   ② 36시간
③ 48시간   ④ 60시간

[★★]
397. 다음 중 고압가스 특정제조 허가의 대상이 아닌 것은?

① 석유정제시설에서 고압가스를 제조하는 것으로서 그 저장능력이 100톤 이상인 것
② 석유화학공업시설에서 고압가스를 제조하는 것으로서 그 처리능력이 1만세제곱미터 이상인 것
③ 철강공업시설에서 고압가스를 제조하는 것으로서 그 처리능력이 1만세제곱미터 이상인 것
④ 비료제조시설에서 고압가스를 제조하는 것으로서 그 저장능력이 100톤 이상인 것

[해설]

특정제조시설	저장능력	처리능력
석유정제시설	100t	X
석유화학공업시설	100t	10,000m³
비료공업시설	100t	100,000m³
철강제조시설	X	100,000m³

③은 100,000m³ 이상이다.

[★★]
398. 가스도매사업 제조소의 배관장치에 설치하는 경보장치가 울려야 하는 시기의 기준으로 잘못된 것은?

① 배관 안의 압력이 상용압력의 1.05배를 초과한 때
② 배관 안의 압력이 정상운전 때의 압력보다 15% 이상 강하한 경우 이를 검지한 때
③ 긴급차단밸브의 조작회로가 고장난 때 또는 긴급차단밸브가 폐쇄된 때
④ 상용압력이 5MPa 이상인 경우에는 상용압력에 0.5MPa를 더한 압력을 초과한 때

[해설] ④는 상용압력이 4MPa 이상시 + 0.2MPa → 4.2MPa 초과시 경보 울릴 것

[★]
399. 다음 중 상온에서 가스를 압축, 액화상태로 용기에 충전시키기가 가장 어려운 가스는?

① C_3H_8 ② CH_4
③ Cl_2 ④ CO_2

[해설] 비점이 낮은 가스는 상온에서 압축, 액화상태로 충전시키기 어렵다.
CH_4(-161.5℃)

[★]

400. 운반 책임자를 동승시키지 않고 운반하는 액화석유가스용 차량에서 고정된 탱크에 설치하여야 하는 장치는?

① 살수장치　　② 누설방지장치
③ 폭발방지장치　④ 누설경보장치

[★★★]

401. 다음 중 허가대상 가스용품이 아닌 것은?

① 용접절단기용으로 사용되는 LPG 압력조정기
② 가스용 폴리에틸렌 플러그형 밸브
③ 가스소비량이 132.6kW인 연료전지
④ 도시가스정압기에 내장된 필터

[해설] 허가대상 가스용품(KGS, 제4조 제3항) 액법 별표 4
● KGS CODE : 허가대상 가스용품의 범위(액법 #별표 4)

> 대상 : 액화석유가스 또는 도시가스사업법에 의한 연료용가스를 사용하기 위한 기기를 제조하는 사업
> 1. 압력조정기(용접 절단기용 액화석유가스 압력조정기를 포함한다)
> 2. 가스누출자동차단장치
> 3. 정압기용필터(정압기에 내장된 것은 제외한다)
> 4. 매몰형정압기
> 5. 호스
> 6. 배관용 밸브(볼밸브와 글로우브밸브만을 말한다)
> 7. 콕(퓨즈콕, 상자콕 및 주물연소기용 노즐콕만을 말한다)
> 8. 배관이음관
> 9. 강제혼합식가스버너(제10호에 따른 연소기와 별표 7 제5호 나목에서 정한 연소기에 부착하는 것은 제외한다)
> 10. 연소기[연소장치 중 가스버너를 사용할 수 있는 구조의 것으로서 가스소비량이 232.6kW(20만 kcal/h) 이하인 것만을 말하되, 별표 7 제5호 나목에서 정하는 것은 제외한다]
> 11. 다기능가스안전계량기(가스계량기에 가스누출차단장치 등 가스안전기능을 수행하는 가스안전장치가 부착된 가스용품을 말한다. 이하 같다)
> 12. 로딩암
> 13. 연료전지[가스소비량이 232.6kW(20만 kcal/h) 이하인 것만을 말한다. 이하 같다.]
> 14. 다기능보일러[온수보일러에 전기를 생산하는 기능 등 여러 가지 복합기능을 수행하는 장치가 부착된 가스용품으로서 가스소비량이 232.6kW(20만 kcal/h) 이하인 것을 말한다.]

TIP 강제호정, 가정, 배배콕, 다연(이)연로압(이다)

[★]

402. 가연성가스 충전용기 보관실의 벽 재료의 기준은?

① 불연재료　　② 난연재료
③ 가벼운 재료　④ 불연 또는 난연재료

[해설] TIP 지붕재료는 ①, ③이다. 2022 실기

[★]

403. 고압가스 저장의 시설에서 가연성가스 시설에 설치하는 유동방지 시설의 기준은?

① 높이 2m 이상의 내화성 벽으로 한다.
② 높이 1.5m 이상의 내화성 벽으로 한다.
③ 높이 2m 이상의 불연성 벽으로 한다.
④ 높이 1.5m 이상의 불연성 벽으로 한다.

[동]

404. LPG 충전소에는 시설의 안전확보 상 "충전 중 엔진정지"를 주위의 보기 쉬운 곳에 설치해야 한다. 이 표지판의 바탕색과 문자색은?

① 흑색 바탕에 백색 글씨
② 흑색 바탕에 황색 글씨
③ 백색 바탕에 흑색 글씨
④ 황색 바탕에 흑색 글씨

[★★★]

405. 가스 운반 시 차량 비치 항목이 아닌 것은?

① 가스 표시 색상
② 가스 특성(온도와 압력과의 관계, 비중, 색깔, 냄새)
③ 인체에 대한 독성 유무
④ 화재, 폭발의 위험성 유무

[해설] 가스 운반 시 차량 비치 항목
• 가스 특성(온도와 압력과의 관계, 비중, 색깔, 냄새)
• 인체에 대한 독성 유무
• 화재, 폭발의 위험성 유무
• 가스 표시 색상은 무관

정답 400. ③　401. ④　402. ①　403. ①　404. ④　405. ①

[★]
406. 용기에 의한 고압가스 판매시설의 충전용기보관실 기준으로 옳지 않은 것은?

① 가연성가스 충전용기 보관실은 불연성 재료나 난연성의 재료를 사용한 가벼운 지붕을 설치한다.
② 공기보다 무거운 가연성가스의 용기보관실에는 가스누출검지경보장치를 설치한다.
③ 충전용기 보관실은 가연성가스가 새어나오지 못하도록 밀폐구조로 한다.
④ 용기보관실의 주변에는 화기 또는 인화성 물질이나 발화성물질을 두지 않는다.

[해설] ③ 밀폐식 → 개방식(∵ 공기와 희석이 원활하게)

[★★★]
407. 도시가스배관의 용어에 대한 설명으로 틀린 것은?

① 배관이란 본관, 공급관, 내관 또는 그 밖의 관을 말한다.
② 본관이란 도시가스제조사업소의 부지경계에서 정압기까지 이르는 배관을 말한다.
③ 사용자 공급관이란 공급관 중 정압기에서 가스사용자가 구분하여 소유하는 건축물의 외벽에 설치된 계량기까지 이르는 배관을 말한다.
④ 내관이란 가스사용자가 소유하거나 점유하고 있는 토지의 경계에서 연소기까지 이르는 배관을 말한다.

[해설] 도시가스배관의 용어
① 배관은 본관, 공급관, 내관 또는 그 밖의 관
② 본관 : 도시가스제조사업소의 부지경계~정압기까지 이르는 배관
③ 내관 : 가스 사용자가 소유하거나 점유하고 있는 토지의 경계 연소기까지 이르는 배관
④ 공급관 : 정압기(지)에서 가스사용자가 구분하여 소유하는 건축물의 외벽에 설치된 계량기까지 이르는 배관을 말한다.
⑤ 사용자 공급관 : 공급관 중 가스사용자가 소유하거나 점유하고 있는 토지의 경계에서 가스사용자가 구분하여 소유하거나 점유하는 건축물의 외벽에 설치된 계량기의 전단밸브까지의 배관

[★★★]
408. 액화석유가스의 안전관리 및 사업법에서 정한 용어에 대한 설명으로 틀린 것은?

① 저장설비란 액화석유가스를 저장하기 위한 설비로서 각종 저장탱크 및 용기를 말한다.
② 저장탱크란 액화석유가스를 저장하기 위하여 지상 또는 지하에 고정 설치된 탱크로서 그 저장능력이 3톤 이상인 탱크를 말한다.
③ 용기집합설비란 2개 이상의 용기를 집합하여 액화석유가스를 저장하기 위한 설비를 말한다.
④ 충전용기란 액화석유가스 충전 질량의 90% 이상이 충전되어 있는 상태의 용기를 말한다.

[해설] 충전용기 : 충전질량의 $\frac{1}{2}$ 이상 충전된 용기

[★★★]
409. 방호벽을 설치하지 않아도 되는 곳은?

① 아세틸렌가스 압축기와 충전장소 사이
② 판매소의 용기 보관실
③ 고압가스 저장설비와 사업소안의 보호시설과의 사이
④ 아세틸렌가스 발생장치와 당해 가스충전용기 보관장소 사이

[해설] 방호벽 설치
① 아세틸렌가스 압축기와 충전장소 사이
② 판매소의 용기보관실
③ 고압가스 저장설비와 사업소 안의 보호시설
④ 아세틸렌가스 압축기와 가스충전용기 보관장소 사이

[동]
410. 지하에 매설된 도시가스 배관의 전기방식 기준으로 틀린 것은?

① 전기방식전류가 흐르는 상태에서 토양 중에 있는 배관 등의 방식전위 상한값은 포화황산동 기준전극으로 -0.85V 이하일 것
② 전기방식전류가 흐르는 상태에서 자연전위와의 전위변화가 최소한 -300mV 이하일 것
③ 배관에 대한 전위측정은 가능한 배관 가까운 위치에서 실시할 것
④ 전기방식시설의 관대지전위 등을 2년에 1회 이상 점검할 것

[해설] 배관의 전기방식 기준
① 토양 중에 있는 배관 등의 방식전위 상한값 : 포화황산동 기준 기준전극 −0.85V 이하
② 자연전위와의 전위변화 : 최소 −300mV 이하
③ 전위 측정은 가능한 배관 가까운 위치에 실시
④ 전기방식시설의 관대지전위 점검은 2년 → 1년이다.

[★]
411. 충전용기 등을 적재한 차량의 운반 개시 전 용기 적재상태의 점검내용이 아닌 것은?

① 차량의 적재중량 확인
② 용기 고정상태 확인
③ 용기 보호캡의 부착유무 확인
④ 운반계획서 확인

[해설] 차량의 운반 개시 전 용기 적재상태 점검내용
① 차량의 적재중량 확인
② 용기 고정상태 확인
③ 용기 보호캡의 부착유무 확인
운행시 휴대 서류철
• 운전 면허증(개인)
• 고압가스 관련 자격증(개인)
• 차량 운행일지(탱크)
• 고압가스 이동 계획서(탱크)
• 탱크 테이블(용량 환산표)(탱크)
• 차량 등록증(탱크)

[★★★]
412. 용기에 의한 고압가스 운반기준으로 틀린 것은?

① 3,000kg의 액화 조연성가스를 차량에 적재하여 운반할 때에는 운반책임자가 동승하여야 한다.
② 허용농도가 500ppm인 액화 독성가스 1,000kg을 차량에 적재하여 운반할 때에는 운반책임자가 동승하여야 한다.
③ 충전용기와 위험물 안전관리법에서 정하는 위험물과는 동일 차량에 적재하여 운반할 수 없다.
④ 300m³의 압축 가연성가스를 차량에 적재하여 운반할 때에는 운전자가 운반책임자의 자격을 가진 경우에는 자격이 없는 사람을 동승시킬 수 있다.

[해설] ①번 3,000kg → 6,000kg 이상시 동승해야 한다.
용기에 의한 고압가스 운반 기준
• 충전용기와 위험물 안전관리법에서 정하는 위험물과는 동일 차량에 적재하여 운반할 수 없다.

• 운전자가 운반책임자의 자격을 가진 경우 자격이 없는 사람을 동승시킬 수 있다.

고압가스의 종류		운반기준	
압축 가스	조연성 가스	600m³ 이상	
	가연성 가스	300m³ 이상	
	독성가스(허용농도 200ppm 초과)	100m³ 이상	
	독성가스(허용농도 200ppm 이하)	10m³ 이상	
액화 가스	조연성 가스	6,000kg 이상 (납붙임용기, 접합용기의 경우는 2,000kg 이상)	
	가연성 가스	3,000kg 이상	
	독성가스(허용농도 200ppm 초과)	1,000kg 이상	
	독성가스(허용농도 200ppm 이하)	100kg 이상	

※ 압축가스 1m³ = 액화가스 10kg

[동]
413. 액화석유가스 저장탱크 벽면의 국부적인 온도상승에 따른 저장탱크의 파열을 방지하기 위하여 저장탱크 내벽에 설치하는 폭발방지장치의 재료로 맞는 것은?

① 다공성 철판
② 다공성 알루미늄판
③ 다공성 아연판
④ 오스테나이트계 스테인리스판

[해설] 주거/상업지역 저장능력 10t 이상시 폭발방지장치설치(재질 : 다공성 벌집형 AL판)

[★]
414. 가스도매사업자 가스공급시설의 시설기준 및 기술기준에 의한 배관의 해저 설치의 기준에 대한 설명으로 틀린 것은?

① 배관은 원칙적으로 다른 배관과 교차하지 아니한다.
② 두 개 이상의 배관을 동시에 설치하는 경우에는 배관이 서로 접촉하지 아니하도록 필요한 조치를 한다.
③ 배관이 부양하거나 이동할 우려가 있는 경우에는 이를 방지하기 위한 조치를 한다.
④ 배관은 원칙적으로 다른 배관과 20m 이상의 수평거리를 유지한다.

[해설] ④ 20m → 30m 이상

[★]
415. 도시가스 제조시설의 플레어스택 기준에 적합하지 않은 것은?

① 스택에서 방출된 가스가 지상에서 폭발한계에 도달하지 아니하도록 할 것
② 연소능력은 긴급이송설비로 이송되는 가스를 안전하게 연소시킬 수 있을 것
③ 스택에서 발생하는 최대열량에 장시간 견딜 수 있는 재료 및 구조로 되어 있을 것
④ 폭발을 방지하기 위한 조치가 되어 있을 것

[해설] 플레어스택 시설기준
① 벤트스택 = 폭발하한계 미만
② 연소능력은 긴급이송설비로 이송되는 가스를 안전하게 연소시킬 수 있을 것
③,④ 최대열량에 장시간 견딜 수 있는 재료 및 구조로 폭발 방지 조치할 것
- 설치높이는 지표면까지 복사열이 4,000kcal/m² · h 이하

[★★]
416. 당해 설비 내의 압력이 상용압력을 초과할 경우 즉시 상용압력 이하로 되돌릴 수 있는 안전장치의 종류에 해당하지 않는 것은?

① 안전밸브 ② 감압밸브
③ 바이패스밸브 ④ 파열판

[해설] 안전장치 – 상용압력 초과시 즉시 상용압력 이하
예) 안전밸브, 바이패스밸브, 파열판, 송액설비 냉동제어 설비, 균압관

[★★]
417. 일반도시가스 배관을 지하에 매설하는 경우에는 표지판을 설치해야 하는데 몇 m 간격으로 1개 이상을 설치해야 하는가?

① 100m ② 200m
③ 500m ④ 1,000m

[해설] 지하 매설시 표지판 간격
- 일반도시가스배관 : 200m 마다
- 도매사업자배관 : 500m 마다
- 그 외 지상설치배관 : 1,000m 마다

[★]
418. 도시가스 보일러 중 전용 보일러실에 반드시 설치하여야 하는 것은?

① 밀폐식 보일러
② 옥외에 설치하는 가스보일러
③ 반밀폐형 자연 배기식 보일러
④ 전용급기통을 부착시키는 구조로 검사에 합격한 강제배기식 보일러

[해설] KGS GC208 2020 주거용 가스보일러의 설치 · 검사 기준
2.1.3.5 가스보일러는 전용보일러실(보일러실 안의 가스가 거실로 들어가지 않는 구조로서 보일러실과 거실 사이의 경계벽은 출입구를 제외하고는 내화구조의 벽을 말한다. 이하 같다)에 설치한다.
다만, 다음 중 어느 하나에 해당하는 경우에는 전용보일러실에 설치하지 않을 수 있다.
(1) 밀폐식 가스보일러
(2) 옥외에 설치한 가스보일러
(3) 전용급기통을 부착하는 구조로 검사에 합격한 강제배기식 가스보일러

[동]
419. 용기종류별 부속품의 기호 표시로서 틀린 것은?

① AG : 아세틸렌가스를 충전하는 용기의 부속품
② PG : 압축가스를 충전하는 용기의 부속품
③ LG : 액화석유가스를 충전하는 용기의 부속품
④ LT : 초저온 용기 및 저온 용기의 부속품

[해설] ③ LG : 액화석유가스외의 액화가스를 충전하는 용기의 부속품

[★★★]
420. 일반 공업용 용기 도색의 기준으로 틀린 것은?

① 액화염소 – 갈색 ② 액화암모니아 – 백색
③ 아세틸렌 – 황색 ④ 수소 – 회색

[해설] 수소 : 주황색

[★★★]

421. 액화석유가스의 안전관리 및 사업법에 규정된 용어의 정의에 대한 설명으로 틀린 것은?

① 저장설비라 함은 액화석유가스를 저장하기 위한 설비로서 저장탱크, 마운드형 저장탱크, 소형저장탱크 및 용기를 말한다.
② 자동차에 고정된 탱크라 함은 액화석유가스의 수송, 운반을 위하여 자동차에 고정 설치된 탱크를 말한다.
③ 소형저장탱크라 함은 액화석유가스를 저장하기 위하여 지상 또는 지하에 고정 설치된 탱크로서 그 저장능력이 3톤 미만인 탱크를 말한다.
④ 가스설비라 함은 저장설비외의 설비로서 액화석유가스가 통하는 설비(배관을 포함한다)와 그 부속설비를 말한다.

[해설] ④ 배관은 제외한다.

[★]

422. 1%에 해당하는 ppm의 값은?

① 10^2ppm
② 10^3ppm
③ 10^4ppm
④ 10^5ppm

[해설] 1% = 0.01이므로 $\dfrac{0.01}{1,000,000} = \dfrac{1}{10,000} = 10^4$ ppm

[★]

423. 가스배관의 시공 신뢰성을 높이는 일환으로 실시하는 비파괴검사 방법 중 내부선원법, 이중법, 이중상법 등을 이용하는 방법은?

① 초음파탐상시험
② 자분탐상시험
③ 방사선투과시험
④ 침투탐상방법

[★★★]

424. 일산화탄소와 공기의 혼합가스는 압력이 높아지면 폭발범위는 어떻게 되는가?

① 변함없다.
② 좁아진다.
③ 넓어진다.
④ 일정치 않다.

[해설] 폭발범위 – 일산화탄소(12.5~74%)
일산화탄소 – 공기의 혼합가스는 압력이 높아지면 폭발범위가 좁아진다.
수소는 10atm까지 좁아지다가 다시 넓어진다.

[★★★]

425. 도시가스시설의 설치공사 또는 변경공사를 하는 때에 이루어지는 주요공정 시공감리 대상은?

① 도시가스사업자외의 가스공급시설설치자의 배관 설치공사
② 가스도매사업자의 가스공급시설 설치공사
③ 일반도시가스사업자의 정압기 설치공사
④ 일반도시가스사업자의 제조소 설치공사

[해설] 주요공정 시공감리 대상
일반도시가스 사업자와 도시가스 사업자외의 가스공급시설 설치자의 배관설치공사

[★]

426. 고압가스 공급자의 안전점검 항목이 아닌 것은?

① 충전용기의 설치위치
② 충전용기의 운반방법 및 상태
③ 충전용기와 화기와의 거리
④ 독성가스의 경우 흡수장치, 재해장치 및 보호구 등에 대한 적합여부

[해설] 고압가스 공급자의 안전점검 항목
① 충전용기 설치 위치
② 충전용기와 화기와의 거리
③ 독성가스의 경우 – 흡수장치, 재해장치 및 보호구 등에 대한 적합여부
※ 차량 등의 운반방법과는 무관

[동]

427. 액화석유가스 판매업소의 우전용기 보관실에 강제통풍장치 설치 시 통풍능력의 기준은?

① 바닥면적 1㎡당 0.5㎥/분 이상
② 바닥면적 1㎡당 1.0㎥/분 이상
③ 바닥면적 1㎡당 1.5㎥/분 이상
④ 바닥면적 1㎡당 2.0㎥/분 이상

[★★]

428. 용기의 설계단계 검사 항목이 아닌 것은?

① 단열성능
② 내압성능
③ 작동성능
④ 용접부의 기계적 성능

정답 421. ④ 422. ③ 423. ③ 424. ② 425. ① 426. ② 427. ① 428. ③

[해설] 설계단계 검사항목
① 단열성능
② 내압성능
③ 용접부 기계적 성능(외관, 재료, 파열, 기밀)
[TIP] 설단내외재파기

[★★]
429. 고압가스용 저장탱크 및 압력용기 제조시설에 대하여 실시하는 내압검사에서 압력용기 등의 재질이 주철인 경우 내압시험압력의 기준은?

① 설계압력의 1.2배의 압력
② 설계압력의 1.5배의 압력
③ 설계압력의 2배의 압력
④ 설계압력의 3배의 압력

[해설] [TIP] 이주일과 이(2)주철

[동]
430. 초저온 용기의 단열성능 시험에 있어 침입열량 산식은 다음과 같이 구해진다. 여기서 "q"가 의미하는 것은?

$$Q = \frac{W \cdot q}{H \cdot V \cdot \Delta t}$$

① 침입열량
② 측정시간
③ 기화된 가스량
④ 시험용 가스의 기화잠열(kcal/kg)

[★]
431. 인체용 에어졸 제품의 용기에 기재하여야 할 사항으로 틀린 것은?

① 불 속에 버리지 말 것
② 가능한 한 인체에서 10cm 이상 떨어져서 사용할 것
③ 온도가 40℃ 이상 되는 장소에 보관하지 말 것
④ 특정부위에 계속하여 장시간 사용하지 말 것

[해설] ② 10cm → 20cm 이상

[★★]
432. 비등액체팽창증기폭발(BLEVE)이 일어날 가능성이 가장 낮은 곳은?

① LPG 저장탱크
② LNG 저장탱크
③ 액화가스 탱크로리
④ 천연가스 지구정압기

[해설] BLEVE는 탱크에만 발생(탱크로리 포함)하며 정압기지는 탱크가 없다.

[★]
433. 자연발화의 열의 발생 속도에 대한 설명으로 틀린 것은?

① 발열량이 큰 쪽이 일어나기 쉽다.
② 표면적이 적을수록 일어나기 쉽다.
③ 초기 온도가 높은 쪽이 일어나기 쉽다.
④ 촉매 물질이 존재하면 반응 속도가 빨라진다.

[해설] 자연발화의 열 발생 속도
① 발열량이 큰 쪽이 일어나기 쉽다.
② 초기 온도가 높은 쪽이 일어나기 쉽다.
③ 촉매 물질이 존재하며 반응속도가 빨라진다.
④ 표면적이 넓을수록 일어나기 쉽다.

[★★★]
434. 산화에틸렌 충전용기에는 질소 또는 탄산가스를 충전하는데 그 내부가스 압력의 기준으로 옳은 것은?

① 상온에서 0.2MPa 이상
② 35℃에서 0.2MPa 이상
③ 40℃에서 0.4MPa 이상
④ 45℃에서 0.4MPa 이상

[해설] 산화에틸렌
• 충전용기에 질소 또는 탄산가스 충전 시 45℃에서 0.4 MPa 이상
• 충전 시 5℃ 이하 유지

[★★]
435. 도시가스사용시설에서 도시가스 배관의 표시등에 대한 기준으로 틀린 것은?

① 지하에 매설하는 배관은 그 외부에 사용가스명, 최고사용압력, 가스의 흐름방향을 표시한다.

② 지상배관은 부식방지 도장 후 황색으로 도색한다.
③ 지하매설배관은 최고사용압력이 저압인 배관은 황색으로 한다.
④ 지하매설배관은 최고사용압력이 중압 이상인 배관은 적색으로 한다.

[해설] ① 지하 → 지상설치배관의 표시사항이다.

[★★★]

436. 가스도매사업시설에서 배관 지하매설의 설치기준으로 옳은 것은?

① 산과 들 이외의 지역에서 배관의 매설 깊이는 1.5m 이상
② 산과 들에서의 배관의 매설깊이는 1m 이상
③ 배관은 그 외면으로부터 수평거리로 건축물까지 1.2m 이상 거리 유지
④ 배관은 그 외면으로부터 지하의 다른 시설물과 1.2m 이상 거리 유지

[해설] 배관 : 지하매설
① 산·들 : 1m 이상 깊이
② 산·들 외 : 1.2m 이상 깊이
③ 배관~건축물 수평거리 : 1.5m 이상
④ 배관~지하의 다른 시설물 수평 거리 : 0.3m 이상

[★]

437. 인화온도가 약 -30℃이고 발화온도가 매우 낮아 전구표면이나 증기파이프 등의 열에 의해 발화할 수 있는 가스는?

① CS_2 ② C_2H_2
③ C_2H_4 ④ C_2H_8

[해설] CS_2 용도
• 살충제 제조
• 셀로판 제조
• 폭발범위(1.25~44%)

438. 가연성가스의 지상저장 탱크의 경우 외부에 바르는 도료의 색깔은 무엇인가?

① 청색   ② 녹색
③ 은·백색 ④ 검정색

[★]

439. 지하에 매설하는 도시가스 배관의 재료로 사용할 수 없는 것은?

① 가스용 폴리에틸렌관
② 압력 배관용 탄소강관
③ 압출식 폴리에틸렌 피복강관
④ 분말융착식 폴리에틸렌 피복강관

[해설] 지하 매설 도시가스 배관 재료
• 가스용 폴리에틸렌관, 압축식 폴리에틸렌 피복강관, 분말융착식 폴리에틸렌 피복강관
• 압력 배관용 탄소강관은 지하매설 절대 불가

[동] 2022 실기(기출)

440. 가스누출자동차단장치의 구성요소에 해당하지 않는 것은?

① 지시부   ② 검지부
③ 차단부   ④ 제어부

가스안전관리법 과년도 기출문제 3

[동]

441. 도시가스배관에 설치하는 희생양극법에 의한 전위 측정용 터미널은 몇 m 이내의 간격으로 하여야 하는가?

① 200m ② 300m
③ 500m ④ 600m

[해설] 방식 : 전위 측정용 터미널 간격
- 300m : 유전양극법, 선택배류법, 강제배류법
- 500m : 외부전원법

[★]

442. 특정고압가스 사용시설에서 취급하는 용기의 안전조치사항으로 틀린 것은?

① 고압가스 충전용기는 항상 40℃ 이하를 유지한다.
② 고압가스 충전용기 밸브는 서서히 개폐하고 밸브 또는 배관을 가열하는 때에는 열습포나 40℃ 이하의 더운 물을 사용한다.
③ 고압가스 충전용기를 사용한 후에는 폭발을 방지하기 위하여 밸브를 열어 둔다.
④ 용기보관실에 충전용기를 보관하는 경우에는 넘어짐 등으로 충격 및 밸브 등의 손상을 방지하는 조치를 한다.

[해설] ③ 밸브를 닫고, 충전용기와 잔가스용기를 구분하여 보존해야 한다.

[★] 2016

443. 액화석유가스 자동차에 고정된 용기충전시설에 설치하는 긴급차단장치에 접속하는 배관에 대하여 어떠한 조치를 하도록 되어 있는가?

① 워터햄머가 발생하지 않도록 조치
② 긴급차단에 따른 정전기 등이 발생하지 않도록 하는 조치
③ 체크 밸브를 설치하여 과량 공급이 되지 않도록 하는 조치
④ 바이패스 배관을 설치하여 차단성능을 향상시키는 조치

[해설] KGS FP332 200318 2.6.3.6 긴급차단장치 워터햄머방지조치
긴급차단장치 또는 역류방지밸브에는 그 차단에 따라 그 긴급차단장치 또는 역류방지밸브 및 접속하는 배관 등에서 워터햄머(Water hammer)가 발생하지 아니하는 조치를 강구한다.

[동]

444. 자연환기설비 설치 시 LP가스의 용기 보관실 바닥면적이 3㎡이라면 통풍구의 크기는 몇 ㎠ 이상으로 하도록 되어 있는가? (단, 철망 등이 부착되어 있지 않은 것으로 간주한다.)

① 500 ② 700
③ 900 ④ 1,100

[해설] m²당 300cm²이므로
$3m^2 \times 300cm^2 = 900cm^2$

[★]

445. 고속도로 휴게소에서 액화석유가스 저장능력이 얼마를 초과하는 경우에 소형저장탱크를 설치하여야 하는가?

① 300kg ② 500kg
③ 1,000kg ④ 3,000kg

[해설] 고속도로 휴게실 소형저장탱크
액화석유가스 저장능력이 500kg 초과시 설치

[★]

446. 특정고압가스 사용시설의 시설기준 및 기술기준으로 틀린 것은?

① 가연성가스의 사용설비에는 정전기제거설비를 설치한다.
② 지하에 매설하는 배관에는 전기부식 방지조치를 한다.
③ 독성가스의 저장설비에는 가스가 누출될 때 이를 흡수 또는 중화할 수 있는 장치를 설치한다.
④ 산소를 사용하는 밸브에는 밸브가 잘 동작할 수 있도록 석유류 및 유지류를 주유하여 사용한다.

441. ②　442. ③　443. ①　444. ③　445. ②　446. ④

해설 산소가스 : 금유(No use oil) 표시 압력계 사용과 유지류 사용금지

447. 고압가스 용기를 취급 또는 보관할 때의 기준으로 옳은 것은?

① 충전용기와 잔가스용기는 각각 구분하여 용기보관장소에 놓는다.
② 용기는 항상 60℃ 이하의 온도를 유지한다.
③ 충전용기는 통풍이 잘 되고 직사광선을 받을 수 있는 따스한 곳에 둔다.
④ 용기 보관장소의 주위 5m 이내에는 화기, 인화성 물질을 두지 아니한다.

[★★] KGS GC207

448. 허용농도가 100만분의 200 이하인 독성가스 용기 중 내용적이 얼마 미만인 충전용기를 운반하는 차량의 적재함에 대하여 밀폐된 구조로 하여야 하는가?

① 500L　② 1,000L
③ 2,000L　④ 3000L

해설 KGS GC207
2.1.1.1.2 허용농도가 200ppm 이하인 독성가스 충전용기를 운반하는 차량은 용기 승하차용 리프트와 밀폐된 구조의 적재함이 부착된 전용차량으로 한다. 다만, 내용적이 1,000L 이상인 충전용기를 운반하는 경우에는 그러하지 아니하다.

[동]

449. 상용압력이 10MPa인 고압설비의 안전밸브 작동압력은 얼마인가?

① 10MPa　② 12MPa
③ 15MPa　④ 20MPa

해설 안전밸브 작동압력
설계압력~내압시험압력(TP)×$\frac{8}{10}$ 이하
고압가스설비의 TP : 상용압력 × 1.5배
10MPa×1.5×0.8 = 12MPa

[★★★] KGS

450. 고압가스안전관리법의 적용범위에서 제외되는 고압가스가 아닌 것은?

① 섭씨 35℃의 온도에서 게이지압력이 4.9MPa 이하인 유니트형 공기압축장치 안의 압축공기
② 섭씨 15℃의 온도에서 압력이 0Pa·g을 초과하는 아세틸렌가스
③ 내연기관의 시동, 타이어의 공기 충전, 리벳팅, 착암 또는 토목공사에 사용되는 압축장치 안의 고압가스
④ 냉동능력이 3톤 미만인 냉동설비 안의 고압가스

해설 질문의 요지 : 이중부정으로 고법적용되는 가스를 찾는 문제이다.
④의 경우 3t 이상시에 고압가스안전관리법이 적용된다.

[★★★]

451. 액화석유가스 집단공급 시설에서 가스설비의 상용압력이 1MPa일 때 이 설비의 내압시험 압력은 몇 MPa로 하는가?

① 1　② 1.25
③ 1.5　④ 2.0

해설 고압가스 설비
• TP : 상용압력×1.5배
• AP : 상용압력 이상

[★★] KGS FU431

452. 액화석유가스 사용시설의 연소기 설치방법으로 옳지 않은 것은?

① 밀폐형 연소기는 급기구, 배기통과 벽과의 사이에 배기가스가 실내로 들어올 수 없게 한다.
② 반밀폐형 연소기는 급기구와 배기통을 설치한다.
③ 개방형 연소기를 설치한 실에는 환풍기 또는 환기구를 설치한다.
④ 배기통이 가연성 물질로 된 벽을 통과 시에는 금속 등 불연성 재료로 단열조치를 한다.

해설 KGS FU431 용기에 의한 액화석유가스 사용시설의 시설·기술·검사 기준
① 밀폐형 연소기 : 급기구, 배기통과 벽과의 사이에 배기가스가 실내로 들어올 수 없게 한다.
② 반밀폐형 연소기 : 급기구와 배기구 설치
③ 개방형 연소기 : 설치실에는 환풍기 또는 환기구 설치

④ 배기통이 가연성물질로 된 벽 또는 천정 등을 통과하는 경우에는 금속 외의 불연성재료로 단열조치를 한다.

2.7.2.5 자연배기식 반밀폐형 및 밀폐형 연소기의 배기통 끝은 배기가 방해되지 않는 구조이고, 장애물 또는 외기의 흐름에 따라 배기가 방해받지 않는 위치에 설치한다.

2.7.2.6 밀폐형연소기는 급기구·배기통과 벽과의 사이에 배기가스가 실내로 들어올 수 없게 밀폐한다.

2.7.2.7 배기팬이 있는 밀폐형 또는 반밀폐형의 연소기를 설치한 경우에는 그 배기팬의 배기가스와 접촉하는 부분의 재료를 불연성재료로 한다.

[★]

453. 고압가스 특정제조시설에서 선임하여야 하는 안전관리원의 선임인원 기준은?

① 1명 이상 ② 2명 이상
③ 3명 이상 ④ 5명 이상

[해설] 특정제조시설 선임 안전관리원 : 2명

[★★]

454. LPG 충전자가 실시하는 용기의 안전점검기준에서 내용적 얼마 이하의 용기에 대하여 "실내보관 금지" 표시여부를 확인하여야 하는가?

① 15L ② 20L
③ 30L ④ 50L

[해설] LPG 충전 실내보관 금지 표시
15L 이하 용기

[★★★]

455. 아세틸렌가스 또는 압력이 9.8MPa 이상인 압축가스를 용기에 충전하는 경우 방호벽을 설치하지 않아도 되는 곳은?

① 압축기와 충전장소 사이
② 압축가스 충전장소와 그 가스충전용기 보관장소 사이
③ 압축기와 그 가스 충전용기 보관장소 사이
④ 압축가스를 운반하는 차량과 충전용기 사이

[해설] 방호벽 - 아세틸렌가스
① 압축기와 충전장소 사이
② 압축기와 충전용기 보관장소 사이
③ 압축가스 충전장소와 충전용기 보관장소 사이
④ 당해 충전장소와 충전용 주관의 밸브 조작장소 사이

[★★]

456. 차량에 고정된 고압가스 탱크를 운행할 경우에 휴대하여야 할 서류가 아닌 것은?

① 차량등록증 ② 탱크 테이블(용량 환산표)
③ 고압가스 이동계획서 ④ 탱크 제조시방서

[해설] 1) 차량에 고정된 고압가스 탱크 운행 시 휴대 서류
• 운전 면허증(개인)
• 고압가스 관련 자격증(개인)
• 차량 운행일지(탱크)
• 고압가스 이동 계획서(탱크)
• 탱크 테이블(용량 환산표)(탱크)
• 차량 등록증(탱크)
2) 운전 종료 시 점검
• 밸브 등의 이완 유·무
• 경계표지 및 휴대품 손상 유·무
• 부속품 등의 볼트 연결 상태
• 높이 검지봉 및 부속 배관 등의 적절 여부

[★★] KGS FU431

457. 액화석유가스의 용기보관소 시설기준으로 틀린 것은?

① 용기보관실은 사무실과 구분하여 동일 부지에 설치한다.
② 저장 설비는 용기 집합식으로 한다.
③ 용기보관실은 불연재료를 사용한다.
④ 용기보관실 창의 유리는 망입유리 또는 안전유리로 한다.

[해설] KGS FU431 용기에 의한 액화석유가스 저장소의 시설·기술·검사 기준

2.3.3.1.1 용기보관실은 사무실과 구분하여 동일한 부지에 설치하되, 용기보관실에서 누출되는 가스가 사무실로 유입되지 아니하는 구조로 한다.
2.3.3.1.2 저장설비는 용기집합식으로 하지 아니한다.
2.3.3.1.3 용기보관실은 불연재료를 사용하고 용기보관실 창의 유리는 망입유리 또는 안전유리로 한다.
산소, 독성가스 또는 가연성 가스를 각각 보관하는 용기보관실 면적은 각 10m² 이상

[★★★]

458. 가스제조시설에 설치하는 방호벽의 규격으로 옳은 것은?

① 박강판 벽으로 두께 3.2mm 이상, 높이 3m 이상
② 후강판 벽으로 두께 10mm 이상, 높이 3m 이상

③ 철근 콘크리트 벽으로 두께 12cm 이상, 높이 2m 이상
④ 철근콘크리트블록 벽으로 두께 15cm 이상, 높이 2m 이상

해설 ① 박강판 두께 3.2mm, 높이 2m 이상
② 후강판 두께 6mm, 높이 2m 이상
④ 15cm → 12cm 이상

[★★]
459. 배관의 설치방법으로 산소 또는 천연메탄을 수송하기 위한 배관과 이에 접속하는 압축기와의 사이에 반드시 설치하여야 하는 것은?

① 방파판 ② 솔레노이드
③ 수취기 ④ 안전밸브

[★★★]
460. 공정에 존재하는 위험요소와 비록 위험하지는 않더라도 공정의 효율을 떨어뜨릴 수 있는 운전상의 문제를 파악하기 위한 안전성 평가기법은?

① 안전성 검토(Safety Review)기법
② 예비위험성 평가(Preliminary Hazard Analysis)기법
③ 사고예상 질문(What If Analysis)기법
④ 위험과 운전분석(HAZOP)기법

해설 안전성 평가기법 – HAZOP기법(위험과 운전분석 : 정성적 분석)

[★★]
461. 다음 특정설비 재검사 대상인 것은?

① 역화방지장치
② 차량에 고정된 탱크
③ 독성가스 배관용 밸브
④ 자동차용가스 자동주입기

해설 특정설비 재검사 대상
저장탱크, 차량에 고정된 탱크, 안전밸브, 긴급차단장치, 기화장치, 압력용기

[★] 2022 2회 기출
462. LP 가스설비를 수리할 때 내부의 LP 가스를 질소 또는 물로 치환하고, 치환에 사용된 가스나 액체를 공기로 재치환하여야 하는데, 이 때 공기에 의한 재치환 결과가 산소농도 측정기로 측정하여 산소농도가 얼마의 범위 내에 있을 때까지 공기로 재치환하여야 하는가?

① 4~6% ② 7~11%
③ 12~16% ④ 18~22%

[★★, 동]
463. 공기보다 비중이 가벼운 도시가스의 공급시설로서 공급시설이 지하에 설치된 경우의 통풍구조의 기준으로 틀린 것은?

① 통풍구조는 환기구를 2방향 이상 분산하여 설치한다.
② 배기구는 천장면으로부터 30㎝ 이내에 설치한다.
③ 흡입구 및 배기구의 관경은 500㎜ 이상으로 하되, 통풍이 양호하도록 한다.
④ 배기가스 방출구는 지면에서 3m 이상의 높이에 설치하되, 화기가 없는 안전한 장소에 설치한다.

해설 도시가스공급시설이 지하에 설치된 경우 통풍구조
① 통풍구조는 환기구를 2방향으로 분산 설치
② 비중이 가벼우므로 배기가스 방출구는 지면에서 3m 이상의 높이에 설치하되, 화기가 없는 안전한 장소에 설치
③ 흡입구/배기구 관경 100mm(10cm) 이상(실기용)

[★★★]
464. 염소가스 저장탱크의 과충전 방지장치는 가스 충전량이 저장탱크의 내용적의 몇 %를 초과할 때 가스 충전이 되지 않도록 동작하는가?

① 60% ② 80%
③ 90% ④ 95%

해설 내용적 제한 90% 충전제한
• 독성가스 • 저장탱크 • 에어졸

465. 가연성가스 저온저장탱크 내부의 압력이 외부의 압력보다 낮아져 저장탱크가 파괴되는 것을 방지하기 위한 조치로서 갖추어야 할 설비가 아닌 것은?

① 압력계
② 압력 경보설비
③ 정전기 제거설비
④ 진공 안전밸브

해설 부압파괴방지장치
압력계, 압력경보설비, 가스도입배관(균압관), 냉동제어설비, 송액설비, 진공안전밸브

466. 고압가스 판매소의 시설기준에 대한 설명으로 틀린 것은?

① 충전용기의 보관실은 불연재료를 사용한다.
② 가연성가스·산소 및 독성가스의 저장실은 각각 구분하여 설치한다.
③ 용기보관실 및 사무실은 부지를 구분하여 설치한다.
④ 산소, 독성가스 또는 가연성가스를 보관하는 용기보관실의 면적은 각 고압가스별로 10m² 이상으로 한다.

해설 ③ 용기보관실과 사무실은 동일부지 내에 설치한다.

467. 운전 중인 액화석유가스 충전설비의 작동상황에 대하여 주기적으로 점검하여야 한다. 점검주기는? (단, 철망 등이 부착되어 있지 않은 것으로 간주한다.)

① 1일에 1회 이상
② 1주일에 1회 이상
③ 3월에 1회 이상
④ 6월에 1회 이상

해설 운전 중 액화석유가스 충전설비 점검시기 : 1일에 1회 이상

468. 재검사 용기 및 특정설비의 파기방법으로 틀린 것은?

① 잔가스를 전부 제거한 후 절단한다.
② 절단 등의 방법으로 파기하여 원형으로 가공할 수 없도록 한다.
③ 파기 시에는 검사장소에서 검사원 입회하에 사용자가 실시할 수 있다.
④ 파기 물품은 검사 신청인이 인수시한 내에 인수하지 아니한 때도 검사인이 임의로 매각처분하면 안 된다.

해설 ④ 검사인이 임의매각처분 할 수 있다.

469. 고압가스 용접용기 동체의 내경은 약 몇 mm인가?

- 동체두께 : 2mm
- 최고충전압력 : 2.5MPa
- 인장강도 : 480N/m㎡
- 부식여유 : 0
- 용접효율 : 1

① 190mm
② 290mm
③ 660mm
④ 760mm

해설 용접용기 두께 계산(t = mm)

$$t = \frac{PD}{2S_n - 1.2p} + C \left(S = 허용능력 = \frac{인장강도}{4} \right)$$

$$2 = \frac{2.5 \times x}{2 \times \frac{480}{4} \times 1 - 1.2 \times 2.5}$$

$x = 189.6mm ≒ 190mm$

TIP 용기(1.2PD)

470. 고압가스관련법에서 사용되는 용어의 정의에 대한 설명 중 틀린 것은?

① 가연성가스라 함은 공기 중에서 연소하는 가스로서 폭발한계의 하한이 10% 이하인 것과 폭발한계의 상한과 하한의 차가 20% 이상인 것을 말한다.
② 독성가스라 함은 인체에 유해한 독성을 가진 가스로서 허용농도가 100만분의 100 이하인 것을 말한다.
③ 액화가스라 함은 가압·냉각 등의 방법에 의하여 액체 상태로 되어 있는 것으로서 대기압에서의 비점이 섭씨 40℃ 이하 또는 상용의 온도 이하인 것을 말한다.
④ 초저온저장탱크라 함은 섭씨 영하 50℃ 이하의 저장탱크로서 단열재로 피복하거나 냉동설비로 냉각하는 등의 방법으로 저장탱크내의 가스온도가 상용의 온도를 초과하지 아니하도록 한 것을 말한다.

해설 ② 독성가스 : $\frac{5,000}{1,000,000} = 5,000ppm$ 이하

[★]
471. 다음 중 가스사고를 분류하는 일반적인 방법이 아닌 것은?

① 원인에 따른 분류
② 사용처에 따른 분류
③ 사고형태에 따른 분류
④ 사용자의 연령에 따른 분류

해설 연령은 일반적 분류방법이 아니다.

[동]
472. LPG 용기 및 저장탱크에 주로 사용되는 안전밸브의 형식은?

① 가용전식 ② 파열판식
③ 중추식   ④ 스프링식

[★★]
473. 다음 ( ) 안에 들어갈 수 있는 경우로 옳지 않은 것은?

> 액화천연가스의 저장설비와 처리설비는 그 외면으로부터 사업소 경계까지 일정규모 이상의 안전거리를 유지하여야 한다. 이 때 사업소 경계가 ( )의 경우에는 이들의 반대 편 끝을 경계로 보고 있다.

① 산   ② 호수
③ 하천   ④ 바다

[동]
474. 다음 각 가스의 품질검사 합격기준으로 옳은 것은?

① 수소 : 99.0% 이상
② 산소 : 98.5% 이상
③ 아세틸렌 : 98.0% 이상
④ 모든 가스 : 99.5% 이상

해설 품질검사 합격기준(순도)
- O_2 : 99.5%
- HCN, C_2H_2 : 98%
- H_2 : 98.5%

TIP 아~시8(98%의 8)

[★★]
475. 압축도시가스 이동식 충전차량 충전시설에서 가스누출 검지경보장치의 설치위치가 아닌 것은?

① 펌프 주변
② 압축설비 주변
③ 압축가스설비 주변
④ 개별 충전설비 본체 외부

해설 압축도시가스 이동식 충전차량 충전시설
가스누출 검지 경보장치 - 펌프, 압축설비, 압축가스 설비 주변, 개별 충전설비 본체 내부

[★★★]
476. 도시가스사용시설에서 배관의 이음부와 절연전선과의 이격거리는 몇 cm 이상으로 하여야 하는가?

① 10   ② 15
③ 30   ④ 60

해설 배관의 이음부 : 절연전선(10cm 이상)
TIP 육개장 : 60cm - 전기계량기, 개폐기
절연전선 o → 10cm
15cm - 전기접속기, 전기점멸기, 굴뚝
절연전선 × → 15cm

[★★★]
477. 압축기 최종단에 설치된 고압가스 냉동제조시설의 안전밸브는 얼마마다 작동 압력을 조정하여야 하는가?

① 3개월에 1회 이상   ② 6개월에 1회 이상
③ 1년에 1회 이상   ④ 2년에 1회 이상

해설 1) 안전밸브 점검 주기
- 압축기 최종단에 설치된 안전밸브 : 1년에 1회 이상
- 그 밖의 안전밸브 : 2년에 1회 이상

2) 압력계 기능점검
- 충전용 주관 압력계 : 매월 1회 이상
- 기타 압력계 : 3개월에 1회 이상

TIP 충주(호) 매월 1달(최종단 1년 1회) 여행 가자!

[★★] KGS FU431
478. 액화석유가스판매시설에 설치되는 용기보관실에 대한 시설기준으로 틀린 것은?

① 용기보관실에는 가스가 누출될 경우 이를 신속히 검지하여 효과적으로 대응할 수 있도록 하기 위하여 반드시 일체형 가스누출경보기를 설치한다.
② 용기보관실에 설치되는 전기설비는 누출된 가스의 점화원이 되는 것을 방지하기 위하여 반드시 방폭구조로 한다.
③ 용기보관실에는 누출된 가스가 머물지 않도록 하기 위하여 그 용기보관실의 구조에 따라 환기구를 갖추고 환기가 잘 되지 아니하는 곳에는 강제통풍시설을 설치한다.
④ 용기보관실에는 용기가 넘어지는 것을 방지하기 위하여 적절한 조치를 마련한다.

[해설] KGS FU431 액화석유가스 판매의 시설·기술·검사 기준
① 2.7.2.1.2 가스누출경보기 구조
  (1) 충분한 강도를 가지며, 취급과 정비(특히 엘리먼트의 교체)가 용이한 것으로 한다.
  (2) 경보기의 경보부와 검지부는 분리하여 설치할 수 있는 것으로 한다.
  (3) 검지부가 다점식인 경우에는 경보가 울릴 때 경보부에서 가스의 검지장소를 알 수 있는 구조로 한다.
  (4) 경보는 램프의 점등 또는 점멸과 동시에 경보를 울리는 것으로 한다.
※ 가스누출 경보기 : 검지부 → 제어부 → 차단부로 구성

[★★]
479. 독성가스 용기를 운반할 때에는 보호구를 갖추어야 한다. 비치하여야 하는 기준은?

① 종류별로 1개 이상
② 종류별로 2개 이상
③ 종류별로 3개 이상
④ 그 차량의 승무원수에 상당한 수량

[해설] 독성가스 용기 운반시
보호구 - 그 차량의 승무원에 상당한 수량

[★★]
480. 도시가스 매설배관의 주위에 파일박기 작업 시 손상방지를 위하여 유지하여야 할 최소 거리는?

① 30cm
② 50cm
③ 1m
④ 2m

[해설] 파일박기
도시가스매설 배관 주위에 파일박기 작업시 손상을 방지 위해 30cm 유지

[동]
481. 액화독성가스의 운반질량이 1,000kg 미만 이동 시 휴대해야 할 소석회는 몇 kg 이상이어야 하는가?

① 20kg
② 30kg
③ 40kg
④ 50kg

[해설] 1,000kg 미만 액화독성가스 운반시 소석회 보유량
• 1,000kg 이상 40kg 이상
• 1,000kg 미만 20kg 이상

[★★★]
482. 고압가스를 취급하는 자가 용기 안전 점검 시 하지 않아도 되는 것은?

① 도색 표시 확인
② 재검사 기간 확인
③ 프로텍터의 변형 여부 확인
④ 밸브의 개폐조작이 쉬운 핸들 부착 여부 확인

[해설] ③ 프로텍터의 변형 여부 확인은 용기제조자 확인
고압가스 취급하는 자의 용기 안전 점검
① 도색 표시 확인
② 재검사 기간 확인
③ 밸브의 개폐조작이 쉬운 핸들 부착 여부 확인

[★★★] KGS
483. 도시가스 도매사업의 가스공급시설 기준에 대한 설명으로 옳은 것은?

① 고압의 가스공급시설은 안전구획 안에 설치하고 그 안전구역의 면적은 1만m^2 미만으로 한다.
② 안전구역 안의 고압인 가스공급시설은 그 외면으로부터 다른 안전구역 안에 있는 고압인 가스공급시설의 외면까지 20m 이상의 거리를 유지한다.

478. ① 479. ④ 480. ① 481. ① 482. ③

③ 액화천연가스의 저장탱크는 그 외면으로부터 처리능력이 20만m³ 이상인 압축기까지 30m 이상의 거리를 유지한다.
④ 두 개 이상의 제조소가 인접하여 있는 경우의 가스공급시설은 그 외면으로부터 그 제조소와 다른 제조소의 경계까지 10m 이상의 거리를 유지한다.

[해설] **도시가스 도매사업의 가스공급시설 기준**
① 고압의 가스공급시설은 안전구획 안에 설치하고 그 안전구역의 면적은 2만m² 미만으로 한다.
② 안전구역 안의 고압인 가스공급시설은 그 외면으로부터 다른 안전구역 안에 있는 고압인 가스공급시설의 외면까지 30m 이상의 거리를 유지한다.
③ 액화천연가스의 저장탱크는 그 외면으로부터 처리능력이 20만m³ 이상인 압축기까지 30m 이상의 거리를 유지한다.
④ 두 개 이상의 제조소가 인접하여 있는 경우의 가스공급시설은 그 외면으로부터 그 제조소와 다른 제조소의 경계까지 20m 이상의 거리를 유지한다.

※ LNG 저장·처리설비와 사업장 경계 안전거리
$$L = C \sqrt[3]{143{,}000 \sqrt{W}} \quad (W : 저장능력, 톤)$$

TIP ① 면적 2 ② 안내 3 ③ 223(30m) ④ 제조소(제수2)

[★★]
484. 가연성가스의 폭발등급 및 이에 대응하는 본질 안전 방폭 구조의 폭발등급 분류 시 사용하는 최소점화전류비는 어느 가스의 최소 점화전류를 기준으로 하는가?

① 메탄   ② 프로판
③ 수소   ④ 아세틸렌

[★★★]
485. 자동절체식 일체형 저압조정기의 조정압력은?

① 2.30~3.30kPa
② 2.55~3.30kPa
③ 57~83kPa
④ 5.0~30kPa 이내에서 제조자가 설정한 기준압력의 ±20%

[해설] ① 1단 저압, 2단 2차 (2.3~3.3kPa)
② 자동절체식 일체형 저압조정기 조정(출구) 압력

[동]
486. 아세틸렌의 정성시험에 사용되는 시약은?

① 질산은   ② 구리암모니아
③ 염산   ④ 피로카롤

[해설]

가스명	시약	시험방법	순도	기준
산소	동·암모니아	오르잣드법	99.5%	35℃, 12MPa
수소	피로카롤	오르잣드법	98.5%	35℃, 12MPa
	하이드로썰파이드			
아세틸렌	발연황산	오르잣드법	98%	용기 내 가스 충전량이 .3kg 이상
	브롬시약	뷰렛법		
	질산은	정성시험		합격 : 흰색, 담황색 불합격 : 갈색, 흑색

TIP ① 산소 : 동, 암, 산
② 수소 : 수피하(마피아)
③ C_2H_2 ┌ 발 오
         ├ 브 뷰
         └ 질 정성

4 가스일반 과년도 기출문제

[★★★]

001. 염소에 대한 설명 중 틀린 것은?

① 상온, 상압에서 황록색의 기체로 조연성이 있다.
② 강한 자극성의 취기가 있는 독성기체이다.
③ 수소와 염소의 등량 혼합기체를 염소폭명기라 한다.
④ 건조 상태의 상온에서 강재에 대하여 부식성을 갖는다.

[해설] 염소
- 임계압력 : 76.1atm, 상온, 상압에서 황록색의 기체로 조연성가스다.
- 강한 자극성의 취기가 있는 독성기체
- 염소폭명기 : 수소와 염소의 1:1 혼합기체로 폭발
- 습한 상태의 상온에서 염산을 생성하여 강재에 대하여 부식성을 갖는다.

[★★]

002. 다음 비열에 대한 설명 중 틀린 것은?

① 단위는 kcal/kg·℃이다.
② 비열이 크면 열용량도 크다.
③ 비열이 크면 온도가 빨리 상승한다.
④ 구리(銅)는 물보다 비열이 작다.

[해설] c: 비열(kcal/kg·℃)에서 비열(c)가 크면 C(열용량: kcal/℃)도 크다.
열용량(kcal/℃) = 비열(kcal/kg·℃)×kg
육지와 바다를 비교해보면 쉽다.
육지가 비열이 큰 바다보다 빨리 온도가 상승한다.

물질	비열 cal/g·K	물질	비열 cal/g·K
물	1	얼음	0.5
구리	0.0924	나무	0.41
철	0.107	유리	0.2

[★★]

003. 프로판가스 60mol%, 부탄가스 40mol%의 혼합가스 1mol을 완전연소시키기 위하여 필요한 이론 공기량은 약 몇 mol인가? (단, 공기 중 산소는 21mol%이다.)

① 17.7　　② 20.7
③ 23.7　　④ 26.7

[해설] 이론 공기량계산
$C_3H_8 + 5O_2 \rightarrow 3CO_2 + 4H_2O$ ⇒ 5mol의 산소×60%
$C_4H_{10} + 6.5O_2 \rightarrow 4CO_2 + 5H_2O$ ⇒ 6.5mol의 산소×40%
$C_3H_8 = 3mol$, $C_4H_{10} = 2.6mol$
5.6mol/0.21 = 26.6662 ≒ 26.7

[★★★]

004. 황화수소에 대한 설명 중 옳지 않은 것은?

① 건조된 상태에서 수은, 동과 같은 금속과 반응한다.
② 무색의 특유한 계란 썩는 냄새가 나는 기체이다.
③ 고농도를 다량으로 흡입할 경우에는 인체에 치명적이다.
④ 농질산, 발열질산 등의 산화제와 심하게 반응한다.

[해설] 폭발범위 : 4.3% ~ 45%, 형광물질 원료, 환원제
- 습한 상태에서 수은, 동과 같은 금속과 반응한다.
- 무색의 특유한 계란 썩는 냄새가 나는 기체이다.
- 고농도를 다량으로 흡입할 경우에는 인체에 치명적이다.
- 농질산, 발열질산 등의 산화제와 심하게 반응한다.
- 고압에서 STS강을 사용한다.
- 공기 중 파란 불꽃을 연소하며 SO_2 생성

[★]

005. 열역학적 계(system)가 주위와의 열교환을 하지 않고 진행되는 과정을 무슨 과정이라고 하는가?

① 단열과정　　② 등온과정
③ 등압과정　　④ 등적과정

[해설] 단열은 주위의 열이 출입이 없는 상태를 말한다.

[★★]

006. 메탄 95% 및 에탄 5%로 구성된 천연가스 1㎥의 진발열량은 약 몇 kcal인가? (단, 표준상태에서 메탄의 진발열량은 8,124cal/L, 에탄은 14,602cal/L이다.)

① 8,151　　② 8,242
③ 8,353　　④ 8,448

001. ④　002. ③　003. ④　004. ①　005. ①　006. ④

해설 CH_4 : 95% → 8,124cal/L = 8124kcal/m^3
     C_2H_6 : 5% → 14,602cal/L = 14602kcal/m^3
     NG : 1m^3
     8,124×0.95 + 14,602×0.05 = 8,447.9 ≒ 8,448

[★]
007. 다음 LNG와 SNG에 대한 설명으로 옳은 것은?

① 액체 상태의 나프타를 LNG라 한다.
② SNG는 대체 천연가스 또는 합성 천연가스를 말한다.
③ LNG는 액화석유가스를 말한다.
④ SNG는 각종 도시가스의 총칭이다.

해설 ① 나프타 : 비점 200℃ 이하의 액체유분
    ② SNG(대체 천연가스) 또는 합성 천연가스를 말한다.
    ③ 액화석유가스 = LPG

[★]
008. 기체의 체적이 커지면 밀도는?

① 작아진다.   ② 커진다.
③ 일정하다.   ④ 체적과 밀도는 무관하다.

해설 밀도(ρ : 로) = g/L이므로 $\frac{g}{L\uparrow} = \rho\downarrow$

[★★★]
009. 일반적으로 기체에 있어서 정압비열과 정적비열과의 관계는?

① 정적 비열 = 정압 비열
② 정적 비열 = 2×정압 비열
③ 정적 비열 > 정압 비열
④ 정적 비열 < 정압 비열

해설 비열비 K($\frac{C_p}{C_v}$) > 10이므로 정압비열 C_p > 정적비열 C_v이다.

[★]
010. 다음 중 표준대기압에 해당되지 않는 것은?

① 760mmHg   ② 14.7PSI
③ 0.101MPa   ④ 1,013bar

해설 1atm = 1.01325bar = 1013.25mbar

[★★★]
011. 다음 암모니아에 대한 설명 중 틀린 것은?

① 무색·무취의 가스이다.
② 암모니아가 분해하면 질소와 수소가 된다.
③ 물에 잘 용해된다.
④ 유안 및 요소의 제조에 이용된다.

해설 암모니아의 특징
① 상온·상압에서 강한 자극성(화장실 냄새)
② 분해하면 질소와 수소 $2NH_3 \rightarrow N_2 + 3H_2$
③ 물에 잘 용해(물 1cc에 800~900cc 용해)
④ 유안 및 요소의 제조에 이용

[★★]
012. 다음 탄화수소에 대한 설명 중 틀린 것은?

① 외부의 압력이 커지게 되면 비등점은 낮아진다.
② 탄소수가 같을 때 포화 탄화수소는 불포화 탄화수소보다 비등점이 높다.
③ 이성체 화합물에서는 normal은 iso보다 비등점이 높다.
④ 분자 중의 탄소 원자수가 많아질수록 비등점은 높아진다.

해설 ① 압력밥솥은 압력이 높으므로 100℃ 이상에서도 끓는다.
② 포화 탄화수소는 불포화 탄화수소보다 융점과 비등점이 높다.
  C_3H_8(프로판) 비점 : −42.1℃,
  C_3H_6(프로필렌) 비점 : −47.6℃
③ 이성체 화합물에서는 normal은 iso보다 비등점이 높다.
④ C_3H_8(프로판) 비점 : −42.1℃
  C_4H_{10}(부탄) 비점 : −0.5℃, 비등점비교

[★]
013. 에틸렌(C_2H_4)이 수소와 반응할 때 일으키는 반응은?

① 환원반응   ② 분해반응
③ 제거반응   ④ 첨가반응

해설 $C_2H_4 + H_2 \rightarrow C_2H_6$ 에탄(첨가반응)

[★★]
014. 다음 비열(比熱)에 대한 설명 중 틀린 것은?

① 어떤 물질 1kg을 1℃ 변화시킬 수 있는 열량이다.
② 일반적으로 금속은 비열이 작다.
③ 비열이 큰 물질일수록 온도의 변화가 쉽다.
④ 물의 비열은 약 1kcal/kg·℃이다.

[해설] C(비열) = kcal/kg·℃이므로 비열이 작은 물질일수록 온도의 변화가 쉽다. 물과 구리(0.0924) 비열 참조

[★★★]
015. 진공압이 57cmHg일 때 절대압력은? (단, 대기압은 760mmHg이다.)

① 0.19kg/㎠·a   ② 0.26kg/㎠·a
③ 0.31kg/㎠·a   ④ 0.38kg/㎠·a

[해설] ①
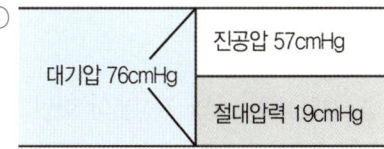

② 절대압력kg/㎠·a 환산하면
$\left(\dfrac{19\text{cmHg}}{76\text{cmHg}}\right) \times 1.0332\text{kg/cm}^2\cdot a ≒ 0.26$

※ 진공도 질문시 진공(%) = $\dfrac{57}{76} \times 100 = 75(\%)$

[★★]
016. $CH_4 + Cl_2 \to CH_3Cl + HCl$, $CH_3Cl + Cl_2 \to CH_2Cl_2 + HCl$과 같은 반응은 어떤 반응인가?

① 첨가   ② 치환
③ 중합   ④ 축합

[★]
017. 파라핀계 탄화수소 중 가장 간단한 형의 화합물로서 불순물을 전혀 함유하지 않는 도시가스의 원료는?

① 액화천연가스   ② 액화석유가스
③ off가스   ④ 나프타

[해설] 파라핀계 탄화수소 중 불순물을 함유하지 않는 도시가스의 원료 : 액화천연가스(LNG)

[★]
018. 다음 수소(H_2)에 대한 설명으로 옳은 것은?

① 3중 수소는 방사능을 갖는다.
② 밀도가 크다.
③ 금속재료를 취화시키지 않는다.
④ 열전달율이 아주 작다.

[해설] 수소의 특징
① 밀도(ρ) = $\dfrac{g}{L} = \dfrac{2g}{22.4L}$ 작다.
② 수소취성 → 탈탄 발생
③ a_1 = kcal/m²·h·℃ 열전달율이 아주 크다.

[★★★]
019. 다음 1기압(atm)과 같지 않은 것은?

① 760mmHg   ② 0.9807bar
③ 10.332mH₂O   ④ 101.3kPa

[★★★]
020. 다음 산소에 대한 설명 중 틀린 것은?

① 폭발한계는 공기 중과 비교하면 산소 중에서는 현저하게 넓어진다.
② 화학반응에 사용하는 경우에는 산화물이 생성되어 폭발의 원인이 될 수 있다.
③ 산소는 치료의 목적으로 의료계에 널리 이용되고 있다.
④ 환원성을 이용하여 금속 제련에 사용한다.

[해설] ④는 환원성 → 산화성 가스(O_2)

[★★★]
021. 다음 아세틸렌에 대한 설명 중 틀린 것은?

① 연소 시 고열을 얻을 수 있어 용접용으로 쓰인다.
② 압축하면 폭발을 일으킨다.
③ 2중 결합을 가진 불포화탄화수소이다.
④ 구리, 은과 반응하여 폭발성의 화합물을 만든다.

[해설] • 아세틸렌은 용해가스이며 폭발성이 있다.(산화에틸렌)
③의 불포화탄화수소는 에틸렌, 부틸렌, 프로필렌 등이다.

[★]
022. 프로판가스 1kg의 기화열은 약 몇 kcal인가?

① 75 ② 92
③ 102 ④ 539

[해설] 프로판가스 1kg의 기화열 – 101.8kcal이다.

[★★★]
023. 다음 가스의 일반적인 성질에 대한 설명으로 옳은 것은?

① 질소는 안정된 가스로 불활성가스라고도 하며, 고온, 고압에서도 금속과 화합하지 않는다.
② 산소는 액체공기를 분류하여 제조하는 반응성이 강한 가스로 그 자신이 잘 연소한다.
③ 염소는 반응성이 강한 가스로 강재에 대하여 상온, 건조한 상태에서도 현저한 부식성을 갖는다.
④ 아세틸렌은 은(Ag), 수은(Hg) 등의 금속과 반응하여 폭발성물질을 생성한다.

[해설]
① 질소는 안정된 가스로 불활성가스라고도 하며, 고온, 고압하 질화철을 생성한다.
② 산소는 액체공기를 분류하여 제조하는 반응성이 강한 가스로 그 자신이 잘 연소하지 않는다.
③ 염소는 반응성이 강한 가스로 강재에 대하여 상온, 습한 상태에서 강한 부식성을 갖는다.
④ 아세틸렌은 은(Ag), 동(Cu), 수은(Hg) 등의 금속과 반응하여 폭발성물질인 금속아세틸라이트를 생성한다.

[★★]
024. 다음 가스 중 열전도율이 가장 큰 것은?

① H_2 ② N_2
③ CO_2 ④ SO_2

[해설] 열전도율(λ : 람다)는 비중이 낮을수록 열전도율은 크다.
• 비열비교 : 구리(0.0924), 철(0.107) 참조
• 비중 : $\dfrac{\text{해당밀도}\,\rho}{\text{공기밀도}\,\rho}$ ($\because \rho$(로, 밀도) = $\dfrac{g}{L}$)

[★★★]
025. 다음 중 게이지압력을 옳게 표시한 것은?

① 게이지압력 = 절대압력 – 대기압
② 게이지압력 = 대기압 – 절대압력
③ 게이지압력 = 대기압 + 절대압력
④ 게이지압력 = 절대압력 + 진공압력

[★★]
026. 다음 중 표준상태에서 가스상 탄화수소의 점도가 가장 높은 가스는?

① 에탄 ② 메탄
③ 부탄 ④ 프로판

[해설] 탄화수소의 점도는 탄소수가 증가하면 점도는 감소한다. 반비례관계이다.

[★]
027. 다음 중 액화석유가스의 주성분이 아닌 것은?

① 부탄 ② 헵탄
③ 프로판 ④ 프로필렌

[해설] LPG : 탄소수가 3~4개인 저급탄화수소
부탄 : C_4H_{10} 헵탄 : C_7H_{16}
프로판 : C_3H_8 프로필렌 : C_3H_6

[동]
028. 다음의 가스가 누출될 때 사용되는 시험지와 변색상태를 옳게 짝지어진 것은?

① 포스겐 : 하리슨시약 – 청색
② 황화수소 : 초산납시험지 – 흑색
③ 시안화수소 : 초산벤젠지 – 적색
④ 일산화탄소 : 요오드칼륨전분지 – 황색

[해설] 염소 : KI(요오드칼륨지)전분지 – 청색
시안화수소 : 질산구리벤젠지 – 청색
암모니아 : 적색리트머스종이 – 청색
황화수소 : 연당지(초산납시험지) – 흑색
일산화탄소 : 염화파라듐지 – 흑색
포스겐 : 하리슨시험지 – 심등색(유자색, 오렌지색)
아세틸렌 : 구리(염화제1구리착염지) – 청색

[동]

029. 아세틸렌의 분해폭발을 방지하기 위하여 첨가하는 희석제가 아닌 것은?

① 에틸렌 ② 산소
③ 메탄   ④ 질소

해설 **TIP** 메(CH_4)일(CO)스(H_2)프(C_3H_8)에(C_2H_4) 질(N_2)이다

[★] 2021 필답형

030. 다음 중 시안화수소에 안정제를 첨가하는 주된 이유는?

① 분해 폭발하므로
② 산화폭발을 일으킬 염려가 있으므로
③ 시안화수소는 강한 인화성 액체이므로
④ 소량의 수분으로도 중합하여 그 열로 인해 폭발할 위험이 있으므로

해설 시안화수소에 안정제를 첨가하는 주된 이유
- 소량의 수분으로도 중합하여 그 열로 인해 폭발할 위험이 있으므로(중합폭발)
- ★ 중합폭발안정제 : 동, 동망/ 인, 인산, 오산화인/ 황산, 아황산/ 염화칼슘
- **참고** $C_2H_2 + HCN \rightarrow CH_2 = CHCN$(아크릴로니트릴)

[★★★]

031. 국제단위계는 7가지의 SI기본단위로 구성된다. 다음 중 기본량과 SI기본단위가 틀리게 짝지어진 것은?

① 질량 – 킬로그램(kg) ② 길이 – 미터(m)
③ 시간 – 초(s)   ④ 몰질량 – 몰(mole)

해설 ④는 물질량이다.
그 외 A(암페어 : 전류), K(캘빈절대온도), cd(칸델라 : 광도) 등이 있다.

[★★★]

032. 다음은 탄화수소(C_mH_n)의 완전연소식 $C_mH_n + (m + \frac{n}{4})O_2 \rightarrow mCO_2 + (\ )H_2O$에서 괄호 안에 알맞은 것은?

① n   ② $\frac{n}{2}$
③ m   ④ $\frac{m}{2}$

[★★★]

033. 다음 각 가스의 특성에 대한 설명으로 틀린 것은?

① 수소는 고온, 고압에서 탄소강과 반응하여 수소취성을 일으킨다.
② 산소는 공기액화 분리장치를 통해 제조하며, 질소와 분리 시 비등점 차이를 이용한다.
③ 일산화탄소의 국내 독성 허용농도는 LC 50 기준으로 50ppm이다.
④ 암모니아는 붉은 리트머스를 푸르게 변화시키는 성질을 이용하여 검출할 수 있다.

해설 **수소** : 고온·고압에서 탄소강과 반응하여 수소취성
산소 : 공기액화 분리장치를 통해 제조하며 질소와 분리 시 비등점 차이를 이용
암모니아 : 붉은 리트머스를 푸르게 변화
③ 일산화탄소(CO) 50ppm은 TLV-TWA기준, LC 50 기준(3760)이다.

[★★]

034. 다음 이상기체상수 값이 1.987일 경우에 해당하는 단위는?

① J/mol·K   ② atm·L/mol·K
③ cal/mol·K   ④ N·m/mol·K

해설 $PV = GRT \Rightarrow R = \frac{PV}{GT}$ 이므로

여기서, P : 압력($1kgf/cm^2 \cdot abs \times 10^4 = 1kgf/m^2 \cdot abs$)
V : 체적(m^3)
G : 중량(kgf)
R : 기체상수(848kgf·m/kmol·K)
   = 1.987(kcal/kmol·K)
T : 절대온도(K)

$R = \frac{1.0332 kgf/cm^2 \times 10^4 \times 22.4 m^3}{kmol \cdot 273K} = 848 \left(\frac{kgf \cdot m}{kmol \cdot K}\right)$

$R = 848 \times \frac{1}{427} \left(\frac{kcal}{kmol \cdot K}\right) = 1.987(cal/mol \cdot K)$

참고 열량 1Kcal은 일량 427kgf·m과 같다.

[★★★]

035. 부탄 1㎥을 완전 연소시키는데 필요한 이론 공기량은 약 몇 ㎥인가? (단, 공기 중의 산소농도는 21v%이다.)

① 5   ② 23.8
③ 6.5   ④ 31

029. ② 030. ④ 031. ④ 032. ② 033. ③ 034. ③ 035. ④

해설 1) $C_4H_{10} + 6.5O_2 \rightarrow 4CO_2 + 5H_2O$
      2) $\dfrac{6.5}{0.21} = 30.952 ≒ 31$

$3 \times 22.4L : 2 \times [14+1\times 3] = 34g$
$\Rightarrow x(L) = \dfrac{44}{34} \times 3 \times 22.4L = 86.964 ≒ 86.96 ≒ 87(L)$

[★★★]
036. 메탄(CH_4)의 성질에 대한 설명 중 틀린 것은?

① 무색, 무취의 기체로 잘 연소한다.
② 무극성이며 물에 대한 용해도가 크다.
③ 염소와 반응시키면 염소화합물을 만든다.
④ 니켈 촉매하에 고온에서 산소 또는 수증기를 반응시키면 CO와 H_2를 발생한다.

해설 CH_4(메탄)
① 무색, 무취의 기체로 잘 연소한다.
② 불용해성 가스이다.
③ 염소와 반응시키면 염소화합물을 만든다.
   ($CH_4 + Cl_2 \rightarrow CH_3Cl + HCl$)
④ 니켈 촉매하에 고온에서 산소 또는 수증기를 반응시키면 CO와 H_2 발생
   └ $CH_4 + H_2O \longrightarrow CO + 3H_2 - 49.3kcal$

[★★★]
037. 물을 전기분해하여 수소를 얻고자 할 때 주로 사용되는 전해액은 무엇인가?

① 25% 정도의 황산수용액
② 1% 정도의 묽은 염산수용액
③ 10% 정도의 탄산칼슘수용액
④ 20% 정도의 수산화나트륨수용액

해설 1) $2H_2O \rightarrow 2H_2 + O_2$로 분해됨
     2) 전해액 : 전기분해시 전해조에 넣어서 이온 전도의 매체 역할을 하는 용액
     3) 순수한 물은 전류가 흐르지 않으므로 물을 전기분해하기 위해서는 수산화나트륨이나 황산을 조금 넣어주어야 한다.

[★★]
038. 하버-보시법으로 암모니아 44g을 제조하려면 표준상태에서 수소는 약 몇 L가 필요한가?

① 22   ② 44
③ 87   ④ 100

해설 $N_2 + 3H_2 \rightarrow 2NH_3$(암모니아) : 하버-보시법

[★]
039. 다음 중 수분이 존재하였을 때 일반 강재를 부식시키는 가스는?

① 일산화탄소   ② 수소
③ 황화수소   ④ 질소

해설 수분 존재시 일반강재를 부식시키는 가스 종류
황화수소(H_2S), 염소(Cl_2)

[★★★]
040. 산소(O_2)에 대한 설명 중 틀린 것은?

① 무색, 무취의 기체이며 물에 약간 녹는다.
② 가연성가스이나 그 자신은 연소하지 않는다.
③ 용기의 도색은 일반 공업용이 녹색, 의료용이 백색이다.
④ 저장용기는 무계목 용기를 사용한다.

해설 ② 산소(O_2)는 조연성가스, 지연성가스라고도 한다.

[★★★]
041. 다음 중 가스크로마토그래피의 캐리어가스로 사용되는 것은?

① 헬륨   ② 산소
③ 불소   ④ 염소

해설 가스분석기법 중 기기분석법.
TIP 수(H_2) 헤(He) 질(N_2) 아(Ar)

[★★★]
042. 다음 압력이 가장 큰 것은?

① 1.01MPa   ② 5atm
③ 100inHg   ④ 88psi

해설 ① $\dfrac{1.01}{0.101} \times 1atm = 10atm$
     ② 5atm

정답 036. ② 037. ④ 038. ③ 039. ③ 040. ② 041. ① 042. ①

③ $100 \text{inHg} \times 2.54 \text{cm} = \dfrac{254 \text{cmHg}}{76 \text{cmHg}} \times 1 \text{atm} = 3.34 \text{atm}$

④ $88 \text{psi} = \left(\dfrac{88}{14.7}\right) \times 1 \text{atm} = 5.98 \text{atm}$

[★]

043. 다음 중 "제 2종 영구기관은 존재할 수 없다. 제 2종 영구기관은 존재 가능성을 부인한다."라고 표현되는 법칙은?

① 열역학 제0법칙   ② 열역학 제1법칙
③ 열역학 제2법칙   ④ 열역학 제3법칙

[★, 동]

044. 아세틸렌 충전 시 첨가하는 다공물질의 구비조건이 아닌 것은?

① 화학적으로 안정할 것
② 기계적 강도가 클 것
③ 가스의 충전이 쉬울 것
④ 다공도가 적을 것

[해설] ④ 다공도가 클 것(다공도 : 75% 이상~92% 미만)

[★★★]

045. 냄새가 나는 물질(부취제)의 구비조건이 아닌 것은?

① 독성이 없을 것
② 저농도에서도 냄새를 알 수 있을 것
③ 완전연소하고 연소 후에는 유해물질을 남기지 말 것
④ 일상생활의 냄새와 구분되지 않을 것

[해설] ①, ②, ③ 외
- 일상냄새와 구분될 것
- 토양투과성이 클 것
- 화학적 안정
- 물에 용해되지 않을 것
- 가스배관·가스미터 등에 흡착되지 않을 것

TIP 투독일일응, 간경화제!

[★★★]

046. 압력에 대한 설명으로 옳은 것은?

① 표준대기압이란 0℃에서 수은주 760mmHg에 해당하는 압력을 말한다.
② 진공압력이란 대기압보다 낮은 압력으로 대기압력과 절대압력을 합한 것이다.
③ 용기내벽에 가해지는 기체의 압력을 게이지압력이라 하며, 대기압과 압력계에 나타난 압력을 합한 것이다.
④ 절대압력이란 표준대기압 상태를 0으로 기준하여 측정한 압력을 말한다.

[해설] ② 진공압력이란 대기압보다 낮은 압력으로 절대압력-대기압력으로 구한다.
③ 용기내벽에 가해지는 기체의 압력을 게이지압력이라 하며, 절대압력-대기압력, 즉, 표준대기압은 0을 기준한다.
④ 절대압력이란 완전진공상태를 "0"으로 기준 ($0 \text{kg/cm}^2 \cdot \text{abs}$)

[★]

047. 이상기체에 대한 설명으로 옳은 것은?

① 일정온도에서 기체 부피는 압력에 비례한다.
② 일정압력에서 부피는 온도에 반비례한다.
③ 일정부피에서 압력은 온도에 반비례한다.
④ 보일-샤를의 법칙을 따르는 기체이다.

[해설] **이상기체의 성질(전제조건)**

㉠ 분자간의 인력이나 분자의 부피가 없는 완전 탄성체로 이루어진다.

㉡ 온도에 관계없이 비열비($K = \dfrac{CP}{CV}$)가 일정하다.

㉢ 아보가드로 법칙에 따른다.

※ 아보가드로 법칙
모든 기체 1mol은 표준상태(0℃, 1atm)에서 부피는 22.4L이고, 원자수는 6.02×10^{23}이다.

㉣ 보일 – 샤를의 법칙을 만족한다.

보일-샤를의 법칙 $\dfrac{PV}{T} = \dfrac{P_1 V_1}{T_1}$

㉤ 내부에너지(u)는 온도만의 함수이다.

[★★]

048. 산소가스가 27℃에서 130kgf/㎠의 압력으로 50kg이 충전되어 있다. 이때 부피는 몇 ㎥인가? (단, 산소의 정수는 26.5kgf·m/kg·K)

① 0.25㎥   ② 0.28㎥
③ 0.30㎥   ④ 0.43㎥

043. ③   044. ④   045. ④   046. ①   047. ④   048. ③

해설 PV = GRT에서

$$V = \frac{GRT}{P}$$

$$V = \frac{50 \times 26.5 \times (27+273)}{130\,kgf/cm^2 \times 10^4} = 0.305 \fallingdotseq 0.3$$

[동]

049. "가연성가스"라 함은 폭발한계의 상한과 하한의 차가 몇 % 이상인 것을 말하는가?

① 5　　② 10
③ 15　　④ 20

[★]

050. 공기 중에 10vol% 존재 시 폭발의 위험성이 없는 가스는?

① CH_3Br　　② C_2H_6
③ C_2H_4O　　④ H_2S

해설
・방폭구조가 필요하지 않은 가스 : NH_3, CH_3Br, 자연발화가스
・CH_3Br의 폭발범위 : 13.5%~14.5%
∴ 폭발하한은 13.5% 이상이어야 함

[★★★]

051. 완전진공을 0으로 하여 측정한 압력을 의미하는 것은?

① 절대압력　　② 게이지압력
③ 표준대기압　　④ 진공압력

해설 절대압력 : 완전 진공을 0으로 기준
게이지압력 : 대기압을 0으로 기준

[★]

052. 액비중에 대한 설명으로 옳은 것은?

① 4℃ 물의 밀도와의 비를 말한다.
② 0℃ 물의 밀도와의 비를 말한다.
③ 절대 영도에서 물의 밀도와의 비를 말한다.
④ 어떤 물질이 끓기 시작한 온도에서의 질량을 말한다.

[★★]

053. 질소가스의 특징에 대한 설명으로 틀린 것은?

① 암모니아 합성원료이다.
② 공기의 주성분이다.
③ 방전용으로 사용된다.
④ 산화방지제로 사용된다.

해설 ① $N_2 + 3H_2 \to 2NH_3$
② 공기 중 질소 78%
③ 치환용사용
④ 산화폭발방지원료/기밀시험용가스/비료원료

[★★★]

054. 고압가스의 일반적인 성질에 대한 설명으로 옳은 것은?

① 암모니아는 동을 부식하고, 고온・고압에서는 강재를 침식한다.
② 질소는 안정한 가스로서 불활성가스라고도 하고, 고온에서도 금속과 화합하지 않는다.
③ 산소는 액체공기를 분류하여 제조하는 반응성이 강한 가스로 자신은 잘 연소한다.
④ 염소는 반응성이 강한 가스로 강재에 대하여 상온에서도 건조한 상태로 현저히 부식성을 갖는다.

해설 암모니아 특징
① 동을 부식하고, 고온・고압에서는 강재를 침식한다.
② N_2는 고온하에서 질화철을 생성하여 그 표면을 경화시킨다.
③ O_2 : 조연성가스는 자신은 연소하지 않는다.
④ 염소(Cl_2)는 습한 상태에서 강재를 부식시킨다.

[★]

055. 도시가스의 주원료인 메탄(CH_4)의 비점은 약 얼마인가?

① -50℃　　② -82℃
③ -120℃　　④ -162℃

해설 도시가스 주원료 메탄(CH_4)의 비점
-162℃(-161.5℃)

정답 049. ④　050. ①　051. ①　052. ①　053. ③　054. ①　055. ④

[★]
056. 500kcal/h의 열량을 일(kgf·m/s)로 환산하면 얼마가 되겠는가?

① 59.3   ② 500
③ 4,215.5   ④ 213,500

해설 1kcal = 427kgf·m
500kcal = 427×500kgf·m = 213,500이므로
$\frac{213,500}{3,600}$ kgf·m = 59.3055(kgf·m/s)(초)
= 59.31 ≒ 59.3(kgf·m/s)

[★★★]
057. 0℃, 1atm에서 5L인 기체가 273℃, 1atm에서 차지하는 부피는 약 몇 L인가? (단, 이상기체로 가정한다.)

① 2   ② 5
③ 8   ④ 10

해설 보일샤를 법칙에서
1) $\frac{PV}{T} = \frac{P_1V_1}{T_1}$
2) $\frac{1atm \cdot 5L}{(0℃+273)} = \frac{1atm \cdot xL}{(273℃+273)}$, $x(L) = 10$

[★★★, 동]
058. 수소 20v%, 메탄 50v%, 에탄 30v% 조성의 혼합가스가 공기와 혼합된 경우 폭발하한계의 값은? (단, 폭발하한계 값은 각각 수소는 4v%, 메탄은 5v%, 에탄은 3v%이다.)

① 3   ② 4
③ 5   ④ 6

해설 르샤틀리에 법칙 사용
1) $\frac{100}{L} = \frac{V_1}{L_1} + \frac{V_2}{L_2} + \frac{V_3}{L_3}$, $\frac{100}{L} = \left(\frac{20}{4} + \frac{50}{5} + \frac{30}{3}\right)$,
   $L = 4$
2) H_2(수소) : 4%~75%, CH_4(메탄) : 5%~15%,
   C_2H_6(에탄) : 3%~12.5%

[★]
059. 대기압이 1.0332kgf/㎠이고, 게이지 압력이 10kgf/㎠일 때 절대압력은 약 몇 kgf/㎠인가?

① 8.9668   ② 10.332
③ 11.0332   ④ 103.32

해설 절대압력은 게이지 P와 대기압의 합이다.
∴ 게이지 P 10 + 대기압 P 1.0332
   = 절대압력 P 11.0332

[★★]
060. 다음 중 가연성가스 취급장소에서 사용 가능한 방폭공구가 아닌 것은?

① 알루미늄 합금공구   ② 베릴륨 합금공구
③ 고무공구   ④ 나무공구

해설 가연성 가스 취급장소에서 사용가능한 방폭공구
• 베릴륨 합금공구가 가장 일반적이고 그 외 고무공구, 나무공구 등을 사용

[★]
061. 일기예보에서 주로 사용하는 1헥토파스칼은 약 몇 N/㎡에 해당하는가?

① 1   ② 10
③ 100   ④ 1,000

해설 Pa = N/m^2, hPa(헥토파스칼) = $10^2 \cdot N/m^2$ = $100N/m^2$
1헥토 = 10^2 = 100

[★★]
062. 다음 중 헨리법칙이 잘 적용되지 않는 가스는?

① 수소   ② 산소
③ 이산화탄소   ④ 암모니아

해설 헨리법칙
온도 일정 시 용해될 수 있는 기체의 양은 기체의 부분압에 정비례하는 법칙
즉, 불용해성 가스는 기체에 대하여 낮은 압력에서만 적용
∴ 암모니아는 용해성 가스임.(용해성 가스는 헨리법칙 적용이 불가능하다)

056. ①   057. ④   058. ②   059. ③   060. ①   061. ③   062. ④

[★★★]
063. 다음 중 임계압력(atm)이 가장 높은 가스는?

① CO ② C_2H_4
③ HCN ④ Cl_2

[해설] CO : 35atm
C_2H_4 : 50.5atm
HCN : 53.2atm
Cl_2 : 76.1atm

[★★★]
064. 천연가스의 성질에 대한 설명으로 틀린 것은?

① 주성분은 메탄이다.
② 독성이 없고, 청결한 가스이다.
③ 공기보다 무거워 누출 시 바닥에 고인다.
④ 발열량은 약 9,500~10,500kcal/㎥ 정도이다.

[해설] 천연가스 특징
① 주성분 메탄
② 독성이 없고, 청결한 가스
③ 공기보다 가볍다(CH_4 : 16g, 공기 : 29g)
④ 발열량 9,500~10,500kcal/m^3

[★★★]
065. 액화석유가스에 대한 설명으로 틀린 것은?

① 프로판, 부탄을 주성분으로 한 가스를 액화한 것이다.
② 물에 잘 녹으며, 유지류 또는 천연고무를 잘 용해시킨다.
③ 기체의 경우 공기보다 무거우나 액체의 경우 물보다 가볍다.
④ 상온, 상압에서 기체이나 가압이나 냉각을 통해 액화가 가능하다.

[해설] 액화석유가스
② 액화석유가스(LPG)는 물에 불용해성을 띄는 가스이며 천연고무, 유지류, 윤활유를 용해시킨다.
액비중 : C_3H_8(0.51), C_4H_{10}(0.58)

[★]
066. 도시가스의 주성분인 메탄가스가 표준상태에서 1㎥ 연소하는데 필요한 산소량은 약 몇 ㎥인가?

① 2 ② 2.8
③ 8.89 ④ 9.6

[해설] $CH_4 + 2O_2 \rightarrow CO_2 + 2H_2O$
이론적 산소량(O_0) = $(m + \frac{n}{4}) = (1 + \frac{4}{4}) = 2$

[★★★]
067. 공기액화분리장치의 폭발원인으로 볼 수 없는 것은?

① 공기 취입구로부터 O_2 혼입
② 공기 취입구로부터 C_2H_2 혼입
③ 액체 공기 중에 O_3 혼입
④ 공기 중에 있는 NO_2의 혼입

[해설] 공기액화분리장치 폭발원인
• 공기 취입구로부터 C_2H_2 혼입
• 액체 공기 중에서 O_3 혼입
• 공기 중에 있는 NO_2 혼입
• 압축기 윤활유분해로 인한 탄화수소 생성

[★★]
068. 공기비(m)가 클 경우 연소에 미치는 영향에 대한 설명으로 가장 거리가 먼 것은?

① 미연소에 의한 열손실이 증가한다.
② 연소가스 중에 SO_3의 양이 증대한다.
③ 연소가스 중에 NO_2의 발생이 심해진다.
④ 통풍력이 강하여 배기가스에 의한 열손실이 커진다.

[해설] 공기비(m)가 클 경우
① 연소가스 중에 SO_3의 양이 증대한다.
② 연소가스 중에 NO_2 발생이 심해진다.
③ 통풍력이 강하여 배기가스에 의한 열손실이 증가한다.
①의 미연소는 불완전연소, 즉 공기비가 적을 경우이다.

[★★★, 동] 2022 2회 실기
069. NG(천연가스), LPG(액화석유가스), LNG(액화천연가스) 등 기체연료의 특징에 대한 설명으로 틀린 것은?

① 공해가 거의 없다.
② 적은 공기비로 완전 연소한다.
③ 연소효율이 높다.
④ 저장이나 수송이 용이하다.

해설 기체 연료의 특징
① 공해가 거의 없다.
② 적은 공기비로 완전연소한다.
③ 연소효율이 높다.
④ 수송 저장이 불편하다. 즉, 저장 및 처리설비가 많이 든다.

[★★★]
070. 다음 중 부취제의 토양투과성의 크기가 순서대로 된 것은?

① D.M.S > T.B.M > T.H.T
② D.M.S > T.H.T > T.B.M
③ T.B.M > D.M.S > T.H.T
④ T.H.T > T.B.M > D.M.S

해설 [부취제의 종류]

D.M.S  > T.B.M > T.H.T   토양투과성 크기순
마늘 ③   양파 썩은 냄새 ①   석탄 가스 냄새 ②   취기 강도순

- 부취제 토양투과성 크기 :
  D.M.S(마늘 냄새) > T.B.M(양파 썩은 냄새) > T.H.T(석탄가스 냄새)
- 취기 강도 크기 : T.B.M > T.H.T > D.M.S

[★★★]
071. 도시가스의 유해성분·열량·압력 및 연소성 측정에 관한 설명으로 틀린 것은?

① 매일 2회 도시가스 제조소의 출구에서 자동열량측정기로 열량을 측정한다.
② 정압기 출구 및 가스공급시설 끝부분의 배관(일반가정의 취사용)에서 측정한 가스압력은 0.5kPa 이상 1.5kPa 이내로 유지한다.
③ 도시가스 원료가 LNG 및 LPG+Air가 아닌 경우 황전량, 황화수소 및 암모니아 등 유해성분 측정은 매주 1회 검사한다.
④ 도시가스 성분 중 유해성분의 양은 0℃, 101,325Pa에서 건조한 도시가스 1m³당 황전량은 30mg, 황화수소는 1mg, 암모니아는 0mg을 초과하지 못한다.

해설 도시가스 유해성분·열량·압력 및 연소성
① 매일 2회 도시가스 제조소의 출구에서(또는 제조소 배송기) 자동열량측정기로 열량 측정(6시 30분~9시, 17시~20시 30분)
② 도시가스 원료가 LNG 및 LPG+air가 아닌 경우 유해성분 측정 매주 1회
   압력측정 – 끝부분의 배관에 자기압력계 사용 1kPa~2.5kPa 유지
③ 도시가스 품질검사 허용기준 (법 개정)
   1m³당 황전량 30mg 이하
         황화수소 1mg 이하
         실록산, 할로겐 총량 10mg 이하

[★★] 필답 대비
072. 표준상태에서 프로판 22g을 완전 연소시켰을 때 얻어지는 이산화탄소의 부피는 몇 L인가?

① 23.6   ② 33.6
③ 35.6   ④ 67.6

해설 $C_3H_8 + 5O_2 \rightarrow 3CO_2 + 4H_2O$
44g   → 3×22.4L
22g   → x
$x = \dfrac{22}{44} \times (3 \times 22.4L) = 33.6(L)$

[★]
073. 가스의 정상 연소속도를 가장 옳게 나타낸 것은?

① 0.03~10m/s   ② 30~100m/s
③ 350~500m/s   ④ 1,000~3,500m/s

해설 정상 연소속도 : 0.03~10m/s
음속 : 340m/s
폭굉 : 1,000~3,500m/s

[★]
074. 암모니아 가스를 저장하는 용기에 대한 설명으로 틀린 것은?

① 용접용기로 재질은 탄소강으로 한다.
② 검지경보장치는 방폭성능을 가지지 않아도 된다.
③ 충전구의 나사형식은 왼나사로 한다.
④ 용기의 바탕색은 백색으로 한다.

해설 암모니아 가스를 저장하는 용기
① 용접용기로 재질은 탄소강(이, 암, 염소, LPG : 탄소강)
② 검지경보장치는 방폭성능을 가지지 않아도 된다.
③ 용기의 바탕색은 백색
  • 충전구의 나사형식은 오른나사이다.(예외규정)
  • 가연성 가스는 원칙상으로는 왼나사 형식이다.

075. 아세틸렌 중의 수분을 제거하는 건조제로 주로 사용되는 것은?

① 염화칼슘
② 사염화탄소
③ 진한 황산
④ 활성알루미나

해설 아세틸렌 건조제 – 염화칼슘

076. 다음 중 압력 환산 값을 서로 옳게 나타낸 것은?

① $1lb/ft^2 ≒ 0.142kg/cm^2$
② $1kg/cm^2 ≒ 13.7lb/in^2$
③ $1atm ≒ 1033g/cm^2$
④ $76cmHg ≒ 1013dyne/cm^2$

해설
① $1ft = 12inch ≒ 30.5cm$
$1 lb/ft^2 = 1 lb/(12in)^2 = 144^{-1}(lb/in^2)$ 압력변환하면,
$= \left(\frac{144^{-1}}{14.7}\right) \times 1.0332 kg/cm^2$
$= 0.00048 (kg/cm^2)$
② $1kg/cm^2 ≒ 14.7lb/in^2$
③ $1,033g = \frac{1,033g}{1,000} = 1.033kg/cm^2$
④ $1dyne = 1g \cdot cm/s^2$이므로 → $10^{-3}kg \cdot 10^{-2}m/s^2$
$= 10^{-5}kg \cdot m/s^2 = 10^{-5}N$

077. 다음 중 유해한 유황 화합물 제거방법에서 건식법에 속하지 않는 것은?

① 활성탄 흡착법
② 산화철 접촉법
③ 몰리큘러시이브 흡착법
④ 시이볼트법

해설
• 유황 화합물 제거법(건식법)
  활성탄 흡착법, 산화철 접촉법, 몰리큘러시이브 흡착법
• 습식 탈황법
  카볼트(Girbotal, 거볼탈), 알카지드, 시이볼트(Seaboard, 시보드)

TIP 아프가니스탄 카불알카지드 시볼(?)

078. 포스겐에 대한 설명으로 옳은 것은?

① 순수한 것은 무색, 무취의 기체이다.
② 수산화나트륨에 빨리 흡수된다.
③ 폭발성과 인화성이 크다.
④ 화학식은 COCl이다.

해설 포스겐($COCl_2$) 특징
• 수산화나트륨에 빨리 흡수된다.
• 자극적 냄새가 난다.
• 화학식은 $COCl_2$
• 폭발성이 크지 않다.

079. 고체연료인 석탄의 공업분석 항목으로 옳은 것은?

① 탄소
② 회분
③ 수소
④ 질소

해설 석탄의 공업분석 항목 – 회분(ASH)

080. 다음 중 냉매로 사용되며 무독성인 기체는?

① CCl_2F_2
② NH_3
③ CO
④ SO_2

해설 R-12(CCl_2F_2) 프레온 냉매는 무독성이다.
NH_3 : 자극성 있는 화장실 냄새
CO : 독성, 가연성 가스
SO_2 : 2중관 사용하는 독성가스, 불연성가스

081. 가열로에서 20℃ 물 1,000kg을 80℃ 온수로 만들려고 한다. 프로판 가스는 약 몇 kg이 필요한가? (단, 가열로의 열효율은 90%이며, 프로판가스의 열량은 12,000kcal/kg이다.)

① 4.6
② 5.6
③ 6.6
④ 7.6

해설 열량계산
1) $1,000kg \times 1kcal/kg \cdot ℃ \times (80-20)℃ = 60,000(kcal)$ 필요함

2) 프로판 중량계산 $\frac{60,000}{12,000}$ = 5kg

3) 효율이 90%이므로 5kg×1.1 ≒ 5.55

[★★]
082. "기체 혼합물의 전 부피는 동일 온도 및 압력하에서 각 성분 기체의 부분부피의 합과 같다."는 혼합기체의 법칙은?

① Amagat의 법칙
② Boyle의 법칙
③ Charles의 법칙
④ Dalton의 법칙

해설 ① Amagat의 법칙(아마겟)

$$전부피(V) = V_1 + V_2 + V_3 + \cdots V_n = \sum_{n=1}^{\infty} V_n$$

④ 돌턴(Dalton)의 분압법칙

$$P = P_1 + P_2 + P_3 + \cdots P_n = \sum_{n=1}^{\infty} P_n$$

P(전압), P_1, P_2, P_3는 분압

[★★]
083. 다음 중 가스와 그 용도가 옳게 짝지어진 것은?

① 수소 : 경화유제조, 산소 : 용접, 절단용
② 수소 : 경화유제조, 이산화탄소 : 포스겐제조
③ 산소 : 용접, 절단용, 이산화탄소 : 포스겐제조
④ 수소 : 경화유제조, 염소 : 청량음료

해설
• 수소 : 경화유 제조
• 산소 : 용접, 절단용
• 이산화탄소(CO_2) : 청량음료 제조용
• 일산화탄소(CO) : 포스겐 제조원료
  ($CO + Cl_2 \rightarrow COCl_2$ 포스겐)

[★]
084. 다음 중 독성이며 가연성의 가스는?

① 수소
② 일산화탄소
③ 이산화탄소
④ 헬륨

해설 ※ 가연성이면서 독성이 강한 가스(일명 : 독, 가)
이황화탄소, 황화수소, 시안화수소, 브롬화메탄, 산화에틸렌, 염화메탄, 일산화탄소, 암모니아, 디메틸아민, 모노메틸아민, 트리메틸아민
TIP 이황시 / 브롬산에 / 염탄일암 / 디모노 3벌

[★★★]
085. 산소의 일반적인 특징에 대한 설명으로 틀린 것은?

① 수소와 반응하여 격렬하게 폭발한다.
② 유지류와 접촉 시 폭발의 위험이 있다.
③ 공기 중에서 무성 방전시키면 과산화수소(H_2O_2)가 발생된다.
④ 산소의 분압이 높아지면 폭굉범위가 넓어진다.

해설 산소는 수소와 반응하여 격렬하게 폭발하며, 유지류와 접촉 시 폭발의 위험이 있다.
산소의 분압이 높아지면 폭굉범위가 넓어진다.
① $2H_2 + O_2 \rightarrow 2H_2O$(수소폭명기)
② 산소는 금유표시 게이지를 사용한다.
③ H_2O_2 과산화수소는 액체이다.
④ 폭굉범위는 압력이 클수록 넓어진다.
• 무성방전 : 방전 시 소리가 없는 경우(예 코로나방전)

[★★]
086. 8kg의 물을 18°C에서 98°C까지 상승시키는데 표준상태에서 0.034㎥의 LP 가스를 연소시켰다. 프로판의 발열량이 24,000kcal/㎥이라면, 이때의 열효율은 약 몇 %인가?

① 48.6
② 59.3
③ 66.6
④ 78.4

해설 1) 열량계산 = 8kg×1kcal/kg·°C×(98-18)°C
  = 640(kcal) : 실제필요열량

2) $C_3H_8 = \begin{bmatrix} m^3 : & 24,000kcal \\ 0.034m^3 : & x \quad kcal \end{bmatrix}$

  x = 816(kcal) : 투입된 열량

3) $\frac{640}{816} \times 100$ = 78.43(%)

[★★]
087. 아연, 구리, 은, 코발트 등과 같은 금속과 반응하여 착이온을 만드는 가스는?

① 암모니아
② 염소
③ 아세틸렌
④ 질소

해설 금속(Ag, Cu, Zn, Co)과 반응하여 착이온을 형성하는 가스 : 암모니아(NH_3)
$Cu(OH)_2 + 4NH_3 \rightarrow CU(NH_4)^{2+} + 2OH^-$
TIP 암(NH_3, 암모니아) 엄마신발은 은동아코!

[★★]

088. 1기압, 150℃에서의 가스상 탄화수소의 점도가 가장 높은 것은?

① 메탄 ② 에탄
③ 프로필렌 ④ n-부탄

[해설] 점도는 탄화수소계의 탄소수와 반비례한다.
즉, 탄소수 C↑ → 점도↓

[★★]

089. 다음 중 산화철이나 산화알루미늄에 의해 중합반응 하는 가스는?

① 산화에틸렌 ② 시안화수소
③ 에틸렌 ④ 아세틸렌

[해설] 산화에틸렌의 중합반응
- 산, 알칼리 등에 의해 중합 폭발을 일으킨다.
- 중합반응 폭발가스 : 부타디엔, 산화에틸렌, 시안화수소, 염화비닐

[TIP] 부산시에 염비중

[★]

090. 산화에틸렌에 대한 설명으로 틀린 것은?

① 산화에틸렌의 저장탱크에는 그 저장탱크 내용적의 90%를 초과하는 것을 방지하는 과충전 방지조치를 한다.
② 산화에틸렌 제조설비에는 그 설비로부터 독성가스가 누출될 경우 그 독성가스로 인한 중독을 방지하기 위하여 제독설비를 설치한다.
③ 산화에틸렌 저장탱크는 45℃에서 그 내부가스의 압력이 0.4MPa 이상이 되도록 탄산가스를 충전한다.
④ 산화에틸렌을 충전한 용기는 충전 후 24시간 정치하고 용기에 충전 연월일을 명기한 표지를 붙인다.

[해설] 산화에틸렌
- 암모니아와 반응하여 아민 형성
  $C_2H_4O + NH_3 \rightarrow HOC_2H_4NH_3$
- 에탄올 형성
  $C_2H_4O + H_2 \rightarrow C_2H_5OH$(에틸알콜)
  C_2H_6O(에탄올)
- 충전 시 내부에 안정제인 질소·탄산가스를 봉입(5℃ 유지)

[★★★]

091. 가스의 기초법칙에 대한 설명으로 옳은 것은?

① 열역학 제1법칙 : 100% 효율을 가지고 있는 열기관은 존재하지 않는다.
② 그라함(Graham)의 확산법칙 : 기체의 확산(유출)속도는 그 기체의 분자량(밀도)의 제곱근에 반비례한다.
③ 아마가트(Amagat)의 분압법칙 : 이상기체 혼합물의 전체 압력은 각 성분 기체의 분압의 합과 같다.
④ 돌턴(Dalton)의 분용법칙 : 이상기체 혼합물의 전체 부피는 각 성분의 부피의 합과 같다.

[해설] ① 열역학 제2법칙의 설명이다.
③ 돌턴의 분압법칙이다.
④ 아마겟 법칙(부분부피의 법칙)이다.

- 기체확산법칙 $\dfrac{V_2}{V_1} = \sqrt{\dfrac{\rho_1}{\rho_2}} = \sqrt{\dfrac{M_1}{M_2}} = \dfrac{t_1}{t_2}$

(ρ: 밀도, M: 분자량, t: 시간)

[★★]

092. 내용적 48㎥인 LPG 저장탱크에 부탄 18톤을 충전한다면 저장탱크 내의 액체 부탄의 용적은 상용의 온도에서 저장탱크 내용적의 약 몇 %가 되겠는가? (단, 저장탱크의 상용온도에 있어서의 액체 부탄의 비중은 0.55이다.)

① 58 ② 68
③ 78 ④ 88

[해설] 저장능력계산

1) 액비중계산(0.55)

$0.55g/cm^3 = 550kg/m^3$
$\vdots$
$\vdots$
$x = 32.727(m^3)$

2) $\dfrac{32.73}{48} \times 100 = 68.18(\%)$

48㎥ = 48,000L
18ton = 18,000kg

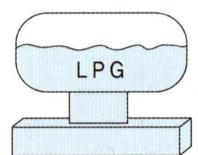

액비중, g/cm³ = kg/L
의미, = 1,000kg/m³

[★★★]
093. 맹독성이고 자극성 냄새의 황록색 기체로 임계온도는 약 144℃, 임계압력은 약 76.1atm이고, 수은법, 격막법 등에 의해 제조하는 특징을 가지는 가스는?

① CO ② Cl_2
③ $COCl_2$ ④ H_2S

[해설] 염소 공업적 제조법(기사, 기능장 대비)
- 전기분해 : $2HCl \rightarrow H_2 + Cl_2$
- 격막법 : $2Na + 2H_2O \rightarrow 2NaOH + H_2$
- 수은법 : $2NaCl + (Hg) \rightarrow Cl_2 + 2Na(Hg)$

[★★]
094. 다음 중 물과 접촉 시 아세틸렌가스를 발생하는 것은?

① 탄화칼슘 ② 소석회
③ 가성소다 ④ 금속칼륨

[해설] 아세틸렌가스 발생반응식
$CaC_2 + 2H_2O \rightarrow Ca(OH)_2 + C_2H_2 \uparrow$
탄화칼슘 = CaC_2(카바이드)
② 소석회 : $CaO + H_2O \rightarrow Ca(OH)_2$
③ $NaCl + H_2O \rightarrow NaOH + HCl$

[★]
095. 일산화탄소 가스의 용도로 알맞은 것은?

① 메탄올 합성 ② 용접 절단용
③ 암모니아 합성 ④ 섬유의 표백용

[해설] CO의 용도
① 메탄올 합성($CO + 2H_2 \rightarrow CH_4O(CH_3OH$: 메틸알콜, 메탄올))
② 산소, 수소가스
③ N_2 원료
④ Cl_2의 특징

[★★]
096. 고압고무호스에 사용하는 부품 중 조정기 연결부 이음쇠의 재료로서 가장 적당한 것은?

① 단조용 황동 ② 쾌삭 황동
③ 스테인리스 스틸 ④ 아연 합금

[해설] 고압고무호스 조정기 연결부 이음쇠 재료
- 단조용 황동

[★★]
097. 프로판의 착화온도는 약 몇 ℃ 정도인가?

① 460~520 ② 550~590
③ 600~660 ④ 680~740

[해설] 프로판 착화 온도
- 460~520℃(부탄 430~510℃)

[★]
098. 다음 중 표준 대기압에 대하여 바르게 나타낸 것은?

① 적도지방 연평균 기압
② 토리첼리의 진공실험에서 얻어진 압력
③ 대기압을 0으로 보고 측정한 압력
④ 완전진공을 0으로 했을 때의 압력

[해설] 표준대기압
- 토리첼리의 진공 실험에서 얻어진 압력
③ 게이지압력이다.
④ 절대압력이다.

[★★★]
099. 시안화수소의 임계온도는 약 몇 ℃인가?

① −140 ② 31
③ 183.5 ④ 195.8

[해설]
- 독성(10ppm), 가연성(폭발범위 6~41%)
- 수분을 2% 이상 함유시 중합폭발을 일으키기 쉽다.
- 중합폭발을 방지하기 위해 안정제를 사용한다.
※ 안정제 : 동, 동망 / 인, 인산, 오산화인 / 황산, 아황산가스, 염화칼슘
- 복숭아 냄새가 난다. 임계온도(183.5℃)
- 중합폭발 : 부타디엔, C_2H_4O, HCN, 염화비닐
  [비교] 분해폭발 : C_2H_2, C_2H_4O, O_3, N_2H_4(히드라진)
- 액화가 용이하며, 저장시 1일 1회 이상 질산구리벤젠지로 누설검사를 할 것.
- 용기 충전 후 60일이 경과되기 전 다른 용기에 충전할 것. (단, 순도 98% 이상으로 착색되지 아니한 것은 제외)
- 독성이 강하여 호흡 및 피부에 접촉시 치명상 초래.

093. ② 094. ① 095. ① 096. ① 097. ① 098. ② 099. ③

[★★]
100. 다음 중 일산화탄소의 용도가 아닌 것은?

① 요소나 소다회 원료
② 메탄올 합성
③ 포스겐 원료
④ 개미산이나 화학공업 원료

해설 ① 소다회 : Na_2CO_3 탄산나트륨
$2NaHCO_3 \rightarrow Na_2CO_3 + CO_2 + H_2O$
② $CO + 2H_2 \rightarrow CH_4O$ 메탄올
③ $CO + Cl_2 \rightarrow COCl_2$ 포스겐
④ 개미산, 의산의 원료(CO 이용)
⑤ NH_3 용도 : 요소·질소비료 원료

101. 70℃는 랭킨온도로 몇 °R 인가?

① 618   ② 688
③ 736   ④ 792

해설 주요공식
°F = 1.8℃ + 32   °F = 1.8 × 70 + 32에서 °F = 158
°R = °F + 460이므로 158 + 460 = 618
참고 K = ℃ + 273   °R = 1.8K

[동]
102. 아세틸렌가스를 온도에 불구하고 2.5MPa의 압력으로 압축할 때 첨가하는 희석제가 아닌 것은?

① 질소   ② 메탄
③ 에틸렌   ④ 산소

해설 TIP 메(CH_4)일(CO)스(H_2)프(C_3H_8)에(C_2H_4)질(N_2)린다

[★★★]
103. 연소시 공기비가 클 경우 나타나는 연소현상으로 틀린 것은?

① 연소가스 온도 저하
② 배기가스량 증가
③ 불완전연소 발생
④ 연료소모 증가

해설 ③ 공기비 적을 때 나타나는 현상

[★★★]
104. 다음 각종 가스의 공업적 용도에 대한 설명 중 옳지 않은 것은?

① 수소는 암모니아 합성원료, 메탄올의 합성, 인조보석제조 등에 사용된다.
② 포스겐은 알코올 또는 페놀과의 반응성을 이용해 의약, 농약, 가소제 등을 제조한다.
③ 일산화탄소는 메탄올 합성원료에 사용된다.
④ 암모니아는 열분해 또는 불완전연소시켜 카본블랙의 제조에 사용된다.

해설 카본블랙의 제조에는 CH_4(메탄)을 사용한다.

[★]
105. 수성가스(water gas)의 조성에 해당하는 것은?

① $CO + H_2$ ② $CO_2 + H_2$
③ $CO + N_2$ ④ $CO_2 + N_2$

해설 수성가스(water gas) 즉, cokes(코크스)의 가스화법
$C + H_2O \rightarrow CO + H_2 - 31.4kcal$

[★★]
106. LP 가스가 불완전 연소되는 원인으로 가장 거리가 먼 것은?

① 공기 공급량 부족 시
② 가스의 조성이 맞지 않을 때
③ 가스기구 및 연소기구가 맞지 않을 때
④ 산소 공급이 과잉일 때

해설 LP 가스 불완전 연소 원인
① 공기 공급량 부족 시
② 가스 조성이 맞지 않을 시
③ 가스기구 및 연소기구가 맞지 않을 시
④ 산소 공급과잉일 때는 완전연소를 발생

[★]
107. 1Therm에 해당하는 열량을 바르게 나타낸 것은?

① 10^3 BTU   ② 10^4 BTU
③ 10^5 BTU   ④ 10^6 BTU

해설 참고 1BTU = 0.252kcal

정답 100.① 101.① 102.④ 103.③ 104.④ 105.① 106.④ 107.③

108. 도시가스의 웨버지수에 대한 설명으로 옳은 것은?

① 도시가스의 총발열량(kcal/㎥)을 가스 비중의 평방근으로 나눈 값을 말한다.
② 도시가스의 총발열량(kcal/㎥)을 가스 비중으로 나눈 값을 말한다.
③ 도시가스의 가스 비중을 총발열량(kcal/㎥)의 평방근으로 나눈 값을 말한다.
④ 도시가스의 가스 비중을 총발열량(kcal/㎥)으로 나눈 값을 말한다.

[해설] $WI = \dfrac{Hg}{\sqrt{d}}$ (Hg : 총발열량(kcal/㎥), $\sqrt{d}$: 가스 비중의 평방근)

109. 다음 중 제백효과(Seebeck effect)를 이용한 온도계는?

① 열전대 온도계
② 광고 온도계
③ 서미스터 온도계
④ 전기저항 온도계

[해설] **열전대 온도계**
제백효과(Seebeck effect) 이용(온도차를 발생 → 기전력 생성)

110. 가스의 연소 시 수소성분의 연소에 의하여 수증기를 발생한다. 가스발열량의 표현식으로 옳은 것은?

① 총발열량 = 진발열량 + 현열
② 총발열량 = 진발열량 + 잠열
③ 총발열량 = 진발열량 − 현열
④ 총발열량 = 진발열량 − 잠열

[해설] ㉠ 액체, 고체 연료(H : 수소, W : 수분)
고위 발열량(총 발열량) : $Hh = HL + 600(9H + W)$
㉡ 저위 발열량(참, 진 발열량) : $HL = Hh - 600(9H + W)$ (kcal/kg)

※ 연소가스 수증기의 증발 잠열은 0℃를 기준하면 다음과 같다.
 · 596 ≒ 600kcal/kg
 · 478.99 ≒ 480kcal/N㎥

111. 이상기체 상태방정식의 R값을 옳게 나타낸 것은?

① 8.314 L·atm/mol·R
② 0.082 L·atm/mol·K
③ 8.314 ㎥·atm/mol·K
④ 0.082 joule/mol·K

[해설] $PV = nRT$ $R = \dfrac{atm \cdot L}{mol \cdot K}$ 에서

$R = \dfrac{1 atm \cdot 22.4L}{mol \cdot 273K}$

$= 0.082 \left(\dfrac{L \cdot atm}{mol \cdot K} \right)$

[★★★] 2022 실기(공정 기출)
112. 도시가스의 제조공정이 아닌 것은?

① 열분해 공정
② 접촉분해 공정
③ 수소화분해 공정
④ 상압증류 공정

[해설] **도시가스 제조공정**(필답 대비)
가스화 방식에 의한 분류(수증기)
㉠ 열분해 : 원유, 중유 나프타 등의 분자량이 큰 탄화수소를 원료로 하여 고온(800~900℃)에서 분해하여 10,000kcal/N㎥ 정도의 고열량 가스를 제조하는 방식
★★ ㉡ 접촉분해 : 촉매 존재하에서 400~800℃로 수증기와 탄화수소를 반응시켜 CH_4, CO, CO_2, H_2로 변환시키는 방식이면 반응열 : 550℃ 이상에서는 흡열반응, 그 이하의 온도에는 발열반응이다.
㉢ 부분연소 : CH_4에서 원유까지의 탄화수소를 원료로 하고 산소 또는 공기 및 수증기를 가스화제로 하여 CH_4, CO, CO_2, H_2로 변환시키는 방식으로 탄화수소의 분해 및 수증기와의 반응에 필요한 열을 원료의 일부를 연소시켜 보급함으로 가스화와 가열을 동일로 내에서 행하기 때문에 내연식 또는 오트사밍프로세스라고도 한다.

[★]
113. 표준상태 하에서 증발열이 큰 순서에서 작은 순으로 옳게 나열된 것은?

① NH_3 - LNG - H_2O - LPG
② NH_3 - LPG - LNG - H_2O
③ H_2O - NH_3 - LNG - LPG
④ H_2O - LNG - LPG - NH_3

[해설] **증발열이 큰 순서**
$H_2O(539) > NH_3(301.8) > LNG > LPG$

108. ① 109. ① 110. ② 111. ② 112. ④ 113. ③

114. 다음 암모니아 제법 중 중압 합성방법이 아닌 것은?

① 카자레법　　② 뉴우데법
③ 케미크법　　④ 뉴파우더법

[해설] 암모니아 제법
① 고압합성(60~100MPa) : 클로드법, 카자레법
　(TIP) 코클카
② 중압합성(30MPa 전후) : IG법, 신파우서법, 뉴파우더법, 뉴우데법, 케미크법, JCI법, 동공시법
③ 저압합성(15MPa 전후) : 케로그법, 구우데법
　(TIP) 케로구

115. 자동절체식조정기의 경우 사용 쪽 용기안의 압력이 얼마 이상일 때 표시 용량의 범위에서 예비쪽 용기에서 가스가 공급되지 않아야 하는가?

① 0.05MPa　　② 0.1MPa
③ 0.15MPa　　④ 0.2MPa

[해설] 자동절체식 조정기의 경우
0.1MPa 이상일 때 예비쪽 용기에서 가스가 공급되지 않아야 한다.

116. "성능계수(ε)가 무한정한 냉동기의 제작은 불가능하다."라고 표현되는 법칙은?

① 열역학 제0법칙　　② 열역학 제1법칙
③ 열역학 제2법칙　　④ 열역학 제3법칙

[해설] 열역학 제2의 법칙(비가역 변화, 현실적)
열은 높은 곳에서 낮은 곳으로 흐른다는 법칙(저온에서 고온으로 이동하는 것은 불가능)
㉠ 크라우시우스의 표현(Clausius)
　열은 그 자신만으로는 저온에서 고온으로 이동할 수 없다. 즉, 열은 항상 고온에서 저온으로 흐른다.
㉡ 켈빈 – 플랭크의 표현(Kelvin–Plank)
　열원으로부터 받은 열량을 전부 일로 변화시키며 다른 곳에 어떠한 변화도 남기지 않는 사이클을 이루는 기관 (즉, 효율이 100%인 열기관은 제작할 수 없다), 즉 제2종 영구기관은 존재할 수가 없다.

117. 다음 중 아세틸렌의 가스발생방식이 아닌 것은?

① 주수식 : 카바이드에 물을 넣는 방법
② 투입식 : 물에 카바이드를 넣는 방법
③ 접촉식 : 물과 카바이드를 소량씩 접촉시키는 방법
④ 가열식 : 카바이드를 가열하는 방법

[해설]
1) 아세틸렌가스의 발생공정도(CaC_2 : 카바이드)

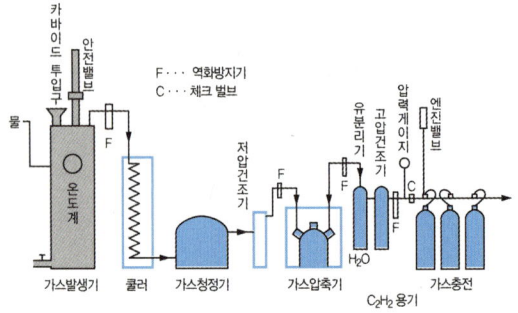

2) 아세틸렌 제조방법 및 주의사항
　① 가스발생기 : 주수식, 침지식, 투입식
　(주수식) : 카바이드(Carbide)에 물을 넣는 방법
　・물의 양을 조절함에 따라 가스 발생량을 조절할 수 있다.
　(투입식) : 물에 카바이드(Carbide)를 넣는 방법
　・대량생산에 적당하며 공업용으로 널리 쓰인다.
　・카바이드 투입량을 조절함에 따라 발생량도 조절이 가능하다.
　(침지식) : 물과 카바이드(Carbide)를 소량씩 접촉시키는 방법
　② 제조법 반응식
　$CaC_2 + 2H_2O \rightarrow Ca(OH)_2 + C_2H_2$

118. 다음 중 메탄의 제조방법이 아닌 것은?

① 석유를 크래킹하여 제조한다.
② 천연가스를 냉각시켜 분별 증류한다.
③ 초산나트륨에 소다회를 가열하여 얻는다.
④ 니켈을 촉매로 하여 일산화탄소에 수소를 작용시킨다.

[해설] CH_4 제조방법
① 천연가스를 냉각시켜 분별 증류한다.
② 초산나트륨에 소다회를 가열하여 얻는다.
③ 니켈을 촉매로 하여 일산화탄소에 수소를 작용시킨다.
　$CO + 2H_2 \rightarrow CH_4O(=CH_3OH)$

[★★★]

119. 다음 중 휘발분이 없는 연료로서 표면연소를 하는 것은?

① 목탄, 코크스 ② 석탄, 목재
③ 휘발유, 등유 ④ 경유, 유황

해설 (1) 연소의 형태에 의한 분류
- 기체연소 : 확산연소(발염연소)
- 액체연소 : 증발연소, 분해연소
- 고체연소 : 표면연소, 분해연소, 증발연소, 자기연소
  ㉠ 확산연소(적화연소) : 가연성 가스분자와 산소분자가 서로 확산에 의하여 혼합되면서 가연한계 농도가 된 부분에서 불꽃을 형성하여 연소
  ㉡ 혼합기연소(예혼합연소) : 기체 연료를 미리 공기와 혼합
  ㉢ 증발요소
  ㉣ 분무연소 : 액체 연료를 미세입자로 분무하고 공기와 혼합시켜서 연소시키는 방법
  ㉤ 분해연소 : 목재, 종이, 석탄, 합성수지, 고체 파라핀, 밀납 등
  ㉥ 표면연소 : 코크스, 목탄, 금속분, 알루미늄박, 리본 등

[★★]

120. 다음 중 카바이드와 관련이 없는 성분은?

① 아세틸렌(C_2H_2) ② 석회석($CaCO_3$)
③ 생석회(CaO) ④ 염화칼슘($CaCl_2$)

해설 아세틸렌제조 반응식
$CaC_2 + H_2O \rightarrow C_2H_2 + CaO$ — ①
④ 독성가스의 흡수제(중화제)
$CaC_2 + 2H_2O \rightarrow C_2H_2 + Ca(OH)_2$ — ②

[★]

121. 어떤 물질의 질량은 30g이고 부피는 600cm³이다. 이것의 밀도(g/cm³)는 얼마인가?

① 0.01 ② 0.05
③ 0.5 ④ 1

해설 $\dfrac{30g}{600cm^3} = 0.05(g/cm^3)$

[★★]

122. 브롬화메탄에 대한 설명으로 틀린 것은?

① 용기가 열에 노출되면 폭발할 수 있다.
② 알루미늄을 부식하므로 알루미늄 용기에 보관할 수 없다.
③ 가연성이며 독성가스이다.
④ 용기의 충전구 나사는 왼나사이다.

해설 브롬화메탄
① 용기가 열에 노출되면 폭발할 수 있다.
② 알루미늄을 부식하므로 알루미늄 용기에 보관할 수 없다.
③ 가연성이며 독가스이다.
④ 충전구 나사는 오른나사이다.
 (왼나사 예외적용가스 : NH_3, CH_3Br)

[★★]

123. 도시가스 정압기의 특성으로 유량이 증가됨에 따라 가스가 송출될 때 출구측 배관(밸브 등)의 마찰로 인하여 압력이 약간 저하되는 상태를 무엇이라 하는가?

① 히스테리시스(Hysteresis) 효과
② 록업(Lock-up) 효과
③ 충돌(Impingement) 효과
④ 형상(Body-Configuration) 효과

해설 히스테리시스(Hysteresis) 효과
마찰로 인해 압력이 약간 저하되는 상태
② 록업(Lock-up) 효과는 정압기 정특성 중에 하나이다.

[★]

124. 다음 중 압력단위의 환산이 잘못된 것은?

① $1kg/cm^2 ≒ 14.22psi$
② $1psi ≒ 0.0703kg/cm^2$
③ $1mbar ≒ 14.7psi$
④ $1kg/cm^2 ≒ 98.07kPa$

해설
① $1kg/cm^2 = \left(\dfrac{1kg/cm^2}{1.0332kg/cm^2}\right) \times 14.7(psi)$
$= 14.227(psi)$
② $1psi ≒ \left(\dfrac{1}{14.7}\right) \times 1.0332 (kg/cm^2)$
$= 0.070285 kg/cm^2$
③ $1mbar = \left(\dfrac{1mbar}{1013.25mbar}\right) \times 14.7(psi) ≒ 0.0145(psi)$
④ $1kg/cm^2 = \left(\dfrac{1}{1.0332}\right) \times 101.325kpa ≒ 98.069(kPa)$

119. ① 120. ④ 121. ② 122. ④ 123. ① 124. ③

125. 다음 중 온도의 단위가 아닌 것은?

① °F   ② °C
③ °R   ④ °T

해설 °T → K(캘빈절대온도)

[★★]
126. 다음 중 염소의 용도로 적합하지 않는 것은?

① 소독용으로 사용된다.
② 염화비닐 제조의 원료이다.
③ 표백제로 사용된다.
④ 냉매로 사용된다.

해설 염소의 용도
- 소독용
- 염화비닐 제조원료
- 표백제

[★★★]
127. 다음 중 비점이 가장 낮은 기체는?

① NH_3 ② C_3H_8
③ N_2 ④ H_2

해설 H_2 비점 −252℃ N_2 비점 −195.8℃
      C_3H_8 비점 −42.1℃ NH_3 비점 −33.3℃

[★★★]
128. 암모니아의 성질에 대한 설명으로 옳은 것은?

① 상온에서 약 8.46atm이 되면 액화한다.
② 불연성의 맹독성 가스이다.
③ 흑갈색의 기체로 물에 잘 녹는다.
④ 염화수소와 만나면 검은 연기를 발생한다.

해설 암모니아
① 비점 −33.3℃, 상온에서 약 8.46atm에서 액화
② 가연성이며 독성가스이다.
③ $NH_3 + HCl \rightarrow NH_4Cl$(흰연기)
④ 상온·상압에서 강한 자극성이 있는 무색기체이다.
⑤ 증발잠열 : 301.8kcal/kg(대용량 냉매로 사용)
· Cu, Cu 합금, Al 합금에 대해 심한 부식성이 있어 철과 철 합금 사용

[★★★]
129. 가스누출자동차단기의 내압시험 조건으로 맞는 것은?

① 고압부 1.8MPa 이상, 저압부 8.4~10kPa
② 고압부 1MPa 이상, 저압부 0.1MPa 이상
③ 고압부 2MPa 이상, 저압부 0.2MPa 이상
④ 고압부 3MPa 이상, 저압부 0.3MPa 이상

해설 가스누출자동차단기 내압시험 조건
고압부 3MPa 이상, 저압부 0.3MPa 이상

[★] 기능장
130. 다음 중 드라이아이스의 제조에 사용되는 가스는?

① 일산화탄소   ② 이산화탄소
③ 아황산가스   ④ 염화수소

해설 드라이아이스의 정식 명칭은 '고체탄산(炭酸)', 탄산가스의 얼음이다.
드라이아이스의 원료인 탄산가스는 석유나 석탄을 연소시켜 얻고, 실제 제조에서는 이것을 몇 단계로 압축, 냉각해서 만든다.
물건이 연소해서 생기는 탄산가스는 많은 불순물을 포함하고 있기 때문에, 세정탑(洗淨塔)에서 제거한다. 수분을 포함한 가스는 제거한 후, 가스압축기로 보내진다. 순차적 압축 후 최종적으로 65kg/cm² 으로 압축하여 얻어진다.
⋯ 기능장 필답대비

[★★]
131. 염화수소(HCl)의 용도가 아닌 것은?

① 강판이나 강재의 녹 제거
② 필름 제조
③ 조미료 제조
④ 향료, 염료, 의약 등의 중간물 제조

해설 염화수소(HCl) 용도
① 강판이나 강재의 녹 제거
② 조미료 제조
③ 향료, 염료, 의약 등의 중간물 제조

[★★★] 필답 대비
132. 47L 고압가스 용기에 20℃의 온도로 15MPa의 게이지압력으로 충전하였다. 40℃로 온도를 높이면 게이지압력은 약 얼마가 되겠는가?

① 16.031MPa ② 17.132MPa
③ 18.031MPa ④ 19.031MPa

해설 보일-샤를 법칙 적용(절대압력기준)

1) $\dfrac{Pv}{T} = \dfrac{P_1 v_1}{T_1}$ 에서

$\dfrac{(15+0.1013250) \times 47L}{(20+273)} = \dfrac{x \times 47L}{(40+273)}$

2) x(절대압력) = 16.13MPa · abs

x(게이지 P) = 16.13 - 0.101325 = 16.03(MPa · g)

[★★]
133. 10%의 소금물 500g을 증발시켜 400g으로 농축하였다면 이 용액은 몇 %의 용액인가?

① 10   ② 12.5
③ 15   ④ 20

해설
1) 500g × 10% = 50g
2) $\dfrac{50}{500} \times 100 = 10\%$ 소금물이므로
3) $\dfrac{50}{400} \times 100 = 12.5(\%)$

[동]
134. 다음 중 암모니아 가스의 검출방법이 아닌 것은?

① 네슬러시약을 넣어 본다.
② 초산연 시험지를 대어본다.
③ 진한 염산에 접촉시켜 본다.
④ 붉은 리트머스지를 대어본다.

해설
② H_2S(연당지 = 초산납시험지)
③ $NH_3 + HCl \rightarrow NH_4Cl$(염화암모늄, 백연기 발생)
④ 붉은 리트머스지가 청색으로 변색된다.

135. 완전연소 시 공기량이 가장 많이 필요로 하는 가스는?

① 아세틸렌 ② 메탄
③ 프로판   ④ 부탄

[★★]
136. 다음 중 LP 가스의 일반적인 연소특성이 아닌 것은?

① 연소 시 다량의 공기가 필요하다.
② 발열량이 크다.
③ 연소속도가 늦다.
④ 착화온도가 낮다.

해설 LP 가스 일반적 연소특성
① 연소 시 다량의 공기가 필요하다.(기체연료 공기비 1.1~1.3)
② 발열량이 크다.
③ 연소속도가 늦다.
④ 착화(발화온도)가 높다.(프로판 450℃ 초과)

[★★]
137. 에틸렌(C_2H_4)의 용도가 아닌 것은?

① 폴리에틸렌의 제조   ② 산화에틸렌의 원료
③ 초산비닐의 제조   ④ 메탄올 합성의 원료

해설 에틸렌(C_2H_4)의 용도
① 폴리에틸렌 제조
② 산화에틸렌의 원료
③ 초산비닐 제조
④ 메탄올 합성($CO + 2H_2 \rightarrow CH_4O(CH_3OH)$)
   메탄올(메틸알콜)

[★★]
138. 다음 중 비점이 가장 낮은 것은?

① 수소   ② 헬륨
③ 산소   ④ 네온

해설 비점
수소 -252℃, 헬륨 -269℃, 산소 -183℃, 네온 -246℃

[★]
139. 물질이 융해, 응고, 증발, 응축 등과 같은 상의 변화를 일으킬 때 발생 또는 흡수하는 열을 무엇이라 하는가?

① 비열   ② 현열
③ 잠열   ④ 반응열식

해설 ・잠열 : 상태변화   ・현열(감열) : 온도차변화

[★★]

140. LP 가스의 성질에 대한 설명으로 틀린 것은?

① 온도변화에 따른 액 팽창률이 크다.
② 석유류 또는 동, 식물유나 천연고무를 잘 용해시킨다.
③ 물에 잘 녹으며 알코올과 에테르에 용해된다.
④ 액체는 물보다 가볍고, 기체는 공기보다 무겁다.

[해설] LP 가스 성질
① 온도 변화에 따른 액 팽창률이 크다.
② 석유류 또는 동, 식물유나 천연고무를 잘 용해시킨다.
③ 액체는 물보다 가볍고, 기체는 공기보다 무겁다.
④ 액비중 : 프로판(0.51), 부탄(0.58)
⑤ 물에 대해 불용해성 가스다.

[★]

141. 가스배관 내 잔류물질을 제거할 때 사용하는 것이 아닌 것은?

① 피그   ② 거버너
③ 압력계   ④ 컴프레서

[해설] 거버너 : 정압기(Governor)
이 문제는 피그사용시 장비질문

[★★★]

142. 도시가스 제조공정 중 접촉분해공정에 해당하는 것은?

① 저온수증기 개질법   ② 열분해 공정
③ 부분연소 공정   ④ 수소화분해 공정

[해설] 도시가스 제조법 종류
① 열분해 ② 접촉분해 ③ 부분연소
④ 수소화분해
 • 열분해, 접촉분해, 부분연소 : 수증기이용
 • 수소화분해 : H_2 이용
 • 접촉분해공정 : 촉매하 400~800℃로 수증기와 탄화수소 반응

[동]

143. 산소 가스의 품질검사에 사용되는 시약은?

① 동·암모니아 시약   ② 피로카롤 시약
③ 브롬 시약   ④ 하이드로 썰파이드 시약

[해설] 품질검사기준

가스명	시약	시험방법	순도	기준
산소	동·암모니아	오르잣드법	99.5%	35℃, 12MPa
수소	피로카롤	오르잣드법	98.5%	35℃, 12MPa
	하이드로썰파이드			
아세틸렌	발연황산	오르잣드법	98%	용기내 가스 충전량이 3kg 이상
	브롬시약	뷰렛법		
	질산은	정성시험		합격 : 흰색, 담황색 / 불합격 : 갈색, 흑색

TIP 동암산/수피하/정성질

[★★]

144. LP 가스를 자동차연료로 사용할 때의 장점이 아닌 것은?

① 배기가스의 독성이 가솔린보다 적다.
② 완전연소로 발열량이 높고 청결하다.
③ 옥탄가가 높아서 녹킹현상이 없다.
④ 균일하게 연소되므로 엔진수명이 연장된다.

[해설] LP 가스를 자동차 연료로 사용할 때 장점
① 배기가스의 독성이 가솔린보다 적다.
② 완전 연소로 발열량이 높고 청결하다.
③ 균일하게 연소되므로 엔진 수명이 연장된다.
④ 옥탄가가 상대적으로 높지 않다.

[★★★]

145. 가스를 그대로 대기 중에 분출시켜 연소에 필요한 공기를 전부 불꽃의 주변에서 취하는 연소방식은?

① 적화식   ② 분젠식
③ 세미분젠식   ④ 전1차공기식

[해설] 적화식 : 2차공기 100%
분젠식 : 1차공기 70%, 2차공기 30%
세미분젠식 : 1차공기 30%, 2차공기 70%
전1차공기식 : 1차공기 100%

[★]
146. 다음 중 엔트로피의 단위는?

① kcal/h ② kcal/kg
③ kcal/kg · m ④ kcal/kg · K

[해설] 엔트로피(s) = kcal/kg · K = J/K

[★★]
147. 브로민화수소의 성질에 대한 설명으로 틀린 것은?

① 독성가스이다.
② 기체는 공기보다 가볍다.
③ 유기물 등과 격렬하게 반응한다.
④ 가열 시 폭발 위험성이 있다.

[해설] 브로민화수소
① 독성가스이다.
② 유기물 등과 격렬하게 반응한다.
③ 가열시 폭발 위험성이 있다.
④ HBr 무게 : 81g(수소 : 1, Br : 80)

[★★]
148. "기체의 온도를 일정하게 유지할 때 기체가 차지하는 부피는 절대 압력에 반비례한다."라는 법칙은?

① 보일의 법칙 ② 샤를의 법칙
③ 헨리의 법칙 ④ 아보가드로의 법칙

[★★]
149. 기체연료의 일반적인 특징에 대한 설명으로 틀린 것은?

① 완전연소가 가능하다.
② 고온을 얻을 수 있다.
③ 화재 및 폭발의 위험성이 적다.
④ 연소조절 및 점화, 소화가 용이하다.

[해설] 기체 연료의 일반적 특징
• 완전연소가능(소형 버너로도 매연이 적다)
• 고온을 얻을 수 있다.
• 연소조절 및 점화, 소화가 용이하다.(미세 연소 조정 가능)
• 그 외 화재 · 폭발 위험성이 많다.

[★★]
150. 다음 [보기]에서 설명하는 가스는?

• 독성이 강하다.
• 연소시키면 잘 탄다.
• 각종 금속에 작용한다.
• 가압 · 냉각에 의해 액화가 쉽다.

① HCl ② NH_3
③ CO ④ C_2H_2

[해설] NH_3(비점 : −33.3)
• 동과 반응하므로 강관을 사용한다.

[★★]
151. 다음 중 보관 시 유리를 사용할 수 없는 것은?

① HF ② C_6H_6
③ $NaHCO_3$ ④ KBr

[해설] C_6H_6 벤젠 ③ $NaHCO_3$ 중탄산나트륨 = 베이킹소다
플루오린화 수소(영어: hydrogen fluoride)는 불화 수소(弗化水素), 에칭가스(영어: etching gas) 등으로 불리는 플루오린과 수소의 화합물로, 화학식은 HF이다. 무색의 기체 또는 액체 형태의 플루오린화 수소는 플루오린의 중요한 산업적 공급원이며, 수용액은 플루오린화 수소산으로 불린다. 플루오린화 수소는 테플론 등의 의약품 및 중합체를 포함한 많은 중요 화합물들의 제조에 있어 중요한 공급 원료이다.

[★★★]
152. 다음 각 가스의 성질에 대한 설명으로 옳은 것은?

① 질소는 안정한 가스로서 불활성가스라고도 하고, 고온에서도 금속과 화합하지 않는다.
② 염소는 반응성이 강한 가스로 강재에 대하여 상온에서도 무수(無水) 상태로 현저한 부식성을 갖는다.
③ 산소는 액체 공기를 분류하여 제조하는 반응성이 강한 가스로 그 자신이 잘 연소한다.
④ 암모니아는 동을 부식하고 고온고압에서는 강재를 침식한다.

[해설] ① 고온에서 질화철을 형성한다.
② 상온에서 유수(有水)상태이다.
③ 산소는 그 자신이 연소하지 않는다.
④ NH_3는 동부착으로 고온에서 강재를 부식시킨다.

146. ④ 147. ② 148. ① 149. ③ 150. ② 151. ① 152. ④

153. 다음 가스 1몰을 완전연소시키고자 할 때 공기가 가장 적게 필요한 것은?

① 수소 ② 메탄
③ 아세틸렌 ④ 에탄

해설 완전연소방정식에서
$$C_mH_n + \left(m + \frac{n}{4}\right)O_2 \rightarrow mCO_2 + \left(\frac{n}{2}\right)H_2O$$

이론공기량 $A_0 = \dfrac{O_o}{0.21}$ 에서 $\dfrac{\left(m + \frac{n}{4}\right)}{0.21}$ 이므로 분자량이 가장 적은 것이 공기량도 적게 필요하다.

[★★]

154. 다음 중 무색, 무취의 가스가 아닌 것은?

① O_2 ② N_2
③ CO_2 ④ O_3

해설 O_3(오존)
- 푸른빛의 기체
- 특이한 냄새가 난다.
- 그리스어 : '냄새맡다.' 라는 뜻

[★★]

155. 액화천연가스(LNG)의 폭발성 및 인화성에 대한 설명으로 틀린 것은?

① 다른 지방족 탄화수소에 비해 연소속도가 느리다.
② 다른 지방족 탄화수소에 비해 최소발화에너지가 낮다.
③ 다른 지방족 탄화수소에 비해 폭발하한 농도가 높다.
④ 전기저항이 작으며 유동 등에 의한 정전기 발생은 다른 가연성 탄화수소류보다 크다.

해설 LNG의 폭발성 및 인화성
① 다른 지방족 탄화수소에 비해 연소속도가 느리다.
② 다른 지방족 탄화수소에 비해 폭발하한 농도가 높다.
③ 전기 저항이 작으며 정전기 발생은 다른 가연성 탄화수소류보다 크다.
④ 최소 발화에너지가 높다(최소발화에너지 : 가스발화시 필요한 최소에너지로서 온도·압력·유량에 의해 상이하다.).

[★★]

156. 연소기 연소상태 시험에 사용되는 도시가스 중 역화하기 쉬운 가스는?

① 13A-1 ② 13A-2
③ 13A-3 ④ 13A-R

해설 연소기 연소상태 시험에 사용되는 도시가스 중 역화하기 쉬운 가스 : 13A-2

[★★★]

157. 다음 중 암모니아 건조제로 사용되는 것은?

① 진한 황산 ② 할로겐 화합물
③ 소다석회 ④ 황산동 수용액

해설 건조제 : 산화칼슘, 수산화나트륨, 수산화칼륨
$(CaO + H_2O \rightarrow Ca(OH)_2)$

[★★]

158. 나프타(Naphtha)의 가스화 효율이 좋으려면?

① 올레핀계 탄화수소 함량이 많을수록 좋다.
② 파라핀계 탄화수소 함량이 많을수록 좋다.
③ 나프텐계 탄화수소 함량이 많을수록 좋다.
④ 방향족계 탄화수소 함량이 많을수록 좋다.

[★★]

159. 일산화탄소의 성질에 대한 설명 중 틀린 것은?

① 산화성이 강한 가스이다.
② 공기보다 약간 가벼우므로 수상치환으로 포집한다.
③ 개미산에 진한 황산을 작용시켜 만든다.
④ 혈액 속의 헤모글로빈과 반응하여 산소의 운반력을 저하시킨다.

해설 일산화탄소(CO) 특징
① 환원성이 강한 가스이다.
② 공기보다 약간 가벼우므로 수상치환으로 포집한다.
③ 개미산에 진한 황산을 작용시켜 만든다.
④ 혈액속의 헤모글로빈과 반응하여 산소의 운반력을 저하시킨다.

정답 153. ① 154. ④ 155. ② 156. ② 157. ③ 158. ② 159. ①

160. 수은주 760mmHg 압력은 수주로 얼마가 되는가?

① 9.33mH₂O ② 10.33mH₂O
③ 11.33mH₂O ④ 12.33mH₂O

[해설] 1atm = 760mmHg
= 76cmHg
= 10.332mH₂O(Aq)
= 10332mmH₂O

[★]
161. 고압가스 종류별 발생 현상 또는 작용으로 틀린 것은?

① 수소 – 탈탄작용
② 아세틸렌 – 아세틸라이드 생성
③ 염소 – 부식
④ 암모니아 – 카르보닐 생성

[해설] CO – 카아보닐 생성(철, 니켈)
$Fe + 5CO \rightarrow Fe(CO)_5$
$Ni + 4CO \rightarrow Ni(CO)_4$

162. 다음 각 온도의 단위환산 관계로서 틀린 것은?

① 0℃ = 273K ② 32°F = 492°R
③ 0K = -273℃ ④ 0K = 460°R

[해설] °F = 1.8℃+32
°R = 1.8K 적용
°R = °F+460
④ 0K = 0°R(∵ °R = 1.8×0 = 0K)

[★★★]
163. 수소의 공업적 용도가 아닌 것은?

① 수증기의 합성 ② 경화유의 제조
③ 메탄올의 합성 ④ 암모니아 합성

[해설] ① 수증기의 개질($H_2 + 2H_2O \rightarrow 3H_2 + O_2$) 합성은 틀림
③ $CH_4O \rightarrow CO + 2H_2$(메탄올 합성분해)
④ $N_2 + 3H_2 \rightarrow 2NH_3$(하버–보시법)

[★★]
164. 다음 중 수소(H_2)의 제조법이 아닌 것은?

① 공기액화 분리법 ② 석유 분해법
③ 천연가스 분해법 ④ 일산화탄소 전화법

[해설] 수소의 공업적 제조법
· $2H_2O \rightarrow 2H_2 + O_2$(물 전기분해)
· $C + H_2O \rightarrow CO + H_2$(코크스화법)
· $CO + H_2O \rightarrow CO_2 + H_2$(일산화탄소 전화법)

[★★★]
165. 도시가스 제조방식 중 촉매를 사용하여 사용온도 400~800℃에서 탄화수소와 수증기를 반응시켜 수소, 메탄, 일산화탄소, 탄산가스 등의 저급 탄화수소로 변환시키는 프로세스는?

① 열분해 프로세스 ② 접촉분해 프로세스
③ 부분연소 프로세스 ④ 수소화분해 프로세스

[해설] 도시가스 제조 방식 중 촉매사용 : 접촉분해 프로세스(가스화제 : 수증기 사용)
TIP 접촉과 촉매해(촉촉)
변환가스 : 메(CH_4)일(CO)탄(CO_2)수(H_2) : 메일탄산수로 변환
예 $CO + H_2O \rightarrow CO_2 + H_2$

[★]
166. 일산화탄소 전화법에 의해 얻고자 하는 가스는?

① 암모니아 ② 일산화탄소
③ 수소   ④ 수성가스

[해설] $CO + H_2O \rightarrow CO_2 + H_2$
                        탄산가스 수소

[동]
167. 공급가스인 천연가스 비중이 0.6이라 할 때 45m 높이의 아파트 옥상까지 압력상승은 약 몇 mmH₂O인가?

① 18.0 ② 23.3
③ 34.9 ④ 27.0

[해설] 입상관 압력손실(mmH₂O) 계산식
$H = 1.293(S-1)h$ (S : 비중, h : 높이)
따라서 $H = 1.293(0.6-1) \cdot 45 = -23.274 ≒ 23.27$
(−) 의미 : 압력상승을 의미한다.

160. ② 161. ④ 162. ④ 163. ① 164. ① 165. ② 166. ③ 167. ②

[★]
168. A의 분자량은 B의 분자량의 2배이다. A와 B의 확산 속도의 비는?

① $\sqrt{2} : 1$ ② $4 : 1$
③ $1 : 4$ ④ $1 : \sqrt{2}$

해설 그레이엄의 법칙(기체확산속도 법칙)
온도와 압력이 일정시 (기체밀도(ρ), 분자량)의 제곱근에 반비례

$$\frac{\mu_1}{\mu_2} = \sqrt{\frac{\rho_2}{\rho_1}} = \sqrt{\frac{M_2}{M_1}} = \frac{t_2}{t_1}$$

밀도   분자량   시간

$$\frac{\mu A}{\mu B} = \sqrt{\frac{1}{2}} = \frac{1}{\sqrt{2}}$$

$\mu_A \cdot \sqrt{2} = \mu_B$

∴ μ_A가 1이면 μ_B는 $\sqrt{2}$ 이다.

[★★]
169. LPG 1L가 기화해서 약 250L의 가스가 된다면 10kg의 액화 LPG가 기화하면 가스 체적은 얼마나 되는가? (단, 액화 LPG의 비중은 0.5이다.)

① $1.25m^3$ ② $5.0m^3$
③ $10.0m^3$ ④ $25m^3$

해설 액비중 의미 g/cm^3 = kg/L이므로
0.5 의미는 0.5kg/L이고,
0.5 : 1L = 10 : xL 비례식에서 x = 20L이므로
∴ $20L \times 250L = 5,000L = 5(m^3)$

[★★★]
170. 하버-보시법으로 암모니아 44g을 제조하려면 표준 상태에서 수소는 약 몇 L가 필요한가?

① 22 ② 44
③ 87 ④ 100

해설 하버-보시법
$N_2 + 3H_2 \rightarrow 2NH_3$
↓
$3 \times 22.4L : 2 \times (17g) = 34g$
xL : 44g

$x(L) = \frac{44}{34} \times 3 \times 22.4L ≒ 87$

[★★]
171. 비중이 13.6인 수은은 76cm의 높이를 갖는다. 비중이 0.5인 알코올로 환산하면 그 수주는 몇 m인가?

① 20.67 ② 15.2
③ 13.6 ④ 5

해설 1) 수은 비중 $13.6g/cm^3$이므로
$= \frac{13.6}{1000}(kg/cm^3) \cdot 76cm = 1.0336kg/cm^2$

2) 알코올 $0.5g/cm^3 = \frac{0.5}{1000}(kg/cm^3) \cdot x(cm)$

3) 1)과 2)는 같아야 하므로
$1.0336 = \left(\frac{0.5}{1000}\right) \cdot x$
$x = 2,067.2(cm) = 20.672(m)$

[★]
172. 수소에 대한 설명으로 틀린 것은?

① 상온에서 자극성을 가지는 가연성 기체이다.
② 폭발범위는 공기 중에서 약 4~75%이다.
③ 염소와 반응하여 폭명기를 형성한다.
④ 고온·고압에서 강재 중 탄소와 반응하여 수소취성을 일으킨다.

해설 ① 상온 → 고온·고압
③ 수소폭명기($2H_2 + O_2 \rightarrow 2H_2O$),
염소폭명기($H_2 + Cl_2 \rightarrow 2HCl$)
④ $Fe_3C + 2H_2 \rightarrow CH_4 + 3Fe$

[★★]
173. 수소(H_2)에 대한 설명으로 옳은 것은?

① 3중 수소는 방사능을 갖는다.
② 밀도가 크다.
③ 금속재료를 취하시키지 않는다.
④ 열전달율이 아주 작다.

해설 3중수소(^3H)의 특징(Tritium : 3중수소)
• 수소보다 무거운 수소
• 수소의 동위원소 중 하나
• 원자력발전소의 방사성 폐기물의 일종
• 리튬6(6Li)과 중성자의 핵반응에 의해 제조 생성됨
예 녹색의 원전냉각수, 방출 시 형광물질자극(빛 발광)
② 밀도가 크다. → 작다(2g).
③ 금속재료를 취하시키지 않는다. → 고온고압하에 수소취성을 유발한다.
④ 열전달율이 아주 작다. → 아주 크다.

[★★★]
174. 대기압 하에서 0℃ 기체의 부피가 500mL이었다. 이 기체의 부피가 2배가 될 때의 온도는 몇 ℃인가? (단, 압력은 일정하다.)

① −100   ② 32
③ 273   ④ 500

해설 샤를의 법칙 적용

1) $\dfrac{V}{T} = \dfrac{V_1}{T_1}$ 에서 $\dfrac{500\,mL}{(0℃+273)} = \dfrac{1{,}000\,mL}{(x)}$

2) x(절대온도) = 546

3) ℃(섭씨온도)로 환산시키면 K = ℃+273이므로 546−273 = 273℃

[★]
175. 에틸렌(C_2H_4)이 수소와 반응할 때 일으키는 반응은?

① 환원반응   ② 분해반응
③ 제거반응   ④ 첨가반응

해설
- $C_2H_4 + H_2 \rightarrow C_2H_6$(에탄) : 첨가반응
- $C_2H_4 + H_2O \rightarrow C_2H_6O$ (C_2H_5OH =)에탄올
- 올레핀계 가스는 부가(첨가)반응과 중합반응을 한다.

[★★]
176. 황화수소의 주된 용도는?

① 도료   ② 냉매
③ 형광 물질 원료   ④ 합성고무

해설 황화수소(폭발범위 : 4.3~45%)의 주된 용도
형광 물질의 원료, 의약품 제조, 금속정련

[★★★]
177. 표준상태에서 1,000L의 체적을 갖는 가스상태의 부탄은 약 몇 kg인가?

① 2.6   ② 3.1
③ 5.0   ④ 6.1

해설
1) 아보가드로 법칙에서 표준상태(0℃, 1atm), 부피는 22.4L, 원자수는 6.02×10^{23}개

2) C_4H_{10}(부탄)
58g → 22.4L
xg → 1,000L

3) x = 2589.2(g) ≒ 2.59(kg)

[★★]
178. 다음 중 일반 기체상수(R)의 단위는?

① kg·m/kmol·K   ② kg·m/kcal·K
③ kg·m/m³·K   ④ kcal/kg·℃

해설
1) $PV = nRT$

$R = \dfrac{PV}{n \cdot T} = \dfrac{1\,atm \times 22.4L}{mol \cdot 273K} = 0.082\left(\dfrac{atm \cdot L}{mol \cdot K}\right)$

2) $PV = GRT$

$= \dfrac{1.0332\,kgf/cm^2 \times 10^4 \times 22.4m^3}{Kmol \cdot 273K}$

$≒ 848\left(\dfrac{kgf \cdot m}{Kmol \cdot K}\right)$

$R = \dfrac{PV}{GT}$ 에서

3) $848\dfrac{kgf \cdot m}{kmol \cdot K} = 848 \times \dfrac{1}{427}\,kcal/kmol \cdot K$
$= 1.987(cal/mol \cdot K)$

4) 1kcal = 427kgf·m
kgf·m(일, W) = 4.18 KJ

[동]
179. 다음 중 아세틸렌의 발생방식이 아닌 것은?

① 주수식 : 카바이드에 물을 넣는 방법
② 투입식 : 물에 카바이드를 넣는 방법
③ 접촉식 : 물과 카바이드를 소량씩 접촉시키는 방법
④ 가열식 : 카바이드를 가열하는 방법

해설 CaC_2(카바이드) + $H_2O \rightarrow C_2H_2 + CaO$ (생석회)

[★★]
180. 이상기체의 등온과정에서 압력이 증가하면 엔탈피(H)는?

① 증가한다.   ② 감소한다.
③ 일정하다.   ④ 증가하다가 감소한다.

해설
- 이상기체 등온과정(T=C 일정)
$PV = P_1V_1 = P_2V_2$
- 내부에너지(μ)와 엔탈피의 변화는 없다.
즉, $\Delta \mu, \Delta h = 0$

참고 등온팽창시 Q(최대열량)
$Q = RT\,Ln\left(\dfrac{P_1}{P_2}\right)$

[★★]

181. 이상 기체를 정적하에서 가열하면 압력과 온도의 변화는?

① 압력증가, 온도일정 ② 압력일정, 온도증가
③ 압력증가, 온도상승 ④ 압력일정, 온도상승

[해설] 이상기체 정적변화

$$V = C \text{ 일정} \quad \frac{P_1}{T_1} = \frac{P_2}{T_2}$$

1) 외부에 하는 일
$$W_a = \int Pdv = 0$$

2) 공업(압축)일
$$W_f = -\int vdP = v(P_1 - P_2), \ R(T_1 - T_2)$$

3) 엔탈피 변화
$$C_p(T_2 - T_1)$$

4) 정적비열 C_v

5) 엔트로피의 변화 $(S_2 - S_1)$
$$C_v \cdot ln\left(\frac{T_2}{T_1}\right) = C_v \cdot ln\left(\frac{P_2}{P_1}\right)$$

즉, 운동에너지 $\Delta E = Q - W$
부피가 0이므로 일을 할 수 없다. $\Delta E = Q \ (\because W = 0)$,
제1법칙에서 열을 흡수시 $Q > 0$, ΔE는 증가, 열을 잃으면 $Q < 0$, ΔE는 감소
$PV = nRT (V = $ 일정$)$
$T\uparrow \to P\uparrow$
$\therefore \Delta E$(운동에너지)는 온도에 비례한다.

[★★]

182. 부탄가스의 주된 용도가 아닌 것은?

① 산화에틸렌 제조 ② 자동차 연료
③ 라이터 연료   ④ 에어졸 제조

[해설] ① 산화에틸렌(C_2H_4O)제조 방법, 에틸렌의 직접 산화제조법
$$C_2H_4 + \frac{1}{2}O_2 \xrightarrow{Ag} C_2H_4O$$

[★]

183. 다음 중 헨리의 법칙에 잘 적용되지 않는 가스는?

① 암모니아 ② 수소
③ 산소   ④ 이산화탄소

[해설] 물에 잘 녹지 않는 기체에 대하여 낮은 압력에서만 적용한다. 즉, NH_3(암모니아)는 용해성 가스이다.

[★★]

184. 이상기체의 정압비열(C_p)과 정적비열(C_v)에 대한 설명 중 틀린 것은? (단, k는 비열이고, R은 이상기체 상수이다.)

① 정적비열과 R의 합은 정압비열이다.
② 비열비(k)는 $\frac{C_p}{C_v}$로 표현된다.
③ 정적비열은 $\frac{R}{k-1}$로 표현된다.
④ 정압비열은 $\frac{k-1}{k}$로 표현된다.

[해설] 이상기체 전제조건 중(SL 기준)

비열비($K = \frac{C_p}{C_v} =$ 일정) → ①

기체상수 $R = C_p - C_v$ → ②

①과 ②를 조합하면
(정압비열)

①' $C_v = \frac{C_p}{K}$, ②' $R = C_p - \frac{C_p}{K}$ 변형되고

정리하면(양변 K를 곱하면)
$KR = KC_p - C_p$
$KC_p - KR = C_p$
$C_p = \frac{K}{K-1}R$

(정적비열)
①에서 $C_p = KC_v$ ② $R = C_p - C_v$
조합하면 $R = KC_v - C_v$ $R = (K-1)C_v$
$C_v = \frac{1}{K-1}R$

TIP $C_v = \frac{R}{K-1}$ 에서 "V"는 승리이고, 승리는 1등 ☺

[★★]

185. 산소가 충전되어 있는 용기의 온도가 15℃일 때 압력은 15MPa이었다. 이 용기가 직사일광을 받아 온도가 40℃로 상승하였다면, 이때의 압력은 약 몇 MPa가 되겠는가?

① 5.6   ② 10.3
③ 16.3 ④ 40.0

[해설] $\frac{PV}{T} = \frac{P_1V_1}{T_1}$ (체적이 일정하면) $\frac{P}{T} = \frac{P_1}{T_1}$ 이 되므로

$$\frac{15}{(15℃ + 273)} = \frac{x}{(40 + 273)} \quad x = 16.3(MPa)$$

[★★★]
186. 다음 각 금속재료의 가스 작용에 대한 설명으로 옳은 것은?

① 수분을 함유한 염소는 상온에서도 철과 반응하지 않으므로 철강의 고압용기에 충전할 수 있다.
② 아세틸렌은 강과 직접 반응하여 폭발성의 금속 아세틸라이드를 생성한다.
③ 일산화탄소는 철족의 금속과 반응하여 금속카르보닐을 생성한다.
④ 수소는 저온, 저압하에서 질소와 반응하여 암모니아를 생성한다.

해설 ① $Cl_2 + H_2O \rightarrow HCl + HClO$(치아염소산)
　　　　　　　염산생성 → 철강부식
　　$Cl_2 + H_2O \rightarrow H^+ + Cl^- + HClO$ 살균표백작용
② $C_2H_2 + 2Ag \rightarrow Ag_2C_2 + H_2$ (Ag_2C_2 : 은아세틸라이트) → 폭발예민물질
③ $Ni + 4CO \xrightarrow{100℃ \text{ 이상}} Ni(CO)_4$ 니켈카아보닐

　　$Fe + 5CO \xrightarrow{\text{고압}} Fe(CO)_5$ 철카아보닐

④ H_2(수소)는 고온·고압하 반응
　　$N_2 + 3H_2 \rightarrow 2NH_3$ (하버-보쉬법)

[★]
187. 시안화수소를 충전한 용기는 충전 후 얼마를 정치해야 하는가?

① 4시간　　② 8시간
③ 16시간　　④ 24시간

해설 시안화수소를 충전한 용기는 충전 후 24시간 정치한다.

[★]
188. 황화수소에 대한 설명으로 틀린 것은?

① 무색이다.　　② 유독하다.
③ 냄새가 없다.　　④ 인화성이 아주 강하다.

해설 **황화수소**
계란썩는 냄새가 나며 공업약품, 환원제로 사용된다.
$2H_2S + 3O_2 \rightarrow 2H_2O + 2SO_2$(완전연소시)

[★★]
189. 다음 중 1MPa와 같은 것은?

① $10N/cm^2$　　② $100N/cm^2$
③ $1,000N/cm^2$　　④ $10,000N/cm^2$

해설 1) $1J = 1N \cdot 1m$
2) $Pa = N/m^2$에서
3) $m^2 = cm^2 \times 10^4$으로 치환하면
　　$1MPa = 10^6 Pa = 10^6 N/m^2 = 10^6 N/cm^2 \times 10^4$
　　　　$= 10^2 N/cm^2$

참고 **힘**
(SI단위)　　$N = 1kg \cdot m/s^2$
(공학단위)　$kgf = 1kg \cdot 9.8m/s^2 = 9.8N ≒ 10N$

[★]
190. 임계온도에 대한 설명으로 옳은 것은?

① 기체를 액화할 수 있는 절대온도
② 기체를 액화할 수 있는 평균온도
③ 기체를 액화할 수 있는 최저의 온도
④ 기체를 액화할 수 있는 최고의 온도

해설 임계온도 : 기체를 액화할 수 있는 최고의 온도
임계압력 : 기체를 액화할 수 있는 최저 압력

[★★]
191. 포화온도에 대하여 가장 잘 나타낸 것은?

① 액체가 증발하기 시작할 때의 온도
② 액체가 증발현상 없이 기체로 변하기 시작할 때의 온도
③ 액체가 증발하여 어떤 용기 안이 증기로 꽉 차 있을 때의 온도
④ 액체의 증기가 공존할 때 그 압력에 상당한 일정한 값의 온도

해설 포화온도 : 액체와 증기가 공존할 때 그 압력에 상당한 일정한 값의 온도

[★★★]
192. 다음 중 엔트로피의 단위는?

① kcal/h　　② kcal/kg
③ kcal/kg·m　　④ kcal/kg·K

186. ③　187. ④　188. ③　189. ②　190. ④　191. ④　192. ④

해설 엔트로피 단위
kcal/kg·K = J/K

[동]
193. 불꽃의 적황색으로 연소하는 현상을 의미하는 것은?

① 리프트 ② 옐로우팁
③ 캐비테이션 ④ 워터해머

해설 불꽃이 적황색으로 연소하는 현상 : 옐로우팁
① 선화(가스유출속도 〉 연소속도)
③ 캐비테이션(공동현상) : 펌프의 이상현상으로서, 유수중에 그 수온의 압력이 주위보다 낮아 작은 기포가 다수 발생되는 현상
④ 수격작용 : 펌프정지 등 유속급변시 물의 압력변화가 심하게 발생하여 관벽을 치는 현상

[★★]
194. 가열로속의 20℃ 물 50kg을 90℃로 올리기 위해 LPG를 사용하였다면, 이때 필요한 LPG의 양은 약 몇 kg이 필요한가? (단, 가열로의 열효율은 50%이며, LPG 열량은 10,000kcal/kg이다.)

① 0.5 ② 0.6
③ 0.7 ④ 0.8

해설 열량계산
1) 50kg×1kcal/kg·℃×(90−20)℃ = 3,500(kcal) 필요함
2) LPG 중량계산 $\frac{3,500}{10,000}$ = 0.35kg
3) 효율이 50%이므로 0.35kg÷0.5 ≒ 0.7

[★]
195. 다음 중 비점이 가장 높은 가스는?

① 수소 ② 산소
③ 아세틸렌 ④ 프로판

해설 ① −252 ② −183
③ −83.6 ④ −42.1

[★★★]
196. 폭발위험에 대한 설명 중 틀린 것은?

① 폭발범위의 하한값이 낮을수록 폭발위험은 커진다.
② 폭발범위의 상한값과 하한값의 차가 작을수록 폭발위험은 커진다.
③ 프로판보다 부탄의 폭발범위 하한값이 낮다.
④ 프로판보다 부탄의 폭발범위 상한값이 낮다.

해설 C_mH_n 탄화수소 중 분자량이 클수록 증가/감소되는 것
• 증가 : 비중, 비점, 공기량, 발열량
• 감소 : 발화온도, 연소범위, 연소속도, 증기압
즉, ②는 클수록 위험하다.
폭발범위 : ③ C_3H_8 : 2.1~9.5%
④ C_4H_{10} : 1.8~8.4%

[동]
197. 공기액화 분리장치의 폭발원인이 아닌 것은?

① 액체공기 중의 아르곤의 혼입
② 공기 취입구로부터 아세틸렌 혼입
③ 공기 중의 질소화합물(NO, NO_2)의 혼입
④ 압축기용 윤활유 분해에 따른 탄화수소 생성

해설 ① 아르곤 → 오존(O_3) 혼입
②, ③, ④가 폭발 원인이다.

[★★]
198. 수소(H_2)가스 분석방법으로 가장 적당한 것은?

① 팔라듐관 연소법 ② 헴펠법
③ 황산바륨 침전법 ④ 흡광광도법

해설 Pd : 팔라듐관 연소법 palladium 원소 − 수소가스 분석법에 사용

[동] 2022 실기
199. 가스누출을 감지하고 차단하는 가스누출 자동차단기의 구성요소가 아닌 것은?

① 제어부 ② 중앙통제부
③ 검지부 ④ 차단부

200. 실제기체가 이상기체의 상태식을 만족시키는 경우는?

① 압력과 온도가 높을 때
② 압력과 온도가 낮을 때
③ 압력이 높고 온도가 낮을 때
④ 압력이 낮고 온도가 높을 때

해설 실제기체가 이상기체의 상태식을 만족시키는 경우
- 압력이 낮고 온도가 높을 때

201. 다음 중 유리병에 보관해서는 안 되는 가스는?

① O_2 ② Cl_2
③ HF   ④ Xe

202. 황화수소에 대한 설명으로 틀린 것은?

① 무색의 기체로서 유독하다.
② 공기 중에서 연소가 잘 된다.
③ 산화하면 주로 황산이 생성된다.
④ 형광물질 원료의 제조 시 사용된다.

해설 황화수소(H_2S)
① 무색의 기체로서 유독하다.
② 공기 중에서 연소가 잘 된다.
  - $S + O_2 \rightarrow SO_2 + \frac{1}{2}O_2 \rightarrow SO_3 + H_2O \rightarrow H_2SO_4$
④ 형광물질 원료, 의약품이나 공업약품 제조 시 사용된다.

203. 25℃의 물 10kg을 대기압 하에서 비등시켜 모두 기화시키는데 약 몇 kcal의 열이 필요한가? (단, 물의 증발잠열은 540kcal/kg이다.)

① 750   ② 5,400
③ 6,150   ④ 7,100

해설
1) 현열 : 10kg×1kcal/kg ℃×(100−25)℃ = 750(kcal)
2) 잠열 : 10kg×540kcal/kg = 5,400(kcal)
∴ 1), 2)의 합 : 750 + 5,400 = 6,150

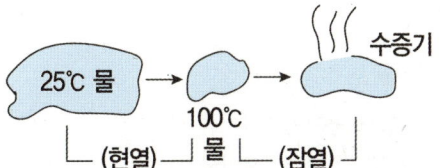

204. 프레온의 성질에 대한 설명으로 틀린 것은?

① 불연성이다.
② 무색, 무취이다.
③ 증발잠열이 적다.
④ 가압에 의해 액화되기 쉽다.

해설 프레온의 특징
① 불연성이다.(열에 안정)
② 무색, 무취이다.(무독성가스)
③ 가압에 의해 액화되기 쉽다.
④ 증발잠열이 크다. 1차 냉매(잠열)로 사용
⑤ 몬트리올 의정서에 의거하여 2020년까지 생산규제·생산중지에 합의했다.
즉, CFC(염화불화탄소) 냉매는 국제규제대상이다.
R−11, R−12, R−113, R−114, R−115가 있다.
★ ① R−22의 대체냉매(혼합냉매)로서
R−410a $\begin{bmatrix} R-32 \\ R-125 \end{bmatrix}$ 사용

② 응축압력이 R−22에 비해 40% 정도 높은 고압냉매이다.
③ 사용처 : 인버터, 시스템에어컨

5 가스설비 과년도 기출문제(장치 및 계측기기)

[★★★]
001. 고온배관용 탄소강관의 규격 기호는?

① SPPH ② SPHT
③ SPLT ④ SPPW

해설
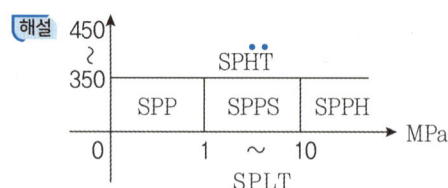

[동] 2022 2회 실기
002. 땅속의 애노드에 강제 전압을 가하여 피방식 금속제를 캐소드로 하는 전기방식법은?

① 희생양극법 ② 외부전원법
③ 선택배류법 ④ 강제배류법

해설 외부전원법
땅 속의 애노우두(+)에 강제 전압을 가하여 피방식 금속제를 캐소우드(-)한다.
전위측정용터미널(T/B)는 500m 마다 설치한다.

[★★★]
003. 기화기, 혼합기(믹서)에 의해서 기화한 부탄에 공기를 혼합하여 만들어지며, 부탄을 다량 소비하는 경우에 적절한 공급방식은?

① 생가스 공급방식 ② 공기혼합 공급방식
③ 자연기화 공급방식 ④ 변성가스 공급방식

해설 공기혼합 공급방식
기화기, 혼합기(믹서)에 의해서 기화한 부탄에 공기 혼합. 부탄을 다량 소비하는 경우 적절하다.

[동]
004. 아세틸렌 용기의 안전밸브 형식으로 가장 많이 사용되는 것은?

① 가용전식 ② 파열판식
③ 스프링식 ④ 중추식

해설 안전밸브(아세틸렌 용기)
LPG - 스프링식(엘식)
산소, 수소, 질소, 탄산가스 - 파열판식(산수질탄 - 파)
아세틸렌, 암모니아, 염소 - 가용전식(아~ 암염소(인)가?)

[★★]
005. 시간당 200톤의 물을 20cm의 내경을 갖는 PVC파이프로 수송하였다. 관내의 평균유속은 약 몇 m/s인가?

① 0.9 ② 1.2
③ 1.8 ④ 3.6

해설 200t = 200,000kg = 200,000L = 200m³이므로
Q = A·V에서 시간 → 초 환산(3,600초)
$$V(m/s) = \frac{Q}{A} = \frac{200(m^3/h)}{\frac{\pi}{4}(0.2m)^2 \times 3600} = 1.769 ≒ 1.8$$

[★★]
006. 가스관(강관)의 특징으로 틀린 것은?

① 구리관보다 강도가 높고 충격에 강하다.
② 관의 치수가 큰 경우 구리관보다 비경제적이다.
③ 관의 접합 작업이 용이하다.
④ 연관이나 주철관에 비해 가볍다.

해설 강관의 특징
• 구리관보다 강도가 높고 충격에 강하다.
• 관의 치수가 큰 경우 구리관보다 경제적이다.
• 관의 접합 작업이 용이하다.
• 연관이나 주철관에 비해 가볍다.

[★]
007. 수소나 헬륨을 냉매로 사용한 냉동방식으로 실린더 중에 피스톤과 보조 피스톤으로 구성되어 있는 액화사이클은?

① 클라우드 공기액화사이클
② 린데 공기액화사이클
③ 필립스 공기액화사이클
④ 캐피자 공기액화사이클

정답 001. ② 002. ② 003. ② 004. ① 005. ③ 006. ② 007. ③

해설 액화사이클 중 필립스 공기액화사이클의 특징
- 수소나 헬륨을 냉매로 사용한 냉동방식
- 실린더 중에 피스톤과 보조 피스톤으로 구성

008. 원통형의 관을 흐르는 물의 중심부의 유속을 피토관으로 측정하였더니 정압과 동압의 차가 수주 10m이었다. 이때 중심부의 유속은 약 몇 m/s인가?

① 10 ② 14
③ 20 ④ 26

해설 피토관식 유량계 특징
① 유속이 일정한 장소에서 전압과 정압의 차이 측정 즉, 동압측정용
② 속도수두에 따른 유속 측정
③ 유속은 5m/s 이상시 사용
④ 유속(v) = $\sqrt{2 \cdot g \cdot h}$
∴ 유속(m/s) = $\sqrt{2 \cdot g \cdot h}$ 에서 = $\sqrt{2 \times 9.8 \times 10}$ = 14

[★★★]
009. 브르동관 압력계 사용 시의 주의사항으로 옳지 않은 것은?

① 사전에 지시의 정확성을 확인하여 둘 것
② 안전장치가 부착된 안전한 것을 사용할 것
③ 온도나 진동, 충격 등의 변화가 적은 장소에서 사용할 것
④ 압력계의 가스를 유입하거나 빼낼 때는 신속히 조작할 것

해설 브르동관 압력계
④ 대부분의 계측기기는 조작시 서서히 조작해야 한다. 단, 안전밸브는 신속히 조작해야 한다.

[★★★]
010. 펌프의 회전수를 1,000rpm에서 1,200rpm으로 변화시키면 동력은 약 몇 배가 되는가?

① 1.3 ② 1.5
③ 1.7 ④ 2.0

해설 상사의 법칙

유량 Q = 회전수 $\left(\dfrac{N_2}{N_1}\right)^1$ 비례

양정 H = 회전수 $\left(\dfrac{N_2}{N_1}\right)^2$ 비례

동력 Lw = 회전수 $\left(\dfrac{N_2}{N_1}\right)^3$ 비례

∴ Lw(동력) = $\left(\dfrac{1,200}{1,000}\right)^3$ = 1.7

[★]
011. 수소(H_2)가스 분석방법으로 가장 적당한 것은?

① 팔라듐관 연소법 ② 헴펠법
③ 황산바륨 침전법 ④ 흡광 광도법

해설 수소(H_2)가스 분석방법
팔라듐관 연소법 : 팔라듐(Pd, Palladium 펄레이디엄-영어)은 상온에서 팔라듐 원자 1개당 1개 이하의 수소 원자를 흡수 수소화 팔라듐(PdHx)을 생성하고 팔라듐은 수소 흡수력이 금속들보다 양호하여 그 연성을 잃지 않는다. 이에 수소 저장 물질개발에 연구중이다.

[★★]
012. 다음 중 공기 액화분리장치의 주요 구성요소가 아닌 것은?

① 공기압축기 ② 팽창밸브
③ 열교환기   ④ 수취기

해설 ④ 수취기 : 산소 · 천연메탄을 수송하기 위한 배관과 압축기 사이에 설치

[★★]
013. LPG, 액화가스와 같은 저비점의 액체에 가장 적합한 펌프의 축봉 장치는?

① 싱글시일형 ② 더블시일형
③ 언밸런스시일형 ④ 밸런스시일형

해설 펌프축봉장치 - 밸런스시일형 특징
① 저비점 액체에 가장 적합(LPG)
② 내압이 0.4~0.5MPa(4~5kgf/cm²)
③ 하이드로 카본일 때
TIP O4밸처하
이사벨여왕

[★★]
014. 다음 중 저압식 공기액화 분리장치에서 사용되지 않는 장치는?

① 여과기　　② 축냉기
③ 액화기　　④ 중간냉각기

해설 저압식 공기액화분리장치
① 여과기
② 축냉기
③ 액화기
④ 중간냉각기는 고압식 장치(압축공기 150~200atm 압축)
⑤ 저압식의 압축공기는 5atm 압축요망

[★★★]
015. 다음 중 비접촉식 온도계에 해당하는 것은?

① 열전온도계　　② 압력식온도계
③ 광고온도계　　④ 저항온도계

해설 비접촉식 종류 : 광 고온도계, 광 전관, 방사(복사), 색온도계

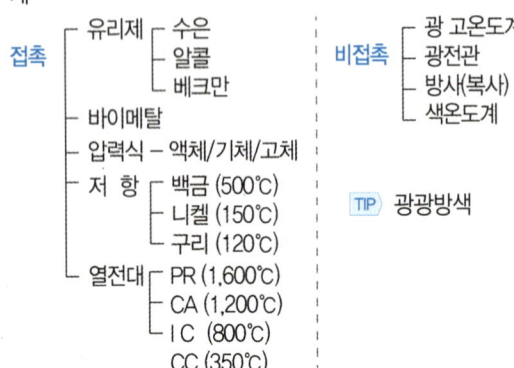

TIP 광광방색

[★]
016. 나사압축기에서 숫로터 직경 150mm, 로터 길이 100mm, 숫로터 회전수 350rpm이라고 할 때 이론적 토출량은 약 몇 ㎥/min인가? (단, 로터 형상에 의한 계수(Cv)는 0.476이다.)

① 0.11　　② 0.21
③ 0.37　　④ 0.47

해설 나사압축기
$Q = Cv \times D^2 \times L \times N$에서
$(m^3/min) = 0.476 \times (0.15m)^2 \times 0.1m \times 350$
$= 0.37485 ≒ 0.37$

[★★★]
017. 공기액화 분리기 내의 CO_2를 제거하기 위해 NaOH 수용액을 사용한다. 1.0kg의 CO_2를 제거하기 위해서는 약 몇 kg의 NaOH를 가해야 하는가?

① 0.9　　② 1.8
③ 3.0　　④ 3.8

해설 $2NaOH + CO_2 \rightarrow Na_2CO_3 + H_2O$
$2NaOH = 2(23+16+1) = 80g$: $CO_2(12+16\times 2) = 44g$
1.8 : 1 즉, $\dfrac{80}{44} = 1.8$

[★★]
018. 다음 중 정유가스(off 가스)의 주성분은?

① H_2+CH_4　　② CH_4+CO
③ H_2+CO　　④ $CO+C_3H_8$

해설 정유가스(off 가스)
H_2+CH_4

[★★★] 2022 2회 실기
019. 다음 유량계 중 간접 유량계가 아닌 것은?

① 피토관　　② 오리피스 미터
③ 벤튜리 미터　　④ 습식가스 미터

해설 습식가스미터 : 직접식(실측)
[유량계]

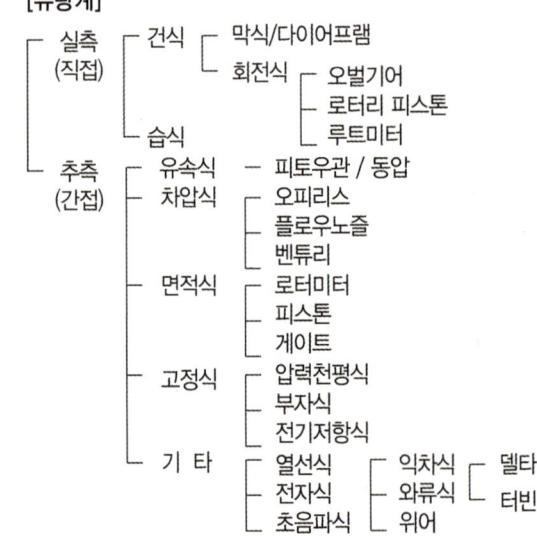

정답 014.④　015.③　016.③　017.②　018.①　019.④

[★★]
020. 다음 중 주철관에 대한 접합법이 아닌 것은?

① 기계적 접합   ② 소켓 접합
③ 플레어 접합   ④ 빅토릭 접합

[해설] 주철관 접합
- 기계적 접합
- 소켓 접합
- 빅토릭 접합

플레어 접합 X(∵ 동관사용), 나팔관 모양!

[동]
021. 펌프의 캐비테이션 발생에 따라 일어나는 현상이 아닌 것은?

① 양정곡선이 증가한다.
② 효율곡선이 저하한다.
③ 소음과 진동이 발생한다.
④ 깃에 대한 침식이 발생한다.

[해설]

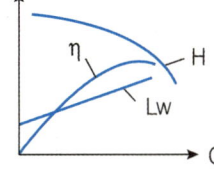

H : 양정곡선
η : 효율곡선
Lw : 동력곡선

① 양정곡선(H)는 감소한다.

[★★★]
022. 펌프를 운전할 때 송출압력과 송출유량이 주기적으로 변동하여 펌프의 토출구 및 흡입구에서 압력계의 지침이 흔들리는 현상을 무엇이라고 하는가?

① 맥동(Surging)현상
② 진동(Vibration)현상
③ 공동(Cavitation)현상
④ 수격(Water hammering)현상

[해설] 맥동(Surging)현상
펌프 운전시 압력계의 지침이 주기적으로 흔들리는 현상

[★★★]
023. 다음 중 왕복식 펌프에 해당하는 것은?

① 기어펌프   ② 베인펌프
③ 터빈펌프   ④ 플런저펌프

[해설]

용적식	왕복동식	피스톤
		플런저
		다이어프램
	회전식	나사
		기어
		베인

TIP ① 용왕은 바다에 살고 바다는 회 먹는 곳
② 왕 주위엔 피플(사람들)이 많다(多)

[★★]
024. 다이아프램식 압력계의 특징에 대한 설명 중 틀린 것은?

① 정확성이 높다.
② 반응속도가 빠르다.
③ 온도에 따른 영향이 적다.
④ 미소압력을 측정할 때 유리하다.

[해설] ③ 온도에 따른 영향을 받기 쉽다.

[동]
025. 부하변화가 큰 곳에 사용되는 정압기의 특성을 의미하는 것은?

① 정특성   ② 동특성
③ 유량특성   ④ 속도특성

[해설] 정압기 특성
정특성 : 유량과 2차 압력
동특성 : 부하가 큰 곳에 사용
유량특성 : 메인밸브의 열림과 유량
사용최대차압 및 작동최소차압

[동]
026. 다음 중 저온장치에서 사용되는 저온단열법의 종류가 아닌 것은?

① 고진공 단열법   ② 분말진공 단열법
③ 다층진공 단열법   ④ 단층진공 단열법

[해설]

상압단열	섬유, 분말을 사용하여 진공, 일반적
진공단열	고진공	10^{-4}Torr 유지
	분말진공	10^{-2}Torr 유지 ★가장 일반적으로 사용 충진제 : 샌다셀, 알루미늄 분말, 펄라이트, 규조토 **TIP** 샌 알 퍼 큐
	다층진공	10^{-5}Torr 유지, 가장 고진공 (핵심어 : 다수 포개어 단열)

TIP 곱다
- 고 → 고진공 단열법
- ㅂ → 분말진공 단열법
- 다 → 다층진공 단열법

[★★]
027. 루트 미터에 대한 설명으로 옳은 것은?

① 설치공간이 크다.
② 일반 수용가에 적합하다.
③ 스트레이너가 필요 없다.
④ 대용량의 가스측정에 적합하다.

[해설] 루트 미터
④ 대용량의 가스측정에 적합하다.
①, ②는 막식의 설명이다.

[★★★]
028. 다음 중 상온취성의 원인이 되는 원소는?

① S   ② P
③ Cr   ④ Mn

[해설] TIP 인(P)은 상온에서 취성발생 : 인상취
황(S)은 적열시 취성발생 : 황적취

[★★★]
029. 다음 중 적열취성의 원인이 되는 원소는?

① S   ② P
③ Cr   ④ Mn

[해설] TIP 인상취 / 황적취

[★★★]
030. 2,000rpm으로 회전하는 펌프를 3,500rpm으로 변환하는 경우 펌프의 유량과 양정은 몇 배가 되는가?

① 유량 : 2.65, 양정 : 4.12
② 유량 : 3.06, 양정 : 1.75
③ 유량 : 3.06, 양정 : 5.36
④ 유량 : 1.75, 양정 : 3.06

[해설] 유량 $Q = \left(\dfrac{N_2}{N_1}\right)^1$ 비례, 양정(H)$= \left(\dfrac{N_2}{N_1}\right)^2$ 이므로

$Q = \left(\dfrac{3,500}{2,000}\right)^1 = 1.75$

$H = \left(\dfrac{3,500}{2,000}\right)^2 = 3.06$

[★]
031. 40L의 질소 충전용기에 20℃, 150atm의 질소가스가 들어있다. 이 용기의 질소분자의 수는 얼마인가? (단, 아보가드로수는 6.02×10^{23}이다.)

① 4.8×10^{21} ② 1.5×10^{24}
③ 2.4×10^{24} ④ 1.5×10^{26}

[해설] $Pv = nRT$ 에서

$n = \dfrac{Pv}{RT} = \dfrac{150 \times 40}{0.082 \times (20+273)} = 249.729 \times 6.02 \times 10^{23}$

$= 1,503.37 \times 10^{23}$

$= 1.5 \times 10^{26}$

[★★★] 필답 대비
032. LP 가스의 이송설비 중 압축기에 의한 공급방식의 설명으로 틀린 것은?

① 이송시간이 짧다.
② 재액화의 우려가 없다.
③ 잔가스 회수가 용이하다.
④ 베이퍼록 현상의 우려가 없다.

[해설] 압축기에 의한 공급방식의 특징
- 이송시간이 짧다.
- 재액화 우려가 있다.
- 잔가스 회수가 용이하다.
- 베이퍼록 현상의 우려가 없다.

[★]
033. 원심식 압축기의 특징에 대한 설명으로 옳은 것은?

① 용량 조정 범위는 비교적 좁고, 어려운 편이다.
② 압축비가 크며, 효율이 대단히 높다.
③ 연속토출로 맥동현상이 크다.
④ 서징현상이 발생하지 않는다.

[해설] 원심식 압축기 특징
용량 조정 범위는 비교적 좁고, 어려운 편이다.
②는 왕복동식 설명

[★★★]
034. 소용돌이를 유체 중에 일으켜 소용돌이의 발생수가 유속과 비례하는 것을 응용한 형식의 유량계는?

① 오리피스식   ② 부자식
③ 와류식   ④ 전자식

[해설] 유량계 - 와류식
소용돌이를 유체 중에 일으켜 소용돌이의 발생수가 유속과 비례하는 것을 응용하는 형식

[★★]
035. 열전대 온도계 보호관의 구비조건에 대한 설명 중 틀린 것은?

① 압력에 견디는 힘이 강할 것
② 외부 온도변화를 열전대에 전하는 속도가 느릴 것
③ 보호관 재료가 열전대에 유해한 가스를 발생시키지 않을 것
④ 고온에서도 변형되지 않고 온도의 급변에도 영향을 받지 않을 것

[해설] ② 속도가 빠를 것

[동]
036. 도시가스에는 가스누출 시 신속한 인지를 위해 냄새가 나는 물질(부취제)를 첨가하고, 정기적으로 농도를 측정하도록 하고 있다. 다음 중 농도측정방법이 아닌 것은?

① 오더(odor)미터법   ② 주사기법
③ 냄새주머니법   ④ 헴펠(Hempel)법

[해설] ④ 헴펠법은 흡수분석법(가스분석법)이며
①, ②, ③ 외에 무취실법이 있다.

[★★]
037. 회전펌프의 일반적인 특징으로 틀린 것은?

① 토출압력이 높다.
② 흡입 양정이 작다.
③ 연속회전하므로 토출액의 맥동이 적다.
④ 점성이 있는 액체에 대해서도 성능이 좋다.

[해설] 회전펌프
① 토출 압력이 높다.
② 연속회전하므로 토출액의 맥동이 적다.
③ 점성이 있는 액체에 대해서도 성능이 좋다.
④ 흡입 양정이 적다.([TIP] 회적)

[★]
038. 분석법 중 "쌍극자모멘트의 알짜변화, 진동 짝지움, Nernst 백열등, Fourier 변환분광계"와 관계있는 것은?

① 질량분석법   ② 흡광광도법
③ 적외선 분광분석법   ④ 킬레이트 적정법

[해설] 적외선 분광분석법 특징
"쌍극자모멘트의 알짜변화, 진동 짝지움, Nernst 백열등, Fourier 변환분광계"와 관계
[TIP] 쌍적

[★★]
039. 도로에 매설된 도시가스 배관의 누출여부를 검사하는 장비로서 적외선 흡광특성을 이용한 가스누출검지기는?

① FID   ② OMD
③ CO 검지기   ④ 반도체식 검지기

[해설] OMD = Optical Methane Detector(차량장착 광학식 메탄가스 검지기)

[동]

040. 다음 중 전기방식법에 속하지 않는 것은?

① 희생양극법　　② 외부전원법
③ 배류법　　　　④ 피복방식법

해설 전기방식법 종류
① 희생양극법
② 외부전원법
③ 선택배류법
④ 강제배류법

[★★★]

041. 다음 중 액면계의 측정방식에 해당하지 않는 것은?

① 압력식　　　　② 정전용량식
③ 초음파식　　　④ 환상천평식

해설 액면계 측정방식
압력식, 차압식, 저항전극식, 초음파식, 전기저항식 방사선식, 다이어프램식, 튜브식, 정전용량식
④ 환상천평식은 압력계이다.
TIP 간접식 : 압·차·기·저·초·전·방/ 다·튜·정
　　 직접식 : 직관식/ 검척식/ 플로우트식(부자식)

[★]

042. 왕복펌프에 사용하는 밸브 중 점성액이나 고형물이 들어 있는 액에 적합한 밸브는?

① 원판밸브　　　② 윤형밸브
③ 플래트 밸브　　④ 구밸브

해설 왕복펌프 구밸브 특징
점성액이나 고형물이 들어있는 액에 적합

[★★★]

043. 가스액화분리장치의 축냉기에 사용되는 축냉체는?

① 규조토　　　　② 자갈
③ 암모니아　　　④ 희가스

해설 캐피자 사이클의 설명
① 축냉기 사용
② 축냉체는 자갈 사용
③ 7atm 압력

[★★]

044. 압력계의 측정방법에는 탄성을 이용하는 것과 전기적 변화를 이용하는 방법 등이 있다. 다음 중 전기적 변화를 이용하는 압력계는?

① 부르동관식 압력계　② 벨로즈 압력계
③ 스트레인 게이지　　④ 다이아프램 압력계

해설 압력계 - 전기적 변화이용방법
① 스트레인 게이지(반도체, 급격한 압력 변동)
② 전기저항식
③ 피에조 전기(전기량은 압력에 비례, 가스폭발 등 급격한 압력 변화 측정)

[★★★]

045. 다음 중 비접촉식 온도계에 해당하지 않는 것은?

① 광전관 온도계　② 색 온도계
③ 방사 온도계　　④ 압력식 온도계

해설 ①, ②, ③ 외 광고온도계가 있다.

[★★]

046. 20RT의 냉동능력을 갖는 냉동기에서 응축온도가 30℃, 증발온도가 −25℃일 때 냉동기를 운전하는데 필요한 냉동기의 성적계수(COP)는 약 얼마인가?

① 4.5　　② 7.5
③ 14.5　 ④ 17.5

해설 $COP(냉동기) = \dfrac{q_2}{Aw} = \dfrac{냉각효과}{압축일}$

$\dfrac{T_2}{T_1(고온) - T_2(저온)} = \dfrac{(-25+273)}{(30+273)-(-25+273)}$
$= 4.5$

[★★]

047. 언로딩형과 로딩형이 있으며 대용량이 요구되고, 유량제어 범위가 넓은 경우에 적합한 정압기는?

① 피셔식 정압기
② 레이놀드식 정압기
③ 파일럿식 정압기
④ 엑셜플로식 정압기

[해설] **파일럿식 정압기**
① 언로딩, 로딩형, 대용량이 요구됨. 유량제어 범위가 넓은 경우 적합하다.
② 피셔식은 로딩형이다. (TIP 피로 박카스)

[★★]
048. 나사압축기(Screw compressor)의 특징에 대한 설명으로 틀린 것은?

① 흡입, 압축, 토출의 3행정으로 이루어져 있다.
② 기체에는 맥동이 없고 연속적으로 송출한다.
③ 토출압력의 변화에 의한 용량변화가 크다.
④ 소음방지 장치가 필요하다.

[해설] **나사압축기(Screw compressor)**
① 흡입, 압축, 토출의 3행정
② 기체에는 맥동이 없고 연속적으로 송출
③ 토출압력의 변화에 의한 용량변화가 작다.
④ 소음방지장치 필요

[★]
049. 유속이 일정한 장소에서 전압과 정압의 차이를 측정하여 속도수두에 따른 유속을 측정하는 형식의 유량계는?

① 피토관식 유량계   ② 열선식 유량계
③ 전자식 유량계   ④ 초음파식 유량계

[해설] **피토관식 유량계 특징**
① 유속이 일정한 장소에서 전압과 정압의 차이 측정 즉, 동압측정용
② 속도수두에 따른 유속 측정
③ 유속은 5m/s 이상시 사용
④ 유속(v) = $\sqrt{2 \cdot g \cdot h}$

[동]
050. 요오드화 칼륨지(KI전분지)를 이용하여 어떤 가스의 누출여부를 검지한 결과 시험지가 청색으로 변하였다. 이 때 누출된 가스의 명칭은?

① 시안화수소   ② 아황산가스
③ 황화수소   ④ 염소

[해설] 염(Cl_2) 기(KI) 청/ 시(HCN) 질 청/ 암(NH_3) 적 청/ 포($COCl_2$) 하 심/
황(H_2S) 연 흑/ 일(CO) 파 흑/ 아(C_2H_2) 구리 적

[★★]
051. 2종 금속의 양끝의 온도차에 따른 열기전력을 이용하여 온도를 측정하는 온도계는?

① 베크만 온도계   ② 바이메탈식 온도계
③ 열전대 온도계   ④ 전기저항 온도계

[해설] **열전대 온도계**
2종 금속의 양 끝의 온도차에 따른 열기전력 이용
TIP 열 - 열

[★]
052. 액화산소 등과 같은 극저온 저장탱크의 액면 측정에 주로 사용되는 액면계는?

① 햄프슨식 액면계   ② 슬립 튜브식 액면계
③ 크랭크식 액면계   ④ 마그네틱식 액면계

[해설] **햄프슨식 액면계(차압식)**
극저온 저장탱크의 액면계에 주로 사용

[★★]
053. 적외선식 흡광방식으로 차량에 탑재하여 메탄의 누출 여부를 탐지하는 것은?

① FID(Flame Ionization Detector)
② OMD(Optical Methane Detector)
③ ECD(Electron Capture Detector)
④ TCD(Thermal Conductivity Detector)

[해설] **OMD(Optical Methane Detector)**
적외선식 흡광방식, 차량에 탑재, 메탄의 누출여부 측정

[★★]

054. 가스용 금속플렉시블 호스에 대한 설명으로 틀린 것은?

① 이음쇠는 플레어(flare) 또는 유니온(union)의 접속 기능이 있어야 한다.
② 호스의 최대 길이는 10,000㎜ 이내로 한다.
③ 호스길이의 허용오차는 +3%, −2% 이내로 한다.
④ 튜브는 금속제로서 주름가공으로 제작하여 쉽게 굽혀 질 수 있는 구조로 한다.

[해설] ② 최대길이는 50m(50,000mm) 이내이다.

[★]

055. 암모니아 합성법 중에서 고압 합성에 사용되는 방식은?

① 카자레법 ② 뉴 파우더법
③ 케미크법 ④ 구우데법

[해설] 암모니아 합성법
- 고압 − 클로우드법, 카자레법(고클카)
- 저압 − 케로그, 구우데(아침엔 켈로구먹자, 저칼로리)

[동]

056. 액화석유가스 이송용 펌프에서 발생하는 이상 현상으로 가장 거리가 먼 것은?

① 캐비테이션 ② 수격작용
③ 오일포밍   ④ 베이퍼록

[해설] ①, ②, ④ 외에 서징(=맥동)이 있다.

[★★★]

057. 다음 각종 온도계에 대한 설명으로 옳은 것은?

① 저항 온도계는 이종금속 2종류의 양단을 용접 또는 납붙임으로 양단의 온도가 다를 때 발생하는 열기전력의 변화를 측정하여 온도를 구한다.
② 유리제 온도계의 봉입액으로 수은을 쓴 것은 −30~350℃ 정도의 범위에서 사용된다.
③ 온도계의 온도검출부는 열용량이 크면 좋다.
④ 바이메탈식 온도계는 온도에 따른 전기적 변화를 이용한 온도계이다.

[해설] 유리제 온도계 − 봉입액이 수은인 것은 −30~350℃이다.
① 열전대온도계의 설명이며
③ 열용량은 C = kcal/℃이고 작은 것이 좋다.
④ 바이메탈식 : 다른 2종류의 금속을 접합 금속편 휘어짐 이용, 현장 지시용

[★★]

058. 액주식 압력계에 사용되는 액체의 구비조건으로 틀린 것은?

① 화학적으로 안정되어야 한다.
② 모세관현상이 없어야 한다.
③ 점도와 팽창계수가 작아야 한다.
④ 온도변화에 의한 밀도변화가 커야 한다.

[해설] 액주식 압력계 액체 구비조건
① 화학적으로 안정
② 모세관 현상이 없어야 한다.
③ 점도와 팽창계수가 작아야 한다.
④ 온도 변화에 의한 밀도 변화가 작아야 한다.

[★]

059. 내용적 50L의 용기에 수압 30kgf/㎠를 가해 내압시험을 하였다. 이 경우 30kgf/㎠의 수압을 걸었을 때 용기의 용적이 50.5L로 늘어났고, 압력을 제거하여 대기압으로 하니 용기용적은 50.025L로 되었다. 항구증가율은 얼마인가?

① 0.3% ② 0.5%
③ 3%   ④ 5%

[해설] 영구(항구) 증가율(%), 합격기준 : 10% 이하
$= \dfrac{\text{영구증가량}}{\text{전증가량}} = \dfrac{50.025 - 50}{50.5 - 50} \times 100 = 5(\%)$

[★★]

060. 실린더 중에 피스톤과 보조 피스톤이 있고, 상부에 팽창기, 하부에 압축기로 구성되어 있으며, 수소, 헬륨을 냉매로 하는 것이 특징인 공기액화장치는?

① 카르노식 액화장치
② 필립스식 액화장치
③ 린데식 액화장치
④ 클라우드식 액화장치

정답 054. ② 055. ① 056. ③ 057. ② 058. ④ 059. ④ 060. ②

[해설] 필립스 액화 사이클
- 피스톤과 보조피스톤 사용
- 냉매(H_2, He) 사용

[★]
061. 로터리 압축기에 대한 설명으로 틀린 것은?

① 왕복식 압축기에 비해 부품수가 적고 구조가 간단하다.
② 압축이 단속적이므로 저진공에 적합하다.
③ 기름 윤활 방식으로 소용량이다.
④ 구조상 흡입기체에 기름이 혼입되기 쉽다.

[해설] ② 단속적은 왕복동식의 설명이다.

[★★]
062. LP 가스용 용기 밸브의 몸통에 사용되는 재료로 가장 적당한 것은?

① 단조용 황동   ② 단조용 강제
③ 절삭용 주물   ④ 인발용 구리

[해설] ① LP 가스용 용기 밸브의 몸통 : 단조용 황동
② 황동(구리+아연)
③ 청동(구리+주석)

[동]
063. 도시가스에서 사용되는 부취제의 종류가 아닌 것은?

① T.H.T   ② T.B.M
③ MMA   ④ D.M.S

[해설] ① 토양투과성 : D.M.S > T.B.M > T.H.T 순
② 취기강도 : T.M.B > T.H.T > D.M.S 순

[동]
064. 가스 충전구에 따른 분류 중 가스 충전구에 나사가 없는 것은 무슨 형으로 표시하는가?

① A   ② B
③ C   ④ D

[해설] A : 수나사, B : 암나사, C : 나사 없음

[★]
065. 스크류 펌프는 어느 형식의 펌프에 해당하는가?

① 축류식   ② 원심식
③ 회전식   ④ 왕복식

[해설] 회전식 펌프
- 나사(스크류) 펌프
- 기어 펌프
- 베인 펌프

[동]
066. 포화황산동 기준전극으로 매설배관의 방식전위를 측정하는 경우 몇 V 이하이어야 하는가?

① -0.75V   ② -0.85V
③ -0.95V   ④ -2.5V

[해설] 매설배관의 방식전위
- 포화황산동 기준전극 -0.85V(상한) 이하이다.
- -2.5V(하한) 이상

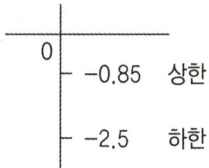

[동]
067. 도시가스의 총발열량이 10,400kcal/㎥, 공기에 대한 비중이 0.55일 때 웨버지수는 얼마인가?

① 11,023   ② 12,023
③ 13,023   ④ 14,023

[해설] $WI(웨버지수) = \dfrac{Hg}{\sqrt{d}} = \dfrac{10,400}{\sqrt{0.55}} = 14,023.357$

Hg : 총발열량
d : 가스의 비중

[★]
068. 가스히트펌프(GHP)는 다음 중 어떤 분야로 분류되는가?

① 냉동기   ② 특정설비
③ 가스용품   ④ 용기

[해설] 가스히트펌프(GHP), 전기히트펌프(EHP)

[★]
069. 관 도중에 조리개(교축기구)를 넣어 조리개 전후의 차압을 이용하여 유량을 측정하는 계측기기는?

① 오벌식 유량계 ② 오리피스 유량계
③ 막식 유량계 ④ 터빈 유량계

[해설] 간접식 유량계 : 유속식, 차압식, 면적식

[★]
070. 원통형의 관을 흐르는 물의 중심부의 유속을 피토관으로 측정하였더니 수주의 높이가 10m이었다. 이때 유속은 약 몇 m/s인가?

① 10 ② 14
③ 20 ④ 26

[해설] 피토관식 유량계 특징
① 유속이 일정한 장소에서 전압과 정압의 차이 측정. 즉, 동압측정용
② 속도수두에 따른 유속 측정
③ 유속은 5m/s 이상시 사용
④ 유속(v) = $\sqrt{2 \cdot g \cdot h}$
유속(m/s)= $\sqrt{2 \cdot g \cdot h}$ 에서= $\sqrt{2 \times 9.8 \times 10}$ = 14

[★]
071. 개방형온수기에 반드시 부착하지 않아도 되는 안전장치는?

① 소화안전장치
② 전도안전장치
③ 과열방지장치
④ 불완전연소방지장치 또는 산소결핍안전장치

[해설] 개방형온수기
① 소화안전장치
② 과열방지장치
③ 불완전연소방지장치 또는 산소결핍안전장치
전도안전장치 ✕

[★★★]
072. 고압가스설비에 설치하는 벤트스택과 플레어스택에 대한 설명으로 틀린 것은?

① 플레어스택에는 긴급이송설비로부터 이송되는 가스를 연소시켜 대기로 안전하게 방출시킬 수 있는 파이롯트버너 또는 항상 작동할 수 있는 자동점화장치를 설치한다.
② 플레어스택의 설치위치 및 높이는 플레어스택 바로 밑의 지표면에 미치는 복사열이 4,000kcal/$m^2 \cdot$ h 이하가 되도록 한다.
③ 가연성가스의 긴급용 벤트스택의 높이는 착지농도가 폭발하한계값 미만이 되도록 충분한 높이로 한다.
④ 벤트스택은 가능한 공기보다 무거운 가스를 방출해야 한다.

[해설] 1. 플레어스택
긴급이송설비로부터 이송되는 가스를 연소시켜 대기로 안전하게 방출시킬 수 있는 파이롯 버너 또는 항상 작동할 수 있는 자동점화장치를 설치한다.
지표면에 미치는 복사열 4,000kcal/$m^2 \cdot$ h 이하
2. 가연성가스의 긴급용 벤트스택의 높이
• 착지농도가 폭발하한계값 미만이 되도록 충분한 높이로 한다.
• 누출된 가연성가스를 긴급, 안전하게 대기 중으로 방출 (무거운 경우 방출하지 않는다)

[동]
073. 정압기를 평가·선정할 경우 고려해야 할 특성이 아닌 것은?

① 정특성 ② 동특성
③ 유량특성 ④ 압력특성

[해설] ①, ②, ③ 그 외 사용최대차압, 작동최소차압이 있다.

[동]
074. LPG의 연소방식이 아닌 것은?

① 적화식 ② 세미분젠식
③ 분젠식 ④ 원지식

[해설] ① 전1차공기방식 ② 분젠식 ③ 세미분젠식 ④ 적화식이 있다.

정답 069. ② 070. ② 071. ② 072. ④ 073. ④ 074. ④

[★★★]
075. 회전펌프의 특징에 대한 설명으로 틀린 것은?

① 토출압력이 높다.
② 연속 토출되어 맥동이 많다.
③ 점성이 있는 액체에 성능이 좋다.
④ 왕복펌프와 같은 흡입·토출밸브가 없다.

[해설] ② 맥동은 왕복동의 특징이다.
회전펌프
① 토출 압력이 높다.
② 점성이 있는 액체에 성능이 좋다.
③ 흡입·토출 밸브가 없다.

[★]
076. 저온장치에 사용되고 있는 단열법 중 단열을 하는 공간에 분말, 섬유 등의 단열재를 충전하는 방법으로 일반적으로 사용되는 단열법은?

① 상압 단열법   ② 고진공 단열법
③ 다층진공 단열법 ④ 린데식 단열법

[해설] **상압단열법**(단열을 하는 공간에 분말, 섬유 등의 단열재 충전)
• 저온단열법(① 상압단열법 ② 진공단열법)

[★]
077. 스테판-볼쯔만의 법칙을 이용하여 측정 물체에서 방사되는 전방사 에너지를 렌즈 또는 반사경을 이용하여 온도를 측정하는 온도계는?

① 색 온도계   ② 방사 온도계
③ 열전대 온도계   ④ 광전관 온도계

[해설] TIP 방스(빤스)

[★★★]
078. 압력변화에 의한 탄성변위를 이용한 탄성압력계에 해당되지 않는 것은?

① 플로트식 압력계   ② 부르동관식 압력계
③ 다이어프램식 압력계 ④ 벨로즈식 압력계

[해설] **2차압력계종류** : 부르동관식, 다이어프램식, 벨로즈식
TIP 베, 부르, 다(밥을 2번 먹으니 배부르다)

[★]
079. 오리피스, 벤투리관 및 플로노즐에 의하여 유량을 구할 때 가장 관계가 있는 것은?

① 유로의 교축기구 전후의 압력차
② 유로의 교축기구 전후의 성상차
③ 유로의 교축기구 전후의 온도차
④ 유로의 교축기구 전후의 비중차

[해설] ① 유로의 교축기구 전후의 압력차 이용 : 오리피스, 플로노즐, 벤투리관
② H(압력손실 크기순) : 오리피스 〉 플로노즐 〉 벤투리

[★]
080. 촉매를 사용하여 사용온도 400~800℃에서 탄화수소와 수증기를 반응시켜 메탄, 수소, 일산화탄소, 이산화탄소로 변환하는 방법은?

① 열분해공정   ② 접촉분해공정
③ 부분연소공정   ④ 수소화분해공정

[해설] **접촉분해공정**
촉매를 사용하여 400~800℃에서 탄화수소와 수증기를 반응시켜 CH_4(메탄), CO(일산화탄소), CO_2(이산화탄소), H_2로 변환
TIP 메(CH_4)일(CO)탄산(CO_2)수(H_2)

[★]
081. 압축천연가스(CNG)자동차 충전소에 설치하는 압축가스설비의 설계압력이 25MPa인 경우 압축가스설비에 설치하는 압력계의 법적 최대지시눈금은 최소 얼마 이상으로 하여야 하는가?

① 25.0MPa   ② 27.5MPa
③ 37.5MPa   ④ 50.0MPa

[해설] **압력계**
최대지시눈금 1.5~2배이므로 25MPa×1.5 = 37.5

[★]
082. 고압식 공기액화 분리장치에서 구조상 없는 부분은?

① 아세틸렌 흡착기 ② 열교환기
③ 수소액화기   ④ 팽창기

[해설] **고압식 공기액화 분리장치**
- 탄산가스흡수기, 아세틸렌 흡착기
- 열교환기, 복정류탑, 중간냉각기
- 팽창기

[★★]
083. 도시가스용 압력조정기의 유량시험은 조절스프링을 고정하고 표시된 입구압력 범위 안에서 (①)을 통과시킬 경우 출구압력은 제조자가 제시한 설정압력의 ±(②)% 이내로 한다. 괄호 안에 알맞은 말은?

① ① 최대표시유량, ② 10
② ① 최대표시유량, ② 20
③ ① 최대출구유량, ② 10
④ ① 최대출구유량, ② 20

[해설] **도시가스용 압력조정기 유량 시험**
입구압력 범위 안에서 최대표시유량을 통과시킬 경우 출구압력은 제조자가 제시한 설정 압력의 ±20% 이내로 한다.

[★]
084. 압축기에서 다단압축을 하는 주된 목적은?

① 압축일과 체적효율 증가
② 압축일 증가와 체적효율 감소
③ 압축일 감소와 체적효율 증가
④ 압축일과 체적효율 감소

[★]
085. 강의 표면에 타 금속을 침투시켜 표면을 경화시키고 내식성, 내산화성을 향상시키는 것을 금속침투법이라 한다. 그 종류에 해당되지 않는 것은?

① 세라다이징(Shera dizing)
② 칼로라이징(Calo rizing)
③ 크로마이징(Chro mizing)
④ 도우라이징(Dow rizing)

[해설] **금속침투법**
강의 표면에 타 금속을 침투시켜 내식성, 내산화성을 향상시키는 것
- 세라다이징(Shera dizing) – 아연
- 칼로라이징(Calo rizing) – 알루미늄
- 크로마이징(Chro mizing) – 크롬
- 도우라이징(Dow rizing) ×

[TIP] 세칼로(크로)

[★]
086. 액체질소 순도가 99.999%이면 불순물은 몇 ppm인가?

① 1
② 10
③ 100
④ 1,000

[해설] 순도 99.999%은 불순물이 0.001%(0.00001)이므로
$$ppm = \frac{0.00001}{1,000,000} = 10\,ppm$$

[★★] KGS
087. 다음 중 일체형 냉동기로 볼 수 없는 것은?

① 냉매설비 및 압축용 원동기가 하나의 프레임 위에 일체로 조립된 것
② 냉동설비를 사용할 때 스톱밸브 조작이 필요한 것
③ 응축기 유니트와 증발기 유니트가 냉매배관으로 연결된 것으로서 1일 냉동능력이 20톤 미만인 공조용 패키지 에어콘
④ 사용 장소에 분할·반입하는 경우에 냉매설비에 용접 또는 절단을 수반하는 공사를 하지 아니하고 재조립하여 냉동제조용으로 사용할 수 있는 것

[해설] **일체형 냉동기**
① 냉매설비 및 압축용 원동기가 하나의 프레임 위에 일체로 조립된 것
② 응축기 유니트와 증발기 유니트가 냉매 배관으로 연결된 것, 1일 냉동능력이 20톤 미만인 공조용 패키지 에어콘
③ 사용장소에 반입·분할하는 경우 냉매설비에 용접 또는 절단을 수반하는 공사를 하지 아니하고 재조립하여 냉동 제조용으로 사용

[★★]
088. 고온, 고압의 가스 배관에 주로 쓰이며 분해, 보수 등이 용이하나 매설배관에는 부적당한 접합방법은?

① 플랜지 접합
② 나사 접합
③ 차입 접합
④ 용접 접합

[해설] **매설 배관에 부적당한 접합방식**
플랜지 접합 – 고온·고압 가스 배관에 주로 사용

[★★, 동]
089. 공기액화 분리장치에 들어가는 공기 중에 아세틸렌 가스가 혼입되면 안 되는 주된 이유는?

① 질소와 산소의 분리에 방해가 되므로
② 산소의 순도가 나빠지기 때문에
③ 분리기 내의 액체산소의 탱크 내에 들어가 폭발하기 때문에
④ 배관 내에서 동결되어 막히므로

[★★]
090. 기어펌프로 10kg 용기에 LP 가스를 충전하던 중 베이퍼록이 발생되었다면 그 원인으로 틀린 것은?

① 저장탱크의 긴급차단 밸브가 충분히 열려 있지 않았다.
② 스트레이너에 녹, 먼지가 끼었다.
③ 펌프의 회전수가 적었다.
④ 흡입측 배관의 지름이 가늘었다.

[해설]
- 펌프로 LP가스 충전시 베이퍼록 발생 원인
  ① 저장탱크의 긴급차단 밸브가 충분히 열려 있지 않음
  ② 스트레이너에 녹, 먼지가 낌
  ③ 흡입측 배관의 지름이 가늠
- Vaper-rock 현상
  저비등점 액체 등을 이송할 때 펌프의 입구 쪽 액체의 끓는 현상
- Vaper-rock 현상 방지법
  ① 흡입 관경을 크게 한다.
  ② 펌프의 설치 위치를 낮게 한다.

[★★]
091. 가연성가스의 제조설비 내에 설치하는 전기기기에 대한 설명으로 옳은 것은?

① 1종 장소에는 원칙적으로 전기설비를 설치해서는 안된다.
② 안전증 방폭구조는 전기기기의 불꽃이나 아크를 발생하여 착화원이 될 염려가 있는 부분을 기름 속에 넣은 것이다.
③ 2종 장소는 정상의 상태에서 폭발성 분위기가 연속하여 또는 장시간 생성되는 장소를 말한다.
④ 가연성가스가 존재할 수 있는 위험장소는 1종 장소, 2종 장소 및 0종 장소로 분류하고 위험장소에서는 방폭형 전기기기를 설치하여야 한다.

[해설] 방폭형 전기기기(위험장소)
① 위험장소에는 원칙적으로 방폭전기기를 설치해야 한다.
② 유입 방폭구조는 전기기기의 불꽃이나 아크를 발생하여 착화원이 될 염려가 있는 부분을 기름 속에 넣은 것이다.
③ 0종 장소는 정상의 상태에서 폭발성 분위기가 연속하여 또는 장시간 생성되는 장소를 말한다.

[동]
092. 발연황산시약을 사용한 오르자트법 또는 브롬시약을 사용한 뷰렛법에 의한 시험에서 순도가 98% 이상이고, 질산은 시약을 사용한 정성시험에서 합격한 것을 품질 검사기준으로 하는 가스는?

① 시안화수소　　② 산화에틸렌
③ 아세틸렌　　　④ 산소

[해설] 아~시8(8자로 끝나는 숫자 찾을 것)
98%(C_2H_2, HCN)

[★★]
093. 진탕형 오토클레이브의 특징이 아닌 것은?

① 가스 누출의 가능성이 없다.
② 고압력에 사용할 수 있고 반응물의 오손이 없다.
③ 뚜껑판에 뚫어진 구멍에 촉매가 끼여 들어갈 염려가 있다.
④ 교반효과가 뛰어나며 교반형에 비하여 효과가 크다.

[해설] 진탕형 오토클레이브
① 가스 누출의 가능성이 없다.
② 고압력에 사용할 수 있고 반응물의 오손이 없다.
③ 뚜껑판에 뚫어진 구멍에 촉매가 끼여 들어갈 염려가 있다.
④ 교반효과가 가장 큰 것은 교반형이다.

[★]
094. 압축기에서 두압이란?

① 흡입 압력이다.
② 증발기내의 압력이다.
③ 크랭크 케이스내의 압력이다.
④ 피스톤 상부의 압력이다.

[해설] 압축기의 두압
피스톤 상부의 압력

[동]

095. 탱크로리 충전작업 중 작업을 중단해야 하는 경우가 아닌 것은?

① 탱크 상부로 충전 시
② 과충전시
③ 가스 누출 시
④ 안전밸브 작동 시

[해설] 탱크로리 충전작업 중 작업을 중단해야 하는 경우
① 과충전 시
② 가스 누출 시
③ 안전밸브 작동 시

[★]

096. 다음 [그림]은 무슨 공기 액화장치인가?

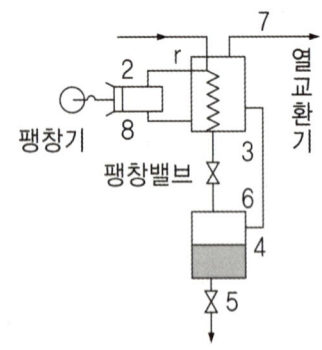

① 클라우드식 액화장치 ② 린데식 액화장치
③ 캐피자식 액화장치 ④ 필립스식 액화장치

[해설] [암기TIP]
① 린데(Linde)식 : 액린(영화 역린을 연상할 것)
② 클라우드(Claude)식 : 팽클(가수핑클연상)
③ 캐피자(Kapitza)식 : 축냉기(축냉체 : 자갈), 7atm(결혼은 경축, 부케, 럭키7)
④ 필립스(Philips)식 : 피피피(피 흘리는 수헤(수소, 헬륨))
⑤ 캐스케이드(cascade)식 : 엄마에메질(암모니아, 에틸렌, 메탄, 질소)

[★]

097. 암모니아용 부르동관 압력계의 재질로서 가장 적당한 것은?

① 황동 ② Al강
③ 청동 ④ 연강

[해설] • 암모니아용 부르동관 압력계의 재질 : 연강
• 동, 동합금 금지(NH_3, H_2S)

[동]

098. 터보식 펌프로서 비교적 저양정에 적합하며, 효율변화가 비교적 급한 펌프는?

① 원심 펌프 ② 축류 펌프
③ 왕복 펌프 ④ 베인 펌프

[해설] 원심식(고양정), 축류(저양정), 사류(중양정)

099. 연료의 배기가스를 화학적으로 액 속에 흡수시켜 그 용량의 감소로 가스의 농도를 분석하며 3개의 피펫과 1개의 뷰렛, 2개의 수준병으로 구성된 가스분석 방법은?

① 헴펠(Hempel)법 ② 오르자트(Orsat)법
③ 게겔(Gockel)법 ④ 직접법(Iodimetry)

[★]

100. 수소취성을 방지하기 위해 강에 첨가하는 원소로서 옳은 것은?

① Cr ② Al
③ Mn ④ P

[해설] 탈탄방지 원소 : 텅스텐(W), 크롬(Cr), Mo(몰리브덴), Ti(티타늄), V(바나듐)

[★★]

101. 원심펌프를 직렬로 연결시켜 운전하면 무엇이 증가하는가?

① 양정 ② 동력
③ 유량 ④ 효율

[해설]

구분	직렬	병렬
H(양정)	증가	일정
Q(유량)	일정	증가

102.
수은을 이용한 U자관 압력계에서 액주높이(h) 600mm, 대기압(P_1)은 1kg/cm²일 때, P_2는 약 몇 kg/cm²인가?

① 0.22 ② 0.92
③ 1.82 ④ 9.16

해설
$P = P_0 + rh$
$= 1 + 13.6 g/cm^3 \cdot 60 cm$
$= 1 + \dfrac{13.6}{1,000} g/cm^2 \cdot 60$
$= 1.82 (kg/cm^2)$

103.
무급유압축기의 종류가 아닌 것은?

① 카본(Carbon)링식
② 테프론(Teflon)링식
③ 다이어프램(Diaphragm)식
④ 브론즈(Bronze)식

해설
• 다이어프램식   • 카본링식   • 테프론링식
• 레비린스피스톤   • 화이버 등
TIP 다카테레피화(다카노리세레페라)

104.
계측과 제어의 목적이 아닌 것은?

① 조업조건의 안정화   ② 고효율화
③ 작업인원의 증가   ④ 안전위생관리

해설 계측과 제어의 목적
• 조업조건의 안정화
• 고효율화
• 안전위생관리
• 작업인원의 감소

— 실기대비 —
• 오차
• 정밀도
• 민감도

105.
공기액화 분리장치의 이산화탄소 흡수탑에서 가성소다로 이산화탄소를 제거한다. 이 반응식으로 옳은 것은?

① $2NaOH + CO_2 \rightarrow Na_2CO_3 + H_2O$
② $2NaOH + 3CO_2 \rightarrow Na_2CO_3 + 2CO + H_2O$
③ $NaOH + CO_2 \rightarrow Na_2CO_3 + H_2O$
④ $NaOH + 2CO_2 \rightarrow NaCO_3 + CO + H_2O$

해설 $2NaOH$(건조제) $+ CO_2 \rightarrow Na_2CO_3 + H_2O$에서 CO_2와 $2NaOH$의 비율은 1 : 1.8배이다.
44g : 80g = 1 : 1.8이다.

106.
가스액화 분리장치 중 원료 가스를 저온에서 분리하는 장치는?

① 한냉장치   ② 정류장치
③ 열교환장치   ④ 불순물제거장치

해설 가스액화 분리장치의 구조
정류장치는 원료 가스를 저온에서 분리하는 장치이다.

107.
고압가스관련 설비에 해당되지 않는 시설은?

① 안전밸브
② 긴급차단장치
③ 특정고압가스용 실린더캐비닛
④ 압력조정기

해설 종류 및 등록장비
1. 안전밸브 · 긴급차단장치 · 역화방지장치
2. 기화장치
3. 압력용기
4. 자동차용 가스 자동주입기
5. 독성가스배관용 밸브
6. 냉동설비를 구성하는 압축기 · 응축기 · 증발기 또는 압력용기(일체형냉동기 제외)
7. 특정고압가스용 실린더캐비닛
8. 자동차용 압축천연가스 완속충전설비(3t 이상, 18.5㎥/h 미만)
9. 액화석유가스용 용기 잔류가스회수장치
10. 저장탱크, 차량에 고정된 탱크
TIP SV, SSV, 역, 기, 압, 독배, 완, 잔 저, 차

108.
다음 배관재료 중 사용온도 350℃ 이하, 압력 1MPa에서 10MPa까지의 LPG 및 도시가스의 고압관에 사용되는 것은?

① SPP   ② SPW
③ SPPW   ④ SPPS

해설 가스설비 문 001 해설참조

[★★]
109. LP 가스를 도시가스와 비교하여 사용시 장점으로 옳지 않은 것은?

① LP 가스는 열용량이 크기 때문에 작은 배관경으로 공급할 수 있다.
② LP 가스는 연소용 공기 또는 산소가 다량으로 필요하지 않다.
③ LP 가스는 입지적 제약이 없다.
④ LP 가스는 조성이 일정하다.

[해설] LP 가스의 장점(도시가스와 비교)
① LP 가스는 열용량이 크기 때문에 작은 배관경으로 공급 가능
② LP 가스는 입지적 제약이 없다.
③ LP 가스는 조성이 일정하다.
④ Ao(이론적 공기량)이 다량필요하며, 공기량을 계산하면

부탄 C_4H_{10} $A_0 = \dfrac{O_0\left(m + \dfrac{n}{4}\right)}{0.21} = \dfrac{\left(4 + \dfrac{10}{4}\right)}{0.21}$
$= \dfrac{6.5}{0.21} ≒ 31(m^3)$

⑤ 메탄 CH_4 $A_0 = \dfrac{O_0}{0.21} = \dfrac{\left(1 + \dfrac{4}{4}\right)}{0.21} = 9.5(m^3)$

[★★]
110. 다음 정압기 중 고차압이 될수록 특성이 좋아지는 것은?

① Reynolds식 ② axial flow식
③ Fisher식 ④ KRF식

[해설] 정압기중 axial flow식(A.F.V)의 특징
• 변칙적 언로딩형
• 정특성, 동특성 양호
• 고차압일수록 특성이 안정적
• 콤팩트하다.

[★★]
111. 다음 중 아세틸렌 및 합성용 가스의 제조에 사용되는 반응장치는?

① 축열식 반응기 ② 유동층식 접촉반응기
③ 탑식 반응기 ④ 내부 연소식 반응기

[해설] TIP 석유화학장치의 종류
반응장치
• 내부 연소식 예 C_2H_2, 합성용 가스
• 축열식 반응기(기준) 예 아세틸렌, 에틸렌 (TIP 축아에)
• 이동상식 접촉반응기 예 에틸렌(C_2H_4)

[★]
112. 백금-백금로듐 열전대 온도계의 온도 측정 범위로 옳은 것은?

① -180~350℃ ② -20~800℃
③ 0~1,600℃ ④ 300~2,000℃

[해설] 열전대(가장 고온 측정용)

PR	(백금 – 백금로듐)	내열성 우수(1,600℃)
CA	(크로멜 – 알루멜)	(1,200℃)
IC	(철 – 콘스탄탄)	열기전력 가장 높음(800℃)
CC	(동 – 콘스탄탄)	수분에 의한 부식 강함(350℃)

[★]
113. 압축기에 사용하는 윤활유 선택시 주의사항으로 틀린 것은?

① 사용가스와 화학반응을 일으키지 않을 것
② 인화점이 높을 것
③ 정제도가 높고 잔류탄소의 양이 적을 것
④ 점도가 적당하고, 항유화성이 적을 것

[해설] 압축기의 윤활유 사용시 주의사항
• 사용가스와 화학반응을 일으키지 않을 것
• 인화점이 높을 것
• 응고점이 낮을 것
• 정제도가 높고 잔류탄소의 양이 적을 것
• 항유화성이 클 것
 – 항유화성 : 화학적 성질의 변화에 견디는 힘. 수분혼입시 윤활유와 수분을 분리하는 성능
• 열에 안정적일 것

[동]
114. 다음 중 초저온 저장탱크에 사용하는 재질로 적당하지 않는 것은?

① 탄소강 ② 18-8 스테인리스강
③ 9% Ni강 ④ 동합금

[해설] 초저온 저장탱크에 사용하는 재질
18-8 스테인리스강, 9% Ni강, Cu/AL의 합금강

[동]
115. 아세틸렌의 정성시험에 사용되는 시약은?

① 질산은 ② 구리암모니아
③ 염산   ④ 피로카롤

[★]
116. 크로멜-알루멜(K형) 열전대에서 크로멜의 구성 성분은?

① Ni-Cr ② Cu-Cr
③ Fe-Cr ④ Mn-Cr

[해설] 크로멜-알루멜(CA) 열전대 : Ni(87%)-Cr(13%)

[동] 2022 2회 실기
117. 외경이 300㎜이고, 두께가 30㎜인 가스용폴리에틸렌(PE)관의 사용 압력범위는?

① 0.4MPa 이하 ② 0.25MPa 이하
③ 0.2MPa 이하 ④ 0.1MPa 이하

[해설] 가스용폴리에틸렌(PE)관
사용압력 0.4MPa 이하
① $SDR = \dfrac{D}{t} = \dfrac{외경}{두께} = \dfrac{300mm}{30mm} = 10(SDR)$

②
SDR NO	사용압력
11	0.4MPa 이하
2022 2회 ★ 17	0.25MPa 이하
21	0.2MPa 이하

[TIP] 교환번호 114(11번 0.4)

[★, 동]
118. 액화가스 충전에는 액펌프와 압축기가 사용될 수 있다. 이 때 압축기를 사용하는 경우의 특징이 아닌 것은?

① 충전시간이 짧다.
② 베이퍼록 등의 운전상 장애가 일어나기 쉽다.
③ 재액화 현상이 일어날 수 있다.
④ 잔가스의 회수가 가능하다.

[해설] ②는 펌프이상 현상이다.

[★★]
119. 대기차단식 가스보일러에서 반드시 갖추어야 할 장치가 아닌 것은?

① 저수위안전장치 ② 압력계
③ 압력팽창탱크   ④ 헛불방지장치

[해설] 대기차단식 가스보일러의 장치에는
압력계, 압력팽창탱크, 헛불방지장치(공연소방지장치)
• 헛불방지장치(공연소방지장치)는 온수나 보일러 등의 연소기구에서
물이 없으면 → 가스밸브 차단
물이 있으면 → 가스밸브 개방하는 장치

[★★★]
120. 초저온용 가스를 저장하는 탱크에 사용되는 단열재의 구비조건으로 틀린 것은?

① 밀도가 클 것
② 흡수성이 없을 것
③ 열전도도가 작을 것
④ 화학적으로 안정할 것

[해설] 단열재 구비조건
① 흡수성이 없을 것
② 열전도도가 작을 것
③ 화학적으로 안정할 것
④ 밀도가 적을 것
⑤ 비중이 작을 것

[★★]
121. 루트 미터에 대한 설명으로 옳은 것은?

① 설치공간이 크다.
② 일반 수용가에 적합하다.
③ 스트레이너가 필요 없다.
④ 대용량의 가스 측정에 적합하다.

[해설]
막식	습식	루트미터
• 가정용 • 소유량 • 100㎥/h 이하 • 대용량의 경우 설치면적 크다.	• 계량이 정확 • 실험실용	• 대유량에 사용 • 설치면적이 작다. • 소유량(0.5㎥/h 이하) 시 부동우려 있다.

[★★★]
122. 흡입압력이 대기압과 같으며 최종압력이 15kgf/㎠·g인 4단 공기압축기의 압축비는 약 얼마인가? (단, 대기압은 1kgf/㎠로 한다.)

① 2　　　② 4
③ 8　　　④ 16

해설 1)
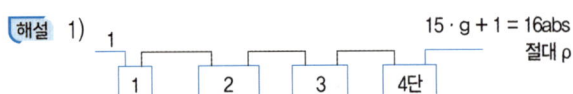

2) 압축비(a) = $\dfrac{토출P}{흡입P}$ (여기서 압력은 절대P 기준임)

3) 최종압력이 15kgf/cm²·g이므로 대기압 1 반영요망
∴ 최종P = (15 + 1) = 16kgf/cm²·a (절대압력)
최종단P이 2의 배수면 압축비(a)는 2, 3의 배수면 압축비(a)는 3이다.
4단: 16/2=8, 3단: 8/2=4, 2단: 4/2=2, 1단: 2/2=1(흡입압력과 동일)

[★★]
123. 고압가스 용기에 사용되는 강의 성분원소 중 탄소, 인, 황 및 규소의 작용에 대한 설명으로 옳지 않은 것은?

① 탄소량이 증가하면 인장강도는 증가한다.
② 황은 적열취성의 원인이 된다.
③ 인은 상온취성의 원인이 된다.
④ 규소량이 증가하면 충격치는 증가한다.

해설 탄소량이 증가시 증가하는 것: 경도, 인장강도, 항복점, 취성, 전기저항
탄소량이 증가시 감소하는 것: 연신율, 인성, 비중, 열전도율, 충격치
황 – 적열취성 원인(황적취)
인 – 상온취성 원인(인상취)

[★★]
124. LP 가스 이송설비 중 압축기에 의한 이송 방식에 대한 설명으로 틀린 것은?

① 잔가스 회수가 용이하다.
② 베이퍼록 현상이 없다.
③ 펌프에 비해 이송시간이 짧다.
④ 저온에서 부탄가스가 재액화되지 않는다.

해설 LP 가스 이송설비 압축기에 의한 이송방식
• 잔가스 회수가 용이하다.
• 베이퍼록 현상이 없다.
• 펌프에 비해 이송시간이 짧다.
• 저온에서 부탄가스 재액화 우려가 있다.(부탄비점 −0.5 이므로 재액화 우려 높음)

[★★]
125. 압축기의 실린더를 냉각할 때 얻는 효과가 아닌 것은?

① 압축효율이 증가되어 동력이 증가한다.
② 윤활기능이 향상되고 적당한 점도가 유지된다.
③ 윤활유의 탄화나 열화를 막는다.
④ 체적효율이 증가한다.

해설 압축기의 실린더를 냉각할 때
• 윤활기능이 향상되고 적당한 점도가 유지된다.
• 윤활유의 탄화나 열화를 막는다.
• 체적효율이 증가한다.
• 윤활기능 유지 향상, 체적효율 및 압축효율 증가, 소용동력 감소

[★]
126. 100L의 액산 탱크에 액산을 넣어 방출밸브를 개방하고 12시간 방치하였더니 탱크 내의 액산이 4.8kg 방출되었다면 1시간당 탱크에 침입하는 열량은 약 몇 kcal인가? (단, 액산의 증발잠열은 60kcal/kg이다.)

① 12　　　② 24
③ 70　　　④ 150

해설 $4.8\text{kg} \times 60\text{kcal/kg} = 288\text{kcal}/12\text{h} = 24\text{kcal/h}$

[★★] KGS 2018.12.13
127. 다음 연소기 중 가스용품 제조 기술기준에 따른 가스렌지로 보기 어려운 것은? (단, 사용압력은 3.3kPa 이하로 한다.)

① 전가스소비량이 9,000kcal/h인 3구 버너를 가진 연소기
② 전가스소비량이 11,000kcal/h인 4구 버너를 가진 연소기

③ 전가스소비량이 13,000kcal/h인 6구 버너를 가진 연소기
④ 전가스소비량이 15,000kcal/h인 2구 버너를 가진 연소기

해설 가스용품 제조 기술 기준(사용압력 3.3kPa 이하)
• 전가스소비량이 9,000kcal/h인 3구 버너를 가진 연소기
• 전가스소비량이 11,000kcal/h인 4구 버너를 가진 연소기
• 전가스소비량이 13,000kcal/h인 6구 버너를 가진 연소기
• 가스소비량 성능 : 전 가스소비량 및 각 버너의 가스소비량은 표시치의 ±10% 이내

[★★★]
128. 암모니아 합성공정 중 중압합성에 해당되지 않는 것은?

① IG법　　② 뉴파우더법
③ 케미크법　④ 케로그법

해설
• 고압 : 클로드, 카자레법
• 중압 : 뉴파우더, 케미크, 뉴우데법, IG법 등
• 저압 : 케로그, 구우데법

[동]
129. 자동제어의 용어 중 피드백 제어에 대한 설명으로 틀린 것은?

① 자동제어에서 기본적인 제어이다.
② 출력측의 신호를 입력측으로 되돌리는 현상을 말한다.
③ 제어량의 값을 목표치와 비교하여 그것들을 일치하도록 정정동작을 행하는 제어이다.
④ 미리 정해진 순서에 따라서 제어의 각 단계가 순차적으로 진행되는 제어이다.

해설 ④는 시퀀스제어이다.

[동]
130. 가스압력을 적당한 압력으로 감압하는 직동식 정압기의 기본구조의 구성요소에 해당되지 않는 것은?

① 스프링　　② 다이어프램
③ 메인밸브　④ 파이롯트

해설 정압기 ─ 직동식
　　　　　└ 파이롯트 ─ 로딩형
　　　　　　　　　　　└ 언로딩형

[★★★]
131. 터보 압축기의 특징이 아닌 것은?

① 유량이 크므로 설치면적이 적다.
② 고속회전이 가능하다.
③ 압축비가 적어 효율이 낮다.
④ 유량조절 범위가 넓으나 맥동이 많다.

해설 터보 압축기
• 유량이 크므로 설치면적이 적다.
• 고속회전이 가능하다.
• 압축비가 적어 효율이 낮다.
• 유량조절이 용이하고 범위가 넓고 맥동이 많다(왕복식 압축기의 설명).

[동] 필답 대비 2022 2회 실기
132. 2단 감압조정기 사용 시의 장점에 대한 설명으로 가장 거리가 먼 것은?

① 공급 압력이 안정하다.
② 용기 교환주기의 폭을 넓힐 수 있다.
③ 중간 배관이 가늘어도 된다.
④ 입상에 의한 압력손실을 보정할 수 있다.

해설 자동절체식 조정기 특징 : 용기 교환주기의 폭을 넓힐 수 있다.

[동]
133. 가스누출을 감지하고 차단하는 가스누출자동차단기의 구성요소가 아닌 것은?

① 제어부　　② 중앙통제부
③ 검지부　　④ 차단부

[★]
134. 펌프의 유량이 100㎥/s, 전양정 50m, 효율이 75%일 때 회전수를 20% 증가시키면 소요 동력은 몇 배가 되는가?

① 1.44　　② 1.73
③ 2.36　　④ 3.73

해설 펌프의 상사법칙

$Q(유량) = \left(\dfrac{N_2}{N_1}\right)^1$, $H(양정) = \left(\dfrac{N_2}{N_1}\right)^2$,

$Lw(동력) = \left(\dfrac{N_2}{N_1}\right)^3 = (1.2)^3 = 1.7$

만일 H(양정)을 구해보면 $= (1.2)^2 = 1.44$

[★★★]
135. 다음 중 실측식 가스미터가 아닌 것은?

① 루트식　　② 로터리 피스톤식
③ 습식　　　④ 터빈식

해설 실측식 ─ 건식 ─ 막식/다이어프램
　　　　　　　　└ 회전식 ─ 오벌기어
　　　　　　　　　　　　　├ 로터리 피스톤
　　　　　　　　　　　　　└ 루트미터
　　　　　└ 습식

[★★]
136. 부취제 중 황 화합물의 화학적 안전성을 순서대로 바르게 나열한 것은?

① 이황화물 > 메르캅탄 > 환상황화물
② 메르캅탄 > 이황화물 > 환상황화물
③ 환상황화물 > 이황화물 > 메르캅탄
④ 이황화물 > 환상황화물 > 메르캅탄

해설 부취제 – 황화합물 화학적 안전성
환상황화물 > 이황화물 > 메르캅탄
TIP 황이(선생) 임메)

[★]
137. 가스 액화 사이클 중 비점이 점차 낮은 냉매를 사용하여 저비점의 기체를 액화하는 사이클로서 다원 액화 사이클이라고도 하는 것은?

① 클라우드 식 공기액화 사이클
② 캐피자식 공기액화 사이클
③ 필립스의 공기액화 사이클
④ 캐스케이드식 공기액화 사이클

해설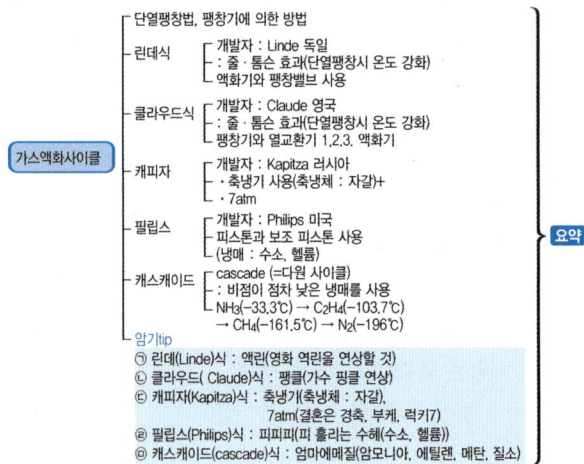

[★★]
138. 면적 가변식 유량계의 특징이 아닌 것은?

① 소용량 측정이 가능하다.
② 압력손실이 크고 거의 일정하다.
③ 유효 측정범위가 넓다.
④ 직접 유량을 측정한다.

해설 면적가변식 유량계의 일반적 특징
• 소용량 측정이 가능하다.
• 유효 측정범위가 넓다.
• 직접 유량을 측정한다.
• 고점도 유체를 측정한다.
• 차압이 일정하다.
• 압력손실이 적고 오차발생이 적다.
• 수직배관만 사용가능
비고 로터미터 유량계(면적식)
• 차압을 항상 일정하게 유지
• 유량 대소로 교축면적을 바꾸고 면적변화로 유량측정
• 유량을 직접 볼 수 있다.(부자로 측정가능)

[★] 2022 2회 동영상
139. 배관용 보온재의 구비 조건으로 옳지 않은 것은?

① 장시간 사용온도에 견디며, 변질되지 않을 것
② 가공이 균일하고 비중이 적을 것
③ 시공이 용이하고 열전도율이 클 것
④ 흡습, 흡수성이 적을 것

해설 시공이 용이, 열전도율은 작을 것(열전도가 잘 되면 보온효과는 떨어진다)

140. 가스용품제조허가를 받아야 하는 품목이 아닌 것은?

① PE배관 ② 매몰형 정압기
③ 로딩암 ④ 연료전지

해설) 액화석유가스 또는 도시가스사업법에 의한 연료용가스를 사용하기 위한 기기를 제조하는 사업
1. 압력조정기(용접 절단기용 액화석유가스 압력조정기를 포함한다)
2. 가스누출자동차단장치
3. 정압기용필터(정압기에 내장된 것은 제외한다)
4. 매몰형정압기
5. 호스
6. 배관용 밸브(볼밸브와 글로우브밸브만을 말한다)
7. 콕(퓨즈콕, 상자콕 및 주물연소기용 노즐콕만을 말한다)
8. 배관이음관
9. 강제혼합식가스버너(제10호에 따른 연소기와 별표 7 제5호 나목에서 정한 연소기에 부착하는 것은 제외한다)
10. 연소기[연소장치 중 가스버너를 사용할 수 있는 구조의 것으로서 가스소비량이 232.6kW(20만 kcal/h) 이하인 것만을 말하되, 별표 7 제5호나목에서 정하는 것은 제외한다]
11. 다기능가스안전계량기(가스계량기에 가스누출차단장치 등 가스안전기능을 수행하는 가스안전장치가 부착된 가스용품을 말한다. 이하 같다)
12. 로딩암
13. 연료전지[가스소비량이 232.6kW(20만 kcal/h) 이하인 것만을 말한다. 이하 같다]
14. 다기능보일러[온수보일러에 전기를 생산하는 기능 등 여러 가지 복합기능을 수행하는 장치가 부착된 가스용품으로서 가스소비량이 232.6kW(20만 kcal/h) 이하인 것을 말한다.]

TIP) 강제호정(이) 가정(이) 배배콕(여) 다연(이) 연료압(이다)

141. 도시가스 제조 시 사용되는 부취제 중 T.H.T의 냄새는?

① 마늘 냄새
② 양파 썩는 냄새
③ 석탄가스 냄새
④ 암모니아 냄새

142. 액주식 압력계가 아닌 것은?

① U자관식 ② 경사관식
③ 벨로즈식 ④ 단관식

해설) ③은 탄성 이용

143. 이동식부탄연소기의 용기연결방법에 따른 분류가 아닌 것은?

① 카세트식 ② 직결식
③ 분리식 ④ 일체식

144. 파일럿 정압기 중 구동압력이 증가하면 개도도 증가하는 방식으로서 정특성, 동특성이 양호하고 비교적 컴팩트한 구조의 로딩형 정압기는?

① Fisher 식
② axial flow 식
③ Reynolds 식
④ KRF 식

해설) 암기 TIP) 육체피로 박카스

145. 다음 가스분석법 중 흡수분석법에 해당하지 않는 것은?

① 헴펠법
② 구우데법
③ 오르자트법
④ 게겔법

해설) 오르자트, 헴펠, 게겔법 (TIP) '오리새끼/돼지/게'순으로 암기)

140. ① 141. ③ 142. ③ 143. ④ 144. ① 145. ②

146. 가연성가스 검출기 중 탄광에서 발생하는 CH_4의 농도를 측정하는데 주로 사용되는 것은?

① 간섭계형 ② 안전등형
③ 열선형   ④ 반도체형

[★★]
147. 액화가스의 고압설비에 부착되어 있는 스프링식 안전밸브는 상용의 온도에서 그 고압가스 설비 내의 액화가스의 상용의 체적이 그 고압가스 설비 내의 몇 %까지 팽창하게 되는 온도에 대응하는 그 고압가스설비 안의 압력에서 작동하는 것으로 하여야 하는가?

① 90   ② 95
③ 98   ④ 99.5

해설 **스프링식 안전밸브**
상용의 온도에서 98% 팽창하게 되는 압력에 대응

[★]
148. 안정된 불꽃으로 완전연소를 할 수 있는 염공의 단위 면적당 인풋(input)을 무엇이라고 하는가?

① 염공부하   ② 연소실부하
③ 연소효율   ④ 배기 열손실

해설 **염공부하**
안정된 불꽃으로 완전연소 할 수 있는 단위 면적당 인 풋(input)

[★★★] 필답 대비
149. 자동교체식 조정기 사용 시 장점으로 틀린 것은?

① 전체용기 수량이 수동식보다 적어도 된다.
② 배관의 압력손실을 크게 해도 된다.
③ 잔액이 거의 없어질 때까지 소비된다.
④ 용기 교환주기의 폭을 좁힐 수 있다.

해설 **자동교체식 조정기의 특징**
① 전체 용기 수량이 수동식보다 적어도 된다.
② 배관의 압력손실을 크게 해도 된다.
③ 잔액이 거의 없어질 때까지 소비된다.
④ 용기 교환주기의 폭을 넓힐 수 있다.

[★★]
150. 저장능력 50톤인 액화산소 저장탱크 외면에서 사업소경계선까지의 최단거리가 50m일 경우 이 저장탱크에 대한 내진설계 등급은?

① 내진 특등급   ② 내진 1등급
③ 내진 2등급   ④ 내진 3등급

해설 내진설계등급KGS FU 331(2016) 2.3.2.1.2 저장탱크 내진구조
저장능력 50t, 탱크 외면~사업소경계선 50m : 내진 2등급
• 저장능력 100t 초과 : 1등급
• 저장능력 100t 이하 : 2등급(비가연성고압가스와 액화가스)
① 내진 1등급 : 설비손상/기능상실시 공공재산(인명)에 상당한 피해 초래
② 내진 2등급 : 설비손상/기능상실시 공공재산(인명)에 경미한 피해 초래
③ 내진 특등급 : 설비손상/기능상실시 공공재산(인명)에 막대한 피해 초래

[★★]
151. LPG 기화장치의 작동원리에 따른 구분으로 저온의 액화가스를 조정기를 통하여 감압한 후 열교환기에 공급해 강제 기화시켜 공급하는 방식은?

① 해수가열 방식   ② 가온감압 방식
③ 감압가열 방식   ④ 중간 매체 방식

해설 **강제기화방식의 원리**
(1) 가열감압방식 : 열교환기를 통해 가스를 기화시킨 후 조정기로 감압하는 기화방식
(2) 감압가열방식 : 액조정기로 액체가스를 감압 후 열교환기를 통해 가열하는 기화방식

[★]
152. 특정가스 제조시설에 설치한 가연성 독성가스 누출 검지 경보장치에 대한 설명으로 틀린 것은?

① 누출된 가스가 체류하기 쉬운 곳에 설치한다.
② 설치수는 신속하게 감지할 수 있는 숫자로 한다.
③ 설치위치는 눈에 잘 보이는 위치로 한다.
④ 기능은 가스의 종류에 적합한 것으로 한다.

정답 146.② 147.③ 148.① 149.④ 150.③ 151.③ 152.③

153. 도시가스 제조 공정에서 사용되는 촉매의 열화와 가장 거리가 먼 것은?

① 유황화합물에 의한 열화
② 불순물의 표면 피복에 의한 열화
③ 단체와 니켈과의 반응에 의한 열화
④ 불포화탄화수소에 의한 열화

[해설] ④ 포화탄화수소의 열화 : 파라핀계
단체 : 홑원소(단1종원소) · 다이아몬드 · 흑연
· 황(S) · 철(Fe) · 수소(H)

154. 액화천연가스(LNG)저장탱크 중 액화천연가스의 최고 액면을 지표면과 동등 또는 그 이하가 되도록 설치하는 형태의 저장탱크는?

① 지상식 저장탱크(Aboveground Storage Tank)
② 지중식 저장탱크(Inground Storage Tank)
③ 지하식 저장탱크(Underground Storage Tank)
④ 단일방호식 저장탱크(Single Containment Tank)

[해설] 액면을 지표면과 동등 또는 그 이하의 저장탱크 : Inground임

155. 모듈 3, 잇수 10개, 기어의 폭이 12mm인 기어펌프를 1,200rpm으로 회전할 때 송출량은 약 얼마인가?

① 9,030cm³/s
② 11,260cm³/s
③ 12,160cm³/s
④ 13,570cm³/s

[해설] 기어펌프의 송출량 계산
$Q = 2\pi \times 모듈^2 \times 잇수 \times 기어폭 \times N(회전수)$
$Q(cm^3/s) = (2 \times 3.14 \times 3^2 \times 10 \times 1.2 \times 1,200)/60$
$= 13,564.8$
[주의] 송출량의 계산시 좌우변의 단위를 일치

156. 공기보다 비중이 가벼운 도시가스의 공급시설로서 공급시설이 지하에 설치된 경우의 통풍구조에 대한 설명으로 옳은 것은?

① 환기구의 2방향 이상 분산하여 설치한다.
② 배기구는 천장면으로부터 50cm 이내에 설치한다.
③ 흡입구 및 배기구의 관경은 80mm 이상으로 한다.
④ 배기가스 방출구는 지면에서 5m 이상의 높이에 설치한다.

[해설] 통풍구조
환기구의 2방향 이상 분산하여 설치
· 자연통풍 : 1m²당 300cm² 비율(1개소 2,400cm² 이하)
· 강제통풍 : 1m²당 0.5m³/분
② : 30cm
③ : 100mm(10cm)
④ : 3m(가벼운 것) 이상 이격, 5m(무거운 것) 이격

157. 실린더 중에 피스톤과 보조 피스톤이 있고 양 피스톤의 작용으로 상부에 팽창기가 있는 액화 사이클은?

① 클라우드 액화 사이클
② 캐피자 액화 사이클
③ 필립스 액화 사이클
④ 캐스케이드 액화 사이클

158. 고압식 액화산소 분리장치에서 원료공기는 압축기에서 어느 정도 압축되는가?

① 40~60atm
② 70~100atm
③ 80~120atm
④ 150~200atm

[해설] 고압식 액화산소 분리장치
비교 ┌ 원료공기 : 150~200atm으로 압축
     └ 저압식인 경우 : 5atm

159. 조정기를 사용하여 공급가스를 감압하는 2단 감압방법의 장점이 아닌 것은?

① 공급압력이 안정하다.
② 중간배관이 가늘어도 된다.
③ 각 연소기구에 알맞은 압력으로 공급이 가능하다.
④ 장치가 간단하다.

[해설] 그 외 특징 : 장치복잡 / 입상관에 의한 압력손실을 보정할 수 있다.

153. ④ 154. ② 155. ④ 156. ① 157. ③ 158. ④ 159. ④

[★★]

160. LNG의 주성분인 CH₄의 비점과 임계온도를 절대온도(K)로 바르게 나타낸 것은?

① 435K, 355K ② 111K, 191K
③ 435K, 283K ④ 111K, 291K

해설 CH_4 비점 −161.5℃

$°F = \frac{9}{5}℃ + 32$에서 $1.8 \times (-161.5) + 32 = -258.7$

$°R = °F + 460 = -258.7 + 460 = 201.3$

$°R = 1.8K$에서

$K = \frac{201.3}{1.8} ≒ 111.83$

별해 임계온도 주의!
$K = -161.5℃ + 273 = 111.5(K)$ (비점)
$K = -82 + 273 = 191(K)$ (임계온도)

[★★]

161. 재료의 저온하에서의 성질에 대한 설명으로 가장 거리가 먼 것은?

① 강은 암모니아 냉동기용 재료로서 적당하다.
② 탄소강은 저온도가 될수록 인장강도가 감소한다.
③ 구리는 액화분리장치용 금속재료로서 적당하다.
④ 18-8 스테인리스강은 우수한 저온장치용 재료이다.

해설 저온하
- 강 : 암모니아 냉동기용 재료로 적당
- 구리 : 액화분리장치용 금속 재료
- 18-8 스테인리스강 : 우수한 저온장치용 재료
- 탄소강 : 저온도일수록 인장강도 증가

[★]

162. 수소취성을 방지하는 원소로 옳지 않은 것은?

① 텅스텐(W) ② 바나듐(V)
③ 규소(Si)   ④ 크롬(Cr)

해설 W, Cr, Mo, Ti, V : 수소취성방지원소 (TIP) 텅크몰티바

[★★, 동]

163. 펌프의 캐비테이션에 대한 설명으로 옳은 것은?

① 캐비테이션은 펌프 임펠러의 출구부근에 더 일어나기 쉽다.
② 유체 중에 그 액온의 증기압보다 압력이 낮은 부분이 생기면 캐비테이션이 발생한다.
③ 캐비테이션은 유체의 온도가 낮을수록 생기기 쉽다.
④ 이용 NPSH 〉 필요 NPSH일 때 캐비테이션을 발생한다.

해설 캐비테이션(공동현상) : 수중에 빈곳(cavity)이 발생
유체 중에 그 액온의 증기압보다 압력이 낮은 부분이 생기면 작은 기포가 다수 발생되는 캐비테이션이 발생한다.
① 캐비테이션은 펌프 임펠러의 입구부근에 더 일어나기 쉽다.
③ 캐비테이션은 유체의 온도가 높을수록 생기기 쉽다.
④ 이용 NPSH 〉 필요 NPSH일 때 캐비테이션이 발생하지 않는다.

NPSHa(available) : 이용 NPSH은 펌프의 설치 조건, 즉 수면과 펌프의 거리, 흡입관경 및 배관의 길이, 이송액체의 종류와 온도 등에 의해 결정된다.

> NPSHr(required) : 필요 NPSH는 펌프의 제작자가 결정
> − 유효흡입양정(NPSH: Net Positive Suction Head)은 펌프의 공동화현상(cavitaion)의 발생 가능성을 점검하는 척도

[동]

164. 직동식 정압기의 기본 구성요소가 아닌 것은?

① 안전밸브   ② 스프링
③ 메인밸브   ④ 다이어프램

해설 직동식 정압기 구성요소
스프링, 메인밸브, 다이어프램

[★]

165. C_4H_{10}의 제조시설에 설치하는 가스누출 경보기는 가스누출 농도가 얼마일 때 경보를 울려야 하는가?

① 0.45% 이상   ② 0.53% 이상
③ 1.8% 이상   ④ 2.1% 이상

해설 예 검지경보농도기준 : 폭발하한의 $\frac{1}{4}$ 이하

부탄(C_4H_{10}) 1.8 ~ 8.4

$\frac{1.8}{4} = 0.45\%$

만일, 메탄(CH_4)일 경우는 폭발범위 5%~15%이므로

∴ $5 \times \frac{1}{4} = 1.25(\%)$이다.

[★★★]
166. 재료에 하중을 작용하여 항복점 이상의 응력을 가하면, 하중을 제거하여도 본래의 형상으로 돌아가지 않도록 하는 성질을 무엇이라고 하는가?

① 피로　　② 크리프
③ 소성　　④ 탄성

해설　비교　탄성 : 원래대로 돌아가는 현상(고무줄 연상)

[★]
167. 카플러안전기구와 과류차단안전기구가 부착된 것으로서 배관과 카플러를 연결하는 구조의 콕은?

① 퓨즈콕　　② 상자콕
③ 노즐콕　　④ 커플콕

해설　콕의 종류(동영상 출제)
퓨즈콕, 상자콕, 주물연소기용콕이 있다.

[★]
168. 펌프가 운전 중에 한숨을 쉬는 것과 같은 상태가 되어 토출구 및 흡입구에서 압력계의 바늘이 흔들리며 동시에 유량이 변화하는 현상을 무엇이라고 하는가?

① 캐비테이션　　② 워터햄머링
③ 바이브레이션　　④ 서징

해설　핵심어 : 바늘지침이 흔들린다. - 맥동, 즉 서징
TIP　소맥(서ᆞ맥)

[★★]
169. 피스톤식 압력계에서 추와 피스톤의 무게가 15.7kg일 때 실린더 내의 액압과 균형을 이루었다면 게이지 압력은 몇 kg/cm²이 되겠는가? (단, 피스톤의 지름은 4cm이다.)

① 1.25kg/cm²　　② 1.57kg/cm²
③ 2.5kg/cm²　　④ 5kg/cm²

해설　$P = \dfrac{무게(추+피스톤)}{단면적 A} = \dfrac{15.7\text{kg}}{\dfrac{\pi}{4} \times (4\text{cm})^2} = 1.25\text{kg/cm}^2$

만일, 절대압력산출시 대기압 약 1kg/cm² 반영하면 2.25kg/cm²이다.

[자유피스톤식]	[계산식]
1. 피스톤의 단면적으로 압력을 산출 2. 실험실용, 브르동관 압력계 눈금교정	$P = Po + \dfrac{F 무게(추+피스톤)kg}{A 단면적\,cm^2}$ P 압력(kg/cm²), Po 대기압, F 무게, A 피스톤 지름

[★]
170. 다음 중 저온장치의 가스 액화 사이클이 아닌 것은?

① 린데식 사이클　　② 클라우드식 사이클
③ 필립스식 사이클　　④ 카자레식 사이클

해설　고압 합성탑(NH_3)의 종류 : 클로드법, 카자레법

171. 실린더의 단면적 50cm², 행정 10cm, 회전수 200rpm, 체적 효율 80%인 왕복 압축기의 토출량은?

① 60L/min　　② 80L/min
③ 120L/min　　④ 140L/min

해설　$V(\text{L/min}) = \dfrac{\pi}{4}D^2 \times L \times N \times \eta$ 에서
$= 50\text{cm}^2 \times 10\text{cm} \times 200(\text{rpm}) \times 0.8$
$= 80,000\text{cm}^3 = 80\text{L}(1,000\text{cm}^3 = 1\text{L})$

[★★★]
172. 액화천연가스(LNG)저장탱크 중 내부탱크의 재료로 사용되지 않는 것은?

① 자기 지지형(Self Supporting) 9% 니켈강
② 알루미늄 합금
③ 멤브레인식 스테인레스강
④ 프리스트레스트 콘크리트(PC, Prestressed Concrete)

해설　PC의 의미 : 공장조립 후 현장에서 조립하는 건축공법

[★★]
173. 고압식 액체산소분리장치에서 원료공기는 압축기에서 압축된 후 압축기의 중간단에서는 몇 atm 정도로 탄산가스 흡수기에 들어가는가?

① 5atm　　② 7atm
③ 15atm　　④ 20atm

[해설] 고압식 액체산소분리장치에서 원료공기는 압축기에서 압축된 후(150~200atm) 압축기의 중간단에서 15atm 정도로 탄산가스 흡수기에 들어간다.

[★★]
174. 펌프의 축봉 장치에서 아웃사이드 형식이 쓰이는 경우가 아닌 것은?

① 구조재, 스프링재가 액의 내식성에 문제가 있을 때
② 점성계수가 100cP를 초과하는 고점도 액일 때
③ 스타핑 박스 내가 고진공일 때
④ 고 응고점 액일 때

[해설] 아웃사이드 형식(펌프축봉장치)
• 구조재, 스프링재가 액의 내식성에 문제가 있을 때
• 점성계수가 100cP를 초과하는 고점도 액일 때(cP: 센티푸아즈) (1poise: 푸아즈, $1g/cm \cdot S = \frac{1}{98} kgf \cdot s/m^2$)
• 스타핑 박스내부가 고진공일 때
• 저 응고점액일 때 [TIP] 아웃~저응고

[★★★]
175. 다음 중 용적식 유량계에 해당하는 것은?

① 오리피스 유량계   ② 플로노즐 유량계
③ 벤투리관 유량계   ④ 오벌 기어식 유량계

[해설]

실측	건식	막식	다이어프램
		회전식	오벌기어
			로터리 피스톤
			루트미터
	습식	습식가스미터	

[유량계]

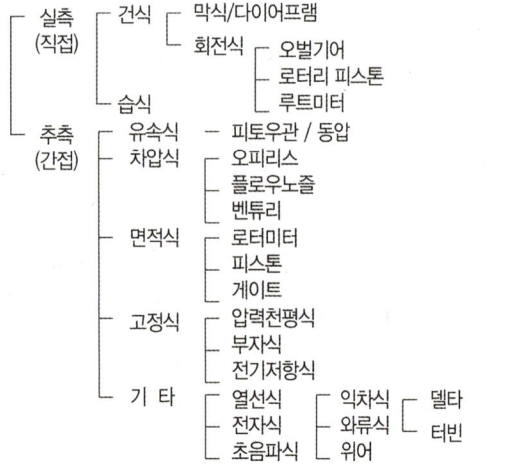

[★]
176. 다이어프램식 압력계의 특징에 대한 설명 중 틀린 것은?

① 정확성이 높다.
② 반응속도가 빠르다.
③ 온도에 따른 영향이 적다.
④ 미소압력을 측정할 때 유리하다.

[해설] 다이어프램압력계의 특징
부식성 유체와 극히 미소한 압력을 측정한다.
정확성이 높다. 반응속도가 빠르다.
측정범위 : 20~5,000mmH₂O, 온도의 영향을 받기 쉽다.
[TIP] 다 · 쉽

[동]
177. 염화메탄을 사용하는 배관에 사용하지 못하는 금속은?

① 주강   ② 강
③ 동합금   ④ 알루미늄 합금

[해설] 부식방지조치 배관의 종류
① NH₃ : 동 · 동합금 사용금지(강관만 사용 가능)
② 아세틸렌제조설비는 동 · 동함유량이 62% 초과 금지
③ CH₃Cl : Al 합금 사용금지
④ 프레온 : Mg강, 2%를 넘는 Mg를 함유한 Al 합금사용금지

[★★]
178. 송수량 12,000L/min, 전양정 45m인 볼류트 펌프의 회전수를 1,000rpm에서 1,100rpm으로 변화시킨 경우 펌프의 축동력은 약 몇 PS인가? (단, 펌프의 효율은 80%)

① 165   ② 180
③ 200   ④ 250

[해설] $PS = \frac{\Upsilon \cdot Q \cdot H}{75 \times \eta \times 60}$ 에서 (Υ: 비중량)

Q = 12,000L(12m³)

① $\frac{1,000 \times 12m^3/분 \times 45m}{75 \times 0.8 \times 60} = 150$

② $150 \times \left(\frac{N_2}{N_1}\right)^3 = 150 \times \left(\frac{1,100}{1,000}\right)^3 = 199.65 ≒ 200$

[정답] 174. ④ 175. ④ 176. ③ 177. ④ 178. ③

[★★★]

179. 펌프의 실제 송출유량을 Q, 펌프 내부에서의 누설유량을 ΔQ, 임펠러 속을 지나는 유량을 $Q+\Delta Q$라 할 때 펌프의 체적효율(ηv)을 구하는 식은?

① $\eta v = Q / (Q+\Delta Q)$
② $\eta v = (Q+\Delta Q) / Q$
③ $\eta v = (Q-\Delta Q) / (Q+\Delta Q)$
④ $\eta v = (Q+\Delta Q) / (Q-\Delta Q)$

[해설] 체적효율(ηv)
$= \dfrac{\text{실제송출유량}}{\text{임펠러 속을 지나는 유량}} = \dfrac{Q}{Q+\Delta Q}$

[★]

180. 저온장치의 분말진공 단열법에서 충진용 분말로 사용되지 않는 것은?

① 펄라이트 ② 알루미늄분말
③ 글라스울 ④ 규조토

[해설] 저온 장치의 단열법

상압단열	섬유, 분말을 사용하여 진공	
진공단열	고진공	10^{-4}Torr 유지
	분말진공	10^{-2}Torr 유지 ★가장 일반적으로 사용 충진제 : 샌다셀, 알루미늄 분말, 펄라이트, 규조토 **TIP** 샌 알 퍼 큐
	다층진공	10^{-5}Torr 유지, 가장 고진공 (핵심어: 다수 포개어 단열)

[★★]

181. 가스난방기의 명판에 기재하지 않아도 되는 것은?

① 제조자의 형식호칭(모델번호)
② 제조자명이나 그 약호
③ 품질보증기간과 용도
④ 열효율

[해설] 가스난방기 명판 기재
① 제조자의 형식 호칭(모델번호)
② 제조자명이나 그 약호
③ 품질보증기간과 용도
• 열효율은 기재사항이 아니다.

[★]

182. 다음 중 이음매 없는 용기의 특징이 아닌 것은?

① 독성 가스를 충전하는데 사용한다.
② 내압에 대한 응력 분포가 균일하다.
③ 고압에 견디기 어려운 구조이다.
④ 용접용기에 비해 값이 비싸다.

[해설] • 이음매 없는 용기(=무계목용기, 심레스용기)는 고압에 잘 견딘다.
• 이음매 있는 용기(=계목용기, 시임용기, 웰딩용기)는 고압에 견디기 어려운 구조이다.

[★★]

183. 다음 고압가스 설비 중 축열식 반응기를 사용하여 제조하는 것은?

① 아크릴로라이드 ② 염화비닐
③ 아세틸렌 ④ 에틸벤젠

[해설] 축열식 반응기를 사용하는 가스는 아세틸렌, 에틸렌이다.
TIP 축, 아(C_2H_2), 에(C_2H_4)

[★★★]

184. 열기전력을 이용한 온도계가 아닌 것은?

① 백금 – 백금·로듐 온도계
② 동 – 콘스탄탄 온도계
③ 철 – 콘스탄탄 온도계
④ 백금 – 콘스탄탄 온도계

[해설] 열기전력을 이용한 온도계는 "열전대온도계"이다.
① PR(백금 : 백금·로듐) 0~1,600℃(형식: R식)
  (+) Pt 87%, 로듐 Rh 13% (–) 순백금 Pt
② CA(크로멜 : 알루멜) –20~1,200℃(형식: K식)
  (+) 크로멜(Ni 90%, Cr 10%)
  (–) 알루멜(Ni 94%, Mn 3%, Al 2%, Fe 1%)
③ IC(철 : 콘스탄탄) –20~800℃(형식: J식)
  (+) 순철
  (–) 콘스탄탄(Cu 55%, Ni 45%)
④ CC(동 : 콘스탄탄) –180~350℃(형식: T식)
  (+) 순동
  (–) 콘스탄탄

179. ① 180. ③ 181. ④ 182. ① 183. ③ 184. ④

[★]

185. 다음 가스 분석 중 화학분석법에 속하지 않는 방법은?

① 가스크로마토그래피법
② 중량법
③ 분광광도법
④ 요오드적정법

[해설] ① 적정법 : ⓐ 직접법 ⓑ 간접법 ⓒ 중화적정법
② 중량법
③ 흡광광도법 : 다른 물질과 시료가스를 반응시켜 발색이 될 때
광전분광 광도계를 사용, 흡광도를 측정하여 함량을 구하는 분석법이다.
• 가스크로마토그래피법은 기기분석법, 물리적 분석법이다.

[★★]

186. 다음 고압장치의 금속재료 사용에 대한 설명으로 옳은 것은?

① LNG 저장탱크 – 고장력강
② 아세틸렌 압축기 실린더 – 주철
③ 암모니아 압력계 도관 – 동
④ 액화산소 저장탱크 – 탄소강

[해설] 고압장치 금속재료
• LNG → 초저온용기는 18-8% STS, 9% 니켈, (Cu-AL) 합금강 사용
• NH_3 → 동, 동합금 사용금지
• $L-O_2$: 크롬·망간강, 18-8% STS 사용
[비교] 탄소강 : 아세틸렌, 암모니아, 염소, LPG

[★]

187. 다음 중 압력계 사용 시 주의사항으로 틀린 것은?

① 정기적으로 점검한다.
② 압력계의 눈금판은 조작자가 보기 쉽도록 안면을 향하게 한다.
③ 가스의 종류에 적합한 압력계를 선정한다.
④ 압력의 도입이나 배출은 서서히 행한다.

[해설] 압력계 사용 시 주의사항
• 정기적으로 점검 – 가스의 종류에 적합한 압력계를 선정
• 압력계의 눈금판은 측정자가 보기 쉽도록 향하게 한다.
• 압력의 도입이나 배출은 서서히 행한다.

[★★★]

188. LPG(C_4H_{10}) 공급방식에서 공기를 3배 희석했다면 발열량은 약 몇 kcal/S㎥이 되는가? (단, C_4H_{10}의 발열량은 30,000kcal/S㎥으로 가정한다.)

① 5,000   ② 7,500
③ 10,000   ④ 11,000

[해설] $\dfrac{Hg_1}{1+x} = Hg_2$

⟨Hg_1 : 변경 전 총 발열량, Hg_2 : 변경 후 총 발열량⟩

$= \dfrac{30,000}{1+3} = 7,500$

[★]

189. 고압가스제조소의 작업원은 얼마의 기간 이내에 1회 이상 보호구의 사용훈련을 받아 사용방법을 숙지하여야 하는가?

① 1개월   ② 3개월
③ 6개월   ④ 12개월

[해설] 보호구의 사용훈련
• 고압가스 제조소의 작업원은 3개월에 1회 보호구의 사용훈련을 받아야 한다.
• 1개월에 1회 점검을 하여야 한다.

[★]

190. 내산화성이 우수하고 양파 썩는 냄새가 나는 부취제는?

① T.H.T   ② T.B.M
③ D.M.S   ④ NAPHTHA

[해설] T.H.T : 석탄가스 냄새
T.B.M : 내산화성 우수, 양파 썩는 냄새
D.M.S : 마늘 냄새

[★★★]

191. 계측기기의 구비조건으로 틀린 것은?

① 설치장소 및 주위조건에 대한 내구성이 클 것
② 설비비 및 유지비가 적게 들것
③ 구조가 간단하고 정도(精度)가 낮을 것
④ 원거리 지시 및 기록이 가능할 것

[해설] **계측기기 구비조건**
① 내구성 클 것
② 설비비 및 유지비가 적게 들 것
③ 원거리 지시 및 기록이 가능할 것
④ 구조간단/ 정도가 높을 것/ 경제적일 것
정도란 : 정확도와 정밀도의 총칭으로 높은 것이 좋다.

[★★]
192. 금속 재료에서 고온일 때 가스에 의한 부식으로 틀린 것은?

① 산소 및 탄산가스에 의한 산화
② 암모니아에 의한 강의 질화
③ 수소가스에 의한 탈탄작용
④ 아세틸렌에 의한 황화

[해설]
- 황화 : 고온 하에 Fe, Ni을 심하게 부식시킨다.
  내황화성원소 : Si, AL, Cr이다.
- 질화 : 고온하에서 질소가 강에 침입하여 질화철을 형성하는 현상
- 아세틸렌은 산화, 분해, 화합폭발을 유발

[★★]
193. 액화석유가스용 강제용기란 액화석유가스를 충전하기 위한 내용적이 얼마 미만인 용기를 말하는가?

① 30L   ② 50L
③ 100L   ④ 125L

[해설] **액화석유가스용 강제용기의 정의**
액화석유가스 125L 미만을 충전하기 위한 용기

[★★]
194. 나사압축기에서 숫로터의 직경 150mm, 로터 길이 100mm 회전수가 350rpm이라고 할 때 이론적 토출량은 약 몇 m³/min인가? (단, 로터 형상에 의한 계수[Cv]는 0.476이다.)

① 0.11   ② 0.21
③ 0.37   ④ 0.47

[해설] **나사압축기 이론적 토출량**
$Q = Cv \times D^2 \times L \times N$에서
(주의) 토출량 단위가 m³이므로 단위변환시 (m)이다.
$Q(m^3/분) = 0.476 \times (0.15m)^2 \times (0.1m) \times 350 = 0.37$

[★, 동]
195. 고압가스설비는 그 고압가스의 취급에 적합한 기계적 성질을 가져야 한다. 충전용 지관에는 탄소 함유량이 얼마 이하의 강을 사용하여야 하는가?

① 0.1%   ② 0.33%
③ 0.5%   ④ 1%

[★★]
196. 고압식 액화산소분리 장치의 원료공기에 대한 설명 중 틀린 것은?

① 탄산가스가 제거된 후 압축기에서 압축된다.
② 압축된 원료공기는 예냉기에서 열교환하여 냉각된다.
③ 건조기에서 수분이 제거된 후에는 팽창기와 정류탑의 하부로 열교환하며 들어간다.
④ 압축기로 압축한 후 물로 냉각한 다음 축냉기에 보내진다.

[해설] **고압식 액화산소분리장치 - 원료공기**
① 탄산가스가 제거된 후 압축기에서 압축
② 압축된 원료공기는 예냉기에서 열교환하여 냉각
③ 건조기에서 수분이 제거된 후 팽창기와 정류탑 하부로 열교환하며 들어간다.
④ 축냉기는 저압식에 있다.

[★]
197. LP 가스 수송관의 이음부분에 사용할 수 있는 패킹재료로 적합한 것은?

① 종이   ② 천연고무
③ 구리   ④ 실리콘 고무

[해설] LP 가스 수송관의 이음부분에 사용할 수 있는 패킹재료
- 실리콘 고무

[★★★]
198. 회전 펌프의 특징에 대한 설명으로 틀린 것은?

① 고압에 적당하다.
② 점성이 있는 액체에 성능이 좋다.
③ 송출량의 맥동이 거의 없다.
④ 왕복펌프와 같은 흡입·토출 밸브가 있다.

[해설] 회전펌프 : 흡입·토출밸브가 없다.

199. 공기액화분리기에서 이산화탄소 7.2kg을 제거하기 위해 필요한 건조제(NaOH)의 양은 약 몇 kg인가?

① 6
② 9
③ 13
④ 15

[해설] 이산화탄소(CO_2)의 제거방법
① 고압수 세정법 : 20~30kg/cm² 정도의 고압수로 CO_2를 흡수하는 방식으로 다른 가스도 손실될 우려가 있고 생성된 탄산(H_2CO_3)이 강재를 부식하기도 하고 이산화탄소회수율이 저조하여 잘 사용하지 않는다.
② 가성소다 흡수법 : 가성소다 용액을 사용하여 흡수 제거한다.(1.8배)
$2NaOH[2(23+16+1)] + CO_2(44) \rightarrow Na_2CO_3 + H_2O$
　　　80　　：　44　　(80/44 = 1.8)
　　　1.8　：　1
따라서 7.2×1.8배 = 12.96

[★]
200. 저온장치에 사용하는 금속재료로 적합하지 않은 것은?

① 탄소강
② 18-8 스테인리스강
③ 알루미늄
④ 크롬-망간강

[해설] 저온장치 금속 재료(저온 취성에 의한 충격치 감소)
18-8% 스테인리스강, 알루미늄, Cr-Mn강, 9% 니켈강
[비교] 탄소강 : 아세틸렌, 암모니아, 염소, LPG

[★★] KGS
201. 액화천연가스(LNG) 저장탱크의 지붕시공시 지붕에 대한 좌굴강도(Buckling Strength)를 검토하는 경우 반드시 고려하여야 할 사항이 아닌 것은?

① 가스압력
② 탱크의 지붕판 및 지붕뼈대의 중량
③ 지붕부위 단열재의 중량
④ 내부탱크 재료 및 중량

[해설] 지붕시공과 내부탱크 재료 및 중량은 무관하다.

[★★★]
202. 연소기의 설치방법에 대한 설명으로 틀린 것은?

① 가스온수기나 가스보일러는 목욕탕에 설치할 수 있다.
② 배기통이 가연성 물질로 된 벽 또는 천장 등을 통과하는 때에는 금속 외의 불연성 재료로 단열조치를 한다.
③ 배기팬이 있는 밀폐형 또는 반밀폐형의 연소기를 설치한 경우 그 배기팬의 배기가스와 접촉하는 부분은 불연성재료로 한다.
④ 개방형 연소기를 설치한 실에는 환풍기 또는 환기구를 설치한다.

[해설]
• 가스 온수기나 가스보일러는 목욕탕에 설치 금지
• 환기가 잘 되지 않는 곳에는 가스보일러 설치 금지

[동]
203. 초저온 용기의 단열성능 검사 시 측정하는 침입열량의 단위는?

① kcal/h·L·℃
② kcal/m²·h·℃
③ kcal/m·h·℃
④ kcal/m·h·bar

[해설] 침입열량의 단위 : kcal/h·L·℃
② kcal/m²·h·℃ : K(열통과율, 열관율)
③ kcal/m·h·℃ : λ(열전도율)
④ 없는 단위이다.

[동]
204. 저장능력 10톤 이상의 저장탱크에는 폭발방지장치를 설치한다. 이때 사용되는 폭발방지제의 재질로서 가장 적당한 것은?

① 탄소강
② 구리
③ 스테인리스
④ 알루미늄

[해설] 주거지역, 상업지역의 저장능력 10t 이상의 저장탱크에는 폭발방지장치를 설치한다. 재질은 다공성벌집형 AL판이다.

[★]
205. 긴급차단장치의 동력원으로 가장 부적당한 것은?

① 스프링
② X선
③ 기압
④ 전기

[해설] ①, ③, ④ 외 액압이 있다.

206. 다음 중 1차 압력계는?

① 부르동관 압력계　② 전기 저항식 압력계
③ U자관형 마노미터　④ 벨로즈 압력계

해설 ③ 외 단관, 다관, 경사관, 플로우트, 자유피스톤식이 있다.
①, ②, ④은 2차 압력계이다.

207. 다음 [보기]의 특징을 가지는 펌프는?

- 고압, 소유량에 적당하다.
- 토출량이 일정하다.
- 송수량의 가감이 가능하다.
- 맥동이 일어나기 쉽다.

① 원심 펌프　② 왕복 펌프
③ 축류 펌프　④ 사류 펌프

해설 왕복펌프의 특징
- 고압, 소유량에 적당하다.
- 토출량이 일정하다.
- 송수량의 가감이 가능하다.
- 맥동이 일어나기 쉽다.
- 단속적이다.
- 용량조절이 넓다.

208. 기화기에 대한 설명으로 틀린 것은?

① 기화기 사용 시 장점은 LP 가스 종류에 관계없이 한랭 시에도 충분히 기화시킨다.
② 기화장치의 구성요소 중에는 기화부, 제어부, 조압부 등이 있다.
③ 감압가열 방식은 열교환기에 의해 액상의 가스를 기화시킨 후 조정기로 감압시켜 공급하는 방식이다.
④ 기화기를 증발형식에 의해 분류하면 순간 증발식과 유입 증발식이 있다.

해설 ③은 가열감압방식에 대한 설명이다.

209. 펌프에서 유량을 Qm³/min, 양정을 Hm, 회전수 Nrpm이라 할 때 1단 펌프에서 비교 회전도(Ns)를 구하는 식은?

① $Ns = \dfrac{Q^2\sqrt{N}}{H^{3/4}}$　② $Ns = \dfrac{N^2\sqrt{Q}}{H^{3/4}}$
③ $Ns = \dfrac{N\sqrt{Q}}{H^{3/4}}$　④ $Ns = \dfrac{\sqrt{NQ}}{H^{3/4}}$

해설 $Ns = \dfrac{N\sqrt{Q}}{H^{\frac{3}{4}}}$

TIP 3/4을 기억하자. 영어 알파벳 순서 N → Q

210. 아세틸렌용기에 주로 사용되는 안전밸브의 종류는?

① 스프링식　② 파열판식
③ 가용전식　④ 압전식

해설 안전밸브의 종류
① 아세틸렌(C_2H_2), 암모니아(NH_3), 염소(Cl_2) : 가용전식
② 산소, 수소, 질소, 탄산 : 파열판식(산수질탄㉾)
③ LPG : 스프링식

211. 다량의 메탄을 액화시키려면 어떤 액화사이클을 사용해야 하는가?

① 캐스케이드 사이클　② 필립스 사이클
③ 캐피자 사이클　④ 클라우드 사이클

해설 캐스케이드 사이클(= 다원 사이클)
$NH_3 \rightarrow C_2H_4 \rightarrow CH_4 \rightarrow N_2$ 순으로 액화된다.
(즉, 저비점의 냉매순)
TIP 엄(암)마 에(틸렌)메 하게 메(탄)질(소) 말라!

212. 저온 액체 저장설비에서 열의 침입요인으로 가장 거리가 먼 것은?

① 외면으로부터의 열복사
② 단열재를 직접 통한 열대류
③ 연결 파이프를 통한 열전도
④ 밸브 등에 의한 열전도

해설 저장설비(저장탱크, 마운드형저장탱크, 소형저장탱크, 용기)
단열재는 고체이므로 전도에 의한 열침입은 가능하다.

206. ③　207. ②　208. ③　209. ③　210. ③　211. ①　212. ②

[동]

213. LP 가스 이송설비 중 압축기의 부속장치로서 토출측과 흡입측을 전환시키며 액체이송과 가스회수를 한 동작으로 할 수 있는 것은?

① 액트랩 ② 액가스분리기
③ 전자밸브 ④ 사방밸브

[★★]

214. 다음 가연성 가스검출기 중 가연성가스의 굴절률 차이를 이용하여 농도를 측정하는 것은?

① 간섭계형 ② 안전등형
③ 검지관형 ④ 열선형

[해설] 간섭계형(가연성 가스검출기)
가연성 가스의 굴절률 차이를 이용하여 농도측정

215. 다음 곡률 반지름(r)이 50㎜일 때 90° 구부림 곡선 길이는 얼마인가?

① 48.75mm ② 58.75mm
③ 68.75mm ④ 78.75mm

[해설] $2\pi r \times \dfrac{\theta}{360}$ 에서 $2 \times 3.14 \times 50 \times \dfrac{90}{360} = 78.75mm$

(실무) 길이(L) = $\dfrac{\pi}{360} \times 100 \times$ 각도(90°)
= 78.5mm

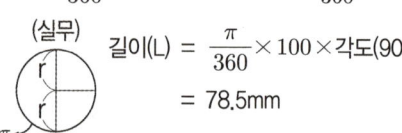

즉, 1°당 호의 길이를 계산한 후 원하는 각도를 구한다.
(지름 × π × $\dfrac{1}{360}$) × 원하는 각도

[★]

216. 다음 펌프 중 시동하기 전에 프라이밍이 필요한 펌프는?

① 기어펌프 ② 원심펌프
③ 축류펌프 ④ 왕복펌프

[해설] 프라이밍 : 펌핑 전에 유체를 채우는 행위, 즉 마중물

[★]

217. 강관의 녹을 방지하기 위해 페인트를 칠하기 전에 먼저 사용되는 도료는?

① 알루미늄 도료 ② 산화철 도료
③ 합성수지 도료 ④ 광명단 도료

[해설] 알루미늄 도료특징
• 녹 방지
• 은분(은백색)
• 방열기에 사용

[★★★]

218. 다음 중 왕복동 압축기의 특징이 아닌 것은?

① 압축하면 맥동이 생기기 쉽다.
② 기체의 비중에 관계없이 고압이 얻어진다.
③ 용량 조절의 폭이 넓다.
④ 비용적식 압축기이다.

[해설] 왕복동 압축기
① 압축하면 맥동이 생기기 쉽다.
② 기체의 비중에 관계없이 고압이 얻어진다.
③ 용량 조절의 폭이 넓다.
④ 용적식 압축기이다.
⑤ 단속적이다.

[★★★]

219. 양정 90m, 유량이 90㎥/h인 송수 펌프의 소요동력은 약 몇 kW인가? (단, 펌프의 효율은 60%이다.)

① 30.6 ② 36.8
③ 50.2 ④ 56.8

[해설] $kW = \dfrac{\Upsilon \cdot Q \cdot H}{102 \times \eta}$ 에서 (Q(유량) : 단위를 주의)
$= \dfrac{1,000 \times 90m^3/h \times 90m}{102 \times 0.6 \times 3600} = 36.8(kW)$
즉, kW는 초를 기준

[★]

220. 재료가 일정 온도 이상에서 응력이 작용할 때 시간이 경과함에 따라 변형이 증대되고 때로는 파괴되는 현상을 무엇이라 하는가?

① 피로 ② 크리프
③ 에로숀 ④ 탈탄

정답 213. ④ 214. ① 215. ④ 216. ② 217. ④ 218. ④ 219. ② 220. ②

해설 크리프(Creep) : 일정 온도 이상에서 응력이 작용할 때 시간이 경과함에 따라 변형, 파괴되는 현상
③ 에로션(erosion) : 유속이 큰 경우, 배관을 깎아 버리는 부식
④ 탈탄작용 : 탄소강의 탄소성분이 축출되는 현상

[★★★]

221. 저압가스 수송배관의 유량공식에 대한 설명으로 틀린 것은?

① 배관길이에 반비례한다.
② 가스비중에 비례한다.
③ 허용압력손실에 비례한다.
④ 관경에 의해 결정되는 계수에 비례한다.

해설 ① $Q = K\sqrt{\dfrac{H \cdot D^5}{S \cdot L}}$

② $H = \dfrac{Q^2 \cdot S \cdot L}{K^2 \cdot D^5}$ 이므로

③ Q(유량) 기준으로 해석시 분자끼리는 반비례하고 분모와는 비례한다.

[★★]

222. 구조에 따라 외치식, 내치식, 편심로터리식 등이 있으며 베이퍼록 현상이 일어나기 쉬운 펌프는?

① 제트펌프   ② 기포펌프
③ 왕복펌프   ④ 기어펌프

해설 기어펌프
외치식, 내치식, 편심로터리식이 있으며 베이퍼 록이 일어나기 쉽다.

[★]

223. 탄소강 중에서 저온취성을 일으키는 원소로 옳은 것은?

① P   ② S
③ Mo   ④ Cu

해설 저온취성 유발원소 : P(인)은 상온취성, S(황)은 적열취성

[★]

224. 다음 중 터보(Turbo)형 펌프가 아닌 것은?

① 원심 펌프   ② 사류 펌프
③ 축류 펌프   ④ 플런저 펌프

해설 ④ 플런저 펌프는 왕복동 펌프이다.
왕복동 펌프의 종류
· 피스톤   · 플런저   · 다이어프램

[동]

225. 기화기의 성능에 대한 설명으로 틀린 것은?

① 온수가열방식은 그 온수의 온도가 90℃ 이하일 것
② 증기가열방식은 그 증기의 온도가 120℃ 이하일 것
③ 압력계는 그 최고눈금이 상용압력의 1.5~2배일 것
④ 기화통 안의 가스액이 토출배관으로 흐르지 않도록 적합한 자동제어장치를 설치할 것

해설 ① 온수가열방식은 80℃ 이하여야 한다.

[★★]

226. 고압장치의 재료로서 가장 적합하게 연결된 것은?

① 액화염소용기 – 화이트메탈
② 압축기의 베어링 – 13% 크롬강
③ LNG 탱크 – 9% 니켈강
④ 고온고압의 수소반응탑 – 탄소강

해설 ① 액화염소용기 – 탄소강
② 산소, 수소 – 크롬강
④ 고온고압의 수소반응탑 – 크롬강
TIP 루돌프 코는 산수코(Cr)

[★★]

227. 내압이 0.4~0.5MPa 이상이고, LPG나 액화가스와 같이 낮은 비점의 액체일 때 사용되는 터보식 펌프의 메카니컬 시일 형식은?

① 더블 시일   ② 아웃사이드 시일
③ 밸런스 시일   ④ 언밸런스 시일

해설 밸런스 시일
· 내압 0.4~0.5MPa 이상(단위 주의)
· LPG나 액화가스와 같이 저비점일 때 사용되는 터보식 펌프의 메카니컬 시일 형식
TIP O4밸저하(이사벨)

221. ② 222. ④ 223. ① 224. ④ 225. ① 226. ③ 227. ③

228. 3단 토출압력이 2MPa·g이고, 압축비가 2인 4단공기압축기에서 1단 흡입 압력은 약 몇 MPa·g인가?

① 0.16MPa·g ② 0.26MPa·g
③ 0.36MPa·g ④ 0.46MPa·g

[해설] a : 압축비, P : 절대압력(주의)

2단 토출P 계산 : (3단 토출P)/a = $\frac{2+0.1}{2}$
　　　　　　　　　　　　＝ 1.05MPa·abs
2단 흡입P 계산 : 1.05/2 = 0.525
1단 흡입P 계산 : 0.525/2 = 0.2625
1단 흡입P = 0.26MPa·abs 절대 P이므로 대기압(-)하면
0.26－(0.1) = 0.16MPa·g

[주의] MPa·g에서 최초는 절대압력 환산 요망

229. unloading형으로 복체는 복좌밸브로 되어 있어 상부에 다이어프램을 가지며, 특성은 아주 좋으나 안정성은 떨어지고, 다른 형식에 비하여 크기가 큰 특징을 가지는 정압기의 종류는?

① 레이놀드 정압기　② 엠코 정압기
③ 피셔식 정압기　　④ 엑셜 플로우식 정압기

[해설] 1. 종류
- 직동식
- 파이롯트 ┬ 로딩 : 피셔식
　　　　　 └ 언로딩 : 액셜 플로우식, 레이놀드식

2. 특징(파이롯트식)

피셔식	A·F·V	레이놀드
로딩형 정특성 동특성 양호 비교적 콤팩트 〈작 다〉	변칙적 언로딩 ″ 고차압일수록 안정적 콤팩트	언로딩 안정성↓ 대형정압기에 사용 특성은 좋으나 안정성이 떨어진다

레이놀드 정압기는 unloading형으로 안정성이 떨어지며, 크기가 큰 특징을 가진다.(대형정압기에 사용)

230. 대형 저장탱크 내를 가는 스테인리스관으로 상하로 움직여 관내에서 분출하는 가스상태와 액체상태의 경계면을 찾아 액면을 측정하는 액면계로 옳은 것은?

① 슬립튜브식 액면계　② 유리관식 액면계
③ 클링커식 액면계　　④ 플로트식 액면계

[해설] 튜브식 종류
• 고정식　• 슬립튜브식　• 회전튜브식 (TIP 고·슬·회)

231. 반복하중에 의해 재료의 저항력이 저하하는 현상을 무엇이라고 하는가?

① 교축　② 크리프
③ 피로　④ 응력

[해설] 피로 : 반복하중에 의해 재료의 저항력이 저하하는 현상
[비교] 피로파괴 : 피로한 재료가 결국에는 파괴되는 현상

232. 펌프의 실제 송출유량을 Q, 펌프 내부에서의 누설유량을 0.6Q, 임펠러 속을 지나는 유량을 1.6Q라 할 때 펌프의 체적효율(ηv)은?

① 3.75%　② 40%
③ 60%　　④ 62.5%

[해설] ηv(체적효율) = $\frac{실제유량}{임펠러속을 지나는 유량}$

= $\frac{Q}{1.6Q}$ = $\frac{1}{1.6}$ = 62.5(%)

233. 도시가스의 측정 사항에 있어서 반드시 측정하지 않아도 되는 것은?

① 농도 측정　② 연소성 측정
③ 압력 측정　④ 열량 측정

[해설] ②, ③, ④ 외에 유해성 분석이 있다.

[참고] 유해성 분석
• 전유황 30mg 이하
• 황화수소(H_2S) 1mg 이하
• 암모니아(NH_3) 검출 ×
• 할로겐 총량 10mg 이하
• 실록산 10mg 이하

TIP 유열연압!
　해량소력
　성 성

[★]
234. LP 가스 자동차충전소에서 사용하는 디스펜서(Dispenser)에 대하여 옳게 설명한 것은?

① LP 가스 충전소에서 용기에 일정량의 LP 가스를 충전하는 충전기기이다.
② LP 가스 충전소에서 용기에 충전하는 가스용적을 계량하는 기기이다.
③ 압축기를 이용하여 탱크로리에서 저장탱크로 LP 가스를 이송하는 장치이다.
④ 펌프를 이용하여 LP 가스를 저장탱크로 이송할 때 사용하는 안전장치이다.

[★]
235. 증기 압축식 냉동기에서 냉매가 순환되는 경로로 옳은 것은?

① 압축기 → 증발기 → 응축기 → 팽창밸브
② 증발기 → 응축기 → 압축기 → 팽창밸브
③ 증발기 → 팽창밸브 → 응축기 → 압축기
④ 압축기 → 응축기 → 팽창밸브 → 증발기

[★★]
236. 도시가스의 품질검사 시 가장 많이 사용되는 검사방법은?

① 원자흡광광도법
② 가스크로마토그래피법
③ 자외선, 적외선 흡수분광법
④ ICP법

해설 가스크로마토그래피 원리 : 기체의 이동속도(확산속도) 이용

[★★]
237. 연소기의 설치방법으로 틀린 것은?

① 환기가 잘 되지 않은 곳에는 가스온수기를 설치하지 아니한다.
② 밀폐형 연소기는 급기구 및 배기통을 설치하여야 한다.
③ 배기통의 재료는 불연성 재료로 한다.
④ 개방형 연소기가 설치된 실내에는 환풍기를 설치한다.

해설 밀폐형(FF식, BF식) : 급기구, 배기구가 실외에 존재한다.
② 반밀폐형(FE, CF)설명이다.

[★★] KGS AA433(2017)기준
238. 도시가스 정압기에 사용되는 정압기용 필터의 제조 기술 기준으로 옳은 것은?

① 내가스 성능시험의 질량변화율은 5~8%이다.
② 입·출구 연결부는 플랜지식으로 한다.
③ 기밀시험은 최고사용압력 1.25배 이상의 수압으로 실시한다.
④ 내압시험은 최고사용압력 2배의 공기압으로 실시한다.

해설 정압기용 필터의 제조 기준
- 입·출구 연결부는 플랜지식으로 한다.
- 내압시험은 최고사용압력 1.5배의 수압으로 실시한다.
- 기밀시험은 최고사용압력의 1.1배 이상의 공기압을 가한 후 1분간 유지시 누출 없는 것
- 그 외 필터 얼라이먼트는 50kPa 미만의 차압에서 찌그러들지 아니하는 것으로 한다.
① (-8~5)% 이내 성능으로 한다(3.8.2.1 내가스성능규정). 고무 및 합성수지 부품은 이소옥탄에 넣어 (40~50)℃로 70시간 유지할 것

[★★★]
239. 압력조정기의 종류에 따른 조정압력이 틀린 것은?

① 1단 감압식 저압조정기 : 2.3~3.3kPa
② 1단 감압식 준저압조정기 : 5~30kPa 이내에서 제조자가 설정한 기준압력의 ±20%
③ 2단 감압식 2차용 저압조정기 : 2.3~3.3kPa
④ 자동절체식 일체형 저압조정기 : 2.3~3.3kPa

해설 압력조정기
- 1단 감압식 저압조정기 : 2.3~3.3kPa
- 1단 감압식 준저압조정기 : 5~30kPa 이내에서 제조자가 설정한 기준 압력 ±20%
- 2단 감압식 2차용 저압조정기 : 2.3~3.3kPa
- 자동절체식 일체형 저압조정기 : 2.55~3.3kPa

[★★]
240. 구조가 간단하고 고압, 고온 밀폐탱크의 압력까지 측정이 가능하여 가장 널리 사용되는 액면계는?

① 크린카식 액면계 ② 벨로즈식 액면계
③ 차압식 액면계   ④ 부자식 액면계

해설 부자식 액면계
구조가 간단하고 고온, 고압 밀폐탱크의 압력까지 측정이 가능하다.

[★★]
241. 도시가스시설 중 입상관에 대한 설명으로 틀린 것은?

① 입상관이 화기가 있을 가능성이 있는 주위를 통과하여 불연 재료로 차단조치를 하였다.
② 입상관의 밸브는 분리 가능한 것으로서 바닥으로부터 1.7m의 높이에 설치하였다.
③ 입상관의 밸브를 어린 아이들이 장난을 못하도록 3m의 높이에 설치하였다.
④ 입상관의 밸브 높이가 1m이어서 보호상자 안에 설치하였다.

[해설] 입상관
① 화기가 있을 가능성이 있는 주위를 통과시 불연재료로 차단조치
② 입상관의 밸브는 분리 가능한 것으로 1.6~2m 이내 높이에 설치
③ 보호상자 안에 설치시 높이 2m 이내 제한(2019 개정)

[★]
242. 사용 압력이 2MPa, 관의 인장강도가 20kgf/㎟일 때의 스케줄 번호(Sch No)는? (단, 안전율은 4로 한다.)

① 10 ② 20
③ 40 ④ 80

[해설]
$$\text{Sch No} = 10 \times \frac{P(사용압력[kgf/cm^2])}{S(허용응력[kgf/mm^2])}$$

$$허용응력[kg/mm^2] = \frac{인장강도(kgf/cm^2)}{안전율(보통\ 4)}$$

2MPa의 압력변환

$$10 \times \frac{2 \times \left(\frac{1.0332 kgf/cm^2}{0.101325 MPa}\right)}{\left(\frac{20 kgf/mm^2}{4}\right)} = 40$$

[★★★]
243. 측정압력이 0.01~10kg/㎠ 정도이고, 오차가 ±1~2% 정도이며 유체내의 먼지 등의 영향이 적으나, 압력 변동에 적응하기 어렵고 주위 온도 오차에 의한 충분한 주의를 요하는 압력계는?

① 전기저항 압력계
② 벨로즈(Bellows) 압력계
③ 부르동(bourdon)관 압력계
④ 피스톤 압력계

[해설] 벨로즈(Bellows) 압력계
• 측정압력 0.01~10kg/cm² 정도이고 오차가 ±1~2% 정도이다.
• 유체 내의 먼지 등의 영향이 적으나, 압력 변동에 적응하기 어렵고 주위 온도 오차에 의한 충분한 주의를 요한다.
[참고] • 다이어프램 측정압력은 20~5,000mmH₂O이다.
• 온도의 영향을 받기 쉽다. 미소차압 측정에 사용

[★]
244. 초저온 저장탱크에 주로 사용되며, 차압에 의하여 측정하는 액면계는?

① 시창식   ② 햄프슨식
③ 부자식   ④ 회전 튜브식

[해설] 햄프슨식 = 차압식 액면계

[★]
245. 분말진공단열법에서 충진용 분말로 사용되지 않는 것은?

① 탄화규소   ② 펄라이트
③ 규조토   ④ 알루미늄 분말

[해설] 저온장치 단열법
1) 상압단열법 – 분말, 섬유 등 단열재 충전

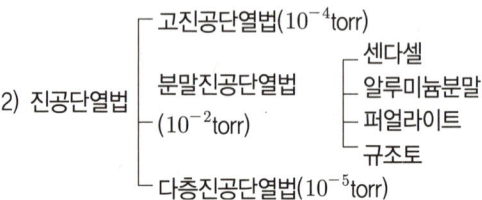

[★★★]
246. 압축기에서 다단 압축을 하는 목적으로 틀린 것은?

① 소요 일량의 감소   ② 이용 효율의 증대
③ 힘의 평형 향상   ④ 토출온도 상승

[해설] 다단 압축을 하는 목적
① 소요일량 감소
② 이용 효율의 증대
③ 힘의 평형 향상
④ 토출온도 감소

[★]
247. 1,000L의 액산 탱크에 액산을 넣어 방출밸브를 개방하여 12시간 방치하였더니 탱크 내의 액산이 4.8kg 방출되었다면 1시간당 탱크에 침입하는 열량은 약 몇 kcal인가? (단, 액산의 증발잠열은 60kcal/kg이다.)

① 12 ② 24
③ 70 ④ 150

[해설] $(4.8kg \times 60kcal/kg) \div 12hr = 24$

[★★] KGS AA431(2017)
248. 도시가스용 압력조정기에 대한 설명으로 옳은 것은?

① 유량성능은 제조자가 제시한 설정압력의 ±10% 이내로 한다.
② 합격표시는 바깥지름이 5mm의 "k"자 각인을 한다.
③ 입구 측 연결배관 관경은 50A 이상의 배관에 연결되어 사용되는 조정기이다.
④ 최대 표시유량 300Nm³/h 이상인 사용처에 사용되는 조정기이다.

[해설] 도시가스용 압력조정기기준 : KGS AA431(2017), 1.4 용어기준
- 유량성능은 제조자가 제시한 설정압력의 ±20% 이내로 한다.
- 합격표시는 바깥지름이 5mm의 "k"자 각인을 한다.(정압기용은 10mm)
- 입구 측 연결배관 관경은 50A 이하의 배관에 연결되어 사용되는 조정기이다.
- 최대 표시유량 300Nm³/h 이하인 사용처에 사용되는 조정기이다.

[참고] 압력조정기
도시가스용(KGS AA431(2017),1.4.8기준), 정압기용(KGS AA431(2017),1.4.9기준).

[★★]
249. 다음 각 가스에 의한 부식현상 중 틀린 것은?

① 암모니아에 의한 강의 질화
② 황화수소에 의한 철의 부식
③ 일산화탄소에 의한 금속의 카르보닐화
④ 수소원자에 의한 강의 탈수소화

[해설] 수소는 수소취성(탈탄작용)

[★★]
250. 고압가스용 이음매 없는 용기에서 내력비란?

① 내력과 압궤강도의 비를 말한다.
② 내력과 파열강도의 비를 말한다.
③ 내력과 압축강도의 비를 말한다.
④ 내력과 인장강도의 비를 말한다.

[해설] 내력비 : 고압가스용 이음매 없는 용기의 내력과 인장강도의 비를 말한다.

[★★]
251. 부취제를 외기로 분출하거나 부취설비로부터 부취제가 흘러나오는 경우 냄새를 감소시키는 방법으로 가장 거리가 먼 것은?

① 연소법 ② 수동조절
③ 화학적 산화처리 ④ 활성탄에 의한 흡착

[해설] TIP 화활연

[★★★]
252. 고압가스 매설배관에 실시하는 전기방식 중 외부 전원법의 장점이 아닌 것은?

① 과방식의 염려가 없다.
② 전압, 전류의 조정이 용이하다.
③ 전식에 대해서도 방식이 가능하다.
④ 전극의 소모가 적어서 관리가 용이하다.

[해설] ①은 단점(과방식의 우려가 있다)
②,③,④ 그 외 T/B(전위측정용터미널)는 500m 마다 설치해야 한다.
[비교] (희생양극법, 배류법) 300m 마다 설치

[동] 2021 실기
253. 정압기(Governor)의 기능을 모두 옳게 나열한 것은?

① 감압기능
② 정압기능
③ 감압기능, 정압기능
④ 감압기능, 정압기능, 폐쇄기능

[해설] 비교 기화장치의 구성요소(기화부, 제어부, 조압부)

247. ② 248. ② 249. ④ 250. ④ 251. ② 252. ① 253. ④

[★★]
254. 고압식 액화분리 장치의 작동 개요에 대한 설명이 아닌 것은?

① 원료 공기는 여과기를 통하여 압축기로 흡입하여 약 150~200kg/cm²으로 압축시킨다.
② 압축기를 빠져나온 원료 공기는 열교환기에서 약간 냉각되고 건조기에서 수분이 제거된다.
③ 압축 공기는 수세정탑을 거쳐 축냉기로 송입되어 원료공기와 불순 질소류가 서로 교환된다.
④ 액체 공기는 상부 정류탑에서 약 0.5atm 정도의 압력으로 정류된다.

해설 고압식 액화분리장치의 특징
① 원료공기는 여과기를 통하여 압축기로 흡입하여 150~200(kg/cm²)로 압축한다.
② 압축기를 빠져나온 원료공기는 열교환기에서 약간 냉각되고 건조기에서 수분을 제거한다.
③ 축랭기는 저압식 장치이다.
④ 액체 공기는 상부 정류탑에서 약 0.5atm(0.05MPa) 정도의 압력으로 정류된다.

[★★]
255. 정압기의 분해점검 및 고장에 대비하여 예비정압기를 설치하여야 한다. 다음 중 예비정압기를 설치하지 않아도 되는 경우는?

① 캐비넷형 구조의 정압기실에 설치된 경우
② 바이패스관이 설치되어 있는 경우
③ 단독사용자에게 가스를 공급하는 경우
④ 공동사용자에게 가스를 공급하는 경우

해설 예비정압기를 설치하는 경우
① 캐비넷형 구조의 정압기실에 설치된 경우
② 바이패스관이 설치되어 있는 경우
③ 공동사용자에게 가스를 공급하는 경우

[★★★]
256. 부유 피스톤형 압력계에서 실린더 지름 0.02m, 추와 피스톤의 무게가 20,000g일 때 이 압력계에 접속된 부르동관의 압력계 눈금이 7kg/cm²를 나타내었다. 이 부르동관 압력계의 오차는 약 몇 %인가? (단, 대기압은 무시한다)

① 5   ② 10
③ 15   ④ 20

해설 기압 무시인 경우 $P = Po + \dfrac{F}{A}$ 에서

(**참고** 대기압 반영인 경우 $P = Po + \dfrac{F}{A}$)

$p = \dfrac{20kg}{\dfrac{\pi}{4} \times (2cm)^2} = 6.36(kg/cm^2)$: 참값

오차율(%) $= \dfrac{측정값 - 참값}{참값} = \left(\dfrac{7 - 6.36}{6.36}\right) \times 100$
$= 9.89 ≒ 10$

[★★★]
257. 저비점(低沸點) 액체용 펌프 사용상의 주의사항으로 틀린 것은?

① 밸브와 펌프 사이에 기화가스를 방출할 수 있는 안전밸브를 설치한다.
② 펌프의 흡입, 토출관에는 신축 죠인트를 장치한다.
③ 펌프는 가급적 저장용기(貯槽)로부터 멀리 설치한다.
④ 운전개시 전에는 펌프를 청정(淸淨)하여 건조한 다음 펌프를 충분히 예냉(豫冷)한다.

해설 저비점 액체용 펌프 사용상 주의사항
• 밸브와 펌프 사이에 기화가스를 방출할 수 있는 안전밸브 설치
• 펌프의 흡입, 토출관에는 신축 조인트를 장치
• 운전 개시 전에 펌프를 청정하여 건조하고 펌프를 충분히 예냉한다.
② 는 플랙시블 조인트(Flexible Joint)라 지칭한다.
③ 은 가까이에 설치하여야 한다.

[★★]
258. 금속재료의 저온에서의 성질에 대한 설명으로 가장 거리가 먼 것은?

① 강은 암모니아 냉동기용 재료로서 적당하다.
② 탄소강은 저온도가 될수록 인장강도가 감소한다.
③ 구리는 액화분리장치용 금속재료로서 적당하다.
④ 18-8 스테인리스강은 우수한 저온장치용 재료이다.

해설
• 암모니아는 동합금금지로서 냉동기용 재료로 강이 적당하다.
• 탄소강은 저온도가 될수록 인장강도가 증가한다.
• 구리는 액화분리장치용 금속재료로서 적당하다.
• 18-8 스테인리스강은 우수한 저온장치용 재료이다.

259. 상용압력 15MPa, 배관내경 15mm, 재료의 인장강도 480N/㎟, 관내면 부식여유 1mm, 안전율 4, 외경과 내경의 비가 1.2 미만인 경우 배관의 두께는?

① 2mm ② 3mm
③ 4mm ④ 5mm

해설 $t = \dfrac{PD}{2Sn-P} + C = \dfrac{15 \times 15}{2 \times \dfrac{480}{4} - 15} + 1 ≒ 2(mm)$

260. 1단 감압식 저압조정기의 성능에서 조정기 최대 폐쇄압력은?

① 2.5kPa 이하 ② 3.5kPa 이하
③ 4.5kPa 이하 ④ 5.5kPa 이하

261. 다음 중 대표적인 차압식 유량계는?

① 오리피스 미터 ② 로터 미터
③ 마노 미터 ④ 습식 가스미터

해설

추측식	유속식	동압측정용, 유속은 5m/s 이상, $V = \sqrt{2 \cdot g \cdot h}$ 계산
	차압식	오리피스
		플로노즐
		벤튜리
	면적식	로터미터
		피스톤
		게이트

TIP 차압식 : 오리벤플(차), 면적식 : 면적은 로피게

262. 왕복동 압축기 용량 조정 방법 중 단계적으로 조절하는 방법에 해당되는 것은?

① 회전수를 변경하는 방법
② 흡입 주밸브를 폐쇄하는 방법
③ 타임드 밸브 제어에 의한 방법
④ 클리어런스 밸브에 의해 용적 효율을 낮추는 방법

해설 왕복동 압축기 연속적 용량 조절법
①,②,③ 외 ④ 바이패스 밸브로 흡입측에 복귀방법이 있다.
※ 왕복동 압축기 용량 조절

연속적	흡입 주밸브 폐쇄
	바이패스 밸브에 압축가스를 흡입측에 복귀
	타임드 밸브에 의해 제어
	회전수 변경
단계적	클리어런스 밸브에 의해 용적 효율을 낮추는 방법
	흡입 밸브를 개방하여 가스의 흡입을 하지 못하도록 하는 방법

TIP 줄바타회(라)

263. LP 가스에 공기를 희석시키는 목적이 아닌 것은?

① 발열량 조절 ② 연소효율 증대
③ 누설 시 손실감소 ④ 재액화 촉진

해설 ④ 재액화 방지

264. 다음 중 정압기의 부속설비가 아닌 것은?

① 불순물 제거장치 ② 이상압력상승 방지장치
③ 검사용 맨홀 ④ 압력기록장치

해설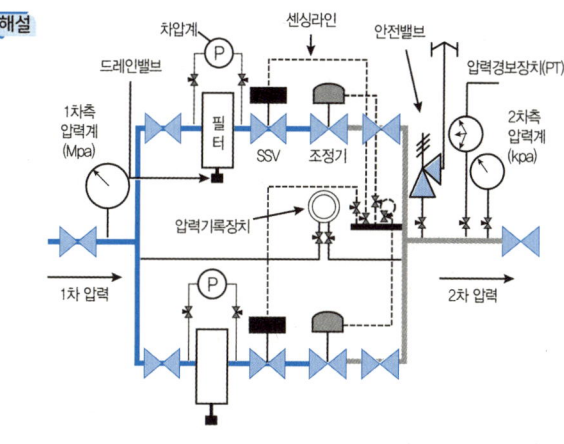

[정압기의 구조]

265. 다음 중 터보압축기에서 주로 발생할 수 있는 현상은?

① 수격작용(water hammer)
② 베이퍼 록(vapor lock)
③ 서징(surging)
④ 캐비테이션(cavitation)

[★]

266. 파이프 커터로 강관을 절단하면 거스러미(burr)가 생긴다. 이것을 제거하는 공구는?

① 파이프 벤더　② 파이프 렌치
③ 파이프 바이스　④ 파이프 리머

[★★★]

267. 고속회전하는 임펠러의 원심력에 의해 속도에너지를 압력에너지로 바꾸어 압축하는 형식으로서 유량이 크고 설치면적이 적게 차지하는 압축기의 종류는?

① 왕복식　② 터보식
③ 회전식　④ 흡수식

[동]

268. 오르자트법으로 시료가스를 분석할 때의 성분분석 순서로서 옳은 것은?

① $CO_2 \rightarrow O_2 \rightarrow CO$
② $CO \rightarrow CO_2 \rightarrow O_2$
③ $O_2 \rightarrow CO \rightarrow CO_2$
④ $O_2 \rightarrow CO_2 \rightarrow CO$

[★★★]

269. 수소염 이온화식(FID) 가스 검출기에 대한 설명으로 틀린 것은?

① 감도가 우수하다.
② CO_2와 SO_2는 검출할 수 없다.
③ 연소하는 동안 시료가 파괴된다.
④ 무기화합물의 가스검지에 적합하다.

[해설] 수소이온화 검출기(FID)(Flame Ionization Dectector) 특징
- 탄화수소에서의 감도는 좋으나 SO_2, CO, O_2, CO_2, H_2 등의 감도는 없다.
- 연소하는 동안 시료가 파괴되고 유기화합물 분석에 가장 널리 사용한다.

[★★]

270. 다음 [보기]와 관련 있는 분석방법은?

- 쌍극자모멘트의 알짜변화
- 진동 짝지움
- Nernst 백열등
- Fourier 변환분광계

① 질량분석법　② 흡광광도법
③ 적외선 분광분석법　④ 킬레이트 적정법

[동]

271. 비등액체팽창 증기폭발(BLEVE)이 일어날 가능성이 가장 낮은 곳은?

① LPG 저장탱크　② LNG 저장탱크
③ 액화가스 탱크로리　④ 천연가스 지구정압기

[해설]
- BLEVE(비등액체팽창 증기폭발)
  Boiling Liquid Expanding Vapor Explosion
  가연성 액체 저장탱크 주위에서 화재가 발생시 탱크내부 중 기체상태부분이 국부적으로 가열되면 내압강도가 약한 그 부분에서 탱크가 폭발된다. 폭발시 액가스의 급격한 유출로 액팽창하여 화구(fire ball)를 형성하며 폭발하는 것을 말한다. (일반적으로 탱크에만 발생)
- 증기운폭발(UVCE) Unconfined Vapor Cloud Explosion
  대기 중에 대량의 가연성 가스나 인화성 액체가 설비주위에 유출시 다량의 증기가 대기 중의 공기와 혼합하여 구름모양으로 피어오르면서 폭발하고 이때 주위 착화원에 의해 화구(fire ball)를 형성하여 폭발하는 형태를 말한다. (설비배관에 발생) BLEVE는 탱크에만 발생한다.

[★★]

272. 자연발화의 열의 발생 속도에 대한 설명으로 틀린 것은?

① 발열량이 큰 쪽이 일어나기 쉽다.
② 표면적이 적을수록 일어나기 쉽다.
③ 초기 온도가 높은 쪽이 일어나기 쉽다.
④ 촉매 물질이 존재하면 반응 속도가 빨라진다.

[해설] 자연발화의 열의 발생속도
- 발열량이 큰 쪽이 일어나기 쉽다.
- 표면적이 클수록 일어나기 쉽다.
- 초기 온도가 높은 쪽이 일어나기 쉽다.
- 촉매 물질이 존재하면 반응 속도가 빨라진다.

정답　266. ④　267. ②　268. ①　269. ④　270. ③　271. ④　272. ②

[★★★]
273. 고압가스 제조설비에서 정전기의 발생 또는 대전 방지에 대한 설명으로 옳은 것은?

① 가연성가스 제조설비의 탑류, 벤트스택 등은 단독으로 접지한다.
② 제조장치 등에 본딩용 접속선은 단면적이 5.5mm² 미만의 단선을 사용한다.
③ 대전 방지를 위하여 기계 및 장치에 절연재료를 사용한다.
④ 접지 저항치 총합이 100Ω 이하의 경우에는 정전기 제거 조치가 필요하다.

[해설] 단독접지설비 : 탑류, 저장탱크, 열교환기, 벤트스택, 회전기계
[TIP] 탑탱크! 열(받으면)벤트회(라)~

[★★]
274. 저압식(Linde-Frankl식) 공기액화 분리장치의 정류탑 하부의 압력은 어느 정도인가?

① 1기압 ② 5기압
③ 10기압 ④ 20기압

[해설] 저압식 공기 액화 분리장치 정류탑 하부의 압력은 5기압이다.

[★★]
275. LP 가스 저압배관 공사를 완료하여 기밀시험을 하기 위해 공기압을 1,000mmH₂O로 하였다. 이 때 관 지름 25mm, 길이 30m로 할 경우 배관의 전체 부피는 약 몇 L인가?

① 5.7L ② 12.7L
③ 14.7L ④ 23.7L

[해설] $Q = \frac{\pi}{4}D^2 \times L = \frac{3.14}{4} \times (0.025m)^2 \times 30m$
$= 0.0147(m^3) = 14.7(L)$

[★★]
276. 저온, 고압의 액화석유가스 저장 탱크가 있다. 이 탱크를 퍼지하여 수리 점검 작업할 때에 대한 설명으로 옳지 않은 것은?

① 공기로 재치환하여 산소 농도가 최소 18%인지 확인한다.
② 질소가스로 충분히 퍼지하여 가연성 가스의 농도가 폭발하한계의 1/4 이하가 될 때까지 치환을 계속한다.
③ 단시간에 고온으로 가열하면 탱크가 손상될 우려가 있으므로 국부가열이 되지 않게 한다.
④ 가스는 공기보다 가벼우므로 상부 맨홀을 열어 자연적으로 퍼지가 되도록 한다.

[해설] 저장탱크 퍼지 수리작업 시
① 공기로 재치환하여 산소 농도가 최소 18%인지 확인
② 질소가스로 충분히 퍼지(가연성 가스의 농도가 폭발하한의 $\frac{1}{4}$이 될 때까지 치환)
③ 국부 가열이 되지 않게 한다.
④ LPG는 공기(29g)보다 무겁다.(C_3H_8 : 44g, C_4H_{10} : 58g)

[★★]
277. 액주식 압력계에 대한 설명으로 틀린 것은?

① 경사관식은 정도가 좋다.
② 단관식은 차압계로도 사용된다.
③ 링 밸런스식은 저압가스의 압력측정에 적당하다.
④ U자관은 메니스커스의 영향을 받지 않는다.

[해설] 액주식 압력계
① 경사관식은 정도가 좋다.
② 단관식은 차압계로도 사용된다.
③ 링 밸런스식은 저압가스의 압력측정에 적당하다.
④ U자관은 매니스커스(meniscus) 현상이 있다.

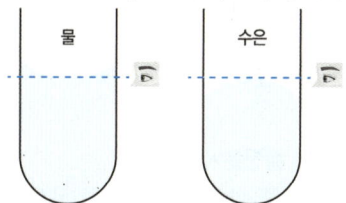

[동]
278. 암모니아 용기의 재료로 주로 사용되는 것은?

① 동 ② 알루미늄합금
③ 동합금 ④ 탄소강

[해설] 암모니아 용기의 재료
탄소강 사용 [주의] 동, 동합금은 불가능, 62% 미만 동 함유만 가능) [TIP] 탄소강 : 아(C_2H_2), 암(NH_3), Cl_2, LPG

[★★★]

279. 착화원이 있을 때 가연성액체나 고체의 표면에 연소하한계 농도의 가연성 혼합기가 형성되는 최저온도는?

① 인화온도 ② 임계온도
③ 발화온도 ④ 포화온도

[★★]

280. 가연성 물질을 공기로 연소시키는 경우에 공기 중의 산소농도를 높게 하면 연소속도와 발화온도는 어떻게 변하는가?

① 연소속도는 빠르게 되고, 발화온도도 높아진다.
② 연소속도는 빠르게 되고, 발화온도는 낮아진다.
③ 연소속도는 느리게 되고, 발화온도는 높아진다.
④ 연소속도는 느리게 되고, 발화온도도 낮아진다.

[해설] 산소농도 높은 경우 연소속도와 발화온도 영향
연소속도는 빠르게 되고, 발화온도는 낮아진다.
(점화에너지(E) : 감소, 화염온도 상승)

[★★★]

281. C_2H_2 제조설비에서 제조된 C_2H_2를 충전용기에 충전 시 위험한 경우는?

① 아세틸렌이 접촉되는 설비부분에 동함량 72%의 동합금을 사용하였다.
② 충전중의 압력을 2.5MPa 이하로 하였다.
③ 충전 후에 압력이 15℃에서 1.5MPa 이하로 될 때까지 정치하였다.
④ 충전용 지관은 탄소함유량이 0.1% 이하의 강을 사용하였다.

[해설] C_2H_2를 충전용기에 충전시
① 충전 중 압력 2.5MPa 이하 유지
② 충전 후 15℃, 1.5MPa 이하가 될 때까지 정치
③ 충전용 지관은 탄소함유량 0.1% 이하의 강을 사용
④ 동합금 금지(62% 초과 금지)

[★]

282. 일산화탄소와 공기의 혼합가스는 압력이 높아지면 폭발범위는 어떻게 되는가?

① 변함없다. ② 좁아진다.
③ 넓어진다. ④ 일정하다.

[해설] 일반적으로 온도와 압력이 높으면 폭발범위는 넓어진다. 그러나 CO(일산화탄소)는 좁아진다.
H_2(수소)는 10atm까지 좁아지다가 다시 넓어진다.

[동]

283. 용기 밸브의 그랜드 너트의 6각 모서리에 V형의 홈을 낸 것은 무엇을 표시하는가?

① 왼나사임을 표시 ② 오른나사임을 표시
③ 암나사임을 표시 ④ 수나사임을 표시

[해설] 용기 밸브의 그랜드 너트의 6각 모서리의 V형의 홈(왼나사임을 표시)

[★★★]

284. 다음 중 공기 액화분리장치에서 발생할 수 있는 폭발의 원인으로 볼 수 없는 것은?

① 액체공기 중에 산소의 혼입
② 공기 취입구에서 아세틸렌의 침입
③ 윤활유 분해에 의한 탄화수소의 생성
④ 산화질소(NO), 과산화질소(NO_2)의 혼입

[해설] 공기액화분리장치의 폭발원인
- 액체공기 중에 오존(O_3)의 혼입
- 공기 취입구에 아세틸렌 침입
- 윤활유 분해에 의한 탄화수소의 생성
- 산화질소(NO), 과산화질소(NO_2)의 혼입

[★★★]

285. 다음 각 가스의 위험성에 대한 설명 중 틀린 것은?

① 가연성가스의 고압배관 밸브를 급격히 열면 배관 내의 철, 녹 등이 급격히 움직여 발화의 원인이 될 수 있다.
② 염소와 암모니아를 접촉할 때, 염소과잉의 경우는 대단히 강한 폭발성 물질인 NCl_3를 생성하여 사고 발생의 원인이 된다.
③ 아르곤은 수은과 접촉하면 위험한 성질인 아르곤수은을 생성하여 사고발생의 원인이 된다.
④ 암모니아용의 장치나 계기로서 구리나 구리합금을 사용하면 금속이온과 반응하여 착이온을 만들어 위험하다.

정답 279. ① 280. ② 281. ① 282. ② 283. ① 284. ① 285. ③

해설 ② $8NH_3 + 3Cl_2 \rightarrow 6NH_4Cl + N_2$ (염화암모늄 : 백연기 발생)

$2NH_3 + \frac{3}{2}O_2 \rightarrow N_2 + 3H_2O$

$4NH_3 + 3O_2 \rightarrow 2N_2 + 6H_2O$

③ $3Cl_2 + NH_3 \rightarrow NCl_3 + 3HCl$

④ Ar(아르곤)은 불활성 기체이다.

[★★★]
286. 탄화수소에서 탄소의 수가 증가할 때 생기는 현상으로 틀린 것은?

① 증기압이 낮아진다.   ② 발화점이 낮아진다.
③ 비등점이 낮아진다.   ④ 폭발 하한계가 낮아진다.

해설 탄화수소에서 탄소수 증가시 발생현상
① 증기압이 낮아진다.
② 발화점이 낮아진다.
③ 비등점이 높아진다.
④ 폭발 하한계가 낮아진다.

탄소의 수가 증가할 경우	증가하는 것	비중
		비등점
		공기량
		발열량
	감소하는 것	발화온도
		연소범위
		연소속도
		증기압

[★★★]
287. 다음 중 연소기구에서 발생할 수 있는 역화(backfire)의 원인이 아닌 것은?

① 염공이 적게 되었을 때
② 가스의 압력이 너무 낮을 때
③ 콕이 충분히 열리지 않았을 때
④ 버너 위에 큰 용기를 올려서 장시간 사용할 경우

해설 역화(backfire)의 원인
· 염공이 크게 되었을 때
· 가스의 압력이 너무 낮을 때
· 콕이 충분히 열리지 않았을 때
· 버너 위에 큰 용기를 올려서 장시간 사용할 경우

[★★★]
288. 고압가스의 분출에 대하여 정전기가 가장 발생되기 쉬운 경우는?

① 가스가 충분히 건조되어 있을 경우
② 가스 속에 고체의 미립자가 있을 경우
③ 가스 분자량이 작은 경우
④ 가스 비중이 큰 경우

[★★]
289. 가스보일러 설치기준에 따라 반드시 내열실리콘으로 마감 조치하여 기밀이 유지하도록 하여야 하는 부분은?

① 배기통과 가스보일러의 접속부
② 배기통과 배기통의 접속부
③ 급기통과 배기통의 접속부
④ 가스보일러와 급기통의 접속부

[★★]
290. 탄화수소에서 탄소수가 증가할수록 높아지는 것은?

① 증기압   ② 발화점
③ 비등점   ④ 폭발 하한계

해설 탄화수소(C_mC_n)에서 탄소(C)수가 증가시
· 증가 : 비중, 비점, 공기량, 발열량
· 감소 : 발화온도, 연소범위, 연소속도, 증기압

[★]
291. 발화온도와 폭발등급에 의한 위험성을 비교하였을 때 위험도가 가장 큰 것은?

① 부탄   ② 암모니아
③ 아세트알데히드   ④ 메탄

해설 위험도(H)는 폭발범위를 폭발 하한계로 나눈 수치로 단위는 없다.
혼합가스의 폭발위험성을 나타내는 기준

$$H = \frac{U-L}{L}$$

여기서, U : 폭발상한값 L : 폭발하한값
※ 폭발범위
   C_4H_{10} : 1.8~8.4% (H : 3.7)
   NH_3 : 15~28% (H : 0.87)

★ CH_3CHO(아세트알데히드) : 4.1~57% (H : 12.9)
  CH_4 : 5~15% (H : 2)

예) 부탄의 위험도 H = $\frac{8.4-1.8}{1.8}$ = 3.7 (단위는 없다)

TIP) 아사157(4.1~57)

[★★★]
292. 아세틸렌의 주된 연소 형식은?

① 확산연소 ② 증발연소
③ 분해연소 ④ 표면연소

해설) 아세틸렌의 주요 연소형식
• 확산연소

연소형식		
고체	분해연소, 증발연소, 표면연소, 자기연소	
액체	분해연소, 증발연소	
기체	확산연소	

[★★★]
293. 가연성가스의 발화도 범위가 85℃ 초과 100℃ 이하는 다음 발화도 범위에 따른 방폭전기기기의 온도 등급 중 어디에 해당하는가?

① T_3 ② T_4
③ T_5 ④ T_6

해설) 방폭전기기기 온도 등급
T_6 = 85℃ 초과 100℃ 이하

450℃ 초과	300~450	200~300	135~200	100~135	85~100 이하
T_1	T_2	T_3	T_4	T_5	T_6

[★★]
294. LP 가스의 특징에 대한 설명으로 틀린 것은?

① LP 가스는 공기보다 무거워 낮은 곳에 체류하기 쉽다.
② 액체상태의 LP 가스는 물보다 가볍고, 증발잠열이 매우 작다.
③ 고무, 페인트, 윤활유를 용해시킬 수 있다.
④ 액체상태 LP 가스를 기화하면 부피가 약 260배로 현저히 증가한다.

해설) LP 가스의 특징
① LP 가스는 공기보다 무거워 낮은 곳에 체류하기 쉽다.
• 액체 상태 LP 가스는 물보다 가볍고 증발잠열이 크다.

[★]
295. 가연성가스와 산소의 혼합비가 완전 산화에 가까울수록 발화지연은 어떻게 되는가?

① 길어진다.   ② 짧아진다.
③ 변함이 없다. ④ 일정치 않다.

[동]
296. 가스검지시의 지시약과 그 반응색의 연결이 옳지 않은 것은?

① 산성가스 – 리트머스지 : 적색
② $COCl_2$ – 하리슨씨시약 : 심등색
③ CO – 염화파라듐지 : 흑색
④ HCN – 질산구리벤젠지 : 적색

해설) HCN – 청색
TIP) 시안화수소 : 시질청
일산화탄소 : 일파흑
포스겐 : 포하심
암모니아 : 암적청
아세틸렌 : 아구리적

[★]
297. 헤라이트 토치를 사용하여 프레온의 누출검사를 할 때 다량으로 누출될 때의 색깔은?

① 황색 ② 청색
③ 녹색 ④ 자색

해설) 프레온 누출 검사 – 헤라이트 토치 사용
다량 누출 시 → 자색
소량 누출 시 → 녹색

[동]
298. 프로판 15vol%와 부탄 85vol%로 혼합된 가스의 공기 중 폭발하한 값은 얼마인가? (단, 프로판의 폭발하한 값은 2.1%로 하고, 부탄은 1.8%로 한다.)

① 1.84 ② 1.88
③ 1.94 ④ 1.98

해설 혼합기체의 폭발범위(르샤틀리에 법칙)에서 하한값을 구하면
$\frac{100}{L} = \frac{V_1}{L_1} + \frac{V_2}{L_2} + \frac{V_3}{L_3} \cdots \frac{V_n}{L_n}$ 에서

C_3H_8 : 2.1~9.5%, C_4H_{10} : 1.8~8.4%이므로

$\frac{100}{L} = \left(\frac{15}{2.1} + \frac{85}{1.8}\right) \Rightarrow L ≒ 1.839$

∴ 1.84

[★★]
299. 가연성 가스가 폭발할 위험이 있는 장소에 전기설비를 할 경우 위험 장소의 등급 분류에 해당하지 않는 것은?

① 0종　　② 1종
③ 2종　　④ 3종

해설 위험 장소의 등급 분류
가연성 가스가 폭발할 위험이 있는 장소에 전기 설비를 할 경우
제0종 : 상용상태에서 연속해서 폭발하한계 이상으로 되는 장소
제1종 : 상용 상태에서 가연성 가스가 체류하여 위험하게 될 우려가 있는 장소(정비보수시 발생)
제2종 : 밀폐된 용기나 설비 내 밀봉된 가스가 사고로 인해 파손되거나 오조작의 경우에만 누출 우려가 있는 장소. 또는 1종 장소의 주변 또는 인접실 내 위험한 농도의 가연성 가스가 침입할 우려가 있는 장소

[★]
300. 도시가스의 고압배관에 사용되는 관재료가 아닌 것은?

① 배관용 아크용접 탄소강관
② 압력 배관용 탄소강관
③ 고압 배관용 탄소강관
④ 고온 배관용 탄소강관

해설 도시가스의 고압 배관
① 저온 배관용 탄소강관
② 압력 배관용 탄소강관
③ 고압 배관용 탄소강관
④ 고온 배관용 탄소강관

[★]
301. 가연물의 종류에 따른 화재의 구분이 잘못된 것은?

① A급 : 일반화재　　② B급 : 유류화재
③ C급 : 전기화재　　④ D급 : 식용유 화재

해설 [화재 구조화]

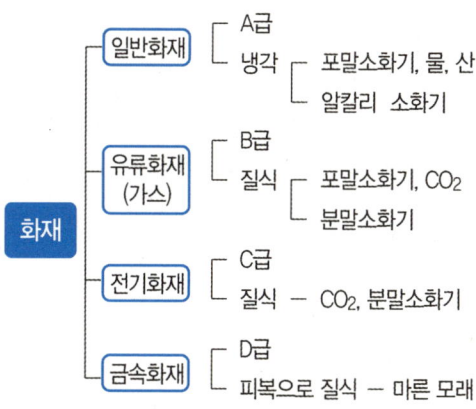

B급 : 유류, 가스　　D급 : 금속분 화재

[★★]
302. 이상기체 1mol이 100℃, 100기압에서 0.1기압으로 등온가역적으로 팽창할 때 흡수되는 최대 열량은 약 몇 cal인가? (단, 기체상수는 1.987cal/mol·K이다.)

① 5,020　　② 5,080
③ 5,120　　④ 5,190

해설 $Q = RT \ln\left(\frac{P_1}{P_2}\right)$ 에서

$= 1.987 \times (100 + 273) \times \ln\left(\frac{100}{0.1}\right)$

$= 5,119.68$

$≒ 5,120[cal]$

[★★★]
303. 일정 압력 20℃에서 체적 1L의 가스는 40℃에서는 약 몇 L가 되는가?

① 1.07　　② 1.21
③ 1.30　　④ 2

해설 $\frac{PV}{T} = \frac{P_1V_1}{T_1}$ 에서

(압력일정) $\frac{V}{T} = \frac{V_1}{T_1} \Rightarrow \frac{1L}{20+273} = \frac{xL}{40+273}$

$x = 1.07(L)$

299. ④　300. ①　301. ④　302. ③　303. ①

[★★]
304. 다음 중 풍압대와 관계없이 설치할 수 있는 방식의 가스 보일러는?

① 자연배기식(CF) 단독배기통 방식
② 자연배기식(CF) 복합배기통 방식
③ 강제배기식(FE) 단독배기통 방식
④ 강제배기식(FE) 공동배기구 방식

[해설] 강제배기식(FE) 단독배기통 방식은 풍압대와 관계없이 설치 가능하다.

[★★]
305. 다음 중 마찰, 타격 등으로 격렬히 폭발하는 예민한 폭발물질로써 가장 거리가 먼 것은?

① AgN_2 ② H_2S
③ Ag_2C_2 ④ N_4S_4

[해설] 마찰 타격 등으로 격렬히 폭발하는 폭발물질
- AgN_2 : 질산은(아질화은)
- Ag_2C_2 : 은아세틸라이트
- N_4S_4 : 유화질소
- NCl_3 : 염화질소($NH_3 + 3Cl_2 \rightarrow NCl_3 + 3HCl$)

[★★★]
306. 가연성 고압가스 제조소에서 다음 중 착화원인이 될 수 없는 것은?

① 정전기
② 베릴륨 합금제 공구에 의한 타격
③ 사용 촉매의 접촉
④ 밸브의 급격한 조작

[해설] 베릴륨 합금 : 착화방지, 스파크 방지용 합금원소이다.
Pb(납), Sb(안티몬), Bi(비스무트), Sn(주석)

[★★]
307. 가스보일러의 공통 설치기준에 대한 설명으로 틀린 것은?

① 가스보일러는 전용보일러실에 설치한다.
② 가스보일러는 지하실 또는 반지하실에 설치하지 아니한다.
③ 전용보일러실에는 반드시 환기팬을 설치한다.
④ 전용보일러실에는 사람이 거주하는 곳과 통기될 수 있는 가스렌지 배기덕트를 설치하지 아니한다.

[해설] 가스보일러 공통 설치기준
① 전용 보일러실에 설치한다.
② 지하실 또는 반지하실에 설치하지 아니한다.
③ 전용보일러실에는 환기팬을 설치하지 아니한다.
④ 전용보일러실에는 사람이 거주하는 곳과 통기될 수 있는 가스렌지 배기덕트를 설치하지 아니한다.

[★]
308. 가스의 연소한계에 대하여 가장 바르게 나타낸 것은?

① 착화온도의 상한과 하한
② 물질이 탈 수 있는 최저온도
③ 완전연소가 될 때의 산소공급 한계
④ 연소가 가능한 가스의 공기와의 혼합비율의 상한과 하한

[해설] 폭발한계(폭발범위 = 가연한계 = 가연범위 = 연소범위 = 연소한계)
공기와 가연성가스의 혼합기체가 연소할 수 있는 농도범위이며, 저농도는 폭발하한계이며, 고농도를 폭발상한계라 한다.

[★]
309. 다음 중 폭발방지대책으로서 가장 거리가 먼 것은?

① 방폭성능 전기설비 설치
② 정전기 제거를 위한 접지
③ 압력계 설치
④ 폭발하한 이내로 불활성가스에 의한 희석

[해설] ③ 압력계는 내부반응감시 장치
폭발방지대책
① 방폭성능 전기설비 설치
② 정전기 제거를 위한 접지
④ 폭발하한 이내로 불활성가스에 의한 희석

[★]
310. 가스 폭발을 일으키는 영향 요소로 가장 거리가 먼 것은?

① 온도   ② 매개체
③ 조성   ④ 압력

[해설] 폭발4대요인 : 온도, 압력, 조성, 용기의 크기와 형태

311. 상용의 온도에서 사용압력이 1.2MPa인 고압가스 설비에 사용되는 배관의 재료로서 부적합한 것은?

① KS D 3562(압력배관용 탄소 강관)
② KS D 3570(고온배관용 탄소 강관)
③ KS D 3507(배관용 탄소 강관)
④ KS D 3576(배관용 스테인리스 강관)

해설 부적합 배관종류
- KS D 3507(배관용 탄소강관)
- 일반적으로 고온, 고압용 배관은 짝수로 끝난다.

312. 고압가스용 냉동기에 설치하는 안전장치의 구조에 대한 설명으로 틀린 것은?

① 고압차단장치는 그 설정압력이 눈으로 판별할 수 있는 것으로 한다.
② 고압차단장치는 원칙적으로 자동복귀방식으로 한다.
③ 안전밸브는 작동압력을 설정한 후 봉인될 수 있는 구조로 한다.
④ 안전밸브 각부의 가스통과 면적은 안전밸브의 구경 면적 이상으로 한다.

해설 모든 장치는 수동복귀가 원칙이다.
- 고압차단스위치(HPS) : 압축기 토출측의 압력이 너무 과도한 경우 차단

313. 폭발등급은 안전간격에 따라 구분한다. 폭발 등급 1급이 아닌 것은?

① 일산화탄소 ② 메탄
③ 암모니아   ④ 수소

해설

온도등급 폭발등급	T_1	T_2
1등급	CH_4, CO, NH_3, C_3H_8	부탄, 옥시드
2등급	석탄가스(CH_4+H_2)	에틸렌(C_2H_4)
3등급	수성가스($CO+H_2$)	아세틸렌(C_2H_2)

314. 자동차용 압축천연가스 완속충전설비에서 실린더 내경이 100mm, 실린더의 행정이 200mm, 회전수가 100rpm일 때 처리능력(㎥/h)은 얼마인가?

① 9.42   ② 8.21
③ 7.05   ④ 6.15

해설 $Q(\text{m}^3/\text{h}) = \dfrac{\pi}{4}D^2 \times L \times N \times 60$ 에서

$= \dfrac{3.14}{4} \times (0.1\text{m})^2 \times 0.2\text{m} \times 100 \times 60$

$= 9.42[\text{m}^3/\text{h}]$

주의 $Q(\text{m}^3/\text{min})$이면 60을 곱하지 말 것

315. 가스사용시설인 가스보일러의 급·배기방식에 따른 구분으로 틀린 것은?

① 반밀폐형 자연배기식(CF)
② 반밀폐형 강제배기식(FE)
③ 밀폐형 자연배기식(RF)
④ 밀폐형 강제급·배기식(FF)

해설

	급기구	배기구	비고
개방형	실내	실내	실내연소용공기 폐가스 실내로
반밀폐형 FE/CF	실내	실외	실내연소용공기 폐가스 배기통
밀폐형 FF/BF	실외	실외	급기통연소용공기 폐가스 배기통

316. 다음 각 폭발의 종류와 그 관계로서 맞지 않은 것은?

① 화학 폭발 : 화약의 폭발
② 압력 폭발 : 보일러의 폭발
③ 촉매 폭발 : C_2H_2의 폭발
④ 중합 폭발 : HCN의 폭발

311. ③ 312. ② 313. ④ 314. ① 315. ③ 316. ③

[★★★]
317. 당해 설비 내의 압력이 상용압력을 초과할 경우 즉시 상용압력 이하로 되돌릴 수 있는 안전장치의 종류에 해당하지 않는 것은?

① 안전밸브 ② 감압밸브
③ 바이패스밸브 ④ 파열판

[★★★]
318. 고속회전하는 임펠러의 원심력에 의해 속도에너지를 압력에너지로 바꾸어 압축하는 형식으로서 유량이 크고 설치면적이 적게 차지하는 압축기의 종류는?

① 왕복식 ② 터보식
③ 회전식 ④ 흡수식

[해설] 터보형 압축기(원심식, 센트리퓨걸)
- 임펠러 원심력(속도에너지 → 압력에너지)
- 유량이 크고 설치면적을 적게 차지함
- 서징(Surging) 발생

※ 터보압축기 특징
- 원심형
- 무급유식
- 기체에는 맥동 없음
- 연속적 압축
- 토출 압력의 변화에 의해 용량 변화 큼

[★★★]
319. 수소염 이온화식(FID) 가스 검출기에 대한 설명으로 틀린 것은?

① 감도가 우수하다.
② CO_2와 SO_2는 검출할 수 없다.
③ 연소하는 동안 시료가 파괴된다.
④ 무기화합물의 가스검지에 적합하다.

[해설] ④ 무기화합물 → 유기화합물 검지에 적합하다(가장 널리 사용).

[★★★]
320. 도시가스사용시설의 정압기실에 설치된 가스누출경보기의 점검주기는?

① 1일 1회 이상 ② 1주일 1회 이상
③ 2주일 1회 이상 ④ 1개월 1회 이상

[해설] 가스누출경보기 점검주기(도시가스 정압기실) : 1주일 1회 이상

[★★]
321. 고압가스 제조설비에서 정전기의 발생 또는 대전 방지에 대한 설명으로 옳은 것은?

① 가연성가스 제조설비의 탑류, 벤트스택 등은 단독으로 접지한다.
② 제조장치 등에 본딩용 접속선은 단면적이 5.5㎟ 미만의 단선을 사용한다.
③ 대전 방지를 위하여 기계 및 장치에 절연 재료를 사용한다.
④ 접지 저항치 총합이 100Ω 이하의 경우에는 정전기 제거 조치가 필요하다.

[해설] ① 단독접지 : 탑류, 탱크, 열교환기, 벤트스택, 회전기계
② 제조장치 등에 본딩용 접속선은 단면적이 5.5㎟ 이상의 단선을 사용한다.
③ 대전 방지를 위하여 기계 및 장치에 절연재료를 사용하지 말 것
④ 정전기 방지위해 접지 저항치 총합이 100Ω 이하일 것

[★★]
322. 저압식(Linde-Frankl 식) 공기액화 분리장치의 정류탑 하부의 압력은 어느 정도인가?

① 1기압 ② 5기압
③ 10기압 ④ 20기압

[★★]
323. 저장탱크 내부의 압력이 외부의 압력보다 낮아져 그 탱크가 파괴되는 것을 방지하기 위한 설비와 관계없는 것은?

① 압력계 ② 진공안전밸브
③ 압력경보설비 ④ 벤트스택

[해설] ①, ②, ③ 외 균압관, 냉동제어설비, 송액설비가 있다.

[★★★]
324. 다단 왕복동 압축기의 중간단의 토출온도가 상승하는 주된 원인이 아닌 것은?

① 압축비 감소
② 토출 밸브 불량에 의한 역류
③ 흡입밸브 불량에 의한 고온가스의 흡입
④ 전단쿨러 불량에 의한 고온가스의 흡입

해설 압축비 증가시 토출온도 상승

[★★]
325. 오스트나이트계 스테인리스강에 대한 설명으로 틀린 것은?

① Fe-Cr-Ni 합금이다.
② 내식성이 우수하다.
③ 강한 자성을 갖는다.
④ 18-8 스테인리스강이 대표적이다.

해설 강자성체 원소
Ni(니켈), Fe(철), Cu(구리), Mn(망간), Co(코발트)

[★★] KGS
326. 가스보일러의 본체에 표시된 가스소비량이 100,000kcal/h이고, 버너에 표시된 가스소비량이 120,000kcal/h일 때 도시가스 소비량 산정은 얼마를 기준으로 하는가?

① 100,000kcal/h   ② 105,000kcal/h
③ 110,000kcal/h   ④ 120,000kcal/h

해설 도시가스 소비량 산정 : 가스보일러 본체 기준(KGS FU551 1.9.2.3호)

[★]
327. 공기액화 분리장치의 부산물로 얻어지는 아르곤가스는 불활성가스이다. 아르곤가스의 원자가는?

① 0   ② 1
③ 3   ④ 8

해설 아르곤가스의 원자가 : 0
원자가 : 원자 1개와 결합할 수 있는 수소 원자수

[★★★]
328. 공기액화 분리장치의 내부를 세척하고자 할 때 세정액으로 가장 적당한 것은?

① 염산(HCl)   ② 가성소다(NaOH)
③ 사염화탄소(CCl_4)   ④ 탄산나트륨(Na_2CO_3)

해설 $CCl_4 + H_2O = COCl_2 + 2HCl$

[동]
329. 조정압력이 2.8kPa인 액화석유가스 압력조정기의 안전장치 작동표준압력은?

① 5.0kPa   ② 6.0kPa
③ 7.0kPa   ④ 8.0kPa

해설 압력조정기 안전장치 작동표준압력
① 표준압력 7.0kPa
② 개시압력 5.6~8.4kPa
③ 정지압력 5.04~8.4kPa

[★★★]
330. 로터미터는 어떤 형식의 유량계인가?

① 차압식   ② 터빈식
③ 회전식   ④ 면적식

해설 면적식 종류
• 로터미터 • 피스톤 • 게이트
TIP 면적은 높이게(면적 로·피·게)

331. 가스 유량 2.03kg/h, 관의 내경 1.61cm, 길이 20m의 직관에서의 압력손실은 약 몇 ㎜ 수주인가? (단, 온도 15℃에서 비중 1.58, 밀도 2.04kg/㎥, 유량계수 0.436이다.)

① 11.4   ② 14.0
③ 15.2   ④ 17.5

해설 ① 저압배관 유량공식에서 $Q = K\sqrt{\dfrac{D^5 H}{SL}}$ 을 변형하면

$$H = \dfrac{Q^2 \cdot S \cdot L}{K^2 \cdot D^5}$$

$$H = \dfrac{(2.03 \div 2.04)^2 \times 1.58 \times 20}{0.436^2 \times 1.61^5} = 15.216$$

$= 15.2(\text{mmH}_2\text{O})$

Q : 가스유량(㎥/h)
K : 유량계수(폴의 정수 : 0.707)
D : 파이프의 내경(cm)
h : 허용압력손실(mmH$_2$O)
S : 가스비중
L : 파이프의 길이(m)

332. LP 가스의 자동 교체식 조정기 설치 시의 장점에 대한 설명 중 틀린 것은?

① 도관의 압력손실을 적게 해야 한다.
② 용기 숫자가 수동식보다 적어도 된다.
③ 용기 교환 주기의 폭을 넓힐 수 있다.
④ 잔액이 거의 없어질 때까지 소비가 가능하다.

[해설] 자동 교체식 조정기
① 도관의 압력손실을 적게 해도 된다.
② 용기의 숫자가 수동식보다 적어도 된다.
③ 용기 교환 주기의 폭을 넓힐 수 있다.
④ 잔액이 거의 없어질 때까지 소비가 가능하다.

333. 비중이 0.5인 LPG를 제조하는 공장에서 1일 10만L를 생산하여 24시간 정치 후 모두 산업현장으로 보낸다. 이 회사에서 생산하는 LPG를 저장하려면 저장용량이 5톤인 저장탱크 몇 개를 설치해야 하는가?

① 2   ② 5
③ 7   ④ 10

[해설]
① $Q = 0.9 d V_2$에서
$= 0.9 \times 0.5 \times 100,000 (L = kg)$
$= 45,000 [kg]$
② 저장용량 5,000kg이면 90% 충전이므로 4,500kg만 저장됨
③ 따라서 총 45,000kg/4,500kg = 10[개]를 설치

334. LPG기화장치의 작동원리에 따른 구분으로 저온의 액화가스를 조정기를 통하여 감압한 후 열교환기에 공급해 강제 기화시켜 공급하는 방식은?

① 해수가열 방식   ② 가온감압 방식
③ 감압가열 방식   ④ 중간 매체 방식

[해설] 강제기화방식의 원리
(1) 가열감압방식 : 열교환기를 통해 가스를 기화시킨 후 조정기로 감압하는 기화방식
(2) 감압가열방식 : 액조정기로 액체가스를 감압 후 열교환기를 통해 가열하는 기화방식

335. 부식성 유체나 고점도 유체 및 소량의 유체 측정에 가장 적합한 유량계는?

① 차압식 유량계   ② 면적식 유량계
③ 용적식 유량계   ④ 유속식 유량계

KGS

336. 다기능 가스안전계량기에 대한 설명으로 틀린 것은?

① 사용자가 쉽게 조작할 수 있는 테스트차단 기능이 있는 것으로 한다.
② 통상의 사용 상태에서 빗물, 먼지 등이 침입할 수 없는 구조로 한다.
③ 차단밸브가 작동한 후에는 복원조작을 하지 아니하는 한 열리지 않는 구조로 한다.
④ 복원을 위한 버튼이나 레버 등은 조작을 쉽게 실시할 수 있는 위치에 있는 것으로 한다.

[해설] 다기능 가능안전계량기 특징
(1) 가스차단기능 4가지
 • 합계유량 차단기능(소비량 총합×1.13, 75초 이내)
 • 증가유량 차단기능(연소기구 중 최대소비유량×1.13)
 • 연속사용시간 차단기능
 • 압력저하 차단기능(출구측 압력 0.6±1kPa)
(2) 등록기능
 • 미소사용유량등록(40L/hr 이하)
(3) 검지기능
 • 미소누출검지기능

337. 반밀폐식 보일러의 급·배기설비에 대한 설명으로 틀린 것은?

① 배기통의 끝은 옥외로 뽑아낸다.
② 배기통의 굴곡수는 5개 이하로 한다.
③ 배기통의 가로 길이는 5m 이하로서 될 수 있는 한 짧게 한다.
④ 배기통의 입상높이는 원칙적으로 10m 이하로 한다.

[해설] 반밀폐식 보일러의 급·배기설비 설치방법
※ 연통의 설치방법
 1. 수평부 길이 5m 이하
 2. 굴곡부 수는 4개소 이하
 3. 높이가 10m 초과시 보온조치

4. 연통의 끝은 옥외로
5. 역풍 막이, 수직부 높이는 길게
6. 내부 청소를 할 수 있는 청소구멍

[★★]
338. 흡입압력이 대기압과 같으며 최종압력이 15kgf/㎠·g인 4단 공기압축기의 압축비는 약 얼마인가? (단, 대기압은 1kgf/㎠로 한다.)

① 2 ② 4
③ 8 ④ 16

해설 a : 압축비, P : 절대압력(주의)
4단 토출 P 계산 = 15kgf/㎠·g+1kgf/㎠ = 16kgf/㎠·abs
3단 토출 P 계산 : (4단토출 $p/a = \frac{16}{a}$)
2단 토출 P 계산 : [(3단토출 $p/a = \frac{16}{a}$)/a]
1단 토출 P 계산 : [((2단토출 $p/a = \frac{16}{a}$)/a]/a
1단 흡입 P 계산 : ([((2단토출 $p/a = \frac{16}{a}$)/a]/a)/a
   = 1kgf/㎠·abs
16/a^4 = 1, $2^4 = a^4$, $a = 2$

별해 최종압력이 15kg/cm²·g이므로 대기압 1 반영요망
∴ 최종 P = (15 + 1) = 16kg/cm²·abs(절대압력)
최종단P이 2의 배수면 압축비(a)는 2,
        3의 배수면 압축비(a)는 3이다.
3단 토출P은 16/2 = 8, 2단 토출P은 8/2 = 4,
1단 토출P은 4/2 = 2, 1단 흡입P은 2/2 = 1
주의 흡입압력이 대기압과 같다(즉, 1kgf/㎠·abs 최초의 흡입절대압력).

[★★★]
339. 가연성 가스의 발화점이 낮아지는 경우가 아닌 것은?

① 압력이 높을수록
② 산소 농도가 높을수록
③ 탄화수소의 탄소수가 많을수록
④ 화학적으로 발열량이 낮을수록

해설 가연성 가스의 발화점이 낮아지는 경우
① 압력이 높을수록
② 산소농도가 높을수록
③ 탄화수소의 탄소수가 많을수록
• 화학적으로 발열량이 높을수록

[★★★]
340. 고압가스 배관재료로 사용되는 동관의 특징에 대한 설명으로 틀린 것은?

① 가공성이 좋다. ② 열전도율이 적다.
③ 시공이 용이하다. ④ 내식성이 크다.

해설 강관 특징
① 구리보다 강도가 높고 충격에 강하다.
② 시공이 용이, 관의 접합작업이 용이하다.
③ 연관이나 주철관에 비해 가볍다.
④ 열전도율이 아주 크다.

[동]
341. 터보압축기의 구성이 아닌 것은?

① 임펠러 ② 피스톤
③ 디퓨저 ④ 증속기어장치

해설 터보압축기 구성
• 임펠러 • 가이드베인 • 디퓨져
• 증속기어장치 : 송풍시 내부에서 속도를 높여주는 장치 (Speed Increaser)
 – 피스톤은 왕복동식이다.

[★★]
342. 원심식 압축기 중 터보형의 날개출구각도에 해당하는 것은?

① 90°보다 작다. ② 90°이다.
③ 90°보다 크다. ④ 평행이다.

[★]
343. 압력변화에 의한 탄성변위를 이용한 탄성압력계에 해당되지 않는 것은?

① 플로트식 압력계 ② 부르동관식 압력계
③ 벨로즈식 압력계 ④ 다이어프램식 압력계

해설 탄성압력계, 2차 압력계 (TIP 2번 밥먹으니 배부르다)
• 벨로즈식 압력계
• 부르동관식 압력계
• 다이어프램식 압력계

338. ① 339. ④ 340. ② 341. ② 342. ① 343. ①

[★★]
344. 나사압축기에서 숫로터의 직경 150mm, 로터 길이 100mm, 회전수가 350rpm이라고 할 때 이론적 토출량은 약 몇 m³/min인가? (단, 로터 형상에 의한 계수[Cv]는 0.476이다.)

① 0.11 ② 0.21
③ 0.37 ④ 0.47

해설 $Q(\mathrm{m^3/min}) = C_v \times D^2 \times L \times N$에서
$Q = 0.476 \times (0.15\mathrm{m})^2 \times 0.1\mathrm{m} \times 350$
$= 0.37485 ≒ 0.37$

[★★]
345. 액화석유가스 소형저장탱크가 외경 1,000mm, 길이 2,000mm, 충전상수 0.03125, 온도보정계수 2.15일 때의 자연기화능력(kg/h)은 얼마인가?

① 11.2 ② 13.2
③ 15.2 ④ 17.2

해설 자연기화능력(kg/h) = $\dfrac{D \cdot L \cdot K \cdot T}{12,000}$에서
$= \dfrac{1,000 \times 2,000 \times 0.03125 \times 2.15}{12,000}$
$≒ 11.197$

[★★]
346. 다음 중 단별 최대 압축비를 가질 수 있는 압축기는?

① 원심식 ② 왕복식
③ 축류식 ④ 회전식

해설 왕복식 압축기
단별 최대 압축비를 가질 수 있다.

[★]
347. 나프타의 성상과 가스화에 미치는 영향 중 PONA 값의 각 의미에 대하여 잘못 나타낸 것은?

① P : 파라핀계 탄화수소
② O : 올레핀계 탄화수소
③ N : 나프텐계 탄화수소
④ A : 지방족 탄화수소

해설 A : 방향족(Aroma)

[★★]
348. LP 가스의 제법으로서 가장 거리가 먼 것은?

① 원유를 정제하여 부산물로 생산
② 석유정제공정에서 부산물로 생산
③ 석탄을 건류하여 부산물로 생산
④ 나프타 분해공정에서 부산물로 생산

해설 LP 가스 제법
① 원유를 정제하여 부산물로 생산
② 석유 정제공정에서 부산물로 생산
③ 석탄을 고온건류(1,000℃)한 탄소덩어리를 코크스라고 함
④ 나프타 분해공정에서 부산물로 생산

2021 필답형
349. 가스의 연소와 관련하여 공기 중에서 점화원 없이 연소하기 시작하는 최저온도를 무엇이라 하는가?

① 인화점 ② 발화점
③ 끓는점 ④ 융해점

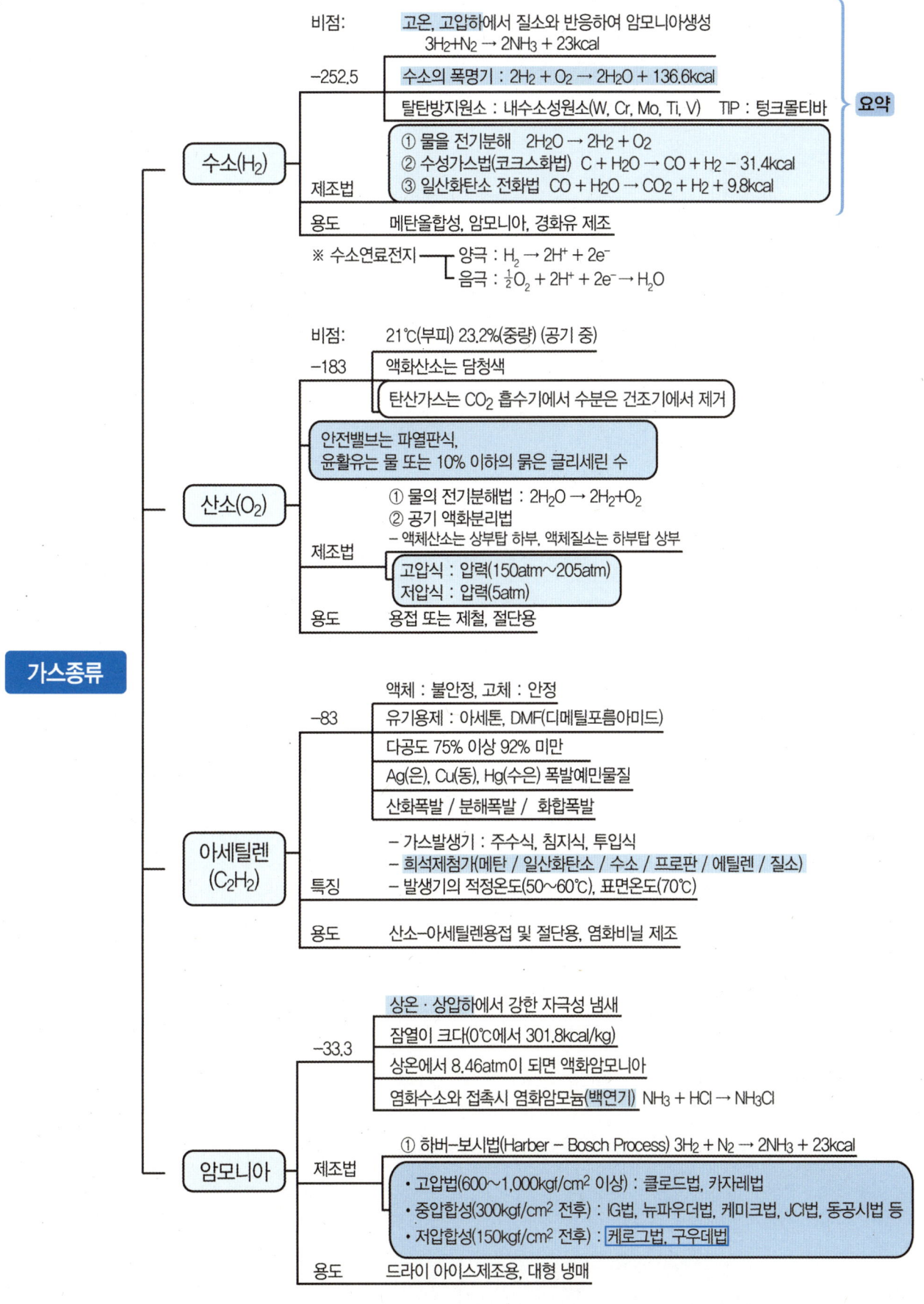

최신 기출문제

제1회 최신 과년도 기출문제

001. 굴착공사시행자가 도시가스배관이 매설된 지역에서 굴착공사 시 굴착공사 착공 전에 가스배관에 대한 손상방지조치, 방호공법, 비상조치계획, 안전조치 등에 관한 내용이 포함된 가스안전영향평가서를 작성해야 하는 공사가 아닌 것은?

① 전기철도
② 지하보도
③ 지하차도
④ 지하시설물 중 최고사용압력이 저압인 가스배관

[해설] 굴착공사시행자가 도시가스배관이 매설된 지역에서 전기철도, 지하보도·지하차도·지하상가 공사시 굴착공사 착공 전에 가스배관에 대한 손상방지조치, 방호공법, 비상조치계획, 안전조치 등에 관한 내용이 포함된 가스안전영향평가서를 작성하여 도시가스배관의 안전성을 확보하여야 한다.

002. 고압가스 특정제조 시설에서 배관을 해저에 설치하는 경우의 기준 중 옳지 않은 것은?

① 배관은 해저면 밑에 매설할 것
② 배관은 원칙적으로 다른 배관과 교차하지 아니할 것
③ 배관은 원칙적으로 다른 배관과 수평거리로 20m 이상을 유지할 것
④ 배관의 입상부에는 보호시설물을 설치할 것

[해설] 배관 – 해저
1. 배관은 해저면 밑에 설치
2. 다른 배관과 교차 X
3. 입상부에는 보호시설
다른 배관과 수평거리 30m 이상 유지
→ 배관이 부양하거나 이동할 우려가 있는 경우 이를 방지하기 위한 조치

003. 배관을 지하에 매설하는 경우 배관은 그 외면으로부터 도로 밑의 다른 시설물과 몇 m 이상의 거리를 유지하여야 하는가?

① 0.2
② 0.3
③ 0.5
④ 1

[해설] 배관 – 지하매설
배관 외면~도로 밑 다른 시설 : 0.3m 이상 거리 유지

004. 고압가스안전관리법상 "충전용기"라 함은 고압가스의 충전질량 또는 충전압력의 몇 분의 몇 이상이 충전되어 있는 상태의 용기를 말하는가?

① 1/5
② 1/4
③ 1/2
④ 3/4

005. 운전 중인 액화석유가스 충전설비의 작동상황에 대하여 주기적으로 점검하여야 한다. 점검 주기는?

① 1일에 1회 이상
② 1주일에 1회 이상
③ 3월에 1회 이상
④ 6월에 1회 이상

006. 액화석유가스를 충전하는 충전용 주관의 압력계는 국가표준기본법에 의한 교정을 받은 압력계로 몇 개월마다 한번 이상 그 기능을 검사하여야 하는가?

① 1개월
② 2개월
③ 3개월
④ 6개월

007. 도시가스 사용시설의 배관은 움직이지 아니하도록 고정부착하는 조치를 하도록 규정하고 있는데 다음 중 배관의 호칭지름에 따른 고정간격의 기준으로 옳은 것은?

① 배관의 호칭지름 20mm인 경우 2m 마다 고정
② 배관의 호칭지름 32mm인 경우 3m 마다 고정
③ 배관의 호칭지름 40mm인 경우 4m 마다 고정
④ 배관의 호칭지름 65mm인 경우 5m 마다 고정

008. 내부반응 감시장치를 설치하여야 할 특수반응 설비에 해당하지 않는 것은?

① 암모니아 2차 개질로
② 수소화 분해반응기

정답 001. ④ 002. ③ 003. ② 004. ④ 005. ① 006. ① 007. ①

③ 싸이크로헥산 제조시설의 벤젠 수첨 반응기
④ 산화에틸렌 제조시설의 아세틸렌 중합기

해설 KGS FP111 2020 시행규칙 [별표 4] 〈개정 2019.5.21.〉
2.6.14 내부반응감시 설비 설치

고압가스설비 중반응기 또는 이와 유사한 설비로서 현저한 발열반응 또는 부차적으로 발생하는 2차반응으로 인하여 폭발 등의 위해(危害)가 발생할 가능성이 큰 다음의 반응설비(이하 "특수반응설비"라 한다)에는 그 위해(危害)의 발생을 방지하기 위하여 그 특수반응설비의 상황에 따라 그 내부에서의 반응상황을 정확히 계측하고, 특수반응설비 안의 온도·압력 및 유량 등이 정상적인 반응조건을 벗어나거나 벗어날 우려가 있을 경우에 자동으로 경보를 발할 수 있는 온도감시장치, 압력감시장치, 유량감시장치 그 밖의 내부 반응감시장치(가스의 밀도·조성 등)를 다음 기준에 따라 설치한다. 이 경우 그 내부 반응감시 장치 중 온도의 상승, 압력의 상승 그 밖에 이상사태의 발생을 가장 먼저 검지할 수 있는 것에 대하여 계측결과를 자동으로 기록할 수 있는 장치를 설치한다.
(1) 암모니아 2차 개질로
(2) 에틸렌제조시설의 아세틸렌수첨탑
(3) 산화에틸렌제조시설의 에틸렌과 산소 또는 공기와의 반응기
(4) 싸이크로헥산제조시설의 벤젠수첨반응기
(5) 석유정제에 있어서 중유직접수첨탈황반응기 및 수소화분해반응기
(6) 저밀도폴리에틸렌중합기
(7) 메탄올합성반응탑

009. 차량에 고정된 저장탱크로 염소를 운반할 때 용기의 내용적(L)은 얼마 이하가 되어야 하는가?

① 10,000   ② 12,000
③ 15,000   ④ 18,000

010. 품질검사 기준 중 산소의 순도측정에 사용되는 시약은?

① 동·암모니아 시약   ② 발연황산 시약
③ 피로카롤 시약   ④ 하이드로 썰파이드 시약

해설 산소 : 동·암모니아(동암산)
수소 : 피로카롤·하이드로 썰파이드(수피하)
아세틸렌 : 브롬시약·발연황산·질산은 브-뷰, 오-발, 질-정성

011. 100L의 액산 탱크에 액산을 넣어 방출밸브를 개방하고 12시간 방치하였더니 탱크 내의 액산이 4.8kg 방출되었다면 1시간당 탱크에 침입하는 열량은 약 몇 kcal인가? (단, 액산의 증발잠열은 60kcal/kg이다.)

① 12   ② 24
③ 70   ④ 150

해설 $4.8\text{kg} \times 60\text{kcal/kg} = 288\text{kcal}/12\text{h} = 24\text{kcal/h}$

012. 다음 LNG와 SNG에 대한 설명으로 옳은 것은?

① 액체 상태의 나프타를 LNG라 한다.
② SNG는 대체 천연가스 또는 합성 천연가스를 말한다.
③ LNG는 액화석유가스를 말한다.
④ SNG는 각종 도시가스의 총칭이다.

해설 ① 나프타 : 비점 200℃ 이하의 액체유분
② SNG(대체 천연가스) 또는 합성 천연가스를 말한다.
③ 액화석유가스 = LPG

013. 다음 중 저온장치에서 사용되는 저온단열법의 종류가 아닌 것은?

① 고진공 단열법   ② 분말진공 단열법
③ 다층진공 단열법 ④ 단층진공 단열법

해설 초저온(저온)탱크의 저온단열법

상압단열	섬유, 분말을 사용하여 진공, 일반적	
진공단열	고진공	10^{-4}Torr 유지
	분말진공	10^{-2}Torr 유지 ★가장 일반적으로 사용 충진제 : 샌다셀, 알루미늄 분말, 펄라이트, 규조토 **TIP** 샌 알 퍼 큐
	다층진공	10^{-5}Torr 유지, 가장 고진공 (핵심어: 다수 포개어 단열)

014. 파라핀계 탄화수소 중 가장 간단한 형의 화합물로서 불순물을 전혀 함유하지 않는 도시가스의 원료는?

① 액화천연가스   ② 액화석유가스
③ off 가스   ④ 나프타

008. ④ 009. ② 010. ① 011. ② 012. ② 013. ④ 014. ①

해설 파라핀계 탄화수소 중 불순물을 함유하지 않는 도시가스의 원료
• 액화천연가스(LNG)

015. 저장탱크 내부의 압력이 외부의 압력보다 낮아져 그 탱크가 파괴되는 것을 방지하기 위한 설비와 관계없는 것은?

① 압력계 ② 진공안전밸브
③ 압력경보설비 ④ 벤트스택

해설 부압파괴방지장치
압력계, 압력경보설비, 가스도입배관(균압관), 냉동제어설비, 송액설비, 진공안전밸브

016. 가스폭발에 대한 설명 중 틀린 것은?

① 폭발범위가 넓은 것은 위험하다.
② 가스의 비중이 큰 것은 낮은 곳에 체류할 위험이 있다.
③ 안전간격이 큰 것일수록 위험하다.
④ 폭굉은 화염 전파속도가 음속보다 크다.

해설 용기 내에 가스폭발시 중앙부에서 화염이 외측의 폭발물질까지 전달여부를 2개의 평행 금속면 틈 사이를 조정하면서 측정하는 것으로 화염이 전달되지 않는 틈 사이의 한계치이다.
※ 안전간격이 클수록 최소점화에너지도 크고 폭발하기 어렵다. 즉 최소점화에너지와 관련하여 안전간격은 클수록 안전하다.

017. 다음 중 연소의 3요소에 해당되는 것은?

① 공기, 산소공급원, 열
② 가연물, 연료, 열
③ 가연물, 산소공급원, 공기
④ 가연물, 공기, 점화원

해설 연소의 3요소 (TIP 가산점)
• 가연물
• 산소공급원(자연성 물질의 공급)
• 점화원(연소반응에 필요한 에너지 공급)
 - 연료의 주성분 : C, H, O
 - 연료의 가연성분 : C, H, S

018. 용기 밸브 그랜드 너트의 6각 모서리에 V형의 홈을 낸 것은 무엇을 표시하기 위한 것인가?

① 왼나사임을 표시 ② 오른나사임을 표시
③ 암나사임을 표시 ④ 수나사임을 표시

해설 왼나사 용기에는 그랜드 너트의 "V"자 홈을 파내어 왼손 나사임을 표시

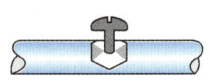

019. 다음 중 연소기구에서 발생할 수 있는 역화(back fire)의 원인이 아닌 것은?

① 염공이 적게 되었을 때
② 가스의 압력이 너무 낮을 때
③ 콕이 충분히 열리지 않았을 때
④ 버너 위에 큰 용기를 올려서 장시간 사용할 경우

해설 역화 : 연소속도가 염공의 가스 유출속도보다 크게 되는 경우 (가스유출속도 < 연소속도)
㉠ 부식에 의한 염공이 크게 되었을 경우
㉡ 노즐의 구경이 너무 크게 된 경우
㉢ 콕크가 충분하게 열리지 않는 경우
㉣ 기구 콕크의 구경에 먼지가 부착한 경우

020. 수소의 용도에 대한 설명으로 가장 거리가 먼 것은?

① 암모니아 합성가스의 원료로 이용
② 2,000℃ 이상의 고온을 얻어 인조보석, 유리제조 등에 이용
③ 산화력을 이용하여 니켈 등 금속의 산화에 사용
④ 기구나 풍선 등에 충전하여 부양용으로 사용

해설 ① 암모니아 합성가스의 원료로 이용

하버-보시법(Harber-Bosch Process)
• 수소와 질소를 체적비로 3 : 1로 반응시킨다.
$3H_2 + N_2 \rightarrow 2NH_3 + 23kcal$

③ 산화란 어떤 물질이 산소와 결합하여 전자나 수소를 잃어버리는 현상이며, 산화력이란 자신은 환원되고 상대방을 산화시키려는 힘을 말한다.
따라서 F_2, Cl_2, Br_2, I_2 같이 '원자가 전자'가 7개로 전자 1개를 얻어 -1가 음이온이 되려는 성질, 즉 산화력이 강하다는 뜻
Ni(니켈)은 인성(질긴 성질) 및 저온충격저항(저온에 강함)을 증가시킨다.

정답 015. ④ 016. ③ 017. ④ 018. ① 019. ① 020. ③

참고 모넬(Monel)이라고 불리우는 니켈-구리 합금은 산에 유난히 강해 화학산업에서 매우 중요한 역할을 하고 있으며 고온의 심한 부식성 분위기에서 사용되는 표준 합금은 인코넬(Inconel)이다. -포스코경영연구원제공

021. 다음 배관 부속품 중 유니온 대용으로 사용할 수 있는 것은?

① 엘보우 ② 플랜지
③ 리듀서 ④ 부싱

022. 도시가스배관의 접합방법 중 강관의 접합방법으로 사용하지 않는 것은?

① 나사접합 ② 용접접합
③ 플렌지접합 ④ 압축접합

023. 에어졸 제조설비 및 에어졸 충전용기 저장소는 화기 및 인화성물질과 얼마 이상의 우회거리를 유지하여야 하는가?

① 5m ② 8m
③ 12m ④ 20m

024. 액화석유가스를 자동차에 충전하는 충전호스의 길이는 몇 m 이내이어야 하는가? (단, 자동차 제조공정 중에 설치된 것은 제외한다)

① 3 ② 5
③ 8 ④ 10

025. 고압가스안전관리법의 적용을 받는 고압가스의 종류 및 범위로서 틀린 것은?

① 상용의 온도에서 압력이 1MPa 이상이 되는 압축가스
② 섭씨 35도의 온도에서 압력이 0Pa를 초과하는 아세틸렌 가스
③ 상용의 온도에서 압력이 0.2MPa 이상이 되는 액화가스
④ 섭씨 35도의 온도에서 압력이 0Pa를 초과하는 액화가스 중 액화시안화수소

해설 고압가스 안전관리법 시행령 [시행 2020.1.16.]
제1조(목적) 이 영은 「고압가스 안전관리법」에서 위임된 사항과 그 시행에 필요한 사항을 규정함을 목적으로 한다.
제2조(고압가스의 종류 및 범위) 「고압가스 안전관리법」(이하 "법"이라 한다) 제2조에 따라 법의 적용을 받는 고압가스의 종류 및 범위는 다음 각 호와 같다. 다만, 별표 1에 정하는 고압가스는 제외한다.
1. 상용(常用)의 온도에서 압력(게이지압력)이 1MPa(메가파스칼) 이상이 되는 압축가스로서 실제로 그 압력이 1MPa 이상이 되는 것 또는 섭씨 35도의 온도에서 압력이 1MPa 이상이 되는 압축가스(아세틸렌가스는 제외한다)
2. 섭씨 15도의 온도에서 압력이 0Pa를 초과하는 아세틸렌가스
3. 상용의 온도에서 압력이 0.2MPa(메가파스칼) 이상이 되는 액화가스로서 실제로 그 압력이 0.2MPa 이상이 되는 것 또는 압력이 0.2MPa이 되는 경우의 온도가 섭씨 35도 이하인 액화가스
4. 섭씨 35도의 온도에서 압력이 0Pa를 초과하는 액화가스 중 액화시안화수소·액화브롬화메탄 및 액화산화에틸렌가스

026. 도시가스 매설배관의 주위에 파일박기 작업 시 손상 방지를 위하여 유지하여야 할 최소 거리는?

① 30cm ② 50cm
③ 1m ④ 2m

해설 배관 공사 KGS GC253, 201793.2.1.1.1 굴착공사 시행 규정
(1) 도로 굴착공사 배관 손상 방지기준
- 착공 전 도면의 배관과 기타 지장물 매설 유·무 조사
- 배관 있을 예상 지점 2m 이내에 줄파기시 안전관리 전담자 입회
- 배관 주위 굴착시 배관 좌·우 1m 이내에는 인력으로 굴착한다.
- 노출된 가스배관 길이가 15m 이상시 점검통로 및 조명시설 설치(70Lux 이상)
- 매설배관의 주위에 파일박기 작업 시 손상방지를 위하여 최소 30cm 유지
- 배관과의 수평최단거리 2m 이내 파일박기시 도시가스사업자 입회하에 배관위치 파악

027. 다음 중 독성가스의 가스설비 배관을 2중관으로 하지 않도록 하는 가스는?

① 암모니아 ② 염소
③ 황화수소 ④ 불소

해설 2중관 KGS FS112 2019(이중관 → 2중관)
포스겐, 황화수소, 시안화수소, 아황산가스, 암모니아, 산화에틸렌, 염소, 염화메탄
(TIP) 포황시, 아황암산에, 염소, 염탄

028. 의료용 가스용기의 도색 구분 표시로 틀린 것은?

① 산소 - 백색 ② 질소 - 청색
③ 헬륨 - 갈색 ④ 에틸렌 - 자색

029. 산소 또는 천연메탄을 수송하기 위한 배관과 이에 접속하는 압축기와의 사이에 반드시 설치하여야 하는 것은?

① 표시판 ② 압력계
③ 수취기 ④ 안전밸브

030. 2단 감압조정기 사용 시의 장점에 대한 설명으로 가장 거리가 먼 것은?

① 공급 압력이 안정하다.
② 용기 교환주기의 폭을 넓힐 수 있다.
③ 중간 배관이 가늘어도 된다.
④ 입상에 의한 압력손실을 보정할 수 있다.

해설 자동절체식 조정기 특징 : 용기 교환주기의 폭을 넓힐 수 있다.

031. 압력조정기의 종류에 따른 조정압력이 틀린 것은?

① 1단 감압식 저압조정기 : 2.3~3.3kPa
② 1단 감압식 준저압조정기 : 5~30kPa 이내에서 제조자가 설정한 기준압력의 ±20%
③ 2단 감압식 2차용 저압조정기 : 2.3~3.3kPa
④ 자동절체식 일체형 저압조정기 : 2.3~3.3kPa

해설 압력조정기
- 1단 감압식 저압조정기 : 2.3~3.3kPa
- 1단 감압식 준저압조정기 : 5~30kPa 이내에서 제조자가 설정한 기준 압력 ±20%
- 2단 감압식 2차용 저압조정기 : 2.3~3.3kPa
- 자동절체식 일체형 저압조정기 : 2.55~3.3kPa

032. 다음 압력이 가장 큰 것은?

① 1.01MPa ② 5atm
③ 100inHg ④ 88psi

해설
① $\frac{1.01}{0.101} \times 1atm = 10atm$
② 5atm
③ $100inHg \times 2.54cm = \frac{254}{76} \times 1\, atm = 3.34atm$
④ $88psi = \left(\frac{88}{14.7}\right) \times 1atm = 5.98atm$

033. 액화암모니아 50kg을 충전하기 위하여 용기의 내용적은 몇 L로 하여야 하는가? (단, 암모니아의 정수 C는 1.86이다)

① 27 ② 40
③ 70 ④ 93

해설 저장능력 계산
$$W = \frac{V}{C} = 50kg = \frac{x}{1.86} \quad x = 93$$
W : 용기 및 차량에 고정된 탱크의 저장능력(kg)
V : 내용적(L)
C : 가스의 충전상수

034. 수은주 20cmHg 압력은 수주로 약 얼마가 되는가?

① 2.72mH$_2$O ② 10.33mH$_2$O
③ 11.33mH$_2$O ④ 12.33mH$_2$O

해설 1atm 대기압 압력변환
20cmHg를 mH$_2$O 압력변환하면,
1atm = 760mmHg = 76cmHg = 0cmHg · V = 30inHg
= 14.7Lb/in² a(PSiA) = 0Lb/in²(PSi)
= 10.332mH$_2$O(Aq) = 10332mmH$_2$O
수은주 $\frac{20cmHg}{76cmHg} \times 10.332mH_2O = 2.718\,(mH_2O)$

035. 70°F(화씨온도)를 ℃(섭씨온도)로 변환하면 약 얼마인가?

① 21°F ② 22°F
③ 23°F ④ 24°F

[해설] °F(화씨온도) = (9/5) × °C + 32에서
70 = 1.8 × x + 32, x = 21.111°F
°R(랭킨절대온도) = °F + 460 = 1.8K
K(켈빈절대온도) = °C + 273

036. 펌프의 회전수를 1,000rpm에서 1,200rpm으로 변화시키면 동력은 약 몇 배가 되는가?

① 1.3 ② 1.5
③ 1.7 ④ 2.0

[해설] 상사의 법칙

유량 Q = 회전수 $\left(\dfrac{N_2}{N_1}\right)^1$ 비례

양정 H = 회전수 $\left(\dfrac{N_2}{N_1}\right)^2$ 비례

동력 Lw = 회전수 $\left(\dfrac{N_2}{N_1}\right)^3$ 비례

∴ Lw(동력) = $\left(\dfrac{1,200}{1,000}\right)^3$ = 1.7

037. LPG 사용시설의 기준에 대한 설명 중 틀린 것은?

① 연소기 사용압력이 3.3kPa를 초과하는 배관에는 배관용 밸브를 설치할 수 있다.
② 배관이 분기되는 경우에는 주배관에 배관용 밸브를 설치한다.
③ 배관의 관경이 13mm 이상의 것은 3m마다 고정 장치를 한다.
④ 배관의 이음부(용접이음 제외)와 전기 접속기와는 15cm 이상의 거리를 유지한다.

[해설] LPG 사용시설 기준
1. 연소기 사용 압력 3.3kPa 초과 배관에는 배관용 밸브 설치 가능
2. 배관이 분기되는 경우 주배관에 배관용 밸브 설치
3. 고정간격 : 관경 13mm~33mm 미만인 경우 2m 마다
4. 배관의 이음부는 전기 접속기와는 15cm 이상 거리유지 전선(절연조치 X = 15cm 이상, 절연조치 O = 10cm 이상)거리유지

038. 다음은 이동식 압축천연가스 자동차충전시설을 점검한 내용이다. 이 중 기준에 부적합한 경우는?

① 이동충전차량과 가스배관구를 연결하는 호스의 길이가 6m이었다.
② 가스배관구 주위에는 가스배관구를 보호하기 위하여 높이 40㎝, 두께 13㎝인 철근콘크리트 구조물이 설치되어 있었다.
③ 이동충전차량과 충전설비 사이 거리는 8m이었고, 이동충전차량과 충전설비 사이에 강판제 방호벽이 설치되어 있었다.
④ 충전설비 근처 및 충전설비에서 6m 이상 떨어진 장소에 수동 긴급차단장치가 각각 설치되어 있었으며 눈에 잘 띄었다.

[해설] 이동식 압축도시가스 자동차충전시설 점검
① 가스배관구 연결호스길이 : 5m 이내
② 가스배관구 주위 높이 30cm, 두께 12cm인 철근콘크리트 구조물 설치
③ 이동충전차량~충전설비 사이 : 8m, 강판제 방호벽 설치
④ 충전설비 5m 이상 떨어진 장소에 수동 긴급차단장치 각각 설치

039. 다음의 가스가 누출될 때 사용되는 시험지와 변색상태를 옳게 짝지어진 것은?

① 포스겐 : 하리슨시약 - 청색
② 황화수소 : 초산납시험지 - 흑색
③ 시안화수소 : 초산벤젠지 - 적색
④ 일산화탄소 : 요오드칼륨전분지 - 황색

[해설] 포스겐 : 하리슨시약 - 심등색
황화수소 : 연당지(초산납시험지) - 흑색(황연희)
염소 : KI(요오드칼륨)전분지 - 청색
시안화수소 : 질산구리벤젠지(초산벤젠지) - 청색
암모니아 : 적색리트머스종이 - 청색
일산화탄소 : 염화파라듐지 - 흑색(일파흑)

040. 액화석유가스를 충전하는 충전용 주관의 압력계는 국가표준기본법에 의한 교정을 받은 압력계로 몇 개월마다 한 번 이상 그 기능을 검사하여야 하는가?

① 1개월 ② 2개월
③ 3개월 ④ 6개월

[해설] 압력계 기능 검사
충전용 주관의 압력계 : 1개월 1회
그 외의 압력계 : 3개월 1회

041. 다음 중 가연성이며, 독성인 가스는?

① 아세틸렌, 프로판   ② 아황산가스, 포스겐
③ 수소, 이산화탄소   ④ 암모니아, 산화에틸렌

[해설] 가연성이면서 독성이 강한 가스 순서(일명 : 독,가)
이황화탄소, 황화수소, 시안화수소, 브롬화메탄, 산화에틸렌, 염화메탄, 일산화탄소, 암모니아

042. 0℃, 1atm에서 5L인 기체가 273℃, 1atm에서 차지하는 부피는 약 몇 L인가? (단, 이상기체로 가정한다)

① 2   ② 5
③ 8   ④ 10

[해설] 보일-샤를 법칙에서
1) $\dfrac{PV}{T} = \dfrac{P_1 V_1}{T_1}$
2) $\dfrac{1\text{atm} \cdot 5\text{L}}{(0℃ + 273)} = \dfrac{1\text{atm} \cdot x\text{L}}{(273℃ + 273)}$, $x(\text{L}) = 10$

043. 가스의 기초법칙에 대한 설명으로 옳은 것은?

① 열역학 제1법칙 : 100% 효율을 가지고 있는 열기관은 존재하지 않는다.
② 그라함(Graham)의 확산법칙 : 기체의 확산(유출) 속도는 그 기체의 분자량(밀도)의 제곱근에 반비례한다.
③ 아마가트(Amagat)의 분압법칙 : 이상기체 혼합물의 전체 압력은 각 성분 기체의 분압의 합과 같다.
④ 돌턴(Dalton)의 분용법칙 : 이상기체 혼합물의 전체 부피는 각 성분의 부피의 합과 같다.

[해설] ① 열역학 제2법칙이다.
③ 돌턴의 분압법칙이다.
④ 아마겟 법칙(부분부피의 법칙)이다.

044. 초저온 용기의 단열성능 시험에 있어 침입열량 계산식은 다음과 같이 구해진다. 여기서 "q"가 의미하는 것은?

$$Q = \dfrac{W \cdot q}{H \cdot V \cdot \Delta t}$$

① 침입열량   ② 측정시간
③ 기화된 가스량   ④ 시험용 가스의 기화잠열

[해설] 초저온 용기 단열성능시험 침입열량

$$Q = \dfrac{W \cdot q}{V \cdot H \cdot \Delta t}$$

여기서, Q : [kcal/h · ℃ · L]
W : 기화된 가스량[kg]
q : 시험용 가스의 기화잠열[kcal/kg]
H : [h]
V : [L]
Δt : 시험용 가스의 비점과 대기온도의 온도차
L – O_2 –183℃
L – A_r –186℃
L – N_2 –196℃

045. "설비가 잘못 조작되거나 정상적인 제조를 할 수 없는 경우 자동으로 원재료의 공급을 차단시키는 등 고압가스 제조설비 안의 제조를 제어하는 기능을 한다." 이는 어떤 안전설비에 대한 설명인가?

① 안전밸브   ② 긴급차단장치
③ 인터록기구   ④ 벤트스택

046. 용기의 설계단계 검사 항목이 아닌 것은?

① 단열성능   ② 내압성능
③ 작동성능   ④ 용접부의 기계적 성능

[해설] 용기의 설계단계 검사 항목 (TIP 설 단내 외재 파기)
단열성능, 내압성능, 외관검사, 재료검사, 파열검사, 기밀시험이다.

047. 국제단위계는 7가지의 SI기본단위로 구성된다. 다음 중 기본량과 SI기본단위가 틀리게 짝지어진 것은?

① 질량 – 킬로그램(kg)
② 길이 – 미터(m)
③ 시간 – 초(s)
④ 물질량 – 몰(mole)

[해설] ④는 물질량, 단위는 mol이다.
그 외 A(암페어 : 전류), K(캘빈절대온도), Cd(칸델라 : 광도) 등이 있다.

정답 041. ④ 042. ④ 043. ② 044. ④ 045. ③ 046. ③ 047. ④

048. 저장능력 50톤인 액화산소 저장탱크 외면에서 사업소경계선까지의 최단거리가 50m일 경우 이 저장탱크에 대한 내진설계 등급은?

① 내진 특등급
② 내진 1등급
③ 내진 2등급
④ 내진 3등급

[해설] 내진설계등급 KGS FU 331(2016) 2.3.2.1.2 저장탱크 내진구조
저장능력 50t, 탱크 외면~사업소경계선 50m : 내진 2등급
- 저장능력 100t 초과 : 1등급
- 저장능력 100t 이하 : 2등급(비가연고압가스와 액화가스)

049. LPG 기화장치의 작동원리에 따른 구분으로 저온의 액화가스를 조정기를 통하여 감압한 후 열교환기에 공급해 강제 기화시켜 공급하는 방식은?

① 해수가열 방식
② 가온감압 방식
③ 감압가열 방식
④ 중간 매체 방식

[해설] 강제기화방식의 원리
① 가열감압방식 : 열교환기를 통해 가스를 기화시킨 후 조정기로 감압하는 기화방식
② 감압가열방식 : 액조정기로 액체가스를 감압 후 열교환기를 통해 가열하는 기화방식

050. 특정가스 제조시설에 설치한 가연성 독성가스 누출검지 경보장치에 대한 설명으로 틀린 것은?

① 누출된 가스가 체류하기 쉬운 곳에 설치한다.
② 설치수는 신속하게 감지할 수 있는 숫자로 한다.
③ 설치위치는 눈에 잘 보이는 위치로 한다.
④ 기능은 가스의 종류에 적합한 것으로 한다.

051. 도시가스 제조 공정에서 사용되는 촉매의 열화와 가장 거리가 먼 것은?

① 유황화합물에 의한 열화
② 불순물의 표면 피복에 의한 열화
③ 단체와 니켈과의 반응에 의한 열화
④ 불포화탄화수소에 의한 열화

[해설] 고분자 재료가 변질되어 그 재료가 갖고 있는 본래의 성질이 저하되는 것을 열화(degradation)라 한다.
④ 포화탄화수소의 열화 : 파라핀계

단체 : 홑원소(단1종원소)
- 다이아몬드 • 흑연 • 황(S) • 철(Fe) • 수소(H)

052. 연소시 공기비가 클 경우 나타나는 연소현상으로 틀린 것은?

① 연소가스 온도 저하
② 배기가스량 증가
③ 불완전연소 발생
④ 연료소모 증가

[해설] ③ 공기비 적을 때 나타나는 현상

053. 다음 각종 가스의 공업적 용도에 대한 설명 중 옳지 않은 것은?

① 수소는 암모니아 합성원료, 메탄올의 합성, 인조보석제조 등에 사용된다.
② 포스겐은 알코올 또는 페놀과의 반응성을 이용해 의약, 농약, 가소제 등을 제조한다.
③ 일산화탄소는 메탄올 합성원료에 사용된다.
④ 암모니아는 열분해 또는 불완전연소시켜 카본블랙의 제조에 사용된다.

[해설] ③ 메탄화법 및 메탄올법(CO + 2H$_2$ → CH$_4$O)(메탄올)
④ 카본블랙 제조시 CH$_4$(메탄)을 사용한다.

054. LP 가스가 불완전 연소되는 원인으로 가장 거리가 먼 것은?

① 공기 공급량 부족 시
② 가스의 조성이 맞지 않을 때
③ 가스기구 및 연소기구가 맞지 않을 때
④ 산소 공급이 과잉일 때

[해설] LP 가스 불완전 연소 원인
① 공기 공급량 부족 시
② 가스 조성이 맞지 않을 시
③ 가스기구 및 연소기구가 맞지 않을 시
④ 산소 공급과잉일 때는 완전연소를 발생

048. ③ 049. ③ 050. ③ 051. ④ 052. ③ 053. ④ 054. ④

055. 1Therm에 해당하는 열량을 바르게 나타낸 것은?

① 10^3 BTU ② 10^4 BTU
③ 10^5 BTU ④ 10^6 BTU

[해설] 참고 1BTU = 0.252kcal

056. 다음 중 "제 2종 영구기관은 존재할 수 없다. 제 2종 영구기관은 존재 가능성을 부인한다."라고 표현되는 법칙은?

① 열역학 제0법칙 ② 열역학 제1법칙
③ 열역학 제2법칙 ④ 열역학 제3법칙

057. 아세틸렌 충전 시 첨가하는 다공물질의 구비조건이 아닌 것은?

① 화학적으로 안정할 것
② 기계적 강도가 클 것
③ 가스의 충전이 쉬울 것
④ 다공도가 적을 것

[해설] ④ 다공도가 클 것(다공도 : 75%~92%)

058. 냄새가 나는 물질(부취제)의 구비조건이 아닌 것은?

① 독성이 없을 것
② 저농도에서도 냄새를 알 수 있을 것
③ 완전연소하고 연소 후에는 유해물질을 남기지 말 것
④ 일상생활의 냄새와 구분되지 않을 것

[해설] ①, ②, ③ 외
- 일상냄새와 구분될 것
- 토양투과성이 클 것
- 화학적 안정
- 물에 용해되지 않을 것
- 가스배관·가스미터 등에 흡착되지 않을 것

TIP 암기법 : 부용완 투독일응 가경화저(부용한 두 독일은 간경화죠!)

종류 ㉠ D.M.S : 마늘 냄새
㉡ T.B.M : 양파 썩은 냄새
㉢ T.H.T : 석탄가스 냄새
※ 토양에 대한 투과성 : D.M.S > T.B.M > T.H.T
※ 취기강도 : T.B.M > T.H.T > D.M.S

059. 열역학적 계(system)가 주위와의 열교환을 하지 않고 진행되는 과정을 무슨 과정이라고 하는가?

① 단열과정 ② 등온과정
③ 등압과정 ④ 등적과정

[해설] 단열은 주위의 열이 출입이 없는 상태를 말한다.

060. 기체의 체적이 커지면 밀도는?

① 작아진다. ② 커진다.
③ 일정하다. ④ 체적과 밀도는 무관하다.

[해설] 밀도(ρ : 로) = g/L이므로 g/L↑ = ρ↓

정답 055. ③ 056. ③ 057. ④ 058. ④ 059. ① 060. ①

제2회 최신 과년도 기출문제

001. 다음 중 독성(LC_{50})이 강한 가스는?

① 염소　　② 시안화수소
③ 산화에틸렌　　④ 불소

[해설] 독성가스 중 독성(LC_{50})기준 강한 순
포스겐, 오존, 인화수소, 시안화수소, 불소, 염소, 황화수소, 아크릴로니트릴, 브롬화메탄, 불화수소, 아황산가스, 산화에틸렌, 염화수소, 일산화탄소, 암모니아
TIP 포스 오 인 시/불 염 황/아 브 불/아황 산에/염 일 암

002. 다음 중 2중 배관으로 하지 않아도 되는 가스는?

① 일산화탄소　　② 시안화수소
③ 염소　　④ 포스겐

[해설] 2중 배관으로 하지 않아도 되는 가스(용어변경)
포스겐, 황화수소, 시안화수소, 아황산가스, 암모니아, 산화에틸렌, 염소, 염화메탄
TIP 포, 황, 시, 아황, 암, 산에, 염소, 염탄

003. 독성가스를 사용하는 내용적이 몇 L 이상인 수액기 주위에 액상의 가스가 누출될 경우에 대비하여 방류둑을 설치하여야 하는가?

① 1,000　　② 2,000
③ 5,000　　④ 10,000

[해설] 방류둑 설치 시공기준

	특정제조	일반제조
산소	1,000t	1,000t
가연성	500t	
독성	5t	5t

※ 액화가스 10kg = 압축가스 1m³
냉동제조시설(독성가스 냉매 사용) - 수액기 내용적 10,000L 이상(용량 90%)

004. 다음 중 1종 보호시설이 아닌 것은?

① 대지 면적이 2,000제곱미터에 신축한 주택
② 국보 제1호인 숭례문
③ 시장에 있는 공중목욕탕
④ 건축연면적이 300제곱미터인 유아원

[해설] ① 1종보호시설 1320문(암기법)
② 2종 주택은 면적과 무관하게 무조건 2종이다.(주의)

005. 고압가스 배관에서 상용압력이 0.2MPa 이상 1MPa 미만인 경우 공지의 폭은 얼마로 정해져 있는가? (단, 전용 공업지역 이외의 경우이다.)

① 3m 이상　　② 5m 이상
③ 9m 이상　　④ 15m 이상

[해설] 공지의 폭
상용압력 ─ 1MPa 이상 : 15m 이상
　　　　 ─ 0.2MPa 이상~1MPa 미만 : 9m 이상
　　　　 ─ 0.2MPa 미만 : 5m 이상

006. 시안화수소의 충전시 사용되는 안정제가 아닌 것은?

① 암모니아　　② 황산
③ 염화칼슘　　④ 인산

[해설] 안정제의 종류
동, 동망 / 인, 인산, 오산화인 / 황산, 아황산 / 염화칼슘

007. 액화암모니아 50kg을 충전하기 위하여 용기의 내용적은 몇 L로 하여야 하는가? (단, 암모니아의 정수 C는 1.86이다)

① 27　　② 40
③ 70　　④ 93

[해설] 저장능력 계산
$$W = \frac{V}{C} = 50kg = \frac{x}{1.86} \qquad x = 93$$

W : 용기 및 차량에 고정된 탱크의 저장능력(kg)
V : 내용적(L)
C : 가스의 충전상수

008. 다음 중 가스에 대한 정의가 잘못된 것은?

① 압축가스란 일정한 압력에 의하여 압축되어 있는 가스를 말한다.
② 액화가스란 가압·냉각 등의 방법에 의하여 액체 상태로 되어 있는 것으로서 대기압에서 비점이 40℃ 이하 또는 상용온도 이하인 것을 말한다.
③ 독성가스란 인체에 유해한 독성을 가진 가스로서 허용농도가 100만분의 3,000 이하인 것을 말한다.
④ 가연성가스란 공기 중에서 연소하는 가스로서 폭발한계의 하한이 10% 이하인 것과 폭발한계의 상한과 하한의 차가 20% 이상인 것을 말한다.

009. 다음 중 압력 환산 값을 서로 옳게 나타낸 것은?

① $1lb/ft^2 ≒ 0.142\ lb/cm^2$
② $1kg/cm^2 ≒ 13.7lb/in^2$
③ $1atm ≒ 1033g/cm^2$
④ $76cmHg ≒ 1013dyne/cm^2$

[해설]
① 1ft = 12inch = 30.5cm
$1\ lb/ft^2 = 1\ lb/(12in)^2 = 144^{-1}(lb/in^2)$ 압력변환하면,
$= (\frac{144^{-1}}{14.7}) × 1.0332 kg/cm^2 = 5.857 kg/cm^2$
② 약 14.7 lb/in²
③ 1033g = $\frac{1033g}{1000}$ = 1.033kg
④ 1dyne = 1g·cm/s² 이므로 →
$10^{-3}kg · 10^{-2}m/s^2 = 10^{-5}kg · m/s^2 = 10^{-5}N$

010. 액화석유가스 공급시설 중 저장설비의 주위에는 경계책 높이를 몇 m 이상으로 설치하도록 하고 있는가?

① 0.5 ② 1.0
③ 1.5 ④ 2.0

011. 도시가스사용시설의 가스계량기 설치기준에 대한 설명으로 옳은 것은?

① 시설 안에서 사용하는 자체 화기를 제외한 화기와 가스계량기와 유지하여야 하는 거리는 3m 이상이어야 한다.
② 시설 안에서 사용하는 자체 화기를 제외한 화기와 입상관과 유지하여야 하는 거리는 3m 이상이어야 한다.
③ 가스계량기와 단열조치를 하지 아니한 굴뚝과의 거리는 10cm 이상 유지하여야 한다.
④ 가스계량기와 전기개폐기와의 거리는 60cm 이상 유지하여야 한다.

[해설] ①은 2m, ②는 2m, ③은 30cm 이상 유지

012. 에어졸 제조설비와 인화성 물질과의 최소 우회거리는?

① 3m 이상 ② 5m 이상
③ 8m 이상 ④ 10m 이상

[해설] TIP 에어졸은 화기와 8m 이격, "에잇(eight)은 8"이다.

013. 암모니아 충전용기로서 내용적이 1,000L 이하인 것은 부식여유치가 A이고, 염소 충전용기로서 내용적이 1,000L 초과하는 것은 부식여유치가 B이다. A와 B항의 알맞은 부식 여유치는?

① A : 1mm, B : 2mm
② A : 1mm, B : 3mm
③ A : 2mm, B : 5mm
④ A : 1mm, B : 5mm

[해설] 부식 여유치

용기의 종류	내용적	부식여유(㎜)
NH₃	1,000L 이하	1
	1,000L 초과	2
Cl₂	1,000L 이하	3
	1,000L 초과	5

014. 일반 도시가스 사업자 정압기의 분해점검 실시 주기는?

① 3개월에 1회 이상 ② 6개월에 1회 이상
③ 1년에 1회 이상 ④ 2년에 1회 이상

[해설] 정압기 분해점검 실시 주기
• 공급시설 : 2년 1회, 작동점검(1주 1회) / 2111
• 사용시설 : 3년 1회, 4년 1회 / 3141

015. 프로판 15vol%와 부탄 85vol%로 혼합된 가스의 공기 중 폭발하한 값은 얼마인가? (단, 프로판의 폭발하한 값은 2.1%로 하고, 부탄은 1.8%로 한다.)

① 1.84　　② 1.88
③ 1.94　　④ 1.98

[해설] 혼합기체의 폭발범위(르샤틀리에 법칙)에서 하한값을 구하면
$\dfrac{100}{L} = \dfrac{V_1}{L_1} + \dfrac{V_2}{L_2} + \dfrac{V_3}{L_3} \cdots \dfrac{V_n}{L_n}$ 에서
C_3H_8 : 2.1~9.5%, C_4H_{10} : 1.8~8.4%이므로
$\dfrac{100}{L} = \left(\dfrac{15}{2.1} + \dfrac{85}{1.8}\right) \Rightarrow L ≒ 1.839$
∴ 1.84

016. 도시가스 매설 배관의 보호판은 누출가스가 지면으로 확산되도록 구멍을 뚫는데 그 간격의 기준으로 옳은 것은?

① 1m 이하의 간격　　② 2m 이하의 간격
③ 3m 이하의 간격　　④ 5m 이하의 간격

[해설] 구멍간격 : 3m 이하
구멍크기 : 30~50mm 이내

017. 가연성 물질을 공기로 연소시키는 경우에 공기 중의 산소농도를 높게 하면 연소속도와 발화온도는 어떻게 변하는가?

① 연소속도는 빠르게 되고, 발화온도도 높아진다.
② 연소속도는 빠르게 되고, 발화온도는 낮아진다.
③ 연소속도는 느리게 되고, 발화온도는 높아진다.
④ 연소속도는 느리게 되고, 발화온도도 낮아진다.

[해설] 산소농도 높은 경우 연소속도와 발화온도의 영향
• 연소속도는 빠르게 되고, 발화온도는 낮아진다.
• 점화에너지(E) 감소, 화염온도 상승

018. 인화온도가 약 -30℃이고 발화온도가 매우 낮아 전구표면이나 증기파이프 등의 열에 의해 발화할 수 있는 가스는?

① CS_2　　② C_2H_2
③ C_2H_4　　④ C_2H_8

[해설] CS_2 용도

019. 액화석유가스 지상 저장탱크 주위에는 저장능력이 1,000톤 이상일 때 방류둑을 설치하여야 한다. 방류둑의 각도(°)는?

① 45°　　② 50°
③ 55°　　④ 70°

[해설] KGS FP 111(고압가스 특정제조의 시설·기술·검사·감리·정밀안전검진 기준) 20.03.18 개정

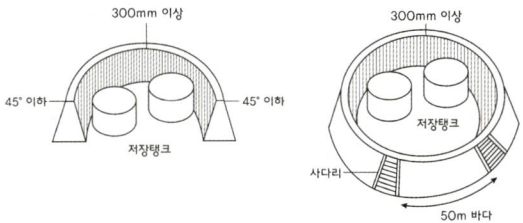

• 목적 : 액화가스 누출시 탱크 주위의 한정된 범위 벗어남을 방지
• 용량 : 산소(저장능력 : 60%), 수액기(내용적의 90%)

특정제조	저장능력	일반제조	저장능력
산소	1,000t	산소	1,000t
가연성	500t	가연성	
독성	5t		

020. 가스도매사업의 가스공급시설에서 배관을 지하에 매설할 경우의 기준으로 틀린 것은?

① 배관을 시가지 외의 도로 노면 밑에 매설할 경우 노면으로부터 배관 외면까지 1.2m 이상 이격할 것
② 배관의 깊이는 산과 들에서는 1m 이상으로 할 것
③ 배관을 시가지의 도로 노면 밑에 매설할 경우 노면으로부터 배관 외면까지 1.5m 이상 이격할 것
④ 배관을 철도부지에 매설할 경우 배관 외면으로부터 궤도 중심까지 5m 이상 이격할 것

[해설] 배관 - 지하
① 시가지 외 도로 노면 밑 매설 : 1.2m 이상 이격
② 산·들 : 1m 이상 깊이
③ 시가지 도로 노면 밑 : 1.5m 이상 이격
④ 철도부지 매설시 철도궤도 중심까지 : 4m 이상 이격

021. 액화석유가스 판매업소의 우전용기 보관실에 강제통풍장치 설치 시 통풍능력의 기준은?

① 바닥면적 1m²당 0.5m³/분 이상
② 바닥면적 1m²당 1.0m³/분 이상
③ 바닥면적 1m²당 1.5m³/분 이상
④ 바닥면적 1m²당 2.0m³/분 이상

022. 금속 재료에서 고온일 때 가스에 의한 부식으로 틀린 것은?

① 산소 및 탄산가스에 의한 산화
② 암모니아에 의한 강의 질화
③ 수소가스에 의한 탈탄작용
④ 아세틸렌에 의한 황화

해설
- 황화 : 고온 하에 Fe, Ni을 심하게 부식시킨다.
  내황화성원소 : Si, AL, Cr이다.
- 질화 : 고온하에서 질소가 강에 침입하여 질화철을 형성하는 현상
- 아세틸렌은 산화, 분해, 화합폭발을 유발

023. 고압장치의 재료로서 가장 적합하게 연결된 것은?

① 액화염소용기 – 화이트메탈
② 압축기의 베어링 – 13% 크롬강
③ LNG 탱크 – 9% 니켈강
④ 고온고압의 수소반응탑 – 탄소강

해설
① 액화염소용기 – 탄소강
② 산소, 수소 – 크롬강
④ 고온고압의 수소반응탑 – 크롬강

024. 독성가스를 운반하는 차량에 반드시 갖추어야 할 용구나 물품에 해당되지 않는 것은?

① 방독면　　　② 제독제
③ 고무장갑　　④ 소화장비

해설 독성가스 운반차량 보호장비 목록
- 방독면, 고무장갑, 고무장화, 그 밖의 보호구, 제독제, 자재, 공구 휴대
- 보호구 : 방독마스크, 공기 호흡기, 보호의, 보호장갑(내산(Cl_2)장갑), 보호장화
- 자재 중 로프는 15m 이상의 것 이상 휴대
- 제독제(소석회)
  - 20kg 이상(1,000kg 미만 독성가스량)
  - 40kg 이상(1,000kg 이상 독성가스량)

025. 다음 중 허용농도 1ppb에 해당하는 것은?

① $1/10^3$　　② $1/10^6$
③ $1/10^9$　　④ $1/10^{10}$

026. 도시가스사용시설에서 배관의 용접부 중 비파괴시험을 하여야 하는 것은?

① 가스용 폴리에틸렌관
② 호칭지름 65mm인 매설된 저압배관
③ 호칭지름 150mm인 노출된 저압배관
④ 호칭 65mm인 노출된 중압배관

해설 KGS GC205 190116 배관 용접부 비파괴시험
1) 사용시설의 배관
2) 지하에 매설하는 배관의 용접부
3) 중압 이상의 노출된 배관
4) 2.5% 니켈강 또는 3.5%니켈강으로 만들어진 용기의 동체 및 경판의 용접부로서 두께가 13mm를 초과하는 것
5) 9% 니켈강으로 만들어진 용기의 동체 및 경판의 용접부로서 두께가 8mm를 초과하는 것
6) 알루미늄 및 알루미늄 합금으로 만든 용기의 동체 및 경판의 용접부로서 두께가 13mm를 초과하는 것

용접부 비파괴시험 제외 공사
- 가스용 폴리에틸렌관(PE관)
- 노출된 저압의 사용자 공급관
- 관경 80A 미만의 저압 매설 배관

027. LPG 충전시설의 충전소에 기재한 "화기엄금"이라고 표시한 게시판의 색깔로 옳은 것은?

① 황색 바탕에 흑색 글씨　② 황색 바탕에 적색 글씨
③ 흰색 바탕에 흑색 글씨　④ 흰색 바탕에 적색 글씨

해설

TIP	바탕색	글씨색	표기문구
화백적	백색	적색	화기엄금
충황흑	황색	흑색	충전 중 엔진정지
도황흑	황색	흑색	도시가스 표지판
위황적	황색	적색	위험고압가스

028. 도시가스사용시설에서 도시가스 배관의 표시등에 대한 기준으로 틀린 것은?

① 지하에 매설하는 배관은 그 외부에 사용가스명, 최고사용압력, 가스의 흐름방향을 표시한다.
② 지상배관은 부식방지 도장 후 황색으로 도색한다.
③ 지하매설배관은 최고사용압력이 저압인 배관은 황색으로 한다.
④ 지하매설배관은 최고사용압력이 중압 이상인 배관은 적색으로 한다.

[해설] ① 지하 → 지상설치배관의 표시사항이다.

029. 특정고압가스 사용시설에서 취급하는 용기의 안전조치사항으로 틀린 것은?

① 고압가스 충전용기는 항상 40℃ 이하를 유지한다.
② 고압가스 충전용기 밸브는 서서히 개폐하고 밸브 또는 배관을 가열하는 때에는 열습포나 40℃ 이하의 더운 물을 사용한다.
③ 고압가스 충전용기를 사용한 후에는 폭발을 방지하기 위하여 밸브를 열어 둔다.
④ 용기보관실에 충전용기를 보관하는 경우에는 넘어짐 등으로 충격 및 밸브 등의 손상을 방지하는 조치를 한다.

[해설] ③ 밸브를 닫고, 충전용기와 잔가스용기를 구분하여 보존해야 한다.

030. 루트 미터에 대한 설명으로 옳은 것은?

① 설치공간이 크다.
② 일반 수용가에 적합하다.
③ 스트레이너가 필요 없다.
④ 대용량의 가스측정에 적합하다.

[해설] 루트 미터
④ 대용량의 가스측정에 적합하다.
①, ②은 막식의 설명이다.

031. unloading형으로 복체는 복좌밸브로 되어 있어 상부에 다이어프램을 가지며, 특성은 아주 좋으나 안정성은 떨어지고, 다른 형식에 비하여 크기가 큰 특징을 가지는 정압기의 종류는?

① 레이놀드 정압기
② 엠코 정압기
③ 피셔식 정압기
④ 엑셜 플로우식 정압기

[해설] 정압기의 종류
㉠ 용도에 따라 : 기지정압기, 지구(지역)정압기, 수요자 전용 정압기
㉡ 구조에 따른 분류
• 직동식 : 가스압력을 적당한 압력으로 감압하는 방식
• 파이롯트식

	형식	특징
파이롯트식 (형식의 차이)	로딩형	피셔식(정특성, 동특성 양호), 비교적 콤팩트하다.
	언로딩형	A.F.V 엑시얼플로우식 (변칙적 언로딩) 고차압일수록 안정적, 콤팩트하다.
		레이놀드식(정특성은 양호하나, 안정성은 떨어진다), 대형정압기에 사용

레이놀드 정압기는 unloading형으로 안정성이 떨어지며, 크기가 큰 특징을 가진다.(대형정압기에 사용)

032. 다음 보온재 중 안전사용온도가 가장 높고 효과가 좋은 보온재는?

① 경질 폴리우레탄 폼
② 유리섬유
③ 펄라이트
④ 세라믹 화이버

[해설] (1) 유기질 보온재(TIP 펠코기폼)
• 펠트 : (우모펠트/ 양모펠트) 아스팔트로 방습(-60℃) 곡면시공이 용이. 안전사용온도 100℃
• 탄화콜크 : 콜크 입자를 압축 충전하고 아스팔트로 결합(건축용, 펌프, 냉각기 등의 보냉재, 안전사용온도 130℃)
• 텍스 : 톱밥, 목재, 펄프를 압축판 모양으로 제작(실내벽, 천장 등의 보온, 방음용) 안전사용온도 120℃
• 기능성 수지
• 폼류 : 경질 폴리우레탄 폼, 폴리스틸렌 폼, 염화 비닐 폼, 안전사용온도 80℃

(2) 무기질 보온재

탄산 마그네슘	염기성 탄산마그네슘 85%에 석면을 15%를 배합하여 만든 것으로 열전도율이 낮고 300~350℃ 정도에서 열분해한다.	안전사용온도 250℃
유리섬유	용융 유리를 원심력을 이용하여 섬유상으로 가공한 것으로 건축, 냉장고, 등의 보온, 보냉재로 사용한다.	안전사용온도 300℃ (방수품 600℃)
규조토	규조토 건조분말에 삼여물, 석면을 혼합시공하며 단열효과가 낮기에 두껍게 시공한다. 건조시간이 길고 진동이 있는 곳에서 갈라지기 쉬워 사용이 곤란하다.	안전사용온도 석면 사용시 500℃ 이하 삼여물 사용시 250℃ 이하
규산칼슘	규산질, 석회질, 석면을 혼합하여 제조한 것으로 압축강도, 곡강도가 크며 시공이 용이하다.	안전사용온도 650℃ 이하
펄라이트	흑요석, 진주암 등을 가열 팽창시켜 만든 다공 물질로 가볍고 단열성이 우수하다.	안전사용온도 650℃
실리카 세라믹 화이버	융해 석영을 섬유상으로 만든 실리카울 또는 탄산그라스로부터 섬유를 산처리하여 고규산으로 만든 것이다.	안전사용온도 실리카 화이버 1,100℃ 세라믹 화이버 1,300℃

033. 반밀폐식 보일러의 급·배기설비에 대한 설명으로 틀린 것은?

① 배기통의 끝은 옥외로 뽑아낸다.
② 배기통의 굴곡수는 5개 이하로 한다.
③ 배기통의 가로 길이는 5m 이하로서 될 수 있는 한 짧게 한다.
④ 배기통의 입상높이는 원칙적으로 10m 이하로 한다.

[해설] 반밀폐식 보일러의 급·배기 설비기준
1. 수평부 길이 5m 이하
2. 굴곡수는 4개소 이하
3. 높이가 10m 초과시 보온조치
4. 연통의 끝은 옥외로
5. 역풍 막이, 수직부 높이는 길게
6. 내부 청소를 할 수 있는 청소구멍

034. 액주식 압력계에 대한 설명으로 틀린 것은?

① 경사관식은 정도가 좋다.
② 단관식은 차압계로도 사용된다.
③ 링 밸런스식은 저압가스의 압력측정에 적당하다.
④ U자관은 메니스커스의 영향을 받지 않는다.

[해설] 액주식 압력계
① 경사관식은 정도가 좋다.
② 단관식은 차압계로도 사용된다.
③ 링 밸런스식은 저압가스의 압력측정에 적당하다.
④ U자관은 매니스커스(meniscus) 현상이 있다.

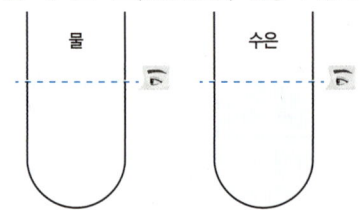

035. 다음 유량계 중 간접 유량계가 아닌 것은?

① 피토관　　② 오리피스 미터
③ 벤튜리 미터　　④ 습식가스 미터

036. 관 도중에 조리개(교축기구)를 넣어 조리개 전후의 차압을 이용하여 유량을 측정하는 계측기기는?

① 오벌식 유량계　　② 오리피스 유량계
③ 막식 유량계　　④ 터빈 유량계

[해설] 간접식 유량계 : 유속식, 차압식, 면적식

037. 공정과 설비의 고장형태 및 영향, 고장형태별 위험도 순위 등을 결정하는 안전성평가기법은?

① 예비위험분석(PHA)
② 위험과 운전분석(HAZOP)
③ 결함수분석(FTA)
④ 이상 위험도 분석(FMECA)

[해설] 안전성평가기법
[정성평가와 정량평가 종류]

정성평가	정량평가
Check List(체크리스트)	HEA(작업자실수 분석)
What – if(사고예상질문)	FTA(결함수 분석)
Hazop(위험과 운전)	ETA(사건수 분석)
TIP 성체사위	CCA(원인결과 분석)
FMECA(이상위험도 분석) : 고장형태 및 영향, 고장형태별 위험도 순위 등을 결정	

TIP 영자 3자리

038. 원통형의 관을 흐르는 물의 중심부의 유속을 피토관으로 측정하였더니 수주의 높이가 10m이었다. 이때 유속은 약 몇 m/s인가?

① 10   ② 14
③ 20   ④ 26

[해설] 유속(m/s) $= \sqrt{2 \cdot g \cdot h}$ 에서 $= \sqrt{2 \times 9.8 \times 10} = 14$
피토관식 유량계 특징
① 유속이 일정한 장소에서 전압과 정압의 차이 측정 즉, 동압측정용
② 속도수두에 따른 유속 측정
③ 유속은 5m/s 이상시 사용

039. 다음 가연성 중 위험성이 가장 큰 것은?

① 수소   ② 프로판
③ 산화에틸렌   ④ 아세틸렌

[해설] 원칙 : 위험도 및 폭발범위를 계산하여 위험도가 큰 것 선택
TIP 아(세틸렌) 산에(산화에틸렌) 윤 수(소) 일(산화탄소)

040. 다음 중 사용신고를 하여야 하는 특정고압가스에 해당하지 않는 것은?

① 게르만   ② 삼불화질소
③ 사불화규소   ④ 오불화붕소

[해설] 특정 가스 종류
(1) (법에서 정한 가스–법 제20조) : 산소, 수소, 아세틸렌, 액화암모니아, 액화염소, 천연가스, 압축모노실란(SiH_4), 압축디브레인(B_2H_6), 액화알진(AsH_3), 포스핀(PH_3), 셀렌화수소(H_2Se), 게르만(GeH_4), 디실란(Si_2H_6)
(2) (대통령령으로 정한 가스) : 포스핀(PH_3), 셀렌화수소(H_2Se), 게르만(GeH_4), 디실란(Si_2H_6), 삼불화인, 삼불화붕소, 삼불화질소, 사불화유황, 사불화규소, 오불화비소, 오불화인
(3) (특수고압 가스) : 압축모노실란(SiH_4), 압축디브레인(B_2H_6), 액화알진(AsH_3), 포스핀(PH_3), 셀렌화수소(H_2Se), 게르만(GeH_4), 디실란(Si_2H_6)

041. 다음 중 상온에서 가스를 압축, 액화상태로 용기에 충전시키기가 가장 어려운 가스는?

① C_3H_8 ② CH_4
③ Cl_2 ④ CO_2

[해설] 비점이 낮은 가스는 상온에서 압축, 액화상태로 충전시키기 어렵다.
CH_4(−161.5℃)

042. C_4H_{10}의 제조시설에 설치하는 가스누출 경보기는 가스누출 농도가 얼마일 때 경보를 울려야 하는가?

① 0.45% 이상   ② 0.53% 이상
③ 1.8% 이상   ④ 2.1% 이상

[해설] 예 검지경보농도기준 : 폭발하한의 $\frac{1}{4}$ 이하
부탄(C_4H_{10}) 1.8 ~ 8.4
$\frac{1.8}{4} = 0.45\%$
만일, 메탄(CH_4)일 경우는 폭발범위 5%~15%이므로
∴ $5 \times \frac{1}{4} = 1.25(\%)$ 이다.

043. 300kg의 액화프레온 12(R-12)가스를 내용적 50L 용기에 충전할 때 필요한 용기의 개수는? (단, 가스정수 C는 0.86이다.)

① 5개   ② 6개
③ 7개   ④ 8개

[해설] 저장능력 계산
① $W(kg) = \frac{L}{c} = \frac{50}{0.86} = 58.14(kg)$
② 용기 개수(개) $= \frac{300kg}{58.14kg} = 5.16 ≒ 6(개)$
W : 용기 및 차량에 고정된 탱크의 저장능력(kg)
V : 내용적(L) C : 가스의 충전상수

044. 다음 가스 중 독성이 강한 순서부터 바르게 나열된 것은?

① $COCl_2 > Cl_2 > H_2S > CO$
② $Cl_2 > COCl_2 > CO > H_2S$
③ $COCl_2 > CO > H_2S > Cl_2$
④ $COCl_2 > Cl_2 > CO > H_2S$

[해설] LC_{50} 기준 : 독성가스 허용농도 5,000ppm 이하
※ 독성이 강한 순 : 포스겐, 오존, 인화수소, 시안화수소, 불소, 염소, 황화수소, 아크릴로니트릴, 브롬화메탄, 불화수소, 아황산가스, 산화에틸렌, 염화수소, 일산화탄소, 암모니아
TIP 포스 오 인 시/불 염 황/아 브 불/아황 산에/염 일 암

045. 수소 취급 시 주의사항 중 옳지 않은 것은?

① 수소용기의 안전밸브는 가용전식과 파열판식을 병용한다.
② 용기밸브는 오른나사이다.
③ 수소 가스는 피로카롤 시약을 사용한 오르자트법에 의한 시험법에서 순도가 98.5% 이상이어야 한다.
④ 공업용 용기 도색은 주황색이고, "연"자 표시는 백색이다.

[해설] 수소 취급시 주의사항
① 안전밸브 - 가용전식, 파열판식 병용
② 용기밸브 - 왼나사(가연성 가스)
③ 피로카롤 시약, 오르자트법 수소 98.5% 이상
④ 공업용 용기 - 주황색, "연" 표시는 백색
※ 왼나사 예외규정(NH_3, CH_3Br은 오른나사)

046. 고압가스 품질검사에 대한 설명으로 틀린 것은?

① 품질검사 대상 가스는 산소, 아세틸렌, 수소이다.
② 품질검사는 안전관리책임자가 실시한다.
③ 산소는 동·암모니아 시약을 사용한 오르잣드법에 의한 시험결과 순도가 99.5% 이상이어야 한다.
④ 수소는 하이드로썰파이드 시약을 사용한 오르잣드법에 의한 시험결과 순도가 99.0% 이상이어야 한다.

[해설] 고압가스 품질검사
• 품질검사 대상가스는 산소, 수소, 아세틸렌, 품질검사는 안전관리책임자가 실시
• 산소 : 동·암모니아시약, 순도 99.5% 이상
• 수소 : 피로카롤, 하이드로썰파이드시약, 순도 98.5% 이상
• 아세틸렌 : 발연황산, 브롬 시약, 질산은 시약, 순도 98% 이상

047. 액화산소 등과 같은 극저온 저장탱크의 액면 측정에 주로 사용되는 액면계는?

① 햄프슨식 액면계
② 슬립 튜브식 액면계
③ 크랭크식 액면계
④ 마그네틱식 액면계

[해설] 햄프슨식 액면계(차압식)
극저온 저장탱크의 액면계에 주로 사용

048. 다음 특정설비 중 재검사 대상에서 제외되는 것이 아닌 것은?

① 역화방지장치
② 자동차용 가스 자동주입기
③ 차량에 고정된 탱크
④ 독성가스 배관용 밸브

[해설] 특정설비 중 재검사 대상 항목
차량에 고정된 탱크/ 저장 탱크/ 안전밸브 및 긴급차단장치/ 기화장치/ 압력용기

049. 오르자트법으로 시료가스를 분석할 때의 성분분석 순서로서 옳은 것은?

① $CO_2 \to O_2 \to CO$
② $CO \to CO_2 \to O_2$
③ $O_2 \to CO \to CO_2$
④ $O_2 \to CO_2 \to CO$

050. 어떤 물질 1kg을 1℃ 변화시킬 수 있는 열량을 무엇이라고 하는가?

① 밀도
② 비중
③ 열용량
④ 비열

[해설] C(비열) = kcal/kg·℃이므로 비열이 작은 물질일수록 온도의 변화가 쉽다.
① 어떤 물질 1kg을 1℃ 변화시킬 수 있는 열량이다.
② 일반적으로 금속은 비열이 작다.
③ 비열이 작은 물질일수록 온도의 변화가 쉽다.
④ 물의 비열은 약 1kcal/kg·℃이다.

051. 가스계량기와 전기개폐기와의 이격거리는 최소 얼마 이상이어야 하는가?

① 10cm
② 15cm
③ 30cm
④ 60cm

052. 고압가스배관의 설치기준 중 하천과 병행하여 매설하는 경우로서 적합하지 않은 것은?

① 배관은 견고하고 내구력을 갖는 방호구조물 안에 설치한다.
② 매설심도는 배관의 외면으로부터 1.5m 이상 유지한다.

③ 설치지역은 하상(河床, 하천의 바닥)이 아닌 곳으로 한다.
④ 배관손상으로 인한 가스누출 등 위급한 상황이 발생한 때에 그 배관에 유입되는 가스를 신속히 차단할 수 있는 장치를 설치한다.

[해설] ② 매설심도 1.5m → 2.5m 이상

053. 다음 가스 중 열전도율이 가장 큰 것은?

① H_2 ② N_2
③ CO_2 ④ SO_2

[해설] 열전도율(λ : 람다)는 비중이 낮을수록 열전도율은 크다.

054. 일산화탄소와 공기의 혼합가스는 압력이 높아지면 폭발범위는 어떻게 되는가?

① 변함없다. ② 좁아진다.
③ 넓어진다. ④ 일정치 한다.

[해설] 일반적으로 온도와 압력이 높으면 폭발범위는 넓어진다. 그러나 CO(일산화탄소)는 좁아진다.
H_2(수소)는 10atm까지 좁아지다가 다시 넓어진다.

055. 공기액화 분리기 내의 CO_2를 제거하기 위해 NaOH 수용액을 사용한다. 1.0kg의 CO_2를 제거하기 위해서는 약 몇 kg의 NaOH를 가해야 하는가?

① 0.9 ② 1.8
③ 3.0 ④ 3.8

[해설] $2NaOH + CO_2 \rightarrow Na_2CO_3 + H_2O$
$2NaOH = 2(23+16+1) = 80g$: $CO_2(12+16×2) = 44g$
1.8 : 1

056. 다음 중 정유가스(off 가스)의 주성분은?

① $H_2 + CH_4$ ② $CH_4 + CO$
③ $H_2 + CO$ ④ $CO + C_3H_8$

[해설] 정유가스(off 가스)
$H_2 + CH_4$

057. 다음 중 아세틸렌 및 합성용 가스의 제조에 사용되는 반응장치는?

① 축열식 반응기 ② 유동층식 접촉반응기
③ 탑식 반응기 ④ 내부 연소식 반응기

[해설] TIP 석유화학장치의 종류
반응장치
• 내부 연소식   예) C_2H_2, 합성용 가스
• 축열식 반응기(기준) 예) 아세틸렌, 에틸렌 (TIP 축아에)
• 이동상식 접촉반응기 예) 에틸렌(C_2H_4)

058. 다음 중 비점이 가장 낮은 것은?

① 수소 ② 헬륨
③ 산소 ④ 네온

[해설] 비점 : 수소 -252℃, 헬륨 -269℃, 산소 -183℃, 네온 -246℃

059. 가스누출을 감지하고 차단하는 가스누출 자동차단기의 구성요소가 아닌 것은?

① 제어부 ② 중앙통제부
③ 검지부 ④ 차단부

060. 고온배관용 탄소강관의 규격 기호는?

① SPPH ② SPHT
③ SPLT ④ SPPW

[해설] 강관의 종류

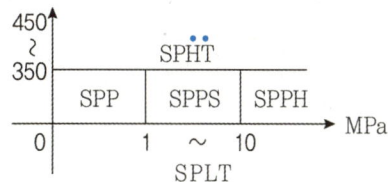

제3회 최신 과년도 기출문제

001. 다음 중 독성이 가장 강한 가스는?

① 아크릴로니트릴 ② 아황산가스
③ 암모니아 ④ 펜탄

[해설]
- 독성이 강한 순
  포스겐, 오존, 인화수소, 시안화수소, 불소, 염소, 황화수소, 아크릴로니트릴, 브롬화메탄, 불화수소, 아황산가스, 산화에틸렌, 염화수소, 일산화탄소, 암모니아
  TIP 포스 오인시 / 불염황 / 아브불 / 이황 산에 / 염일암
- 독성가스 아닌 것 – 펜탄(상쾌한 냄새)

002. 액화질소 35톤을 저장하려고 할 때 사업소 밖의 제1종 보호시설과 유지하여야 하는 안전거리는 최소 몇 m인가?

① 8 ② 9
③ 11 ④ 13

[해설]

저장능력	산소=2종 (독성·가연성)	독성·가연성	기타=2종 (산소)
~1만 이하	12)2	17)4	8)1
1만~2만 이하	14)2	21)3	9)2
2만~3만 이하	16)2	24)3	11)2
3만~4만 이하	18)2	27)3	13)1
4만 초과	20	30	14

003. 독성가스 허용농도의 종류가 아닌 것은?

① 시간가중 평균농도(TLV-TWA)
② 단시간 노출허용농도(TLV-STEL)
③ 최고허용농도(TLV-C)
④ 순간 사망허용농도(TLV-D)

[해설] 현재는 LC-50 기준을 적용한다.

004. 다음 중 독성가스가 아닌 것은?

① 아크릴로니트릴 ② 벤젠
③ 암모니아 ④ 펜탄

[해설]
- 독성가스 아닌 것 – 펜탄(상쾌한 냄새)
- 독성가스 – 아크릴로니트릴, 벤젠, 암모니아

005. 다음 중 공기 중에서의 폭발범위가 가장 넓은 가스는?

① 황화수소 ② 암모니아
③ 산화에틸렌 ④ 프로판

[해설] 아(C_2H_2) 산에(C_2H_4O) (윤) 수(H_2) 일(CO)

006. 다음 고압가스 압축작업 중 작업을 즉시 중단해야 하는 경우가 아닌 것은?

① 아세틸렌 중 산소용량이 전용량의 2% 이상의 것
② 산소 중 가연성가스(아세틸렌, 에틸렌 및 수소를 제외한다.)의 용량이 전용량의 4% 이상의 것
③ 산소 중 아세틸렌, 에틸렌 및 수소의 용량합계가 전용량의 2% 이상인 것
④ 시안화수소 중 산소용량이 전용량의 2% 이상의 것

[해설] 압축금지 조건
- 가연성 가스 중 산소용량이 전용량의 4% 이상 시
- 산소 중의 가연성 용량이 전용량의 4% 이상 시
- 아세틸렌, 에틸렌, 수소 중의 산소 용량이 전용량의 2% 이상 시
- 산소 중의 아세틸렌, 에틸렌, 수소의 용량 합계가 전용량의 2% 이상 시

007. 고압가스관련법에서 사용되는 용어의 정의에 대한 설명 중 틀린 것은?

① 가연성가스라 함은 공기 중에서 연소하는 가스로서 폭발한계의 하한이 10% 이하인 것과 폭발한계의 상한과 하한의 차가 20% 이상인 것을 말한다.
② 독성가스라 함은 인체에 유해한 독성을 가진 가스로서 허용농도가 100만분의 100 이하인 것을 말한다.
③ 액화가스라 함은 가압·냉각 등의 방법에 의하여 액체 상태로 되어 있는 것으로서 대기압에서의 비점이 섭씨 40도 이하 또는 상용의 온도 이하인 것을 말한다.

정답 001. ① 002. ④ 003. ④ 004. ④ 005. ③ 006. ④

④ 초저온저장탱크라 함은 섭씨 영하 50도 이하의 저장탱크로서 단열재로 피복하거나 냉동설비로 냉각하는 등의 방법으로 저장탱크내의 가스온도가 상용의 온도를 초과하지 아니하도록 한 것을 말한다.

008. 다음 중 분해에 의한 폭발을 하지 않는 가스는?

① 시안화수소 ② 아세틸렌
③ 히드라진 ④ 산화에틸렌

[해설] 시안화수소(HCN)는 중합폭발 대상이다.

009. 고압가스 용기운반기준에서 허용농도가 100만분의 200 이하일 때 운반책임자를 동승하여야 할 중량기준은?

① 50kg ② 80kg
③ 100kg ④ 120kg

010. 용기에 의한 고압가스 운반기준으로 틀린 것은?

① 3,000kg의 액화 조연성가스를 차량에 적재하여 운반할 때에는 운반책임자가 동승하여야 한다.
② 허용농도가 500ppm인 액화 독성가스 1,000kg을 차량에 적재하여 운반할 때에는 운반책임자가 동승하여야 한다.
③ 충전용기와 위험물 안전관리법에서 정하는 위험물과는 동일 차량에 적재하여 운반할 수 없다.
④ 300m³의 압축 가연성가스를 차량에 적재하여 운반할 때에는 운전자가 운반책임자의 자격을 가진 경우에는 자격이 없는 사람을 동승시킬 수 있다.

[해설] ① 3,000kg → 6,000kg 이상시 동승해야 한다.
용기에 의한 고압가스 운반 기준
• 충전용기와 위험물 안전관리법에서 정하는 위험물과는 동일 차량에 적재하여 운반할 수 없다.
• 운전자가 운반책임자의 자격을 가진 경우 자격이 없는 사람을 동승시킬 수 있다.

고압가스의 종류		운반기준
압축 가스	조연성 가스	600m³ 이상
	가연성 가스	300m³ 이상
	독성가스(허용농도 200ppm 초과)	100m³ 이상
	독성가스(허용농도 200ppm 이하)	10m³ 이상

액화 가스	조연성 가스	6,000kg 이상 (납붙임용기, 접합용기의 경우는 2,000kg 이상)
	가연성 가스	3,000kg 이상
	독성가스(허용농도 200ppm) 초과	1,000kg 이상
	독성가스(허용농도 200ppm) 이하	100kg 이상

※ 압축가스 1m³ = 액화가스 10kg

011. LPG 충전시설 중 저장능력이 10톤일 경우 저장설비와 사업소 경계와의 거리는?

① 15m ② 20m
③ 24m ④ 36m

[해설]

저장능력	사업소 경계와의 거리
10톤 이하	24m
10톤 초과 20톤 이하	27m
20톤 초과 30톤 이하	30m
30톤 초과 40톤 이하	33m
40톤 초과 200톤 이하	36m
200톤 초과	39m

(3씩 증가)

012. 안전관리자가 상주하는 사무소와 현장사무소와의 사이 또는 현장사무소 상호간 신속히 통보할 수 있도록 통신시설을 갖추어야 하는데 이에 해당되지 않는 것은?

① 구내방송설비 ② 메가폰
③ 인터폰 ④ 페이징설비

013. 공기보다 비중이 가벼운 도시가스의 공급시설로서 공급시설이 지하에 설치된 경우의 통풍구조에 대한 설명으로 옳은 것은?

① 환기구의 2방향 이상 분산하여 설치한다.
② 배기구는 천장면으로부터 50cm 이내에 설치한다.
③ 흡입구 및 배기구의 관경은 80mm 이상으로 한다.
④ 배기가스 방출구는 지면에서 5m 이상의 높이에 설치한다.

[해설] 통풍구조 : 환기구의 2방향 이상 분산하여 설치
• 자연통풍 1m²당 300cm² 비율(1개소 2400cm² 이하)
• 강제통풍 1m²당 0.5m³/분

② : 30cm ③ : 100mm(10cm)
④ : 3m(가벼운 것) 이상 이격, 5m(무거운 것) 이격

014. 액화석유가스 판매업소의 충전용기 보관실에 강제통풍장치 설치 시 통풍능력의 기준은?

① 바닥면적 1㎡당 0.5㎥/분 이상
② 바닥면적 1㎡당 1.0㎥/분 이상
③ 바닥면적 1㎡당 1.5㎥/분 이상
④ 바닥면적 1㎡당 2.0㎥/분 이상

015. 기화기, 혼합기(믹서)에 의해서 기화한 부탄에 공기를 혼합하여 만들어지며, 부탄을 다량 소비하는 경우에 적절한 공급방식은?

① 생가스 공급방식
② 공기혼합 공급방식
③ 자연기화 공급방식
④ 변성가스 공급방식

[해설] **공기혼합 공급방식**
기화기, 혼합기(믹서)에 의해서 기화한 부탄에 공기 혼합
부탄을 다량 소비하는 경우 적절

016. LPG(C_4H_{10}) 공급방식에서 공기를 3배 희석했다면 발열량은 약 몇 kcal/S㎥이 되는가? (단, C_4H_{10}의 발열량은 30,000kcal/S㎥으로 가정한다.)

① 5,000
② 7,500
③ 10,000
④ 11,000

[해설] $\dfrac{Hg_1}{1+x} = Hg_2$
⟨Hg_1: 변경 전 총 발열량, Hg_2: 변경 후 총 발열량⟩
$= \dfrac{30,000}{1+3} = 7,500$

017. LPG 저장설비, 감압설비 및 배관과 화기 취급장소와의 유지해야 할 우회거리는?

① 3m
② 5m
③ 8m
④ 10m

018. 도시가스배관의 용어에 대한 설명으로 틀린 것은?

① 배관이란 본관, 공급관, 내관 또는 그 밖의 관을 말한다.
② 본관이란 도시가스제조사업소의 부지경계에서 정압기까지 이르는 배관을 말한다.
③ 사용자 공급관이란 공급관 중 정압기에서 가스사용자가 구분하여 소유하는 건축물의 외벽에 설치된 계량기까지 이르는 배관을 말한다.
④ 내관이란 가스사용자가 소유하거나 점유하고 있는 토지의 경계에서 연소기까지 이르는 배관을 말한다.

[해설] **도시가스배관의 용어**
① 배관은 본관, 공급관, 내관 또는 그 밖의 관
② 본관 : 도시가스제조사업소의 부지경계~정압기까지 이르는 배관
③ 내관 : 가스 사용자가 소유하거나 점유하고 있는 토지의 경계 연소기까지 이르는 배관
④ 공급관 : 정압기(지)에서 가스사용자가 구분하여 소유하는 건축물의 외벽에 설치된 계량기까지 이르는 배관을 말한다.
⑤ 사용자 공급관 : 공급관 중 가스사용자가 소유하거나 점유하고 있는 토지의 경계에서 가스사용자가 구분하여 소유하거나 점유하는 건축물의 외벽에 설치된 계량기의 전단밸브까지의 배관

019. 다음 중 공기 액화분리장치에서 발생할 수 있는 폭발의 원인으로 볼 수 없는 것은?

① 액체공기 중에 산소의 혼입
② 공기 취입구에서 아세틸렌의 침입
③ 윤활유 분해에 의한 탄화수소의 생성
④ 산화질소(NO), 과산화질소(NO_2)의 혼입

[해설] **공기 액화분리장치의 폭발원인**
• 액체공기 중에 오존(O_3)의 혼입
• 공기 취입구에 아세틸렌 침입
• 윤활유 분해에 의한 탄화수소의 생성
• 산화질소(NO), 과산화질소(NO_2)의 혼입

020. 10%의 소금물 500g을 증발시켜 400g으로 농축하였다면 이 용액은 몇 %인가?

① 10
② 12.5
③ 15
④ 20

정답 014. ① 015. ② 016. ② 017. ③ 018. ③ 019. ① 020. ②

[해설] 1) 500g×10% = 50g

2) $\frac{50}{500} \times 100 = 10\%$ 소금물이므로

3) $\frac{50}{400} \times 100 = 12.5(\%)$

021. 다음 독성가스 누출 시 제독제로서 적합하지 않는 것은?

① 염소 : 탄산소다수용액
② 포스겐 : 소석회
③ 산화에틸렌 : 소석회
④ 황화수소 : 가성소다수용액

[해설] ③ 중화제 : 물(암모니아, 산화에틸렌, 염화메탄)

022. 독성가스 배관은 안전한 구조를 갖도록 하기 위해 2중관 구조로 하여야 한다. 다음 가스 중 2중관으로 하지 않아도 되는 가스는?

① 암모니아   ② 염화메탄
③ 시안화수소 ④ 에틸렌

[해설] ① 2중관 가스 : 용어수정-KGS FS112 2019
포스겐, 황화수소, 시안화수소, 아황산가스, 암모니아, 산화에틸렌, 염소, 염화메탄
TIP) 포황시, 아황암산에, 염소, 염탄
② 가연성이면서 독성이 강한 가스(일명: 독,가)
이황화탄소, 황화수소, 시안화수소, 브롬화메탄, 산화에틸렌, 염화메탄, 일산화탄소, 암모니아, 디메틸아민, 모노메틸아민, 트리메틸아민
TIP) 이황시/ 브롬산에/ 염탄일암/ 디모노 3벌

023. 도시가스용 압력조정기에 대한 설명으로 옳은 것은?

① 유량성능은 제조자가 제시한 설정압력의 ±10% 이내로 한다.
② 합격표시는 바깥지름이 5㎜의 "k"자 각인을 한다.
③ 입구 측 연결배관 관경은 50A 이상의 배관에 연결되어 사용되는 조정기이다.
④ 최대 표시유량 300N㎥/h 이상인 사용처에 사용되는 조정기이다.

[해설] 도시가스용 압력조정기 기준 : KGS AA431(2017), 1.4 용어기준
• 유량성능은 제조자가 제시한 설정압력의 ±20% 이내로 한다.
• 합격표시는 바깥지름이 5㎜의 "k"자 각인을 한다.(정압기용은 10㎜)
• 입구 측 연결배관 관경은 50A 이하의 배관에 연결되어 사용되는 조정기이다.
• 최대 표시유량 300N㎥/h 이하인 사용처에 사용되는 조정기이다.

참고 압력조정기
도시가스용(KGS AA431(2017),1.4.8기준), 정압기용(KGS AA431(2017),1.4.9기준).

024. 가스용품제조허가를 받아야 하는 품목이 아닌 것은?

① PE배관   ② 매몰형 정압기
③ 로딩암   ④ 연료전지

[해설]
액화석유가스 또는 도시가스사업법에 의한 연료용가스를 사용하기 위한 기기를 제조하는 사업
1. 압력조정기(용접 절단기용 액화석유가스 압력조정기를 포함한다)
2. 가스누출자동차단장치
3. 정압기용필터(정압기에 내장된 것은 제외한다)
4. 매몰형정압기
5. 호스
6. 배관용 밸브(볼밸브와 글로우브밸브만을 말한다)
7. 콕(퓨즈콕, 상자콕 및 주물연소기용 노즐콕만을 말한다)
8. 배관이음관
9. 강제혼합식 가스버너(제10호에 따른 연소기와 별표 7 제5호 나목에서 정한 연소기에 부착하는 것은 제외한다)
10. 연소기[연소장치 중 가스버너를 사용할 수 있는 구조의 것으로서 가스소비량이 232.6kW(20만 kcal/h) 이하인 것만을 말하되, 별표 7 제5호나목에서 정하는 것은 제외한다]
11. 다기능가스안전계량기(가스계량기에 가스누출차단장치 등 가스안전기능을 수행하는 가스안전장치가 부착된 가스용품을 말한다. 이하 같다)
12. 로딩암
13. 연료전지[가스소비량이 232.6kW(20만 kcal/h) 이하인 것만을 말한다. 이하 같다]
14. 다기능보일러[온수보일러에 전기를 생산하는 기능 등 여러 가지 복합기능을 수행하는 장치가 부착된 가스용품으로서 가스소비량이 232.6kW(20만 kcal/h) 이하인 것을 말한다.]

TIP) 강제호정(이) 가정(이) 배배콕(여) 다연(이) 연료압(이다)

021. ③ 022. ④ 023. ② 024. ①

025. LP 가스 자동차 충전소에서 사용하는 디스펜서(Dispenser)에 대하여 옳게 설명한 것은?

① LP 가스 충전소에서 용기에 일정량의 LP 가스를 충전하는 충전기기이다.
② LP 가스 충전소에서 용기에 충전하는 가스용적을 계량하는 기기이다.
③ 압축기를 이용하여 탱크로리에서 저장탱크로 LP 가스를 이송하는 장치이다.
④ 펌프를 이용하여 LP 가스를 저장탱크로 이송할 때 사용하는 안전장치이다.

026. LPG 충전시설의 충전소에 기재한 "화기엄금"이라고 표시한 게시판의 색깔로 옳은 것은?

① 황색 바탕에 흑색 글씨 ② 황색 바탕에 적색 글씨
③ 흰색 바탕에 흑색 글씨 ④ 흰색 바탕에 적색 글씨

[해설]

TIP	바탕색	글씨색	표기문구
화백적	백색	적색	화기엄금
충황흑	황색	흑색	충전 중 엔진정지
도황흑	황색	흑색	도시가스 표지판
위황적	황색	적색	위험고압가스

027. 저장탱크의 지하설치기준에 대한 설명으로 틀린 것은?

① 천정, 벽 및 바닥의 두께가 각각 30cm 이상인 방수 조치를 한 철근콘크리트로 만든 곳에 설치한다.
② 지면으로부터 저장탱크의 정상부까지의 깊이는 1m 이상으로 한다.
③ 저장탱크에 설치한 안전밸브에는 지면에서 5m 이상의 높이에 방출구가 있는 가스방출관을 설치한다.
④ 저장탱크를 매설한 곳의 주위에는 지상에 경계표지를 설치한다.

[해설] ②의 경우 60cm 이상

028. C_2H_2 제조설비에서 제조된 C_2H_2를 충전용기에 충전 시 위험한 경우는?

① 아세틸렌이 접촉되는 설비부분에 동함량 72%의 동합금을 사용하였다.
② 충전중의 압력을 2.5MPa 이하로 하였다.
③ 충전 후에 압력이 15℃에서 1.5MPa 이하로 될 때까지 정치하였다.
④ 충전용 지관은 탄소함유량이 0.1% 이하의 강을 사용하였다.

[해설] C_2H_2를 충전용기에 충전시
① 충전 중 압력 2.5MPa 이하 유지
② 충전 후 15℃, 1.5MPa 이하가 될 때까지 정치
③ 충전용 지관은 탄소함유량 0.1% 이하의 강을 사용
④ 동합금 금지(62% 초과 금지)

029. 방폭지역이 0종인 장소에는 원칙적으로 어떤 방폭구조의 것을 사용하여야 하는가?

① 내압방폭구조 ② 압력방폭구조
③ 본질안전방폭구조 ④ 안전증방폭구조

[해설]

위험장소	방폭구조(Ex)
0종	ia, ib
1종	p·o·d
2종	e

030. 고압가스 용기 보관실에 충전 용기를 보관할 때의 기준으로 틀린 것은?

① 충전 용기와 잔가스 용기는 각각 구분하여 용기보관 장소에 놓는다.
② 용기보관 장소의 주위 5㎝ 이내에는 화기 또는 인화성 물질이나 발화성 물질을 두지 아니한다.
③ 충전 용기는 항상 40℃ 이하의 온도를 유지하고, 직사광선을 받지 않도록 조치한다.
④ 가연성가스 용기보관 장소에는 방폭형 휴대용 손전등 외의 등화를 휴대하고 들어가지 아니한다.

[해설] ②는 2m 이내 화기 금지

031. 47L 고압가스 용기에 20℃의 온도로 15MPa의 게이지압력으로 충전하였다. 40℃로 온도를 높이면 게이지압력은 약 얼마가 되겠는가?

① 16.031MPa ② 17.132MPa
③ 18.031MPa ④ 19.031MPa

해설 보일-샤를 법칙 적용(절대압력기준)

1) $\dfrac{Pv}{T} = \dfrac{P_1 v_1}{T_1}$ 에서

$\dfrac{(15+0.1013250) \times 47L}{(20+273)} = \dfrac{x \times 47L}{(40+273)}$

2) x(절대압력) = 16.13MPa · abs
x(게이지 P) = 16.13 − 0.101325 = 16.03(MPa · g)

032. LP 가스에서 압력조정기 출구에서 연소기 입구까지 배관 압력이 7kPa일 때 얼마로 기밀시험해야 하는가?

① 35kPa 이상 ② 30kPa 이상
③ 3.3kPa 이상 ④ 8.4kPa 이상

해설 가스설비 성능 KGS CODE[KGS FU431 2.4.5.]
압력조정기 출구에서 연소기 입구까지의 호스는 8.4kPa 이상의 압력(압력이 3.3kPa 이상 30kPa 이하인 것은 35kPa 이상의 압력)으로 기밀시험(정기검사 시에는 사용압력 이상의 압력으로 실시하는 누출검사)을 실시하여 누출이 없도록 한다.

033. 수소 취급 시 주의사항 중 옳지 않은 것은?

① 수소용기의 안전밸브는 가용전식과 파열판식을 병용한다.
② 용기밸브는 오른나사이다.
③ 수소 가스는 피로카롤 시약을 사용한 오르자트법에 의한 시험법에서 순도가 98.5% 이상이어야 한다.
④ 공업용 용기 도색은 주황색이고, "연"자 표시는 백색이다.

해설 수소 취급시 주의사항
① 안전밸브 − 가용전식, 파열판식 병용
② 용기밸브 − 왼나사(가연성 가스)
③ 피로카롤 시약, 오르자트법 수소 98.5% 이상
④ 공업용 용기 − 주황색, "연" 표시는 백색
※ 왼나사 예외규정(NH_3, CH_3Br은 오른나사)

034. 백금-백금로듐 열전대 온도계의 온도 측정 범위로 옳은 것은?

① −180~350℃ ② −20~800℃
③ 0~1,600℃ ④ 300~2,000℃

해설 열전대(가장 고온 측정용)

PR	(백금 − 백금로듐)	내열성 우수(1,600℃)
CA	(크로멜 − 알루멜)	(1,200℃)
IC	(철 − 콘스탄탄)	열기전력 가장 높음(800℃)
CC	(동 − 콘스탄탄)	수분에 의한 부식 강함(350℃)

035. 다음 중 초저온 저장탱크에 사용하는 재질로 적당하지 않은 것은?

① 탄소강 ② 18-8 스테인리스강
③ 9% Ni강 ④ 동합금

해설 초저온 저장탱크에 사용하는 재질
18-8 스테인리스강, 9% Ni강, Cu/AL의 합금강

036. 다공물질 내용적이 120m³이며 아세톤의 잔용적이 20m³일 때 다공도는?

① 82.66 ② 83.33
③ 84.66 ④ 85.33

해설 아세틸렌을 용기에 충전하는 때에는 미리 용기에 다공물질의 다공도계산

1) 다공도 = $\dfrac{V-E}{V} \times 100$

$= \dfrac{120-20}{120} = 83.33\%$

2) 다공도합격기준 : 75% 이상, 92% 미만

037. 충전용기 등을 적재한 차량의 운반 개시 전 용기 적재상태의 점검내용이 아닌 것은?

① 차량의 적재중량 확인
② 용기 고정상태 확인
③ 용기 보호캡의 부착유무 확인
④ 운반계획서 확인

해설 차량의 운반 개시 전 용기 적재상태 점검내용
① 차량의 적재중량 확인
② 용기 고정상태 확인
③ 용기 보호캡의 부착유무 확인
운행시 휴대 서류철
• 운전 면허증(개인)
• 고압가스 관련 자격증(개인)

- 차량 운행일지(탱크)
- 고압가스 이동 계획서(탱크)
- 탱크 테이블(용량 환산표)(탱크)
- 차량 등록증(탱크)

038. 도시가스사업자는 굴착공사정보지원센터로부터 굴착계획의 통보내용을 통지받은 때에는 얼마 이내에 매설된 배관이 있는지를 확인하고 그 결과를 굴착공사정보지원센터에 통지하여야 하는가?

① 24시간 ② 36시간
③ 48시간 ④ 60시간

039. 다음 굴착공사 중 굴착공사를 하기 전에 도시가스사업자와 협의를 하여야 하는 것은?

① 굴착공사 예정지역 범위에 묻혀 있는 도시가스배관의 길이가 110m인 굴착공사
② 굴착공사 예정지역 범위에 묻혀 있는 송유관의 길이가 200m인 굴착공사
③ 해당 굴착공사로 인하여 압력이 3.2kPa인 도시가스배관의 길이가 30m 노출될 것으로 예상되는 굴착공사
④ 해당 굴착공사로 인하여 압력이 0.8MPa인 도시가스배관의 길이가 8m 노출될 것으로 예상되는 굴착공사

[해설] 굴착공사시 도시가스사업자와 협의사항(굴착공사 정보지원센터 : EOCS)
- 도시가스 배관의 길이가 100m 이상 시
- 최고사용압력이 0.01MPa 이상인 도시가스배관의 길이가 10m 노출될 것으로 예상되는 굴착공사

040. 확산속도가 가장 느린 가스는?

① 수소 ② 이산화탄소
③ 프로판 ④ 부탄

041. 냉동기의 압축기에서 다단압축을 하는 주된 목적은?

① 압축일과 체적효율 증가
② 압축일 증가와 체적효율 감소
③ 압축일 감소와 체적효율 증가
④ 압축일과 체적효율 감소

042. 자연발화의 열의 발생 속도에 대한 설명으로 틀린 것은?

① 발열량이 큰 쪽이 일어나기 쉽다.
② 표면적이 적을수록 일어나기 쉽다.
③ 초기 온도가 높은 쪽이 일어나기 쉽다.
④ 촉매 물질이 존재하면 반응 속도가 빨라진다.

[해설] 자연발화의 열의 발생속도
- 발열량이 큰 쪽이 일어나기 쉽다.
- 표면적이 클수록 일어나기 쉽다.
- 초기 온도가 높은 쪽이 일어나기 쉽다.
- 촉매 물질이 존재하면 반응 속도가 빨라진다.

043. 가연성 물질을 공기로 연소시키는 경우에 공기 중의 산소농도를 높게 하면 연소속도와 발화온도는 어떻게 변하는가?

① 연소속도는 빠르게 되고, 발화온도도 높아진다.
② 연소속도는 빠르게 되고, 발화온도는 낮아진다.
③ 연소속도는 느리게 되고, 발화온도는 높아진다.
④ 연소속도는 느리게 되고, 발화온도도 낮아진다.

[해설] 산소농도 높은 경우 연소속도와 발화온도의 영향
- 연소속도는 빠르게 되고, 발화온도는 낮아진다.
- 점화에너지(E) 감소, 화염온도 상승

044. 습식가스미터 특징에 대한 설명으로 옳은 것은?

① 대용량의 경우 설치공간이 크다.
② 일반 수용가에 적합하다.
③ 스트레이너가 필요 없다.
④ 계량이 정확하다.

[해설]

막식	습식	루트미터
• 가정용 • 소유량 • 100㎥/h 이하 • 대용량 경우 설치면적이 크다.	• 계량이 정확 • 실험실용	• 대용량에 사용 • 설치면적이 작다. • 소유량(0.5㎥/h 이하)시 부동우려가 있다.

045. 도시가스의 웨버지수에 대한 설명으로 옳은 것은?

① 도시가스의 총발열량(kcal/m³)을 가스 비중의 평방근으로 나눈 값을 말한다.
② 도시가스의 총발열량(kcal/m³)을 가스 비중으로 나눈 값을 말한다.
③ 도시가스의 가스 비중을 총발열량(kcal/m³)의 평방근으로 나눈 값을 말한다.
④ 도시가스의 가스 비중을 총발열량(kcal/m³)으로 나눈 값을 말한다.

해설 $W = \dfrac{Hg}{\sqrt{d}}$ (Hg : 총발열량(kcal/m³), $\sqrt{d}$: 가스 비중의 평방근)

046. LP 가스의 제법으로서 가장 거리가 먼 것은?

① 원유를 정제하여 부산물로 생산
② 석유정제공정에서 부산물로 생산
③ 석탄을 건류하여 부산물로 생산
④ 나프타 분해공정에서 부산물로 생산

해설 LP 가스 제법
① 원유를 정제하여 부산물로 생산
② 석유 정제공정에서 부산물로 생산
  • 석탄을 고온건류(1,000℃)한 탄소덩어리를 코우크스라고 함
④ 나프타 분해공정에서 부산물로 생산

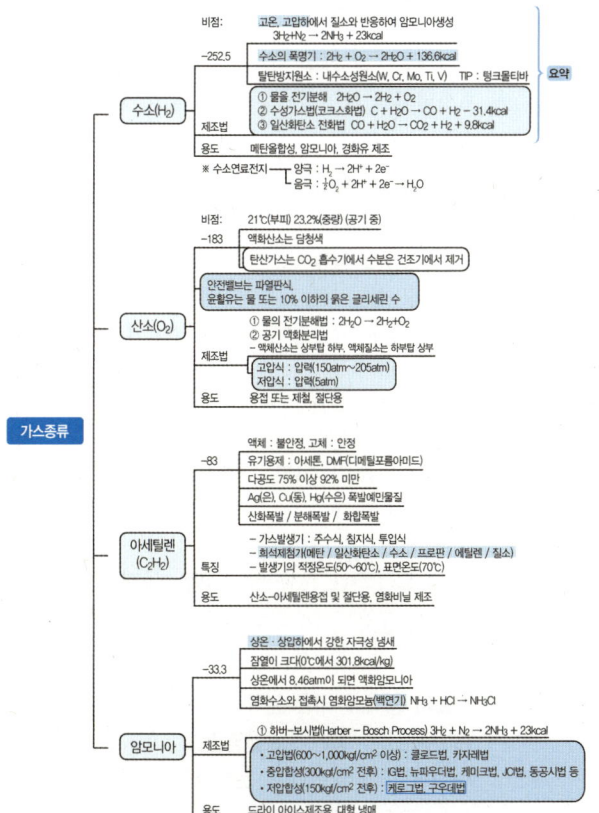

047. 이종금속 2종류의 양단을 용접 또는 납붙임으로 양단의 온도가 다를 때 발생하는 열기전력의 변화를 측정하여 온도를 구하는 온도계는?

① 베크만 온도계   ② 바이메탈식 온도계
③ 열전대 온도계   ④ 전기저항 온도계

해설 열전대 온도계의 특징 중 보호관 구비조건
① 압력에 견디는 힘이 강할 것
② 외부 온도변화를 열전대에 전하는 속도가 빠를 것
③ 보호관 재료가 열전대에 유해한 가스를 발생시키지 않을 것
④ 고온에서도 변형되지 않고 온도의 급변에도 영향을 받지 않을 것

048. 다음 LNG와 SNG에 대한 설명으로 옳은 것은?

① 액체 상태의 나프타를 LNG라 한다.
② SNG는 대체 천연가스 또는 합성 천연가스를 말한다.
③ LNG는 액화석유가스를 말한다.
④ SNG는 각종 도시가스의 총칭이다.

해설 ① 나프타 : 비점 200℃ 이하의 액체유분
② SNG(대체 천연가스) 또는 합성 천연가스를 말한다.
③ 액화석유가스 = LPG

049. 임계온도에 대한 설명으로 옳은 것은?

① 기체를 액화할 수 있는 절대온도
② 기체를 액화할 수 있는 평균온도
③ 기체를 액화할 수 있는 최저의 온도
④ 기체를 액화할 수 있는 최고의 온도

해설 임계온도 : 기체를 액화할 수 있는 최고의 온도
임계압력 : 기체를 액화할 수 있는 최저 압력

050. 500kcal/h의 열량을 일(kgf·m/s)로 환산하면 얼마가 되겠는가?

① 59.3   ② 500
③ 4,215.5   ④ 213,500

045. ① 046. ③ 047. ③ 048. ② 049. ④ 050. ①

[해설] 1kcal = 427kg·m
500kcal = 427×500kg·m = 213,500이므로
$\frac{213,500}{3,600}$ kg·m = 59.3055(kg·m/s)(초)
= 59.31 ≒ 59.3(kg·m/s)

051. 2,000rpm으로 회전하는 펌프를 3,500rpm으로 변환하는 경우 펌프의 유량과 양정은 몇 배가 되는가?

① 유량 : 2.65, 양정 : 4.12
② 유량 : 3.06, 양정 : 1.75
③ 유량 : 3.06, 양정 : 5.36
④ 유량 : 1.75, 양정 : 3.06

[해설] 유량 $Q = \left(\frac{N_2}{N_1}\right)^1$ 비례, 양정 $(H) = \left(\frac{N_2}{N_1}\right)^2$ 이므로

$Q = \left(\frac{3,500}{2,000}\right)^1 = 1.75$

$H = \left(\frac{3,500}{2,000}\right)^2 = 3.06$

052. 3단 토출압력이 2MPa·g이고, 압축비가 2인 4단공기압축기에서 1단 흡입 압력은 약 몇 MPa·g인가?

① 0.16MPa·g   ② 0.26MPa·g
③ 0.36MPa·g   ④ 0.46MPa·g

[해설] a : 압축비, P : 절대압력(주의)
2단 토출P 계산 : (3단 토출P)/a = $\frac{2+0.1}{2}$
= 1.05MPa·abs
2단 흡입P 계산 : 1.05/2 = 0.525
1단 흡입P 계산 : 0.525/2 = 0.2625
1단 흡입P = 0.26MPa·abs 절대 P이므로 대기압(-)하면
0.26-(0.1) = 0.16MPa·g
[주의] MPa·g에서 최초는 절대압력 환산 요망

053. 습식가스미터에 대한 다음 설명 중 틀린 것은?

① 계량이 정확하다.
② 설치공간이 크다.
③ 일반 가정용에 주로 사용한다.
④ 수위조정 등 관리가 필요하다.

054. 다음 각종 온도계에 대한 설명으로 옳은 것은?

① 저항 온도계는 이종금속 2종류의 양단을 용접 또는 납붙임으로 양단의 온도가 다를 때 발생하는 열기전력의 변화를 측정하여 온도를 구한다.
② 유리제 온도계의 봉입액으로 수은을 쓴 것은 -30~350℃ 정도의 범위에서 사용된다.
③ 온도계의 온도검출부는 열용량이 크면 좋다.
④ 바이메탈식 온도계는 온도에 따른 전기적 변화를 이용한 온도계이다.

[해설] 유리제 온도계 : 봉입액이 수은인 것은 -30~350℃이다.
①은 열전대온도계의 설명이며
③의 열용량은 C = kcal/℃이고 작은 것이 좋다.
④ 바이메탈식 : 다른 2종류의 금속을 접합 금속편 휘어짐 이용, 현장 지시용

055. 다음 독성가스 중 제독제로 물을 사용할 수 없는 것은?

① 암모니아   ② 아황산가스
③ 염화메탄   ④ 황화수소

[해설] 황화수소 : 가성소다, 탄산소다를 흡수제로 사용함

056. 에틸렌(C_2H_4)의 용도가 아닌 것은?

① 폴리에틸렌의 제조   ② 산화에틸렌의 원료
③ 초산비닐의 제조   ④ 메탄올 합성의 원료

[해설] 에틸렌(C_2H_4)의 용도
① 폴리에틸렌 제조
② 산화에틸렌의 원료
③ 초산비닐 제조
④ 메탄올 합성($CO + 2H_2 \rightarrow CH_4O(CH_3OH)$)

057. 다음 중 휘발분이 없는 연료로서 분해연소를 하는 것은?

① 목탄, 코크스   ② 석탄, 목재
③ 휘발유, 등유   ④ 경유, 유황

[해설] (1) 연소의 형태에 의한 분류
• 기체연소 : 확산연소(발염연소)
• 액체연소 : 증발연소, 분해연소

- 고체연소 : 표면연소, 분해연소, 증발연소, 자기연소
  1) 확산연소(적화연소)
     가연성 가스 분자와 산소 분자가 서로 확산에 의하여 혼합되면서 가연한계 농도가 된 부분에서 불꽃을 형성하여 연소
  2) 혼합기연소(예혼합연소)
     기체 연료를 미리 공기와 혼합
  3) 증발요소
  4) 분무연소
     액체 연료를 미세입자로 분무하고 공기와 혼합시켜서 연소시키는 방법
  5) 분해연소
     목재, 종이, 석탄, 합성수지, 고체 파라핀, 밀납 등
  6) 표면연소
     코크스, 목탄, 금속분, 알루미늄박, 리본 등

- 상온에서 무색, 무미, 무취의 기체이다.
- 색상 : He(황백색), Ne(주황색), Ar(적색), Kr(크립톤, 녹자색), Xe(세논, 청자색), Rn(라돈, 청록색)
- 대부분 액체공기분류에 의한 부산물로 얻어진다.
2) 용도
  ① 네온사인용
  ② 형광등의 방전관용
  ③ 가스분석용 캐리어 가스로서도 사용
  ④ 금속의 제련 및 열처리 등에서 공기와의 접촉을 방지하기 위한 보호가스용

058. 다음 가스의 일반적인 성질에 대한 설명으로 옳은 것은?

① 질소는 안정된 가스로 불활성가스라고도 하며, 고온, 고압에서도 금속과 화합하지 않는다.
② 산소는 액체공기를 분류하여 제조하는 반응성이 강한 가스로 그 자신이 잘 연소한다.
③ 염소는 반응성이 강한 가스로 강재에 대하여 상온, 건조한 상태에서도 현저한 부식성을 갖는다.
④ 아세틸렌은 은(Ag), 수은(Hg) 등의 금속과 반응하여 폭발성물질을 생성한다.

해설 ① 질소는 안정된 가스로 불활성가스라고도 하며, 고온, 고압하 질화철을 생성한다.
② 산소는 액체공기를 분류하여 제조하는 반응성이 강한 가스로 그 자신이 잘 연소하지 않는다.
③ 염소는 반응성이 강한 가스로 강재에 대하여 상온, 습한 상태에서 강한 부식성을 갖는다.
④ 아세틸렌은 은(Ag), 동(Cu), 수은(Hg) 등의 금속과 반응하여 폭발성물질인 금속아세틸라이트를 생성한다.

059. 비활성 기체를 방전관에 넣어 방전시키면 특유한 색상을 나타낸다. 다음 중 색상연결이 틀린 것은?

① Ar-적색   ② Ne-주황색
③ He-황백색   ④ Kr-청자색

해설 1) 일반적인 성질
- 주기율표 0족에 속하는 원소로 거의 화합을 하지 않는 불활성 가스이다.

060. 다음 중 연소분석법이 아닌 것은?

① 폭발법   ② 완만 연소법
③ 분별 연소법   ④ 흡광 광도법

해설 (1) 연소 분석법
  1) 폭발법 : 폭발 피펫에서 스파크로 폭발
  2) 완만 연소법 : 지름 0.5mm의 백금선을 3~4mm의 코일로 한 완만연소 피펫으로 시료가스를 연소시켜 분석
  3) 분별 연소법 : 탄화수소를 산화시키지 않고 CO_2 및 H_2만을 분별적으로 완전 산화시키는 방법
     ① 팔라듐관법 : H_2만 산출하여 분석
     ② 산화구리법 : CH_4만 산출
        Pd : 팔라듐관 연소법 palladium 원소

제4회 최신 과년도 기출문제

001. 염소폭명기는 수소와 염소의 혼합비가 얼마일 때를 말하는가? (단, 수소 : 염소의 비이다)

① 1 : 2 ② 2 : 1
③ 1 : 3 ④ 1 : 1

[해설] ① 수소폭명기(2:1)
$2H_2 + O_2 \rightarrow 2H_2O$: 동일차량 적재가능. 단, 밸브방향 마주하지 말 것
② 염소폭명기(1:1)
$H_2 + Cl_2 \rightarrow 2HCl$: 동일차량 적재금지

2022 필답 유사

002. 부탄 1㎥을 완전 연소시키는데 필요한 이론 공기량은 약 몇 ㎥인가? (단, 공기 중의 산소농도는 21v%이다)

① 5 ② 23.8
③ 6.5 ④ 31

[해설] 1) $C_4H_{10} + 6.5O_2 \rightarrow 4CO_2 + 5H_2O$
2) $\dfrac{6.5}{0.21} = 30.952 ≒ 31$

003. 탄소 2kg을 완전 연소시켰을 때 발생되는 연소가스는 약 몇 kg인가?

① 3.67 ② 7.33
③ 5.87 ④ 8.89

[해설] $C + O_2 \rightarrow CO_2$
12g → 44g
2kg → x, $x = \left(\dfrac{44g}{12g} \times 2kg\right) = 7.333 (kg)$

004. 가연성가스의 검지경보장치 중 반드시 방폭성능을 갖지 않아도 되는 것은?

① 수소 ② 일산화탄소
③ 암모니아 ④ 아세틸렌

[해설] 암모니아 가스를 저장하는 용기
① 용접용기로 재질은 탄소강
② 검지경보장치는 방폭성능을 갖지 않아도 된다.
③ 용기의 바탕색은 백색
충전구의 나사형식은 오른나사이다.(예외규정)
가연성 가스는 원칙상으로는 왼나사 형식이다.

005. 공기 중에서 폭발하한이 가장 낮은 탄화수소는?

① CH_4 ② C_4H_{10}
③ C_3H_8 ④ C_2H_6

006. 공기 중에 10vol% 존재 시 폭발의 위험성이 없는 가스는?

① CH_3Br ② C_2H_6
③ C_2H_4O ④ H_2S

[해설] 방폭구조가 필요하지 않은 가스 : NH_3, CH_3Br, 자연발화가스
CH_3Br의 폭발범위(13.5%~14.5%)
∴ 폭발하한은 13.5% 이상이어야 함

007. 산소의 물리적 성질에 대한 설명 중 틀린 것은?

① 물에 녹지 않으며 액화산소는 담녹색이다.
② 기체, 액체, 고체 모두 자성이 있다.
③ 무색, 무취, 무미의 기체이다.
④ 강력한 조연성가스로서 자신은 연소하지 않는다.

[해설] 각 고압가스의 일반적인 성질
① 산소는 물에 잘 녹으며 액화산소는 담청색이다.
• 암모니아는 동을 부식하고, 고온·고압에서는 강재를 침식한다.
• 질소는 고온하에서 질화철을 생성하여 그 표면을 경화시킨다.
• 산소는 액체공기를 분류하여 제조하는 반응성이 강한 가스로 자신은 연소하지 않는다.
• 염소는 반응성이 강한 가스로 강재에 대하여 습한 상태에서 강재를 부식시킨다.
염소용기는 갈색이고, 안전밸브는 가용전(66℃~68℃), 무계목탄소강용기(아세틸렌, 암모니아, 염소 : 가용전식)

008. 도시가스 배관의 굴착공사 작업에 대한 설명 중 틀린 것은?

① 가스 배관과 수평거리 1m 이내에서는 파일박기를 하지 아니한다.
② 항타기는 가스배관과 수평거리가 2m 이상되는 곳에 설치한다.
③ 가스배관의 주위를 굴착하고자 할 때에는 가스배관의 좌우 1m 이내의 부분은 인력으로 굴착한다.
④ 줄파기 1일 시공량 결정은 시공속도가 가장 느린 천공 작업에 맞추어 결정한다.

[해설] 도시가스 배관의 굴착공사 작업
1. 배관 매설 예성 지점 2m 이내 줄파기시 안전관리전담사 입회
2. 굴착시 배관 좌우 1m 이내 인력 굴착
3. 노출된 가스 배관 길이 15m 이상시 점검 통로 및 조명시설 설치(70Lux 이상)
 • 항타기 : 가스 배관과 수평거리 2m 이상 되는 곳
 • 줄파기 : 1일 시공량 결정은 시공속도가 가장 느린 천공작업에 맞추어 결정
 • 파일박기 : 30cm 유지

009. 도시가스시설에서 고압배관과 중압배관과의 유지거리는?

① 1m   ② 1.5m
③ 2m   ④ 2.5m

[해설] 배관의 유지거리
㉠ 지상배관 : 황색
㉡ 매설배관 : 저압(황색)
         중압(적색, 배관의 사용압력은 중압 이하)
㉢ 고압배관과 중압 이하의 배관은 2m 이상 거리유지
㉣ 지하 매설 배관의 설치

공동주택 등의 부지 내	0.6m 이상
폭 4m 이상 8m 미만 도로	1.0m 이상
폭 8m 이상 도로	1.2m 이상

010. 도시가스공급시설의 공사계획 승인 및 신고대상에 대한 설명으로 틀린 것은?

① 제조소 안에서 액화가스용 저장탱크의 위치변경공사는 공사계획 신고대상이다.
② 밸브기지의 위치변경 공사는 공사계획 신고대상이다.
③ 호칭지름이 50㎜ 이하인 저압의 공급관을 설치하는 공사는 공사계획 신고대상에서 제외한다.
④ 저압인 사용자 공급관 50m를 변경하는 공사는 공사계획 신고대상이다.

[해설] 도시가스 공급시설 공사계획 신고대상
① 액화가스용 저장탱크의 위치 변경공사
② 저압인 사용자 공급관 50m를 변경하는 공사

011. 도시가스의 주성분은?

① 프로판   ② 부탄
③ 메탄   ④ 에탄

012. 액화석유가스의 시설기준 중 저장탱크의 설치 방법으로 틀린 것은?

① 천장, 벽 및 바닥의 두께가 각각 30cm 이상의 방수조치를 한 철근콘크리트구조로 한다.
② 저장탱크실 상부 윗면으로부터 저장탱크 상부까지의 깊이는 60cm 이상으로 한다.
③ 저장탱크에 설치한 안전밸브에는 지면으로부터 5m 이상의 방출관을 설치한다.
④ 저장탱크 주위 빈 공간에는 세립분을 25% 이상 함유한 마른 모래를 채운다.

[해설] 저장탱크
• 천장, 벽, 바닥의 두께 0.3m 방수조치 콘크리트
• 상부 윗면~상부까지의 깊이 0.6m
• 안전밸브에 지면으로부터 5m 이상 방출관 설치
• 탱크 간 1m 이상 간격
세립분 25% 이상의 마른모래 X

013. 도시가스 제조공정 중 접촉분해공정에 해당하는 것은?

① 저온수증기 개질법   ② 열분해 공정
③ 부분연소 공정   ④ 수소화분해 공정

[해설] 도시가스 제조법 종류
① 열분해
② 접촉분해
③ 부분연소

008. ① 009. ③ 010. ② 011. ③ 012. ④ 013. ①

④ 수소화분해
- 열분해, 접촉분해, 부분연소 : 수증기 이용
- 수소화분해 : H_2 이용
- 접촉분해공정 : 촉매하 400~800℃로 수증기와 탄화수소 반응

014. 공기보다 무거워서 누출 시 낮은 곳에 체류하며, 기화 및 액화가 용이하고, 발열량이 크며, 증발잠열이 크기 때문에 냉매로도 이용되는 성질을 갖는 것은?

① O_2
② CO
③ LPG
④ C_2H_4

015. 비중이 공기보다 무거워 바닥에 체류하는 가스로만 된 것은?

① 프로판, 염소, 포스겐
② 프로판, 수소, 아세틸렌
③ 염소, 암모니아, 아세틸렌
④ 염소, 포스겐, 암모니아

016. NG(천연가스), LPG(액화석유가스), LNG(액화천연가스) 등 기체연료의 특징에 대한 설명으로 틀린 것은?

① 공해가 거의 없다.
② 적은 공기비로 완전 연소한다.
③ 연소효율이 높다.
④ 저장이나 수송이 용이하다.

[해설] 기체 연료의 특징(NG)
① 공해가 거의 없다.
② 적은 공기비로 완전연소한다.
③ 연소효율이 높다.
④ 수송 저장이 불편하다. 즉, 저장 및 처리설비가 많이 든다.

017. LP 가스를 용기에 비해 탱크로리에 의해 수송할 때의 장점이 아닌 것은?

① 기동성이 우수하다.
② 장·단거리 어느 경우에도 적합하다.
③ 용기에 비해 다량수송이 가능하다.
④ 단거리수송과 소량 수송의 경우 편리한 점이 많다.

018. 다음 중 흡수 분석법의 종류가 아닌 것은?

① 헴펠법
② 활성알루미나겔법
③ 오르자트법
④ 게겔법

019. 액화암모니아 50kg을 충전하기 위하여 용기의 내용적은 몇 L로 하여야 하는가? (단, 암모니아의 정수 C는 1.86이다.)

① 27
② 40
③ 70
④ 93

[해설] 저장능력 계산
$$W = \frac{V}{C} = 50kg = \frac{x}{1.86} \quad x = 93$$
W : 용기 및 차량에 고정된 탱크의 저장능력(kg)
V : 내용적(L)
C : 가스의 충전상수

020. 고압가스 운반책임자를 꼭 동승하여야 하는 경우로서 틀린 것은?

① 압축가스인 수소 500㎥를 적재하여 운반할 경우
② 압축가스인 산소 800㎥를 적재하여 운반할 경우
③ 액화석유가스를 충전한 납붙임용기 1,000kg을 적재하여 운반할 경우
④ 액화석유가스를 충전한 탱크로리로서 3,000kg을 적재하여 운반할 경우

[해설] ③은 3,000kg 이상시 동승하여야 함

021. 다음 중 가스의 폭발범위가 틀린 것은?

① 수소 : 4~75%
② 아세틸렌 : 2.5~81%
③ 메탄 : 2.1~9.3%
④ 일산화탄소 : 12.5~74%

[해설] 메탄 : 5~15%

022. 공기액화분리기에서 이산화탄소 7.2kg을 제거하기 위해 필요한 건조제(NaOH)의 양은 약 몇 kg인가?

① 6　　② 9
③ 13　　④ 15

해설 이산화탄소(CO_2)의 제거방법
① 고압수 세정법 : 20~30kg/㎠ 정도의 고압수로 CO_2를 흡수하는 방식으로 다른 가스도 손실될 우려가 있고 생성된 탄산(H_2CO_3)이 강재를 부식하기도 하고 이산화탄소회수율이 저조하여 잘 사용하지 않는다.
② 가성소다 흡수법 : 가성소다 용액을 사용하여 흡수 제거한다.(1.8배)

$2NaOH[2(23+16+1)] + CO_2(44) \rightarrow Na_2CO_3 + H_2O$
　　　　　80　　　:　44　　(80/44 = 1.8)
　　　　　1.8　　:　1

따라서 7.2×1.8배 = 12.96

023. 재충전 금지용기의 안전을 확보하기 위한 기준으로 틀린 것은?

① 용기와 용기부속품을 분리할 수 있는 구조로 한다.
② 최고충전압력이 22.5MPa 이하이고 내용적이 25L 이하로 한다.
③ 납붙임 부분은 용기 몸체 두께의 4배 이상의 길이로 한다.
④ 최고충전압력이 3.5MPa 이상인 경우에는 내용적이 5L 이하로 한다.

해설 재충전 금지용기
- FP 22.5MPa 25L 이하
- FP 3.5MPa 5L 이하
- 납붙임 부분은 용기 몸체 두께 4배 이상 길이
- 용기와 용기부속품을 분리할 수 없는 구조로 할 것

024. 흡입압력이 대기압과 같으며 최종압력이 15kgf/㎠·g인 4단 공기압축기의 압축비는 약 얼마인가? (단, 대기압은 1kgf/㎠로 한다.)

① 2　　② 4
③ 8　　④ 16

해설 a : 압축비, P : 절대압력(주의)
4단 토출 P 계산 = 15kgf/㎠·g+1kgf/㎠ = 16kgf/㎠·abs
3단 토출 P 계산 : (4단토출 $p/a = \dfrac{16}{a}$)
2단 토출 P 계산 : [(3단토출 $p/a = \dfrac{16}{a}$)]/a
1단 토출 P 계산 : 【((2단토출 $p/a = \dfrac{16}{a}$)/a】/a
1단 흡입 P 계산 : (【((2단토출 $p/a = \dfrac{16}{a}$)/a】/a)/a
= 1kgf/㎠·abs
$16/a^4 = 1$, $2^4 = a^4$, $a = 2$

별해 최종압력이 15kg/㎠·g이므로 대기압 1 반영요망
∴ 최종P = (15 + 1) = 16kgf/㎠·abs(절대압력)
최종단P이 2의 배수면 압축비(a)는 2,
　　　　　3의 배수면 압축비(a)는 3이다.
3단 토출P은 16/2 = 8, 2단 토출P은 8/2 = 4,
1단 토출P은 4/2 = 2, 1단 흡입P은 2/2 = 1

주의 흡입압력이 대기압과 같다(즉, 1kgf/㎠·abs 최초의 흡입절대압력).

025. 다음 중 압력 환산 값을 서로 옳게 나타낸 것은?

① $1lb/ft^2 ≒ 0.142kg/㎠$
② $1kg/㎠ ≒ 13.7lb/in^2$
③ $1atm ≒ 1033g/㎠$
④ $76cmHg ≒ 1013dyne/㎠$

해설 ① 1ft = 12inch ≒ 30.5cm
$1 lb/ft^2 = 1 lb/(12in)^2 = 144^{-1}(lb/in^2)$ 압력변환하면,
$= (\dfrac{144^{-1}}{14.7}) \times 1.0332 kg/cm^2$
$= 0.00048 (kg/cm^2)$
② $1kg/㎠ ≒ 14.7lb/in^2$
③ $1,033g = \dfrac{1,033g}{1,000} = 1.033kg/㎠$
④ 1dyne = $1g \cdot cm/s^2$이므로 → $10^{-3}kg \cdot 10^{-2}m/s^2$
$= 10^{-5} kg \cdot m/s^2 = 10^{-5}N$

026. 70℃(섭씨온도)를 화씨로 변환하면 얼마인가?

① 158　　② 688
③ 736　　④ 792

해설 °F(화씨온도) = (9/5) × ℃ + 32에서
= 1.8 × 70 + 32 = 158°F
- °R(랭킨절대온도) = °F + 460
- K(켈빈절대온도) = ℃ + 273

027. 반밀폐식 보일러의 급·배기설비에 대한 설명으로 틀린 것은?

① 배기통의 끝은 옥외로 뽑아낸다.
② 배기통의 굴곡수는 5개 이하로 한다.
③ 배기통의 가로 길이는 5m 이하로서 될 수 있는 한 짧게 한다.
④ 배기통의 입상높이는 원칙적으로 10m 이하로 한다.

[해설] **반밀폐식 보일러의 급·배기설비 설치방법**
※ 연통의 설치방법
① 수평부 길이 5m 이하
② 굴곡수는 4개소 이하
③ 높이가 10m 초과시 보온조치
④ 연통의 끝은 옥외로
⑤ 역풍 막이, 수직부 높이는 길게
⑥ 내부 청소를 할 수 있는 청소구멍

028. 이상기체에 대한 설명으로 옳은 것은?

① 일정온도에서 기체 부피는 압력에 비례한다.
② 일정압력에서 부피는 온도에 반비례한다.
③ 일정부피에서 압력은 온도에 반비례한다.
④ 보일-샤를의 법칙을 따르는 기체이다.

[해설] **이상기체의 성질(전제조건)**
㉠ 분자간의 인력이나 분자의 부피가 없는 완전 탄성체로 이루어진다.
㉡ 온도에 관계없이 비열비(K=$\frac{CP}{CV}$)가 일정하다.
㉢ 아보가드로 법칙에 따른다.

※ 아보가드로 법칙
　모든 기체 1mol은 표준상태(0℃, 1atm)에서 부피는 22.4L이고, 원자수는 6.02×10^{23}이다.

㉣ 보일-샤를의 법칙을 만족한다.

보일-샤를 법칙 $\frac{PV}{T} = \frac{P_1 V_1}{T_1}$

029. LPG 사용시설의 기준에 대한 설명 중 틀린 것은?

① 연소기 사용압력이 3.3kPa를 초과하는 배관에는 배관용 밸브를 설치할 수 있다.
② 배관이 분기되는 경우에는 주배관에 배관용 밸브를 설치한다.
③ 배관의 관경이 13㎜ 이상의 것은 3m마다 고정 장치를 한다.
④ 배관의 이음부(용접이음 제외)와 전기 접속기와는 15cm 이상의 거리를 유지한다.

[해설] **LPG 사용시설 기준**
① 연소기 사용 압력 3.3kPa 초과 배관에는 배관용 밸브 설치 가능
② 배관이 분기되는 경우 주배관에 배관용 밸브 설치
③ 고정간격 : 관경 13mm~33mm 미만 - 2m 마다
④ 배관의 이음부는 전기 접속기와는 15cm 이상 거리유지 전선(절연조치 X = 15cm 이상, 절연조치 O = 10cm 이상) 거리유지

030. 고압가스 운반기준에 대한 설명 중 틀린 것은?

① 밸브가 돌출한 충전용기는 고정식 프로텍터나 캡을 부착하여 밸브의 손상을 방지한다.
② 충전용기를 운반할 때 넘어짐 등으로 인한 충격을 방지하기 위하여 충전용기를 단단하게 묶는다.
③ 위험물안전관리법이 정하는 위험물과 충전용기를 동일 차량에 적재 시는 1m 정도 이격시킨 후 운반한다.
④ 염소와 아세틸렌·암모니아 또는 수소는 동일차량에 적재하여 운반하지 않는다.

[해설] ③번 1.5m 이격거리유지(충전·잔가스용기)
→ 위험물과는 혼합적재금지

031. 이상기체 1mol이 100℃, 100기압에서 0.1기압으로 등온가역적으로 팽창할 때 흡수되는 최대 열량은 약 몇 cal인가? (단, 기체상수는 1.987cal/mol·K이다.)

① 5,020　　② 5,080
③ 5,120　　④ 5,190

[해설] $Q = RT \text{Ln}\left(\frac{P_1}{P_2}\right)$ 에서
$= 1.987 \times (100+273) \times \text{Ln}\left(\frac{100}{0.1}\right)$
$= 5,119.68$
$≒ 5,120 [cal]$

032. 0℃, 1atm에서 5L인 기체가 273℃, 1atm에서 차지하는 부피는 약 몇 L인가? (단, 이상기체로 가정한다.)

① 2　　　② 5
③ 8　　　④ 10

[해설] 보일-샤를 법칙에서

1) $\dfrac{PV}{T} = \dfrac{P_1 V_1}{T_1}$

2) $\dfrac{1\text{atm} \cdot 5\text{L}}{(0℃ + 273)} = \dfrac{1\text{atm} \cdot x\text{L}}{(273℃ + 273)}$, $x(\text{L}) = 10$

033. 가스의 기초법칙에 대한 설명으로 옳은 것은?

① 열역학 제1법칙 : 100% 효율을 가지고 있는 열기관은 존재하지 않는다.
② 그라함(Graham)의 확산법칙 : 기체의 확산(유출) 속도는 그 기체의 분자량(밀도)의 제곱근에 반비례한다.
③ 아마가트(Amagat)의 분압법칙 : 이상기체 혼합물의 전체 압력은 각 성분 기체의 분압의 합과 같다.
④ 돌턴(Dalton)의 분용법칙 : 이상기체 혼합물의 전체 부피는 각 성분의 부피의 합과 같다.

[해설] ① 열역학 제2법칙의 설명이다.
③ 돌턴의 분압법칙이다.
④ 아마겟 법칙(부분부피의 법칙)이다.

034. 이상기체의 정압비열(C_p)과 정적비열(C_v)에 대한 설명 중 틀린 것은? (단, k는 비열이고, R은 이상기체 상수이다.)

① 정적비열과 R의 합은 정압비열이다.
② 비열비(k)는 $\dfrac{C_p}{C_v}$로 표현된다.
③ 정적비열은 $\dfrac{R}{k-1}$로 표현된다.
④ 정압비열은 $\dfrac{k-1}{k}$로 표현된다.

[해설] 이상기체 전제조건 중(SL 기준)

비열비(K = $\dfrac{C_p}{C_v}$ = 일정) → ①

기체상수 R = $C_p - C_v$ → ②

①과 ②를 조합하면
(정압비열)

①′ $C_v = \dfrac{C_p}{K}$, ②′ $R = C_p - \dfrac{C_p}{K}$ 변형되고

정리하면(양변 K를 곱하면)
$KR = KC_p - C_p$
$KC_p - KR = C_p$

$\boxed{C_p = \dfrac{K}{K-1}R}$

(정적비열)
①에서 $C_p = KC_v$　　② $R = C_p - C_v$
조합하면 $R = KC_v - C_v$　$R = (K-1)C_v$

$\boxed{C_v = \dfrac{1}{K-1}R}$

035. 탄화수소에서 탄소의 수가 증가할 때 생기는 현상으로 틀린 것은?

① 증기압이 낮아진다.　② 발화점이 낮아진다.
③ 비등점이 낮아진다.　④ 폭발 하한계가 낮아진다.

[해설] 탄화수소에서 탄소수 증가시 발생현상
① 증기압이 낮아진다.
② 발화점이 낮아진다.
③ 비등점이 높아진다.
④ 폭발 하한계가 낮아진다.

탄소의 수가 증가할 경우	증가하는 것	비중
		비등점
		공기량
		발열량
	감소하는 것	발화온도
		연소범위
		연소속도
		증기압

036. 가스의 연소에 대한 설명으로 틀린 것은?

① 인화점은 낮을수록 위험하다.
② 발화점은 낮을수록 위험하다.
③ 탄화수소에서 착화점은 탄소수가 많은 분자일수록 낮아진다.
④ 최소점화에너지는 가스의 표면장력에 의해 주로 결정된다.

032. ④　033. ②　034. ④　035. ③　036. ④

[해설] **가스의 연소특성**
① 인화점은 낮을수록 위험하다.
② 발화점은 낮을수록 위험하다.
③ 탄화수소에서 착화점은 탄소수가 많은 분자일수록 낮아진다.
④ 최소점화에너지 특징
  • 열전도 적을수록 최소발화에너지↓
  • 가스종류, 온도, 조성, 압력 등 조건에 의해 결정
  • 기준가스 : CH_4(메탄)

037. 다음 중 연소속도가 가장 빠른 가스는?

① 메탄 ② 부탄
③ 프로판 ④ 헵탄

[해설] 탄화수소(CmCn)에서 탄소(C)수가 증가시
  • 증가 : 비중, 비점, 공기량, 발열량
  • 감소 : 발화온도, 연소범위, 연소속도, 증기압

038. 액화석유가스의 안전관리 및 사업법에 규정된 용어의 정의에 대한 설명으로 틀린 것은?

① 저장설비라 함은 액화석유가스를 저장하기 위한 설비로서 저장탱크, 마운드형 저장탱크, 소형저장탱크 및 용기를 말한다.
② 자동차에 고정된 탱크라 함은 액화석유가스의 수송, 운반을 위하여 자동차에 고정 설치된 탱크를 말한다.
③ 소형저장탱크라 함은 액화석유가스를 저장하기 위하여 지상 또는 지하에 고정 설치된 탱크로서 그 저장능력이 3톤 미만인 탱크를 말한다.
④ 가스설비라 함은 저장설비외의 설비로서 액화석유가스가 통하는 설비(배관을 포함한다)와 그 부속설비를 말한다.

[해설] 가스설비 : 저장설비외의 설비, 액화석유가스가 통하는 설비(배관 포함), 부속설비는 가스설비에 해당되지 않는다.

039. 액화석유가스 자동차에 고정된 용기충전시설에 설치하는 긴급차단장치에 접속하는 배관에 대하여 어떠한 조치를 하도록 되어 있는가?

① 워터햄머가 발생하지 않도록 조치
② 긴급차단에 따른 정전기 등이 발생하지 않도록 하는 조치
③ 체크 밸브를 설치하여 과량 공급이 되지 않도록 조치
④ 바이패스 배관을 설치하여 차단성능을 향상시키는 조치

[해설] **KGS FP332 200318 2.6.3.6 긴급차단장치 워터햄머방지 조치**
긴급차단장치 또는 역류방지밸브에는 그 차단에 따라 그 긴급차단장치 또는 역류방지밸브 및 접속하는 배관 등에서 워터햄머(Water hammer)가 발생하지 아니하는 조치를 강구한다.

040. 액화석유가스의 용기보관소 시설기준으로 틀린 것은?

① 용기보관실은 사무실과 구분하여 동일 부지에 설치한다.
② 저장 설비는 용기 집합식으로 한다.
③ 용기보관실은 불연재료를 사용한다.
④ 용기보관실 창의 유리는 망입유리 또는 안전유리로 한다.

[해설] **KGS FU431 용기에 의한 액화석유가스 저장소의 시설·기술·검사 기준**
2.3.3.1.1 용기보관실은 사무실과 구분하여 동일한 부지에 설치하되, 용기보관실에서 누출되는 가스가 사무실로 유입되지 아니하는 구조로 한다.
2.3.3.1.2 저장설비는 용기집합식으로 하지 아니한다.
2.3.3.1.3 용기보관실은 불연재료를 사용하고 용기보관실 창의 유리는 망입유리 또는 안전유리로 한다.
• 산소, 독성가스 또는 가연성 가스를 각각 보관하는 용기보관실 면적은 각 $10m^2$ 이상

041. 포스겐의 취급 방법에 대한 설명 중 틀린 것은?

① 포스겐을 함유한 폐기액은 산성물질로 충분히 처리한 후 처분한다.
② 취급 시에는 반드시 방독마스크를 착용한다.
③ 환기시설을 갖추어 작업한다.
④ 누출 시 용기가 부식되는 원인이 되므로 약간의 누출에도 주의한다.

[해설] **포스겐($COCl_2$) 취급방법**
① 포스겐을 함유한 폐기액 알칼리물질(산성물질 X, 염화수소 X)로 충분히 처리 후 폐기
② 방독마스크 착용

정답 037. ① 038. ④ 039. ① 040. ② 041. ①

042. 다음 도시가스배관의 보호판표면 도장시 도료 두께는?

① 80㎛ ② 90㎛
③ 100㎛ ④ 120㎛

[해설] KGS FS451. 2021. 가스도매사업 제조소 및 공급소 밖의 배관의 시설·기술·검사·정밀안전진단 기준
2.5.8.2.2 배관 도로매설배관의 도로매설 기준은 다음과 같다.
(1) 도로 병행매설
(1-1) 원칙적으로 자동차 등의 하중에 영향이 적은 곳에 매설한다.
(1-2) 배관 외면으로부터 도로 경계까지는 1m 이상의 수평거리를 유지한다.
(1-3) 배관(방호구조물 안에 설치하는 경우에는 그 방호구조물을 말한다)은 그 외면으로부터 도로 밑의 다른 시설물과 0.3m 이상의 거리를 유지한다.
(1-4) 도로 밑에 배관을 매설하는 경우에는 그 도로와 관련이 있는 공사로 인하여 손상을 받지 아니하도록 다음 중 어느 하나의 조치를 한다.
(1-4-1) 보호판으로 배관을 보호조치하는 경우
(1-4-1-1) 보호판의 재료는 KS D 3503(일반구조용 압연강재) 또는 이와 동등 이상의 성능이 있는 것으로 한다.
(1-4-1-2) 보호판에는 직경 30mm 이상 50mm 이하의 구멍을 3 m 이하의 간격으로 뚫어 누출된 가스가 지면으로 확산이 되도록 한다.
(1-4-1-3) 보호판은 배관의 정상부에서 30cm 이상 높이에 설치하고, 보호판의 재질이 금속제인 경우에는 보호판과 보호판을 가접하거나 연결 철재 고리로 고정 또는 겹침 설치하는 등의 조치를 하여 보호판과 보호판이 이격되지 아니하도록 한다. 다만, 매설깊이를 확보할 수 없어 보호관 등을 사용한 경우에는 보호판을 설치하지 아니할 수 있다.
(1-4-1-4) 보호판은 쇼트브라스팅 등으로 내·외면의 이물질을 완전히 제거하고, 방청도료(Primer)를 1회 이상 도포한 후, 도막두께가 80㎛ 이상 되도록 에폭시타입 도료를 2회 이상 코팅하거나, 이와 동등 이상의 방청 및 코팅효과를 갖는 것으로 한다.
다만, 도장공정 자동화로 쇼트브라스팅 후 연속적으로 KS M 6030-6종[방청도료(타르 에폭시수지 도료)]을 도포하는 경우에는 별도의 방청도료(Primer)를 도포하지 않을 수 있다.

043. 고압가스 일반제조시설에서 저장탱크를 지상에 설치한 경우 다음 중 방류둑을 설치해야 하는 것은?

① 액화산소 저장능력 900톤
② 염소 저장능력 4톤
③ 암모니아 저장능력 10톤
④ 액화질소 저장능력 1,000톤

[해설] 방류둑 설치 기준

가스종류	특정제조	일반제조
산소	1,000t	1,000t
가연성	500t	
독성	5t	

044. 도시가스 배관의 매설심도를 확보할 수 없거나 타 시설물과 이격거리를 유지하지 못하는 경우에는 보호판을 설치한다. 압력이 중압 배관일 경우 보호판의 두께 기준은?

① 3mm ② 4mm
③ 5mm ④ 6mm

[해설] ① 3mm 저압 ② 4mm 중압 ③ 5mm 고압

045. 공급가스인 천연가스 비중이 0.6이라 할 때 45m 높이의 아파트 옥상까지 압력상승은 약 몇 mmH₂O인가?

① 18.0 ② 23.3
③ 34.9 ④ 27.0

[해설] 입상관 압력손실(mmH₂O) 계산식
$H = 1.293(S-1)h$ (S : 비중, h : 높이)
따라서 $H = 1.293(0.6-1) \cdot 45 = -23.274 ≒ 23.27$
(−) 의미 : 압력상승을 의미한다.

046. 자동절체식 일체형 저압조정기의 조정압력은?

① 2.30~3.30kPa
② 2.55~3.30kPa
③ 57~83kPa
④ 5.0~30kPa 이내에서 제조자가 설정한 기준압력의 ±20%

[해설] ① 1단 저압, 2단 2차
② 자동절체식 일체형 저압조정기 조정(출구) 압력

047. 피토관으로 어떤 기체의 속도를 측정하였더니 유속은 8m/s, 정압이 0.4(kgf/㎡)일 경우 전체의 압력은 약 얼마인가? (단, 유체의 비중량은 1.4kgf/㎥)

① 4.6(kgf/㎡) ② 4.7(kgf/㎡)
③ 4.8(kgf/㎡) ④ 4.9(kgf/㎡)

[해설] 유속 $V = C\sqrt{2gH}$(m/s)

$$V(m/s) = \sqrt{2 \cdot g(9.8m/s^2) \cdot \frac{(p-p_1)(kgf/m^2)}{\gamma(kgf/m^3)}}$$

$$8(m/s) = \sqrt{2 \times 9.8(m/s^2) \times \frac{x(kgf/m^2)}{1.4(kgf/m^3)}}$$

$$= 4.57(kgf/m^2)$$

전체의 압력계산 : 전압−정압 = 4.57(kgf/㎡)이므로
전압 = 0.4 + 4.57 = 4.97(kgf/㎡)

• 유속식(피토관식) 유량계 특징
① 유속이 일정한 장소에서 전압과 정압의 차이 측정. 즉, 동압측정용.
② 속도수두에 따른 유속 측정
③ 유속은 5m/s 이상시 사용
④ 유속(v) = $C\sqrt{2 \cdot g \cdot \frac{(p-p_1)}{\gamma}}$

C : 피토관계수 P : 전압(kgf/㎡ · mmH₂O)
P₁ : 정압(kgf/㎡ · mmH₂O)

048. 도시가스 사업소 내에서 긴급사태 발생 시 필요한 연락을 신속히 할 수 있도록 통신시설을 갖추어야 한다. 이 때 인터폰을 설치하는 경우의 통신범위는 어느 것인가?

① 안전관리자가 상주하는 사업소와 현장 사업소와의 사이
② 사업소 내 전체
③ 종업원 상호간
④ 사업소 책임자와 종업원 상호간

[해설] 통신시설

	사업소-현장	사업소 전체	종업원 간
구내전화	O	사이렌	트란시버
구내방송	O	O	
페이징설비	O	O	O
인터폰	O		
휴대용 확성기		O	O
메가폰		O	O

049. 다음 중 엔트로피의 단위는?

① kcal/h ② kcal/kg
③ kcal/kg · m ④ kcal/kg · K

[해설] 엔트로피 단위 : kcal/kg · K = J/K

050. 공기상태에는 절대습도와 상대습도, 포화온도 등이 있다. 내용 중 틀린 것은?

① 포화습공기의 상대습도는 100%이며, 건조공기의 상대습도는 0%가 된다.
② 공기를 가습, 감습하지 않으면 노점온도 이하가 되어도 절대습도는 변함이 없다.
③ 습공기 중의 수분 중량과 포화습공기 중의 수분의 비를 상대습도라 한다.
④ 공기 중의 수증기가 분리되어 물방울이 되기 시작하는 온도를 노점온도라 한다.

[해설] 공기를 가습, 감습하지 않고 노점온도 이하가 되면 절대습도는 감소한다.

[참조] 공조냉동의 공기선도모형

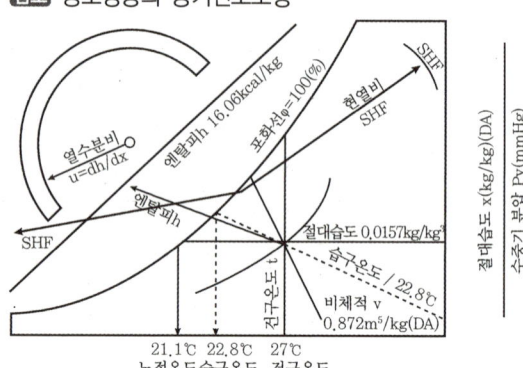

051. 공기 중에서 폭발하한치가 가장 낮은 것은?

① 시안화수소 ② 암모니아
③ 에틸렌 ④ 부탄

[해설] ② 2.7~36%(가스3법은 3.1~36%임)
⇒ 법개정이 요구됨, 가스3법이 우선

052. 수소(H_2)가스 분석방법으로 가장 적당한 것은?

① 팔라듐관 연소법 ② 헴펠법
③ 황산바륨 침전법 ④ 흡광광도법

정답 047. ④ 048. ① 049. ④ 050. ② 051. ④ 052. ①

해설 Pd : 팔라듐관 연소법 palladium 원소 – 수소가스 분석법에 사용

053. 산소 또는 천연메탄을 수송하기 위한 배관과 이에 접속하는 압축기와의 사이에 반드시 설치하여야 하는 것은?

① 표시판　　② 압력계
③ 수취기　　④ 안전밸브

해설 산소, 천연메탄 수송시 배관~압축기 사이에 수취기 설치

054. 표준상태에서 프로판 22g을 완전 연소시켰을 때 얻어지는 이산화탄소의 부피는 몇 L인가?

① 23.6　　② 33.6
③ 35.6　　④ 67.6

해설 $C_3H_8 + 5O_2 \rightarrow 3CO_2 + 4H_2O$
44g → 3×22.4L
22g → x,　$x = \frac{22}{44} \times (3 \times 22.4L) = 33.6(L)$

055. 시간당 200톤의 물을 20cm의 내경을 갖는 PVC파이프로 수송하였다. 관내의 평균유속은 약 몇 m/s인가?

① 0.9　　② 1.2
③ 1.8　　④ 3.6

해설 200t = 200,000kg = 200,000L = 200m³이므로
$Q = A \cdot V$에서
$V(m/s) = \frac{Q}{A} = \frac{200(m^2/h)}{\frac{\pi}{4}(0.2m^2) \times 3600} = 1.769 ≒ 1.8$

056. 다음 중 가장 낮은 압력을 나타내는 것은?

① 1.01MPa　　② 5atm
③ 100inHg　　④ 88psi

해설 ① $\frac{1.01}{0.101} \times 1atm = 10atm$
② 5atm

③ $100inHg \times 2.54cm = \frac{254}{76} \times 1atm = 3.34atm$
④ $88psi = \left(\frac{88}{14.7}\right) \times 1atm = 5.98atm$

057. 화씨온도와 섭씨온도가 같은 경우는?

① −40℃　　② 32°F
③ 273℃　　④ 45°F

해설 **주요공식**
°F = 1.8℃ + 32　°F = 1.8 × −40 + 32에서　°F = −40
참고　K = ℃ + 273　°R = 1.8K　°R = °F + 460

058. 도시가스도매사업자가 제조소 내에 저장능력이 20만 톤인 지상식 액화천연가스 저장탱크를 설치하고자 한다. 이때 처리능력이 30만㎥인 압축기와 얼마 이상의 거리를 유지하여야 하는가?

① 10m　　② 24m
③ 30m　　④ 50m

해설 도시가스 도매사업의 가스공급시설 기준
① 고압의 가스공급시설은 안전구획 안에 설치하고 그 안전구역의 면적은 2만m² 미만으로 한다.
② 안전구역 안의 고압인 가스공급시설은 그 외면으로부터 다른 안전구역 안에 있는 고압인 가스공급시설의 외면까지 30m 이상의 거리를 유지한다.
③ 액화천연가스의 저장탱크는 그 외면으로부터 처리능력이 20만m³ 이상인 압축기까지 30m 이상의 거리를 유지한다.
④ 두 개 이상의 제조소가 인접하여 있는 경우의 가스공급시설은 그 외면으로부터 그 제조소와 다른 제조소의 경계까지 20m 이상의 거리를 유지한다.
※ LNG 저장·처리설비와 사업장 경계 안전거리
$L = C\sqrt[3]{143,000W}$ (W : 저장능력, 톤)
W의 의미 ─ 저장탱크 : $\sqrt{W}$ 제곱근(t)
　　　　　└ 기타 LNG : W 그냥 질량(t)

059. 도로에 매설된 도시가스 배관의 누출여부를 검사하는 장비로서 적외선 흡광특성을 이용한 가스누출검지기는?

① FID　　② OMD
③ CO 검지기　　④ 반도체식 검지기

해설 OMD = Optical Methane Detector(차량장착 광학식 메탄 가스 검지기)

060. 고압가스시설의 가스누출검지경보장치 중 검지부 설치수량의 기준으로 틀린 것은?

① 건축물 내에 설치되어 있는 압축기, 펌프 및 열교환기 등 고압가스설비군의 바닥면 둘레가 22m인 시설에 검지부 2개 설치
② 에틸렌제조시설의 아세틸렌 수첨탑으로서 그 주위에 누출한 가스가 체류하기 쉬운 장소의 바닥면 둘레가 30m인 경우에 검지부 3개 설치
③ 가열로가 있는 제조설비의 주위에 가스가 체류하기 쉬운 장소의 바닥면 둘레가 18m인 경우에 검지부 1개 설치
④ 염소충전용 접속구 군의 주위에 검지부 2개 설치

해설 건축물 내는 10m 마다, 건축물 외/정압기실은 20m 마다 이므로
①은 $\frac{22}{10} = 2.2$개 ≒ 3개

제5회 최신 과년도 기출문제

001. 다음 중 1종 보호시설이 아닌 것은?

① 가설건축물이 아닌 사람을 수용하는 건축물로서 사실상 독립된 부분의 연면적이 1,500㎡인 건축물
② 문화재보호법에 의하여 지정문화재로 지정된 건축물
③ 교회의 시설로서 수용능력이 200인(人)인 건축물
④ 어린이집 및 어린이놀이터

[해설] ③은 300인 이상 건축물이다.
[TIP] 1320문으로 암기

002. 공기 중에서 폭발하한치가 가장 낮은 것은?

① 시안화수소   ② 암모니아
③ 에틸렌   ④ 부탄

003. 고압가스배관을 지하에 매설하는 경우의 설치기준으로 틀린 것은?

① 배관은 건축물과는 1.5m, 지하도로 및 터널과는 10m 이상의 거리를 유지한다.
② 독성가스의 배관은 그 가스가 혼입될 우려가 있는 수도시설과는 300m 이상의 거리를 유지한다.
③ 배관은 그 외면으로부터 지하의 다른 시설물과 0.3m 이상의 거리를 유지한다.
④ 지표면으로부터 배관의 외면까지 매설깊이는 산이나 들에서는 1.2m 이상, 그 밖의 지역에서는 1.0m 이상으로 한다.

[해설] 배관 - 고압가스배관(지하)
① 건축물과 1.5m, 지하도로 밑 터널은 10m 이상 거리유지
② 독성가스 배관~수도시설은 300m 이상 거리유지
③ 지하의 다른 시설과는 0.3m 이상 거리유지
④ 매설깊이
 • 산·들 : 1m 이상
 • 그 밖의 지역 : 1.2m 이상

004. 액화석유가스 용기의 글씨색상은?

① 황색   ② 적색
③ 회색   ④ 백색

[해설] 공업용 용기색상과 문자색상
① 공업용 가스
 탄산(CO_2), 산소(O_2), 아세틸렌(C_2H_2)(H_2), 암모니아(NH_3), 염소(Cl_2), 기타가스
[TIP] 회색기타를 들고 갈색염소가 노니는 록산에서 건너편 청탄산 백암산을 황아체 나물에 수주잔을 들어라.

② 의료용 가스
 질(N_2)에틸렌(C_2H_4), 액화탄산($L-CO_2$)(싸이크로 프로판), 아산화질소(N_2O), 산소(O_2), 헬륨(He)
[TIP] 헤갈위해 탄회와 청아를 싸게 주으니 백산록에 자고나도 질흑같은 밤이구나!

005. 다음 중 액화하기 어려운 가스는?

① 수소   ② 아르곤
③ 네온   ④ 헬륨

[해설] 비점 : 수소 -252℃, 헬륨 -269℃, 산소 -183℃, 네온 -246℃

006. 내용적 1L 이하의 일회용 용기로서 라이터충전용, 연료가스용 등으로 사용하는 용기는?

① 용접용기
② 이음매 없는 용기
③ 접합 또는 납붙임용기
④ 융착용기

007. LPG를 수송할 때의 주의사항으로 틀린 것은?

① 운전 중이나 정차 중에도 허가된 장소를 제외하고는 담배를 피워서는 안 된다.
② 운전자는 운전기술 외에 LPG의 취급 및 소화기 사용 등에 관한 지식을 가져야 한다.
③ 누출됨을 알았을 때는 가까운 경찰서, 소방서까지 직접 운행하여 알린다.
④ 주차할 때는 안전한 장소에 주차하며, 운반책임자와 운전자는 동시에 차량에서 이탈하지 않는다.

008. 액화석유가스의 용기보관소 시설기준으로 틀린 것은?

① 용기보관실은 사무실과 구분하여 동일 부지에 설치한다.
② 저장 설비는 용기 집합식으로 한다.
③ 용기보관실은 불연재료를 사용한다.
④ 용기보관실 창의 유리는 망입유리 또는 안전유리로 한다.

[해설] 액화석유가스 판매의 시설·기술·검사 기준, KGS FS231
1) 용기보관실은 불연성 재료를 사용하고, 그 지붕은 불연성재료를 사용한 가벼운 지붕을 설치한다.
2) 용기보관실은 용기보관실에서 누출된 가스가 사무실로 유입되지 않는 구조(동일 실내에 설치할 경우 용기보관실과 사무실 사이에 불연성재료로 칸막이를 설치하여 구분한다. 이 경우 틈새가 없는 밀폐구조로 하여 누출된 가스가 사무실로 유입되지 않도록 한다)로 하고, 용기보관실의 면적은 19㎡ 이상으로 한다.〈개정 14.7.25〉
3) 용기보관실의 용기는 그 용기보관실의 안전을 위하여 용기집합식으로 하지 않는다.〈신설 14.7.25〉
4) 용기보관실과 사무실은 동일한 부지에 구분하여 설치하되, 해상에서 가스판매업을 하려는 판매업소의 용기보관실은 해상구조물이나 선박에 설치할 수 있다.

009. 고압가스특정제조시설 중 도로 밑에 매설하는 배관의 기준에 대한 설명으로 틀린 것은?

① 시가지의 도로 밑에 배관을 설치하는 경우에는 보호판을 배관의 정상부로부터 30㎝ 이상 떨어진 그 배관의 직상부에 설치한다.
② 배관은 그 외면으로부터 도로의 경계와 수평거리로 1m 이상을 유지한다.
③ 배관은 원칙적으로 자동차 등의 하중의 영향이 적은 곳에 매설한다.
④ 배관은 그 외면으로부터 도로 밑의 다른 시설물과 60㎝ 이상의 거리를 유지한다.

[해설] 고압가스배관의 도로매설 기준
① 하중 영향이 적은 곳
② 배관의 외면으로부터 도로 경계 1m 이상 수평거리 유지
③ 배관의 외면으로부터 도로 및 다른 시설 0.3m 이상 거리
④ 보호판은 배관의 직상부로부터 30㎝ 이상

010. 냉동의 제조시설에서 내압성능을 확인하기 위한 시험압력의 기준은?

① 설계압력 이상
② 설계압력의 1.25배 이상
③ 설계압력의 1.5배 이상
④ 설계압력의 2배 이상

[해설] 기밀성능시험일 경우 : 1.25배이다.

011. 다음 중 허가대상 가스용품이 아닌 것은?

① 용접절단기용으로 사용되는 LPG 압력조정기
② 가스용 폴리에틸렌 플러그형 밸브
③ 가스소비량이 132.6kW인 연료전지
④ 도시가스정압기에 내장된 필터

[해설] 허가대상 가스용품(KGS, 제4조 제3항) 액법 별표4
• KGS CODE : 허가대상 가스용품의 범위(액법 #별표 4)

대상 : 액화석유가스 또는 도시가스사업법에 의한 연료용가스를 사용하기 위한 기기를 제조하는 사업
1. ㉮력조정기(용접 절단기용 액화석유가스 압력조정기를 포함한다)
2. ㉮스누출자동차단장치
3. ㉯압기용필터(정압기에 내장된 것은 제외한다)
4. 매몰형㉯압기
5. ㉰스
6. ㉱관용 밸브(볼밸브와 글로우브밸브만을 말한다)
7. ㉲퓨즈콕, 상자콕 및 주물연소기용 노즐콕만을 말한다)
8. ㉱관이음관
9. ㉳제혼합식가스버너(제10호에 따른 연소기와 별표 7 제5호 나목에서 정한 연소기에 부착하는 것은 제외한다)
10. ㉴소기[연소장치 중 가스버너를 사용할 수 있는 구조의 것으로서 가스소비량이 232.6kW(20만 kcal/h) 이하인 것만을 말하되, 별표 7 제5호 나목에서 정하는 것은 제외한다]
11. ㉵기능가스안전계량기(가스계량기에 가스누출차단장치 등 가스안전기능을 수행하는 가스안전장치가 부착된 가스용품을 말한다. 이하 같다)
12. ㉶딩암

13. 연료전지[가스소비량이 232.6kW(20만 kcal/h) 이하인 것만을 말한다. 이하 같다.]
14. 다기능보일러[온수보일러에 전기를 생산하는 기능 등 여러 가지 복합기능을 수행하는 장치가 부착된 가스용품으로서 가스소비량이 232.6kW(20만 kcal/h) 이하인 것을 말한다.]

012. 액화산소 및 LNG 등에 사용할 수 없는 재질은?

① Al 합금
② Cu 합금
③ Cr 합금
④ 18-8 스테인리스강

[해설] 고압장치 금속재료
- LNG → 초저온용기는 18-8% STS, 9% 니켈, (Cu-AL) 합금강 사용
- NH_3 → 동, 동합금 사용금지
- $L-O_2$: 크롬, 망간강, 18-8% STS 사용

[비교] 탄소강 : 아세틸렌, 암모니아, 염소, LPG

2022 1회 실기

013. 도시가스 사용시설 중 가스계량기의 설치기준으로 틀린 것은?

① 가스계량기는 화기(자체 화기는 제외)와 2m 이상의 우회거리를 유지하여야 한다.
② 가스계량기($30m^3/h$ 미만)의 설치 높이는 바닥으로부터 1.6m 이상, 2m 이내이어야 한다.
③ 가스계량기를 보호상자 내에 설치하는 경우에는 2m 이내이어야 한다.
④ 가스계량기는 절연조치를 하지 아니한 전선과 30cm 이상의 거리를 유지하여야 한다.

014. 탱크로리 충전작업 중 작업을 중단해야 하는 경우가 아닌 것은?

① 탱크 상부로 충전 시
② 과 충전 시
③ 가스 누출 시
④ 안전밸브 작동 시

015. 도시가스는 무색, 무취이기 때문에 누출 시 중독 및 사고를 미연에 방지하기 위하여 부취제를 첨가하는데 그 첨가비율의 용량이 얼마의 상태에서 냄새를 감지할 수 있어야 하는가?

① 0.1%
② 0.01%
③ 0.2%
④ 0.02%

2022 2회 실기

016. 고압가스 설비의 내압 및 기밀시험에 대한 설명으로 옳은 것은?

① 내압시험은 상용압력의 1.1배 이상의 압력으로 실시한다.
② 기체로 내압시험을 하는 것은 위험하므로 어떠한 경우라도 금지된다.
③ 내압시험을 할 경우에는 기밀시험을 생략할 수 있다.
④ 기밀시험은 상용압력 이상으로 하되, 0.7MPa을 초과하는 경우 0.7MPa 이상으로 한다.

[해설] KGS FU211 4.2.2.7.2 기밀시험방법
(1) 기밀시험은 원칙적으로 공기 또는 위험성이 없는 기체의 압력으로 실시한다.
(2) 기밀시험은 그 설비가 취성 파괴를 일으킬 우려가 없는 온도에서 실시한다.
(3) 기밀시험압력은 상용압력 이상으로 하되, 0.7MPa를 초과하는 경우 0.7MPa 압력 이상으로 한다.

[참고] 고압가스설비 TP – 상용압력 1.5배
③은 문구주의(내압시험을 한 경우는 기밀시험을 생략할 수 있다.)

017. 압축기 최종단에 설치된 고압가스 냉동제조시설의 안전밸브는 얼마마다 작동 압력을 조정하여야 하는가?

① 3개월에 1회 이상
② 6개월에 1회 이상
③ 1년에 1회 이상
④ 2년에 1회 이상

018. 압력이 높아져도 폭발범위가 증가하지 않는 가스는?

① 메탄
② 프로판
③ 일산화탄소
④ 아세틸렌

019. 방류둑에는 계단, 사다리 또는 토사를 높이 쌓아올림 등에 의한 출입구를 둘레 몇 m 마다 1개 이상을 두어야 하는가?

① 30
② 50
③ 75
④ 100

012. ③ 013. ④ 014. ① 015. ① 016. ③ 017. ③ 018. ③ 019. ②

020. 액화산소 운반시 탱크 저장 용량 한도는?

① 10,000L ② 12,000L
③ 18,000L ④ 25,000L

[해설] 탱크의 내용적 충전 제한
- 가연성가스, 산소 : 18,000L 초과 금지(LPG 제외)
- 독성가스 : 12,000L 초과 금지(L - NH_3 제외)

021. 일반도시가스사업자가 선임하여야 하는 안전점검원 선임의 기준이 되는 배관길이 산정 시 포함되는 배관은?

① 사용자공급관
② 내관
③ 가스사용자 소유 토지 내의 본관
④ 공공 도로 내의 공급관

[해설] 1) 공동주택 등 건축물
  ① 가스계량기가 건물 내부설치의 경우 – 정압기(지)에서 건물외벽까지의 배관
  ② 가스계량기가 건물 외부설치의 경우 – 정압기(지)에서 계량기 전단밸브까지의 배관
2) 공동주택 외 건축물 : 정압기에서 가스사용자가 소유하거나 점유중인 토지경계까지의 배관
3) 안전점검원 선임 기준 배관 : 공공 도로 내의 공급관

022. 도시가스공급시설의 공사계획 승인 및 신고대상에 대한 설명으로 틀린 것은?

① 제조소 안에서 액화가스용 저장탱크의 위치변경공사는 공사계획 신고대상이다.
② 밸브기지의 위치변경 공사는 공사계획 신고대상이다.
③ 호칭지름이 50mm 이하인 저압의 공급관을 설치하는 공사는 공사계획 신고대상에서 제외한다.
④ 저압인 사용자 공급관 50m를 변경하는 공사는 공사계획 신고대상이다.

[해설] 도시가스 공급시설의 공사계획 승인 및 신고대상
- 공사계획 신고대상
  ① 액화가스용 저장탱크의 위치변경공사
  ② 저압인 사용자 공급관 50m를 변경하는 공사
- 신고제외 : 호칭지름 50mm 이하인 저압의 공급관을 설치하는 공사는 제외한다.
[참고] 밸브기지 위치 변경공사는 공사계획 승인대상이다.

023. 압축기에서 다단압축을 하는 주된 목적은?

① 압축일과 체적효율 증가
② 압축일 증가와 체적효율 감소
③ 압축일 감소와 체적효율 증가
④ 압축일과 체적효율 감소

024. 화기, 혼합기(믹서)에 의해서 기화한 부탄에 공기를 혼합하여 만들어지며, 부탄을 다량 소비하는 경우에 적절한 공급방식은?

① 생가스 공급방식   ② 공기혼합 공급방식
③ 자연기화 공급방식 ④ 변성가스 공급방식

025. 일반 도시가스 사업자 정압기의 분해점검 실시 주기는?

① 3개월에 1회 이상 ② 6개월에 1회 이상
③ 1년에 1회 이상   ④ 2년에 1회 이상

[해설] 정압기 분해점검 실시 주기
- 공급시설 : 2년 1회, 작동점검(1주 1회) / 2111
- 사용시설 : 3년 1회, 4년 1회   / 3141

026. 가스 충전구에 따른 분류 중 가스 충전구에 나사가 없는 것은 무슨 형으로 표시하는가?

① A ② B
③ C ④ D

027. 수소 취급 시 주의사항 중 옳지 않은 것은?

① 수소용기의 안전밸브는 가용전식과 파열판식을 병용한다.
② 용기밸브는 오른나사이다.
③ 수소 가스는 피로카롤 시약을 사용한 오르자트법에 의한 시험법에서 순도가 98.5% 이상이어야 한다.
④ 공업용 용기 도색은 주황색이고, "연"자 표시는 백색이다.

[해설] 수소 취급시 주의사항
① 안전밸브 : 가용전식, 파열판식 병용
② 용기밸브 : 왼나사(가연성 가스)
③ 피로카롤 시약, 오르자트법 수소 98.5% 이상

④ 공업용 용기 : 주황색, "연" 표시는 백색
※ 왼나사 예외규정(NH_3, CH_3Br은 오른나사)

028. 공기액화분리장치의 폭발원인으로 볼 수 없는 것은?

① 공기취입구로부터 O_2 혼입
② 공기취입구로부터 C_2H_2 혼입
③ 액체 공기 중에 O_3 혼입
④ 공기 중에 있는 NO_2의 혼입

029. 독성가스의 저장탱크에는 가스의 용량이 그 저장탱크 내용적의 90%를 초과하는 것을 방지하는 장치를 설치하여야 한다. 이 장치를 무엇이라고 하는가?

① 경보장치 ② 액면계
③ 긴급차단장치 ④ 과충전방지장치

030. 압축천연가스자동차 충전소에 설치하는 압축가스설비의 설계압력이 25MPa인 경우 이 설비에 설치하는 압력계의 지시눈금은?

① 최소 25.0MPa까지 지시할 수 있는 것
② 최소 27.5MPa까지 지시할 수 있는 것
③ 최소 37.5MPa까지 지시할 수 있는 것
④ 최소 50.0MPa까지 지시할 수 있는 것

[해설] 압력계
최대지시눈금 1.5~2배이므로 25MPa×1.5 = 37.5

031. 도시가스사용시설의 정압기실에 설치된 가스누출 경보기의 점검주기는?

① 1일 1회 이상 ② 1주일 1회 이상
③ 2주일 1회 이상 ④ 1개월 1회 이상

[해설] 가스누출경보기 점검주기(도시가스 정압기실) : 1주일 1회 이상

032. 도시가스 정압기에 사용되는 정압기용 필터의 제조 기술 기준으로 옳은 것은?

① 내가스 성능시험의 질량변화율은 5~8%이다.
② 입, 출구 연결부는 플랜지식으로 한다.
③ 기밀시험은 최고사용압력 1.25배 이상의 수압으로 실시한다.
④ 내압시험은 최고사용압력 2배의 공기압으로 실시한다.

[해설] 정압기용 필터의 제조 기준
• 입·출구 연결부는 플랜지식으로 한다.
• 내압시험은 최고사용압력 1.5배의 수압으로 실시한다.
• 기밀시험은 최고사용압력의 1.1배 이상의 공기압을 가한 후 1분간 유지시 누출 없는 것
• 그 외 필터 얼라이먼트는 50kPa 미만의 차압에서 찌그러들지 아니하는 것으로 한다.
(3.8.2.1 내가스성능규정) 질량변화율 (-8~5)% 이내로 한다. 고무 및 합성수지 부품은 이소옥탄에 넣어 (40~50)℃로 70시간 유지할 것

033. 다음 중 아세틸렌 및 에틸렌 가스의 제조에 사용되는 반응장치는?

① 축열식 반응기 ② 유동층식 접촉반응기
③ 탑식 반응기 ④ 내부 연소식 반응기

[해설] TIP 석유화학장치의 종류
반응장치
• 내부 연소식   예 C_2H_2 합성용 가스
• 축열식 반응기(기준) 예 아세틸렌, 에틸렌 (TIP 축아에)
• 이동상식 접촉반응기 예 에틸렌(C_2H_4)

034. 폭발위험에 대한 설명 중 틀린 것은?

① 폭발범위의 하한값이 낮을수록 폭발위험은 커진다.
② 폭발범위의 상한값과 하한값의 차가 작을수록 폭발위험은 커진다.
③ 프로판보다 부탄의 폭발범위 하한값이 낮다.
④ 프로판보다 부탄의 폭발범위 상한값이 낮다.

[해설] C_mH_n 탄화수소 중 분자량이 클수록 증가/감소되는 것
• 증가 : 비중, 비점, 공기량, 발열량
• 감소 : 발화온도, 연소범위, 연소속도, 증기압
즉, ②는 클수록 위험하다.
폭발범위 : ③ C_3H_8 : 2.1~9.5%
④ C_4H_{10} : 1.8~8.4%

035. 산화에틸렌의 충전 시 산화에틸렌의 저장탱크는 그 내부의 가스를 질소 또는 탄산가스로 치환하고 몇 ℃ 이하로 유지하여야 하는가?

① 5   ② 15
③ 40 ④ 60

해설 산화에틸렌
- 충전용기에 질소 또는 탄산가스 충전 시 45℃에서 0.4 MPa 이상
- 충전 시 5℃ 이하 유지

036. 백금-백금로듐 열전대 온도계의 온도 측정 범위로 옳은 것은?

① −180~350℃   ② −20~800℃
③ 0~1,600℃   ④ 300~2,000℃

해설 열전대(가장 고온 측정용)

PR	(백금 − 백금로듐)	내열성 우수(1,600℃)
CA	(크로멜 − 알루멜)	(1,200℃)
IC	(철 − 콘스탄탄)	열기전력 가장 높음(800℃)
CC	(동 − 콘스탄탄)	수분에 의한 부식 강함(350℃)

037. 열전대 온도계 보호관의 구비조건에 대한 설명 중 틀린 것은?

① 압력에 견디는 힘이 강할 것
② 외부 온도변화를 열전대에 전하는 속도가 느릴 것
③ 보호관 재료가 열전대에 유해한 가스를 발생시키지 않을 것
④ 고온에서도 변형되지 않고 온도의 급변에도 영향을 받지 않을 것

해설 ② 신속히 열전대에 전달

038. 습식가스미터 특징에 대한 설명으로 옳은 것은?

① 대용량의 경우 설치공간이 크다.
② 일반 수용가에 적합하다.
③ 스트레이너가 필요 없다.
④ 계량이 정확하다.

039. 3단 토출압력이 2MPa·g이고, 압축비가 2인 4단공기압축기에서 1단 흡입 압력은 약 몇 MPa·g인가?

① 0.16MPa·g   ② 0.26MPa·g
③ 0.36MPa·g   ④ 0.46MPa·g

해설 a : 압축비, P : 절대압력(주의)

2단 토출P 계산 : (3단 토출P)/a = $\dfrac{2+0.1}{2}$
= 1.05MPa·abs

2단 흡입P 계산 : 1.05/2 = 0.525
1단 흡입P 계산 : 0.525/2 = 0.2625
1단 흡입P = 0.26MPa·abs 절대 P이므로 대기압(−)하면
0.26−(0.1) = 0.16MPa·g

주의 MPa·g에서 최초는 절대압력 환산 요망

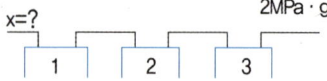

040. 다음 중 "어떤 계를 절대온도 0도(−273℃)에 이르게 할 수 없다"라고 표현되는 법칙은?

① 열역학 제0법칙   ② 열역학 제1법칙
③ 열역학 제2법칙   ④ 열역학 제3법칙

041. 방폭전기 기기구조별 표시방법 중 "e"의 표시는?

① 안전증방폭구조   ② 내압방폭구조
③ 유입방폭구조   ④ 압력방폭구조

042. 불소에 대한 설명 중 틀린 것은?

① 상온에서 옅은 황록색 기체이다.
② 맹독성 가스이므로 유리(규산 성분)에 보관하여야 한다.
③ 가장 강력한 산화제이다.
④ 플루오린화 수소는 물에 잘 녹는다.

해설 ① 상온에서 옅은 황록색 기체이다.
② 맹독성 가스이다. 유리(규산 성분)를 녹이는 성질이 있어 유리에 무늬를 새기는 데 사용한다.
③ 가장 강력한 산화제이다.
④ 플루오린화 수소는 물에 잘 녹는다.

정답 035. ① 036. ③ 037. ② 038. ④ 039. ① 040. ④ 041. ① 042. ②

043. 염소(Cl_2)에 대한 설명으로 틀린 것은?

① 황록색의 기체로 조연성이 있다.
② 강한 자극성의 취기가 있는 독성기체이다.
③ 수소와 염소의 등량 혼합기체를 염소폭명기라 한다.
④ 건조 상태의 상온에서 강재에 대하여 부식성을 갖는다.

044. 일산화탄소 가스의 용도로 알맞은 것은?

① 메탄올 합성   ② 용접 절단용
③ 암모니아 합성   ④ 섬유의 표백용

[해설] CO의 용도
① 메탄올 합성($CO + 2H_2 \rightarrow CH_4O(CH_3OH$: 메틸알콜, 메탄올))
②번 산소, 수소가스
③번 N_2 원료
④번 Cl_2의 특징

045. 산소의 일반적인 특징에 대한 설명으로 틀린 것은?

① 수소와 반응하여 격렬하게 폭발한다.
② 유지류와 접촉 시 폭발의 위험이 있다.
③ 공기 중에서 무성 방전시키면 과산화수소(H_2O_2)가 발생된다.
④ 산소의 분압이 높아지면 폭굉범위가 넓어진다.

[해설] 산소는 수소와 반응하여 격렬하게 폭발하며, 유지류와 접촉 시 폭발의 위험이 있다.
산소의 분압이 높아지면 폭굉범위가 넓어진다.
① $2H_2 + O_2 \rightarrow 2H_2O$(수소폭명기)
② 산소는 금유표시게이지를 사용한다.
③ H_2O_2 과산화수소는 액체이다.
④ 폭굉범위는 압력이 클수록 넓어진다.
• 무성방전 : 방전 시 소리가 없는 경우(예 코로나방전)

046. 가스의 성질에 대하여 옳은 것으로만 나열된 것은?

㉮ 일산화탄소는 가연성이다.
㉯ 산소는 조연성이다.
㉰ 질소는 가연성도 조연성도 아니다.
㉱ 아르곤은 공기 중에 함유되어 있는 가스로서 가연성이다.

① ㉮, ㉯, ㉰   ② ㉮, ㉯, ㉱
③ ㉯, ㉰, ㉱   ④ ㉮, ㉰, ㉱

047. 순수한 물의 증발 잠열은?

① 539kcal/kg   ② 79.68kcal/kg
③ 539cal/kg   ④ 79.68cal/kg

048. 가스의 폭굉속도를 가장 옳게 나타낸 것은?

① 0.03~10m/s   ② 30~100m/s
③ 350~500m/s   ④ 1,000~3,500m/s

[해설] 정상연소속도 0.03~10m/s
음속 340m/s
폭굉 1,000~3,500m/s
폭굉은 화염 전파속도가 음속보다 크다.

049. 다음 중 압력 환산 값을 서로 옳게 나타낸 것은?

① 1lb/ft² ≒ 0.142kg/cm²
② 1kg/cm² ≒ 13.7lb/in²
③ 1atm ≒ 1033g/cm²
④ 76cmHg ≒ 1013dyne/cm²

[해설] ① 1ft = 12inch ≒ 30.5cm
1 lb/ft² = 1 lb/(12in)² = 144^{-1}(lb/in²) 압력변환하면,
$= (\dfrac{144^{-1}}{14.7}) \times 1.0332 kg/cm^2$
$= 0.00048 (kg/cm^2)$
② 1kg/cm² ≒ 14.7lb/in²
③ 1,033g = $\dfrac{1,033g}{1,000}$ = 1.033kg/cm²
④ 1dyne = 1g·cm/s² 이므로 → $10^{-3} kg \cdot 10^{-2} m/s^2$
= $10^{-5} kg \cdot m/s^2 = 10^{-5} N$

050. 어떤 물질의 질량은 30g이고 부피는 600cm³이다. 이것의 밀도(g/cm³)는 얼마인가?

① 0.01   ② 0.05
③ 0.5   ④ 1

[해설] $\dfrac{30g}{600cm^3} = 0.05(g/cm^3)$

051. 염소폭명기는 수소와 염소의 혼합비가 얼마일 때를 말하는가? (단, 수소 : 염소의 비이다.)

① 1 : 2 ② 2 : 1
③ 1 : 3 ④ 1 : 1

[해설] ① 수소폭명기 $2H_2 + O_2 \rightarrow 2H_2O$ (2:1)
② 염소폭명기 $H_2 + Cl_2 \rightarrow 2HCl$ (1:1)

052. 부탄 1㎥을 완전 연소시키는데 필요한 이론 공기량은 약 몇 ㎥인가? (단, 공기 중의 산소농도는 21v%이다.)

① 5 ② 23.8
③ 6.5 ④ 31

[해설] 1) $C_4H_{10} + 6.5O_2 \rightarrow 4CO_2 + 5H_2O$
2) $\frac{6.5}{0.21} = 30.952 ≒ 31$

053. 탄소 2kg을 완전 연소시켰을 때 발생되는 연소가스는 약 몇 kg인가?

① 3.67 ② 7.33
③ 5.87 ④ 8.89

[해설] $C + O_2 \rightarrow CO_2$

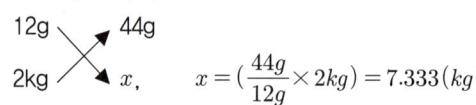

$x = \left(\frac{44g}{12g} \times 2kg\right) = 7.333 (kg)$

054. 가연성가스의 검지경보장치 중 반드시 방폭성능을 갖지 않아도 되는 것은?

① 용접용기로 재질은 탄소강으로 한다.
② 검지경보장치는 방폭성능을 갖지 않아도 된다.
③ 충전구의 나사형식은 왼나사로 한다.
④ 용기의 바탕색은 백색으로 한다.

[해설] 암모니아 가스를 저장하는 용기
① 용접용기로 재질은 탄소강
② 검지경보장치는 방폭성능을 갖지 않아도 된다.
③ 용기의 바탕색은 백색
 • 충전구의 나사형식은 오른나사이다.(예외규정)
 • 가연성 가스는 원칙상으로는 왼나사 형식이다.

055. 공기 중에서 폭발하한이 가장 낮은 탄화수소는?

① CH_4 ② C_4H_{10}
③ C_3H_8 ④ C_2H_6

056. 공기 중에 10vol% 존재 시 폭발의 위험성이 없는 가스는?

① CH_3Br ② C_2H_6
③ C_2H_4O ④ H_2S

[해설] 방폭구조가 필요하지 않은 가스 : NH_3, CH_3Br, 자연발화가스
CH_3Br의 폭발범위(13.5%~14.5%)
∴ 폭발하한은 13.5% 이상이어야 함

057. 산소의 물리적 성질에 대한 설명 중 틀린 것은?

① 물에 녹지 않으며 액화산소는 담녹색이다.
② 기체, 액체, 고체 모두 자성이 있다.
③ 무색, 무취, 무미의 기체이다.
④ 강력한 조연성가스로서 자신은 연소하지 않는다.

[해설] 각 고압가스의 일반적인 성질
① 산소는 물에 잘 녹으며 액화산소는 담청색이다.
 • 암모니아는 동을 부식하고, 고온·고압에서는 강재를 침식한다.
 • 질소는 고온하에서 질화철을 생성하여 그 표면을 경화시킨다.
 • 산소는 액체공기를 분류하여 제조하는 반응성이 강한 가스로 자신은 연소하지 않는다.
 • 염소는 반응성이 강한 가스로 강재에 대하여 습한 상태에서 강재를 부식시킨다.
염소용기는 갈색이고, 안전밸브는 가용전(66℃~68℃), 무계목탄소강용기(아세틸렌, 암모니아, 염소 : 가용전식)

058. 도시가스 배관의 굴착공사 작업에 대한 설명 중 틀린 것은?

① 가스 배관과 수평거리 1m 이내에서는 파일박기를 하지 아니한다.
② 항타기는 가스배관과 수평거리가 2m 이상되는 곳에 설치한다.
③ 가스배관의 주위를 굴착하고자 할 때에는 가스배관의 좌우 1m 이내의 부분은 인력으로 굴착한다.

정답 051. ④ 052. ④ 053. ② 054. ③ 055. ② 056. ① 057. ①

④ 줄파기 1일 시공량 결정은 시공속도가 가장 느린 천공 작업에 맞추어 결정한다.

[해설] **도시가스 배관의 굴착공사 작업**
1. 배관 매설 예정 지점 2m 이내 줄파기시 안전관리전담사 입회
2. 굴착시 배관 좌우 1m 이내 인력 굴착
3. 노출된 가스 배관 길이 15m 이상시 점검 통로 및 조명 시설 설치(70Lux 이상)
   - 항타기 : 가스 배관과 수평거리 2m 이상되는 곳
   - 줄파기 : 1일 시공량 결정은 시공속도가 가장 느린 천공작업에 맞추어 결정
   - 파일박기 : 30cm 유지

059. 도시가스시설에서 고압배관과 중압배관과의 유지거리는?

① 1m   ② 1.5m
③ 2m   ④ 2.5m

[해설] **배관의 유지거리**
㉠ 지상배관 : 황색
㉡ 매설배관 : 저압(황색)
         중압(적색, 배관의 사용압력은 중압 이하)
㉢ 고압배관과 중압 이하의 배관은 2m 이상 거리유지
㉣ 지하 매설 배관의 설치

공동주택 등의 부지 내	0.6m 이상
폭 4m 이상 8m 미만 도로	1.0m 이상
폭 8m 이상 도로	1.2m 이상

060. 액화석유가스의 시설기준 중 저장탱크의 설치 방법으로 틀린 것은?

① 천장, 벽 및 바닥의 두께가 각각 30cm 이상의 방수조치를 한 철근콘크리트구조로 한다.
② 저장탱크실 상부 윗면으로부터 저장탱크 상부까지의 깊이는 60cm 이상으로 한다.
③ 저장탱크에 설치한 안전밸브에는 지면으로부터 5m 이상의 방출관을 설치한다.
④ 저장탱크 주위 빈 공간에는 세립분을 25% 이상 함유한 마른 모래를 채운다.

[해설] **저장탱크**
- 천장, 벽, 바닥의 두께 0.3m 방수조치 콘크리트
- 상부 윗면~상부까지의 깊이 0.6m
- 안전밸브에 지면으로부터 5m 이상 방출관 설치
- 탱크 간 1m 이상 간격

세립분 25% 이상의 마른모래 X

제6회 최신 과년도 기출문제

[신경향]

001. 도시가스 정압기실에서 이상사태발생시 제일 먼저 작동하는 것은 무엇인가?

① 안전밸브 ② 긴급차단장치
③ 압력기록장치 ④ 이상압력통보장치

[해설] 도시가스 정압기실의 안전장치 작동순서

※ 이상시 안전장치 작동 순서 : PT → SSV → SV → 예비측 SSV
이상압력작동 p : 3.2 3.6 4.0 4.4 (kPa)

[신경향:기능장]

002. 공기 $10kgf/cm^2$ 중 질소와 산소의 분압(kgf/cm^2)은 얼마인가?(단, 체적비로 질소 79%, 산소 21%이다)

① 6.9, 3.1 ② 7.9, 2.1
③ 8.9, 1.1 ④ 9.1, 0.9

[해설] 돌턴의 분압법칙

(1) 혼합기체의 전압은 각 성분 기체의 분압의 총합과 같다.
분압($P_1, P_2 \cdots P_n$)라 할 때
전압 $P = P_1 + P_2 \cdots + P_n$

(2) 조성
분압 = 전압 × 성분기체의 몰분율
= 전압 × $\frac{성분몰수}{전몰수}$ → 전압 × $\frac{성분부피}{전부피}$

$N_2 = 10 \times \frac{79}{100} = 7.9 (kgf/cm^2)$

$O_2 = 10 \times \frac{21}{100} = 2.1 (kgf/cm^2)$

분압 = 전압 × (각 성분부피 / 전부피)
질소 = 10 × (79/100) = 7.9(kgf/cm²)
산소 = 10 − 7.9 = 2.1(kgf/cm²)

003. 포스겐의 분자식은 무엇인가?

① CO ② NH_3
③ CO_2 ④ $COCL_2$

[해설] 분자량은 어떤 물질이 갖는 양의 크기로서 1몰의 질량과 동일한 개념으로 사용. 모든 기체 1몰의 부피는 표준상태(0℃, 1atm)하에서 22.4L이다. **[주의]** Co 코발트

(2010년 기출)

004. 침종식 압력계에서 사용하는 측정원리(법칙)는 무엇인가?

① 파스칼 ② 뉴턴
③ 돌턴 ④ 아르키메데스

005. 기화기, 혼합기(믹서)에 의해서 기화한 부탄에 공기를 혼합하여 만들어지며, LP가스를 다량 소비하는 경우에 적절한 공급방식은?

① 생가스 공급방식 ② 공기혼합 공급방식
③ 자연기화 공급방식 ④ 변성가스 공급방식

[해설] 공기혼합 공급방식
기화기, 혼합기(믹서)에 의해서 기화한 부탄에 공기 혼합. 부탄을 다량 소비하는 경우 적절

006. 100L의 액산 탱크에 액산을 넣어 방출밸브를 개방하고 12시간 방치하였더니 탱크 내의 액산이 4.8kg 방출되었다면 1시간당 탱크에 침입하는 열량은 약 몇 kcal인가? (단, 액산의 증발잠열은 60kcal/kg이다.)

① 12 ② 24
③ 70 ④ 150

[해설] $4.8kg \times 60kcal/kg = 288kcal/12h = 24kcal/h$

007. 도시가스배관 33mm 이상일 경우 고정 장치의 간격으로 옳은 것은?

① 1m ② 2m
③ 3m ④ 5m

[해설] 도시가스 사용시설 중 고정장치 간격
가스관 고정장치 : 2m마다(13mm 이상~33mm 미만), 3m마다(33mm 이상)

정답 001. ④ 002. ② 003. ④ 004. ④ 005. ② 006. ② 007. ③

008. 냄새가 나는 물질(부취제)의 구비조건이 아닌 것은?

① 독성이 없을 것
② 저농도에서도 냄새를 알 수 있을 것
③ 완전연소하고 연소 후에는 유해물질을 남기지 말 것
④ 일상생활의 냄새와 구분되지 않을 것

해설 ①, ②, ③ 외
- 일상냄새와 구분될 것
- 토양투과성이 클 것
- 화학적 안정
- 물에 용해되지 않을 것
- 가스배관 · 가스미터 등에 흡착되지 않을 것

암기TIP 부용완 투독일응 가경화저(부용한 두 독일은 간 경화죠!)

- 종류 ㉠ DMS : 마늘 냄새
  ㉡ TBM : 양파 썩은 냄새
  ㉢ THT : 석탄가스 냄새

※ 토양에 대한 투과성 : DMS > TBM > THT
※ 취기강도 : TBM > THT > DMS

[★★★]
009. 다음 가스 중 복숭아 향이 나는 시약 명칭은 무엇인가?

① 염산(HCl)   ② 수소(H_2)
③ 염소(Cl_2)   ④ 시안화수소(HCN)

해설 가스 일반적 성질
염산 : 암모니아 접촉시 흰 연기
시안화수소 : 복숭아 냄새, 맹독성 기체
염소 : 황록색, 자극적 냄새, 맹독성 기체
수소 : 고온 · 고압하에서 탄소강과 반응, 수소취성발생

[★]
010. 가연성가스 저온 저장탱크의 폭발방지 장치가 아닌 것은?

① 압력계   ② 진공안전밸브
③ 감압밸브   ④ 압력경보설비

해설 부압안전장치 종류
①, ②, ④ 외 송액설비, 냉동제어설비, 균압관이 있다.

[★★★]
011. 수소와 다음 중 어떤 가스를 동일차량에 적재하여 운반하는 때에 그 충전용기와 밸브가 서로 마주보지 않도록 적재하여야 하는가?

① 산소   ② 아세틸렌
③ 브롬화메탄   ④ 염소

해설 ① 수소폭명기
$2H_2 + O_2 \rightarrow 2H_2O$: 동일차량 적재가능. 단, 밸브방향 마주하지 말 것
② 염소폭명기
$H_2 + Cl_2 \rightarrow 2HCl$: 동일차량 적재금지

[★★]
012. 공기비(m)가 클 경우 연소에 미치는 영향에 대한 설명으로 가장 거리가 먼 것은?

① 미연소에 의한 열손실이 증가한다.
② 연소가스 중에 SO_3의 양이 증대한다.
③ 연소가스 중에 NO_2의 발생이 심해진다.
④ 통풍력이 강하여 배기가스에 의한 열손실이 커진다.

해설 ①번의 미연소는 불완전연소, 즉 공기비가 적을 경우이다.
[공기비(m)가 클 경우]
① 연소가스 중에 SO_3의 양이 증대한다.
② 연소가스 중에 NO_2 발생이 심해진다.
③ 통풍력이 강하여 배기가스에 의한 열손실이 증가한다.

[★]
013. 압력용기 제조 시 A387 Gr22 강 등을 Annealing 하거나 900℃ 전후로 Tempering 하는 과정에서 충격값이 현저히 저하되는 현상으로 Mn, Cr, Ni 등을 품고 있는 합금계의 용접금속에서 C, N, O 등이 입계에 편석함으로써 입계가 취약해지기 때문에 주로 발생한다. 이러한 현상을 무엇이라고 하는가?

① 풀림   ② 불림
③ 뜨임취성   ④ 수소취성

[★★★]

014. 고압가스 매설배관에 실시하는 전기방식 중 외부 전원법과 희생양극법의 T/B 간격은 몇 m마다 설치하는가?

① 500, 300   ② 300, 500
③ 300, 200   ④ 500, 200

해설 외부전원법의 T/B(전위측정용터미널)는 500m마다 설치
희생양극법, 배류법은 300m마다 설치
[유사문제] 도시가스 배관에 설치하는 전위 측정용 터미널의 간격을 옳게 나타낸 것은?
① 희생양극법 : 300m 이내, 외부전원법 : 500m 이내

[동]

015. 용기 밸브의 그랜드 너트의 6각 모서리에 V형의 홈을 낸 것은 무엇을 표시하는가?

① 왼나사임을 표시
② 오른나사임을 표시
③ 암나사임을 표시
④ 수나사임을 표시

해설 용기 밸브의 그랜드 너트의 6각 모서리의 V형의 홈(왼나사임을 표시)

[★★★]

016. 가스를 그대로 대기 중에 분출시켜 연소에 필요한 공기를 전부 불꽃의 주변에서 취하는 연소방식은?

① 적화식   ② 분젠식
③ 세미분젠식   ④ 전1차공기식

해설 적화식 : 2차공기 100%
분젠식 : 1차공기 70%, 2차공기 30%
세미분젠식 : 1차공기 30%, 2차공기 70%
전1차공기식 : 1차공기 100%

[동] (직동식)정압기에 나올 수 없는 현상 - 유사문제

017. 가스압력을 적당한 압력으로 감압하는 직동식 정압기의 기본구조의 구성요소에 해당되지 않는 것은?

① 스프링   ② 다이어프램
③ 메인밸브   ④ 파일로트

[★]

018. 파이프 커터로 강관을 절단하면 거스러미(burr)가 생긴다. 이것을 제거하는 공구는?

① 파이프 벤더   ② 파이프 렌치
③ 파이프 바이스   ④ 파이프 리머

[★]

019. 가스배관의 시공 신뢰성을 높이는 일환으로 실시하는 비파괴검사 방법 중 내부선원법, 이중법, 이중상법 등을 이용하는 방법은?

① 초음파탐상시험   ② 자분탐상시험
③ 방사선투과시험   ④ 침투탐상방법

[★]

020. 수소나 헬륨을 냉매로 사용한 냉동방식으로 실린더 중에 피스톤과 보조 피스톤으로 구성되어 있는 액화 사이클은?

① 클라우드 공기액화사이클
② 린데 공기액화사이클
③ 필립스 공기액화사이클
④ 캐피자 공기액화사이클

[★]

021. 저온장치의 분말진공 단열법에서 충진용 분말로 사용되지 않는 것은?

① 펄라이트   ② 알루미늄분말
③ 글라스울   ④ 규조토

해설 저온 장치의 단열법

상압단열	섬유, 분말을 사용하여 진공	
진공단열	고진공	10^{-4}Torr유지
	분말 진공	10^{-2}Torr유지. ★가장 일반적으로 사용 충진제 : 샌다셀, 알루미늄 분말, 펄라이트, 규조토 TIP 샌 분알 퍼 큐
	다층 진공	10^{-5}Torr유지. 가장 고진공 (핵심어 : 다수 포개어 단열)

[분말 진공단열법에서 사용되는 충진제]
① 펄라이트 : 가벼운 무기질 재료, 열전도율이 낮아 단열 효과가 뛰어남

정답 014.① 015.① 016.① 017.④ 018.④ 019.③ 020.③ 021.③

② 알루미늄 분말 : 금속재료로 높은 반사율이 있어 열차단에 효과적
③ 샌다셀 : 미세한 유리 구슬로 구성된 재료로, 열전도율이 낮고 단열 성능 우수
④ 규조토 : 자연에서 얻을 수 있는 재료로, 다공성 구조, 단열 효과 우수

[★★]
022. 가스사용시설인 가스보일러의 급·배기방식에 따른 구분으로 틀린 것은?

① 반밀폐형 자연배기식(CF)
② 반밀폐형 강제배기식(FE)
③ 밀폐형 자연배기식(RF)
④ 밀폐형 강제급·배기식(FF)

[해설]

	급기구	배기구	비고
개방형	실내	실내	실내연소용공기 폐가스 실내로
반밀폐형 FE/CF	실내	실외	실내연소용공기 폐가스 배기통
밀폐형 FF/BF	실외	실외	급기통연소용공기 폐가스 배기통

[★★★]
023. 도시가스 제조방식 중 촉매를 사용하여 사용온도 400~800℃에서 탄화수소와 수증기를 반응시켜 수소, 메탄, 일산화탄소, 탄산가스 등의 저급 탄화수소로 변환시키는 프로세스는?

① 열분해 프로세스   ② 접촉분해 프로세스
③ 부분연소 프로세스 ④ 수소화분해 프로세스

[해설] 도시가스 제조 방식 중 촉매사용 : 접촉분해 프로세스(가스화제 : 수증기 사용)
[TIP] 접촉과 촉매하!(촉촉)
변환가스 : 메(CH_4)일(CO)탄산(CO_2)수(H_2) : 메일탄산수로 변환
$CO + H_2O \rightarrow CO_2 + H_2$

[★★★]
024. 다음 중 독성이 가장 큰 것은?

① 염소   ② 불소
③ 시안화수소   ④ 암모니아

[해설] Lc50 기준: 독성가스 허용농도 5000ppm 이하
※ 독성이 강한 순
포스겐, 오존, 인화수소, 시안화수소, 불소, 염소, 황화수소, 아크릴로니트릴, 브롬메탄, 불화수소, 아황산가스, 산화에틸렌, 염화수소, 일산화탄소, 암모니아
[암기TIP] 포스, 오, 인, 시, 불, 염, 황, 아, 브, 불, 아황, 산에, 염, 일, 암

[동]
025. 상용압력이 10MPa인 고압설비의 안전밸브 작동압력은 얼마인가?

① 10MPa   ② 12MPa
③ 15MPa   ④ 20MPa

[해설] 안전밸브 작동압력
설계압력 ~ 내압시험압력(TP)×$\frac{8}{10}$ 이하
고압가스설비의 TP : 상용압력 × 1.5배
10MPa×1.5×0.8 = 12MPa

026. 액화석유가스 사용시설에서 소형저장탱크의 저장능력이 몇 kg 이상인 경우에 과압안전장치를 설치하여야 하는가?

① 100   ② 150
③ 200   ④ 250

[신경향] [★★]
027. 다음은 LPG의 소형저장탱크에 대한 내용이다. 빈칸의 숫자를 고르시오.

① 충전질량의 (   ) 이상 소형저장탱크는 가스충전구로부터 건축물개구부와 안전거리는 3.0m 이상 안전공지를 유지한다.
② 충전질량의 (   ) 이상 소형저장탱크의 경우 안전거리를 유지할 수 없는 경우 설치하는 방호벽의 높이는 소형 저장탱크 정상부보다 50cm 높게 한다.

① 1,000톤   ② 2,000톤
③ 1,000kg ④ 2,000kg

022. ③   023. ②   024. ③   025. ②   026. ④   027. ③

해설 소형저장탱크의 이격거리 (관련규정: KGS FU432-2021)

소형저장탱크 (단위 : kg·m) : (관련규정 : KGS FU432-2021)

(표 1-1) 소형저장탱크의 설치거리 — 가스충전구로부터 →

충전질량(kg)	토지경계까지	탱크 간	건축물개구부까지
1,000kg 미만	0.5	0.3	0.5
1,000 ~ 2,000kg 미만	3.0	0.5	3.0
2,000kg 이상	5.5m	0.5m	3.5m

[비고] 동일한 사업소에 두 개 이상의 소형저장탱크가 있는 경우에는 각 소형저장탱크 저장능력별로 이격거리를 유지하여야 한다.<신설 11.1.3>

① 1,000kg 소형저장탱크는 높이 1m 이상 경계책 실시
② 동일 장소에 설치하는 소형저장탱크 수는 6개 이하로 하고 충전질량 합계는 5,000kg 미만
③ 소형저장탱크는 바닥이 지면 5cm 이상 높은 콘크리트 바닥 위에 설치
④ 소형저장탱크에 설치하는 가스방출관은 지면에서 2.5m 이상 탱크정상부에서 1m 이상 높은 위치에 설치한다.
⑤ 소형저장탱크 기화장치 출구 측 압력은 1MPa 미만이 되도록 사용할 것
⑥ 소형저장탱크와 기화장치는 3m 이상 우회거리를 유지
⑦ 1,000kg 이상 소형저장탱크 부근에 ABC용 B-12 이상 분말소화기 2개 이상 비치
⑧ 소형저장탱크 기화장치 5m 이내 화기 사용금지

[★★]

028. 송수량 12000L/min, 전양정 45m인 볼류트 펌프의 회전수를 1000rpm에서 1100rpm으로 변화시킨 경우 펌프의 축동력은 약 몇 PS 인가? (단, 펌프의 효율은 80%)

① 165 ② 180
③ 200 ④ 250

해설 $PS = \dfrac{\Upsilon \cdot Q \cdot H}{75 \times \eta \times 60}$ 에서 (Υ:비중량), Q=12,000L(12㎥)

① $\dfrac{1,000 \times 12\text{m}^3/\text{분} \times 45\text{m}}{75 \times 0.8 \times 60} = 150$

② $150 \times \left(\dfrac{N_2}{N_1}\right)^3 = 150 \times \left(\dfrac{1,100}{1,000}\right)^3 = 199.65 ≒ 200$

[★★★]

029. 가스 운반 시 차량 비치 항목이 아닌 것은?

① 가스 표시 색상
② 가스 특성(온도와 압력과의 관계, 비중, 색깔, 냄새)
③ 인체에 대한 독성 유무
④ 화재, 폭발의 위험성 유무

[동]

030. 에어졸은 35℃에서 그 용기의 내압이 얼마 이하이어야 하는가?

① 0.8kPa ② 1.0MPa
③ 0.8MPa ④ 1.0kPa

해설 ① 에어졸은 35℃에서 그 용기의 내압이 0.8MPa 이하이어야 하고 에어졸의 용량이 그 용기 내용적의 90% 이하일 것
② 가스누출시험을 위해 온수시험탱크를 갖추고 46℃ 이상~50℃ 미만에서 누설검사를 할 것
③ 에어졸 제조설비 및 에어졸 충전용기 저장소는 화기 또는 인화성 물질과 8m 이상의 우회거리를 유지할 것

[신경향][★★★]

031. 다음 고압가스용기재료의 구비조건이 아닌 것은?

① 충분한 강도를 위해 무겁고 단단할 것
② 사용온도에 잘 견디는 강도와 연성을 가질 것
③ 내식성, 내마모성 및 내열성일 것
④ 시공 시 결함이 없고 용접성이 우수할 것

해설 강도(Strength) : 용기는 고압을 견딜 수 있는 충분한 강도. 항복 강도와 인장 강도로 측정. 항복 강도는 재료가 영구 변형을 시작하는 응력 수준을 의미하며, 인장 강도는 재료가 파괴되기 전까지 견딜 수 있는 최대 응력 수준을 의미.

[★★★]

032. 다음 고압가스 압축작업 중 작업을 즉시 중단해야 하는 경우가 아닌 것은?

① 아세틸렌 중 산소용량이 전용량의 2% 이상의 것
② 산소 중 가연성가스(아세틸렌, 에틸렌 및 수소를 제외한다.)의 용량이 전용량의 4% 이상의 것
③ 산소 중 아세틸렌, 에틸렌 및 수소의 용량합계가 전용량의 2% 이상인 것
④ 시안화수소 중 산소용량이 전용량의 2% 이상의 것

해설 **압축금지 조건**
- 가연성 가스 중 산소용량이 전용량의 4% 이상 시
- 산소 중의 가연성 용량이 전용량의 4% 이상 시
- 아세틸렌, 에틸렌, 수소중의 산소 용량이 전용량의 2% 이상 시
- 산소중의 아세틸렌, 에틸렌, 수소의 용량 합계가 전용량의 2% 이상 시

033. 암모니아 저장탱크에 3,000L를 저장하려고 한다. 이 저장탱크의 저장능력은 몇 kg인가? (단, 액비중은 0.77이다)

① 2076 ② 2077
③ 2078 ④ 2079

해설 $W = 0.9 \cdot d \cdot V_2$ 에서 $= 0.9 \times 3,000 \times 0.77 = 2,079$
(W : 저장능력(kg), d : 액비중, V_2 : 내용적(L))

[★★]
034. 도시가스 제조공정 중 접촉분해공정에 해당하는 것은?

① 저온수증기 개질법 ② 열분해 공정
③ 부분연소 공정 ④ 수소화분해 공정

해설 도시가스 제조법 종류
① 열분해 ② 접촉분해
③ 부분연소 ④ 수소화분해
- 열분해, 접촉분해, 부분연소 – 수증기이용
- 수소화분해 – H_2 이용

[★]
035. 아세틸렌이 은, 수은과 반응하여 폭발성의 금속 아세틸라이드를 형성하여 폭발하는 형태는?

① 분해폭발 ② 화합폭발
③ 산화폭발 ④ 압력폭발

[동]
036. 용기 종류별 부속품의 기호 중 초저온용기의 부속품을 나타낸 것은?

① LG ② LT
③ PG ④ AG

[동]
037. 도시가스의 총발열량이 10,400kcal/㎥, 공기에 대한 비중이 0.55일 때 웨버지수는 얼마인가?

① 11,023 ② 12,023
③ 13,023 ④ 14,023

해설 WI(웨버지수)$= \dfrac{Hg}{\sqrt{d}} = \dfrac{10,400}{\sqrt{0.55}} = 14,023.357$
(Hg : 총발열량)

[동]
038. 고압가스 용기의 어깨부분에 "FP : 15MPa"라고 표기되어 있다. 이 의미를 옳게 설명한 것은?

① 사용압력이 15MPa이다.
② 설계압력이 15MPa이다.
③ 내압시험압력이 15MPa이다.
④ 최고충전압력이 15MPa이다.

[★]
039. 냉동기란 고압가스를 사용하여 냉동하기 위한 기기로서 냉동능력 산정기준에 따라 계산된 냉동능력 몇 톤 이상인 것을 말하는가?

① 1 ② 1.2
③ 2 ④ 3

[★★★]
040. 다음 중 지연성 가스에 해당되지 않는 것은?

① 염소 ② 불소
③ 아산화질소 ④ 이황화탄소

해설 지연성 가스(=조연성가스) : 공기, O_2, NO, N_2O, 염소, 불소, O_3(오존)
이황화탄소(독성이면서 가연성가스)

암기TIP **독/가 가스종류**
이(CS_2), 황(H_2S), 시(HCN) / 브롬(CH_3Br), 산에(C_2H_4O) / 염탄(CH_3Cl), 일(CO), 암(NH_3)

[신경향]

041. 암모니아가스가 누출시 경보장치의 검지에서 발신까지 걸리는 시간은 경보농도의 1.6배 농도에서 몇 분 이내이어야 하는가?

① 1 ② 2
③ 5 ④ 10

해설 검지경보장치의 검지에서 발신까지 걸리는 시간
① 경보농도의 1.6배 농도에서 30초 이내
② 암모니아, 일산화탄소 또는 이와 유사한 가스 : 60초 이내

[★]

042. 다음 중 2중 배관으로 하지 않아도 되는 가스는?

① 일산화탄소 ② 시안화수소
③ 염소 ④ 포스겐

해설 2중 배관으로 하지 않아도 되는 가스(용어변경)
포스겐, 황화수소, 시안화수소, 아황산가스, 암모니아, 산화에틸렌, 염소, 염화메탄
TIP 포, 황, 시, 아황, 암, 산에, 염소, 염탄

[★★★]

043. 다음 중 1종 보호시설이 아닌 것은?

① 가설건축물이 아닌 사람을 수용하는 건축물로서 사실상 독립된 부분의 연면적이 1500㎡인 건축물
② 문화재보호법에 의하여 지정문화재로 지정된 건축물
③ 교회의 시설로서 수용능력이 200인(人)인 건축물
④ 어린이집 및 어린이놀이터

해설 ③은 300인 이상 건축물이다.
TIP 1320문으로 암기

[동]

044. 액화독성가스의 운반질량이 1000kg 이상 이동 시 휴대해야 할 소석회는 몇 kg 이상이어야 하는가?

① 20kg ② 30kg
③ 40kg ④ 50kg

해설 독성가스 소석회 운반기준
• 1000kg 이상인 경우 : 40kg 이상
• 1000kg 미만 : 20kg 이상

[★]

045. 펌프에서 유량 Q(㎥/min), 양정H(m), 회전수N(rpm)이라 할 때, 1단 펌프에서 비교 회전도(Ns)를 구하는 식은?

① $Ns = \dfrac{Q^2\sqrt{N}}{H^{3/4}}$ ② $Ns = \dfrac{N^2\sqrt{Q}}{H^{3/4}}$

③ $Ns = \dfrac{N\sqrt{Q}}{H^{3/4}}$ ④ $Ns = \dfrac{\sqrt{NQ}}{H^{3/4}}$

해설 TIP 영어 알파벳순서 LMN OPQR 순서 / 분모가 분자보다 크다(3/4 기억)

[동]

046. 다음은 도시가스사용시설의 월사용예정량을 산출하는 식이다. 이중 기호 "A"가 의미하는 것은?

$$Q = \dfrac{[(A \times 240) + (B \times 90)]}{11000}$$

① 월사용예정량
② 산업용으로 사용하는 연소기의 명판에 기재된 가스소비량의 합계
③ 산업용이 아닌 연소기의 명판에 기재된 가스소비량의 합계
④ 가정용 연소기의 가스소비량 합계

[★★★]

047. 다음 중 공기보다 가벼운 가스는?

① 산소 ② 이산화탄소
③ 일산화탄소 ④ 산화에틸렌

해설 산소 32, 수소 2, 일산화탄소 28, 이산화탄소 44, 질소 28, 아르곤 40, 에틸렌 28

048. "기체의 온도를 일정하게 유지할 때 기체가 차지하는 부피는 절대 압력에 반비례한다."라는 법칙은?

① 보일의 법칙 ② 샤를의 법칙
③ 헨리의 법칙 ④ 아보가드로의 법칙

049. 유체의 흐름을 한 방향으로는 흐르지 못하게 하는 배관용밸브는?

① 체크밸브　　② 슬루스밸브
③ 글로브밸브　　④ 콕

[해설] 1) 체크밸브의 종류
- 스윙형 : 핀을 축으로 회전하여 개·폐한다.(수평배관, 수직배관에 사용 가능)
- 리프트형 : 유체의 압력에 의해 상하 이동(수평배관만 사용 가능)
- 스모렌스키형 : 리프트형 내에 날개가 달려 충격을 완화

2) 배관용밸브 종류

종류	기호	밸브 종류
슬루스밸브	▷◁	게이트밸브
글로브밸브	▷●◁	앵글밸브
체크밸브	▷	스윙형, 리프트형, 스모렌스키형
콕	◇	퓨즈콕, 상자콕, 주물연소기용콕
감압밸브		

[★]
050. 액화산소 등과 같은 극저온 저장탱크의 액면 측정에 주로 사용되는 액면계는?

① 햄프슨식 액면계　　② 슬립 튜브식 액면계
③ 크랭크식 액면계　　④ 마그네틱식 액면계

[해설] 햄프슨식 액면계(차압식)
극저온 저장탱크의 액면계에 주로 사용

051. 고압용기의 게이지압력이 10kgf/㎠일 때 절대압력은 얼마인가?(단, 대기압은 1.0332kgf/㎠로 본다)

① 8.9668(kgf/㎠)　　② 10.0332(kgf/㎠)
③ 11.0332(kgf/㎠)　　④ 103.32(kgf/㎠)

[해설] ① 표준대기압이란 0℃에서 수은주 760mmHg에 해당하는 압력을 말한다.
② 진공압력이란 대기압보다 낮은 압력으로 대기압력(-) 절대압력이다.
③ 용기내벽에 가해지는 기체의 압력인 게이지압력은 절대압력(-)대기압력이며 표준대기압 0을 기준으로 한다.

[★★★] KGS
052. 액화석유가스 사용시설을 변경하여 도시가스를 사용하기 위해서 실시하여야 하는 안전조치 중 잘못 설명한 것은?

① 일반도시가스사업자는 도시가스를 공급한 이후에 연소기 변경 사실을 확인하여야 한다.
② 액화석유가스의 배관 양단에 막음조치를 하고 호스는 철거하여 설치하려는 도시가스 배관과 구분되도록 한다.
③ 용기 및 부대설비가 액화석유가스 공급자의 소유인 경우에는 도시가스공급 예정일까지 용기 등을 철거해 줄 것을 공급자에게 요청해야 한다.
④ 도시가스로 연료를 전환하기 전에 액화석유가스 안전공급계약을 해지하고, 용기 등의 철거와 안전조치를 확인하여야 한다.

[해설] 액화석유가스 사용시설 → 도시가스사용시설 변경시 조치사항
① 일반도시가스사업자는 도시가스를 공급하기 이전에 연소기 변경 사실을 확인하여야 한다.

[동]
053. 사업소 내에서 긴급사태 발생 시 필요한 연락을 하기 위해 안전관리자가 상주하는 사업소와 현장 사업소 간에 설치하는 통신설비가 아닌 것은?

① 구내전화　　② 인터폰
③ 페이징설비　　④ 메가폰

[★] KGS
054. 도시가스 배관의 굴착공사 작업에 대한 설명 중 틀린 것은?

① 가스 배관과 수평거리 1m 이내에서는 파일박기를 하지 아니한다.
② 항타기는 가스배관과 수평거리가 2m 이상 되는 곳에 설치한다.
③ 가스배관의 주위를 굴착하고자 할 때에는 가스배관의 좌우 1m 이내의 부분은 인력으로 굴착한다.
④ 줄파기 1일 시공량 결정은 시공속도가 가장 느린 천공 작업에 맞추어 결정한다.

해설 **도시가스 배관의 굴착공사 작업기준**
1. 배관 있을 예상 지점 2m 이내에 줄파기시 안전관리전담자 입회
2. 굴착시 배관 좌우 1m 이내 인력 굴착
3. 노출된 가스 배관 길이 15m 이상시 점검 통로 및 조명 시설 설치(70Lux 이상)
   - 항타기 : 가스 배관과 수평거리 2m 이상 되는 곳
   - 줄파기 : 1일 시공량 결정은 시공속도가 가장 느린 천공작업에 맞추어 결정
   - 파일박기 : 30cm 이상 유지

[★★]

055. 다음 이상기체상수 값이 1.987일 경우에 해당하는 단위는?

① J/mol·K ② atm·L/mol·K
③ cal/mol·K ④ N·m/mol·K

해설 $PV = GRT$, $R = \dfrac{PV}{GT}$

여기서, P : 압력(1kgf/cm² abs×10⁴=1kgf/m² abs)
V : 체적(m³)
G : 중량(kgf)
R : 기체상수(848kgf·m/kmol·K)
   $= 1.987(\text{kcal/kmol·K})$
T : 절대온도(K)

$R = \dfrac{1.0332 \text{kgf/cm}^2 \times 10^4 \times 22.4\text{m}^3}{\text{kmol} \cdot 273\text{K}} = 848\left(\dfrac{kgf \cdot m}{kmol \cdot K}\right)$

$R = 848 \times \dfrac{1}{427}\left(\dfrac{kcal}{kmol \cdot K}\right) = 1.987(\text{cal/mol·K})$

(열량 1kcal = 일량 427kgf·m)

056. 다음 각 온도의 단위환산 관계로서 틀린 것은?

① 0℃ = 273K ② 32°F = 492°R
③ 0K = −273℃ ④ 0K = 460°R

해설 °F = 1.8℃+32
°R = 1.8K 적용
°R = °F+460
④ 0K = 0°R(∵ °R = 1.8×0 = 0K)

[신경향]

057. 일반 도시가스 공급시설의 안전조작에 필요한 장소의 조도는 몇 Lux 이상 확보해야 하는가?

① 750Lux ② 300Lux
③ 150Lux ④ 75Lux

해설 가스공급시설의 안전조작에 필요한 장소의 조도는 150Lux 이상 확보할 것

[★★]

058. "열은 일로, 일은 열로 서로 전환이 가능하며, 일정한 비례관계가 성립"이라고 표현되는 법칙은?

① 열역학 제0법칙 ② 열역학 제1법칙
③ 열역학 제2법칙 ④ 열역학 제3법칙

해설 1. **열역학 제1의 법칙**(가역 변화, 비현실적)
① 에너지의 한 형태인 열과 일은 본질적으로 서로 같고, 열은 일로, 일은 열로 서로 전환이 가능하며, 일정한 비례관계가 성립
※ **에너지 보존의 법칙** : 어떤 밀폐계가 임의의 사이클(cycle)을 이룰 때 열전달의 총합은 일의 총합과 같다.

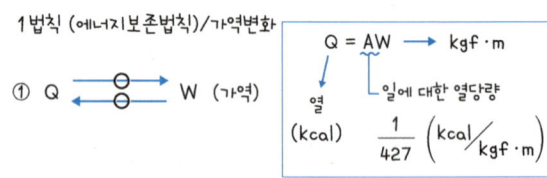

② 가역단열과정은 등엔트로피과정

② **제1종 영구기관** : 에너지 소비 없이 지속적으로 일을 할 수 있는 기관(기계)은 존재하지 않으며 이것에 위배되는 기관을 제1종 영구기관이라 한다.

2. **열역학 제2의 법칙**(비가역 변화, 현실적)
열은 높은 곳에서 낮은 곳으로 흐른다는 법칙(저온에서 고온 이동은 불가능)
① 크라우시우스의 표현(Clausius)
   열은 그 자신이 저온에서 고온으로 이동할 수 없다. 즉, 열은 항상 고온에서 저온으로 흐른다.
② 켈빈 – 플랭크의 표현(Kelvin–Plank)
   열원으로부터 받은 열량을 전부 일로 변화시키며 다른 곳에 어떠한 변화도 남기지 않는 사이클을 이루는 기관 (즉, 효율이 100%인 열기관은 제작할 수 없다) 즉, 제2종 영구기관은 존재할 수가 없다.

[신경향][★★★]

059. 다음 온도계 중 측정범위가 가장 넓은 온도계는?

① 백금 – 백금·로듐 온도계
② 동 – 콘스탄탄 온도계
③ 철 – 콘스탄탄 온도계
④ 백금 – 콘스탄탄 온도계

정답 055. ③ 056. ④ 057. ③ 058. ② 059. ①

[해설] 열기전력을 이용한 온도계는 "열전대온도계"이다
① PR(백금 – 백금·로듐) 0~1600℃ (형식: R식)
 (+) Pt 87%, 로듐 Rh 13%
 (–) 순백금 Pt
② CA(크로멜 – 알루멜) –20~1200℃ (형식: K식)
 (+) 크로멜(Ni 90%, Cr 10%)
 (–) 알루멜(Ni 94%, Mn 3%, Al 2%, Fe 1%)
③ IC(철 – 콘스탄탄) –20~800℃ (형식: J식)
 (+) 순철
 (–) 콘스탄탄(Cu 55%, Ni 45%)
④ CC(동 – 콘스탄탄) –180~350℃ (형식: T식)
 (+) 순동
 (–) 콘스탄탄

[★★★]
060. LP가스의 자동 교체식 조정기 설치 시 장점 중 틀린 것은?

① 도관의 압력손실을 적게 해야 한다.
② 용기 숫자가 수동식보다 적어도 된다.
③ 용기 교환 주기의 폭을 넓힐 수 있다.
④ 잔액이 거의 없어질 때까지 소비가 가능하다.

[해설] **자동 교체식 조정기**
① 도관의 압력손실을 적게 해도 된다.
② 용기의 숫자가 수동식보다 적어도 된다.
③ 용기 교환 주기의 폭을 넓힐 수 있다.
④ 잔액이 거의 없어질 때까지 소비가 가능하다.

060. ①

제7회 최신 과년도 기출문제

[신경향]

001. 다음 중 우주에서 가장 많은 원소는 무엇인가?
① C   ② H
③ S   ④ Ar

002. 다음 중 다공물질이 아닌 것은?
① 코크스   ② 석회
③ 규조토   ④ 탄산나트륨

해설 다공물질종류: 코크스, 석회, 규조토, 목탄, 석면, 탄산마그네슘, 다공성플라스틱
암기TIP 코큰 석규(가) 목석(같아) 탄산(을) 매(다하)다

[동]

003. 암모니아 충전용기로서 내용적이 1000L 이하인 것은 부식여유치가 A이고, 염소 충전용기로서 내용적이 1000L 초과하는 것은 부식여유치가 B이다. A와 B항의 알맞은 부식 여유치는?
① A : 1mm, B : 2mm   ② A : 1mm, B : 3mm
③ A : 2mm, B : 5mm   ④ A : 1mm, B : 5mm

해설 부식 여유치

용기의 종류	내용적	부식여유(mm)
NH₃	1,000L 이하	1
	1,000L 초과	2
Cl₂	1,000L 이하	3
	1,000L 초과	5

004. 에어졸 제조설비와 인화성 물질과의 최소 우회거리는?
① 3m 이상   ② 5m 이상
③ 8m 이상   ④ 10m 이상

해설 TIP 에어졸은 화기와 8m 이격, "에잇(eight)은 8"이다.

[★★★]

005. 다음 중 1종 보호시설이 아닌 것은?
① 가설건축물이 아닌 사람을 수용하는 건축물로서 사실상 독립된 부분의 연면적이 1500㎡인 건축물
② 문화재보호법에 의하여 지정문화재로 지정된 건축물
③ 교회의 시설로서 수용능력이 200인(人)인 건축물
④ 어린이집 및 어린이놀이터

해설 ③은 300인 이상 건축물이다.

[동]

006. 도시가스 사용시설 중 25A 가스관에 대한 고정 장치의 간격으로 옳은 것은?
① 1m   ② 2m
③ 3m   ④ 5m

해설 도시가스 사용시설 중 고정장치 간격
25A(=25mm) 가스관 고정장치 : 2m마다(13mm 이상~33mm 미만)

[동]

007. 액화가스를 충전하는 탱크는 그 내부에 액면요동을 방지하기 위하여 무엇을 설치하여야 하는가?
① 방파판   ② 안전밸브
③ 액면계   ④ 긴급차단장치

[★★]

008. 가연성 물질을 공기로 연소시키는 경우에 공기 중의 산소농도를 높게 하면 연소속도와 발화온도는 어떻게 변하는가?
① 연소속도는 빠르게 되고, 발화온도도 높아진다.
② 연소속도는 빠르게 되고, 발화온도는 낮아진다.
③ 연소속도는 느리게 되고, 발화온도는 높아진다.
④ 연소속도는 느리게 되고, 발화온도도 낮아진다.

정답 001.② 002.④ 003.④ 004.③ 005.③ 006.② 007.① 008.②

[해설] 산소농도 높은 경우 연소속도와 발화온도 영향
- 연소속도는 빠르게 되고, 발화온도는 낮아진다.
- 점화에너지(E) 감소, 화염온도 상승

009. 포스겐의 분자식은 무엇인가?

① CO ② NH_3
③ CO_2 ④ $COCL_2$

[해설] 분자량은 어떤 물질이 갖은 양의 크기로서 1몰의 질량과 동일한 개념으로 사용. 모든 기체 1몰의 부피는 표준상태(0℃, 1atm)하에서 22.4L이다.
주의 Co 코발트

[★★]
010. 고압가스의 용어에 대한 설명으로 틀린 것은?

① 액화가스란 가압, 냉각 등의 방법에 의하여 액체상태로 되어 있는 것으로서 대기압에서의 끓는점이 섭씨 40도 이하 또는 상용의 온도 이하인 것을 말한다.
② 독성가스란 공기 중에 일정량이 존재하는 경우 인체에 유해한 독성을 가진 가스로서 허용농도가 100만분의 2000 이하인 가스를 말한다.
③ 초저온저장탱크라 함은 섭씨 영하 50도 이하의 액화가스를 저장하기 위한 저장탱크로서 단열재로 씌우거나 냉동설비로 냉각하는 등의 방법으로 저장탱크 내의 가스온도가 상용의 온도를 초과하지 아니하도록 한 것을 말한다.
④ 가연성가스라 함은 공기 중에서 연소하는 가스로서 폭발한계의 하한이 10% 이하인 것과 폭발한계의 상한과 하한의 차가 20% 이상인 것을 말한다.

[해설] ②는 5000ppm 이하이다.

011. 다음 중 독성가스의 가스설비 배관을 2중관으로 하지 않도록 되는 가스는?

① 암모니아 ② 염소
③ 황화수소 ④ 불소

[해설] 2중관으로 용어변경 KGS FS112 2019 (이중관 → 2중관)
포스겐, 황화수소, 시안화수소, 아황산가스, 암모니아, 산화에틸렌, 염소, 염화메탄
(TIP : 포황시, 아황암산에, 염소, 염탄)

[★★★]
012. 다음 중 독성(LC_{50})이 강한 가스는?

① 염소 ② 시안화수소
③ 산화에틸렌 ④ 불소

[해설] 독성가스 중 독성(LC_{50})기준 강한 순
포스겐, 오존, 인화수소, 시안화수소, 불소, 염소, 황화수소, 아크릴로니트릴, 브롬화메탄, 불화수소, 아황산가스, 산화에틸렌, 염화수소, 일산화탄소, 암모니아
TIP 포스 오 인 시/ 불 염 황/ 아 브 불/ 아황 산에/ 염 일 암

[★★★]
013. 가스가 누출된 경우에 제 2의 누출을 방지하기 위해서 방류둑을 설치한다. 방류둑을 설치하지 않아도 되는 저장탱크는?

① 저장능력 1,000톤 이상의 액화질소탱크
② 저장능력 10톤 이상의 액화암모니아탱크
③ 저장능력 1,000톤 이상의 액화산소탱크
④ 저장능력 5톤 이상의 액화염소탱크

[해설] **방류둑설치 시공기준**

	특정제조	일반제조
산소	1000t	1000t
가연성	500t	
독성	5t	5t

※ 액축가스 10kg = 압축가스 $1m^3$

냉동제조시설(독성가스 냉매 사용) - 수액기 내용적 10,000L 이상(용량 90%)

[★★★]
014. 저장탱크의 지하설치기준에 대한 설명으로 틀린 것은?

① 천정, 벽 및 바닥의 두께가 각각 30cm 이상인 방수 조치를 한 철근콘크리트로 만든 곳에 설치한다.
② 지면으로부터 저장탱크의 정상부까지의 깊이는 1m 이상으로 한다.
③ 저장탱크에 설치한 안전밸브에는 지면에서 5m 이상의 높이에 방출구가 있는 가스방출관을 설치한다.
④ 저장탱크를 매설한 곳의 주위에는 지상에 경계표지를 설치한다.

[해설] ②번의 경우 60cm 이상

[★★★]

015. 액화석유가스 자동차용기 충전소에 설치하는 충전기의 충전호스 기준에 대한 설명으로 틀린 것은?

① 충전호스에 과도한 인장력이 가해졌을 때 충전기와 가스주입기가 분리될 수 있는 안전장치를 설치한다.
② 충전호스에 부착하는 가스주입기는 원터치형으로 한다.
③ 자동차 제조공정 중에 설치된 충전호스에 부착하는 가스주입기는 원터치형으로 하지 않을 수 있다.
④ 자동차 제조공정 중에 설치된 충전호스의 길이는 5m 이상으로 할 수 있다.

[해설] 액화석유가스 자동차용기 충전소 충전기 충전호스 기준
① 충전기는 원터치형, 호스길이 5m 이내 (끝에는 정전기 제거 장치)
② 세이프티 커플링 → 666.4N = 68kg/cm²
(과도한 인장력이 가해졌을 때 충전기와 가스주입기가 분리될 수 있는 안전장치)
③ 자동차 제조 공정 중에 설치된 호스의 길이 : 5m 이상 가능

[동]

016. 고압가스 배관에서 상용압력이 0.2MPa 이상 1MPa 미만인 경우 공지의 폭은 얼마로 정해져 있는가? (단, 전용 공업지역 이외의 경우이다.)

① 3m 이상   ② 5m 이상
③ 9m 이상   ④ 15m 이상

[해설] 공지의 폭

| 상용압력 | 1MPa 이상 : 15m 이상 |

0.2MPa 이상 ~ 1MPa 미만 : 9m 이상
상용압력   0.2MPa 미만 : 5m 이상

[동]

017. 고압가스 용기의 어깨부분에 "FP : 15MPa"라고 표기되어 있다. 이 의미를 옳게 설명한 것은?

① 사용압력이 15MPa이다.
② 설계압력이 15MPa이다.
③ 내압시험압력이 15MPa이다.
④ 최고충전압력이 15MPa이다.

018. 독성가스를 운반하는 차량에 반드시 갖추어야 할 용구나 물품에 해당되지 않는 것은?

① 방독면   ② 제독제
③ 고무장갑   ④ 소화장비

[해설] 독성가스 운반차량 보호장비 목록(참조 p176, 253번)

[★★★]

019. 0℃, 1atm에서 5L인 기체를 압력 5atm으로 올린다면 차지하는 부피는 약 몇 L인가? (단, 이상기체로 가정한다.)

① 1   ② 5
③ 8   ④ 10

[해설] 보일의 법칙에서
① $P_1 V_1 = P_2 V_2$
② $1atm \cdot 5L = 5atm \cdot xL$, $x(L) = 1$

020. 액화프레온가스를 내용적 50L 용기에 충전할 때 저장능력은 약 몇 kg인가? (단, 가스의 정수 C는 0.86)

① 28   ② 39
③ 48   ④ 58

[해설] 저장능력 계산(참조 최신기출 4회 19번)
$W(kg) = \dfrac{V}{C}$, $xkg = \dfrac{50}{0.86}$ $x = 58.14$
W : 용기 및 차량에 고정된 탱크의 저장능력(kg)
V : 내용적(L) C : 가스의 충전상수

[★★]

021. 다음 중 헨리의 법칙에 잘 적용되지 않는 가스는?

① 암모니아   ② 수소
③ 산소   ④ 이산화탄소

[해설] 온도 일정 시 용해될 수 있는 기체의 양은 기체의 부분압에 정비례하는 법칙
즉, 불용해성 가스는 기체에 대하여 낮은 압력에서만 적용
∴ 암모니아는 용해성 가스임.(용해성 가스는 헨리법칙 적용이 불가능하다.)

[신경향 ★★]
022. 가스난방기의 명판에 기재하지 않아도 되는 것은?

① 제조자의 형식호칭(모델번호)
② 제조자명이나 그 약호
③ 품질보증기간과 용도
④ 열효율

해설 가스난방기 명판 기재(모든 제품의 열효율 기재 ×)
① 제조자의 형식 호칭(모델번호)
② 제조자명이나 그 약호
③ 품질보증기간과 용도
– 열효율은 실제기재사실이 있으나 기재하지 않아도 됨

[신경향 ★★]
023. 한국가스안전공사 교육과정 중 아닌 것은?

① 전문교육   ② 특별교육
③ 양성교육   ④ 기능장교육

해설 한국가스안전공사 교육과정은 법정전문교육, 법정특별교육, 양성교육, 위탁교육, 공무원교육

024. 산소 또는 천연메탄을 수송하기 위한 배관과 이에 접속하는 압축기와의 사이에 반드시 설치하여야 하는 것은?

① 표시판   ② 압력계
③ 수취기   ④ 안전밸브

해설 산소, 천연메탄 수송시 배관~압축기 사이에 수취기 설치

[★]
025. 도시가스계량기와 전기점멸기, 전기접속기와는 몇 cm 이상의 거리를 유지해야 하는가?

① 10cm   ② 15cm
③ 30cm   ④ 40cm

해설 ① 도시가스 배관 이음부 ~ 전기점멸기, 전기접속기 : 15cm 이상의 거리 유지
② 가스계량기(가스미터기)와 전기점멸기, 전기접속기 : 30cm 이상의 거리 유지

026. 도로에 매설된 도시가스 배관의 누출여부를 검사하는 장비로서 적외선흡광 특성을 이용한 가스누출검지기는?

① FID   ② OMD
③ CO 검지기   ④ 반도체식 검지기

해설 OMD = Optical Methane Detector(차량장착 광학식 메탄가스 검지기)

027. 고압가스를 차량으로 운반할 때 몇 km 이상의 거리를 운행하는 경우에 중간에 휴식을 취한 후 운행하도록 되어 있는가?

① 100   ② 200
③ 300   ④ 400

028. 아세틸렌의 분해폭발을 방지하기 위하여 첨가하는 희석제가 아닌 것은?

① 에틸렌   ② 산소
③ 메탄   ④ 질소

해설 TIP 메(CH_4)일(CO) 스(H_2)프(C_3H_8)에(C_2H_4) 질(N_2)이다.

[★★★]
029. 다음 중 허가대상 가스용품이 아닌 것은?

① 용접절단기용으로 사용되는 LPG 압력조정기
② 가스용 폴리에틸렌 플러그형 밸브
③ 가스소비량이 132.6kW인 연료전지
④ 도시가스정압기에 내장된 필터

022. ④ 023. ④ 024. ③ 025. ③ 026. ② 027. ② 028. ② 029. ④

해설 **참조** 가스설비 140번 문항

강제호정(이) 가정(이) 배배콕(여) 다연(이) 연로압(이다)

[★★]
030. 도시가스 제조공정 중 접촉분해공정에 해당하는 것은?

① 저온수증기 개질법
② 열분해 공정
③ 부분연소 공정
④ 수소화분해 공정

해설 도시가스 제조법 종류
- 열분해, 접촉분해, 부분연소 – 수증기 이용
- 수소화분해 – H_2 이용

[★★]
031. 가스사용시설인 가스보일러의 급·배기방식에 따른 구분으로 틀린 것은?

① 반밀폐형 자연배기식(CF)
② 반밀폐형 강제배기식(FE)
③ 밀폐형 자연배기식(RF)
④ 밀폐형 강제급·배기식(FF)

해설 **참조** 가스설비 315번 문항

	급기구	배기구	비고
개방형	실내	실내	실내연소용공기 폐가스 실내로
반밀폐형 FE/CF	실내	실외	실내연소용공기 폐가스 배기통
밀폐형 FF/BF	실외	실외	급기통연소용공기 폐가스 배기통

[★★★]
032. 역화방지장치를 설치하지 않아도 되는 곳은?

① 가연성가스 압축기와 충전용 주관 사이의 배관
② 가연성가스 압축기와 오토클레이브 사이의 배관
③ 아세틸렌 충전용 지관
④ 아세틸렌 고압건조기와 충전용 교체밸브 사이의 배관

해설 역화 방지 장치
ㄱ) 자동(오토 클레이브) ∨ 압축기(가연성가스) 사이의 배관
ㄴ) 충치 <충전용 지관> C_2H_2
ㄷ) 충전용 교체 밸브 ∨ 고압건조기
ㄹ) 수소염, 산소-아세틸렌염 사용시설 ∨ 배관(분리되는 배관) 용접

암기 TIP : 충치생기면 자동으로 교체하되 수소/산소·아세틸렌 용접기로 제거

[★★]
033. 독성가스 용기를 운반할 때에는 보호구를 갖추어야 한다. 비치하여야 하는 기준은?

① 종류별로 1개 이상
② 종류별로 2개 이상
③ 종류별로 3개 이상
④ 그 차량의 승무원수에 상당한 수량

해설 독성가스 용기 운반시
보호구 : 그 차량의 승무원에 상당한 수량

034. 배관용 보온재의 구비 조건으로 옳지 않은 것은?

① 장시간 사용온도에 견디며, 변질되지 않을 것
② 가공이 균일하고 비중이 적을 것
③ 시공이 용이하고 열전도율이 클 것
④ 흡습, 흡수성이 적을 것

해설 중요구비조건 : 열전도율은 작을 것 (열전도가 잘 되면 보온효과는 떨어진다)
비교 가연물조건 : 열전도율이 클 것

[★★] KGS CODE
035. 다음 굴착공사 중 굴착공사를 하기 전에 도시가스 사업자와 협의를 하여야 하는 것은?

① 굴착공사 예정지역 범위에 묻혀 있는 도시가스배관의 길이가 110m인 굴착공사
② 굴착공사 예정지역 범위에 묻혀 있는 송유관의 길이가 200m인 굴착공사
③ 해당 굴착공사로 인하여 압력이 3.2kPa인 도시가스배관의 길이가 30m 노출될 것으로 예상되는 굴착공사

정답 030.① 031.③ 032.② 033.④ 034.③ 035.①

④ 해당 굴착공사로 인하여 압력이 0.8MPa인 도시가스배관의 길이가 8m 노출될 것으로 예상되는 굴착공사

[해설] 굴착공사시 도시가스사업자와 협의사항(굴착공사 정보지원센터 : EOCS)
- 도시가스 배관의 길이가 100m 이상 시
- 최고사용압력이 0.01MPa 이상인 도시가스배관의 길이가 10m 노출될 것으로 예상되는 굴착공사

036. 도시가스 사업소 내에서 긴급사태 발생 시 필요한 연락을 신속히 할 수 있도록 통신시설을 갖추어야 한다. 이 때 인터폰을 설치하는 경우의 통신범위는 어느 것인가?

① 안전관리자가 상주하는 사업소와 현장 사업소와의 사이
② 사업소내 전체
③ 종업원 상호간
④ 사업소 책임자와 종업원 상호간

[해설] 통신시설

	사업소-현장	사업소 내	종업원 간
구내전화	O	사이렌	트랜시버
구내방송	O	O	
페이징설비	O	O	O
인터폰	O		
휴대용 확성기		O	O
메가폰		O	O

[신경향]
037. 다음 중 압력과 관계있는 사람은?

① 패러데이　　② 토리첼리
③ 퀴리부인　　④ 하버-보쉬

038. 수조 20m의 물탱크에서 6m 지점에 구멍이 뚫렸을 때 유속은? (단, 배출파이프의 관경은 12mm)

① 19.79m/s　　② 10.84m/s
③ 13m/s　　　 ④ 11.80m/s

[해설] 피토관유량계의 특징
① 유속식 유량계인 동시에 간접식 유량계
② $V=\sqrt{2gH}$ 이며 $H=\dfrac{\Delta P}{r}$ 이다.
(ΔP : 동압=전압-정압)
$V=\sqrt{2gh}=\sqrt{2\times 9.8\times 6}=10.844$
③ 유속이 5m/s 이하에는 적용할 수 없다.
④ 피토관의 입구는 유체의 흐름방향과 평행 부착

[유사문제]

피토관계수가 0.95인 피토관으로 어떤 기체의 속도를 측정하였더니 그 차압이 25kg/㎠임을 알았다. 이때의 유속은 약 몇 m/s인가? (단, 유체의 비중량은 1.2kg/㎥ 이다.)

[풀이] 유속 $V=C\sqrt{2gH}$ (m/s)
$V=0.95\sqrt{2\times 9.8 m/s^2 \times \dfrac{25 kg/m^2}{1.2 kg/m^3}}$
$=19.2 m/s$

[동]
039. 자연환기설비 설치 시 LP가스의 용기 보관실 바닥면적이 3㎡이라면 통풍구의 크기는 몇 ㎠ 이상으로 하도록 되어 있는가? (단, 철망 등이 부착되어 있지 않은 것으로 간주한다.)

① 500　　② 700
③ 900　　④ 1100

[해설] m^2당 $300cm^2$이므로 $3m^2 \times 300cm^2 = 900cm^2$

040. 다음 독성가스 중 제독제로 물을 사용할 수 없는 것은?

① 암모니아　　② 아황산가스
③ 염화메탄　　④ 염소

[해설] 염소 : 소석회, 가성소다, 탄산소다를 흡수제로 사용함

041. 다음 중 가스배관 경로 선정 4요소가 아닌 것은?

① 최단거리로 할 것
② 구부러지거나 오르내림이 적을 것
③ 가능한 옥내에 설치할 것
④ 위험방지 위해 은폐 매설할 것

해설 배관경로결정(4요소)
① 최단거리
② 직선으로
③ 노출시공
④ 옥외설치

042. 암모니아 저장탱크에 40,000L를 저장하려고 한다. 이 저장탱크의 저장능력은 몇 kg인가? (단, 액비중 0.7708)

① 27076　　② 27077
③ 27078　　④ 27720

해설 $W = 0.9 \cdot d \cdot V_2$ 에서 $= 0.9 \times 40,000 \times 0.77 = 27,720$
(W : 저장능력(kg), d : 액비중, V_2 : 내용적(L) 이다)

[★★★] 동
043. 에어졸 제조시설에는 온수시험탱크를 갖추어야 한다. 시험탱크의 온도범위는 46℃ 이상 50℃ 미만으로 하며 제조과정에서 필수적으로 실시하는 검사는?

① 가스누출시험　② 외관검사
③ 음향검사　　　④ 인장검사

[★★★]
044. 다음 각종 온도계에 대한 설명으로 옳은 것은?

① 저항 온도계는 이종금속 2종류의 양단을 용접 또는 납붙임으로 양단의 온도가 다를 때 발생하는 열기전력의 변화를 측정하여 온도를 구한다.
② 유리제 온도계의 봉입액으로 수은을 쓴 것은 -30℃ ~ 350℃ 정도의 범위에서 사용된다.
③ 온도계의 온도검출부는 열용량이 크면 좋다.
④ 바이메탈식 온도계는 온도에 따른 전기적 변화를 이용한 온도계이다.

해설 유리제 온도계 : 봉입액이 수은인 것은 -30~350℃ 이다.
①은 열전대온도계의 설명이며
③의 열용량은 C = kcal/℃ 이고 작은 것이 좋다.
④ 바이메탈식 : 다른 2종류의 금속을 접합 금속편 휘어짐 이용, 현장 지시용

[★★★]
045. 국제단위계는 7가지의 SI기본단위로 구성된다. 다음 중 기본량과 SI기본단위가 틀리게 짝지어진 것은?

① 질량 - 킬로그램(kg)
② 길이 - 미터(m)
③ 시간 - 초(s)
④ 몰질량 - 몰(mole)

해설 ④는 물질량 - 몰(mol)이며
그 외 A(암페어 : 전류), K(캘빈절대온도), cd(칸델라 : 광도) 등이 있다.

046. 가스의 폭굉속도를 가장 옳게 나타낸 것은?

① 0.03 ~ 10m/s
② 30 ~ 100m/s
③ 350 ~ 500m/s
④ 1,000 ~ 3,500m/s

해설 정상연소속도 0.03~10m/s, 음속 340m/s, 폭굉 1,000~3,500m/s

[동] 2023
047. 다음 중 저온장치에서 사용되는 저온단열법의 종류가 아닌 것은?

① 고진공 단열법　② 분말진공 단열법
③ 다층진공 단열법　④ 단층진공 단열법

해설 초저온(저온)탱크의 저온단열법

상압단열		섬유, 분말을 사용하여 진공, 일반적
진공단열	고진공	10^{-4} Torr 유지
	분말진공	10^{-2} Torr 유지 ★ 가장 일반적으로 사용 충진제 : 샌다셀, 알루미늄 분말, 펄라이트, 규조토 TIP 샌 알 퍼 큐
	다층진공	10^{-5} Torr 유지, 가장 고진공 (핵심어 : 다수 포개어 단열)

1 Torr(토리첼리 진공압력) = 1mmHg(1atm = 760mmHg)

TIP 곱 다
고 → 고진공 단열법
ㅂ → 분말진공 단열법.　다 → 다층진공 단열법

048. 수소(H_2)에 대한 설명으로 옳은 것은?

① 3중 수소는 방사능을 갖는다.
② 밀도가 크다.
③ 금속재료를 취하시키지 않는다.
④ 열전달율이 아주 작다.

해설 3중수소(3H)의 특징(Tritium : 3중수소)
- 수소보다 무거운 수소
- 수소의 동위원소 중 하나
- 원자력발전소의 방사성 폐기물의 일종
- 리튬6(6Li)과 중성자의 핵반응에 의해 제조·생성됨

예 ① 녹색의 원전냉각수, 방출 시 형광물질자극(빛 발광)
② 밀도가 크다. → 작다(2g).
③ 금속재료를 취하시키지 않는다. → 고온고압하에 수소취성을 유발한다.
④ 열전달율이 아주 작다. → 아주 크다.

[★] 신경향

049. 다음 중 액비중이 가장 낮은 것은?

① 암모니아   ② 프로판
③ 부탄   ④ 물

해설 액비중은 4℃ 물의 밀도와의 비를 말한다. 단위는 g/cm^3 = kg/L

예 액비중 : 암모니아(0.77), C_3H_8(0.51), C_4H_{10}(0.58), 물(1)

[★★★]

050. 측정압력이 0.01~10kg/cm² 정도이고, 오차가 ±1~2% 정도이며 유체내의 먼지 등의 영향이 적으나, 압력 변동에 적응하기 어렵고 주위 온도 오차에 의한 충분한 주의를 요하는 압력계는?

① 전기저항 압력계
② 벨로즈(Bellows) 압력계
③ 부르동(bourdon)관 압력계
④ 피스톤 압력계

해설 1차압력계 : U자관형 마노미터, 다관, 경사관, 플로트, 자유피스톤식.
2차압력계 : ① 부르동관 ② 벨로즈 ③ 다이어프램 ④ 전기 저항식 압력계

[다이어프램압력계의 특징]
1) 측정압력은 20~5,000mmH_2O 이다.
2) 온도의 영향을 받기 쉽다.
3) 부식성액체, 미소차압 측정에 사용한다.

[★★★]

051. 독성가스 용기 운반기준에 대한 설명으로 틀린 것은?

① 차량의 최대 적재량을 초과하여 적재하지 아니한다.
② 충전용기는 자전거나 오토바이에 적재하여 운반하지 아니한다.
③ 독성가스 중 가연성가스와 조연성가스는 같은 차량의 적재함으로 운반하지 아니한다.
④ 충전용기를 차량에 적재하여 운반할 때에는 적재함에 넘어지지 않게 뉘어서 운반한다.

해설 독성가스 용기 운반기준
④ 용기를 세워서 운반한다.

[★] 2023

052. 액화석유가스 자동차에 고정된 용기충전시설에 설치하는 긴급차단장치에 접속하는 배관에 대하여 어떠한 조치를 하도록 되어 있는가?

① 워터햄머가 발생하지 않도록 조치
② 긴급차단에 따른 정전기 등이 발생하지 않도록 하는 조치
③ 체크 밸브를 설치하여 과량 공급이 되지 않도록 조치
④ 바이패스 배관을 설치하여 차단성능을 향상시키는 조치

해설 KGS FP332 200318 2.6.3.6(긴급차단장치 워터햄머방지 조치)
긴급차단장치 또는 역류방지밸브에는 그 차단에 따라 접속하는 배관등에서 워터햄머(Water hammer)가 발생하지 않는 조치를 강구한다.

[★] KGS. 2023

053. 도시가스사업자는 굴착공사정보지원센터로부터 굴착계획의 통보내용을 통지받은 때에는 얼마 이내에 매설된 배관이 있는지를 확인하고 그 결과를 굴착공사정보지원센터에 통지하여야 하는가?

① 24시간   ② 36시간
③ 48시간   ④ 60시간

054. 일반 도시가스 사업자 정압기의 분해점검 실시 주기는?

① 3개월에 1회 이상 ② 6개월에 1회 이상
③ 1년에 1회 이상   ④ 2년에 1회 이상

[해설] 정압기 분해점검 실시 주기
• 공급시설 : 2년 1회, 작동점검(1주 1회) / TIP 2111
• 사용시설 : 3년 1회, 4년 1회   / TIP 3141

[★★★]
055. 로터미터는 어떤 형식의 유량계인가?

① 차압식   ② 터빈식
③ 회전식   ④ 면적식

[해설]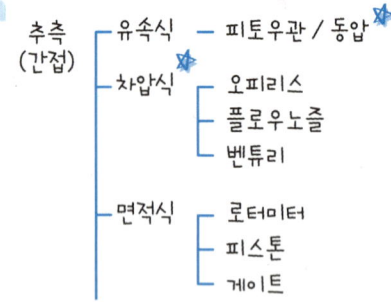

TIP 면적은 높이게(면적 로·피·게)
면적식 특징: 부식성(고점도)유체 및 소량의 유체 측정에 가장 적합

[★]
056. 액화석유가스를 저장하기 위하여 지상 또는 지하에 고정설치된 탱크로서 액화석유가스의 안전관리 및 사업법에서 정한 "소형저장탱크"는 그 저장능력이 얼마인 것을 말하는가?

① 1톤 미만   ② 3톤 미만
③ 5톤 미만   ④ 10톤 미만

[해설] 저장능력 기준
저장소 : 5t 이상 / 저장탱크 : 3t 이상 / 소형 저장탱크 : 3t 미만

[★] 동
057. 다음 용기종류별 부속품의 기호로 옳지 않은 것은?

① 저온용기의 부속품 : LT
② 압축가스 충전용기 부속품 : PG
③ 액화가스 충전용기 부속품 : LPG
④ 아세틸렌가스 충전용기 부속품 : AG

[해설] 액화석유가스 충전용기의 부속품 : LPG
동영상기출시 핵심어 : 용기의 부속품

[★★★]
058. 도시가스 본관 중 중압 배관의 내용적이 9㎥일 경우, 자기압력기록계를 이용한 기밀시험 유지시간은?

① 24분 이상   ② 40분 이상
③ 216분 이상   ④ 240분 이상

[해설] 자기압력기록계 기밀시험
• 시험압력 : 8.4kPa 이상(LPG) / 도시가스 최고사용 1.1배 or 8.4kPa 큰 것
• 입력유지시간

용량(L)	입력유지시간(분)
10 이하	5
10 ~ 50 이하	10
50 ~ 1m³ 이하	24
1m³ ~ 10m³ 이하	240
10m³ 초과	24 × V(초과분)

[★]
059. 고압가스 특정제조시설에서 선임하여야 하는 안전관리원의 선임인원 기준은?

① 1명 이상   ② 2명 이상
③ 3명 이상   ④ 5명 이상

[해설] 특정제조시설 선임 안전관리원 : 2명

060. 수소폭명기는 수소와 산소의 혼합비가 얼마일 때를 말하는가? (단, 수소 : 산소의 비)

① 1 : 2   ② 2 : 1
③ 1 : 3   ④ 3 : 1

[해설] ① 수소폭명기(2:1)
$2H_2 + O_2 \rightarrow 2H_2O$: 동일차량 적재가능. 단, 밸브방향 마주하지 말 것
② 염소폭명기(1:1)
$H_2 + Cl_2 \rightarrow 2HCl$: 동일차량 적재금지

정답 054. ④ 055. ④ 056. ② 057. ③ 058. ④ 059. ② 060. ②

8 신경향(수소법·신출 반영) 기출예상문제

[신경향]

001. 다음 중 산업통상자원부령으로 정하는 수소용품이 아닌 것은?

① 고정형 연료전지(연료소비량 232.6kW 이상)
② 이동형 연료전지와 그 부대설비
③ 수전해설비
④ 수소추출설비

[해설] 「수소법」 시행규칙 제2조제3항 22.02.05 시행
산업통상자원부령으로 정하는 수소용품은
① 고정형 연료전지(연료소비량 232.6kW 이하)
② 이동형 연료전지와 그 부대설비
③ 수전해설비
④ 수소추출설비

[신경향, 기능장기출]

002. 브롬화메탄에 대한 설명으로 틀린 것은?

① 비점이 100℃이다.
② 알루미늄을 부식하므로 알루미늄 용기에 보관할 수 없다.
③ 가연성이며 독성가스이다.
④ 용기의 충전구 나사는 오른나사이다.

[해설] 브롬화메탄
① 비점 4℃.
④ 가연성은 왼나사(예외적용가스 : NH_3, CH_3Br)

[★★★] KGS

003. 액화석유가스 사용시설을 변경하여 도시가스를 사용하기 위해서 실시하여야 하는 안전조치 중 잘못 설명한 것은?

① 일반도시가스사업자는 도시가스를 공급한 이후에 연소기 변경 사실을 확인하여야 한다.
② 액화석유가스의 배관 양단에 막음조치를 하고 호스는 철거하여 설치하려는 도시가스 배관과 구분되도록 한다.
③ 용기 및 부대설비가 액화석유가스 공급자의 소유인 경우에는 도시가스공급 예정일까지 용기 등을 철거해 줄 것을 공급자에게 요청해야 한다.
④ 도시가스로 연료를 전환하기 전에 액화석유가스 안전공급계약을 해지하고, 용기 등의 철거와 안전조치를 확인하여야 한다.

[해설] 액화석유가스 사용시설 → 도시가스사용시설 변경시 조치사항
① 일반도시가스사업자는 도시가스를 공급하기 이전에 연소기 변경 사실을 확인하여야 한다.

[신경향, 기능장기출]

004. LP가스의 제법이 아닌 것은?

① 원유에서 액화가스를 회수
② 석유정제공정에서 분리
③ 나프타 분해생성물에서 제조
④ 메탄의 부분산화법으로 제조

[해설] [LPG 제조법]
• 습성천연가스 및 원유에서 회수 : 압축냉각법, 흡수유에 의한 흡수법, 활성탄에 의한 흡착법
• 원유 정제공정에서 발생하는 가스에서 회수
• 나프타분해 생성물에서 회수 : 나프타를 이용하여 에틸렌 제조 시 회수
• 나프타의 수소화 분해 : 나프타를 이용하여 LPG생산이 주목적

[동]

005. 사업소 내에서 긴급사태 발생 시 필요한 연락을 하기 위해 안전관리자가 상주하는 사업소와 현장 사업소 간에 설치하는 통신설비가 아닌 것은?

① 구내전화 ② 인터폰
③ 페이징설비 ④ 메가폰

[★] KGS

006. 도시가스 배관의 굴착공사 작업에 대한 설명 중 틀린 것은?

① 가스 배관과 수평거리 1m 이내에서는 파일박기를 하지 아니한다.
② 항타기는 가스배관과 수평거리가 2m 이상 되는 곳에 설치한다.
③ 가스배관의 주위를 굴착하고자 할 때에는 가스배관의 좌우 1m 이내의 부분은 인력으로 굴착한다.
④ 줄파기 1일 시공량 결정은 시공속도가 가장 느린 천공 작업에 맞추어 결정한다.

해설 도시가스 배관의 굴착공사 작업기준
1. 배관이 있을 예상 지점 2m 이내에 줄파기시 안전관리 전담자 입회
2. 굴착시 배관 좌우 1m 이내 인력 굴착
3. 노출된 가스 배관 길이 15m 이상시 점검 통로 및 조명시설 설치(70Lux 이상)
- 항타기 : 가스 배관과 수평거리 2m 이상 되는 곳
- 줄파기 : 1일 시공량 결정은 시공속도가 가장 느린 천공작업에 맞추어 결정
- 파일박기 : 30cm 이상 유지

[★★]

007. 다음 이상기체상수 값이 1.987일 경우에 해당하는 단위는?

① J/mol · K
② atm · L/mol · K
③ cal/mol · K
④ N · m/mol · K

008. 다음 각 온도의 단위환산 관계로서 틀린 것은?

① 0℃ = 273K
② 32°F = 492°R
③ 0K = −273℃
④ 0K = 460°R

해설 °F = 1.8℃+32   °R = 1.8K 적용   °R = °F+460
④ 0K = 0 °R(∵ °R=1.8×0=0)

[신경향]

009. 가스용품은 연료가스를 사용하는 기기로 정의한다. 명시된 법률은?

① 고압가스법 시행규칙
② 액화석유가스법 시행규칙
③ 도시가스법
④ 전기용품 안전관리법

해설 가스용품은 액화석유가스 시행규칙에 명시되어 있음
수소용품은 수소법 시행규칙 제2조제3항에 정의하며 고정형 연료전지 중 연료소비량 232.6kW(20만 kcal/h) 이하인 것을 말한다.

[신경향]

010. 신에너지 및 재생에너지 개발·이용·보급 촉진법 제2조 제1호에 따른 신에너지의 하나로 수소와 산소의 전기화학적 반응을 통하여 전기와 열을 생산하는 설비와 그 부대설비를 무엇이라고 하는가?

① 수소에너지
② 이온전지
③ 연료전지
④ 수소폭명기

해설 수소법 제2조 제6항 연료전지와 수소용품을 기준으로 적용하면 이동형과 고정형으로 구분할 수 있다. 또한 고정형은 직접수소용과 간접수소용으로 구분할 수 있으며, 간접수소용은 기존 「액화석유가스법」에 따른 연료전지의 개념을 일컫는다. 도시가스와 LPG 등에서 추출된 수소를 연료로 공급하여 전기와 열을 생산하는 것으로써 일정한 위치에 고정된 연료전지는 기존 「액화석유가스법」의 연료전지로 분류할 수 있다. 이와 달리 수전해 장치, 수소추출기, 석유화학단지 등에서 생산한 수소를 연료로 공급받아 전기와 열을 생산하는 것은 직접수소용 연료전지로 분류한다.
결국 연료전지의 제조 및 검사에 관하여서는 「액화석유가스법」을 적용하지 않고 「수소법」에서 규정한 사항을 적용한다. 연료전지는 간접수소용, 그 외는 직접수소용 연료전지로 분류한다.
수소의 경우 기존 연료가스와 마찬가지로 안전관리는 고압가스안전관리법을 기본으로 하되, 연료전지는 액화가스안전관리법 규정을 수소법으로 이관함.

(1) 연료전지-고정형
① 간접수소용
[개요] LPG, 도시가스 등(그 외 연료포함)에서 수소를 연료로 공급하여 전기와 열을 생산하는 장치

② 직접수소용

[개요] 수전해장치, 수소추출기, 석유화학단지 등에서 생산한 수소를 직접 공급하여 전기와 열을 생산하는 장치

(출처:한국가스안전공사 수소용품제조시설 p16)

(2) 연료전지-이동형

[기능] 수소저장용기로부터 수소가스를 직접 공급하여 전기와 열을 생산하는 장치

[활용] 드론, 지게차, 선박 등 모빌리티의 동력장치로 사용

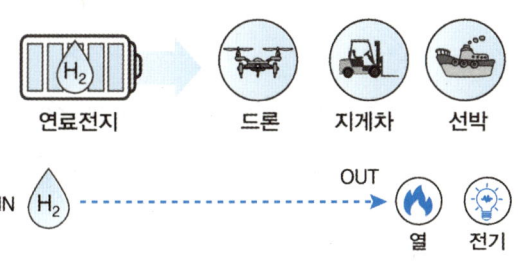

[신경향]

011. 「수소법」의 수소연료사용시설에 대한 설명 중 틀린 것은?

① 배관으로 수소를 공급받는 시설
② 직접 수소를 생산하는 시설
③ 수소연료사용시설에 수소를 공급하기 위한 시설
④ 사용자가 점유한 토지의 경계로 공급되는 시설(수소의 압력이 1MPa 이상)

[해설] 「수소법」에서는 수소연료사용시설을 ①, ②, ③ 3가지로 구분되며

[비교] 수소공급시설범위는 그 연료전지 사용자가 소유하거나 점유하고 있는 토지의 경계에서 연료전지까지 이르는 시설이며 만일, 토지의 경계로 공급되는 시설(수소의 압력이 1MPa 이상) : 고법적용 대상
사용자가 점유한 토지의 경계로 공급되는 시설(수소의 압력이 1MPa 미만) : 고법적용 대상아님
또한, 직접 수소를 생산하는 연료사용시설 범위는 수소제조설비 또는 수소저장설비에서 연료전지까지 이르는 시설이며 수소압력규정은 공급시설과 동일(고법적용 대상, 대상아님 규정)

● 수소연료사용시설 아닌 경우
① 연료전지를 고정설치하여 사용하지 않는 시설로 저압수소를 공급하는 경우 : 「고압가스법」 적용 대상도 아님
② 고정설치된 연료전지에 수소를 공급하나 부지내에서 수소를 고압(1MPa 이상)으로 제조하는 경우 : 「고압가스법」 적용 대상

(출처: 한국가스안전공사 수소용품제조시설 p30)

[신경향]

012. 수소용품을 제조(수입)한 자는 그 수소용품을 판매하거나 사용하기 전에 허가관청의 검사를 받아야 한다. 검사를 받지 않은 수소용품을 제조하는 자는 벌금이 얼마인가?

① 5백만원 이하   ② 1천만원 이하
③ 2천만원 이하   ④ 3천만원 이하

[해설] 수소용품의 검사(법 제44조, '22.05. 시행)
(1) 수소용품을 제조(수입)한 자는 그 수소용품을 판매하거나 사용하기 전에 허가관청의 검사를 받아야 한다.
(2) 검사를 받지 않은 수소용품은 양도·임대 또는 사용하거나 판매를 목적으로 진열이 금지되어 있다.
* 검사를 받지 않은 수소용품 제조사업자는 2년 이하의 징역 또는 2천만 이하의 벌금

[신경향]

013. 공기가 포함되어 수증기가 응결할 때의 온도. 즉, 불포화상태의 공기가 냉각될 때 포화되어 응결이 시작되는 온도를 무엇이라 하는가?

① 포화온도   ② 응고점
③ 이슬점   ④ 습포화온도

[동]

014. 암모니아 충전용기로서 내용적이 1000L 이하인 것은 부식여유치가 A이고, 염소 충전용기로서 내용적이 1000L 초과하는 것은 부식여유치가 B이다. A와 B항의 알맞은 부식 여유치는?

① A : 1mm, B : 2mm   ② A : 1mm, B : 3mm
③ A : 2mm, B : 5mm   ④ A : 1mm, B : 5mm

[해설] 부식 여유치

용기의 종류	내용적	부식여유(mm)
NH₃	1,000L 이하	1
	1,000L 초과	2
Cl₂	1,000L 이하	3
	1,000L 초과	5

015. 다음 중 독성가스가 아닌 것은?

① 아크릴로니트릴 ② 벤젠
③ 암모니아   ④ 펜탄

[해설] 독성가스 아닌 것 : 펜탄(상쾌한 냄새)
독성가스 : 아크릴로니트릴, 벤젠, 암모니아

[★★★]
016. 다음 중 독성(LC_{50})이 강한 가스는?

① 염소   ② 시안화수소
③ 산화에틸렌   ④ 불소

[해설] 독성가스 중 독성(LC_{50})기준 강한 순
포스겐, 오존, 인화수소, 시안화수소, 불소, 염소, 황화수소, 아크릴로니트릴, 브롬화메탄, 불화수소, 아황산가스, 산화에틸렌, 염화수소, 일산화탄소, 암모니아
TIP 포스 오 인 시/ 불 염 황/ 아 브 불/ 아황 산에/ 염 일 암

017. 다음 독성가스 누출 시 제독제로서 적합하지 않는 것은?

① 염소 : 탄산소다수용액
② 포스겐 : 소석회
③ 암모니아 : 소석회
④ 황화수소 : 가성소다수용액

[해설] ③ 중화제 : 물 (암모니아, 산화에틸렌, 염화메탄)

018. 독성가스를 운반하는 차량에 반드시 갖추어야 할 용구나 물품에 해당되지 않는 것은?

① 방독면   ② 제독제
③ 고무장갑   ④ 인터폰

[해설] 독성가스 운반차량 보호장비 목록
- 방독면, 고무장갑, 고무장화, 그 밖의 보호구, 제독제, 자재, 공구 휴대
- 보호구 : 방독마스크, 공기 호흡기, 보호의, 보호장갑(내산(Cl_2)장갑), 보호장화
- 자재 중 로프는 15m 이상의 것 이상 휴대

- 제독제(소석회)
  - 20kg 이상(1,000kg 미만 독성가스량)
  - 40kg 이상(1,000kg 이상 독성가스량)

019. 공기의 연소속도를 가장 옳게 나타낸 것은?

① 0.03 ~ 10m/s   ② 30 ~ 100m/s
③ 350 ~ 500m/s   ④ 1,000 ~ 3,500m/s

[해설] 정상연소속도 0.03~10m/s, 음속 340m/s,
폭굉 1,000~3,500m/s

020. 다음 중 2중 배관으로 하지 않아도 되는 가스는?

① 일산화탄소   ② 시안화수소
③ 염소   ④ 포스겐

[해설] 2중관 KGS FS112 2019 (이중관 → 2중관)
포스겐, 황화수소, 시안화수소, 아황산가스, 암모니아, 산화에틸렌, 염소, 염화메탄
TIP 포황시, 아황암산에, 염소, 염탄)

021. 30℃, 1atm에서 10000L인 기체가 20℃, 0.6atm에서 차지하는 부피는 약 몇 L인가? (단, 이상기체로 가정한다.)

① 13127   ② 14127
③ 15117   ④ 16117

[해설] 보일-샤를의 법칙에서

1) $\dfrac{PV}{T} = \dfrac{P_1 V_1}{T_1}$

2) $\dfrac{1atm \cdot 10000\ell}{(30℃+273)} = \dfrac{0.6atm \cdot x\ell}{(20℃+273)}$

$x(\ell) = 16116.611$

022. 냉동장치의 제조시설에서 내압성능과 기밀성능을 확인하기 위한 시험압력의 기준이 되는 압력은 무엇인가?

① 설계압력   ② 최고충전압력
③ 상용압력   ④ 사용압력

해설 [고압가스 안전관리법 시행규칙] 별표24
(1) 냉동기의 기밀성능시험압력 : 설계압력 이상
   내압성능시험압력 : 설계압력의 1.5배 이상
(2) 냉동기에 대한 표시
   냉동기의 제조자 또는 수입자는 금속박판에 다음 사항을 각인하여 이를 냉동기의 보기 쉬운 곳에 떨어지지 아니하도록 부착할 것. 다만, 독성가스 또는 가연성가스가 아닌 냉매가스를 사용하는 것으로서 냉동능력이 20톤 미만인 경우에는 다음 사항이 인쇄된 표지를 부착할 수 있다.
   가. 냉동기제조자의 명칭 또는 약호
   나. 냉매가스의 종류
   다. 냉동능력(단위: RT). 다만, 압력용기의 경우에는 내용적(단위: L)을 표시하여야 한다.
   라. 원동기소요전력 및 전류(단위: kW, A). 다만, 압축기의 경우에 한한다.
   마. 제조번호
   바. 검사에 합격한 연월(年月)
   사. 내압시험압력(기호: TP, 단위: MPa)
   아. 최고사용압력(기호: DP, 단위: MPa)

[★]

023. 다음 중 압력단위의 환산이 잘못된 것은?

① $1kg/cm^2 ≒ 14.22psi$
② $1psi ≒ 0.0703kg/cm^2$
③ $1mbar ≒ 14.7psi$
④ $1kg/cm^2 ≒ 98.07kPa$

해설 ① $1kg/cm^2 = \left(\dfrac{1kg/cm^2}{1.0332kg/cm^2}\right) \times 14.7(psi)$
   $= 14.227(psi)$
② $1psi ≒ \left(\dfrac{1}{14.7}\right) \times 1.0332(kg/cm^2)$
   $= 0.070285 kg/cm^2$
③ $1mbar = \left(\dfrac{1mbar}{1013.25mbar}\right) \times 14.7(psi) ≒ 0.0145(psi)$
④ $1kg/cm^2 = \left(\dfrac{1}{1.0332}\right) \times 101.325kPa ≒ 98.069(kPa)$

[★]

024. 에어졸 제조설비와 인화성 물질과의 최소 우회거리는?

① 3m 이상   ② 5m 이상
③ 8m 이상   ④ 10m 이상

해설 TIP 에어졸은 화기와 8m 이격, "에잇(eight)은 8"이다.

025. 다음 중 가연성이며 독성인 가스는?

① 아세틸렌, 프로판   ② 아황산가스, 포스겐
③ 수소, 이산화탄소   ④ 암모니아, 산화에틸렌

해설 가연성이면서 독성이 강한 가스(일명 : 독, 가)
이황화탄소, 황화수소, 시안화수소, 브롬화메탄, 산화에틸렌, 염화메탄, 일산화탄소, 암모니아, 디메틸아민, 모노메틸아민, 트리메틸아민

[★★★]

026. 다음 고압가스 일반제조시설에서 저장탱크를 지상에 설치한 경우 방류둑을 설치하여야 하는 것은?

① 액화산소 저장능력 900톤
② 염소 저장능력 4톤
③ 암모니아 저장능력 10톤
④ 액화질소 저장능력 1000톤

해설 방류둑 설치 기준

가스종류	특정제조	일반제조
산 소	1000t	1000t
가연성	500t	
독 성	5t	

NH_3(독성) 5t 이상이므로 방류둑 설치

[★★★]

027. 양정 90m, 유량이 90㎥/h인 송수 펌프의 소요동력은 약 몇 kW인가? (단, 펌프의 효율은 60%이다.)

① 30.6   ② 36.8
③ 50.2   ④ 56.8

해설 $kW = \dfrac{\Upsilon \cdot Q \cdot H}{102 \times \eta}$ 에서 (Q유량: 단위를 주의)

$= \dfrac{1{,}000 \times 90m^3/h \times 90m}{102 \times 0.6 \times 3600} = 36.8(kW)$

즉, kW는 초를 기준.

[★]

028. 이상기체 상태방정식의 R값을 옳게 나타낸 것은?

① $8.314 L \cdot atm/mol \cdot R$
② $0.082 L \cdot atm/mol \cdot K$
③ $8.314 m^3 \cdot atm/mol \cdot K$
④ $0.082 joule/mol \cdot K$

023. ③   024. ③   025. ④   026. ③   027. ②   028. ②

해설 PV = nRT

$R = \dfrac{atm \cdot L}{mol \cdot k}$ 에서 $R = \dfrac{1atm \cdot 22.4L}{mol \cdot 273K}$

$= 0.082 \left(\dfrac{L \cdot atm}{mol \cdot k}\right)$

PV = GRT(SI단위)

$R = \left(\dfrac{0.082 m^3 \cdot atm}{kmol \cdot K}\right) \cdot \left(\dfrac{101.325 kPa}{1 atm}\right) \fallingdotseq \left(\dfrac{8.314 m^3 \cdot kPa}{kmol \cdot K}\right)$

$\fallingdotseq 8.314 kJ/kmol \cdot K$

($\because Pa = N/m^2, J = N \cdot m$)

029. 액화프레온가스를 내용적 50L 용기에 충전할 때 저장능력은 약 몇 kg인가?(단, 가스정수 C는 0.86)

① 28　　② 39
③ 48　　④ 58

해설 저장능력 계산 참조 최신기출 4회 19번

$W(kg) = \dfrac{V}{C}, \quad xkg = \dfrac{50}{0.86} \quad x = 58.14$

W : 용기 및 차량에 고정된 탱크의 저장능력(kg)
V : 내용적(L)　　C : 가스의 충전상수

[★★]
030. 도시가스 배관을 노출하여 설치하고자 할 때 배관 손상방지를 위한 방호조치 기준으로 옳은 것은?

① 방호철판 두께는 최소 10㎜ 이상으로 한다.
② 방호철판의 크기는 1m 이상으로 한다.
③ 철근 콘크리트재 방호 구조물은 두께가 15㎝ 이상이어야 한다.
④ 철근 콘크리트재 방호 구조물은 높이가 1.5m 이상이어야 한다.

해설 도시가스 배관 노출 설치시 배관 손상방지를 위한 방호조치 기준
방호철판 두께 최소 4mm 이상, 크기 80cm 이상
하단부는 지면에서 20cm 이상 30cm 이하 이격
철근 콘크리트 방호구조물(높이×두께) = 2m×12cm

[동]
031. 액화가스를 충전하는 탱크는 그 내부에 액면요동을 방지하기 위하여 무엇을 설치하여야 하는가?

① 방파판　　② 안전밸브
③ 액면계　　④ 긴급차단장치

[★]
032. 극저온 저장탱크에 사용되는 햄프슨식 액면계의 측정방식은?

① 차압식　　② 유속식
③ 면적식　　④ 전기식

해설 햄프슨식 액면계(차압식)
극저온 저장탱크의 액면계에 주로 사용

[★]
033. 다음 중 터보(Turbo)형 펌프가 아닌 것은?

① 원심 펌프　　② 사류 펌프
③ 축류 펌프　　④ 플런저 펌프

해설 ④ 플런저 펌프는 왕복동 펌프이다.
[왕복동 펌프의 종류]
· 피스톤　· 플런저　· 다이어프램

034. 나프타의 성상과 가스화에 미치는 영향 중 PONA값의 각 의미에 대하여 잘못 나타낸 것은?

① P : 파라핀계 탄화수소
② O : 올레핀계 탄화수소
③ N : 나프텐계 탄화수소
④ A : 지방족 탄화수소

해설 A : 방향족(Aroma)

[★] 신경향
035. 현재 대표적인 수소 생산방식에 온실가스 배출 여부를 직관적으로 이해할 수 있도록 색으로 표현한 것이 아닌 것은?

① 회색수소　　② 청색수소
③ 녹색수소　　④ 적색수소

해설 (1) 회색수소 : 천연가스(메탄)와 수증기를 촉매반응 시켜 수소를 생산하는 방식
(2) 청색수소 : 회색수소와 동일방식(부산물 이산화탄소를 대기방출 않고 포집 및 활용)
(3) 녹색수소 : 수전해 생산방식으로 풍력등 재생에너지의 잉여전력을 활용한 수소생산

정답　029. ④　030. ②　031. ①　032. ①　033. ④　034. ④　035. ④

[★★★]
036. 다음 중 독성이 가장 작은 것은?

① 염소 ② 불소
③ 시안화수소 ④ 암모니아

[★]
037. 어떤 도시가스의 웨버지수를 측정하였더니 36.52MJ/㎥이었다. 품질검사기준에 의한 합격 여부는?

① 웨버지수 허용기준보다 높으므로 합격이다.
② 웨버지수 허용기준보다 낮으므로 합격이다.
③ 웨버지수 허용기준보다 높으므로 불합격이다.
④ 웨버지수 허용기준보다 낮으므로 불합격이다.

[해설] 웨버지수는 도시가스의 총발열량(kcal/㎥)을 가스 비중의 평방근으로 나눈 값을 말한다.
합격기준 : 51.5 ~ 56.52MJ/m^3(12,300 ~ 13,500kcal/m^3)
36.52MJ/m^3이면 웨버지수 허용기준보다 낮으므로 불합격이다.

[★★] [동]
038. 도시가스사용시설의 월사용예정량을 산출하는 식 Q = [(A×240) + (B×90)] / 11,000에서 기호 "A"가 의미하는 것은?

① 월사용예정량
② 산업용으로 사용하는 연소기의 명판에 기재된 가스소비량의 합계
③ 산업용이 아닌 연소기의 명판에 기재된 가스소비량의 합계
④ 가정용 연소기의 가스소비량합계

[해설] 도시가스 사용시설 월 사용 예정량
$Q = [(A \times 240) + (B \times 90)]/11000$
A : 산업용으로 사용하는 연소기 명판에 기재된 가스소비량 합계(8시간×30일)
B : 산업용 아닌 연소기의 명판에 기재된 가스소비량의 합계(3끼×30일)

[★★★]
039. 공기 중 폭발범위에 따른 위험도가 가장 큰 가스는?

① 암모니아 ② 황화수소
③ 석탄가스 ④ 이황화탄소

[해설] 암 모 니 아 : H = (28−15)/15 = 0.86
황 화 수 소 : H = (45−4.3)/4.3 = 9.465
③번 석탄가스(메탄+수소) 위험도(CH_4) : H = (15−5)/5 = 2
④번 이황화탄소 위험도
폭발범위(연소) 1.25~44% → $H = \frac{44-1.25}{1.25} = 34.2$
인화점 30℃

[★★★]
040. 다음 중 액면계의 측정방식에 해당하지 않는 것은?

① 압력식 ② 정전용량식
③ 초음파식 ④ 환상천평식

[해설] 액면계 종류: 압력식, 차압식, 저항전극식, 초음파식, 전기저항식, 방사선식, 다이어프램식, 튜브식, 정전용량식
④ 환상천평식은 압력계이다.
TIP 간접식 : 압·차·기·저/ 초·전·방/ 다·튜·정
직접식 : 직관식/ 검척식/ 플로우트식(부자식)

[★★★]
041. 측정압력이 0.01~10kg/㎠ 정도이고, 오차가 ±1~2% 정도이며 유체내의 먼지 등의 영향이 적으나, 압력 변동에 적응하기 어렵고 주위 온도 오차에 의한 충분한 주의를 요하는 압력계는?

① 전기저항 압력계
② 벨로즈(Bellows) 압력계
③ 부르동(bourdon)관 압력계
④ 피스톤 압력계

[해설] [비교]
• 다이어프램의 측정압력은 20~5,000mmH_2O 이다.
• 온도의 영향을 받기 쉽다. 미소차압 측정에 사용

[★★]
042. 비중이 0.5인 LPG를 제조하는 공장에서 1일 10만L를 생산하여 24시간 정치 후 모두 산업현장으로 보낸다. 이 회사에서 생산하는 LPG를 저장하려면 저장용량이 5톤인 저장탱크 몇 개를 설치해야 하는가?

① 2 ② 5
③ 7 ④ 10

해설 ① $Q = 0.9 d V_2$ 에서
  $= 0.9 \times 0.5 \times 100000 (\ell = kg)$
  $= 45,000 [kg]$
② 저장용량 5000kg이면 90% 충전이므로 4500kg만 저장됨
③ 따라서 총 45000kg/4500kg = 10[개]를 설치

[★★]

043. 내압이 0.4~0.5MPa 이상이고, LPG나 액화가스와 같이 낮은 비점의 액체일 때 사용되는 터보식 펌프의 메카니컬 시일 형식은?

① 더블 시일
② 아웃사이드 시일
③ 밸런스 시일
④ 언밸런스 시일

[★★★]

044. 다음 각 금속재료의 가스 작용에 대한 설명으로 옳은 것은?

① 수분을 함유한 염소는 상온에서도 철과 반응하지 않으므로 철강의 고압용기에 충전할 수 있다.
② 아세틸렌은 강과 직접 반응하여 폭발성의 금속 아세틸라이드를 생성한다.
③ 일산화탄소는 철족의 금속과 반응하여 금속카르보닐을 생성한다.
④ 수소는 저온, 저압하에서 질소와 반응하여 암모니아를 생성한다.

해설 ① $Cl_2 + H_2O \rightarrow HCl + HClO$(치아염소산)
  염산생성 → 철강부식
  $Cl_2 + H_2O \rightarrow H^+ + Cl^- + HClO$ 살균표백작용
② $C_2H_2 + 2Ag \rightarrow Ag_2C_2 + H_2$ (Ag_2C_2 : 은아세틸라이트) 폭발예민물질
③ $Ni + 4CO \xrightarrow{100℃ \text{ 이상}} Ni(CO)_4$ 니켈카르보닐
  $Fe + 5CO \xrightarrow{\text{고압}} Fe(CO)_5$ 철카아보닐
④ H_2(수소)는 고온 · 고압하,
  반응식 $N_2 + 3H_2 \rightarrow 2NH_3$ (하버-보쉬법)

045. 금속 재료에서 고온일 때 가스에 의한 부식으로 틀린 것은?

① 산소 및 탄산가스에 의한 산화
② 암모니아에 의한 강의 질화
③ 수소가스에 의한 탈탄작용
④ 아세틸렌에 의한 황화

해설 • 황화 : 고온 하에 Fe, Ni을 심하게 부식시킨다.
  내황화성원소 : Si, AL, Cr이다.
• 질화 : 고온하에서 질소가 강에 침입하여 질화철을 형성하는 현상

[★★]

046. 가연성가스의 폭발등급 및 이에 대응하는 본질 안전 방폭 구조의 폭발등급 분류 시 사용하는 최소 점화전류비는 어느 가스의 최소 점화전류를 기준으로 하는가?

① 메탄
② 프로판
③ 수소
④ 아세틸렌

[★★★]

047. 다음 암모니아에 대한 설명 중 틀린 것은?

① 무색·무취의 가스이다.
② 암모니아가 분해하면 질소와 수소가 된다.
③ 물에 잘 용해된다.
④ 유안 및 요소의 제조에 이용된다.

해설 암모니아의 특징
① 상온·상압에서 강한 자극성(화장실) 냄새
② 용해성 : 물 1cc에 800~900cc 용해됨
③ 유안 및 요소의 제조에 이용

[★]

048. 수소에 대한 설명으로 틀린 것은?

① 상온에서 자극성을 가지는 가연성 기체이다.
② 폭발범위는 공기 중에서 약 4~75%이다.
③ 염소와 반응하여 폭명기를 형성한다.
④ 고온·고압에서 강재 중 탄소와 반응하여 수소취성을 일으킨다.

해설 ① 상온 → 고온·고압
③ 수소폭명기 : $2H_2 + O_2 \rightarrow 2H_2O$
  염소폭명기 : $H_2 + Cl_2 \rightarrow 2HCl$
④ $Fe_3C + 2H_2 \rightarrow CH_4 + 3Fe$

[★]
049. 필립스 공기액화사이클은 실린더 중에 피스톤과 보조피스톤으로 구성되며 사용하는 냉매체는 무엇인가?

① 염소와 수소
② 암모니아와 에틸렌
③ 수소와 헬륨
④ 메탄과 질소

해설 액화사이클 중 필립스 공기액화사이클의 특징
수소나 헬륨을 냉매로 사용. 실린더 중에 피스톤과 보조피스톤으로 구성

[★★★]
050. LPG 충전·집단공급 저장시설의 공기에 의한 내압시험 시 상용압력의 일정 압력 이상으로 승압한 후 단계적으로 승압시킬 때, 상용압력의 몇 %씩 증가시켜 내압시험압력에 달하였을 때 이상이 없어야 하는가?

① 5
② 10
③ 15
④ 20

[신경향. 2007년 기출]
051. 가로 2m, 세로 2.5m, 높이 2m인 공간에서 아세틸렌이 약 몇 g이 누출되면 폭발할 수 있는가?

① 25
② 29
③ 250
④ 290

해설 계산식: 아세틸렌의 폭발범위는 2.5%~81%이므로

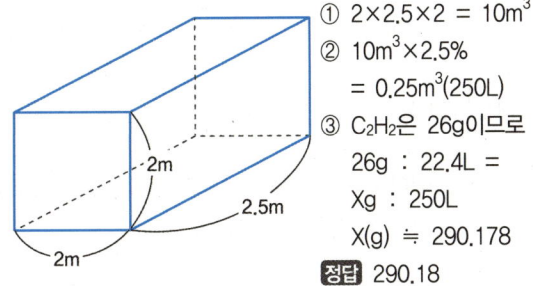

① $2 \times 2.5 \times 2 = 10m^3$
② $10m^3 \times 2.5\% = 0.25m^3(250L)$
③ C_2H_2은 26g이므로
26g : 22.4L = Xg : 250L
X(g) ≒ 290.178
정답 290.18

[신경향. 2007년 기출]
052. 내용적 40L의 용기에 아세틸렌가스 6kg(액비중 0.613)을 충전할 때 다공성물질의 다공도를 90%라 하면 표준상태에서 안전공간은 약 몇 %인가?(단, 아세톤의 비중은 0.80이고, 주입된 아세톤량은 13.9kg이다)

① 13
② 19
③ 22
④ 28

해설 계산식 : 안전공간(%)
$= (1 - \dfrac{\text{충전질량}}{\text{전용적}}) \times 100 = (1 - \dfrac{31.16}{40}) \times 100$
$= 22.1(\%)$

충전질량	① C_2H_2 $\dfrac{6kg}{0.013} = 9.787$
	② 아세톤 $\dfrac{13.9}{0.8} = 17.375$
	③ 다공도 90% ⇒ $40L \times 0.1 = 4L$
	= 31.16

[★★]
053. 다음 중 표준상태에서 비점이 가장 높은 것은?

① 나프타
② 프로판
③ 에탄
④ 부탄

해설 ① 나프타 200℃
② 프로판 -42.5℃
③ 에탄 -89℃
④ 부탄 -0.5℃

[★★]
054. 다음 ( ) 안에 알맞은 것은?

시안화수소를 충전하는 용기는 충전 후 ( )일이 경과되기 전에 다른 용기에 옮겨 충전할 것, 다만, 순도 ( )% 이상으로 착색되지 않은 것은 다른 용기에 옮겨 충전하지 않는다.

① 30, 90
② 60, 90
③ 30, 95
④ 60, 98

해설 [시안화수소 특징] 임계온도 183.5℃, 독성(10ppm), 가연성(폭발범위 6~41%)
▶ 수분을 2% 이상 함유시 중합폭발을 일으키기 쉽다.
▶ 중합폭발을 방지하기 위해 안정제를 사용한다.
※ 안정제 : 동, 동망, / 인, 인산, 오산화인, / 황산, 아황산가스, 염화칼슘

049. ③ 050. ② 051. ④ 052. ③ 053. ① 054. ④

- 복숭아 냄새가 난다.
- 중합폭발 : 부타디엔, C_2H_4O, HCN, 염화비닐
- 액화가 용이하며, 저장시 1일 1회 이상 질산구리벤젠지로 누설검사 할 것.
- 독성이 강하여 호흡 및 피부에 접촉시 치명상 초래

비점화 방폭구조 (Ex n)	정상작동 및 특정 이상상태에서 주위의 폭발성 분위기를 점화시키지 아니하는 전기, 기계 및 기구에 적용하는 방폭구조
유입 방폭구조 (Ex o)	전기기기 전체 또는 전기기기의 일부를 보호액체에 잠기게 함으로써 보호액체의 상부 또는 외함 외부에 존재하는 폭발성가스분위기에 점화가 일어나지 아니하도록 한 방폭구조
충전 방폭구조 (Ex q)	폭발성가스분위기에 점화를 유발할 수 있는 부분을 고정설치하고 그 주위 전체를 충전물질로 둘러쌈으로써 외부 폭발성분위기에 점화가 일어나지 아니하도록 한 방폭구조
몰드 방폭구조 (Ex m)	폭발성분위기에 점화를 유발할 수 있는 부분에 컴파운드를 충전함으로써 설치 및 운전 조건에서 폭발성분위기에 점화가 일어나지 아니하도록 한 방폭구조

(출처: 한국가스안전공사 수소용품제조시설 p367)

[★★★]

055. 액화석유가스 집단공급 시설에서 가스설비의 상용압력이 1MPa일 때 이 설비의 내압시험 압력은 몇 MPa으로 하는가?

① 1 ② 1.25
③ 1.5 ④ 2.0

[해설] 고압가스 TP – 상용압력×1.5배, AP – 상용압력 이상

056. LPG 사용시설의 저압배관은 얼마이상의 압력으로 실시하는 내압시험에서 이상이 없는 것으로 규정되어 있는가?

① 0.3MPa ② 0.5MPa
③ 0.8MPa ④ 1.5MPa

[해설]
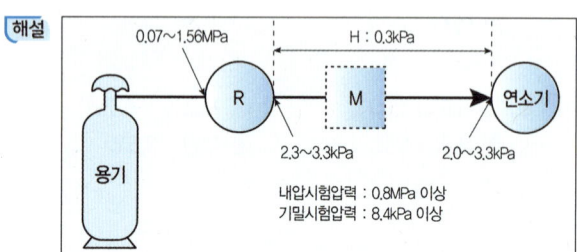

[동] 신경향

057. 수소제조시설에서 폭발성가스분위기에 점화를 유발할 수 있는 부분을 고정설치하고 그 주위 전체를 충전물질로 둘러쌈으로써 외부 폭발성분위기에 점화가 일어나지 아니하도록 한 방폭 구조는?

① 내압(耐壓) 방폭구조
② 충전 방폭구조
③ 압력(壓力) 방폭구조
④ 본질안전 방폭구조

[해설] 충전 방폭구조(q) – 충전물질로 둘러쌈
비점화 방폭구조(n) – 점화시키지 아니함

[신경향]

058. 정상작동 및 특정 이상상태에서 주위의 폭발성분위기를 점화시키지 아니하는 전기, 기계 및 기구에 적용하는 방폭구조는?

① 충전 방폭구조
② 압력(壓力) 방폭구조
③ 비점화방폭구조
④ 본질안전 방폭구조

[★] 신경향. 2005년 기출

059. 다음중 액비중이 제일 작은 것은?

① 휘발유 ② 산소
③ 염소   ④ 프로판

[해설] 액비중은 4℃ 물의 밀도와의 비를 말한다. 단위는 g/cm^3 = kg/ℓ

예) 휘발유 0.7, 암모니아 0.77, C_3H_8 0.51, C_4H_{10} 0.58, 산소 1.14, 염소 1.46, 물 1

060. 가스밀도가 0.25인 기체의 비체적(L/g)은?

① 0.25L/g ② 0.25kg/L
③ 4.0L/g   ④ 4.0kg/L

[해설] 밀도 g/L = 0.25이므로 g = 0.25L
L/g = L/0.25L   L/g = 1/0.25 = 4

PART 03

부록

1. 가스의 종류 및 특징
2. 이미지 모음
3. 계산문제 총정리 모음
4. 완전가스(이상기체)의 가역변화의 관계식 정리

01 가스의 종류 및 특징

 출제경향분석

안녕하십니까. 홍까스입니다.

가스의 종류 및 특징을 정리하면

가스의 종류를 일반적으로 설명하고, 기출빈도가 높은 주요가스에 대하여는 성질과 제조법, 용도를 더 자세히 다루었습니다.

색깔로 강조한 내용은 가스기능장까지 기출되는 중요내용입니다.

산업기사 이상 준비시 가스의 제조법은 반드시 숙지하시길 바랍니다.

마지막으로 공기액화분리장치를 다루는 산소와 질소는 압력과 제조가스의 분리장소를 정확히 학습하시길 바랍니다.

결국 가스의 종류와 특징은 가스기능사의 가장 기초인 내용이므로 실무에도 적극 활용해야하는 중요한 부분입니다.

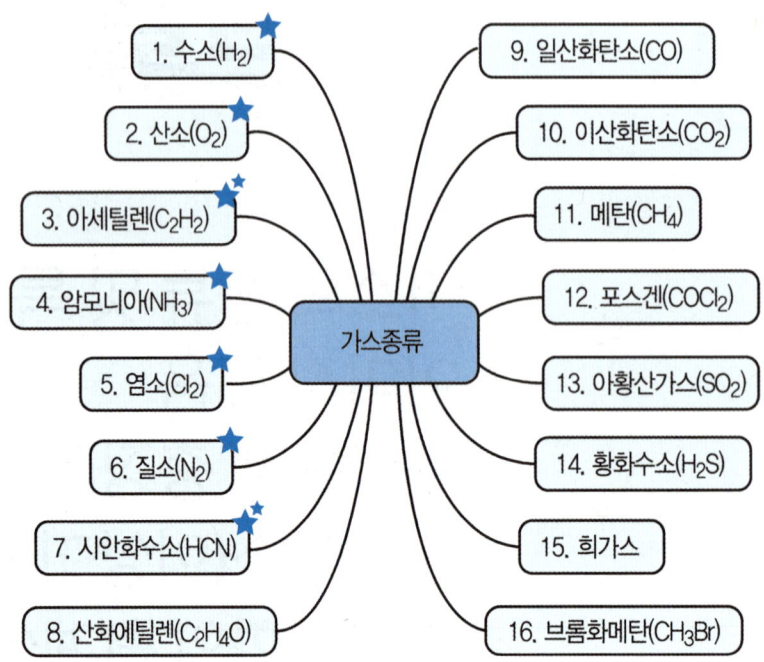

01 수소(H_2)

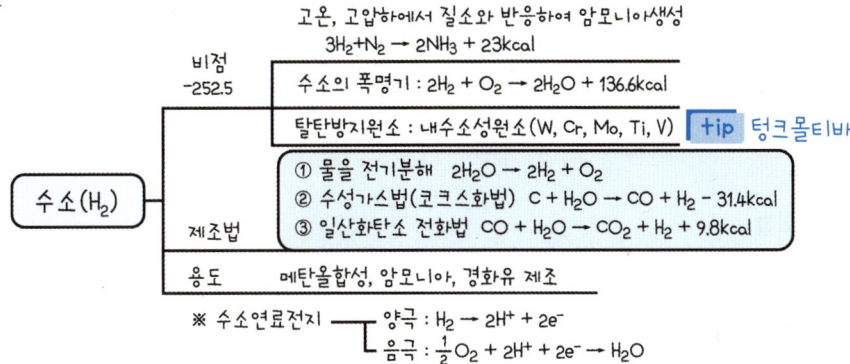

1) 일반적 성질

① 무색, 무미, 무취의 가연성 가스. 상온에서 기체이며, 가장 가볍고 확산속도가 가장 빠르다.

② 고온·고압하에서 질소와 반응하여 암모니아 생성

$$3H_2 + N_2 \rightarrow 2NH_3 + 23kcal$$

③ 수소는 산소 또는 공기 중에서 연소하여 물을 생성한다.

수소의 폭명기 : $2H_2 + O_2 \rightarrow 2H_2O + 136.6kcal$

④ 할로겐 원소(F_2, Cl_2, Br_2, I_2)와 격렬히 반응하여 폭발이 일어난다.

$$H_2 + F_2 \rightarrow 2HF + 128kcal$$

염소의 폭명기 : $H_2 + Cl_2 \rightarrow 2HCl + 44kcal$

⑤ 고온·고압하에서 탄소성분과 반응하여 취성을 일으킨다. 즉, 탈탄작용에 의한 수소취성이 일어난다.

$$Fe_3C + 2H_2 \rightarrow CH_4 + 3Fe \text{ (탈탄방지원소 : 내수소성원소 : W, Cr, Mo, Ti, V)}$$

tip 텅크몰티바

⑥ **탈탄방지재료** : ㉠ 5~6% Cr강   ㉡ 18%Cr – 8%Ni 스테인리스강

⑦ **폭발한계** : 공기 중 4~75%

⑧ **2원자분자(동핵)** : H_2, O_2, N_2

2) 제조법

① 물을 전기분해

$$2H_2O \rightarrow 2H_2 + O_2$$

② 수성가스법(코크스화법)

$$C + H_2O \rightarrow CO + H_2 - 31.4 kcal$$

③ 일산화탄소 전화법

$$CO + H_2O \rightarrow CO_2 + H_2 + 9.8 kcal$$

④ 석탄완전가스화법(갈탄이나 역청탄을 사용)

⑤ 석유분해법(나프타를 사용)

⑥ 천연가스 분해법(수증기개질법, 메탄을 사용)

$$CH_4 + H_2O \rightarrow CO + 3H_2 - 49.3 kcal$$

⑦ 암모니아 분해법

$$2NH_3 \rightarrow N_2 + 3H_2$$

3) 용도

① 인조보석제조, 금속의 용접, 절단등 사용(산소, 수소염으로 2,000℃ 이상의 고온)

② 로켓 연료용으로 쓰인다.

③ 메탄올 합성, 암모니아, 경화유 제조

02 산소(O_2)

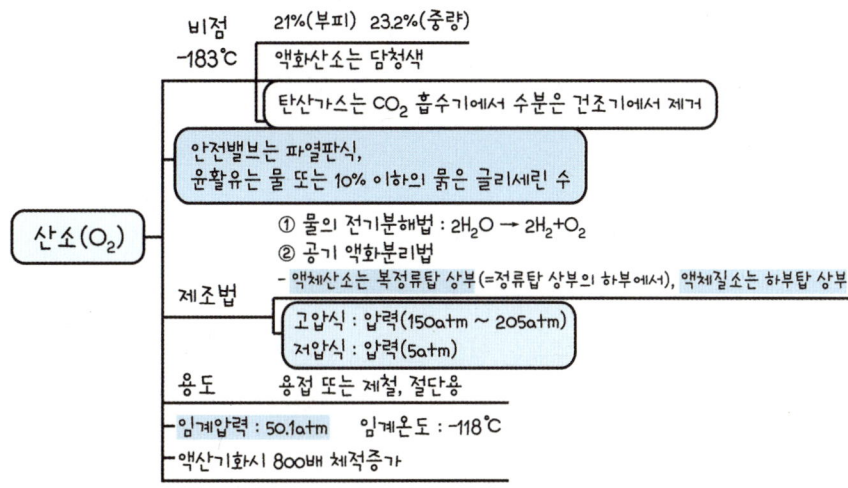

1) 특성

① 무색, 무미, 무취의 기체이며 용해성가스. 조연성가스
② 약 21%(부피), 23.2%(중량) 존재. 액산기화시 800배 체적증가.
③ 액화산소는 담청색. 임계압력 : 50.1atm, 임계온도 : -118℃ 비점 : -183℃
④ 할로겐원소, 백금, 금 등의 귀금속 이외의 모든 원소와 직접 화합하여 산화물을 생성
⑤ 산소-수소용접은 2,000~2,500℃, 산소-아세틸렌은 3,500~3,800℃에 달한다.
⑥ 압력과 산소농도의 증가는
  ㉠ 연소속도의 급격한 증가
  ㉡ 발화온도의 저하
  ㉢ 화염온도의 상승
  ㉣ 화염길이의 증가
  ㉤ 폭발범위 및 폭굉범위 현저하게 넓어짐
⑦ 점화에너지 저하로 폭발 위험성이 증대
⑧ 고압산소 사용시 유기물(유지류)와 접촉시 사염화탄소(CCl_4)로 세척

2) 제조법

① **물의 전기분해법** : $2H_2O \rightarrow 2H_2 + O_2$
② **공기 액화분리기법** (공기 중 질소(N_2), 산소(O_2), 아르곤(Ar)을 얻는 장치)
  - **원리** : 비등점의 차이를 이용, 액체공기의 비점(-194.2℃)에서 정류하며 액체산소는 정류탑 상부의 하부에서 순도 99.5%를 얻는다(산소의 비점 -183℃, 액체질소는 하부탑 상부에 분리되어 질소탱크에 저장(질소의 비점 -196℃).

- 공기분리장치의 주요 계통설명(저온장치에서 상세설명)

㉮ CO_2 흡수기

저온장치에서 CO_2가 존재하게 되면 드라이아이스가 되어 장치가 파손되거나 배관의 흐름을 차단하여 위험하게 된다.

㉯ 건조기

- 소다 건조기

    * **건조제** : NaOH(작은 양의 CO_2를 제거한다.)

- 겔 건조기

    * **건조제** : SiO_2(실리카겔), Al_2O_3(산화알루미늄), 소바이드

    ▷ **수분 및 탄산가스의 영향** : 수분은 얼음으로 되고 탄산가스는 드라이아이스가 되어 배관을 폐쇄하거나 장치를 파손시킬 수 있기 때문에 탄산가스는 CO_2 흡수기에서 수분은 건조기에서 제거한다.

- 공기액화 분리장치의 폭발원인

    ㉠ 공기 취입구로부터 C_2H_2 혼입
    ㉡ 압축기용 윤활유 분해에 의한 탄화수소 발생
    ㉢ 공기 중에 함유된 NO, NO_2 등 질소화합물 혼입
    ㉣ 액체 공기 중에 O_3 혼입

〈고압식 액화 산소 분리장치의 계통도〉

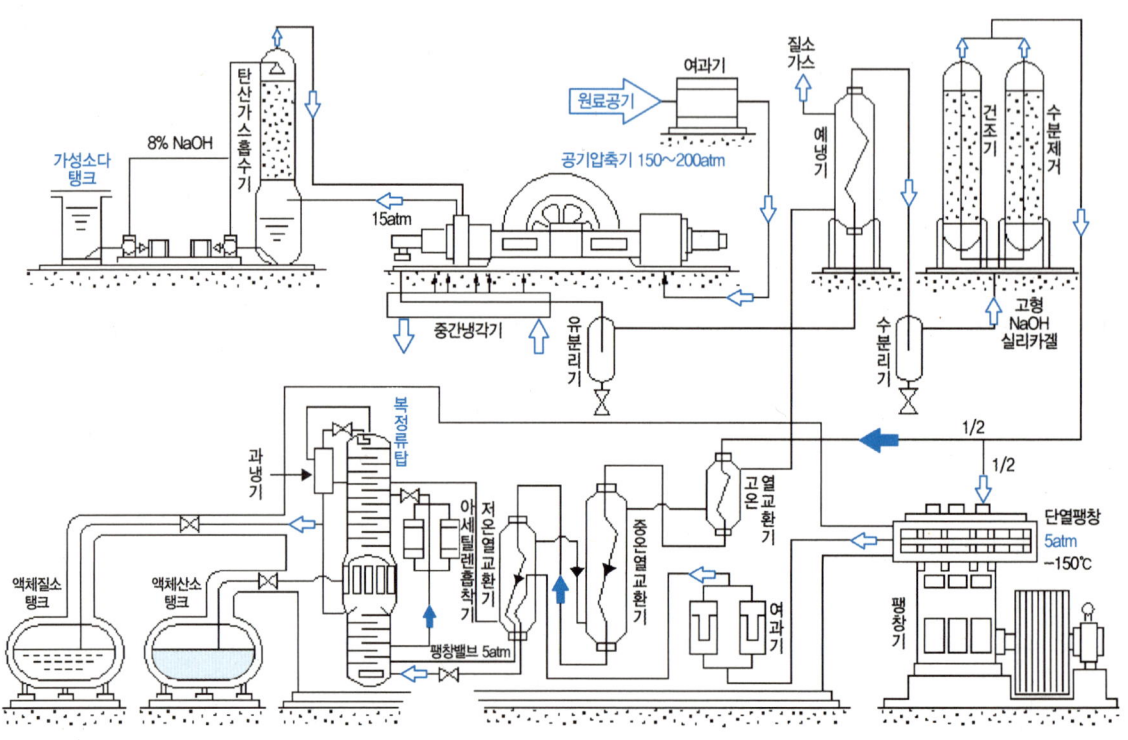

|tip| 고압식 : 원료공기의 압축기 흡입시 압력 (150atm~205atm)

저압식(Linde-Frankl식) : 정류탑 하부의 압력 (5atm)

3) 용도

① 연료와 제철용
② 용접 또는 절단용(산소-아세틸렌염, 산소-프로판염, 산소-수소염)
③ 질식, 중독에 의한 의료용산소 흡입
④ 로켓추진용 또는 액체산소 폭약 등

4) 산소 취급 시 주의사항

① 액화산소통의 액화산소는 1일 1회 이상 분석하고 액산 5ℓ 중 C_2H_2(아세틸렌) 질량이 5mg, C_mH_n(탄화수소)의 탄소질량이 500mg을 넘을 때에는 운전중지 후 액산를 방출한다.

> **문제** 액화산소통 속에 액화산소 35ℓ 중 CH_4 4g, C_3H_8 500mg이 함유되었을 때 운전여부를 판정해라.
>
> **해설** $\left(\dfrac{12}{16} \times 4000 + \dfrac{36}{44} \times 500\right) \times \dfrac{5}{35} = 487.01\text{mg}$
>
> ∴ C_mH_n이 500mg를 넘지 않으므로 계속 운전이 가능하다.

② 안전밸브는 파열판식. 용기재료는 무계목 크롬강 사용
③ 산소 압축기 윤활유는 물 또는 10% 이하의 묽은 글리세린 수용액을 사용
④ 산소압력계는 "금유"표시 전용압력계를 사용할 것

03 아세틸렌(C_2H_2)

1) 특성

(1) 액체는 불안정하고, 고체 아세틸렌은 안정하여 융해하지 않고 승화한다.

(2) **유기 용제** : 아세톤, DMF(디메틸포름아미드(dimethylformamide))

(3) 아세틸렌 폭발성(산화폭발/ 분해폭발/ 화합폭발)

　① **산화폭발** : 산소와 연소 시 3,000℃ 이상의 고열동반하며 폭발

　② **분해폭발** : 발열반응하므로 1.5기압 하에서 가압, 충격, 마찰 등에 의해 폭발

> ③ **화합폭발** : Ag(은), Cu(동), Hg(수은) 등 금속과 화합 시 폭발에 예민한 물질 생성
>
> 　아세틸렌(C_2H_2) + 2Ag(은) → Ag_2C_2(은아세틸라이드) + H_2
>
> 　아세틸렌(C_2H_2) + 2Cu(동) → Cu_2C_2(동아세틸라이드) + H_2
>
> 　아세틸렌(C_2H_2) + 2Hg(수은) → Hg_2C_2(수은아세틸라이드) + H_2

(4) **다공 물질** : 코크스, 석회, 규조토, 목탄, 석면, 탄산마그네슘, 다공성플라스틱

　tip 코큰 석규가 목석같아 탄산을 마다하다

(5) 압축기유는 양질의 광유 사용, 폭발한계(공기 중 2.5% ~ 81%)

(6) 부가반응하여 에틸렌/에탄 생성($C_2H_2 + H_2 → C_2H_4 + H_2 → C_2H_6$)

(7) **취급 시 주의사항**

　① 순도는 98% 유지하며 용접용기로 재질은 탄소강, 안전밸브는 가용전식

　　참고 가용전식(아세틸렌, 암모니아, 염소)이다.

　② 충전 후의 압력은 15℃에서 1.5Mpa 이하이고 24시간동안 정치한다.

　③ C_2H_2 충전용 지관에는 탄소의 함유량이 0.1% 이하의 강을 사용한다.

　④ **밸브재질** : 단조강 또는 동합금 62% 미만의 청동, 황동

　⑤ 다공도 75% ~ 92% 미만

> **계산식**
>
> $$다공도(\%) = \frac{V-E}{V} \times 100(\%)$$
>
> V : 다공물질의 용적　　E : 아세톤의 침윤 잔용적

(8) **다공물질의 구비조건**

　① 다공도가 높을 것

　② 가스충전이 용이할 것

　③ 내구성이 클 것

　④ 화학적 안정할 것

2) 제조법

① **카바이드** : $CaC_2 + 2H_2O = 아세틸렌(C_2H_2) + Ca(OH)_2$

② 탄화수소를 고온(3,000℃)으로 열분해하여 제조

$$C_3H_8 \rightarrow C_2H_2 + CH_4 + H_2$$

③ 카바이드 제조원료

$$석회석(CaCO_3) \rightarrow 생석회(CaO) \rightarrow 카바이드(CaC_2) \rightarrow 아세틸렌(C_2H_2)$$

> 📖 **카바이드(CaC_2)의 성질**
> 가. 무색투명하나 시판품은 흑회색의 고체이다.
> 나. 물, 습기, 수증기와 직접 반응한다.
> 다. 고온에서 질소와 반응하여 석회질소($CaCN_2$)가 된다.
> 라. 순수한 카바이드 1kg에서 366L의 아세틸렌가스가 발생된다.
> 마. 시판 중인 카바이드에는 황(S), 인(P), 질소(N), 규소(Si) 등의 불순물이 포함되어 있어 가스발생 시에 황화수소(H_2S), 인화수소(PH_3), 암모니아(NH_3), 규화수소(SiH_4)가 발생되어 냄새가 난다.

3) 용도

① 산소-아세틸렌용접 및 절단용으로 사용
② 부타디엔 벤젠 생성용, 염화비닐 제조

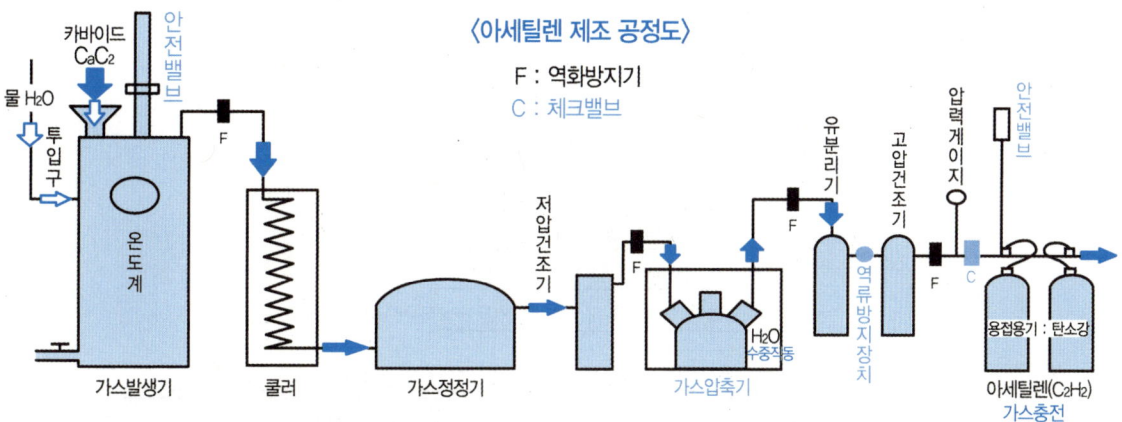

〈아세틸렌 제조 공정도〉

4) 아세틸렌 제조방법 및 주의사항

① **가스발생기** : 주수식, 침지식, 투입식

(주수식) : 카바이드(Carbide)에 물을 넣는 방법
- 물의 양을 조절함에 따라 가스 발생량을 조절할 수 있다.

(투입식) : 물에 카바이드(Carbide)를 넣는 방법
- 대량생산에 적당하며 공업용으로 널리 쓰인다.
- 카바이드 투입량을 조절함에 따라 발생량도 조절이 가능하다.

(침지식) : 물과 카바이드(Carbide)를 소량씩 접촉시키는 방법

② 가스발생기의 적정온도(50~60℃), 표면온도(70℃)★

③ **압축시 윤활유 압력** : 2.5MPa 이상 압축금지

④ **고압건조기의 건조제** : 염화칼슘($CaCl_2$)

⑤ **가스청정기** : C_2H_2 중에 함유되어 있는 불순물을 제거한다.

　　　　　　(청정제투입 : 에퓨렌, 리가솔, 카다리솔)

tip ❶ 아(가) 에카리　아카리액젓 상기하세요

　　 ❷ 시골 청정(마을) 에 리어카(짐수레)　기능장기출

　★ ❸ 청정에 (내가) 가리?

⑥ 2.5MPa 이상 압축시 분해폭발 방지위해 희석제 첨가

　 CH_4(메탄), CO(일산화탄소), H_2(수소), 프로판, 에틸렌, N_2(질소)

tip 메일수프에 질(린다)

04 암모니아(NH_3)

1) 특성

① 상온·상압하에서 강한 자극성 냄새와 비점(−33.3℃)의 무색 기체이다.
　상온에서 안정하나 1,000℃에서 분해하여 질소와 수소가 된다.

② 물에 잘 용해된다(상온에서 물 1cc에 대하여 기체 암모니아 800cc 용해).

③ 증발잠열이 크다(0℃에서 301.8kcal/kg).

④ 상온에서 8.46atm이 되면 액화암모니아가 된다.

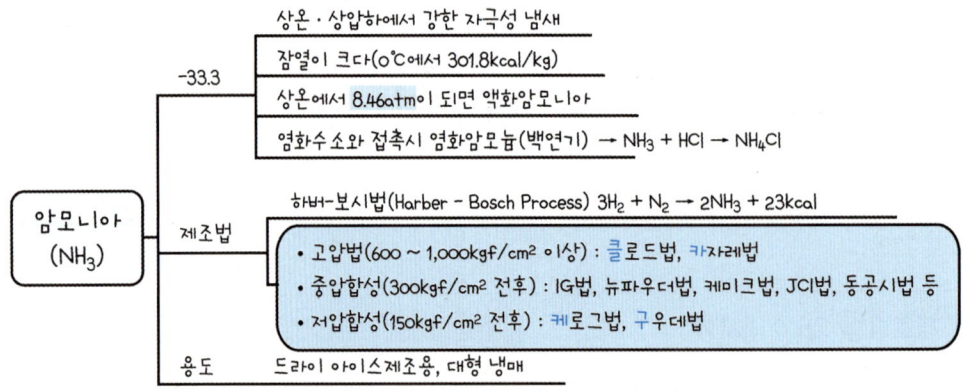

⑤ Cu, Cu 합금, Al 합금에 대해 심한 부식성이 있어 철과 철 합금이 사용된다.

⑥ 고온·고압 하에서 보통강은 질화 및 수소 취성이 있다.

⑦ 염화수소와 접촉시 염화암모늄(백연기)을 발생한다.

$$NH_3 + HCl \rightarrow NH_4Cl$$

⑧ NH_3는 강산과 접촉하면 심하게 폭발 비산하는 경우도 있다.

2) 제조법

(1) 하버-보시법(Harber-Bosch Process)

① 수소와 질소를 체적비로 3 : 1로 반응시킨다.

$$3H_2 + N_2 \rightarrow 2NH_3 + 23kcal$$

압력은 300atm 이상, 촉매는 정촉매(Fe_3O_4), 부촉매(Al_2O_3, CaO, K_2O)이고, 온도는 450 ~ 500℃이다.

② **암모니아 3가지 합성공정**

㉮ 합성원료 가스제조　　㉯ 가스정제 공정　　㉰ 암모니아 합성공정

> 📖 암모니아 합성공정
> - 고압법 (600~1,000kgf/cm² 이상) : 클로드법, 카자레법　tip 코(가) 클카?
> - 중압합성 (300kgf/cm² 전후) : IG법, 뉴파우더법, 케미크법, JCI법, 동공시법 등
> - 저압합성 (150kgf/cm² 전후) : 케로그법, 구우데법

3) 용도

① 비료원료(요소, 질소) - 많이 사용

$$2NH_3 + CO_2 \xrightarrow[150\sim200atm]{160\sim200℃} NH_4COONH_2$$
$$NH_4COONH_2 \xrightarrow{탈수} (NH_2)_2CO + H_2O$$

② 드라이 아이스제조용

③ 대형 냉매에 사용

> 📖 NH_3 누설 시 검출
> ① 자극성있는 냄새로 알 수 있다.
> ② 적색 리트머스 시험지를 청색으로 변화시킨다.
> ③ 염화수소와 접촉시 염화암모늄(백연기)이 발생한다.
> ④ 진한염산, 유황 등을 접촉시 흰 연기가 난다.
> ⑤ 네슬러시약을 투입시 황색이 되고, NH_3가 많으면 적갈색이 된다.

4) 암모니아 취급 시 주의사항

① 액화가스로 취급되며 용접용기로 탄소강을 사용
　고온·고압하에서는 질소와 수소가 분리되어 탄소강에 대하여 질화와 수소취성이 발생하므로 "오스테나이트계 스테인리스강" 사용

② 밸브는 강제이나 스핀들은 스테인리스강을 사용한다.

③ 가연성 가스로 폭발범위는 15~28%이다.

④ 안전밸브는 파열판식, 가용전식을 병행한다(가용전 온도 62℃ 이하에서 작동).

⑤ 용기 문자색상은 "흑색" (비교 아세틸렌/흑색). 허용농도는 25ppm이다.

⑥ 고온·고압하 수소취성과 질화작용을 발생시키므로 18-8스테인리스강을 사용한다.

⑦ 충전구나사는 NH_3는 가연성이나 오른나사(폭발하한 상대적 높음)

⑧ 건조제는 생석회(소다석회) $Ca(OH)_2$ 또는 CaO 등을 사용한다.

05 염소(Cl_2)

1) 특성

① 수분을 함유한 철 등과 반응시 금속과 반응 부식시키며,
완전히 건조한 염소는 상온에서 철과 반응하지 않으므로 철강의 고압용기에 넣는다.

$$Cl_2 + H_2O \rightarrow HCl + HClO$$
$$Fe + 2HCl \rightarrow FeCl_2 + H_2$$

② 황록색의 자극성 냄새가 나는 조연성 기체가스, 독성이 강하다(독성 1ppm).
③ 액화염소는 물의 살균에 이용 (액화조건 : -34℃ 이하 6~8atm)
④ 20℃로 물에 용해하며 발생기산소에 의해 살균작용, 표백작용, 산화작용을 갖는다.

$$Cl_2 + H_2O \rightarrow HCl + HClO - 차아염소산$$

⑤ 가열, 일광, 자외선 등에 의해 폭발하여 HCl가 된다.
(염소폭명기 : $H_2 + Cl_2 \rightarrow 2HCl + 44kcal$)
⑥ 암모니아와 반응시 염화암모늄(백연기)을 생성한다.

$$NH_3 + HCl \rightarrow NH_4Cl$$

⑦ 강한 활성작용과 Cl_2와 H_2의 혼합물은 춥고 어두운 곳에서는 반응하지 않는다.
⑧ 염소용기는 갈색이고, 안전밸브는 가용전(66℃~68℃), 무계목탄소강용기
(아세틸렌, 암모니아, 염소 : 가용전식)

2) 제조법   tip 전격수

① 공업적 제조법
  ㉮ **염산의 전기분해** : $2HCl \rightarrow H_2 + Cl_2$
  ㉯ **소금의 전기분해(격막법)** : 아스베스트격막으로 음극발생수소와 혼합되는 것을 방해
  ㉰ **소금의 전기분해(수은법)** : 양극탄소와 음극수은으로 생성된 나트륨아말감으로 수은에 용해시켜 물로 분해

3) 용도

① 섬유표백 및 수돗물의 살균작용
② 종이, 펄프공업, 알루미늄공업 등에 사용된다.
③ 염화수소, 염화비닐, 염화메틸, 포스겐 제조에 사용된다.

4) 염소 취급 시 주의사항

① 흡수제(중화제)는 소석회, 가성소다, 탄산소다.
② 검지지는 KI(요오드칼륨지)전분지 사용
③ 압축기의 윤활유 및 건조제로는 진한 황산이 이용된다.
④ 액상 염소가 피부에 닿았을 경우 맑은 물로 씻어낸다.
액상 염소가 눈에 닿았을 경우 3(%) 붕산수로 씻어낸다.

06 질소(N_2)

1) 특성

① 고온, 고압하 수소와 질소를 체적비로 3 : 1로 반응하여 NH_3가 생성된다.

$$3H_2 + N_2 \rightarrow 2NH_3 + 23kcal$$

② 무색, 무미, 무취의 기체로 물에 잘 녹지 않는다.
③ 공기 중에 약 78%를 함유되어 있다.
④ 상온에서는 안정된 불연성가스이다.
⑤ 중독사고의 원인이 되며 배기가스는 환경오염물질이다.
⑥ 산소와 반응하여 NOx가 된다.

2) 제조법

공기액화분리장치에 의해 액체공기를 비점 차이로 분리하여 산소와 같이 얻는다.

3) 용 도

① 질소비료와 암모니아 합성용 원료 사용
② 불활성기체로 저장탱크 및 고압가스 배관의 기밀시험압력 사용시 사용(퍼지(Purge)용)
③ 비점이 대단히 낮아 극저온 냉매에 이용
④ 액체질소는 식품 등의 급속냉각용 등에 사용
⑤ 금속공업의 산화방지용과 사용전구에 넣어 필라멘트의 보호제로 쓰인다.

07 시안화수소(HCN)

1) 특성

① 독성(10ppm), 가연성(폭발범위 6~41%), 임계온도(183.5)

② 수분을 2% 이상 함유 시 중합폭발을 일으키기 쉽다.

③ 중합폭발을 방지하기 위해 안정제를 사용.

> 📖 안정제
> 동, 동망 / 인, 인산, 오산화인 / 황산, 아황산가스 / 염화칼슘

④ 무색 투명하며 복숭아 냄새가 난다.

⑤ 아세틸렌과 반응하여 아크릴로니트릴을 만든다.

$$C_2H_2 + HCN \rightarrow CH_2 = CHCN$$

⑥ **중합폭발** : 부타디엔, C_2H_4O, HCN, 염화비닐

　비교 중합폭발 : C_2H_2, C_2H_4O, O_3, N_2H_4(히드라진)

⑦ 수소에 의해 환원되어 메틸아민이 된다.

$$HCN + 2H_2 \rightarrow CH_3NH_2$$

⑧ 액화가 용이하며, 저장시 1일 1회 이상 질산구리벤젠지로 누설검사를 할 것.

⑨ 용기 충전 후 60일이 경과되기 전 다른 용기에 충전할 것.(이유 : 중합폭발 방지)
　(단, 순도 98% 이상으로 착색되지 아니한 것은 제외)

⑩ 독성이 강하여 호흡 및 피부에 접촉시 치명상 초래.

2) 제조법　**tip** 시안의 앤드류를 위해, 시안 for 앤드류

① 포름아미드법

② 앤드류소오법

3) 용도

① 살충제로 사용된다.

② 아크릴로니트릴, 황산, 시안화칼슘 등 제조용에 사용된다.

③ 제초제나 염료원료 제조에 사용된다.

08 산화에틸렌(C_2H_4O)

1) 특 성

① 독성(50ppm), 가연성(공기중 폭발범위 3~80%)

② 중합폭발과 분해폭발이 일어난다.

③ 폭발을 방지하기 위해 안정제가 사용된다(5℃ 유지).

> 📖 안정제
> 질소, 탄산가스충전(45℃에서 0.4MPa 이상) 봉입

④ 산화철이나 산화알루미늄에 의해 중합반응 물, 알코올, 에테르, 아세톤, 사염화탄소에 용해된다.

⑤ **중합폭발** : 부타디엔, C_2H_4O, HCN, 염화비닐   tip 부산에시 염비중

　　비교 분해폭발 : C_2H_2, C_2H_4O, O_3, N_2H_4(히드라진)

2) 제조법

① 에틸렌을 직접 산화하는 공업적 제조법

② 에틸렌클로로히드린을 경유하는 방법

3) 용도

① 합성수지 및 고무, 표면활성제 등에 사용

② 글리콜, 에탄올아민 등 각종 화학공업 합성원료로 사용

> 비교
> 에틸렌(폭발범위 2.7 ~ 36%) 위험도 문제 기출 (주어진 범위는 그대로 적용)
> 무색, 감미로운 냄새, 2중결합(부가반응), 물에는 불용해, 알코올과 에테르에 용해
> 　　→ 2022년 4회 실기

09 일산화탄소(CO)

1) 특성

① 무색, 무미, 무취의 기체, 가연성 (공기중 폭발범위 12.5~74%)

② 중독사고의 원인가스이며 혈액속 헤모글로빈과 반응하여 산소운반력을 저하시킨다.
12,800ppm때 자각증상과 1~3분간에 의식불명되며 사망한다.

③ 고온, 고압에서 철족의 금속(Fe, Ni, Co)과 반응하여 금속 카르보닐을 생성한다. 그 이유로 알루미늄, 은, 동으로 라이닝하여 사용한다. tip 알운동

$$Fe + 5CO \xrightarrow{150℃} Fe(CO)_5$$

$$Ni + 4CO \xrightarrow{100℃} Ni(CO)_4$$

④ 환원성이 강하고, 공기보다 약간 가벼워 수상치환으로 포집한다.

⑤ 독성·가연성가스, 액화가스인 용접용기를 사용한다.

⑥ 압력이 높아지면 폭발범위가 좁아진다.

2) 제조법

① 코크스(원탄을 고온건류하여 제조한 탄소덩어리) 가스화법 제조

$$C + H_2O \rightarrow CO + H_2 - 31.4kcal$$

② 수증기 개질법(1400℃ 메탄가스에 수증기 반응하여 제조)

$$CH_4 + H_2O \rightarrow CO + 3H_2 - 49.3kcal$$

3) 용도

① 메탄올합성 $CO + 2H_2 \rightarrow CH_4O$ (개미산 제조용)

② 상온에서 염소와 반응하여 포스겐을 생성한다.

$$CO + Cl_2 \rightarrow COCl_2$$

10 이산화탄소(CO_2)

1) 특성
① 무색, 무미, 무취. 불연성가스이다.
② 공기 중 (0.03% 함유) 다량 존재시 산소부족으로 질식유발한다. 2025년 2회 실기
③ 온실가스(지구온난화 주범) 중 가장 많은 가스
④ 액체 상태로 이음매 없는 용기에 저장한다(증기압이 40~50기압).
⑤ 수분을 함유하면 강재를 부식시킨다.

2) 제조법
① 코우크스 연소시 발생하는 가스에서 생성된다($C + O_2 \rightarrow CO_2$).
② 수소제조시 부생물로 회수한다.
③ 석회석을 가열, 분해시켜 제조한다($CaCO_3 \rightarrow CaO + CO_2$).

3) 용도
① 요소, 소다회의 제조용　　② 청량음료수용으로 사용
③ 드라이아이스 제조용　　　④ 소화기용으로 사용

> 📖 드라이아이스 정리
> - 고체탄산이며 대기중에서 승화한다.
> - 물품냉각에 주로 쓰이며 대기 중 승화온도는 -78.5℃(비점)이다.

11 메탄(CH_4)

1) 특성
① 무색, 무미, 무취. 불용해성, 연료용 가연성가스.
　임계압력 45.8atm,　　임계온도 -82.1℃
② 액화천연가스(LNG)의 주성분(연소범위: 5~15%), 연소 시 담청색의 불꽃을 내며 잘 연소된다.

$$CH_4 + 2O_2 \rightarrow CO_2 + 2H_2O + 212.8 kcal$$

③ **수증기 개질법** : 니켈 촉매를 사용하여 고온에서 수증기 가스화제로 수성가스 생성

$$CH_4 + H_2O \rightarrow CO + 3H_2 - 49.3 kcal$$

④ 부분 산화법

$$CH_4 + \tfrac{1}{2}O_2 \rightarrow CO + 2H_2 + 8.7kcal$$

⑤ $CHCl_3 + Cl_2 \rightarrow CCl_4 + HCl$
　　　　　　(사염화탄소)

2) 용도

① 연료용가스　② 합성원료가스의 제조용　③ 불완전연소로 카본블랙 제조용

> 📖 메탄 가스하이드레이트(gas hydrate)
> - 천연가스가 얼음과 같은 고체상태로 변하는 현상의 고체가스
> - 온도내리고 압력높이면 물이 얼음이 되고 그 얼음속에 갇힌 고체가스

12 포스겐($COCl_2$)

1) 특성

① 가열하여 일산화탄소와 염소로 분해

$$COCl_2 \rightarrow CO + Cl_2$$

② 5ppm의 맹독성가스이며 자극성 냄새가 난다.
③ 사염화탄소(CCl_4)에 20% 전후에 잘 용해된다.
④ 무색의 액체이고 수분존재 시 가수분해하여 생성된 염산이 금속을 부식시킨다.

$$COCl_2 + H_2O \rightarrow CO_2 + HCl$$

⑤ 50ppm 이상 존재하는 공기 흡입 시 30분 이내 사망한다.
⑥ 포스겐을 함유한 폐기액은 산성물질이므로 충분히 알칼리성물질을 이용한다.

2) 제조법

활성탄 촉매로 일산화탄소와 염소를 반응시켜 제조한다.

$$CO + Cl_2 \rightarrow COCl_2$$

3) 용도

① 접착제, 도료제조 원료에 사용된다.
② 의약, 염료, 농약제조에 사용된다.

13 아황산가스(SO_2)

1) 특성

① 중화제(흡수제)로 물을 사용(물에 쉽게 녹는다)

② 황을 연소시켜 제조 ($S + O_2 \rightarrow SO_2$)

③ 냉동기 냉매사용, 수분과 반응. 황산은 금속을 부식시킨다.

④ 황산의 원료 및 표백제

$$S + O_2 \rightarrow SO_2 + \tfrac{1}{2}O_2 \rightarrow SO_3 + H_2O \rightarrow H_2SO_4$$

⑤ **중화제 종류** : 가성소다, 탄산소다, 물

> tip 아가탄물

14 황화수소(H_2S)

1) 특성

- **폭발범위** : (4.3% ~ 45%), 형광물질 원료, 환원제
- 습한상태에서 수은, 동과 같은 금속과 반응하여 부식초래
- 무색의 특유한 계란 썩는 냄새가 나는 기체이다.
- 고농도를 다량으로 흡입할 경우에는 인체에 치명적이다.
- 농질산, 발열질산 등의 산화제와 심하게 반응한다.
- 고압에서 STS강을 사용한다.
- 공기중 파란불꽃 연소하며 SO_2 생성
- 무색인 인화성이 강한 독성·가연성가스이다.
- **내황화성 원소** : 규소(Si), 알루미늄(Al), 크롬(Cr)
- 동이나 동합금 장치를 사용시 폭발의 위험성이 큰 가스이다.
- 누출검사(연당지 = 초산납시험지)사용시 흑색으로 변색

2) 제조법

정제공정 중의 탈황장치에서 회수하는 방법(수소화탈황법)

$$SO_2 + H_2 \rightarrow H_2S + O_2$$

3) 용도

① 형광물질의 원료, 환원제 등에 사용

② 의약품이나 공업약품 제조 원료로 사용

15 희가스(Rare Gas)

1) 특성

① 불활성기체이며 상온에서 무색, 무미, 무취의 기체이다.

② 방전관 속에서 특유의 색을 띤다.

③ **가스별 발광색**

He : 황백색	Ne : 주황색	Xe : 청자색
Rn : 청록색	Ar : 적색	Kr : 녹자색

> tip 해는 황백색   네주를 가까이~   세상의 빛은 고려청자
> 청라지구는 그린벨트   아는척하자   녹차아이스크림

2) 용도

① **헬륨(He)** : 일반적으로 기구 부양용 가스, 기체온도계, 열전자관에 사용

② 액체 헬륨은 극저온의 연구 및 원자로 냉각제로 사용

③ **아르곤(Ar)** : 형광등 방전관용 사용, 전구등 봉입가스

④ 네온사인용, 금속의 제련, 열처리, Ar 용접용(산화방지용), 가스분석 보호가스로 사용

16 이황화탄소(CS_2)

1) 특성

① 인화온도가 약 (-30℃), 발화온도(90℃) 매우 낮고, 불용해성가스

② 전구표면이나 증기파이프 등의 열에 의해 발화된다.

③ 일명 체류탄가스이며 흡입 시 현기증, 두통, 정신착란 초래함

④ **폭발범위** : 1.25 ~ 44%

  용도 : 살충제 제조, 셀로판 제조

17 브롬화메탄(CH_3Br)

① 용기가 열에 노출되면 폭발할 수 있다.
② 알루미늄을 부식하므로 알루미늄 용기에 보관할 수 없다.
③ 무색의 에테르취가 있는 가연성이며 독가스이다. (폭발범위 : 13.5 ~ 14.5%)
④ 충전구 나사는 오른나사이다. (가연성가스 중 왼나사 예외적용가스 : NH_3, CH_3Br)
⑤ 독성가스(TLV-TWA 5[ppm], LC_{50} 850[ppm])이며, 액화가스로 취급된다.
⑥ 알루미늄, 아연, 마그네슘, 알칼리금속 및 그 금속의 합금과 격렬히 반응한다.
⑦ 강산화제, 물과의 반응성은 낮은 상태이다.
⑧ 폭발범위가 높아 잘 연소하지 않지만 심하게 착화시키면 좁은 범위에서 화염이 전파된다.
⑨ 해충의 살충제(훈증제), 소화약제, 냉매 및 다양한 물질의 합성원료로 사용한다.

18 염화메틸(CH_3Cl)

① 가연성 가스(폭발범위 8.1~17.4%), 독성가스(TLV-TWA 50ppm)이다.
② 상온, 고압에서 무색의 기체이며 에테르 냄새와 단맛이 있다.
③ 냉동기 냉매로 사용되었으나 현재는 사용량이 감소하였다.
④ 건조된 염화메틸은 알칼리, 알칼리토금속, 마그네슘, 아연, 알루미늄 이외의 금속과는 반응하지 않는다.

> **특수가스의 하나인 실란(SiH_4) 위험성**
> - 공기 중에 누출되면 자연발화한다.
> - 분자량이 32, 무색 불쾌한 냄새가 난다.
> - 가연성 가스(1.37~100[%])로 공기 중에서 자연발화한다.
> - 강력한 환원성을 갖는다.
> - 물과 서서히 반응하며, 할로겐족과 반응한다.
> - 가열하면 실리콘과 수소로 분해된다.
> - 반도체 공정의 도핑액으로 사용한다.

19 기타가스와 공업용 유해가스의 정제

1) 이산화탄소(CO_2)의 제거

① **고압수 세정법** : 20 ~ 30kgf/㎠ 정도의 고압수로 CO_2를 흡수하는 방식으로 다른 가스도 손실될 우려가 있고 생성된 탄산(H_2CO_3)수는 강재를 부식시키고 이산화탄소 회수율이 저조하여 잘 사용하지 않는다.

② **가성소다 흡수법** : 가성소다 용액을 사용하여 흡수 제거한다(1.8배).

$$2NaOH + CO_2 \rightarrow Na_2CO_3 + H_2O$$
$$[2(23+16+1)] \quad (44)$$

③ **암모니아 흡수법** : 35 ~ 40%의 탄산칼륨(K_2CO_3)용액을 사용하여 110℃, 0 ~ 30kgf/㎠의 고압하에서 CO_2를 흡수 제거하며 CO, S, H_2S 등도 함께 제거된다.

2) 일산화탄소(CO)의 제거

① 메탄화법 및 메탄올법(CO + $2H_2$ → CH_4O)(메탄올)
② 암모니아성 구리용액 흡수법 (흡수가스분석법 : CO_2 → O_2 → CO 순 분석)
③ 액체질소 세척법

02 이미지 모음

 01 강제기화 공급방식

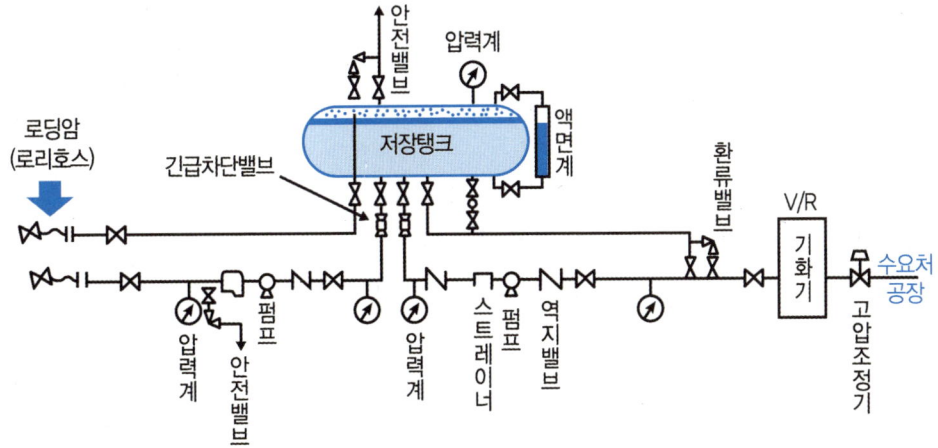

 02 강제기화방식의 원리

(1) **가열감압방식** : 열교환기를 통해 가스를 기화시킨 후 조정기로 감압하는 기화방식
(2) **감압가열방식** : 액조정기로 액체가스를 감압 후 열교환기를 통해 가열하는 기화방식

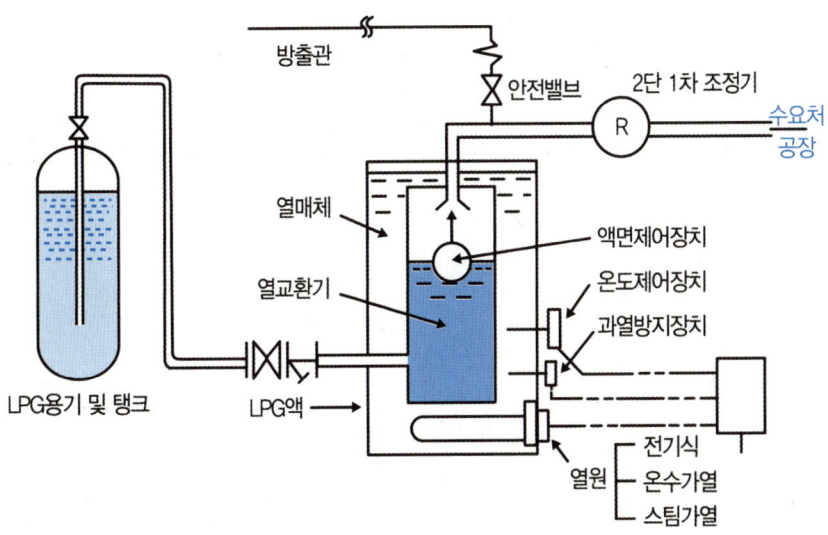

02. 이미지 모음 | **403**

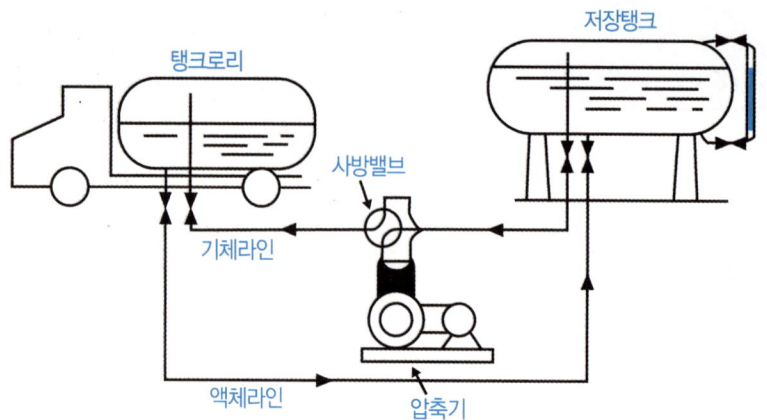

 03 파일롯트식 정압기 : 로딩형과 언로딩형

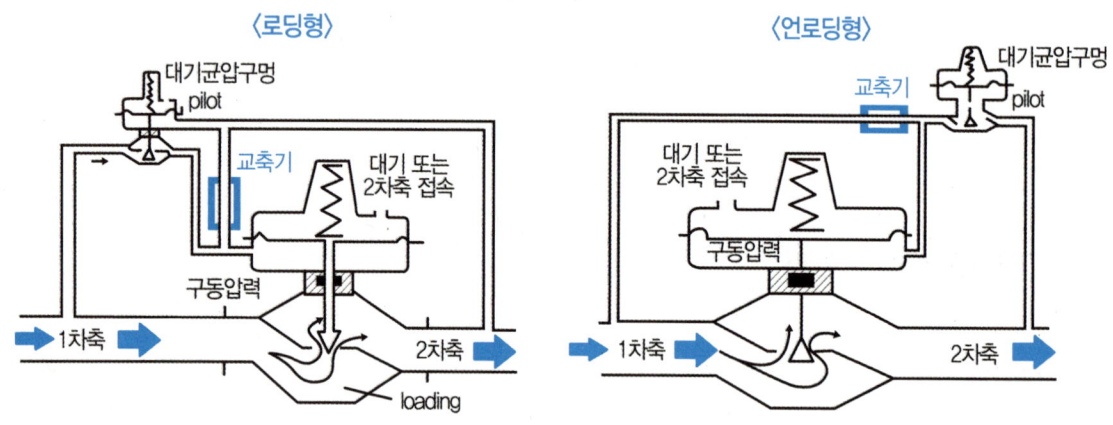

 출처 : 가스안전교육원 교재 가스설비 02

 04 원심펌프의 특성곡선(체절운전 : 유량이 0일 경우 양정이 최대되는 운전)

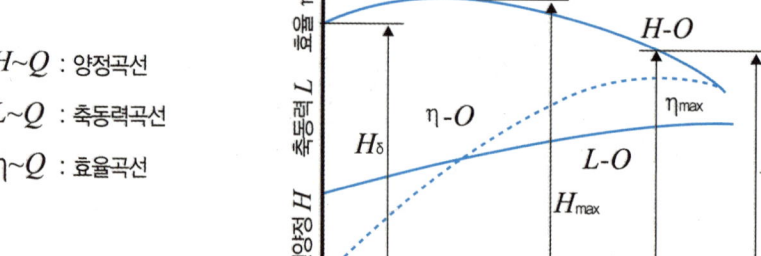

$H \sim Q$: 양정곡선

$L \sim Q$: 축동력곡선

$\eta \sim Q$: 효율곡선

05 전기방식법 중

1) 희생양극법

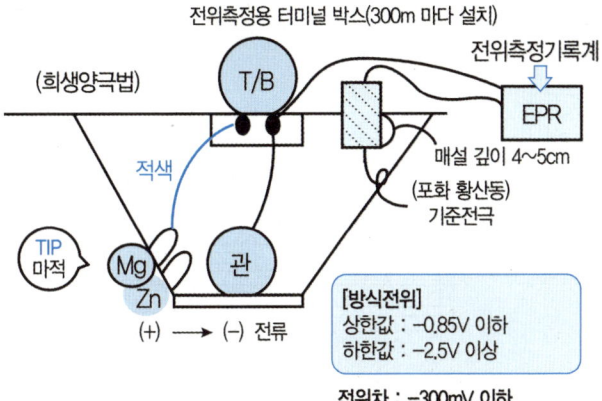

2) 강제배류법

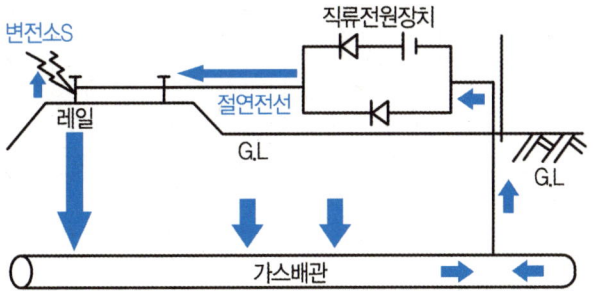

06 아세틸렌 제조 공정도

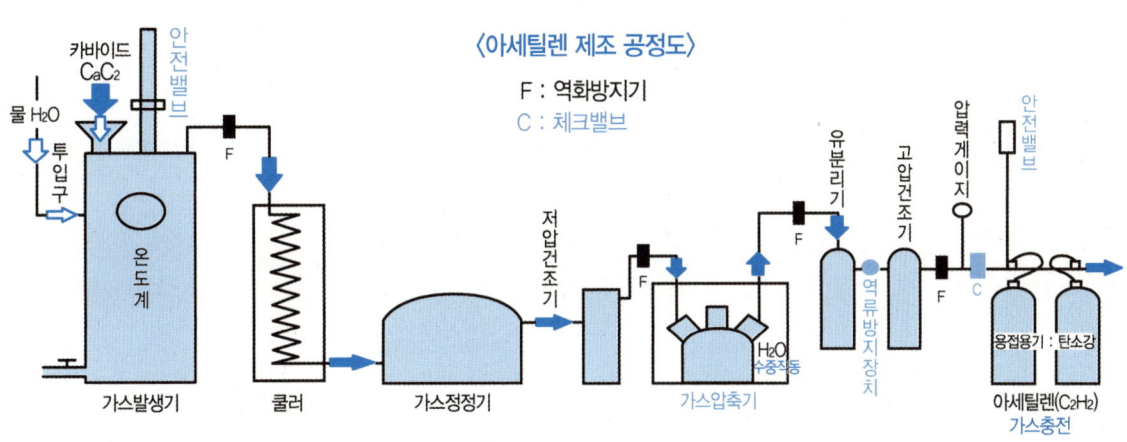

07 공기액화분리장치(고압식)

〈고압식 공기액화분리장치 계통도〉

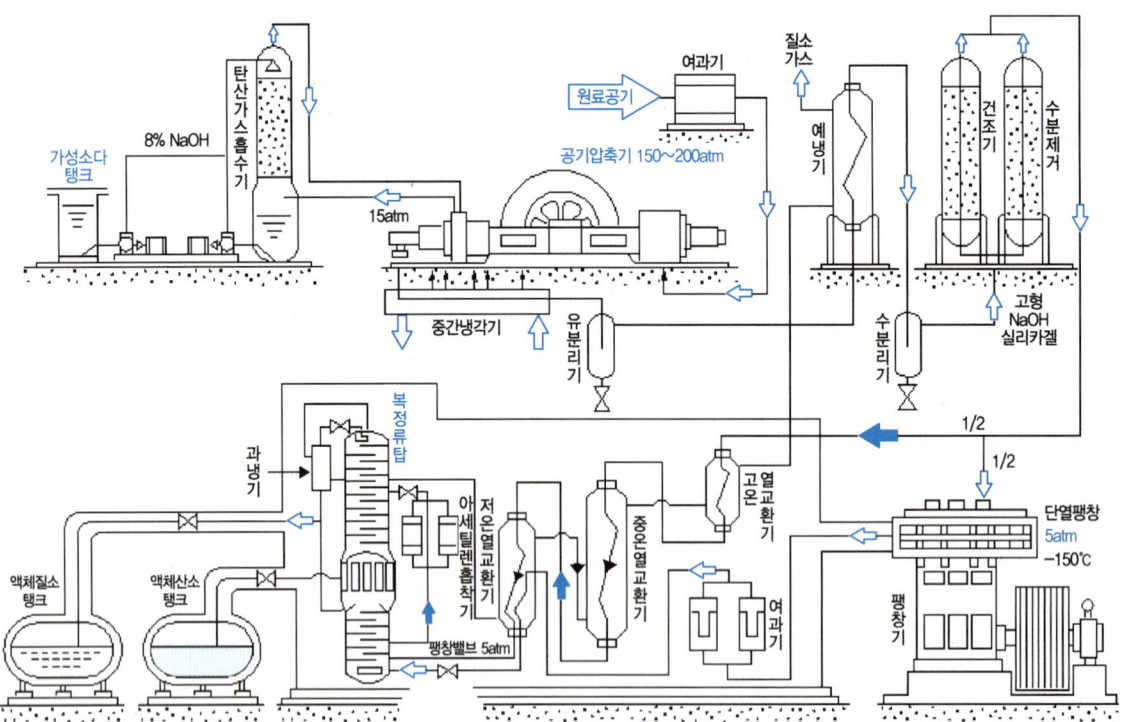

08 무계목용기 제조법

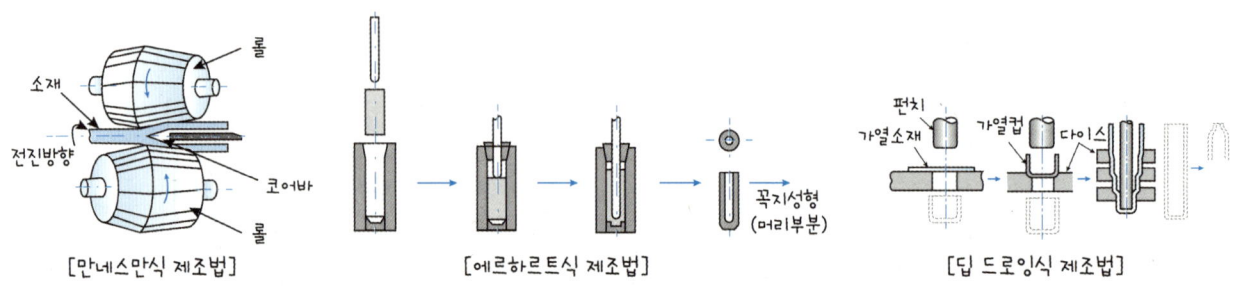

03 계산문제 총정리 모음

 01 가스안전관리법 과년도 문제풀이

[★★★]

001. 액화암모니아 50kg을 충전하기 위하여 용기의 내용적은 몇 L로 하여야 하는가? (단, 암모니아의 정수 C는 1.86이다.)

① 27
② 40
③ 70
④ 93

해설 저장능력 계산

$$W = \frac{V}{C} = 50kg = \frac{x}{1.86} \quad x = 93(L)$$

W : 용기 및 차량에 고정된 탱크의 저장능력(kg)
V : 내용적(L)　　　　C : 가스의 충전상수

정답 ④

[★]

002. 공기 중에서의 폭발범위가 가장 넓은 가스는?

① 황화수소
② 암모니아
③ 산화에틸렌
④ 프로판

해설 황화수소 45-4.3 = 40.7　　　암모니아 28-15 = 13
산화에틸렌 80-3 = 77　　　프로판 9.5-2.1 = 7.4

참고 대부분 아세틸렌(C_2H_2), 산화에틸렌(C_2H_4O), 수소(H_2), 일산화탄소(CO) 순으로 독하다.

정답 ③

[★★★]

003. 고압가스안전관리법에 정하고 있는 저장능력 산정기준에 대한 설명으로 옳은 것은?

① 압축가스와 액화가스의 저장탱크 능력 산정식은 동일하다.
② 저장능력 합산 시에는 액화가스 10kg을 압축가스 10m³로 본다.
③ 저장탱크 및 용기가 배관으로 연결된 경우에는 각각의 저장능력을 합산한다.
④ 액화가스 용기 저장능력 산정식은 $W = 0.9dV_2$이다.

해설 저장 능력 산정 기준
- 압축가스 $Q=(10P+1)V_1$ (저장탱크 및 용기)
  Q : 저장능력(m^3), P는 = 35℃에서의 최고충전압력(MPa), V_1 : 내용적(m^3)
- 액화가스(저장탱크) : $W = 0.9dV_2$
  W : 저장능력(kg), d : 액비중, V_2 : 내용적(L)
- 용기 및 차량에 고정된 탱크 $W=\dfrac{V_2}{C}$
  W : 저장능력(kg), C : 충전상수, V_2 : 내용적(L)
  여기서 C : 액화가스 충전상수
  C_3H_8 : 2.35 C_4H_{10} : 2.05 NH_3 : 1.86
- ※ 액화가스 10kg = 압축가스 1m^3 혼재시
  단, 특정고압가스 방호벽 설치시 액화가스 5kg = 압축가스 1m^3
  방호벽 설치기준 (300kg)/(60m^3)

정답 ③

[★★★]

004. 내용적이 300L인 용기에 액화암모니아를 저장하려고 한다. 이 저장설비의 저장능력은 얼마인가? (단, 액화암모니아의 충전정수는 1.86이다.)

① 161kg
② 232kg
③ 297kg
④ 558kg

해설 $w = \dfrac{300L}{1.86(충전정수)} = 161(kg)$

정답 ①

[★★★]

005. 다음 가스 중 위험도가 가장 큰 것은?

① 프로판
② 일산화탄소
③ 아세틸렌
④ 암모니아

해설 $H=\dfrac{U-L}{L}=\dfrac{81-2.5}{2.5}=31.4$ (아세틸렌)

위험도 큰 순서 : 아세틸렌 → 일산화탄소 → 프로판 → 암모니아
여기서, U : 폭발범위 상한값, L : 폭발범위 하한값

아세틸렌 : H = (81-2.5)/2.5 = 31.4
일산화탄소 : H = (74-12.5)/12.5 = 4.92
프로판 : H = (9.5-2.1)/2.1 = 3.52
암모니아 : H = (28-15)/15 = 0.86

참고 위험도 기출문제에서 위험도 순위는 일반적으로
아세틸렌 〉 산화에틸렌 〉 수소 〉 일산화탄소 순이다.(C_2H_2 〉 C_2H_4O 〉 H_2 〉 CO)

암기TIP 아/산에/(윤)수/일 순으로 위험하다.

정답 ③

[★★]

006. 어떤 고압설비의 상용압력이 1.6MPa일 때 이 설비의 내압시험 압력은 몇 MPa 이상으로 실시하여야 하는가?

① 1.6
② 2.0
③ 2.4
④ 2.7

해설 TP = 고압설비 : 상용 P×1.5배 이상이므로
1.6MPa×1.5 = 2.4MPa

정답 ③

[★★] KGS

007. 고압가스시설의 가스누출검지경보장치 중 검지부 설치수량의 기준으로 틀린 것은?

① 건축물 내에 설치되어 있는 압축기, 펌프 및 열교환기 등 고압가스설비군의 바닥면 둘레가 22m인 시설에 검지부 2개 설치
② 에틸렌제조시설의 아세틸렌 수첨탑으로서 그 주위에 누출한 가스가 체류하기 쉬운 장소의 바닥면 둘레가 30m인 경우에 검지부 3개 설치
③ 가열로가 있는 제조설비의 주위에 가스가 체류하기 쉬운 장소의 바닥면 둘레가 18m인 경우에 검지부 1개 설치
④ 염소충전용 접속구 군의 주위에 검지부 2개 설치

해설 건축물 내는 10m 마다, 건축물 외는 20m 마다이므로
①은 $\frac{22}{10}=2.2$개 ≒ 3개

정답 ①

[★]

008. 발열량이 9,500kcal/m³이고 가스비중이 0.65인 가스의 웨버지수는 약 얼마인가?

① 6,175
② 9,500
③ 11,780
④ 14,615

해설 $WI = \dfrac{Hg}{\sqrt{d}} = \dfrac{9500}{\sqrt{0.65}} = 11,780$

정답 ③

[★★★]

009. 초저온 용기의 단열성능 시험에 있어 침입열량 계산식은 다음과 같이 구해진다. 여기서 "q"가 의미하는 것은?

$$Q = \dfrac{W \cdot q}{H \cdot \Delta t \cdot V}$$

① 침입열량
② 측정시간
③ 기화된 가스량
④ 시험용 가스의 기화잠열

해설 [초저온 용기 단열성능시험 침입열량]

$$Q = \frac{W \cdot q}{H \cdot \Delta t \cdot V}$$

여기서, Q : [kcal/h·℃·L]
W : 기화된 가스량[kg]
q : 시험용 가스의 기화잠열[kcal/kg]
H : [hr]
V : [L]
Δt : 시험용 가스의 비점과 대기온도의 온도차
$(L-O_2)$ −183℃ 이하
$(L-A_r)$ −186℃ 이하
$(L-N_2)$ −196℃

정답 ④

[★]

010. 20kg LPG 용기의 내용적은 몇 L인가? (단, 충전상수 C는 2.35이다.)

① 8.51　　　　　　② 20
③ 42.3　　　　　　④ 47

해설 $W = \dfrac{L}{c}$ 에서 $20 = \dfrac{xL}{2.35}$

$x(L) = 20 \times 2.35 = 47$

정답 ④

[★]

011. 천연가스의 발열량이 10,400kcal/Sm³이다. SI 단위인 MJ/Sm³으로 나타내면?

① 2.47　　　　　　② 43.68
③ 2,476　　　　　④ 43,680

해설 1J = 0.239cal
1MJ = 239kcal
= 10,400 ÷ 239 ≒ 43.68

정답 ②

[동영상]

012. 고압가스 용기를 내압 시험한 결과 전증가량은 400mL, 영구증가량이 20mL이었다. 영구증가율은 얼마인가?

① 0.2%　　　　　　② 0.5%
③ 5%　　　　　　　④ 20%

해설 영구증가율(%) = $\dfrac{\text{영구증가량}}{\text{전증가량}} = \dfrac{20\,\text{mL}}{400\,\text{mL}} = 0.05\,(5\%)$

정답 ③

[★★]

013. 300kg의 액화프레온12(R-12)가스를 내용적 50L 용기에 충전할 때 필요한 용기의 개수는? (단, 가스정수 C는 0.86이다.)

① 5개 ② 6개
③ 7개 ④ 8개

해설 저장능력 계산

① $W(kg) = \dfrac{L}{c} = \dfrac{50}{0.86} = 58.14(kg)$

② 용기 개수(개) $= \dfrac{300kg}{58.14kg} = 5.16 ≒ 6(개)$

정답 ②

[★]

014. 다음 가스 중 위험도(H)가 가장 작은 것은?

① 프로판 ② 일산화탄소
③ 아세틸렌 ④ 암모니아

해설 $H = \dfrac{U-L}{L} = \dfrac{81-2.5}{2.5} = 31.4$ (아세틸렌)

위험도 작은 순서 : 아세틸렌 → 일산화탄소 → 프로판 → 암모니아
여기서, U : 폭발범위 상한값, L : 폭발범위 하한값

아세틸렌 : H = (81−2.5)/2.5 = 31.4
일산화탄소 : H = (74−12.5)/12.5 = 4.92
프로판 : H = (9.5−2.1)/2.1 = 3.52
암모니아 : H = (28−15)/15 = 0.86

참고 위험도 기출문제에서 위험도 순위는 일반적으로
아세틸렌 > 산화에틸렌 > 수소 > 일산화탄소 순이다. $C_2H_2 > C_2H_4O > H_2 > CO$

정답 ④

[★★★]

015. 공기 중 폭발범위에 따른 위험도가 가장 큰 가스는?

① 암모니아 ② 황화수소
③ 석탄가스 ④ 이황화탄소

해설 암모니아 : H = (28−15)/15 = 0.86
황화수소 : H = (45−4.3)/4.3 = 9.465
③번 석탄가스(메탄+수소) 위험도(CH_4) : H = (15−5)/5 = 2
④번 이황화탄소 위험도

폭발범위(연소) 1.25~44% → $H = \dfrac{44-1.25}{1.25} = 34.2$

인화점 30℃

정답 ④

[★]

016. 1%에 해당하는 ppm의 값은?

① 10^2ppm ② 10^3ppm
③ 10^4ppm ④ 10^5ppm

해설 1% = 0.01이므로 $\dfrac{0.01}{1,000,000} = \dfrac{1}{10,000} = 10^4$ppm

정답 ③

[동영상]

017. 상용압력이 10MPa인 고압설비의 안전밸브 작동압력은 얼마인가?

① 10MPa ② 12MPa
③ 15MPa ④ 20MPa

해설 안전밸브 작동압력

설계압력~내압시험압력(TP)×$\dfrac{8}{10}$ 이하

고압가스설비의 TP : 상용압력 × 1.5배
10MPa×1.5×0.8 = 12MPa

정답 ②

[★]

018. 고압가스 용접용기 동체의 내경은 약 몇 ㎜인가?

- 동체두께 : 2mm
- 인장강도 : 480N/mm²
- 용접효율 : 1
- 최고충전압력 : 2.5MPa
- 부식여유 : 0

① 190mm ② 290mm
③ 660mm ④ 760mm

해설 용접용기 두께 계산(t = mm)

$t = \dfrac{PD}{2S_n - 1.2p} + C \left(S = 허용능력 = \dfrac{인장강도}{4} \right)$

$2 = \dfrac{2.5 \times x}{2 \times \dfrac{480}{4} \times 1 - 1.2 \times 2.5}$

$x = 189.6\text{mm} \fallingdotseq 190\text{mm}$

정답 ①

02 가스일반 과년도 문제풀이

[★★]

001. 프로판가스 60mol%, 부탄가스 40mol%의 혼합가스 1mol을 완전연소시키기 위하여 필요한 이론 공기량은 약 몇 mol인가? (단, 공기 중 산소는 21mol%이다.)

① 17.7　　② 20.7
③ 23.7　　④ 26.7

해설 [이론 공기량계산]
$C_3H_8 + 5O_2 \rightarrow C_3H_8 + 5O_2 \rightarrow 3CO_2 + 4H_2O \Rightarrow$ 5mol의 산소×60%
$C_4H_{10} + 6.5O_2 \rightarrow 4CO_2 + 5H_2O \Rightarrow$ 6.5mol의 산소×40%
$C_3H_8 = 3mol$,　$C_4H_{10} = 2.6mol$
$5.6mol/0.21 = 26.666 ≒ 26.7$

정답 ④

[★★]

002. 메탄 95% 및 에탄 5%로 구성된 천연가스 1㎥의 진발열량은 약 몇 kcal인가? (단, 표준상태에서 메탄의 진발열량은 8,124cal/L, 에탄은 14,602cal/L이다.)

① 8151　　② 8242
③ 8353　　④ 8448

해설 CH_4 : 95% → 8,124cal/L = 8124kcal/㎥　　**예** 1,000cal = 1kcal
C_2H_6 : 5% → 14,602cal/L = 14602kcal/㎥　　　　1,000L = 1㎥
NG : 1㎥
$8124 \times 0.95 + 14602 \times 0.05 = 8447.9 ≒ 8448$

정답 ④

[★★★]

003. 진공압이 57cmHg일 때 절대압력은? (단, 대기압은 760mmHg이다.)

① 0.19kgf/㎠·a　　② 0.26kgf/㎠·a
③ 0.31kgf/㎠·a　　④ 0.38kgf/㎠·a

해설 ①

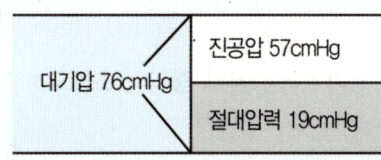

② 절대압력kgf/㎠·a 환산하면 $\left(\dfrac{19cmHg}{76cmHg}\right) \times 1.0332 kgf/cm^2 \cdot a ≒ 0.26$

※ 진공도 질문시 진공(%)는 $\dfrac{57}{76} \times 100 = 75(\%)$

정답 ②

[★★★]

004. 다음 1기압(atm)과 같지 않은 것은?

① 760mmHg
② 0.9807bar
③ 10.332mH$_2$O
④ 101.3kPa

정답 ②

[★★★]

005. 다음은 탄화수소(CmHn)의 완전연소식 CmHn + (m+n/4)O$_2$ → mCO$_2$ + ( )H$_2$O에서 괄호 안에 알맞은 것은?

① n
② n/2
③ m
④ m/2

정답 ②

[★★]

006. 다음 이상기체상수 값이 1.987일 경우에 해당하는 단위는?

① J/mol · K
② atm · L/mol · K
③ cal/mol · K
④ N · m/mol · K

해설 $PV = GRT$, $R = \dfrac{PV}{GT}$

여기서, P : 압력(kgf/m^2 · abs)
  V : 체적(m^3)
  G : 중량(kgf)
  R : 기체상수(848kgf · m/kmol · K) = 1.987(kcal/kmol·K)
  T : 절대온도(K)

$R = \dfrac{1.0332 \times 10^4 \text{kgf/m}^2 \times 22.4\text{m}^3}{\text{kmol} \cdot 273\text{K}} = 848 \left(\dfrac{kgf \cdot m}{kmol \cdot K}\right)$

$R = 848 \times \dfrac{1}{427} \left(\dfrac{kcal}{kmol \cdot K}\right) = 1.987(\text{cal/mol} \cdot K)$

참고 열량 1kcal은 일량 427kgf · m과 같다.

정답 ③

[★★★]

007. 부탄 1m³을 완전 연소시키는데 필요한 이론 공기량은 약 몇 m³인가? (단, 공기 중의 산소농도는 21v%이다.)

① 5
② 23.8
③ 6.5
④ 31

해설 1) $C_4H_{10} + 6.5O_2 \rightarrow 4CO_2 + 5H_2O$

2) $\dfrac{6.5}{0.21} = 30.952 ≒ 31$

정답 ④

[★★]

008. 하버-보시법으로 암모니아 44g을 제조하려면 표준상태에서 수소는 약 몇 L가 필요한가?

① 22
② 44
③ 87
④ 100

해설 $N_2 + 3H_2 \rightarrow 2NH_3$(암모니아) : 하버-보시법
$3 \times 22.4L : 2 \times [14+1\times 3] = 34g$
$\Rightarrow x(L) = \dfrac{44}{34} \times 3 \times 22.4L = 86.964 ≒ 86.96 ≒ 87(L)$

정답 ③

[★★★]

009. 다음 압력이 가장 큰 것은?

① 1.01MPa
② 5atm
③ 100inHg
④ 88psi

해설 ① $\dfrac{1.01}{0.101} \times 1atm = 10atm$
② 5atm
③ $100inHg \times 2.54cm = \dfrac{254}{76} \times 1atm = 3.34atm$
④ $88psi = \left(\dfrac{88}{14.7}\right) \times 1atm = 5.98atm$

정답 ①

[★★]

010. 산소가스가 27℃에서 130kgf/㎠의 압력으로 50kg이 충전되어 있다. 이때 부피는 몇 ㎥인가? (단, 산소의 정수는 26.5kgf·m/kg·K)

① 0.25㎥
② 0.28㎥
③ 0.30㎥
④ 0.43㎥

해설 PV = GRT에서
$V = \dfrac{GRT}{P}$
$V = \dfrac{50 \times 26.5 \times (27+273)}{130kgf/cm^2 \times 10^4} = 0.305 ≒ 0.3$

정답 ③

[★]

011. 500kcal/h의 열량을 일(kgf·m/s)로 환산하면 얼마가 되겠는가?

① 59.3
② 500
③ 4,215.5
④ 213,500

해설 1kcal = 427kgf · m
500kcal = 427×500 = 213,500(kgf · m/h)이므로 '초'로 환산하면
$\dfrac{213,500}{3,600}$ kgf·m = 59.3055(kgf·m/s)(초)
= 59.31 ≒ 59.3(kgf · m/s)

정답 ①

[★★★]

012. 0℃, 1atm에서 5L인 기체가 273℃, 1atm에서 차지하는 부피는 약 몇 L인가? (단, 이상기체로 가정한다.)

① 2 ② 5
③ 8 ④ 10

해설 보일-샤를의 법칙에서
1) $\dfrac{PV}{T} = \dfrac{P_1 V_1}{T_1}$ 2) $\dfrac{1\text{atm} \cdot 5\text{L}}{(0℃ + 273)} = \dfrac{1\text{atm} \cdot x\text{L}}{(273℃ + 273)}$, $x(\text{L}) = 10$

정답 ④

[★★★]

013. 수소 20v%, 메탄 50v%, 에탄 30v% 조성의 혼합가스가 공기와 혼합된 경우 폭발하한계의 값은? (단, 폭발하한계 값은 각각 수소는 4v%, 메탄은 5v%, 에탄은 3v%이다.)

① 3 ② 4
③ 5 ④ 6

해설 르샤틀리에 법칙 사용
1) $\dfrac{100}{L} = \dfrac{V_1}{L_1} + \dfrac{V_2}{L_2} + \dfrac{V_3}{L_3}$, $\dfrac{100}{L} = \left(\dfrac{20}{4} + \dfrac{50}{5} + \dfrac{30}{3}\right)$, $L = 4$
2) H_2(수소) : 4%~75%, CH_4(메탄) : 5%~15%, C_2H_6(에탄) : 3%~12.5%

정답 ②

[★]

014. 대기압이 1.0332kgf/㎠이고, 게이지압력이 10kgf/㎠일 때 절대압력은 약 몇 kgf/㎠인가?

① 8.9668 ② 10.332
③ 11.0332 ④ 103.32

해설 절대압력은 게이지 P과 대기압의 합이다.
∴ 게이지 P 10 + 대기압 P 1.0332 = 절대압력 P 11.0332

정답 ③

[★]

015. 일기예보에서 주로 사용하는 1헥토파스칼은 약 몇 N/㎡에 해당하는가?

① 1
② 10
③ 100
④ 1,000

해설 $Pa = N/m^2$, hPa(헥토파스칼) $= 10^2 \cdot N/m^2 = 100 N/m^2$
1헥토 $= 10^2 = 100$

정답 ③

[★★★]

016. 다음 중 임계압력(atm)이 가장 높은 가스는?

① CO
② C_2H_4
③ HCN
④ Cl_2

해설 CO : 35atm C_2H_4 : 49.98atm O_2 : 50.1atm
HCN : 53.2atm Cl_2 : 76.1atm H_2 : 12.8atm

정답 ④

[★]

017. 도시가스의 주성분인 메탄가스가 표준상태에서 1m³ 연소하는데 필요한 산소량은 약 몇 ㎥인가?

① 2
② 2.8
③ 8.89
④ 9.6

해설 $CH_4 + 2O_2 \rightarrow CO_2 + 2H_2O$

이론적 산소량(O_0) $= (m + \dfrac{n}{4}) = (1 + \dfrac{4}{4}) = 2$

정답 ①

[★★]

018. 표준상태에서 프로판 22g을 완전 연소시켰을 때 얻어지는 이산화탄소의 부피는 몇 L인가?

① 23.6
② 33.6
③ 35.6
④ 67.6

해설 $C_3H_8 + 5O_2 \rightarrow 3CO_2 + 4H_2O$

44g → 3 × 22.4L

22g → x, $x = \dfrac{22}{44} \times (3 \times 22.4L) = 33.6(L)$

정답 ②

[★★]

019. 다음 중 압력 환산 값을 서로 옳게 나타낸 것은?

① $1\,lb/ft^2 ≒ 0.142 kg/cm^2$
② $1 kg/cm^2 ≒ 13.7 lb/in^2$
③ $1 atm ≒ 1033 g/cm^2$
④ $76 cmHg ≒ 1013 dyn/cm^2$

해설 ① 1ft = 12inch = 30.5cm
$1\,lb/ft^2 = 1\,lb/(12in)^2 = 144^{-1}(lb/in^2)$ 압력변환하면,
$= \left(\dfrac{144^{-1}}{14.7}\right) \times 1.0332 kg/cm^2 = 0.00048 kg/cm^2$

② 약 $1 kg/cm^2 ≒ 14.7\,lb/in^2$

③ $1033g = \dfrac{1033g}{1000} = 1.033 kg$

④ $1 dyn = 1g \cdot cm/s^2$이므로 → $10^{-3} kg \cdot 10^{-2} m/s^2 = 10^{-5} kg \cdot m/s^2 = 10^{-5} N$

정답 ③

[★★]

020. 가열로에서 20℃ 물 1,000kg을 80℃ 온수로 만들려고 한다. 프로판 가스는 약 몇 kg이 필요한가? (단, 가열로의 열효율은 90%이며, 프로판가스의 열량은 12,000kcal/kg이다.)

① 4.6
② 5.6
③ 6.6
④ 7.6

해설 [열량계산]
1) $1000kg \times 1kcal/kg \cdot ℃ \times (80-20)℃ = 60,000(kcal)$이 필요함
2) 프로판 중량계산 $\dfrac{60,000}{12,000} = 5kg$
3) 효율이 90%이므로 $5kg/0.9 ≒ 5.56$

정답 ②

[★★]

021. "기체 혼합물의 전 부피는 동일 온도 및 압력하에서 각 성분 기체의 부분부피의 합과 같다."는 혼합기체의 법칙은?

① Amagat의 법칙
② Boyle의 법칙
③ Charles의 법칙
④ Dalton의 법칙

해설 ① Amagat의 법칙 : 전부피(V) $= V_1 + V_2 + V_3 + \cdots Vn = \sum\limits_{n=1}^{\infty} Vn$

④ 돌턴(Dalton)의 분압법칙 : $P = P_1 + P_2 + P_3 + \cdots P_n = \sum\limits_{n=1}^{\infty} Pn$

정답 ①

[★★]

022. 8kg의 물을 18℃에서 98℃까지 상승시키는데 표준상태에서 0.034㎥의 LP 가스를 연소시켰다. 프로판의 발열량이 24,000kcal/㎥이라면, 이때의 열효율은 약 몇 %인가?

① 48.6
② 59.3
③ 66.6
④ 78.4

해설
1) 열량계산 8kg×1kcal/kg·℃×(98−18)℃ = 640(kcal) : 실제필요열량
2) $C_3H_8 = \begin{bmatrix} m^3 : & 24{,}000kcal \\ 0.034m^3 : & x \quad kcal \end{bmatrix}$
   $x = 816(kcal)$: 투입된 열량
3) $\frac{640}{816} \times 100 = 78.43(\%)$

정답 ④

[★★]
023. 내용적 48m³인 LPG 저장탱크에 부탄 18톤을 충전한다면 저장탱크 내의 액체 부탄의 용적은 상용의 온도에서 저장탱크 내 용적의 약 몇 %가 되겠는가? (단, 저장탱크의 상용온도에 있어서의 액체 부탄의 비중은 0.55이다.)

① 58
② 68
③ 78
④ 88

해설 저장능력계산
1) 액비중계산(0.55)
   $0.55g/cm^3 = 550kg/m^3$
   550kg : 1m³
   18,000kg : x
   $x = 32.787(m^3)$
2) $\frac{32.73}{48} \times 100 = 68.18(\%)$
   48m³ = 48,000L
   18ton = 18,000kg

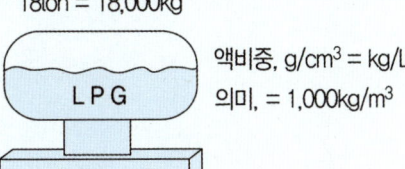

액비중, g/cm³ = kg/L
의미, = 1,000kg/m³

정답 ②

024. 70℃는 랭킨온도로 몇 °R인가?

① 618
② 688
③ 736
④ 792

해설 주요공식
°F = 1.8℃ + 32   °F = 1.8 × 70 + 32에서 °F = 158
°R = °F + 460이므로 158 + 460 = 618
K = ℃ + 273   °R = 1.8K

정답 ①

[★]

025. 1Therm에 해당하는 열량을 바르게 나타낸 것은?

① 10^3BTU ② 10^4BTU
③ 10^5BTU ④ 10^6BTU

해설 참고 1BTU = 0.252kcal

정답 ③

[★]

026. 이상기체 상태방정식의 R값을 옳게 나타낸 것은?

① 8.314L·atm/mol·R ② 0.082L·atm/mol·K
③ 8.314㎥·atm/mol·K ④ 0.082joule/mol·K

해설 PV = nRT   R = $\dfrac{atm \cdot L}{mol \cdot k}$ 에서 R = $\dfrac{1atm \cdot 22.4L}{mol \cdot 273K}$

= $0.082\left(\dfrac{L \cdot atm}{mol \cdot k}\right)$

정답 ②

[★]

027. 어떤 물질의 질량은 30g이고 부피는 600cm³이다. 이것의 밀도(g/cm³)는 얼마인가?

① 0.01 ② 0.05
③ 0.5   ④ 1

해설 $\dfrac{30g}{600cm^3}$ = 0.05(g/cm³)

정답 ②

[★]

028. 다음 중 압력단위의 환산이 잘못된 것은?

① 1kg/cm² ≒ 14.22psi ② 1psi ≒ 0.0703kg/cm²
③ 1mbar ≒ 14.7psi   ④ 1kg/cm² ≒ 98.07kPa

해설 ① 1kg/cm² = $\left(\dfrac{1kg/cm^2}{1.0332kg/cm^2}\right)$×14.7(psi) = 14.227(psi)

② 1psi ≒ $(\dfrac{1}{14.7})$×1.0332(kg/cm²) = 0.070285kg/cm²

③ 1mbar = $\left(\dfrac{1mbar}{1013.25mbar}\right)$×14.7(psi) ≒ 0.0145(psi)

④ 1kg/cm² = $\left(\dfrac{1}{1.0332}\right)$×101.325kPa ≒ 98.069(kPa)

정답 ③

[★★★]

029. 47L 고압가스 용기에 20℃의 온도로 15MPa의 게이지압력으로 충전하였다. 40℃로 온도를 높이면 게이지압력은 약 얼마가 되겠는가?

① 16.031MPa
② 17.132MPa
③ 18.031MPa
④ 19.031MPa

해설 보일-샤를 법칙 적용(절대압력기준)

1) $\dfrac{Pv}{T} = \dfrac{P_1 v_1}{T_1}$ 에서 $\dfrac{(15+0.1013250) \times 47L}{(20+273)} = \dfrac{x \times 47L}{(40+273)}$

2) x(절대압력) = 16.13MPa · abs
x(게이지 P) = 16.13 − 0.101325 = 16.03(MPa · g)

정답 ①

[★★]

030. 10%의 소금물 500g을 증발시켜 400g으로 농축하였다면 이 용액은 몇 %인가?

① 10
② 12.5
③ 15
④ 20

해설
1) 500g × 10% = 50g
2) $\dfrac{50}{500} \times 100 = 10\%$ 소금물이므로
3) $\dfrac{50}{400} \times 100 = 12.5(\%)$

정답 ②

[★]

031. 다음 각 온도의 단위환산 관계로서 틀린 것은?

① 0℃ = 273K
② 32°F = 492°R
③ 0K = −273℃
④ 0K = 460°R

해설 °F = 1.8℃ + 32
°R = 1.8K 적용
°R = °F + 460
④ 0K = 0°R(∵ °R = 1.8×0 = 0K)

정답 ④

[동영상]

032. 공급가스인 천연가스 비중이 0.6이라 할 때 45m 높이의 아파트 옥상까지 압력상승은 약 몇 mmH₂O인가?

① 18.0
② 23.3
③ 34.9
④ 27.0

해설 입상관 압력손실(mmH₂O) 계산식
$H = 1.293(S-1)h$ (S : 비중, h : 높이)
따라서 $H = 1.293(0.6-1) \cdot 45 = -23.274 ≒ 23.27$
(−) 의미 : 압력상승을 의미한다.

정답 ②

[★]

033. A의 분자량은 B의 분자량의 2배이다. A와 B의 확산 속도의 비는?

① $\sqrt{2}$: 1
② 4 : 1
③ 1 : 4
④ 1 : $\sqrt{2}$

해설 그레이엄의 법칙(기체확산속도 법칙)
온도와 압력이 일정시 기체밀도(ρ, 분자량)의 제곱근에 반비례
$$\frac{\mu_1}{\mu_2} = \sqrt{\frac{\rho_2}{\rho_1}} = \sqrt{\frac{M_2}{M_1}} = \frac{t_2}{t_1}$$
밀도 → 분자량 → 시간
$$\frac{\mu_A}{\mu_B} = \sqrt{\frac{1}{2}} = \frac{1}{\sqrt{2}}$$
$\mu_A \cdot \sqrt{2} = \mu_B$
∴ μ_A가 1이면 μ_B는 $\sqrt{2}$ 이다.

정답 ④

[★★]

034. LPG 1L가 기화해서 약 250L의 가스가 된다면 10kg의 액화 LPG가 기화하면 가스 체적은 얼마나 되는가? (단, 액화 LPG의 비중은 0.5이다.)

① 1.25m³
② 5.0m³
③ 10.0m³
④ 25m³

해설 액비중의미 g/cm³ = kg/L이므로 0.5 의미는 0.5kg/L이고,
0.5 : 1L = 10 : xL 비례식에서 x = 20L이므로
∴ 20L × 250L = 5000L = 5(m³)

정답 ②

[★★★]

035. 하버-보시법으로 암모니아 44g을 제조하려면 표준상태에서 수소는 약 몇 L가 필요한가?

① 22
② 44
③ 87
④ 100

해설 하버-보시법
$$N_2 + 3H_2 \rightarrow 2NH_3$$
$$3 \times 22.4L : 2 \times (17g) = 34g$$
$$xL : 44g$$
$$x(L) = \frac{44}{34} \times 3 \times 22.4L \fallingdotseq 87$$

정답 ③

[★★]

036. 비중이 13.6인 수은은 76cm의 높이를 갖는다. 비중이 0.5인 알코올로 환산하면 그 수주는 몇 m인가?

① 20.67
② 15.2
③ 13.6
④ 5

해설
1) 수은 비중 13.6g/cm³이므로 $= \frac{13.6}{1000}(kg/cm^3) \cdot 76cm = 1.0336 kg/cm^2$

2) 알코올 0.5g/cm³ $= \frac{0.5}{1000}(kg/cm^3) \cdot x(cm)$

3) 1)과 2)는 같아야 하므로 $1.0336 = \left(\frac{0.5}{1000}\right) \cdot x$

$x = 2,067.2(cm)$
$= 20.672(m)$

정답 ①

[★★★]

037. 대기압 하에서 0℃ 기체의 부피가 500mL이었다. 이 기체의 부피가 2배가 될 때의 온도는 몇 ℃인가? (단, 압력은 일정하다.)

① −100
② 32
③ 273
④ 500

해설 샤를의 법칙 적용

1) $\frac{V}{T} = \frac{V_1}{T_1}$에서 $\frac{500mL}{(0℃+273)} = \frac{1000mL}{(x)}$

2) x(절대온도) = 546

3) ℃(섭씨온도)로 환산시키면 K = ℃ + 273이므로
546 − 273 = 273℃

정답 ③

[★★★]

038. 표준상태에서 1,000L의 체적을 갖는 가스상태의 부탄은 약 몇 kg인가?

① 2.6 ② 3.1
③ 5.0 ④ 6.1

해설 1) 아보가드로 법칙에서 표준상태(0℃, 1atm), 부피는 22.4L, 원자수는 6.02×10^{23}개
2) C_4H_{10}(부탄)
   58g → 22.4L
   xg → 1,000L
3) $x = 2589.2(g) ≒ 2.59(kg)$

정답 ①

[★★]

039. 다음 중 일반 기체상수(R)의 단위는?

① kg·m/kmol·K ② kg·m/kcal·K
③ kg·m/m³·K ④ kcal/kg·℃

해설 1) PV = nRT
$$R = \frac{PV}{n \cdot T} = \frac{1\text{atm} \times 22.4\text{L}}{mol \cdot 273K} = 0.082 \left(\frac{atm \cdot L}{mol \cdot K}\right)$$
2) PV = GRT = $\frac{1.0332 \times 10^4 kg/m^2 \times 22.4m^3}{Kmol \cdot 273K} ≒ 848 \left(\frac{kg \cdot m}{Kmol \cdot K}\right)$

$R = \frac{PV}{GT}$ 에서 **참고** $Pa(=N/m^2)$ $J(N \cdot m) = 0.239 cal$

3) $848 \frac{kgf \cdot m}{kmol \cdot K} = 848 \times \frac{1}{427} kcal/kmol \cdot K = 1.987 (cal/mol \cdot K)$

4) $0.082 \left(\frac{atm \cdot m^3}{kmol \cdot K} \cdot \frac{101.325 kPa}{1 atm}\right) = 8.314 \left(\frac{m^3 \cdot k \cdot N/m^2}{kmol \cdot K}\right)$
$≒ 8.314 \left(\frac{k \cdot N \cdot m}{kmol \cdot K}\right) ≒ 8.314 (kJ/kmol \cdot K)$

정답 ①

[★★]

040. 이상기체의 등온과정에서 압력이 증가하면 엔탈피(H)는?

① 증가한다. ② 감소한다.
③ 일정하다. ④ 증가하다가 감소한다.

해설 • 이상기체 등온과정 (T = C 일정)
   PV = $P_1V_1 = P_2V_2$
• 내부에너지(μ)와 엔탈피의 변화는 없다.
   즉, $\Delta \mu$, $\Delta h = 0$

참고 등온팽창시 Q(최대열량)
$Q = RT \ln \left(\frac{P_1}{P_2}\right)$

정답 ③

[★★]

041. 이상 기체를 정적하에서 가열하면 압력과 온도의 변화는?

① 압력증가, 온도일정
② 압력일정, 온도증가
③ 압력증가, 온도상승
④ 압력일정, 온도상승

해설 이상기체 정적변화

$V = C$ 일정 $\dfrac{P_1}{T_1} = \dfrac{P_2}{T_2}$

1) 외부에 하는 일
$$W_a = \int P dv = 0$$

2) 공업(압축)일
$$W_f = -\int v dP = v(P_1 - P_2),\ R(T_1 - T_2)$$

3) 엔탈피 변화
$$C_p(T_2 - T_1)$$

4) 정적비열 C_v

5) 엔트로피의 변화 $(S_2 - S_1)$
$$C_v \cdot ln\left(\dfrac{T_2}{T_1}\right) = C_v \cdot ln\left(\dfrac{P_2}{P_1}\right)$$

즉, 운동에너지 $\Delta E = Q - W$
부피가 0이므로 일을 할 수 없다. $\Delta E = Q$ ($\because W = 0$),
제1법칙에서 열을 흡수시 $Q > 0$, ΔE는 증가, 열을 잃으면 $Q < 0$, ΔE는 감소
$PV = nRT$ (V=일정)
$T\uparrow \to P\uparrow$ $\therefore \Delta E$(운동에너지)는 온도에 비례한다.

정답 ③

[★★]

042. 산소가 충전되어 있는 용기의 온도가 15℃일 때 압력은 15MPa이었다. 이 용기가 직사일광을 받아 온도가 40℃로 상승하였다면, 이때의 압력은 약 몇 MPa가 되겠는가?

① 5.6
② 10.3
③ 16.3
④ 40.0

해설 $\dfrac{PV}{T} = \dfrac{P_1 V_1}{T_1}$ (체적이 일정하면) $\dfrac{P}{T} = \dfrac{P_1}{T_1}$ 이 되므로

$\dfrac{15}{(15℃ + 273)} = \dfrac{x}{(40 + 273)}$ $x = 16.3 \text{(MPa)}$

정답 ③

[★★]

043. 다음 중 1MPa와 같은 것은?

① $10N/cm^2$ ② $100N/cm^2$
③ $1,000N/cm^2$ ④ $10,000N/cm^2$

해설 1) $1J = 1N·1m$ 2) $Pa = N/m^2$ 에서
참고 [힘]

$N = 1kg·m/s^2$ (SI단위)
$kgf = 9.8kg·m/s^2 = 9.8N ≒ 10N$ (공학단위)

$N = 10^{-1}kgf$ 이고 $m^2 = cm^2 × 10^4$ 치환하면
$Pa = N/m^2$, $1MPa = 10^6N/m^2 = 10^6N/cm^2 × 10^4 = 10^2N/cm^2$

정답 ②

[★★]

044. 가열로속의 20℃ 물 50kg을 90℃로 올리기 위해 LPG를 사용하였다면, 이때 필요한 LPG의 양은 약 몇 kg이 필요한가? (단, 가열로의 열효율은 50%이며, LPG 열량은 10,000kcal/kg이다.)

① 0.5 ② 0.6
③ 0.7 ④ 0.8

해설 열량계산
1) $50kg × 1kcal/kg·℃ × (90-20)℃ = 3,500(kcal)$ 필요함
2) LPG 중량계산 $\frac{3,500}{10,000} = 0.35kg$
3) 효율이 50%이므로 $0.35kg ÷ 0.5 ≒ 0.7$

정답 ③

[★★★]

045. 25℃의 물 10kg을 대기압 하에서 비등시켜 모두 기화시키는데 약 몇 kcal의 열이 필요한가? (단, 물의 증발잠열은 540kcal/kg이다.)

① 750 ② 5,400
③ 6,150 ④ 7,100

해설 1) 현열 : $10kg × 1kcal/kg·℃ × (100-25)℃ = 750(kcal)$
2) 잠열 : $10kg × 540kcal/kg = 5400(kcal)$
∴ 1), 2)의 합 $750 + 5,400 = 6,150(kcal)$

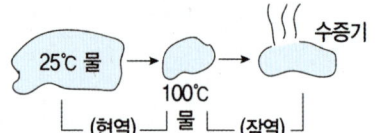

정답 ③

03 가스설비 과년도 문제풀이(장치 및 계측기기)

[★★]

001. 시간당 200톤의 물을 20cm의 내경을 갖는 PVC 파이프로 수송하였다. 관내의 평균유속은 약 몇 m/s인가?

① 0.9
② 1.2
③ 1.8
④ 3.6

해설 200t = 200,000kg = 200,000L = 200m³이므로 Q = A·V에서

$$V(m/s) = \frac{Q}{A} = \frac{200(m^3/h)}{\frac{\pi}{4}(0.2m)^2 \times 3,600} = 1.769 ≒ 1.8$$

정답 ③

[★]

002. 원통형의 관을 흐르는 물의 중심부의 유속을 피토관으로 측정하였더니 정압과 동압의 차가 수주 10m이었다. 이때 중심부의 유속은 약 몇 m/s인가?

① 10
② 14
③ 20
④ 26

해설 피토관식 유량계 특징
① 유속이 일정한 장소에서 전압과 정압의 차이 측정. 즉, 동압측정용
② 속도수두에 따른 유속 측정
③ 유속은 5m/s 이상시 사용
④ 유속(v) = $\sqrt{2 \cdot g \cdot h}$
유속(m/s)= $\sqrt{2 \cdot g \cdot h}$ 에서= $\sqrt{2 \times 9.8 \times 10} = 14$

정답 ②

[★★★]

003. 펌프의 회전수를 1,000rpm에서 1,200rpm으로 변화시키면 동력은 약 몇 배가 되는가?

① 1.3
② 1.5
③ 1.7
④ 2.0

해설 상사의 법칙

유량 Q = 회전수 $\left(\frac{N_2}{N_1}\right)^1$ 비례

양정 H = 회전수 $\left(\frac{N_2}{N_1}\right)^2$ 비례

동력 Lw = 회전수 $\left(\frac{N_2}{N_1}\right)^3$ 비례

∴ Lw(동력) = $\left(\frac{1,200}{1,000}\right)^3 = 1.7$

정답 ③

[★]

004. 나사압축기에서 숫로터 직경 150㎜, 로터 길이 100㎜, 숫로터 회전수 350rpm이라고 할 때 이론적 토출량은 약 몇 ㎥/min인가?(단, 로터 형상에 의한 계수(Cv)는 0.476이다.)

① 0.11 ② 0.21
③ 0.37 ④ 0.47

해설 나사압축기
$Q = Cv \times D^2 \times L \times N$ 에서
$(m^3/min) = 0.476 \times (0.15m)^2 \times 0.1m \times 350$
$= 0.37485 ≒ 0.37$

정답 ③

[★★★]

005. 공기액화 분리기 내의 CO_2를 제거하기 위해 NaOH 수용액을 사용한다. 1.0kg의 CO_2를 제거하기 위해서는 약 몇 kg의 NaOH를 가해야 하는가?

① 0.9 ② 1.8
③ 3.0 ④ 3.8

해설 $2NaOH + CO_2 \rightarrow Na_2CO_3 + H_2O$
$2NaOH = 2(23+16+1) = 80g$: $CO_2(12+16\times2) = 44g$
$1.8 : 1$

정답 ②

[★★★]

006. 2,000rpm으로 회전하는 펌프를 3,500rpm으로 변환하는 경우 펌프의 유량과 양정은 몇 배가 되는가?

① 유량 : 2.65, 양정 : 4.12 ② 유량 : 3.06, 양정 : 1.75
③ 유량 : 3.06, 양정 : 5.36 ④ 유량 : 1.75, 양정 : 3.06

해설 유량$(Q) = \left(\dfrac{N_2}{N_1}\right)^1$ 비례, 양정$(H) = \left(\dfrac{N_2}{N_1}\right)^2$ 이므로
$Q = \left(\dfrac{3,500}{2,000}\right)^1 = 1.75$
$H = \left(\dfrac{3,500}{2,000}\right)^2 = 3.06$

정답 ④

[★]

007. 40L의 질소 충전용기에 20℃, 150atm의 질소가스가 들어있다. 이 용기의 질소분자의 수는 얼마인가? (단, 아보가드로수는 6.02×10^{23}이다.)

① 4.8×10^{21}
② 1.5×10^{24}
③ 2.4×10^{24}
④ 1.5×10^{26}

해설 $PV = nRT$에서
$$n = \frac{PV}{RT} = \frac{150 \times 40}{0.082 \times (20+273)} = 249.729 \times 6.02 \times 10^{23}$$
$$= 1,503.37 \times 10^{23}$$
$$= 1.5 \times 10^{26}$$

정답 ④

[★★]

008. 20RT의 냉동능력을 갖는 냉동기에서 응축온도가 30℃, 증발온도가 -25℃일 때 냉동기를 운전하는데 필요한 냉동기의 성적계수(COP)는 약 얼마인가?

① 4.5
② 7.5
③ 14.5
④ 17.5

해설 $COP(냉동기) = \dfrac{q_2}{Aw}$

$$\frac{T_2}{T_1(고온) - T_2(저온)} = \frac{(-25+273)}{(30+273)-(-25+273)}$$
$$= 4.5$$

정답 ①

[★]

009. 내용적 50L의 용기에 수압 30kgf/㎠를 가해 내압시험을 하였다. 이 경우 30kgf/㎠의 수압을 걸었을 때 용기의 용적이 50.5L로 늘어났고, 압력을 제거하여 대기압으로 하니 용기용적은 50.025L로 되었다. 항구증가율은 얼마인가?

① 0.3%
② 0.5%
③ 3%
④ 5%

해설 영구(항구) 증가율(%) $= \dfrac{영구증가량}{전증가량} = \dfrac{50.025-50}{50.5-50} \times 100 = 5(\%)$

정답 ④

[동영상]

010. 도시가스의 총발열량이 10,400kcal/㎥, 공기에 대한 비중이 0.55일 때 웨버지수는 얼마인가?

① 11,023　　　　　　　　② 12,023
③ 13,023　　　　　　　　④ 14,023

해설　WI(웨버지수) = $\dfrac{Hg}{\sqrt{d}} = \dfrac{10,400}{\sqrt{0.55}} = 14,023.357$

　　Hg : 총발열량
　　d : 가스의 비중

정답 ④

[★]

011. 액체질소 순도가 99.999%이면 불순물은 몇 ppm인가?

① 1　　　　　　　　② 10
③ 100　　　　　　　④ 1,000

해설　순도 99.999%은 불순물이 0.001%(0.00001)이므로

　　ppm = $\dfrac{0.00001}{1,000,000} = 10$ ppm

정답 ②

[★]

012. 수은을 이용한 U자관 압력계에서 액주높이(h) 600mm, 대기압(P_1)이 1kg/cm²일 때, P_2는 약 몇 kg/cm²인가?

① 0.22　　　　　　　　② 0.92
③ 1.82　　　　　　　　④ 9.16

해설　$P = P_o + rh$
　　$= 1 + 13.6\text{g/cm}^3 \cdot 60\text{cm}$
　　$= 1 + \dfrac{13.6}{1,000}\text{g/cm}^2 \cdot 60 = 1.82\,(\text{kg/cm}^2)$

정답 ③

[동영상]

013. 외경이 300mm이고, 두께가 30mm인 가스용폴리에틸렌(PE)관의 사용 압력범위는?

① 0.4MPa 이하　　　　　② 0.25MPa 이하
③ 0.2MPa 이하　　　　　④ 0.1MPa 이하

해설 가스용폴리에틸렌(PE)관
사용압력 0.4MPa 이하

① $SDR = \dfrac{D}{t} = \dfrac{외경}{두께} = \dfrac{300mm}{30mm} = 10(SDR)$

②

SDR NO	사용압력
11	0.4MPa 이하
17	0.25MPa 이하
21	0.2MPa 이하

정답 ①

[★★★]

014. 흡입압력이 대기압과 같으며 최종압력이 15kgf/cm² · g인 4단 공기압축기의 압축비는 약 얼마인가? (단, 대기압은 1kgf/cm²로 한다.)

① 2
② 4
③ 8
④ 16

해설 1) 15·g + 1 = 16abs 절대ρ

[1] [2] [3] [4단]

2) 압축비(a) = $\dfrac{토출P}{흡입P}$ (여기서 압력은 절대P 기준임)

3) 최종압력이 15kgf/cm²·g이므로 대기압 1 반영요망
 ∴ 최종P = (15 + 1) = 16kgf/cm²·a (절대압력)
최종단 P가 2의 배수면 압축비(a)는 2,
  3의 배수면 압축비(a)는 3이다.
4단: 16/2 = 8, 3단: 8/2 = 4, 2단: 4/2 = 2, 1단: 2/2 = 1(흡입압력과 동일)

정답 ①

[★]

015. 100L의 액산 탱크에 액산을 넣어 방출밸브를 개방하고 12시간 방치하였더니 탱크 내의 액산이 4.8kg 방출되었다면 1시간당 탱크에 침입하는 열량은 약 몇 kcal인가? (단, 액산의 증발잠열은 60kcal/kg이다.)

① 12
② 24
③ 70
④ 150

해설 $4.8kg \times 60kcal/kg = 288kcal/12h = 24kcal/h$

정답 ②

[★]

016. 펌프의 유량이 100m³/s, 전양정 50m, 효율이 75%일 때 회전수를 20% 증가시키면 소요 동력은 몇 배가 되는가?

① 1.44
② 1.73
③ 2.36
④ 3.73

해설 펌프의 상사법칙

$Q(유량) = \left(\dfrac{N_2}{N_1}\right)^1$, $H(양정) = \left(\dfrac{N_2}{N_1}\right)^2$, $Lw(동력) = \left(\dfrac{N_2}{N_1}\right)^3 = (1.2)^3 = 1.7$

만일 H(양정)을 구해보면 $= (1.2)^2 = 1.44$

정답 ②

[★★]

017. 모듈 3, 잇수 10개, 기어의 폭이 12mm인 기어펌프를 1,200rpm으로 회전할 때 송출량은 약 얼마인가?

① 9,030cm³/s
② 11,260cm³/s
③ 12,160cm³/s
④ 13,570cm³/s

해설 기어펌프의 송출량 계산

$Q = 2\pi \times 모듈^2 \times 잇수 \times 기어폭 \times N(회전수)$

$Q(cm^3/s) = (2 \times 3.14 \times 3^2 \times 10 \times 1.2 \times 1200)/60 = 13,564.8$

주의 송출량의 계산시 좌우변의 단위를 일치

정답 ④

[★★]

018. LNG의 주성분인 CH₄의 비점과 임계온도를 절대온도(K)로 바르게 나타낸 것은?

① 435K, 355K
② 111K, 191K
③ 435K, 283K
④ 111K, 291K

해설 CH_4 비점 $-161.5℃$

$°F = \dfrac{9}{5}℃ + 32$에서 $1.8 \times (-161.5) + 32 = -258.7$

$°R = °F + 460 = -258.7 + 460 = 201.3$

$°R = 1.8K$에서

$K = \dfrac{201.3}{1.8} ≒ 111.83$

별해 $K = -161.5℃ + 273 = 111.5(K)$ (비점)

$K = -82 + 273 = 191(K)$ (임계온도)

정답 ②

[★]

019. C_4H_{10}의 제조시설에 설치하는 가스누출 경보기는 가스누출 농도가 얼마일 때 경보를 울려야 하는가?

① 0.45% 이상
② 0.53% 이상
③ 1.8% 이상
④ 2.1% 이상

해설 예 검지경보농도기준 : 폭발하한의 $\frac{1}{4}$ 이하

부탄(C_4H_{10}) 1.8~8.4

$\frac{1.8}{4} = 0.45\%$

만일, 메탄(CH_4)일 경우는 폭발범위 5%~15%이므로

∴ $5 \times \frac{1}{4} = 1.25(\%)$ 이다.

정답 ①

[★★]

020. 자유 피스톤식 압력계에서 추와 피스톤의 무게가 15.7kgf일 때 실린더 내의 액압과 균형을 이루었다면 게이지 압력은 몇 kgf/cm²이 되겠는가? (단, 피스톤의 지름은 4cm이다.)

① 1.25kgf/cm²
② 1.57kgf/cm²
③ 2.5kgf/cm²
④ 5kgf/cm²

해설 $P = \frac{\text{무게(추+피스톤)}}{\text{단면적 A}} = \frac{15.7 kgf}{\frac{\pi}{4} \times (4cm)^2} = 1.25 kgf/cm^2$

만일, 절대압력산출시 대기압 약 1kgf/cm² 반영하면 2.25kgf/cm²이다.

[자유피스톤식]	계산식 $P = Po + \frac{F\text{무게(추+피스톤)}kgf}{A\text{단면적}cm^2}$
1. 피스톤의 단면적으로 압력을 산출 2. 실험실용, 부르동관 압력계 눈금교정	P : 압력(kgf/cm²), Po : 대기압, F : 무게, A : 피스톤 지름

정답 ①

[★★]

021. 송수량 12,000L/min, 전양정 45m인 볼류트 펌프의 회전수를 1,000rpm에서 1,100rpm으로 변화시킨 경우 펌프의 축동력은 약 몇 PS인가? (단, 펌프의 효율은 80%)

① 165
② 180
③ 200
④ 250

해설 $PS = \frac{\Upsilon \cdot Q \cdot H}{75 \times \eta \times 60}$ 에서 Υ : 비중량, $Q = 12,000L(12m^3)$

① $= \frac{1,000 \times 12m^3/\text{분} \times 45m}{75 \times 0.8 \times 60} = 150$

② $150 \times \left(\frac{N_2}{N_1}\right)^3 = 150 \times \left(\frac{1,100}{1,000}\right)^3 = 199.65 ≒ 200$

정답 ③

[★★★]

022. 펌프의 실제 송출유량을 Q, 펌프 내부에서의 누설 유량을 ΔQ, 임펠러 속을 지나는 유량을 Q+ΔQ라 할 때 펌프의 체적효율(η_V)를 구하는 식은?

① η_V = Q / (Q+ΔQ)
② η_V = (Q+ΔQ) / Q
③ η_V = (Q-ΔQ) / (Q+ΔQ)
④ η_V = (Q+ΔQ) / (Q-ΔQ)

해설 체적효율(η_V) = $\dfrac{실제송출유량}{임펠러\ 속을\ 지나는\ 유량}$ = $\dfrac{Q}{Q+\Delta Q}$

정답 ①

[★★★]

023. LPG(C_4H_{10}) 공급방식에서 공기를 3배 희석했다면 발열량은 약 몇 kcal/Sm^3이 되는가? (단, C_4H_{10}의 발열량은 30,000kcal/Sm^3으로 가정한다.)

① 5000
② 7500
③ 10000
④ 11000

해설 $\dfrac{Hg_1}{1+x}$ = Hg_2 (Hg_1 : 변경 전 총 발열량, Hg_2 : 변경 후 총 발열량)

= $\dfrac{30,000}{1+3}$ = 7,500

정답 ②

[★]

024. 고압가스제조소의 작업원은 얼마의 기간 이내에 1회 이상 보호구의 사용훈련을 받아 사용방법을 숙지하여야 하는가?

① 1개월
② 3개월
③ 6개월
④ 12개월

해설 보호구의 사용훈련
- 고압가스 제조소의 작업원은 3개월에 1회 보호구의 사용훈련을 받아야 한다.
- 1개월에 1회 점검을 하여야 한다.

정답 ②

[★]

025. 내산화성이 우수하고 양파 썩는 냄새가 나는 부취제는?

① T.H.T
② T.B.M
③ D.M.S
④ NAPHTHA

해설 T.H.T : 석탄가스 냄새
T.B.M : 내산화성 우수, 양파 썩는 냄새
D.M.S : 마늘 냄새

정답 ②

[★★★]
026. 계측기기의 구비조건으로 틀린 것은?

① 설치장소 및 주위조건에 대한 내구성이 클 것
② 설비비 및 유지비가 적게 들 것
③ 구조가 간단하고 정도(精度)가 낮을 것
④ 원거리 지시 및 기록이 가능할 것

> **해설** 계측기기 구비조건
> ① 내구성이 클 것
> ② 설비비 및 유지비가 적게 들 것
> ③ 원거리 지시 및 기록이 가능할 것
> ④ 구조간단/ 정도가 높을 것/ 경제적일 것
>   정도 : 정확도와 정밀도의 총칭으로 높은 것이 좋다.
>
> 정답 ③

[★★]
027. 금속 재료에서 고온일 때 가스에 의한 부식으로 틀린 것은?

① 산소 및 탄산가스에 의한 산화
② 암모니아에 의한 강의 질화
③ 수소가스에 의한 탈탄작용
④ 아세틸렌에 의한 황화

> **해설** • 황화 : 고온 하에 Fe, Ni을 심하게 부식시킨다.
>   내황화성 원소 : Si, Al, Cr이다.
> • 질화 : 고온하에서 질소가 강에 침입하여 질화철을 형성하는 현상
> • 아세틸렌은 산화, 분해, 화합폭발을 유발
>
> 정답 ④

[★★]
028. 액화석유가스용 강제용기란 액화석유가스를 충전하기 위한 내용적은 얼마 미만인 용기를 말하는가?

① 30L   ② 50L
③ 100L   ④ 125L

> **해설** 액화석유가스용 강제용기의 정의 : 액화석유가스 125L 미만을 충전하기 위한 용기
>
> 정답 ④

[★★]

029. 공기액화분리기에서 이산화탄소 7.2kg을 제거하기 위해 필요한 건조제(NaOH)의 양은 약 몇 kg인가?

① 6　　　　　　　　　　　　　② 9
③ 13　　　　　　　　　　　　　④ 15

해설 이산화탄소(CO_2)의 제거방법
① 고압수 세정법 : 20~30kg/cm² 정도의 고압수로 CO_2를 흡수하는 방식으로 다른 가스도 손실될 우려가 있고 생성된 탄산(H_2CO_3)이 강재를 부식하기도 하고 이산화탄소 회수율이 저조하여 잘 사용하지 않는다.
② 가성소다 흡수법 : 가성소다 용액을 사용하여 흡수 제거한다(1.8배).
　　2NaOH[2(23+16+1)] + CO_2(44) → Na_2CO_3 + H_2O
　　　　　　　　80　：　44　(80/44 = 1.8)
　　　　　　　　1.8　：　1
따라서 7.2×1.8배 = 12.96

정답 ③

[★]

030. 펌프에서 유량을 Qm³/min, 양정을 Hm, 회전수를 Nrpm이라 할 때 1단 펌프에서 비교 회전도(Ns)를 구하는 식은?

① $Ns = \dfrac{Q^2\sqrt{N}}{H^{3/4}}$　　　　② $Ns = \dfrac{N^2\sqrt{Q}}{H^{3/4}}$

③ $Ns = \dfrac{N\sqrt{Q}}{H^{3/4}}$　　　　④ $Ns = \dfrac{\sqrt{NQ}}{H^{3/4}}$

해설 $Ns = \dfrac{N\sqrt{Q}}{H^{\frac{3}{4}}}$　　**암기TIP** 3/4을 기억하자.

정답 ③

[★★]

031. 다음 곡률 반지름(r)이 50mm일 때 90° 구부림 곡선 길이는 얼마인가?

① 48.75mm　　　　　　　　　② 58.75mm
③ 68.75mm　　　　　　　　　④ 78.75mm

해설 $2\pi r \times \dfrac{\theta}{360}$ 에서 $2 \times 3.14 \times 50 \times \dfrac{90}{360} = 78.75mm$

별해 [실무적 접근법]
1°당 호의 길이를 계산한 후 원하는 각도를 곱해주면 됨
= (지름 × π × $\dfrac{1}{360}$) × 원하는 각도
= 100 × 3.14 × (1/360) × 90 = 78.5

정답 ④

[★★★]

032. 양정 90m, 유량이 90m³/h인 송수 펌프의 소요동력은 약 몇 kW인가? (단, 펌프의 효율은 60%이다.)

① 30.6
② 36.8
③ 50.2
④ 56.8

해설 $kW = \dfrac{\Upsilon \cdot Q \cdot H}{102 \times \eta \times 60}$ 에서 (Q유량 : 단위를 주의)

$= \dfrac{1{,}000 \times 90\text{m}^3/\text{h} \times 90\text{m}}{102 \times 0.6 \times 3600} = 36.8(kW)$, 즉 kW는 초를 기준

정답 ②

[★★★]

033. 3단 토출압력이 2MPa · g이고, 압축비가 2인 4단 공기압축기에서 1단 흡입 압력은 약 몇 MPa · g인가?

① 0.16MPa · g
② 0.26MPa · g
③ 0.36MPa · g
④ 0.46MPa · g

해설 a : 압축비, P : 절대압력(주의)

2단 토출P 계산 : (3단 토출P)/$a = \dfrac{2+0.1}{2}$ = 1.05MPa · abs

2단 흡입P 계산 : 1.05/2 = 0.525

1단 흡입P 계산 : 0.525/2 = 0.2625

1단 흡입P = 0.26MPa · abs 절대P이므로 대기압(-)하면 0.26-(0.1)=0.16MPa · g

주의 MPa · g에서 최초는 절대압력 환산 요망

정답 ①

[★★★]

034. 펌프의 실제 송출유량을 Q, 펌프 내부에서의 누설유량을 0.6Q, 임펠러 속을 지나는 유량을 1.6Q라 할 때 펌프의 체적효율(η_V)은?

① 3.75%
② 40%
③ 60%
④ 62.5%

해설 η_V(체적효율) $= \dfrac{\text{실제유량}}{\text{임펠러속을 지나는유량}}$ *η (eta) : 효율

$= \dfrac{Q}{1.6Q} = \dfrac{1}{1.6} = 62.5(\%)$

정답 ④

[★]

035. 사용 압력이 2MPa, 관의 인장강도가 20kg/mm²일 때의 스케줄 번호(Sch No)는? (단, 안전율은 4로 한다.)

① 10 ② 20
③ 40 ④ 80

해설 Sch No $= 10 \times \dfrac{P(사용압력[kg/cm^2])}{S(허용응력[kg/mm^2])}$

허용응력[kg/mm²] $= \dfrac{인장강도(kg/mm^2)}{안전율(보통\ 4)}$

2MPa의 압력변환

$10 \times \dfrac{\left(\dfrac{2MPa}{0.101325MPa}\right) \times 1.0332 kg/cm^2}{\left(\dfrac{20kg/mm^2}{4}\right)} = 40$

정답 ③

[★]

036. 1,000L의 액산 탱크에 액산을 넣어 방출밸브를 개방하여 12시간 방치하였더니 탱크 내의 액산이 4.8kg 방출되었다면 1시간당 탱크에 침입하는 열량은 약 몇 kcal인가? (단, 액산의 증발잠열은 60kcal/kg이다.)

① 12 ② 24
③ 70 ④ 150

해설 $(4.8kg \times 60kcal/kg) \div 12hr = 24$

정답 ②

[★★★]

037. 부유 피스톤형 압력계에서 실린더 지름 0.02m, 추와 피스톤의 무게가 20,000g일 때 이 압력계에 접속된 부르동관의 압력계 눈금이 7kg/cm²를 나타내었다. 이 부르동관 압력계의 오차는 약 몇 %인가? (단, 대기압은 무시한다)

① 5 ② 10
③ 15 ④ 20

해설 대기압 무시인 경우 $P = \dfrac{F}{A}$ 에서 참고 대기압 반영인 경우 $P = Po + \dfrac{F}{A}$

$p = \dfrac{20kg}{\dfrac{\pi}{4} \times (2cm)^2} = 6.36(kg/cm^2)$: 참값

오차율(%) $= \dfrac{측정값 - 참값}{참값} = \left(\dfrac{7 - 6.36}{6.36}\right) \times 100 = 9.89 \fallingdotseq 10$

정답 ②

[★★]

038. 상용압력 15MPa, 배관내경 15mm, 재료의 인장강도 480N/mm², 관내면 부식여유 1mm, 안전율 4, 외경과 내경의 비가 1.2 미만인 경우 배관의 두께는?

① 2mm
② 3mm
③ 4mm
④ 5mm

해설 $t = \dfrac{PD}{2Sn-P} + C = \dfrac{15 \times 15}{2 \times \dfrac{480}{4} - 15} + 1 \fallingdotseq 2\text{mm}$

정답 ①

[★★]

039. LP가스 저압배관 공사를 완료하여 기밀시험을 하기 위해 공기압을 1,000mmH₂O로 하였다. 이 때 관지름 25mm, 길이 30m로 할 경우 배관의 전체 부피는 약 몇 L인가?

① 5.7L
② 12.7L
③ 14.7L
④ 23.7L

해설 $Q = \dfrac{\pi}{4}D^2 \times L = \dfrac{3.14}{4} \times (0.025\text{m})^2 \times 30\text{m} = 0.0147(\text{m}^3) = 14.7(\text{L})$

정답 ③

[★]

040. 발화온도와 폭발등급에 의한 위험성을 비교하였을 때 위험도가 가장 큰 것은?

① 부탄
② 암모니아
③ 아세트알데히드
④ 메탄

해설 위험도(H)는 폭발범위를 폭발 하한계로 나눈 수치로 단위는 없다.
[혼합가스의 폭발위험성을 나타내는 기준]

$$H = \dfrac{U-L}{L} \quad \text{여기서, } U: \text{폭발상한값}, \ L: \text{폭발하한값}$$

※ 폭발범위
C_4H_{10} : 1.8~8.4% (H : 3.7) NH_3 : 15~2.8% (H : 0.87)
아세트알데히드 : 4.1~57% (H : 12.9) CH_4 : 5~15% (H : 2)

예 부탄의 위험도 $H = \dfrac{8.4 - 1.8}{1.8} = 3.7$ (단위는 없다)

정답 ③

[동영상]

041. 프로판 15vol%와 부탄 85vol%로 혼합된 가스의 공기 중 폭발하한 값은 얼마인가? (단, 프로판의 폭발하한 값은 2.1%로 하고, 부탄은 1.8%로 한다.)

① 1.84
② 1.88
③ 1.94
④ 1.98

해설 혼합기체의 폭발범위(르샤틀리에 법칙)에서 하한값을 구하면
$$\frac{100}{L} = \frac{V_1}{L_1} + \frac{V_2}{L_2} + \frac{V_3}{L_3} \cdots \frac{V_n}{L_n} \text{에서}$$
C_3H_8 : 2.1~9.5%, C_4H_{10} : 1.8~8.4%이므로
$$\frac{100}{L} = \left(\frac{15}{2.1} + \frac{85}{1.8}\right) \Rightarrow L \fallingdotseq 1.839$$
∴ 1.84

정답 ①

[★★]

042. 이상기체 1mol이 100℃, 100기압에서 0.1기압으로 등온가역적으로 팽창할 때 흡수되는 최대 열량은 약 몇 cal인가? (단, 기체상수는 1.987cal/mol·K이다.)

① 5,020
② 5,080
③ 5,120
④ 5,190

해설 $Q = RT \operatorname{Ln}\left(\frac{P_1}{P_2}\right)$에서
$= 1.987 \times (100+273) \times \operatorname{Ln}\left(\frac{100}{0.1}\right)$
$= 5,119.68$
$\fallingdotseq 5,120[\text{cal}]$

정답 ③

[★★★]

043. 일정 압력 20℃에서 체적 1L의 가스는 40℃에서는 약 몇 L가 되는가?

① 1.07
② 1.21
③ 1.30
④ 2

해설 $\frac{PV}{T} = \frac{P_1 V_1}{T_1}$에서
(압력일정) $\frac{V}{T} = \frac{V_1}{T_1} \Rightarrow \frac{1\text{L}}{20+273} = \frac{x\text{L}}{40+273}$
$x = 1.07(\text{L})$

정답 ①

[★★]

044. 자동차용 압축천연가스 완속충전설비에서 실린더 내경이 100mm, 실린더의 행정이 200mm, 회전수가 100rpm일 때 처리능력(m³/h)은 얼마인가?

① 9.42
② 8.21
③ 7.05
④ 6.15

해설 $Q(\mathrm{m^3/h}) = \frac{\pi}{4} D^2 \times L \times N \times 60$ 에서

$= \frac{3.14}{4} \times (0.1\mathrm{m})^2 \times 0.2\mathrm{m} \times 100 \times 60 = 9.42 [\mathrm{m^3/h}]$

주의 $Q(\mathrm{m^3/min})$이면 60을 곱하지 말 것

정답 ①

[★★] KGS

045. 가스보일러의 본체에 표시된 가스소비량이 100,000kcal/h이고, 버너에 표시된 가스소비량이 120,000kcal/h일 때 도시가스 소비량 산정은 얼마를 기준으로 하는가?

① 100,000kcal/h
② 105,000kcal/h
③ 110,000kcal/h
④ 120,000kcal/h

해설 도시가스 소비량 산정 : 가스보일러 본체 기준(KGS FU551 1.9.2.3호)

정답 ①

[★★★]

046. 가스 유량 2.03kg/h, 관의 내경 1.61cm, 길이 20m의 직관에서의 압력손실은 약 몇 mm 수주인가? (단, 온도 15℃에서 비중 1.58, 밀도 2.04kg/m³, 유량계수 0.436이다.)

① 11.4
② 14.0
③ 15.2
④ 17.5

해설 ① 저압배관 유량공식에서 $Q = K\sqrt{\frac{D^5 H}{SL}}$ 을 변형하면

$H = \frac{Q^2 \cdot S \cdot L}{K^2 \cdot D^5}$ $H = \frac{(2.03 \div 2.04)^2 \times 1.58 \times 20}{0.436^2 \times 1.61^5} = 15.216 ≒ 15.2(\mathrm{mmH_2O})$

Q : 가스유량(m³/h) K : 유량계수(폴의 정수 : 0.707)
D : 파이프의 내경(cm) h : 허용압력손실(mmH₂O)
S : 가스비중 L : 파이프의 길이(m)

정답 ③

[★★]

047. 비중이 0.5인 LPG를 제조하는 공장에서 1일 10만L를 생산하여 24시간 정치 후 모두 산업현장으로 보낸다. 이 회사에서 생산하는 LPG를 저장하려면 저장용량이 5톤인 저장탱크 몇 개를 설치해야 하는가?

① 2 ② 5
③ 7 ④ 10

해설 ① $Q = 0.9 d V_2$ 에서
   $= 0.9 \times 0.5 \times 100,000 (L = kg)$
   $= 45,000 [kg]$
② 저장용량 5,000kg이면 90% 충전이므로 4,500kg만 저장됨
③ 따라서 총 45,000kg/4,500kg = 10[개]를 설치

정답 ④

[★★]

048. 흡입압력이 대기압과 같으며 최종압력이 15kgf/cm² · g인 4단 공기압축기의 압축비는 약 얼마인가? (단, 대기압은 1kgf/cm²로 한다.)

① 2 ② 4
③ 8 ④ 16

해설 a : 압축비, P : 절대압력(주의)
4단 토출 P 계산 = 15kgf/cm² · g + 1kgf/cm² = 16kgf/cm² · abs
3단 토출 P 계산 : (4단 토출 $p/a = \dfrac{16}{a}$) 2단 토출 P 계산 : ((3단 토출 $p/a = \dfrac{16}{a}$)/a
1단 토출 P 계산 : 【((2단 토출 $p/a = \dfrac{16}{a}$)/a】/a
1단 흡입 P 계산 : (【((2단 토출 $p/a = \dfrac{16}{a}$)/a】/a)/a = 1kgf/cm² · abs
16/a⁴ = 1, 2⁴ = a⁴, a = 2

정답 ①

[★★]

049. 액화석유가스 소형저장탱크가 외경 1,000mm, 길이 2,000mm, 충전상수 0.03125, 온도보정계수 2.15 일 때의 자연기화능력(kg/h)은 얼마인가?

① 11.2 ② 13.2
③ 15.2 ④ 17.2

해설 자연기화능력(kg/h) = $\dfrac{D \cdot L \cdot K \cdot T}{12000}$ 에서
$= \dfrac{1000 \times 2000 \times 0.03125 \times 2.15}{12000}$
$\fallingdotseq 11.197$

정답 ①

변 화	등적 변화	등압 변화	등온 변화	단열 변화	폴리트로픽 변화
P, v, T 관계	$v=C$ $\dfrac{P_1}{T_1}=\dfrac{P_2}{T_2}$	$P=C$ $\dfrac{v_1}{T_1}=\dfrac{v_2}{T_2}$	$P=C$ $Pv=P_1v_1$ $=P_2v_2$	$Pv^k=C$ $\dfrac{T_2}{T_1}=\left(\dfrac{v_1}{v_2}\right)^{k-1}$ $=\left(\dfrac{P_2}{P_1}\right)^{\frac{k-1}{k}}$	$Pv^n=C$ $\dfrac{T_2}{T_1}=\left(\dfrac{v_1}{v_2}\right)^{n-1}$ $=\left(\dfrac{P_2}{P_1}\right)^{\frac{n-1}{n}}$
외부에 하는 일(팽창) $W_a=\int Pdv$	0	$P(v_2-v_1)$ $=R(T_2-T_1)$	$P_1v_1\ln\dfrac{v_1}{v_2}$ $=P_1v_1\ln\dfrac{P_2}{P_1}$ $=RT\ln\dfrac{v_1}{v_2}$ $=RT\ln\dfrac{P_1}{P_2}$	$\dfrac{1}{k-1}(P_1v_1-P_2v_2)$ $=\dfrac{P_1v_1}{k-1}\left[1-\dfrac{T_2}{T_1}\right]$ $=\dfrac{P_1v_1}{k-1}\left[1-\left(\dfrac{v_2}{v_1}\right)^{k-1}\right]$ $=\dfrac{P_1v_1}{k-1}\left[1-\left(\dfrac{P_2}{P_1}\right)^{\frac{k-1}{k}}\right]$ $=\dfrac{R}{k-1}(T_1-T_2)=\dfrac{C_v}{A}(T_1-T_2)$	$\dfrac{1}{n-1}(P_1v_1-P_2v_2)$ $=\dfrac{P_1v_1}{n-1}\left[1-\dfrac{T_2}{T_1}\right]$ $=\dfrac{R}{n-1}(T_1-T_2)$
공업일 (압축일) $W_f=-\int vdP$	$v(P_1-P_2)$ $=R(T_1-T_2)$	0	$P_1v_1\ln\dfrac{P_1}{P_2}$ $=P_1v_1\ln\dfrac{v_2}{v_1}$ $=RT\ln\dfrac{P_1}{P_2}$ $=RT\ln\dfrac{v_1}{v_2}$	kW_a	nW_a
내부에너지의 변화 U_2-U_1	$C_v(T_2-T_1)$ $=\dfrac{AR}{k-1}(T_2-T_1)$ $=\dfrac{A}{k-1}(P_2-P_1)$	$C_v(T_2-T_1)$ $=\dfrac{A}{k-1}P(v_2-v_1)$	0	$C_v(T_2-T_1)$ $=-AW_a$	$-\dfrac{A(n-1)}{k-1}W_a$
엔탈피의 변화 H_2-H_1	$C_p(T_2-T_1)$ $=\dfrac{k}{k-1}AR(T_2-T_1)$ $=\dfrac{k}{k-1}Av(P_2-P_1)$ $=k(u_2-u_1)$	$C_p(T_2-T_1)$ $=\dfrac{k}{k-1}AP(v_2-v_1)$ $=k(u_2-u_1)$	0	$C_p(T_2-T_1)$ $=-AW_t$ $=-kAW_a$	$-A\dfrac{k}{k-1}(n-1)W_a$
외부에서 얻은 열 ${}_1Q_2$	U_2-U_1	H_2-H_1	$A_1W_2=AW_1$	0	$C_n(T_2-T_1)$
n	∞	0	1	k	$-\infty\sim+\infty$
비열 C	C_v	C_p	∞	0	$C_n=C_v\dfrac{n-k}{n-1}$
엔트로피의 변화 S_2-S_1	$C_v\ln\dfrac{T_2}{T_1}$ $=C_v\ln\dfrac{P_2}{P_1}$	$C_p\ln\dfrac{T_2}{T_1}$ $=C_p\ln\dfrac{v_2}{v_1}$	$AR\ln\dfrac{v_2}{v_1}$	0	$C_v\ln\dfrac{T_2}{T_1}$ $=C_v(n-k)\ln\dfrac{v_2}{v_1}$ $=C_v\dfrac{n-k}{k}\ln\dfrac{P_2}{P_1}$

"

배움은

우연히 얻어지는 것이 아니라

열성을 다해 갈구하고 부지런히 집중해야

얻을 수 있는 것이다.

"

· 애비게일 애덤스 ·